JN449635

생물테러방어 2판

연구방법과 동물모델

BIODEFENSE RESEARCH
METHODOLOGY AND ANIMAL MODELS

오계헌 역
JAMES R. SWEARENGEN

BIOSCIENCE
(주)바이오사이언스출판

이 도서의 국립중앙도서관 출판시 도서목록 (CIP)은 e-CIP 홈페이지
(http://www.nl.go.kr/cip.php)에서 이용하실 수 있습니다.
(CIP 제어번호: 2014023377)

This book contains information obtained from authentic and highly regarded sources. Reasonable efforts have been made to publish reliable data and information, but the author and publisher cannot assume responsibility for the validity of all materials or the consequences of their use.
© 2012 by Taylor & Francis Group LLC
All rights reserved.

Authorized translation from English language edition, entitled *Biodefense Research Methodology and Animal Models* by James R. Swearengen, published by CRC Press, part of Taylor & Francis Group LLC.

All rights reserved. No part of this book may be reproduced or transmitted in any form or by any means, electronic or mechanical, including photocopying, recording or by any information storage retrieval system, without permission.

Korean language edition published by Bioscience Publishing Co., Ltd. Copyright © 2014

이 도서의 한국어판 저작권은 CRC Press와의 계약을 통한 ㈜바이오사이언스출판에 있습니다. 저작권법에 의해 한국 내에서 보호를 받는 저작물이므로 무단전재와 무단복제를 금합니다.

생물테러방어: 연구방법과 동물모델 2판

초판 인쇄: 2014년 9월 10일
초판 발행: 2014년 9월 15일

저 자: JAMES R. SWEAREGEN
역 자: 오계헌
발행인: 문정구
편집총괄: 이종률
영업총괄: 한상정
기획총괄: 최성원
발행처: (주)바이오사이언스출판
주 소: 137-060 서울특별시 서초구 효령로2길 10, 201호(방배동, 호산빌딩)
전 화: (02)581-4057~8 팩 스: (02)581-4059
이메일: inquiry@biosciencepub.com
홈페이지: http://www.biobooks.co.kr
ISBN: 978-89-6824-024-9 93470
등록번호: 제22-3079호

(주)바이오사이언스출판

생물테러방어 연구의 세계에는 사악한 목적으로 감염성 생물과 독소를 사용하는
사람들로부터 세계를 보호하기 위하여 그들의 생명을 바친 또 다른 소중한 사람들이 있다.
과학계는 이들 위협에 대하여 보다 나은 준비를 하고, 새로운 기술, 정보, 대책을
생물테러방어 포트폴리오 내로 들여와 활용하기 위하여 많은 조직들을 동시에 하나로
묶기 위한 노력을 해 왔다. 헌신적인 과학자들뿐만 아니라,
이러한 진전을 가능하게 하는데 중요한 기여를 한 모든 이에게 감사하고 싶다.
여기에는 연구가 안전하게 수행되도록 도와주고, 동물의 사용을 감독 관리하고,
규제요건에 따라 확실하게 인도적으로 사용하도록 해준 시설유지관리 전문가들과
이 연구에 마음과 생명을 다한 실험실 및 수의기술자들이 있다.
이들 전문가로 구성된 팀의 놀라운 재능과 생물테러에 대한 경각심만이
우리에게 최선의 방어책이다.

목차

서문 vii
역자소개 viii
역자서문 ix
편집자 xi
기고자 xii
대표적 모델 동물 xv

1장 무기로서 생물제제의 역사 1
James W. Martin

2장 생물테러와 생물전 15
Nelson W. Rebert

3장 생물방어 연구에서 동물모델의 과학적 및 윤리적 중요성 27
James R. Swearengen and Arthur O. Anderson

4장 동물모델의 개발과 검증 43
Jaime B. Anderson and Kenneth Tucker

5장 전염병, 공중생물학, 에어로졸 감염방법 63
Chad J. Roy and M. Louise M. Pitt

6장 *Bacillus anthracis* 감염에 대한 새로운 동물모델의 특성 79
Elizabeth K. Leffel and M. Louise M. Pitt

7장 마비저 97
David L. Fritz and David M. Waag

8장 페스트 111
Jeffrey J. Adamovicz and Patricia L. Worsham

9장 야토병 ········· 145
Jeffrey J. Adamovicz and David M. Waag

10장 Q열 ········· 177
David M. Waag and David L. Fritz

11장 브루셀라증 ········· 195
Bret K. Purcell and Robert Rivard

12장 알파바이러스 ········· 221
William D. Pratt, Donald L. Fine, Mary Kate Hart,
Shannon S. Martin, and Douglas S. Reed

13장 오르토폭스 바이러스 ········· 255
Peter B. Jahrling and Vicyoria Wahl-Jensen

14장 바이러스성 출혈열의 동물실험모델 ········· 271
Kelly L. Warfield and Thomas W. Geisbert

15장 보툴리눔 독소 ········· 311
Stephen B. Greenbaum Jaime B. Anderson, and Frank J. Lebeda

16장 리신 ········· 331
Stephen B. Greenbaum, and Jaime B. Anderson

17장 황색포도상구균과 연쇄상구균의 슈퍼항원, 생체외 및 생체 내의 실험기법 ········· 355
Teresa Krakauer and Bradley G. Stiles

부록 1: 동물성 바이러스의 분류 ········· 389
부록 2: 생물테러 병원체와 질병 ········· 392
영문용어해설 ········· 393
한글용어해설 ········· 397
영문찾아보기 ········· 403
한글찾아보기 ········· 406

서문

2006년에 이 책의 초판이 발간된 이래, 생물방어연구는 동물모델의 개발에서 커다란 진전이 있어 왔다. 식품의약품국(FDA)의 동물효능규정(3장 참고)은 과학계의 이해와 FDA의 기대에 힘입어 마무리되기 시작하였다. 초판에서와 같이, 이 책 (2판)은 기본 연구로부터 비약적인 의료대책의 발전에 이르는 범위에 걸쳐 이어지고 있다. 독자들은 초판과 비교하여, FDA 동물효능규정에 대한 고찰이 많아졌다는 것을 알게 될 것이다. 우리 모두가 알고 있는 바와 같이, 반복되는 연구 활동은 종종 보다 많은 시간과 재정자원을 낭비하며, 또한 동물들을 불필요하게 사용하는 결과를 낳는다. 동물들은 감염성 질병연구에 있어서 지금까지 매우 소중하고 절대적으로 필요한 부분이었으며 앞으로도 계속 필요할 것이지만, 우리 모두는 각 동물을 가능한 인간적인 방식으로 사용하는 것을 보장하고, 과학발전과 사람의 건강에서 최대의 혜택을 얻기 위해서 윤리적 및 도덕적인 의무를 가져야 한다. 많은 연구에서 동물모델의 사용이 선행된다는 것을 이해해야 하며, 이 책에서 제시된 모델들은 컴퓨터 모델링, 세포배양시스템, hollow fiber system, 기타 시험관 내(*in vitro*)에서의 실험방법들을 포함하는 많은 시험관 내 기법들과 더불어 개발되었다. 이런 모든 기법은 특정 목적을 위해 사용되는 동물을 대체하거나 줄이기 위한 것이지만, 온전하고, 보다 복잡한 생물학적 시스템이 요구되는 문제들이 제기됨에 따라 동물사용이 필요하게 되었다. 이 책 (2판)의 일차 목적은 초판과 마찬가지로 과학을 공유하고, 과학을 발전시키며, 동물모델의 개발과 사용에서 불필요한 노력이 중복되는 일을 줄임으로써, 사용해야 할 동물의 수를 최소화하기 위함이다. 이런 가치에 대한 신념과 과학발전에 대한 헌신, 그리고 세계 인류의 건강을 지키기 위해서 여기 저자들이 이 책의 집필에 참여한 것이다.

역자소개

오계헌(吳溪憲)

(韓) 대한민국 육군 중위전역 (학사 1기)

(美) Ohio State University, Columbus (Ph.D)

(美) Purdue University, West Lafayette (Post-doc)

(英) University of Wales, Bangor (Visiting Professor)

(美) University of California, Riverside (Visiting Scholar)

(現) 순천향대학교 생명시스템학과 교수

역자서문

생물학전(biowarfare)은 생물체 또는 사람을 위해하는 무기로 사용하여 상대를 죽이거나 무력화시키는 전쟁방식의 한 가지로, 엄청난 인적 및 재산상의 피해와 공포를 유발한다. 생물을 이용한 전쟁에 부가하여, 오늘날에는 다양한 어떤 계획된 정치적 또는 이념적 목적을 성취하기 위하여, 특정 개인이나 집단에 대하여 생물학적 제제를 사용하는 생물테러(bioterrorism), 생물범죄(生物犯罪, biocrime), 생물암살(生物暗殺, bioassassination) 등으로 개념이 확대되고 있으며, 오늘날 우리나라에서도 이와 관련한 문제들에 대한 관심이 크게 증대되고 있다.

책 "생물테러방어: 연구방법과 동물모델"은 원제목 "Biodefense Research: Methodology and Animal Models"를 번역한 책으로서, 생물테러와 생물방어를 가해자와 피해자의 입장에서 다르게 해석할 수 있기 때문에, 두 용어를 통합하여 생물테러방어로 제목을 붙였다.

고대로부터 전쟁에서 사람들을 위해할 목적으로 일부 전염병에 걸린 환자나 동물을 전쟁에 이용하기도 하였다. 현대에 들어서면서 테러리스트의 개인 또는 집단, 그리고 불량국가들은 독성이 강한 생물체나 독소를 무기화하여 사람은 물론, 동물, 식물, 농업 등을 포함한 모든 영역에 대하여 치명적인 손상을 입히기 위한 사악하고 반인륜적인 행위를 계획하거나 시도하고 있다. 동물모델은 생물제제들에 대한 피해를 확인하고, 모델의 개발 및 검증은 이러한 목적을 성취하는데 매우 중요하다고 하겠다. 나아가 무분별한 동물사용으로 인한 비도덕적이며 비윤리적인 문제를 최소화하는 차원에서 기술하고 있다.

책은 총 17장으로 구성되었으며, 1장부터 5장까지는 생물테러의 역사와 전술, 동물모델의 개발과 방법 등에 대하여 기술하고 있으며, 6장부터 17장까지는 생물테러에 사용되는 세균과 바이러스의 일반적 특성을 설명하고, 여러 가지 동물을 대상으로 감염시켰을 때 나타나는 동물에서의 다양한 현상들을 상세히 기술하고 있다.

이 책은 생물테러방어에 관한 전반적이고 심도있게 기술하고 있기 때문에, 군사, 정치, 경찰 분야뿐만 아니라, 생명과학, 수의학, 의약학 등을 탐구하는 전공자들, 그리고 현대를 살아가는 일반인들에게도 흥미로운 내용으로 구성되어 있다. 따라서 이 책에 담겨 있는 내용들을 토대로 독자들에게 최신의 생물테러방어에 대한 올바른 이해와 학문적 밑거름이 되기를 바란다.

"생물테러방어: 연구방법과 동물모델"을 번역하는 데 있어서 분야의 특수성으로 인하여 용어가 전문적이고, 일반화되지 않은 경우가 많아서 어색한 감이 있을 수 있다고 생각하며, 독자들의 지도 편달을 기대한다. 여러 가지로 도움을 주신 많은 분들에게 깊은 감사를 드리며, 이 책을 발간하는 데 많은 도움을 주신 (주)바이오사이언스출판의 문정구 대표이사님을 비롯한 임직원 여러분께도 감사드린다.

2014. 8.

역자 **오계헌**

편집자

James R. Swearengen 박사는 미육군에서 21년간의 봉직을 끝내고 퇴직한 후에, 2009년에 비교 수의학자(comparative medicine veterinarian)로서 National Biodefense Analysis and Countermersures Center에 들어가기 전에 Association for Assessment and Accreditation of Laboratory Animal Care International에서 수석관리자로서 4년간 근무하였다. Swearengen 박사는 1982년에 University of Missouri-Columbia에서 DVM (Doctor of Veterinary Medicine) 학위를 받았으며, 2년간 개업을 하다가, 군대에 합류하였다. 텍사스와 독일을 여행한 후, Swearengen 박사는 1990년부터 1994년까지 Walter Reed Army Institute of Research에서 동물의학 연구실에 수련을 마쳤다. 그 기간 동안 그는 Laboratory Animal Medicine과 Veterinary Preventive Medicine에서 전문의 자격을 받았으며, American College에서 Laboratory Animal Medicine의 학장이었다.

그는 1994년에 U.S. Army Medical Research Institute of Infectious Diseases (USAMRIID)의 차장로서, 일하기 시작하였으며, 그 후 Veterinary Medicine Division의 책임자가 되었다. 그는 모든 수준의 생물봉쇄(biocontainment)에서 감염성 질병의 동물연구를 위한 수의학 및 농업지원을 제공하는 등의 광범위한 경험을 쌓았으며, 생물안전단계(biosafety level) 3과 4 조건에서 오랫동안 일하였다. Swearengen 박사는 새로운 모델개발에 수의학적 전문지식을 제공하고, 에볼라 바이러스와 원숭이폭스 바이러스 감염의 동물모델을 이용하는 여러 논문의 공동저자로서, 생물방어 연구(biodefense research)에 사용되는 현재의 동물모델과 밀접하게 관련하게 되었다. 1996년에, 그는 UN 산하 특별위원회(Special Commission)(생물학 그룹)에서 선정되어, 과거의 이라크 생물무기프로그램(Iraq's biological weapons program)의 모니터링 및 검증 역할을 수행하기 위하여 3달 동안 이라크에서 지냈다. 2007년 이래, Swearengen 박사는 미국방부(U.S. Department of Defense)의 National Academies of Science National Research Council Standing Committee on Biodefense와 National Academies of Science Institute for Laboratory Animal Research Committee on Animal Models for Assessing Countermeasures to Bioterrorism Agents에서 근무하였다.

1997년에, Swearengen 박사는 구(舊)소비에트연방의 감염성 질환연구소에서 동물의 사용 및 관리를 평가하고 현대화하기 위한 국방위협감소처 프로그램(Defense Threat Reduction Agency program)의 비상근 근무자로서 일하였다. 2003년에, 그는 미육군의 의무감과 실험동물의학컨설턴트로 선정됨으로써 전문지식을 인정받게 되었다. Swearengen 박사의 군대생활은 2003년에 USAMMIID의 부사령관에 임명됨으로써 절정에 이르렀고, 거기에서 그는 2005년에 미육군에서 퇴직할 때까지 봉직하였다.

기고자

Jeffrey J. Adamovicz
Midwest Research Institute
Fredrick, Maryland

Author O. Anderson
U.S. Army Medical Research Institute
of Infectious Diseases
Fort Detrick, Maryland

Jaime B. Anderson
U.S. Army Medical Research and
Material Command
Fort Detrick, Maryland

Donald L. Fine
Dynport Vaccine Company LLC
Fort Detrick, Maryland

David L. Fritz
Bacteriology Division
U.S. Army Medical Research Institute
of Infectious Diseases
Fort Detrick, Maryland

Thomas, W, Geisbert
Galveston National laboratory and
Department of Microbiology and
Immunology
University of Texas Medical Branch
Galveston, Texas

Stephen B. Breenbaum
BAI, Inc.
Alexander, Virginia

Peter B. Jahrling
Integrated Research Facility
National Institute of Allergy and
Infectious Diseases
Fort Detrick, Maryland

Teresa Krakauer
U.S. Army Medical Research Institute
of Infectious Diseases
Fort Detrick, Maryland

Frank J. Lebeda
U.S. Army Medical Research Institute
of Infectious Diseases
Fort Detrick, Maryland

Elizabeth K. Leffel
Director of Non-clinical Sciences
PharmAthene, Inc.
Annapolis, Maryland

James W. Martin
DiLorenzo Healthcare Clinic
Walter Reed Army Medical Center
Washington, District of Columbia

Shannon S. Martin
DynPort Vaccine Company LLC
Fort Detrick, Maryland

M. Louise M. Pitt
U.S. Army Medical Research Institute
of Infectious Diseases
Fort Detrick, Maryland

Mary Kate Hart
DynPort Vaccine Company LLC
Fort Detrick, Maryland

Bret K. Purcell
U.S. Army Medical Research Institute
of Infectious Diseases
Fredrick, Maryland

Nelson W. Rebert
Division of Laboratory Sciences
U.S. Army Public Health Command
Region-Pacific
Camp Zama, Japan

Douglas S. Reed
Center for Vaccine Research
University of Pittsburgh
Pittsburgh, Pensylvania

Robert Rivard
U.S. Army Medical Research Institute
of Infectious Diseases
Fort Detrick, Maryland

Chad J. Roy
Tulane National Primate Research Center
Tulane School of Medicine
Covington, Louisiana

Bradley G. Stiles
U.S. Army Medical Research Institute
of Infectious Diseases
Fredrick, Maryland

William D. Pratt
U.S. Army Medical Research Institute
of Infectious Diseases
Fort Detrick, Maryland

James R. Swearengen
National Biodefense Analysis and
Countermeasures Center
Fort Detrick, Maryland

Kenneth Tucker
Tauri Group
Alexander, Virginia

David M. Waag
Bacteriology Division
U.S. Army Medical Research Institute
of Infectious Diseases
Fort Detrick, Maryland

Victoria Wahl-Jensen
Integrated Research Faculty
National Institute of Allergy and
Infectious Diseases
Fort Detrick, Maryland

Kelly L. Warfield
Vaccine Development
Integrated Biotherapeutics, Inc.
Gaithersburg, Maryland

Patricia L. Worsham
U.S. Army Medical Research Institute
of Infectious Diseases
Fredrick, Maryland

대표적 모델 동물

사람외 영장류(Nonhuman primates, NHPs)

짧은꼬리원숭이/게잡이원숭이(cynomolgus macaque)
붉은털 꼬리원숭이(rhesus macaque)
아프리카 초록원숭이(African green monkey)
마모셋(marmoset)
개코원숭이(baboon)
침팬지(chimpanzee)
랑구르원숭이(langur monkey)
베르베트원숭이(vervet)
긴팔원숭이(gibbon)
망토개코원숭이(hamadryad baboon)
다람쥐원숭이(squirrel monkey)
비단털원숭이(tamarin)
흰목꼬리감기원숭이(capuchin)

설치류(Rodents)

마우스(mouse)
랫드(rat)
기니픽(guinea pig)
햄스터(hamster)
코튼 랫드(cotton rat)
얼룩다람쥐(ground squirrel)
땅다람쥐(rock squirrel)
뾰족뒤쥐(shrew)
들귀(vole)

단제동물(單蹄動物, Solipeds)

말(equids)
당나귀(donkey)
노새(mule)

기타 포유동물(Other mammals)

토끼(rabbit)
개(dog)
프레리독(prairie dog)
고양이(Felis catus)
염소(caprine, goat)
양(sheep)
흰족제비(ferret)

1 무기로서 생물제제의 역사

*James W. Martin**

목차

참고문헌 ········· 12

전쟁에서 가장 최초로 사용된 생물무기(生物武器, biological weapon)는 죽은 시체로 급수원을 오염시키는 것이었으며, 그 후에 요새화된 도시 성벽 너머로 사체를 투척하는 것이 테러전술로 사용되었고, 이러한 세련되지 못한 초기로부터 생물학적 무기의 개발과 비축, 배치를 위한 국가적 프로그램으로 발전되었으며 사람에게 해를 입힐 수 있는 잠재력과 함께 그 범위나 규모에 있어서 다른 무기 시스템과 경쟁이 되었다. 이들 프로그램이 최근에 공개되었다는 것과 일부 국가들의 생물무기 개발을 막기 위한 생물무기협약(Biological Weapon Convention)이 실패되었다는 사실은 대중들에게 경계하지 않으면 생물학적 무기로서 사용될 가능성이 있다는 것을 알게 해주었다. 따라서 최근에는 전쟁 무기, 테러의 방법, 또는 범죄행위에서의 수단으로서 생물작용제의 사용이 대중의 관심을 많이 받게 되었다. 생물작용제를 사용해온 지금까지의 역사적 관점에서 생물적 위협(biological threat)에 대한 일반적인 이해는 이러한 작용제를 이용하려는 의도를 가진 사람들로부터 사회를 보호하기 위한 방법을 찾기 위해 노력을 하는 사람들에게 매우 중요하다. 여기에 사용된 용어의 정의에 대한 몇 가지 공통된 합의를 가지는 것이 중요하다. **생물학적 제제(*biological agent*)**는 어떤 살아 있는 생물체 또는 사람을 위해하는 무기로 사용될 수 있는 생물체에 의해 생성된 물질을 말한다. 광범위하게 말해서, 이것은 살아 있는 생물체 또는 생물에서 유래하는 물질을 포함하지만, 실제적인 견지에서 [전통 생물전 제제(classical biological warfare agents)], 생물학적 제제는 바이러스, 세균, 독소로 한정되어 있다. 가장 커다란 의미에서 **생물전(*biowarfare*)**은 다른 것들에게 해를 주는 이들 제제의 사용에 관한 모든 것을 말한다. 그러나 더 일반적인 사용에서 생물전은 보다 제한된 정의로 전쟁의 맥락에서 사용하는 것, 즉 전쟁 행위로서 국가 간에 생물학적 제제의 사용을 말한다. **생물테러(*bioterrorism*)**는 어떤 계획된 정치적 또는 이념적 목적을 성취하기 위하여 정치집단, 종교집단, 또는 이교도 종파(정부에서 인정하지 않은 그룹)에 의한 생물학

* 이 장에 표현된 의견들은 저자들의 견해이며, 육군, 국방부 또는 미국정부의 공식적인 입장은 반영되지 않았다.

적 제제의 사용을 말한다. 그러나 이 정의조차도 은밀하게 정부의 지원을 받는 기구에 의한 사용을 막을 수 없기 때문에 혼돈이 따른다. 생물범죄(*biocrime*)는 범죄활동에서 생물학적 제제의 사용을 말하는데, 범인의 동기는 좀 더 넓은 이념적, 정치적, 또는 종교적 목적과는 대조적으로 사실상 개인적인 것이다. 비록 특정한 상황과 사건이 그 특징을 혼동하게 할 수 있지만, 이들 세 가지 정의를 기억해두는 것이 우리가 세계에서 경험한 생물학적 제제의 사용에 대하여 돌아보는데 도움이 될 것이다.

De Mussis는 생물전에서 흑사병 희생자의 사용에 대한 극적인 기록을 제공한다. 흑해(Black Sea)의 동부연안지방으로부터 동양으로 돈벌이가 되는 대상무역을 단속하는데 대하여 1344년에 제노바인과 몽골인들 간에 전쟁이 시작된 후, 몽골인들은 제노바의 항구도시인 카파(Caffa)를 포위하였다. 나중에 흑사병(Black Death)으로 알려지게 된 페스트는 극동으로부터 전파되기 시작하여, 1346년에 크리미아(Crimea)에 도달하였다. 그 도시를 포위한 몽골인들은 크게 영향을 받았으며, 그들은 전술을 바꾸어 공격을 일시 멈추고, 그 당시의 중세 투석기를 사용하여 도시 성곽너머로 페스트 환자의 사체를 던졌다. 결국 그 도시는 페스트에 감염이 되었으나, 페스트에 감염된 사체에 의해 오염되었다기보다는 몽골 야영지를 탈출한 쥐들에 의해서 페스트가 도시 전역으로 확산되었다. 페스트의 갑작스런 발생 이후, 포위를 성공적으로 견뎌왔던 카파(Caffa)의 주민들은 방어를 포기하고, 배에 승선하여 이태리의 여러 항구로 도망가서 페스트를 전파시켰다. 그 결과, 흑사병은 유럽 전역을 황폐화시키게 되었다[1].

급수원(water sources)의 오염과 더불어, 또 다른 고대의 전술은 감염체가 존재하는 풍토병 지역에서 적이 도망치는 것을 허용하는 것으로, 그 결과 발생한 질병에 의해 적군이 감염되어 약화되도록 하는 것이었다. 가장 유명한 예는 말라리아 감염지역에서 방해받지 않고 상시출입을 허락하는 것이었으며, 거기서 질병 전염이 높은 빈도로 발생하였다[2].

카르타고의 지도자인 한니발은 기원전 184년 Eurymedon 해전에서 최초로 생물독소(biological toxin)를 사용한 것으로 유명하였다. 그는 공포와 대혼란을 조성하기 위하여 Pergamene 함선의 갑판 위로 독사가 가득찬 질항아리를 내던지라고 명령하였다. 카르타고인들은 그 상황을 이용하여, 한니발과 함께 계속되는 전투에서 Peragamum의 Eumenes 왕을 무찔렀다[2].

천연두(smallpox)는 특히 미국 원주민을 철저히 유린시켰다. Cortez의 Aztec에 대한 천연두 사용은 의도적이든 아니든 간에, 스페인의 정복자에 의한 패배와 스페인 정복자에 의한 예속을 인정하는데 중요한 역할을 하였다. 프랑스와 인디언의 전쟁에서 미국 식민지에서 영국군 지휘관이었던 Feffery Amherst 경(Sir)은 프랑스에 호의적인 인디언 충신들에게 천연두에 오염된 담요와 기타 물건들을 제공하였다. Fort Carillon (그 후에, Fort Ticonderoga**)을 지키던 아메리카 원주민 인디언들은 전염병인 천연두를 경험하였으며, 영국에 그들의 근거지를 빼앗기고 패배하였다. 그 후 천연두는 오하이오 강 계곡의 인디언들 간에도 발생하였다[3].

미국독립전쟁 동안, 계속되는 천연두 만연은 전투에서 초기 주요 미국군의 전투에 영향을 미쳤으며, 그 전쟁에서 Quebec 시를 포위하려는 시도를 중단케 하는 결과를 야기하였다. 유럽의 많은

** 1759년 영국군이 점령, 1775년에는 Ethan Allen이 지휘한 미군이 점령한 프랑스군의 요새가 있었던 곳이라 불림.

지역에서 자연감염 풍토병에 노출된 영국군들은 천연두에 대한 면역력이 있어서 그 전염병으로부터 상대적으로 보호된 데 비하여, 더 격오지에 살았던 식민지 이주자들은 그러한 면역성이 없었다. George Washington 장군은 이 두 군대 간에 면역력의 차이가 있다는 것을 인식하고, 1778년에 면역되지 않은 모든 신병들에 대하여 우두접종(천연두 접종)을 실시할 것을 명령하였다. 이것은 지금의 예방접종보다 더욱 논쟁의 여지가 있는 것으로, 사망 가능성이 1~3%에 달하였다. 지휘관에 의해 명령된 그 같은 조치는 세계 군대 역사상 최초였으며, 오늘날의 군사예방접종프로그램(military immunization programs)의 선례로서 자리매김하였다[2].

독일인들은 미국이 전쟁에 개입하기 전인 1차 세계대전 전반에 미국에 대하여 은밀한 생물학적 공세를 시도하였다. 연합군은 군대에서 축력(畜力)을 이용할 목적으로 미국으로부터 동물들을 구매하여왔다. 독일 첩보요원들은 해외로 선적을 기다리는 동물들을 비저병과 탄저병균으로 감염시켰다[4]. 독일인들은 루마니아, 러시아, 노르웨이, 메소포타미아, 아르헨티나에서도 유사한 작전을 수행하여 성공을 거두었다. 스페인에서는 밀곰팡이로 곡물제품을 감염시키려는 시도를 하였으나, 성공하지 못하였다[5].

1925년 제네바 의정서로 알려진 국제협약 [전쟁에서 질식, 독성 또는 기타 가스의 전쟁, 그리고 전쟁의 세균학적 (생물학적) 방법의 사용 금지를 위한 프로토콜]은 1차 세계대전동안 이루어진 화학적 제제의 사용에 대한 조치로 이루어졌다. 무기와 탄약의 국제무역 감독을 위한 국제회의 연맹에 의해 만들어진 1925년 제네바 의정서는 오직 국가 간의 사용에 관한 것이었다. 이 의정서에는 확인할 수 있는 방법은 없었으며, 자발적인 준수에만 의존하고 있었다. 처음에 서명한 많은 나라들은 의정서에 선제사용을 하지 않는 것을 더욱 효과적으로 만들고, 보복할 때는 사용할 수 있는 권리를 확보하기 위하여 의정서에 조건을 붙였다[2]. 1905년 러일전쟁에서 일본이 러시아를 이긴 후, 일본은 만주에서 지배적 우월권을 갖게 되었다. 광동군은 그 지역에서 일본의 경제적 이익을 유지하기 위하여 만들어졌다. 1931년 10월부터 1932년 말까지 15개월 동안, 일본군은 만주의 전 지역을 지배하였으며, 완전한 착취를 하기 위한 발판을 구축하였다. 1936년에 일본이 그 지역에서 군사적 지배를 하게 되면서, 생물학적 제제에 대한 각별한 관심을 가지고 있던 일본 육군의 의시인 Ishii Shiro 소령은 사람을 이용한 연구를 하기 위하여 만주에서 하얼빈으로 이동하게 되었다. 그는 난강지구로 알려진 하얼빈의 공업지구에 초기 연구소를 개설하였으나, 그는 논쟁의 여지가 많은 인간 대상의 연구가 검증없이 수행될 수 없다는 것을 알게 되자, 곧 하얼빈에서 남쪽으로 100 km 떨어진 Beiyinhe의 비밀시설에서 그의 인간 연구를 실시하기로 결심하였다. Ishii 소령은 외부 세계에 노출되지 않은 채, 더욱 끔찍한 수준의 인간실험을 시작하였다. 일단 연구를 위해 선택된 각 희생자는 인간 연구의 일부로서 또는 생체해부를 통해서 죽음에 이를 때까지 연구의 대상이 되었다. 이 연구의 대상이 되었던 사람들 가운데 생존자는 한 명도 없었다. 이 연구는 죄수들의 폭동과 탈출이 일어나서, 1937년에 그 시설이 폐쇄될 때까지 계속되었다. Beiyinhe 시설이 폐쇄된 이후에, 규모가 훨씬 더 큰 시설이 만들어졌다[6].

1936년 8월에 Ishi 중령은 광동 Army Boeki Kyusui Bu [정수국(Water Purification Bureau)]의 국장이 되었다. 그해 가을, 일본인들은 6 km^2의 농지를 전용하였는데, 이곳은 하얼빈으로부터

24 km 남쪽에 위치한 10개 마을을 포함하였는데, 그들의 고향으로부터 600 가족을 이주시켰다. Ishii가 거대한 핑팬(Ping Fan) 연구시설을 지은 곳은 이곳이었으며, 여기에는 200명의 죄수들이 추가실험에서 희생될 실험대상으로서 항상 대기 중에 있었으며, 최소 3,000명의 중국인 죄인들이 이 실험으로 사망하였으나, 대부분의 증거는 전쟁이 끝날 무렵에 파기되었다—이러한 끔찍한 연구의 실제 희생자 수는 아마도 훨씬 더 많았을 것이다[6].

장춘(Changchun)의 100 부대 시설은 Ishii 만큼 잔인한 수의공무원인 Wakamatsu Yujiro에 의해 운영되었다. 1936년에 일본인들은 일본이 점령한 만주의 수도인 장춘에서 남쪽으로 6 km 떨어진 작은 마을인 Mokotan 인근의 땅 20 km^2를 전용하였다. 100 부대는 주로 수의학 및 농업 생물전을 연구하는 부대로서, Ping Fan의 731 부대와는 완전히 독립된 활동을 하였다. 100 부대의 주요 관심사는 사보타주 활동(sabotage operation)***에 사용될 수 있는 생물무기를 개발하는 것이었다. 동물과 농작물이 대부분의 연구에서 관심사였음에도 불구하고, Ping Fan에서 731 부대에 의해서 자행된 연구와 본질적으로 매우 유사한 굉장히 많은 인간연구가 진행되었다.

1939년 4월에, Ei 1644 부대로 알려진 제3의 주요 연구시설이 Ishii의 부관 가운데 한 명인 Masuda 중령의 지휘 하에 Nanking에 있는 중국인 병원에 설립되었다. 그 병원의 4층에는 죄수들이 수용되어 있었는데, 그들 중 많은 사람들이 여성과 어린이였으며, 그들은 끔찍한 실험의 대상이 되었다. 인간실험대상들은 연구가 종료된 후, 보통 밤늦게 캠프소각장에서 소각되었다. 관측창이 있는 가스실은 화학전 실험을 실시하는데 사용되었다. Ei 1644 부대는 세균제제의 생산과 벼룩배양 등의 지원을 책임지고 있었으며, 731 부대의 연구 활동을 뒷받침하였다[6]. 전쟁이 끝났을 때, 육군 중장이었던 Ishii와 그의 동료 과학자들은 그 당시 다년간의 생물무기연구를 통해서 얻은 정보를 제공하는 대가로 사면되었다. 그리고 지금 이것은 논란의 여지가 되고 있다[2].

제2차 세계대전 동안 일본인의 노력과는 정반대로, 독일의 관심은 생물학적 제제에 대한 적절한 방어를 마련하는데 더 관심이 있는 듯하였다. 독일 연구자들은 실험을 위해 죄수에게 감염시켰지만, 전쟁 후 취해진 어떤 법적 조치도 없었으며, 독일의 공격용 생물전 프로그램(German offensive biological warfare program)은 기록조차 없었다. 그러나 독일인들은 남아시아 대륙으로 황열병(yellow fever)을 도입하려는 시도와 독일의 감자농업을 망치게 하기 위하여 콜로라도 감자잎벌레(Colorado beetle)를 몰래 반입 시도한 영국인을 기소하였다. 이들 주장은 결코 구체화되지 않았다[5].

한국전쟁 동안, 미국이 생물전을 행하였다는 많은 주장들이 북한과 중국 관리들에 의해 제기되었다. 이 주장의 대부분은 만주에 있었던 731 부대에 의해 자행되었던 '현장실험'에 대한 중국인들의 경험을 토대로 이루어진 것으로 보인다. 공산주의자의 전쟁을 지원하기 위하여 폴란드 의료인이 중국에 파견되었으며, 동유럽 특파원들과 동행하였다. 이들 특파원과 다른 소식통들로부터 환자들의 일화에 근거한 많은 주장들이 흘러나왔다. 이들 기사는 과학적으로 입증되지 못하였다. 콜레라를 매개하는 곤충의 사용이나 감염된 거미를 이용한 탄저균의 전파와 같은 일부 기사들은 애매하기는 하였으나, 과학적 타당성을 가지고 있었다[7].

*** 쟁의 중인 노동자에 의한 공장 설비 · 기계 등의 파괴, 생산 방해활동.

1차 세계대전 후, 미육군 병원부대의 Leon Fox 소령은 광범위한 보고서를 썼는데, 이 보고서에는 건강과 공중위생의 현대적 개선이 생물학적 제제의 사용을 어렵게 하고 비효과적으로 만든다고 결론지었다. 그는 이 보고서에서 진행 중인 일본의 공격용 생물학적 프로그램에 대하여 일부 언급하였는데, 그것은 아이러니하게도 그 문제의 대상에서 미국의 상당한 관심을 일으켰던 독일의 생물무기 개발에 대한 그의 잘못된 염려였다. 1941년 가을, 미국이 2차 세계대전에 참전하기 전에, 생물무기가 가지고 있는 잠재력의 타당성에 대해 의견이 분분하였다: "많은 의혹이 있었기 때문에 일어날 수 있는 공격에 대한 위험성에 대해 확실한 평가가 이루어져야 한다는 합리적인 신중함이 요구되었다" [8, p. 1]. 그 결과, 육군장관은 미국과학협회(National Academy of Science)에 이 문제에 대하여 연구할 위원회를 지정해 줄 것을 요구하였다. 그 위원회는 1942년 2월에 생물전은 실행가능하며, 미국의 취약성을 줄이기 위한 대책에 필요하다고 결론지었다[2].

루즈벨트 대통령은 George W. Merck를 책임자로 하는 전투예비군(War Reserve Service)을 창설하였으며, 초기과제는 생물학적 공격으로부터 보호하기 위한 방어수단을 개발하는 것이었다. 1942년 11월에 전투예비부대는 육군화학전부대에 대하여 비밀리에 대규모 연구와 개발 프로그램을 수행할 것을 요구하였으며, 거기에는 실험실과 실험공장의 건축과 운영이 포함되었다. 육군은 1943년 4월에 새로운 시설을 위한 장소로서, Maryland 주의 Frederick 소재 Camp Detrick의 주방위군이 운영하는 비행장을 선택하였다. 1944년 여름에 육군은 Mississippi 주 Horn Island에 실험 장소를 확보하였고, Indiana 주의 Terre Haute 시에 생산시설을 만들었다. 시험 장소는 그 후 Utah 주의 Dugway Proving Grounds로 이동시켰으며, Terre Haute 시의 생산시설은 곧 폐쇄되었다. 전투예비군은 해산되었으며, 생물연구프로그램을 관리감독하기 위해 전략장관 하에 연구개발위원회가 설립되었다. 1946년 1월에 생물전 상황의 평가는 George Merck에 의해 국무장관에게 제출되었다. 그 보고서는 미국이 생물무기에 의해 공격을 받으면 동일한 방법으로 보복하기 위하여 확실한 능력을 보유할 필요가 있다고 결론지었다[7].

제2차 세계대전이 끝나자 곧, 미국은 일본의 생물무기연구에 대한 모든 것을 배웠다. 점차적으로 1940년대 말엽에 일본의 이 프로그램의 범위가 알려지게 되었으며, 이와 함께 소련은 그 프로그램에 대하여 흥미를 갖게 되었다. 1950년 6월에 한반도에서 전쟁이 일어났으며, 소련의 생물무기개발에 대한 관심과 북한, 중국, 또는 소련이 한국에서 생물무기를 사용할 가능성이 증가되었다. 1946년에 폐쇄된 Indiana 주 Terre Haute 시의 생산시설은 Arkansas 주의 Pine Bluff에 대규모 생산시설로 대체되었다. 미국은 26년에 걸쳐 생물무기를 개발하는 동안 8가지 대인제제(anti-personnel agents)와 5가지 농작물 고사용 제제(anticrop agent)를 무기화하였다[9].

야외시험은 미국에서 일반 사람들과 시험 대상들조차 모르게 실시되었으며, 이들 연구는 불행하게도 공격용 생물전 프로그램의 역사를 더럽혔다. 최초의 대규모 에어로졸 취약성 실험(aerosol vulnerability testing)은 1950년 10월에 수행된 San Francisco Bay 연구였다. *Bacillus globigii*와 *Serratia marcescens*는 생물학적 제제의 자극제로 사용되었다. 불행하게도 연구지역의 한 병원에서 많은 *Serratia*에 의한 감염이 뒤이어 일어났으며, 어디에도 감염원이 8UK 균주였다는 기록이 없었지만, 많은 사람들은 미육군이 감염을 일으켰다는 것을 알고 있었다[10].

나중에 *Chromobacter*로 알려진 *Serratia marcescens*는 당시에 비병원성으로 여겨졌었다. 아프리카 미국인들이 *Aspergillus fumigatus*에 의해 야기되는 진균감염에 더욱 민감한지를 알아보기 위한 환경시험을 포함하였는데, Virginia 주의 Norfolk 소재 Norfolk 급식소에서 아무것도 알지 못하는 1,951명의 작업자들이 *Aspergillus* 포자에 오염된 상자를 다루는 과정에서 노출되었을 때, *Coccidioides immitis*가 함께 관찰되었던 것과 마찬가지로, 몇몇 논란의 여지가 있는 연구에 환경시험이 포함되었다. 1966년에 뉴욕시 지하철에서 미육군은 독일인들이 밀폐된 공간과 환기시스템의 가장 취약한 점을 알기 위하여 파리 지하철과 마지노선(Maginot Line)의 일부 요새에 대하여 수행했던 실험을 반복 실시하였다. *Bacillus subtilis* var. *nigeri*로 채워진 백열전구를 지하철 구조 내에서 확산되는데 얼마나 걸리는지 알아보기 위하여 환기샤프트로 투입하였다[11]. Camp Detrick의 특수작전처에서는 은밀한 공격의 가능한 방법들에 대한 많은 연구들이 수행하였다.

1954년 이후에, 새로이 창설된 의학연구부대(Medical Research Unit)는 화학병과(Chemical Corps)에 의해 수행된 연구와 별도의 의학연구를 수행하였다. 이 연구는 "Operation Whitecoat"로 알려진 의회에서 공인된 프로그램의 일부로서 1956년에 실험에서 지원자를 활용하여 시작되었다. 이러한 지원자의 사용은 그 연구에서 윤리와 인간사용에 대한 표준을 제시하게 하였다. 그 프로그램은 생물학적 제제와 관련된 연구를 수행하기 위한 지원자로서 양심적 병역거부상태(conscientious objector status)의 육군현역군인을 활용하였다. 모든 참여는 자발적이었으며, 각 지원자의 서면고지에 입각한 동의하에 실행되었다. 그 프로그램은 초안이 종료되면서 1973년에 종결되었으며, 그것은 양심적 전쟁반대자의 출처가 되었다[9]. 1969년 7월에, 영국은 생물학적 및 독소무기에 대한 개발, 생산, 비축 금지를 요구하는 군비축소위원회(Conference of the Committee on Disarmament)에 대한 성명을 발행하였다[12].

1969년 9월에 소련은 돌연 유엔총회에 군비축소협약을 제안하였다. 1969년 11월에 유엔의 세계보건기구는 예측 불가능한 특성, 일단 방출된 후의 통제부족, 생물무기 사용에 관련된 다른 직원의 위험 등을 기술한 생물무기의 축소에 대한 18개국 위원회의 초기보고서에 대한 후속물을 발행하였다. 그 후 Nixon 대통령은 1969년 11월 25일에 Fort Detrick을 방문하여 일방적으로 생물무기의 개발, 생산, 비축을 포기하고, 방어수단으로서 백신, 마약, 진단을 개발하는 일을 엄격하게 제한한다는 생물무기에 대한 미국의 새로운 정책을 발표하였다. 1972년 생물무기협약(Biologic Weapons Convention)은 1925 제네바의정서의 후속 협정으로 "1972 세균학적(생물학적) 및 독소무기의 개발, 생산, 비축금지 및 파괴에 관한 협정"으로 더 정확히 알려졌다. 이 협정은 103개 공동서명 국가들 간에 이루어졌으며 1975년 3월에 발효되었다. "이 협정은 예방, 보호, 또는 기타 평화적 목적의 정당화 없이는 그 기원이나 유형, 양적인 생산방법이 무엇이든 생물학적 제제의 독소나 미생물 보유 또는 어떠한 수단으로든지 획득, 비축, 생산, 개발을 금지할 뿐 아니라, 무력분쟁이나 적대적 목적으로 그러한 제제나 독소를 사용하도록 설계된 수단이나 장비, 무기의 사용을 금지한다"[13].

미육군은 1969년 대통령 훈령에 따라 1972년 생물무기협약의 작성이나 그 비준을 기다리지 않았다. 1972년 5월까지, 사람을 대상으로 하는 모든 제제는 폐기되었으며 Arkansas 주의 Pine

Bluff에 있는 생산시설은 연구시설로 전환되었다. 1973년 2월까지 농업을 대상으로 하는 모든 생물학적 제제는 폐기되었다. 공격용 무기 프로그램과 관련된 Fort Detrick과 기타 군사시설들은 재조정되었으며, 미육군전염병의학연구소(US Army Medical Research Institute of Infectious Disease)가 미육군의료부대(Army Medical Unit)를 대체하여 만들어졌으며, 생물안전단계(biosafety level) 3 또는 4와 더불어 의료방어대책(medical defensive countermeasure)의 개발에 크게 기여하였다[2].

1925년 소련은 제네바 협정의 서명국이었음에도 불구하고, 국가안전기구인 GPU의 감독 하에서 모스코바에 있는 레닌그라드 육군사관학교에서 무기개발프로그램을 시작하였다. 초기에는 발틱해의 Slovetsky 섬과 인근 포로수용소에서 전쟁전에 수행된 것으로 정치적 죄수를 대상으로 발진티푸스에 관한 인간실험을 하는 것이었다. 이 연구는 그 후 Q열, 마비저, 유비저****뿐만 아니라, 야토병과 페스트도 포함되었다. 크리미아에서 대기 중이 있던 독일군들 중에서 Q열이 창궐한 것과 Stalingrad에서 포위된 독일군들 간의 야토병 창궐은 생물무기 사용과 관련하여 의심이 가는 사건이었지만, 제2차 세계대전 동안 소련에 의한 생물무기 사용은 확인되지 않았다[14].

제2차 세계대전 동안 스탈린은 진격하는 독일군의 진로로 부터 생물전 운용시설을 이동시켜야만 하였다. 연구시설은 동부 유럽쪽 러시아에 있는 Kirov로 옮겨졌으며, 시험시설은 마침내 카자흐스탄과 우즈베키스탄, 소련공화국 간의 아랄(Aral) 해에 있는 Vozrozhdeniya 섬에 만들어졌다. 전쟁이 끝나자, 만주를 침략한 소련군은 Ping Fan에서 악명높은 731 부대에 근무하였던 일본인들을 체포하였다. 소련군은 확보한 기록물들과 죄수 심문을 통해서 일본인들에 의해 자행된 광범위한 인체실험과 현장실험을 이해하였다. 스탈린은 일본으로부터 알아낸 것들로부터 한층 고무되었으며, KGB 국장인 Lavrenty Beria를 새로운 생물학전 프로그램의 담당자로서 임명하였다. Sverdlosk의 생산시설은 일본 계획안을 사용하여 건축되었다. 1953년에 스탈린이 죽은 직후, 소련의 통제를 장악하기 위한 갈등이 계속되었다. Beria는 권력을 잡기 위한 투쟁과정에서 처형당하고, 크렘린 지도자로서 출현한 Khrushev는 생물학전 프로그램을 (구소련의) 15회 붉은 군대 이사회(15th directorate of the red army)로 전환시켰다. 전쟁 동안 육군의무부대장이었던 Yefim Smirnov 연대장은 그 프로그램의 책임자가 되었다[14].

스탈린 시대의 보건사회부장관이었던 Smirnov는 생물무기의 강력한 옹호자였다. 국방장관인 Marshall Georgi Zhukov는 모스코바가 1956년까지 다음 전쟁에서 화학무기와 더불어 생물무기도 배치할 수 있다는 것을 전 세계에 선언하였다. 1960년까지 소련 전역에 생물전의 모든 측면에 초점이 맞춰진 연구시설들이 많이 존재하였다[14].

소련은 1964년부터 1970년까지 운영된 세계보건기구의 천연두 박멸프로그램(smallpox eradication program)에 적극적인 참가국이었다. 그 프로그램에 참여한 소련의 의사는 시료들을 소련 연구시설로 보냈다. 소련의 프로그램 참여는 세계에서 천연두를 박멸시키는 것뿐만 아니라 생물무기의 개발을 위한 원재료로서 전쟁 무기로서의 사악한 목적을 위해 추후 사용될 수 있는 천연두 바이러스의 독성 균주를 얻기 위한 기회가 되었다. 1980년에 세계보건기구는 천연두의 박멸을 발

**** *Pseudomonas pseudomallei*에 의해서 설치류, 말, 반추동물, 돼지, 사람 등에 발생되는 인수공동전염병.

표하였으며, 세계는 어떤 다른 전염병보다 더 많은 사람들의 죽음을 야기한 질병의 사라짐을 크게 기뻐하였다. 그러나 소련은 축하에 대한 다른 이유가 있었다: 자연질병은 시간이 지남에 따라 사라졌으며, 예방접종 프로그램이 종결되고, 자연면역 또는 백신에 의한 획득면역도 대다수 세계 사람들에게 존재하지 않는다는 것을 의미하였다[2].

1969년에 Richard Nixon 대통령은 생물전 연구의 일방적인 중지를 발표하였다[12]. 연구는 곧바로 중단되었으며, 생산시설과 비축된 무기들은 파괴되었다. 소련은 1972년 생물무기협약에 서명하였다. 소련 측에서 볼 때, 이것은 서방 적국으로부터 중대한 이익을 얻을 수 있는 좋은 기회일 것이라고 생각하였다. 소련은 그들의 노력을 더욱 확대시킬 수 있을 것으로 생각하였다[2].

1979년 10월에 독일 Frankfurt에서 출간되는 러시아의 이민자 신문에는 러시아의 Sverdlosk (지금은 Yekaterinburg로 알려짐)라는 도시에서 일어난 불가사의한 탄저균 전염병에 대한 요약보고서가 보도되었다. 전하는 바에 따르면, 군인들이 Sverdlosk에 있는 병원들에 입원하였으며, 수천 명의 환자가 매우 치명적인 형태의 탄저병을 치료를 받은 것으로 보고하였다. Compound 17이라는 소련 군사시설 인근의 도시지역으로 탄저균이 사고로 유출되었다는 의심이 제기되었다. CIA는 하버드 생물학자인 Mathew Meselson 박사에게 의견을 물었으며, 그 의심은 잘못된 것으로 밝혀졌다. Meselson 박사는 소련의 무기유출론(release theory)에 대하여 반박하였으며, 그는 결국 미국 생물무기프로그램에서 Nixon 금지령의 강력한 지지자가 되었다. 동일한 증거를 심사하는 또 다른 많은 객관적 목격자들은 다른 의견을 제기하였다. 더우기 1979년 늦은 봄부터 Sverdlosk의 인공위성 사진들은 Sverdlosk 기지 주변에서 많은 움직임이 있었음을 보여주었는데, 이것은 그 당시에 대대적인 오염제거노력이 있었다는 것과 일치하였다. 그러나 그 사건은 보다 나은 군사적 생물준비태세(biopreparedness)를 모색하려는 레이건 행정부와 국방부에서 우려의 목소리가 생겨나기 시작하였다[15].

미국상원에서 Meselson의 증언으로 향후 12년간 격렬한 논쟁이 일어나게 되었다. 많은 미국 당국자들에 의해 주장된 것처럼, 그는 탄저병의 발생이 군사무기시설에서 일어난 사고의 결과가 아니라, 소련이 탄저균에 오염된 동물들이 민간인이 공급하는 육류와 섞이는 것을 차단하지 못하여 일어난 일이라는 많은 증거를 제시하였다. Meselson의 생각으로 1972 생물무기협약은 대성공이었으며, 생물무기를 소유한 국가가 없다는 것을 지속적으로 이야기하였다. 1992년 6월에 단기간의 개방적 긴장완화가 있었던 중에, Meselsen은 Sverdlosk 사건의 다른 증거와 검시 물질을 재조사하기 위한 과학자들 팀을 구성할 수 있게 되었다. 병리학자인 David Walker 팀은 종격조직(mediastinal tissue)의 검시 표본에서 그 질병이 소련이 주장을 계속해온 오염된 고기의 섭취에 의한 것이 아니라, 탄저균 포자의 흡입 감염에 의한 것이라는 명백한 증거를 제시하였다. Meselson은 그 증거가 이 사건이 자연적 질병의 출현이 아니었다는 결정적인 증거는 아니라고 계속 주장하였다[15].

이전에 George H. W. Bush 대통령과 사적 대화에서 러시아의 지도자인 Boris Yeltsin은 KGB와 군대가 탄저균 사망에 대해 거짓말을 했다는 것과 그에 대한 해명을 하였다는 것을 시인하였다. 한편으로, Ken Alibek을 포함한 소련의 몇몇 망명자들은 무기화된 탄저균의 실수에 의한 방출로 인한 Sverdlosk 사고뿐만 아니라 소련의 생물무기 프로그램의 광범위한 실체를 확인하였다 [11]. 그 후, 보도자료에서 Yeltsin은 공격계획과 Sverdlosk의 생물무기사건의 실체를 인정하였다 [15].

소련의 생물무기 프로그램은 값비싸고, 다른 내각 하에서 다양한 시설을 포함하는 Biopreparat*****로 알려진 총체적인 상업적 시설이다. 소련 공산당 중앙위원회[정치국](Politburo)은 합법적 민간 생명공학 연구로 은폐하면서 공격연구, 개발, 생산을 수행하기 위한 biopreparat를 창설하였다. Biopreparat는 50,000명 이상을 고용하는 52개 장소에서 비밀활동을 수행하였는데, 예를 들어 무기화된 천연두의 연간 생산량은 90~100 톤이었다[14].

국방대학교(National Defense University)의 Seth Carus는 20세기에 사용된 모든 생물학적 제제를 연구하였으며, 그 가운데 180건의 확인제제의 사용, 27건의 생물테러, 그리고 56건의 생물범죄(biocrime)를 포함하는 불법 생물학적 제제가 관련된 270가지의 혐의사례를 찾아냈다. 97건에 대하여는 범죄자의 목적이나 의도가 알려지지 않았다. 생물학적 제제의 범죄적 사용에 의해 10명의 사망자가 발생하였다[5].

1978년에 정부 주도하의 생물테러가 일어났다. Georgi Markov라는 불가리아인 망명자가 런던에서 우산에 숨겨진 폭발물에 의해 공격을 당하였다. 그의 다리 피하조직으로 작은 펠릿이 발사되었으며, 며칠 후 그는 불가사의하게 죽었다. 부검에서 발견된 이 팰릿 안에는 유독성 물질로 채워져 있었다. 그 물질은 리신(ricin)임이 확인되었다[9].

1995년에 Debra Green 박사는 살인 및 살인미수 혐의로 기소되었는데, 죄가 없다는 것을 호소하였다. 그 살인죄는 그녀가 방화범이었다고 추정되는 화재로 인한 두 자녀의 죽음 때문이었으며, 살인미수죄는 리신에 중독된 별거 중인 배우자에 근거하였다. 그 후 Green은 종신형을 선고받았다[5].

1996년에 다른 종류의 범죄가 일어났는데, Diane Thompson은 12명의 동료들에게 고의로 *Shigella dysenteriae*를 감염시켰다. 그녀는 동료들에게 실험실 휴게실에서 페스츄리(pastries)를 함께 먹자고 이메일을 보냈다. 병에 걸린 12명의 병원직원 가운데 8명은 *Shigella dysenteriae* 2형에 대하여 양성반응을 나타내었으며, 머핀(muffin)에서 동일한 병원체가 발견되었다. 수사가 진행되는 동안, 경찰은 이 사건이 일어나기 1년 전에 Thompson의 남자친구도 유사한 증세로 고통을 받아서 동일한 병원에 입원한 적이 있다는 사실과, 그의 실험실에서의 시험 결과가 위조되었다는 것을 알게 되었다. Thompson은 감옥에 보내져 20년 형을 언도받았다[5].

미국에서 생물테러에 관한 최초의 에피소드가 1984년에 일어났다. 1960년대에 Bhagwan Shree Rajneesh라고 하는 인디언 지도자는 Rajneeshee 교단을 설립하였다. Rajneesh는 사람들을 교묘하게 잘 다루는 사람이었으며, 상위중산층의 추종자들을 잘 속여 막대한 기부금을 모았으며, 책과 테입을 팔아서 돈을 벌어 크게 성공하였다. 이교도들의 급진적 신앙 때문에 아시람(ashram)******은 인도의 Poona (현 Pune)에서 환영받지 못하였다. Rajneesh는 오리건 주, Dalles

***** 러시아어, 생물학전 담당부서.

****** 힌두교에서 종교적 교육 · 훈련을 받는 곳.

시 인근의 Big Muddy Ranch 지역의 땅을 취득하였다. 여기서 그는 Rajneeshpuram이라는 그의 추종자들을 위한 공동체를 설립하였으며, 추후 통합공동체가 되었다. 몇 년 이내에, Rajneeshee는 토지 사용과 개발과 관련하여 지역민들과 갈등을 빚게 되었다. 그 상황을 장악하기 위하여, Rajneeshee는 그들이 Wasco 카운티 정부를 관리할 필요가 있다는 것을 인식하였다. 그의 뜻을 이루기 위하여, 그들은 집 나누기 프로그램(share-a-home program)을 통해 미국 전역의 도시로부터 수천 명의 집없는 사람들을 이주시켜, 조만간 있을 선거에 투표하도록 하였다. Rajneeshee인들은 또한 그 지역 사람들에게는 질병을 야기시켜 그들이 투표에 참여하지 못하도록 음모를 꾸몄다[5].

Rajneeshee의 생물학적 제제 사용에 대하여 기록된 최초의 사건은 *Salmonella typhimurium*으로 오염된 물에 대한 조항이 포함되어 있었다. 1984년 9월 29일에 Rajneeshpuram을 방문한 2명의 Wasco 카운티 위원은 오염된 물을 마셨다. 두 명 모두가 병에 걸렸으며, 한 사람은 입원하게 되었다. 1984년 11월 선거까지 몇 달을 남겨둔 시점을 전후하여, 환경, 공중 급수, 슈퍼마켓 식품 오염 등의 몇 가지 오염관 관련된 시도를 하였으나 실패하였다. 1984년 9월에 Rajneeshee는 동네 레스토랑에서 음식을 오염시킬 계획을 하였다. 총 10개의 레스토랑이 샐러드바의 음식, 드레싱, 커피크림에 대하여 *S. typhimurium*의 현탁액으로 오염시키는 방법에 의해 피해를 입었다. 이 테러 행위로 많은 Dalles시 주민들은 병으로 고통을 받게 되었으며, 751명이 *S. typhymurium*에 감염되고, 수백 명이 병원에 입원하게 되었다. Rajneeshee 이교도들에 의한 레스토랑 오염계획은 성공하였지만, Wasco 카운티를 접수하기 위한 노력은 포기하였다. 더 이상의 공격이 시도되지 않았다. 흥미있게도, 질병통제예방센터(CDC)는 그 질병의 발생을 조사한 후, 그 원인이 공중위생과 손씻기 습관을 제대로 지키지 않았기 때문이라고 결론지었다. 그러나 불과 1년 후, 몇몇 이교도들이 탈주하여 이교도의 내부 운영이 사악한 특성을 가지고 있다는 것을 폭로하였으며, 그 질병의 원인이 드디어 규명되었다[5].

1995년, 오음진리교(Aum Shinrikyo) 이교도 집단이 도쿄지하철에서 사린가스를 방출시켜 12명이 사망하고, 수천 명이 응급치료를 받게 되었다. Shoko Asahara에 의해 설립된 오음진리교의 이교도는 약 1만 명 정도이며, 3억 달러의 자산을 가지는 거대 기구로 성장하였다. 오음진리교는 "성(省, ministry)과 부(部, department)"를 가지는 일본정부의 기구를 그대로 모방하였다. "쿄토대학교 바이러스 연구센터에서 유전공학을 연구하는 Seichi Endo는 건강 및 복지부"의 소장이었으며, "과학과 기술" 부분의 천체물리학에서 높은 학위를 가지고 코베 철강회사의 연구개발 분야에서 근무하는 Hideo Murai는 소장이었다. Endo는 이교단 소유의 후지산 토양에 있는 환경에 분리된 균주인 *Clostridium botulinum*으로부터 보툴리늄 독소를 얻어내고자 하였다. 그곳에 생산시설이 마련하였으며, 마구간에서 말의 혈청항독소를 개발하기 위해 말을 사육하였다. Endo가 성공적으로 강력한 보툴리늄 독소를 생산할 수 있었는지는 확실하지 않다[5, 15].

1993년, 오음진리교는 도쿄 동부에 이교도 소유의 사무실 건물 8층에 새로운 연구시설을 건축하였다. 여기에서 이교도들은 *Bacillus anthracis*를 배양하였으며, 탄저균을 살포하기 위한 거대한 산업 분무기를 설치하였다. 이교도들은 또한 *Coxiella burnetti*와 독버섯에 대한 연구도 하였다고 믿어지며, 그들은 에볼라바이러스를 얻기 위하여 에볼라 전염병이 한창일 때 자이레 (현재 콩고민주공회국)에 한 팀을 파견하였으며, 그들은 거기에서 그 바이러스를 배양을 하였다고 주장하였다. 1990년부터 1995년까지 보도된 바에 따르면, 이 종파는 3곳에 탄저균과 6곳에 보툴리눔 독소를 살포하기 위하여 9개 목표지점에 에어로졸 생물제제를 사용하고자 하였다. 1990년 4월에 도쿄중심부의 일본 의회건물, 요코하마 시와 요수카 미해군기지, 나리타 국제공항을 공격하기 위하여 3대의 차량에 분사기를 장착하였다. 1993년 6월에, 이교도들은 일본의 황태자 결혼을 목표로 차량으로 도쿄번화가에 보툴리눔 독소를 살포할 계획을 세웠다. 다음달, 이교도들은 연구와 생산시설이 있는 8층 건물에서 지붕에 장착한 분사기를 사용하여 탄저균을 살포하였다. 1993년 7월에, 이교도들은 다시 도쿄중심의 의회건물을 목표로 하여 트럭으로 탄저균을 살포하였으며, 그 후 같은 달에도 도쿄 왕궁에 대하여 살포계획을 세웠다. 1995년 3월 15일, 이교도들은 보툴리눔 독소를 유출할 계획을 세운 3개의 서류가방을 도쿄지하철에 놔두었다. 이 같은 많은 공격이 있었지만 성공된 사례는 없었으며, 생물무기에 의한 어떤 사상자도 발생하지 않았다. 결국, 오음진리교는, 그들의 생물무기 프로그램을 포기하였으나, 1995년 3월 20일에 도쿄 지하철에 사린(sarin)을 방출하여 세계에 충격과 실망을 안겨주었다[5].

효과적인 생물학적 공격을 수행하고자 했던 이교도들의 실패원인은 무독성 또는 저독성 *C. botulinum* 균주 사용, (저병원성) *Bacillus anthracis* 백신균주 사용, 부적절한 살포장비 사용, 노즐의 막힘, 아마도 계획된 활동을 따르기를 꺼리는 일부 이교도들의 거부 등이 포함되었다[5].

2001년 10월 4일, 미국이 세계무역센터와 국방부에 대한 9월 11일 공격으로 국제테러의 약점을 극적으로 인지한지 바로 2주 후, Florida 주의 보건당국은 폐(肺)탄저균 사례를 보고하였다. 9월 첫째 주에 미국의 American Media, Inc.에는 Jennifer Lopez 앞으로 된 팬레터와 함께 '분말'이 도착하였다. 그 편지는 Robert Stevens를 포함한 American Media 직원을 통해 전달되었다. 돌이켜 보건데, 수사관들의 생각으로는 감염원이 들어있던 편지에 대한 혼선이 있었던 것으로 보였다[16]. Stevens는 2001년 10월 2일에 고열과 혼미 증세로 Florida 주의 Palm Beach의 한 병원에 입원하였으며, 2001년 10월 5일에 Robert Stevens는 흡입탄저병으로 죽었는데, 이는 20년 동안에 걸쳐 이러한 사례로 미국에서 사망한 최초의 사례였다. 다음날 실시된 부검에서 사망원인이 출혈성 흉막삼출(hemmorrhagic pleural effusions)과 종격괴사(mediastinal necrosis)로 나타났다. 곧 다른 탄저균 우편물이 배달되었고, 그로 인한 감염이 뉴욕 시의 민간뉴스매체를 통해서 처음으로 알려지게 되었으며, 그 후 Washington, DC의 연방의회건물, New Jersey 주의 Trenton과 수도지역의 우체국 시설에서도 오염이 알려졌다[16].

2001년 9월 18일과 10월 9일의 2회에 걸쳐 적어도 5통, 이론적으로 7통 이상의 탄저균 포자를 포함하는 편지들이 배달되었다 (그 중 4개는 회수되었음). 총 22명이 탄저균에 감염되었으며, 11명의 폐질환 환자 가운데 5명이 죽었다. 탄저균 노출로 인한 오염과 선별의 문제들은 연방의회건물과 미 우체국에서 작업에 상당한 차질을 초래하였으며, 오염을 제거하기 위한 비용으로 수백만 달러가 지불되었다는 것은 언급하지 않았다는 것이다. 그러나 가장 중요한 문제와 그를 통해서 알게 된 사항은 위협의 본질과 대중과의 대응노력이었으며, 효과적이고 정확한 소통의 중요성과 관련이 있었다[6].

2003년에 적어도 4가지의 리신과 관련된 사건들이 발생하였다. 2003년 1월 5일에 알카에다(Al Qaeda)와 이라크 Ansar al-Islam과 연계된 체첸 연계망의 일부라고 생각되는 6명의 알제리아인들이 영국 보안기관에 의해 북부 런던에서 체포되었다. 그들은 리신뿐만 아니라, 피마자콩과 리신의 제조장비도 가지고 있었다. 2003년 3월에 파리의 지하철역에 있는 보관함에 보관되어 있는 소량의 리신이 경찰에 의해 발견되었다. 2003년 10월에 리신을 담은 통이 미국 South Carolina 주의 우체국에서 발견되었다. 2003년 11월에 소량의 리신이 백악관으로 배달된 우편물에서 발견되었다[17].

남아시아의 타밀 반군집단(Tamil rebel group)은 1980년대 초기에 토착 스리랑카인들에 대하여 생물물질을 사용하겠다고 위협한 바 있으며, 2008년 3월에 재차 위협하였다. 반군들은 스리랑카에 주혈흡충증(bilhariasis)와 황열병을 전파시킬 생각을 하였으며, 대식물제제(antiplant agent)를 사용하여 고무재배농장과 차밭을 공격할 계획을 수립하였다[17]. 이들 위협의 이행 가능성은 불확실하였지만, 테러의 가능한 무기로서 위협하기 위하여, 다른 테러리스트 기구들이 생물학적 제제를 계획하고 있다는 것을 증명한다.

알카에다 Abdul Rauf라는 파키스탄의 미생물학자는 아프가니스탄에서 알카에다의 생물학적 무기를 제조하기 위하여 탄저균 포자와 장비를 얻고자 유럽지역을 찾아 나섰다. 알카에다 훈련을 받은 테러리스트인 Menad Benchellali는 2004년에 그가 체포되기 전에 프랑스 Lyon에 소재한 생물 및 화학 실험실에서 리신의 무기화를 포함하는 비밀활동에 관여하였다[17]. 이 사례는 알카에다가 지원하는 생물테러의 이행가능성을 확인하는 테러리스트들이 작은 연구실에서 생물학적 제제를 취급할 수 있다는 확실히 보여주었다.

생물학적 제제의 사용은 지난 20년 동안 크게 증가하였으며, 생물테러의 위협은 2001년 9월과 10월의 탄저균 우편물 공격 이후에 급격하게 새로운 양상을 나타내고 있다. 정치적 목적을 가진 집단, 종교 집단, 그리고 종말적인 이교도들은 세계도처에서 빈번하게 테러를 일으키고 있다[18]. 흥미롭게도 이들 테러리스트 기구들은 생물학적 제제에 대하여 더욱 커다란 관심을 가지게 되었다. 더욱 걱정스러운 최근의 추세들 가운데 하나는 테러리스트들이 대량사상자들을 발생시키려는 의도가 증대되고 있다는 것이다[19]. 주요 생물학적 제제는 테러의 행위로서 방출되어 대량 살상을 일으킬 가능성이 있으며, 의료인, 공중보건관계자, 비상에 대처하는 정부부처들은 그러한 사건에 대하여 미리 준비해야 한다.

참고문헌

1. Derbes, V. J. 1966. De Mussis and the great plague of 1348. *JAMA*, 196(1): 59–62.
2. Martin, J. W., G. W. Christopher, and E. M. Eitzen. 2007. History of biological weapons: From poisoned darts to intentional epidemics. In *Medical Aspects of Chemical and Biological Warfare*, Z. F. Dembek, ed., pp. 1–20. Washington, DC: Borden Institute.
3. Christopher, G. W., T. J. Cieslak, J. A. Pavlin, and E. M. Eitzen. 1997. Biological warfare: A historical perspective. *JAMA*, 278: 412–417.
4. Jacobs, M. K. 2004. The history of biologic warfare and bioterrorism. *Derm. Clin.*, 22(3): 231–246.

5. Carus, W. S. 1998 (February 2001 Revision). Bioterrorism and biocrimes (Working paper), Center for Counterproliferation Research. Washington, DC: National Defense University.
6. Harris, S. H. 1994. *Factories of Death*. London: Routledge.
7. Rolicka, M. 1995. New studies disputing the allegations of bacteriological warfare during the Korean War. *Military Med.*, 160(3): 97–100.
8. Department of the Army. 1977. Special Report to Congress: U.S. Army Activity in U.S. Biological Warfare Programs, 1942–1977. Vol 1(1). Washington, DC: DA. p.1.
9. Eitzen E. M. and E. T. Takafuji. 1997. Historical overview of biological warfare. In *Medical Aspects of Chemical and Biological Warfare*, F. R. Sidell, E. T. Takafuji, and D. R. Franz, eds Washington, DC: Borden Institute. pp. 415–423.
10. Malloy, C. D. 2000. A history of biological and chemical warfare and terrorism. *J. Pub. Health Manag. Pract.*, 6(4): 30–37.
11. Bacon, D. 2003. Biological warfare: A historical perspective. *Semin. Anesthesia, Perioperative Med. Pain*, 22: 224–229.
12. Smart, J. K. 1997. History of chemical and biological warfare: An American perspective. In *Medical Aspects of Chemical and Biological Warfare, Textbook of Military Medicine*, F. R. Sidell, E. T. Takafuji, and D. R. Franz, eds, pp. 9–86. Washington, DC: Borden Institute.
13. Bodell, N. 2010. Armaments, disarmaments and international security. In *Stockholm International Peace Research Institute Yearbook 2010*, p. 486. Oxford, U.K.: Oxford University Press.
14. Alibek, K. 1999. *Biohazard*. New York: Random House.
15. Miller, J. S., S. Engelberg, and W. J. Broad. 2001. *Germs, Biological Weapons and America's Secret War*. New York: Simon & Schuster.
16. Center for Counterproliferation Research. 2002. Anthrax in America: A chronology and analysis of the fall 2001 attacks (Working paper). Washington, DC: National Defense University.
17. Roul, A. 2009. Is bioterrorism threat credible? *CBW Magazine*, 1(3) (April); http://www.idsa.in/cbwmagazine/IsBioterrorismThreatCredible_aroul_0408.
18. Tucker, J. B. 1999. Historical trends related to bioterrorism: An empirical analysis. *Emerg. Infect. Dis.*, 5: 498–504.
19. Noah, D. L., K. D. Huebner, R. G. Darling, and J. F. Waeckerle. 2002. The history and threat of biological warfare and terrorism. *Emerg. Med. Clin. N. Am.*, 20(2): 255–271.

2 생물테러와 생물전

Nelson W. Robert

목차

2.1 서론 ··· 15
2.2 생물전 ··· 18
2.3 전략적 생물전 ··· 20
  2.3.1 전쟁의 전략적 수준 ··· 20
  2.3.2 전략적 목표와 요건 ··· 20
  2.3.3 제제의 특성 ··· 20
2.4 작전가능한 생물전 ··· 21
  2.4.1 작전가능한 목표와 요건 ··· 21
  2.4.2 제제의 특성 ··· 21
2.5 전술적 생물전 ··· 22
  2.5.1 전술적 목표와 요건 ··· 22
  2.5.2 제제의 특성 ··· 22
2.6 생물암살 목표와 요건 ··· 22
2.7 생물테러 ··· 23
  2.7.1 생물테러의 목적과 요건 ··· 23
  2.7.2 제제의 특성 ··· 24
2.8 생물범죄 ··· 24
2.9 결론 ··· 25
참고문헌 ··· 26

2.1 서론

생물학적 위협제제(biological threat agent)는 종종 가난한 자들의 핵무기라고 불렸다[1]. 이 장에서는 생물전(biowarfare, BW)과 생물테러(bioterrorism, BT)와 관련된 개념에 대하여 알아보고, 사용되는 전략을 비교하고자 한다. 총알, 폭탄, 화학물질 형태의 생물학적 위협제제는 많은 사람들을 죽게 하거나 부상을 초래할 수 있다. 이 장에서는 대인 공격에 대하여 주로 기술하고자 한다. 대동물제제(antianimal agent), 대식물제제(antiplant agent), 대물제제(antimaterial agent)를 설명하는 데 있어서 비슷한 고려사항들이 관련된다. BW와 BT의 공통적인 특성 가운데 일부에 대하여 설명을 시작하고자 한다.

예를 들어, 공격용 핵폭탄(operational nuclear device)은 전술핵무기(tactical nuclear weapon)로 도시의 한 구역을 공격하고, 전략무기(strategic weapon)로 도시 전체를 공격하도록 설계되었다면, 주변에 영향을 미치게 된다. 국가행위자(state actor)*와 비국가행위자(nonstate actor)**들 모두는 잠재적으로 비슷한 규모로 생물학적 위협제제를 사용할 수 있으며, 주택 한 채 또는 집안에 있는 한 사람에게까지도 영향을 미치는 공격을 정교하게 수행할 수 있다. 생물학적 위협제제로 위협하는 것만으로도 효과적일 수 있다. 국가행위자들과 비국가행위자들은 다른 도덕적 제약, 자원, 제제 선택에 영향을 미치는 동기, 사용가능한 최대량, 사용 역치 등을 가질 수 있다.

의도적 또는 위협적인 생물학적 제제의 단일 방출사건은 여러 가지 차원에서 고려될 수 있다. 하나의 명백한 예는 피해규모 (피해자의 다수 또는 일부)이다. 희생자들은 민간인, 군인, 또는 준군사요원이 될 수 있으며, 범인들도 민간인, 군인, 또는 준군사요원일 수 있다. 공격의 동기는 다른 차원이다. 동기는 정의하기 어려운 차원이지만, 일반적으로 동기는 세 가지 가운데 한 가지가 될 것이다. 첫 번째는 전쟁 중에 있는 국가들 간에는 전통적인 동기가 있다. 예로는 영토의 획득 또는 방어, 국가적 이익의 보호, 체제존속 등이 있다. 두 번째 범주는 보통 탐욕, 복수 등과 같은 범죄행위와 연관된 동기가 있다. 마지막 범주는 비국가 테러리스트 집단(nonstate terrorist group)과 관련된 동기이다. 여기에는 알카에다와 같은 종교적 또는 이데올로기적 집단[2], 오음진리교(Aum Shinrikyo)의 사례에서와 같은 자기방어 동기[3], 또는 Rajneeshee에서 밝혀진 것과 같은 조작된 동기 등이 포함된다[4]. 그러나 나중의 두 가지 동기는 공격자의 행동을 조작하기 위한 시도가 아닌 방어이기 때문에 통합될 수 있다.

연구에서 중요한 것은 범인이다. 사기집단 또는 개인에 대한 자료를 통해서 제제의 정교함, 전달방법, 제제의 최대량 등을 결정한다. 이들 변수에 따라 사건의 잠재적인 규모와 그에 따른 필요한 조치가 결정된다. 예를 들어, 100 kg의 탄저균 무기와 관련된 사건은 대략 수십만 명의 사망자와 수만 명 이상의 중상자를 발생시킬 수 있다. 샐러드바에서 제제에 의해서 식품에서 유래하는 오염 사건으로 몇 명의 사망자가 나올 수 있으며, 경우에 따라서 수천 명이 환자가 발생할 수 있으나, 그들 중 대부분은 중환자실을 이용할 만한 심각한 환자는 아닐 수도 있다[4]. 따라서 공격의 가능한 정교함에 관해 만들어질 수 있는 어떤 예측은 수행하는 데 필요한 대응을 결정하는데 도움이 될 수 있다.

군대조직과 같은 국가규모의 가해자는 잠재적인 고성능제제와 전달시스템, 그리고 충분한 자원을 사용한다. 이것은 주어진 임무를 위해서 고성능제제나 막대한 양을 사용한다는 것을 의미하는 것은 아니다. 폭격할 때마다 핵무기를 사용하지 않는 것과 마찬가지로, 생물학적 제제로 공격

* 국가에서 생물무기를 사용할 수 있는 권한을 가진 자.

** 개인이나 테러집단에서 생물무기를 사용할 수 있는 권한을 가진 자.

할 때마다 많은 양의 고성능제제를 필요로 하지 않는다 (국가가 지원하는 암살을 생각해보라)[5]. 그러나 대규모 탄저균 공격의 수행하기 위해서는 국가주도형 프로그램이 필요한 듯하다. 어떤 극한 상황에서 생물범죄(biocrime)를 저지르는 사람들은 일반적으로 생물제제와 전달방법에서 접근이 제한적이며, 소량만을 소지할 수 있을 것이다. 샐러드바의 경우에서 조차도 생물범죄자(biocriminal)와 손이 닿지 않을 수 있다. 테러리스트 집단과 같은 비국가행위자들은 생물범죄자들보다 더 많은 자원을 가질 수 있지만, 많은 자원들은 대부분의 국가가 가지는 것들과 차이가 있다. 그 결과, 생물테러(BT) 사건은 몇 킬로그램의 탄저균 공격 규모까지는 아니지만, 샐러드바 사건은 테러리스트의 범주 내에 있을 수 있다는 좋은 예가 된다.

이들 요인을 고려하여, 제제의 선택에 가장 큰 영향을 미치는 두 가지 요인인 규모와 국가 대 비국가 행위자(state versus nonstate actor)에 근거한 부분들로 생물학적 위협제제의 사용에 관한 주제를 파기하는 것이 적절하다. 전자 (국가)는 군사조직과 국가가 지원하는 테러리스트를 포함한다. 후자 (비국가 행위자)는 범인과 비국가가 지원하는 테러리스트 집단을 포함한다. 제제 선택에서 규모와 국가후원은 상당한 역할을 한다. 사용된 제제는 검출, 진단 등의 용이성에 중요한 역할을 하며, 향후 BW 공격을 방어하거나 완화시킬 수 있는지에 대한 역할을 한다.

기대되는 효과의 규모는 제제 선택에서 주된 역할을 한다. 탄저병, 흑사병 또는 천연두 같은 질병은 도시 전체를 공격하는데 상당히 적절하지만, 일반적으로 도시의 한 특정 구획이 원하는 목표라면 올바른 선택이 아니다. 그러나 기대하는 효과가 스타디움이나 도시의 한 블록에 있는 어떤 사람을 무력화시키는 것이라면, 브루셀라증이나 베네주엘라 말뇌염이 훨씬 더 나은 선택이다. 많은 제제들이 다방면에서 사용될 수 있다. 제제 선택에 관련된 모든 조건은 이 장(章)의 범주에서 벗어난다. 그러나 다른 모든 것들을 능가하는 중요한 기준은 범인이 어떤 제제를 사용하는지 여부이다. 국가행위자(state actor)는 아마도 비국가행위자(nonstate actor)보다 더 고성능의 무기화된 제제를 사용하고, 또한 그들 자신의 군대나 시민들의 관심 때문에, 그들의 공격은 테러리스트들이 생각하는 것보다 더욱 처참할 수 있는 반면, 후자는 인명피해나 어떻게 그 사건이 6시 뉴스에 방영되는지 일반적으로 더욱 우려한다. 국가지원자(state sponsor)는 지원한 테러리스트 집단에 대한 모든 비난을 받게 될지도 모른다는 예외가 있을 수 있다. BW와 BT간의 주요 차이점은 범인의 의도된 최종결과에 있다.

대량파괴용 생물무기와 대량파괴용 기타 무기들 간의 중요한 차이점은 자연발생처럼 공격을 위장할 수 있는지의 여부이다. 핵무기 폭발은 범인의 신원을 은폐하고 시도되었을지라도 자연적인 현상이 될 수 없다. 겨자가스나 신경 작용제와 같은 화학적 제제를 수반하는 사건도 마찬가지이다. 그러나 범인이 BW와 BT 공격이 자연발생이라고 믿는 어리석은 사람들에게 시도하여 탐지를 피할 수 있기를 원한다면 가능할 수 있다. 이것은 범인의 검색을 막는 이점을 가지고 있는데, 이는 살인을 위장하는 것은 범인이 나쁜 짓을 하고도 들키지 않고 심장마비를 피해갈 수 있는 것과 거의 같다. 이들은 BW와 BT의 개념을 정립하는데 필요한 몇 가지 차원과 관심이다.

2.2 생물전

생물전(biowarfare, BW)은 정식으로 선언된 전쟁의 맥락에서, 적에 대하여 생물학적 제제를 적대적으로 사용하는 것을 의미한다[6]. 생물전은 전쟁터에서 상대방을 죽이거나 정상생활을 어렵게 하기 위하여 생물학적 위협제제를 국제적으로 사용하는 것으로, 종종 신속한 작용이 나타나는 제제를 이용한다. 다시 말해서, 즉시 (예, 보툴리눔 독소) 또는 며칠 이내 [예, *Bacillus anthracis* (탄저병), *Yersenia pestis* (흑사병) 등]에 발병을 일으키는 제제를 말한다. BW 제제의 신속한 작용에 요구되는 조건은 전쟁이 몇 시간이나 며칠보다 더 오랜 기간 동안 싸웠던 과거의 전쟁과 비교하여 오늘날의 전쟁에서 더욱 현실적이다. 그러므로 긴 잠복기를 갖는 *Mycobacterium tuberculosis*와 같은 생물체는 불과 며칠 동안 진행되는 오늘날의 전쟁에서 거의 영향을 주지 못한다. 따라서 이라크에서 주된 작용양식이 발암성인 제제로서 알려진 아플라톡신의 무기화에 대하여 몇 가지 문제점이 제기되었다[7]. 전투에서 영향을 미치는 요인들에는 적에게 사용되는 에어로졸이나 다른 형태로 전달하기 위하여 무기화에 적합하도록 하는 생물학적 제제의 능력이나 특성이 있다. 그러나 장기간에 걸친 후유증 (예, 브루셀라증, 바이러스 감염 등)을 일으키는 다른 생물학적 위협제제(biological threat agent)는 후방 및 의료 지원 담당자에게 부담스러울 수 있다. 최전선에서의 군사행동은 병참선에 영향을 미치기 때문에 중단된 병참선과 잠복기 중에 있는 감염된 보급인원에 의해 있을 수 있는 노출로 심각한 영향을 받는다. 마지막으로, 많은 경우에, 어떤 위협제제를 사용하기 위해서는 적이 백신과 개인의 호흡기 보호와 같은 예방대책을 가지고 그들 자신의 군대를 방어하기 위한 방법을 가지고 있는지에 대하여 관심을 가져야 한다.

BW는 군대가 BW 또는 화학적 제제의 사용이 가능하도록 작전지역으로 침투해 들어간다는 점에서 BT와 다르다. 군인들은 BW 제제에 대한 대응 훈련을 받고, 가장 낮은 수준(MOPP1)에서 가장 높은 수준 (MOPP4)의 위협으로부터 자신을 보호하기 위한 임무위주 방어자세(mission-oriented protective posture, MOPP) 장비가 제공된다. 그 장비의 사용에 대한 가격은 결정되지 않았지만, 다만 MOPP4 장비를 사용하는 군인에게는 소모성 열사병을 다루기 어려워 육체적 부담이 크다. BT와 같이, BW 제제가 역풍에 노출될 수 있다는 단순한 생각에서, 군인들이 역할을 제대로 못하고, 적에게 기대되는 이점을 제공할 수 있기 때문에 MOPP 장비를 입어야 한다고 강요할 수 있다. BT와 BW 사이에는 생물학적 공격이 절박한 심정의 군인에게 공포심을 불어넣는 것이 사실상 군사 우위를 얻게 되는 것이라는 한 가지 유사성이 존재한다는 것을 보여준다.

일반적으로, 적과 전투하는 동안 그 지역에 대하여 생물학적 위협제제를 사용하는 일은 적이 국가행위자(state actor)인지 여부에 따라 BW로 간주된다. 군인들은 그러한 위협제제(threat agent)의 사용 명분을 더욱 분명히 하려고 할 것이며, 군대는 잘 대처하기 위해 훈련받고 장비를 갖추게 될 것이다. 그러나 군대는 공포를 일으키거나 정부나 사회를 협박하고, 생각지도 못한 군인 또는 민간인들에게 기습공격을 실행하려는 의도로 비밀작전을 수행할 수 있다.

생물테러(biological terrorism)는 사회에 테러와 공포를 조성하기 위해 사용된다. 생물학적 위협제제의 공포는 언론, 의료사례, 다른 요인들에 의한 적용범위를 통해서, 장난인지 또는 실제 유출인지의 여부에 따라 중요한 대응을 이끌어낸다. 이 전술은 사용된 비용에 대한 언급없이, 추후 국제적 모욕과 보복을 당하지 않고 이점을 얻는다는 점에서, 위협제제의 실제 사용에 바람직하다는 것을 제시하였다. 만일 범인이 장난으로 그들의 목적을 이룰 수 있다면, 거기에는 제제개발 또는 획득에 소요되는 엄청난 비용을 절감할 수 있다. 이 전술의 다른 측면은 적군이 생물학적 위협제제를 방출시켰으나, 모든 탐지장치와 분석이 음성으로 나왔다면, 군은 방어태세를 취할 때와 예방조치를 중지할 시점을 알기 어렵게 될 것이라는 점이다. 그들은 또한 미상의 제제 또는 크게 변형된 제제라고 생각할 수도 있다. 다시 이야기하자면, BW와 BT에서 생물학적 위협제제의 사용은 사람들에서 미지의 공포를 일으킨다. 전장 시나리오에서 보면 실제로 잘 훈련되고, 장비를 잘 갖춘 군대에서 BW의 대한 공포는 크지 않을 수 있는데, 이것은 그들이 준비되었기 때문에 이들 제제가 노출될 것을 예상하고, 예방접종을 하고, 다른 형태의 예방과 치료제를 가지고 있기 때문이다. 공포가 더욱 엄습하는 곳은 이용가능한 예방 및 치료대책이 제한되어 있으며, 장비가 갖추어져 있지 않고 훈련을 받지 않은 사람들이 있는 모여 있을 경우이다

BW 제제는 다른 방법과 거의 다르지 않게 단순히 죽이는 방법이라고 BW 사용을 지지하는 사람들에 의해 주장되어왔다[5]. 그러나 거기에는 생물학적 제제가 다르게 만들어진다는 특성이 있다. 이들은 죽음을 지연시키는 것도 포함한다—다시 말해서, 잠복기와 사망에 이르기까지의 기간이 필요하다. 전장에서 사용되는 대부분의 다른 방법들은 보통 생물학적 제제보다 더 빨리 사망에 이르게 한다. 다른 차이점은 일부 생물학적 위협제제가 자가증식(self-propagation)을 할 수 있으므로, 그들은 예상외의 표적에 대한 공격을 할 가능성이 있다는 것이다. 지역 민간인들에 대한 효과는 영향권역이 위험한지, 그리고 어느 정도인지를 알지 못하는 심리학적 충격을 포함한다. 거기에는 BW 희생자의 가족에 대한 심리적 효과도 있으며, 그들의 사랑하는 사람의 시신도 회수하기 어렵다는 것이다. 너무 무차별적이고, 비인간적으로 살해하는 전투방법은 (시간기준으로), 한때 석궁(crossbow)을 포함하여(1139 CE에서 교황 Innocent 2세의 기독교인들에 대하여 사용이 금지됨), 문명사회에서 부적절한 무기로서 오랫동안 간주되어왔다 .

BW는 BT와 비교하여, 대식물작용제, 대동물작용제, 대물제제로서 사용될 가능성이 더 높다. 국가후원자(state sponsor)는 사람에 대한 BW의 사용으로 야기될 수 있는 심한비난이나 있을 수 있는 핵보복을 가하지 않고 적의 경제 또는 전쟁능력을 철저히 무력화시키기 바랄 수 있다. 테러리스트들은 이 방법으로 공격을 가장할 가능성은 희박하다. 먼저 그들은 비전통적 제제의 선택이 공격으로 가장하는 것일지라도, 그 같은 교묘한 공격을 수행하기 위해 정교할 수 있을 가능성은 희박하다. 그 행위를 가장한 성공은 단지 공격받은 일부 국가가 가지는 위험성 또는 무능이거나 일부 테러리스트들의 활동을 통해서 생긴 결과일 듯하다. (예, Rajneeshee 이교도들에 의해 저질러진 악명 높은 샐러드바 사건은 일 년 후[4], 한 이교도가 폭로할 때까지 테러리스트들의 행위로 인정되지 못했음.) 둘째로, 대부분의 테러는 그 공격을 자연현상처럼 위장한다면 실패한 것이다. 자동차 사고와 독감으로 매년 수천 명이 사망하지만, 전체 사람들의 일상생활은 별로 영향을 받지 않는다. 새로운 질병으로 일 년에 수천 명이 사망할지라도 초기에 약간의 공포를 가지게 되지만, 결국 받아들여지고, HIV의 경우처럼 테러리스트들이 바라는 어떠한 변화도 일어나지 않는다.

그것은 실제로 경제적 부담을 가져다주고, 테러리스트와 싸우기 위한 국가의 능력에 영향을 줄 수 있지만, 테러리스트가 인정하지 않으면 싸움의 결과에 영향을 미칠 것 같지 않다.

2.3 전략적 생물전

2.3.1 전쟁의 전략적 수준

국방부에서는 종종 여러 국가 집단의 멤버로서 "국가는 자국 또는 다국 (동맹국 또는 연합국)의 안전 목표와 지침을 정하고, 이들 목표를 성취하기 위하여 자국의 자원을 개발하고 사용하는 것이라고 전쟁의 전략적 수준(strategic level)을 정의하고 있다. 이 수준의 활동으로는 자국 및 다국적 군사목적의 설정, 계획의 순서 결정, 군사력 및 다른 국력의 사용을 위한 한계와 위험평가 명시, 이들 목적을 성취하기 위한 범지구적 계획이나 전쟁계획의 개발, 전략적 수준에 따른 군사력과 기타 능력의 제공" 등을 수립하는 것이다[9].

2.3.2 전략적 목표와 요건

전략적 BW (strategic BW)는 지리적 및 시간적 관점에서 대규모를 의미한다. 전략 핵무기는 도시와 주변 지역을 파괴하기 위하여 설계된다. 제2차 세계대전에 독일의 전략적 폭격은 산업기지를 파괴하고, 전쟁을 지원하는 그 사람들의 강한 소망을 꺾기 위하여 계획되었다. 실제로 연합군은 독일에 대하여 탄저균의 사용을 신중하게 고려하였다[5]. 이것은 며칠 또는 몇 주 이내에 효과를 보는 것이 아니라, 몇 달, 몇 년 이상 걸린다. 보통 작은 전쟁터 정도의 규모에서 수행되는 것이 아니라, 국가적 크기의 규모에서 실시되는 것이다. 전략적 BW는 소련이 계획했던 바와 같이, 국제 대륙간 탄도미사일이나 크루즈미사일로 전 국민을 대상으로 공격하는 것과 유사한 규모로 수행되었다[10]. 단지 일회성 공격에 의한 것이 아니라, 몇 주, 몇 달, 또는 몇 년에 걸쳐 수차례의 공격이 수행되었다. 대식물작용제(antiplant agent) 또는 대동물작용제(antianimal agent)는 농업에 대한 공격에 사용될 가능성이 높다. 대물제제(antimaterial agent)는 산업체를 공격하는데 사용될 수 있다. 이들 요건에는 어떤 제제에 대하여 어떤 바람직한 특성이 함축되어 있다. 이 책에서는 대인작용제(antipersonnel agent)에 초점을 맞추겠지만, 대식물작용제, 대동물작용제, 또는 대물제제에 대해서도 비슷하게 다루고자 한다.

2.3.3 제제의 특성

원래, 제제는 적당한 규모로 살포되거나 동일한 규모 이상으로 자체 살포될 수 있어야 한다. 이들 기준에 적합한 제제는 거의 없다. 많은 제제들은 필요 이상의 규모의 살포에 견딜 정도로 충분히 안정적이지 못하다. 이 정도의 규모에서, 수백 km^2를 커버하기 위해 1- 또는 2-km 좌표의 교차점마다 소형폭탄을 살포하는 것은 현실적이지 못하다. 따라서 그 제제는 단일 살포지점으로부터 수백 km^2, 아니면 수천 km^2를 커버할 수 있어야 하는데. 다행히도 방어관점에서 이러한 제제의 종류는 그리 많지 않다. 현재 이 제제는 탄저, 천연두, 페스트의 세 가지 병원균만이 해당된다. 에볼라와 같은 제제들은 이들 기준을 충족시키기 위해 조작될 수 없다는 것을 의미하지 않는다. Sverdlock에서 보여주었던 바와 같이[11], 탄저균은 병원균으로서 효능을 유지한 채, 포자의 형태로 바람과 함께 50 km까지 날아갈 수 있다. 천연두와 페스트는 자체살포 된다 (예, 사람 대 사람으로 전염). Alibek에 따르면[10], 소련은 핵전쟁이 일어날 경우에 생존한 면역력이 약화된 사람에 대하여 전염병을 일으킬 목적으로, 페스트, 탄저균, 천연두바이러스 등이 포함하는 대륙간 탄도미사일을 배치하였다. 그 의도는 전쟁을 통해서 미국민을 무력화시키기 위한 것이었다.

2.4 작전가능한 생물전

국방부에서는 작전가능한 수준(operational level)의 전쟁을 "현장 또는 다른 작전구역 내에서 전략적 목적을 성취하기 위하여, 공습과 주요 작전의 계획, 수행, 지속하는 것"이라고 정의한다. 이 수준의 활동은 전략적 목표를 성취하기 위해 필요로 하는 운영목표를 설정하고, 작전목표를 성취하기 위한 일들의 순서를 정하며, 행동을 개시하여, 이들 사건을 일으키고, 유지하기 위하여, 자원들을 활용하여 전술(tactics)과 전략(strategy)을 연결하는 것이다. 이들 활동은 전술보다 시간이나 공간에서 차원이 더 넓다는 것을 의미한다; 이들 활동은 병참과 행정지원의 전술력을 보장하며, 전술적 성공은 전략적 목표를 달성하기 위해 이용되는 방법을 제공한다.

2.4.1 작전가능한 목표와 요건

작전가능한 수준(operational level)은 테러리스트 수준의 BW 수준과 매우 흡사하다. 그것은 또한 전장에서 사용되는 BW, 특히 무력화 제제(incapacitating agent)의 사용에 대한 최상의 논의가 진행될 수 있는 수준이다. 작전가능 수준에서 천연두 또는 페스트 같은 잠재적인 종말적 재앙을 가져오는 전염병은 너무 많은 사람들을 살상하기 때문에 적절하지 않다. 신속대응 제제(fast-acting agent)를 요하는 전술적 수준(tactical level)과는 달리, 몇 주 또는 한 달 동안 활성을 지닌 작전가능 수준의 제제는 매우 좋은 효과를 나타낸다. 이 수준에서의 생각은 인원 또는 물자의 보급을 차단하는 것이나. 선투준비물을 삼엄시키거나 보급열차를 알선하는 사람은 이 작업을 수행할 수 있다. 군인들은 식량, 연료, 탄약 등이 없이, 그들의 임무를 수행할 수 없다. 그러나 제제는 단순히 대부분의 후방 제대병력이 의무에 대하여 부적절하게 표현하고, 의료체계가 문제를 일으키지 않는 것처럼, 치명적일 필요는 없다.

2.4.2 제제의 특성

제제는 대략 동네 크기 정도의 공간을 커버할 수 있어야 하는데, 이것은 반드시 도시가 아니라, 단일 블록보다는 조금 더 큰 지역을 말한다. 그러나 그 제제는 원하는 지역 밖으로 확산되어서는 안되며, 전연누와 페스트 같은 제제는 복록에서 배제되어야 한다. 탄저는 여전히 목록에 등재되어 있다. 야토병, 브루셀라증, 베네주엘라 말뇌염바이러스(Venezuelan equine encephalitis virus), 독소와 같은 제제들은 목록에 추가되었다. 사실상, 이들 제제는 거의 모든 전통적인 BW 목록에 포함되어 있다.

2.5 전술적 생물전

국방부는 전쟁의 전술적 수준(tactical level)을 "전술부대 또는 기동부대에 부여된 군사적 목적을 성취하기 위하여, 계획되고 수행되는 전투와 교전을 말하며, 이 수준에서 활동은 전투 목적을 성취하기 위하여, 상호 및 적과 관련하여 정돈된 준비태세와 전투요원의 기동작전에 집중한다"고 정의한다[9].

2.5.1 전술적 목표와 요건

생물학적 위협제제는 전술적 전쟁(tactical warfare)에서 쉽게 사용되지 않는다. 실제로 일부 전문가들은 전술적 생물학적 위협제제(tactical biological threat agent)란 존재하지 않는다고 주장한다. 위에서 정의한 바와 같이, 전술적 전쟁은 대대 규모에서 취해지는 작전이며, 언덕을 정복하는 것과 같은 임무를 성취하는 정도로 낮게 설정한다. 대부분의 재래식 무기, 화학무기, 또는 핵무기와는 달리, 생물학적 위협제제는 임상적 효과가 나타나기 전에 잠복기를 가진다. 특히 일부 독소를 가지는 생물제제는 이 기간이 몇 시간 정도로 짧을 수 있는데, 러시아 독트린(Russian doctrine)에서 이것은 화학작용제(chemical agent)로 간주되었다. 그러나 그 기간은 일반적으로 며칠 또는 그 이상이다. 전쟁지휘관은 공격이전에 그 무기의 효력을 얻기 위하여 1주일을 기다리려고 하지 않을 것이다.

2.5.2 제제의 특성

위의 유사성과 연결지어, 전술적 BW 무기는 도시의 한 구획 지점을 파괴하거나 영향을 미치는 데 필요하며, 몇 시간 또는 며칠 이내에 작업을 해야 한다. 전략적 사건에서처럼, 이것은 잠재적 제제의 후보명단에 남아 있다. 이들에는 독소와 기타 몇 가지 신속대응 제제가 포함된다.

2.6 생물암살 목표와 요건

생물암살(bioassassination)은 암살을 하기 위해 생물학적 제제를 사용하는 것이다[12]. 생물암살은 전술적 수준 이하에서, 필요로 하는 지역의 크기나 인원수의 추가적인 감소가 있을 수 있다. 불가리아인의 리신을 이용한 Georgi Markov의 암살은 유명한 사례이다[13]. 남아프리카 프로그램(South African program)도 이 수준에서 수행되었다[7]. 다른 수준에서 수행되는 다양한 제약조건들은 여기에 적용되지 않는다. 제제의 안전성은 투여환경이 제제의 안전성에 맞추어져 있기 때문에, 문제가 있더라도 거의 적다. 주사, 음식물의 오염 등에 의해서 실내로 투여될 수 있으며, 잠복기는 어떤 경우에도 문제가 되지 않는다. 신속하고 상대적으로 고통스럽지 않거나, 또는 고통이 오래 지속되지 않는 등의 이용가능한 제제 또는 원하는 죽음의 형태로 제제를 선택할 수 있다. 이 수준의 공격은 BT와 생물범죄(biocrime)에서와 상당히 많은 공통점을 가진다. 이 단계는 개인 (또는 소수의 인원)을 살해하는데 있어서, 그(들)의 정치적 중요성에 의해서만 수행되기 때문에, BT 또는 생물범죄와는 차이가 있다. 그것은 국가에 의해 지원될 수 있기 때문에 여기에 포함된다. 따라서 암살자는 그 제제를 투여하기 위한 더욱 고성능 제제와 방법을 사용하려고 한다.

제제선택에 대한 특별한 제약조건은 별로 없다. 높은 사망률을 야기하는 제제는 희생자의 사망이 일반적으로 바라는 결과로서 생각할 가능성이 크다. 그러나 바라는 결과는 사람(들)이 주어진 기간 동안 너무 아파서 일을 수행할 수 없게 된다는 것을 생각할 수 있다. 한 가지 가능성은 정치인이 질병으로 중요한 선거를 포기하거나, 또는 외교사절과 중요한 미팅을 하지 못하게 되는 것이다. 그러나 이것은 생물암살이 아니다. 암살은 사람(들)을 살해하는 것을 말한다. 그것은 매우 낮은 프로파일을 유지하면서, 사건의 경과에 영향을 미치도록 하기 위한 생물학적 제제를 사용하는 방법이다. 이것은 집 또는 개인 수준에서 수행된다. 잠재적 제제의 종류는 작전이 제제의 특성에 맞게 됨에 따라 늘어난다. 생물암살은 대량살상사건이 아니기 때문에 그나마 다행스러울 수 있다. 공격을 받은 개인들은 치료를 받기 위해 집중의료시설로 옮겨질 수 있다.

투표에 영향을 주기 위하여 생물학적 제제 또는 위협제제의 사용을 시도한 한 가지 사례는 9/11이후 바로 일어났던 Amerithrax 사건이다. 탄저 편지의 한 가지 동기는 애국법(patriot act)에 대하여 투표에 영향을 주기 위한 것을 가정하였다[14].

2.7 생물테러

생물테러(bioterror, BT)는 정치적, 종교적, 생태적, 또는 기타 사상적 목적에 의해 동기가 유발된 개인이나 집단에 의한 생물학적 제제를 이용하여 위협 또는 사용[12,15], 어떤 경우에는 선거의 조작[4], 경찰의 행동에 대항 방어 등을 목적으로 시도하기도 한다[3]. 생물테러는 일반적으로 정부주도로 행해지지 않는다는 점에서 생물무기와 차이가 있다. 그러나 생물테러는 범인을 후원하거나 직접 테러에 관여하는 상태를 배제하지 않는다. 아마도 보다 특징적인 특성은 일차목표로서 민간인 또는 비전두원에 대한 공격이 있을 수 있다. 그러나 이 개념은 민간인이나 비전두원에 한정하는 문제에 직면하게 된다. 서구사회에서 민간인이나 비전투원은 군인들을 제외한 모든 사람들을 시칭한다. 그들은 특징적인 제복을 입지 않기 때문에 쉽게 구별될 수 있다. 알카에다와 같은 다른 실체들은 미국에 세금을 납부하는 모든 사람을 합법적인 전투원으로 간주하며, 그런 이유로 전체 비전투원을 말살시키려고 한다[2]. 비국가적 실체는 국가보다 일반적으로 자원이 적기 때문에, 이들 차이점의 대부분은 자원 주도로 진행된다는 것이다. 이들 개인이나 집단은 오히려 이데올로기적 목표에 의해 동기가 유발된다. 역사적으로 테러리스트 공격의 목적은 특별한 것에 대한 원인에 관심을 가지고, 테러와 공포를 일으키는 것이었다. 최근에는 알카에다와 같은 많은 테러리스트 기구들과 더불어, 종교적 측면에서 그들의 목표는 은폐하고, 많은 인명피해에 대한 욕구는 점점 더 커졌다. 생물학적 위협제제는 이러한 일련의 욕구를 충족시킬 수 있으며, 다양한 역사적 페스트에 의해 야기된 본질적인 테러로서 활용될 수 있다.

2.7.1 생물테러의 목적과 요건

생물테러 사건은 부분적으로 고성능 제제를 얻고자 하는 비국가행위자(nonstate actor)의 어려움과 국가행위자(state actor)의 운반시스템 때문에, 작전가능하거나 전술적인 BW의 규모에서 있을 수 있다. 사실상 어떤 질병은 선거에 영향을 미치기 위해서 샐러드바를 오염시키고자 *Salmonella* 를 사용하는 것으로부터[4], 천연두의 아마겟돈(Armageddon)* 재앙을 드러내는 것에 이르기까지, 테러리스트의 기대효과에 따라, 잠재적 활동의 목록에 있을 수 있다. 후자는 그 제제 획득의 어려움과 세계를 파괴시키고자 하는 열망의 부족 때문에 그 가능성은 희박하다 [세계적인 천연두 창궐은 있을 수없는 결과지만, 아마겟돈 스타일의 세계종말을 고하는 전투는 오음진리교 독트린(Aum Shinrikyo doctrine)의 일부였음][16]. 불행하게도, 그러한 제제를 테러리스트들이 갖게 된다면, 제제의 사용을 위한 기준점은 국가행위자들과 비교하여 훨씬 낮다. 자살폭탄테러자를 찾아낼 능력은 없는 것으로 보인다. 궁극적인 자살폭탄테러자는 감염성이 있는 천연두의 피해자가 될 수 있다. 그들은 그들의 신이 보호할 것이라고 실제로 믿을 수 있지만, 어떤 역사적 기록에서도 페스트의 발병에 영향을 미친 신앙인이나 희생의 형태는 찾아볼 수 없다. 사후의 초자연적 보호나 바람을 가진 테러리스트의 믿음은 국가지원 프로그램이 아닌 방법으로 운영될 수 있으며, 그들은 국가와 비교하여, 제제의 선택, 준비, 전파에 훨씬 커다란 위험에 노출될 수 있어 보인다.

2.7.2 제제의 특성

테러리스트에 의해 사용되는 제제의 일차적 특성은 제제를 원하는 양만큼 제제를 이용할 수 있는지에 대한 것이다. 재래식 BW 제제를 생산하려고 하는 집단은 별로 없다. 예를 들어, Rajneeshee 이교도 집단은 *Salmonella*를 쉽게 얻을 수 있었기 때문에 샐러드바에서 사용하였다. 이 세균은 일반적으로 치명적이 아니라는 관점에서 부가적 장점을 가졌다[4]. 그에 반해서, 오음진리교에서는 보툴리눔 독소와 탄저균을 사용하였다[16]. 이 광신도 교단은 화학 및 생물제제를 무기화하는 더욱 어려운 임무를 수행하기 위하여 외부인들을 교묘하게 선택한 것으로 보인다. 다른 집단들은 그 많은 노력을 할 가능성이 희박하다.

2.8 생물범죄

생물범죄(biocrime)는 강도나 살인과 같은 범죄를 저지르기 위하여, 개인이나 조직이 생물학적 제제로 위협하거나 사용, 또는 나아가 그들의 범죄의도를 말한다[12]. 생물학적 제제의 사용 또는 위협 수준은 보통 범죄 수준으로 전락하고 있다. 오염된 도넛을 가지고 동료를 보복하는 몇 사례도 알려져 있고[17], 로비에 탄저균을 살포하고 위협하여 은행을 턴 그런 일반적인 사례도 있다. 이 수준은 정부지원 없이 수행되는 생물암살과 많은 유사성을 갖는다. 어떤 점에서는 실제 제제를 얻는 것보다 은행 강도짓을 하기 위해 아주 고운 밀가루가 담긴 Erlenmeyer 플라스크를 준비하는 것이 더욱 간단하고, 범인에게 더욱 안전하다.

이 정도의 공격은 정부의 지원을 받는 생물암살과 유사하다. 이 수준에 사용된 제제는 범인이

* 선(善)의 힘과 악(惡)의 힘이 마지막 결전을 하는 곳. (성서) 요한 계시록 16:16.

얻을 수 있는 어떤 다른 기준에 의해 결정되기가 더 쉽다. 많은 사례에서, 범인이 사람들에게 확신시킬 수 있는 어떤 물질은 훨씬 덜 위험한 실제 제제와 같은 역할을 할 수 있는 제제이다. 생물 암살과 같은 이 정도의 공격으로 대량 사망자가 발생할 가능성은 희박하다. 따라서 공격을 당했을 때, 많은 현대의학을 활용할 수 있어야 한다. 많은 사례에서 가짜 재료(fake material)를 사용하는 것이 실제 제제를 사용하는 것보다 훨씬 나을 수 있다. 이것은 그 제제를 구하기 어렵고, 가짜 제제로 범인의 목적을 달성할 수 있는지 의문스럽기 때문이다. 역사적으로 더욱 일반적인 생물사기(biohoax)는 이 범주에 해당된다[18].

2.9 결론

질병은 한 명에서 수백만 명에 이르는 사람들을 의도적으로 살상을 일으키기 위해서 사용될 수 있다. 한 명의 살상은 국가, 테러리스트 집단, 범인들에 의해 실행되어왔으며, 상대적으로 쉽게 성공할 수 있다. 소규모에서 칼이나 탄환 대신에 질병으로 인한 죽음은 피해자의 치료방법에서 거의 변화가 없다. 그 문제는 죽음이 전략적 규모에서 전술적 규모로 시도되었을 때 발생한다. BT 또는 BW의 결과로서 나타난 차이점은 환자를 다루는 의사들에게는 중요하지 않다. 과거에 발생하였던 페스트의 자연적 창궐은 유사한 문제들을 일으켰다. 불행하게도, 생물학적 위협제제(BT 또는 BW) 또는 자연 질병의 창궐로 인한 최초의 징후는 응급실에 놀라울 정도로 많은 환자들이 발생한다는 것이다. 따라서 효율적인 질병감시 네트워크는 중요하다. 테러리스트 또는 국가의 공격 뿐 만 아니라, "후천성 면역 결핍증"을 적발하는 부가적 이점도 얻게 될 것이다. 자연창궐, BT, 또는 BW 간에 진정한 차이점은 그 사건이 다루어진 후에 취해지는 행동에 있을 것이다. BT나 BW 공격의 경우에는 책임이 있거나 범인을 숨긴 국가는 공격을 받게 될 것이다. 테러리스트 또는 국가지도자들은 체포되었을 때, 그들의 범죄에 대한 심문과 처벌받게 될 것이다.

이 주제에서 어려움의 한 가지는 BT와 BW 사이에 상당한 중복부분이 있다는 것이다. BT와 BW 모두는 사람을 해하는 생물학적 위협제제를 사용하거나, 사용을 위협하는 행위를 포함한다. 이러한 어려움들은 테러행위의 비전투원 모두에 대한 보편적으로 허용된 개념의 부재로부터 유래한다. 연방수사국(FBI)에서는 테러행위를 "정부, 민간인, 또는 어떤 부분에 관하여, 정치적 또는 사회적 조장을 목적으로 협박이나 강요를 통하여 사람이나 재산에 힘과 폭력의 불법적인 사용"으로 정의한다[19, p. i]. FBI의 정의에는 합법적인 게릴라전이 포함된다. 국무부의 정의에는 미군에 대한 이라크 폭도들의 공격이 포함되지 않지만, 민간인들이나 비전투원들을 표적화하는 행위가 포함된다. 군대의 비전투원에 대한 공격도 포함되지 않는다. 그러나 그것은 우리가 비전투원이나 민간인을 정의하는 문제로 돌아가게 한다. 많은 사람들은 이것이 문제라고 생각하지 않는다. 사실, 전쟁에서 조약은 1977년까지 이 개념을 명확히 정의하려는 어떠한 시도조차 없었다[20]. 많은 사람들은 미국의 테러사건에서 9/11 공격을 생각하지만, 이슬람 테러리스트들은 그들의 변명들 가운데[20], 미국인들이 세금을 내고, 투표를 하였기 때문에, 그들도 전투요원이라는 것을 주장하기 위하여 두 개의 타워에 있었던 민간인들에 대한 공격을 정당화하였다. 이것은 코란(Quran)의 어떤 구절에 대한 그들 나름대로의 해석에 의한 것이다. 따라서 추론을 통해서, 9/11 사건은 테러

행위가 아닌 전쟁행위였으며, 이같이 BW와 BT의 차이점은 전쟁과 테러행위 간의 차이점을 명확히 하는 것이다. 전쟁, 테러, 민간인, 비전투원의 정의에 보편적인 동의가 있을 때까지, 특별한 사건이 BW 사건인지, 아니면 BT 사건인지에 대한 이견이 있을 수 있다. 벌어진 사건에 대하여 이름을 붙이는데 이견이 있을 수 있지만, 범인의 이용할 수 있는 자원에 대한 신중한 생각은 사용가능한 제제와 공격 규모를 이해로 이어질 수 있다. 이것은 공격에 대처하기 위한 적절한 준비로 이어질 수 있다.

참고문헌

1. Roberts, B., Controlling chemical weapons. *Transnational Law and Contemporary Problems*, 2(2), 435–452, 1992.
2. Wiktorowicz, Q. and J. Kaltner, Killing in the name of God: Al-Qaeda's justification for September 11. *Middle East Policy*, 10, 76, 2003.
3. Murakami, H., *Underground: The Tokyo Gas Attack and the Japanese Psyche*, Vintage International, New York, 2002.
4. Török, T. J. et al., A large community outbreak of Salmonellosis caused by intentional contamination of restaurant salad bars. *JAMA*, 278, 389, 1997.
5. Harris, R. and J. Paxman, *A Higher Form of Killing*, Random House, New York, 2002.
6. Parker, H. S., *Bioterrorism, Biowarfare, and National Security*, National Defence University, U.S. G.P.O., Washington DC, 2002, Chapter 1, http://www.ndu.edu/inss/McNair/mcnair65/05_cho1.htm (accessed on December 22, 2004).
7. Mangould, T. and J. Goldberg, *Plague Wars: A True Story of Biological Warfare*, St. Martin's Press, New York, 1999.
8. Chronology of the crossbow, http://www.thebeckoning.com/medieval/crossbow/chronology.html (accessed on August 5, 2010).
9. Glossary of military terms, http://www.militaryterms.info/about/glossary-s.shtml (accessed on August 8, 2005).
10. Alibek, K., *Biohazard*, Random House, New York, 1999.
11. Meselson, M. et al., The Sverdlovsk anthrax outbreak of 1979. *Science*, 266, 1202, 1994.
12. United States, Department of State. Office of the Coordinator for Counterterrorism, Patterns of Global Terrorism 2001, U.S. G.P.O., Washington, DC, 2002, p. xvi.
13. U.S. Army Medical Research Institute of Infectious Diseases, *Medical Management of Biological Casualties Handbook*, 2nd edn. USAMRIID, Fort Detrick, MD, 1996.
14. Graysmith, R., *Amerithrax: The Hunt for the Anthrax Killer*, Jove Books, New York, 2004.
15. Carus, W. S., *Bioterrorism and Biocrimes*, Center for Counterproliferation Research, National Defense University, Washington, DC, 1998.
16. Smith, R. J., Japanese cult had network of front companies. *The Washington Post*, November 1, 1995, p. A8.
17. Kolavic, S. A. et al., An outbreak of *Shigella dysenteriae* type 2 among laboratory workers due to intentional food contamination. *JAMA*, 278, 396, 1997.
18. Leitenberg, M., An assessment of the biological weapons threat to the United States, a white paper prepared for the conference on emerging threats assessment: Biological terrorism, at the Institute for Security Technology Studies, Dartmouth College, July 7–9, 2000.
19. United States, Federal Bureau of Investigation, Counterterrorism Threat Assessment and Warning Unit, *Terrorism in the United States 1999*, U.S. G.P.O., Washington, DC, 1999, p. i.
20. The 1977 protocols additional to the Geneva conventions of 1949, December 12, 1977, 16 I.L.M. 1391.

3 | 생물방어 연구에서 동물모델의 과학적 및 윤리적 중요성

James R. Swearengen and Arthur O. Anderson

목차

참고문헌 ········· 40

역사적으로 전염병과 재앙적 질병은 전쟁의 결과에 영향을 미쳐왔다. 군대의 간부들은 질병으로부터 군인들을 보호하고, 전투력을 보존하며, 임무의 성공을 보장할 의무를 가진다. 그들의 의무를 충실히 이행하는 것은 현장의 공중위생과 개인청결을 독려하는 것보다 더 필요하기 때문에, 군대는 특별한 질병위험에 대하여 최고의 백신과 의술을 갖추고 있어야 한다. 방법, 치료, 해독제, 의료대책의 제공 능력은 군사작전을 성공하는 데 있어서 훌륭한 군사훈련과 무기제조기술만큼 중요하다.

역사적으로 새로운 의료기술의 도입, 백신의 사용, 또는 병사를 질병으로부터 보호하기 위한 약품의 사용여부를 결정하는 일은 종종 독단적이었으며, 위험도 따랐다. 질병으로부터 보호하기 위한 새로운 적용형태는 군사교리의 안전과 지원을 위해 서로 다른 병사들의 상호의존을 인정하고, 모두의 참여, 또는 상호지원 연결고리가 끊어질 수 있기 때문에 종종 지휘관들의 독단적인 결정에 따랐다. 비자발적인 예방접종(involuntary vaccination)과 치료에 대한 이 광범위한 실용적인 가치체계는 독립전쟁과 얼마 전까지 지구 도처에서 벌어졌던 잇단 전투 속에서 생물학적 위험에 직면한 병사들을 보호하는 데 매우 중요하게 작용하였다[1]. 이 책에서는 사람의 질병에 대하여 동물모델의 중요성에 대한 주제를 적절하게 다루기 위해서, George Washington 시대에서 부터 현재까지 미국식품의약품국에 의한 동물효능규칙(animal efficacy rule)의 실행을 이끈 윤리적, 도덕적, 법적 갈등에 대한 시각을 가지고 군사의료대책의 개발을 알아보고자 하였다.

천연두는 프랑스-인디언 전쟁(French and Indian War)* 기간 중에 만연하였으며, 천연두의 창궐은 독립전쟁을 수행하는 George Washington 군대를 괴롭혔다. George Washington은 안전과 효과의 유무를 결정하는 데 있어 어떠한 동물연구도 실시된 적이 없었던 천연두 바이러스의 접종을 전군에 명령하였다. 동물을 의화연구에 사용하는 일은 19세기 말까지 없었다. 그러나 Washington의 이러한 다행스런 결단은 제한된 정보만을 가진 군지휘관이 전시에 병사를 대신하여 건강

* 7년 전쟁 중 영국과 프랑스가 아메리카 대륙을 무대로 싸웠던 전쟁(1754~60).

과 안전에 대하여 결정하는 임의권한(discretionary authority)을 가질 수 있어야 한다는 것을 보여주는 데 중요하다는 일화를 남겼다.

우두접종(variolation)은 천연두에 걸린 "경증환자"가 면역력을 제공한다고 믿었던 유럽의 귀족들 간에 받아들여졌다. 그 당시의 우두접종은 오늘날 우리가 아는 그러한 예방접종(vaccination)이 아니었다. 우두접종은 그 질병으로부터 생존한 사람에서 생긴 천연두 딱지를 사람에게 접종하는 것이었다. 많은 접종자들은 가벼운 질병만을 앓았으나, 그러한 우두접종을 통해서 심하게 앓게 되는 경우도 생겨났으며, 어떤 경우에는 사망하는 일도 일어났다. Washington은 병사들이 예방된다는 확신을 가지지 못한 채, 모든 병사들에게 우두접종을 할 것을 명령하였다. 병사들은 의도적으로 발생한 천연두로부터 생존한다면, "연구" 대상일 뿐만 아니라 생존이라는 이점의 수혜자가 되는 것이었다. 일부 병사들과 병사들이 야영하였던 지역의 몇몇 사람들은 우두접종으로 죽었다. 우두접종의 개념과 군대에서 비자발적으로 수행된 Washington의 결정이 상당한 논쟁의 여지가 있었지만, 그의 선택은 천연두로부터 군대를 보호하였으며, 이것은 영국으로부터 독립을 지키려는 미국에게 중요하였다. 사실, 천연두의 중요성과 독립전쟁에서 천연두 창궐의 진정상태는 Hugh Thursfield의 "미국 독립전쟁에서 천연두(Smallpox in the America War of Independence)"[2]와 Elizabeth Fenn의 *Pox Americana*에서 크게 부각되어 있다[3]. 우두접종의 부정적 결과와 향후 어떤 전쟁터에서 군인들의 건강과 안전을 보호할 만한 수단으로 제공되기 위해서 연속적이며 지속가능한 발전을 제공해야 할 필요성을 바탕으로, 의회는 1818년 봄에 육군 의무부(Army Medical Department)를 창설하도록 하였다.

황열병(yellow fever)이 모기에 의해 전파된다는 것을 발견한 사람에 대한 이야기는 심각한 생물학적 위험에 대한 의료대책의 효능을 입증하기 위하여 동물을 사용할 필요성으로 이어지는 획기적인 사건이기 때문에 설명하는 것이 중요하다[4~6]. 그 이야기는 의료윤리와 연구에서 동물사용에 대하여 중요한 지지자였던 Johns Hopkins 병원의 William Welch와 William Osler와 깊은 관련이 있다.

황열병은 카리브해와 미국남부에서 빈번하게 발생하였으며, 특히 미서전쟁(Spanish American War)** 기간 중에 미국 병사들을 괴롭혔다. 발병이 너무 빈번하여, 루즈벨트 대통령은 군의관인 George M. Sternberg 장군에게 쿠바에 황열병 연구위원회를 창설할 것을 요청하였다. Stenberg는 황열병 위원회(Yellow Fever Commission)의 명령으로 첫째와 둘째 담당관으로서 Walter Reed와 James Carroll을 각각 선임하였다. Reed와 Carroll은 Johns Hopkins 병원의 Osler와 Welch 박사들에 의해 크게 인정받았으며, 또한 홉킨스 임상실험실 책임자(Hopkins clinical laboratory officer)인 Jesse Lazear를 추천하여, 그를 위원회의 일원으로 포함시켰다. Sternberg, Reed, Carroll은 Johns Hopkins 병원의 Welch의 실험실에서 연구훈련을 받았다. Sternberg는 육군의무감에 지명되기 전인, 1880년대 후기에 Welch의 실험실에서 교육을 받은 최초의 세균학자였다.

쿠바에서 황열병의 원인과 전파에 대한 Major Reed의 연구는 무슨 종류의 제제가 실제로 그 질병의 원인이었는지에 대한 혼돈이 있었기 때문에 일차적으로 동물실험을 하지 않았다. 일부는

** 미서(美西)전쟁(1898), 스페인의 패배로 쿠바가 독립하고, 필리핀 · 푸에르토리코 · 괌이 미국에 할양됨.

그 질병이 이전의 환자들이 사용하였던 침구류에서 접촉성 매개물들이 공기 중으로 확산된다고 생각하였다—Sternberg, Reed, Carroll을 포함한 사람들은 그 질병이 아직 발견된 바 없는 새로운 형태의 세균에 의해 발생되었다고 생각하였다. 위원회의 몇몇 구성원들 가운데 특히 Aristides Agramonte와 Jesse W. Lazear는 그 질병의 여전히 알 수 없는 원인들에 의해서 일어난다는 생각으로 다른 이유들을 제기하였다. Agramonte는 황열병에 걸린 환자들 이 질병의 원인일 것으로 추정하는 세균에 의해 감염되지 않는다는 것을 입증하였다. 모기전파가 원인일 것으로 생각하였던 말라리아 학자인 Lazear는 황열병에 걸린 환자의 피를 흡혈한 모기에 자신이 물리도록 하였다. 그 후 그는 이 모기에 물려서 생긴 병으로 죽었으며, 이같이 황열병이 모기에 의해 전파된 다는 중요한 이론을 확립하였다[6]. Major Reed의 파견부대는 실험지원자들을 모집하였으며, 쿠바의 민간인들도 자진하여 지원하였다. 이 연구에서 위험의 정도와 참여에 따라 제공될 수 있는 이점에 대하여 명확하게 설명하였던 Reed의 지원자 사용계약은 자발적 동의(voluntary consent)의 개념을 의학에 도입시킨 윤리적인 획기적인 일로 간주된다. 연구의 위험을 감수한 환자들은 황열병이 모기에 의해 전파된다는 사실을 발견할 수 있게 하였으며, 현재 그 질병은 모기제어를 통해 확산을 막을 수 있게 되었으며, 공중위생에 엄청난 기여를 하였다[4~6].

동물을 실험에 사용하는 연구는 Johns Hopkins 병원의 Osler, Welch, 다른 과학자들의 실험실에서 널리 진행되었다. 그들의 연구에서 실험적 증거는 의학의 과학적 실행을 통하여 얻어진다는 것을 증명함으로써 의학에 일대 혁명을 불러일으켰다. Reed의 의학연구에서 인간실험과 동물의 실험사용은 대중들에 의해 획기적인 발전으로서 바로 인식되기보다는, 1900년대 초기에 영국과 미국에서 매우 영향력을 갖게 되었던 생체해부반대주의자들(antivivisectionists)에 의해 비난을 받았다[4,5].

1907년에 Osler는 의학에서 실험적 개념의 발전에 대한 내과의사 및 외과의사 총회에서 연설하였다. Osler는 학술의학의 강력한 지지자였으며, 존경받는 의료철학자였다. 그는 미국과 해외의 입법 포럼에서 수년 동안 연구의 가치에 대하여 입증하기 바빴는데, 그 이유는 생체해부반대주의자들의 공격을 받았기 때문이었다[4]. 아래는 동물실험에 필요한 것과 Reed의 황열병 실험에서 병사들의 사발적인 참여에 내하여 말한 내용이나:

> 우리 동료인 창조물들에 대한 정당한 실험의 한계는 충분히, 그리고 분명하게 명시되어 있다. 매번 새로운 의학적 또는 외과적 방법의 최종 실험은 사람에서 수행되어야 하지만, 동물에서 시도해보기 전에는 결코 수행할 수 없다.... 사람에서 절대적 안전과 완전한 동의는 그러한 시험들을 합법적으로 수행하기 위한 전제 조건들이다. 개인에 직접적인 이점이 돌아갈 가능성이 없다면, 우리에게 보살핌이 위임된 환자들을 대상으로 실험 목적을 달성하기 위하여 사용할 권리는 없다. 언젠가 이 한계는 의사와 환자 간의 빗장에 의해 결합된 신성한 코드(sacred cord)를 순식간에 벗어나게 된다.... 많은 사례에서 그랬던 것처럼, 개인에 대한 위험은 그의 동의와 환경에 대한 충분한 지식으로 얻어질 수 있으며, 우리는 Reed와 Carroll의 지휘 하에서 쿠바에서 황열병에 대한 실험에 자발적으로 지원한 병사들과 같은 그러한 매우 용감한 사람들에게 경의를 표하지 않을 수 없다[4, pp. 7~8].

Osler가 생체실험반대주의자의 활동으로 촉발된 입법화의 봉쇄로부터 의학 연구를 보호하기 위해 미국의회와 영국 국회에서 증언하였을 때, 그는 발표에서 동물을 사용하여 약품과 백신을 시험하고 결과를 도출한 후, 실험지원자를 대상으로 수행한 연구에서의 의학적 성과를 함께 제시하였는데[5], 이것은 쌍을 이루는 개념으로 확실하게 유지될 수 있도록 해주었다. 이같이, 20세기가 시작될 무렵에 의학은 윤리적인 고려를 위해서 인간 연구에 요구되는 사항들을 정의하는데 도움이 되는 두 가지 진리를 도출해 내었다. 첫째는 인간을 대상으로 하는 시험을 수행하기 전에, 위험을 예상하고 그 질병의 피해를 입증하기 위하여 동물 실험이 필요하다는 것이다. 둘째는 효능시험에서 인간 대상 연구로 참여하는 것은 자발적이어야 하며, 반드시 연구의 위험과 참여에 대한 잇점이 언급된 후에 시작되어야 한다는 것이다.

20세기 들어 30여 년간, 동물연구는 전 세계에 걸쳐 의생물학적 발견에서 중요한 수단이 되어가고 있었다. 동물실험은 제2차 세계대전이 시작됨에 따라 더욱 중요하게 인식되었으며, 미국은 생물전 위협을 다룰 준비가 되어 있지 않았다. 1941년에 전쟁의 위기상황에 직면하여, 육군장관인 Henry L. Stimson은 미국국립과학원의 의장인 Frank B. Stimson에게 "생물전으로서 폭넓게 기술될 수 있는 것을 사용하는 잠재적인 적에게 이 나라가 직면한 위험 때문에"라는 행동방침을 제시하고 위원회를 임명할 것을 요청하였다[7]. Edwin B. Fred에 의해 주도된 이 위원회는 Stimson 장관에게 "거기에는 추진을 위한, 다시 말해서 모든 각도에서 그러한 전쟁의 가능성을 추적하고, 즉 연구하기 위한 하나의 필연적 과정이 있으며, 효율성을 감소시키는 준비를 통해서 사용 가능성을 줄인다"고 보고하였다[7].

생물전 위협에 대하여 대응하는 프로그램의 개발을 촉진시키기 위하여, George W. Merck Jr.는 공격 및 방어목표를 가진 미국 생물전 프로그램(US Biological Warfare program) 개발을 시작하기 위하여, 민간연방안보국 내에 전쟁연구부대를 설립하였다. 전쟁연구부대의 최초 주요 목적은 생물무기 공격 가능성에 대한 방어수단을 개발하는 것이었다[8]. Ira Baldwin의 지침에 따라 육군화학전 부대는 대규모 연구와 개발 프로그램의 운영을 시작하였으며, Camp Detrick의 시설은 1943년 4월에 건축된 최초의 실험실과 파일럿 플랜트였다[8,9].

생물전 위협으로 간주되는 대부분의 심각한 전염병들은 사람에게 치명적인 질병을 일으킬 수 있을 뿐만 아니라, 가축에서도 발생하는 자연 질병이었다. 사실, 사람들은 모든 심각한 전염병, 심지어 제한된 숙주범위 특이성을 가진 질병들도 동물과 사람의 상호작용에 의해 발생할 수 있다는 것에 대하여 논쟁하였다[10]. 사람이 생물학적 위협제제에 의한 감염이나 중독으로 사망할 가능성이 너무 컸기 때문에, 동물실험에 대한 주요 공약은 Camp Detrick 실험실의 프로그램 목표와 디자인으로 통합되었다. 질병에 대한 동물모델은 인간질병진단학과 의학적 대응책에 대하여 배울 수 있다는 것을 정당성을 입증하기 위해 실제로 사용되었다. 이 심각한 위험은 또한 안전한 작업환경, 작업사례, 부상으로 인한 위해성 또는 사망자를 줄이기 위한 위수병원(station hospital)의 현장의료서비스를 개발하기 위한 주요공약도 촉발하였다[9].

동물들은 전쟁 기간 중에 Camp Detrick에서 수행된 대부분의 공격 및 방어 생물전 연구에서 사람을 대신하였다. 더욱이, 동물연구는 전쟁연구서비스위원회(War Research Service Committee)에 의해 검토된 후, 연방보안기관의 승인을 받은 대학, 회사, 연구소의 저명한 민간의료연구원들에 의해 지도를 받았다. 특정 계약 프로토콜을 수행하는 사람들의 명단에는 저명한 과학자, 장래 노벨상 수상자, 그리고 현대생물학, 약학, 의학을 실현한 기업의 리더들이 포함되었다[8~14].

Camp Detrick에서 사람들의 참여는 진료소에서 직업적 노출을 경험하였거나, 위수병원에서 치료했던 전염병을 연구하는 사람들로 제한되었다. 사람을 대상으로 하는 연구는 에어로졸 노출에서 얻어진 동물모델의 자료들이 사람에 정확하게 추정될 수 있는지에 대하여 수행되었다. 동물에 사용되는 위험한 병원균 대신에, *Serratia marcescens*는 사람에게 잠정적으로 비병원성 자극제(nonpathogenic stimulant)로서 사용되었다[14]. 비병원성 자극제는 사람에 대한 에어로졸 노출 모델로 사용되어 실험지원자에 미치는 위험부담은 최소화되었다[11]. 반면에 강제수용소의 연구에서 유대인 대학살의 희생자와 전쟁포로를 활용했던 Nazi 의사들은 대량학살(genocide)이 주요 목적이었기 때문에 위험을 최소화하기 위한 어떠한 노력도 하지 않았다. 해서는 안될 Nazi 실험의 자세한 이야기들은 매체를 통해 세계에 알려지게 되었으며, 제2차 세계대전 말에 Nuremberg에서 개최된 전범법정에서 추가로 공개되었다.

1946년 12월, 법정에 참석하기 위해 독일로 떠나기 바로 전에 Andrew 박사는 미국의사협회에 윤리적인 것으로 간주되는 유익한 주제에 대한 연구에 필요한 규정 목록의 초안을 공개하였다. 법정의 의료컨설턴트인 Ivy와 Leo Alexander 박사는 의료사례의 윤리적 기준에 대하여 증언하였고, 허용되는 인간대상의 연구에 충족되어야 하는 법정의 10가지 규정에 동의하였다[15]. 현재 뉴렘버그 윤리강령(Nuremburg Code)[16]으로 불리는 그 규정 목록에는 사람이 관련되기 이전에 종료된 연구의 있을 수 있는 위험과 이점을 입증하는 사전동물실험(prior animal experimentation)의 요건이 포함되었다.

1952년에 국군의료정책협의회는 Fort Detrict에서 실시된 생물학전 모방제(biological warfare simulant) 시험에서 미국이 생물학적 공격에 대하여 취약하다는 것을 언급하였다. 동물모델에 대한 악성질환제제의 유사한 실험은 이들 제제가 무기로서 전달되었을 때 무기력과 치사효과를 나타내는 것으로 입증되었다. 그러나 인체실험을 하지 않은 상태에서 오랜 시간이 경과하였으며, 사람에 대한 동물실험결과의 추정이 정당하다는 국군의료정책협의회의 구성원들 사이에서 의심이 제기되었다.

현실적인 시나리오 하에서 전달된 실제 생물학적 제제에 대한 사람의 취약점은 알려지지 않았으며, 사람연구는 생물전 프로그램의 지속을 정당화하기 위하여 강력하게 권장되었다. 그러나 Fort Detrick으로 배치된 군사의료과학자들은 그 연구를 위한 윤리적, 도덕적, 법적 근거에 대한 철저한 논의없이 인체실험을 하는 것에 대하여 주저하였다[17~19]. 1953년 2월 26일에 인간실험을 다룬 비망록이 국방장관인 Charles Wilson에 의해 군대에서 발행되었다. Wilson의 비망록(Wilson Memorandum)으로 불려지는 이 각서는 사람대상의 윤리연구를 공표하는 공식지침으로서, 사전동물실험(prior animal experimentation)의 필요성을 포함하는 Nuremburg Code의 10개 원칙을 채택하였다[20].

Nazi의 결말은 냉전 기간 중에 핵, 생물학적, 화학적 제제에 대한 의료대책을 개발하는 동시에, 도덕적 우위를 찾기 위해서 군의학연구원들에게 동기가 부여된 범죄와 코드원리(code principle)

의 유용성 이었다[9,15]. 생물무기에 대한 의료대책 개발을 명받은 군의관들은 위험을 줄이기 위해서 먼저 다른 출처로부터 충분한 정보를 얻지 못하고, 위험한 상태에서 인체 실험을 하는 것에 대하여 주저하였다. 인간 연구를 수행하는 필요성을 확립하기 위하여, 과학자, 국군역학위원회고문단(Armed Forces Epidemiology Board advisors), 군사지도자들 간의 임시모임이 1953년 봄에 Fort Detrick에서 개최되었다[18,19]. 이들 논의의 심도와 범위는 몇 가지 기본 연구프로토콜의 디자인과 인간전염병을 모델화한 동물실험에 집중적으로 투자를 가져와 연구소 창설로 이어졌으며, 발병과 백신과 치료제에 대한 반응에 대하여 연구할 수 있었다. 육군참모총장은 윌슨의 비망록에서 유래한 훈령(cs-385)을 1953년 6월 30일에 발행하였다. 그 훈령에는 임시모임에 참석했던 과학자들에 의해 제시된 윌슨의 비방록에서 언급되지 않았던 추가적인 보호수단이 포함되었다[21].

cs-385에서 언급된 인간감염과 백신의 효능, 또는 생물전 제제의 치료에서 약품의 효능에 대한 연구는 Q 열(*Coxiella burnettii*)과 야토병(*Francisella tularensis*)이었다. 이들 질병 제제는 한정된 감염용량에 의해 사망할 가능성이 거의 없고, 동물에서 발병과 백신효능에 대한 실질적인 정보는 이미 알려져 있었으며, 그것들이 지원자의 안전을 위해 감염을 신속하게 종결시키는 데 사용될 수 있는 이용가능한 약품이었다. 이것은 그렇게 하는 것이 부도덕하다는 근거에서 인체실험의 시험대상으로서 적절하지 않은 생물전 위협목록에 다른 모든 제제를 남겨두었다.

위협목록(threat list)에 올라 있는 대부분의 제제는 동물감염시험모델(animal challenge model)을 이용하여 백신 또는 약품의 효능시험이 실시되었으며, 그 반응은 면역 마커의 평가 또는 약물의 대사와 동태학을 포함한 안전성 실험에서 얻어진 사람에서의 결과와 비교될 수 있었다. 윤리적으로 허용된 야토병과 Q 열을 제외하고, 사람에서 의료대책의 효능을 입증하기 위한 어떠한 위협제제 감염시험도 실시되지 않았다.

위험한 바이러스, 세균, 독소들에 대한 의료대책이 유효한 동물모델에서 예방 또는 치료효능을 시험한다는 생각은 사람에서 사용될 제품을 개발하기 위한 모든 군사연구프로그램에 필수적이었다. 동물에서 효능을 보여준 연구 제품은 안전을 위해 사람에서 시험되었으며, 만일 안전하다고 결정되면 규정에 정의된 것처럼, 대부분의 고위층까지 명령계통의 적절한 구성원들에 의한 승인을 받은 후, 작업자들을 보호하거나 치료하는 데 사용되었다. 이 사항들은 연구가 수행된 그 시점에 위험수준 또는 군사조직구조에 따라 육군의무감이 될 수 있었거나, 그 연구를 후원한 군대의 장관까지 될 수 있었다.

Texas 주의 Fort Sam Houston에서 위생병으로서 훈련받고 있었던 제7일 재림연속거부자들(Seven Day Adventist continuous objector)을 대상으로 인간연구지원자의 모집이 있었다. 비전투원으로서 Fort Detrick에서 복무하고자 했던 이 사람들은 현실적인 시나리오에서 생물전 제제에 대한 사람의 취약성 실험을 통해서, 승인된 연구의 지원자로서 참여하였다. 생물전 및 위험한 전염병의 방어를 위한 여러 가지 신제품들이 사람의 안전과 그들의 참여로 효능의 대체마커로서 개발되고 시험되었다.

효능시험에서 사람을 위한 대체 동물의 사용은 1950년대 후반에 규제대상이었다. FDA는 드러나지 않은 부작용을 제외하고, 효과가 없거나 위험성이 있는 것으로 알려진 새로운 약품에 대하여 규제를 강화하였다. 유럽에서 소개된 새로운 진정제인 탈리도미드(thalidomide)는 팔다리의 출생기형과 연관이 있었다는 증거가 있기 때문에 FDA 심사관은 사용을 금지하였다. 1962년, 미국 상원청문회에서 식품, 의약품, 화장품 법안(Food, Drug, and Cosmetic Act)에 대한 소위 Kefauver-Harris 수정안(Kefauver-Harris Amendments)은 약품효능과 약품안전을 보장하기 위한 법으로 통과되었다. 처음으로, 약품제조에는 판매승인이 되기 전에 그들 제품에 대한 인간 임상효능을 FDA에 입증해야 한다는 것이 요구되었다[22,23].

육군은 1962년 3월 26일에 약품과 백신연구에서 인간의 윤리적 사용을 안내하였던 cs-385를 육군규정(Army Regulation, AR) 70-25로 대체하여 널리 배포하였다[24]. 인간임상효능을 입증하기 위한 새로운 FDA 요건은 육군에 새로운 AR 70-25의 3항에서 다음 예외를 제출토록 하였다.

3. 활동과 연구프로그램의 다음 카테고리는 이들 규정 조항에서 면제된다:
   a) 비행훈련, 점프훈련, 사격술, 유격훈련, 소방훈련, 가스훈련, 폭약취급 등과 같은 훈련의 일부 또는 다른 일반 의무로서 직면한 잠재적 위험상황에 사람의 건강이나 노출에 따른 고유의 작업위해와 관련될 수 있는 각종 연구와 비연구프로그램(non-research programs), 업무, 그리고 시험.
   b) 실험의 일부로서 정상적인 훈련 또는 기타 다른 병역의무와 관련된 인간요소 연구부분, 거기에서, 참여인원에 대한 실험조건의 폭로는 그 같은 조건의 인위적 특성을 나타내고 연구의 목적을 퇴색시킨다.
   c) 기본 질병과정 또는 새로운 치료방법의 윤리적 의학 및 임상연구 또는 환자의 이점을 위해 육군의료서비스(Army Medical Service)에 의해 수행된 새로운 치료방법. [이 면제사항은 임상연구, 군 건강보호, 실험적 감염, 백신감염시험 등의 연구에서 FDA-미승인 제품의 사용을 인가하였음.]

1962년 식품, 의약품, 화장품 수정안이 사람을 위험한 상황에 몰아넣는 요건에 현재 인간임상효능의 실질적인 증거가 요구된다는 것을 알게 되면서, 국방부(Department of Defense, DoD)는 1964년에 FDA와 양해각서(MOU)를 체결하여, 군대의 보호, 또는 생물전 위험의 치료를 위해서 가장 좋은 제품을 계속 사용할 수 있었다[25]. 이 MOU는 DoD가 인간임상효능을 입증하기 위해 사람에서 위험한 감염시험연구를 수행할 의도가 없었기 때문에 중요하였다. MOU는 이것이 의도하지 않은 목표, 즉 판매승인을 위한 실험을 수행하는 것과 더불어 비상작전에서 이점이 된다는 의도와 혼동되었을 때, 임상실험형식에서 병사들에게 연구제품을 제공하는데 FDA 요건을 준수하지 않고, DoD는 이들 제품의 사용 승인을 허락하였다[24].

이 MOU는 DoD가 분류된 임상연구(classified clinical investigation)와 미분류된 연구프로그램(nonclassified research program)에서 연구제품을 사용하도록 승인하였다. "미분류된 연구프로그램"이라는 용어는 "환자의 이점을 위해서 육군의료부대에 의해 실시된 기본적인 질병의 과정 또는 새로운 치료방법이 관련된 윤리적인 의학 및 임상연구"를 포함하였다[24]. 약품과 생물제제에 대한 임상연구를 하기 위해서는 FDA 또는 공중위생국(Public Health Service)에 연구 중인 새로운 약물프로그램[Investigational New Drug (IND) application]의 제출을 요구하였다. "이점에 대한 의도" 때문에, 실험실 작업자에게 환경 안전성 고려사항 이상의 부가적 보호를 제공하려는 의도로 연구 중인 백신을 제공하는 특별예방접종프로그램(Special Immunization Program)도 역시 이 MOU에 의해 허용되었다[25].

베트남 전쟁기간 중에, 실험지원자의 안전과 실험동물의 효능을 시험하기 위해 연구 중인 페스트백신이 연구 중이라는 표시나 데이터 수집과 관련된 조건없이 군인들에게 사용되었다[8,19]. 페스트는 전쟁터에서 심각한 위험요인이었으며, 역학 데이터에는 페스트백신이 도움이 되었으며, 백신접종자들 중에서 페스트 발생빈도가 감소되는 것으로 나타났다. MOU 하에서, 이들 데이터는 공중위생국으로 제출되었으며, 뒤이어 백신으로서 승인을 받게 되었다.

1972년, 의회에서는 방어정부지출안(defense appropriation bill)에 Title 10, US Code 980을 포함시켰다. 이 법은 위험의 정도와 관계없이 환자에 도움이 되는 것을 포함하는 모든 연구를 위해 대상 또는 그들의 보호자들로부터 동의(informed consent)를 얻어야 한다는 것을 명하고 있다. 또한 1972년에 혈청, 백신, 혈액제품을 포함하는 생물제제의 규제권한은 공중위생국/국립보건연구소(NIH)에서 FDA로 이양되었다[23].

1972년 미국 공중위생국의 매독연구는 국민의 거센 비난에 직면하였다. 치료를 받지 못한 Alabama 주의 Tuskegee에 사는 가난한 흑인남성들을 대상으로 매독의 자연 경과에 대한 연구를 실시하였다. 그 프로그램은 1932년에서부터 1972년에 노출되었을 때까지 계속되었다. 페니실린으로 매독을 치료하는 의사의 능력과는 관계없이, 그 실험대상자들은 질병의 결과에 대해서 뿐만 아니라, 페니실린이 널리 이용된 후에 비로소 치료를 받았다는 것도 절대 이야기하지 않았다. 이들 조작사실이 발각되어 1974년에 국가연구법령(National Research Act)이 제정되었으며[27], 사람을 대상으로 하는 관련 연구에 추가적 제재와 이해가 포함되었다.

국가연구법령의 새로운 요건들 가운데에는 (치료나 수술을 받게 될 경우의) 동의를 위한 요건과 위험-이점의 표준(risk-benefit criteria)과 사람대상으로 수행되는 연구의 적절성을 평가하기 위한 기부, 인간 존중, 그리고 정의의 기본 윤리원칙에 대하여 정통한 검토위원회의 필요성 등이 있었다. 윤리심의위원회(Institutional Review Board, IRB)로 언급되었던 이 위원회는 지휘계통과는 별개로 기대되었으며, 제품개발의 필요성과 실험지원자 대상자의 권리와 복지를 보호할 필요성 간에 갈등은 존재하지 않았다. 그러나 그 법률은 IRB의 구조 또는 운용에 대한 지침을 제공하지 않았다. AR 70-25는 이미 이들 조건을 구체화하였으나, 지휘자의 집무실 밖으로, 또는 독립적인 포럼으로 IRB의 기능을 이동시키려는 생각 이외에 이 시점에서 구체적인 변화는 요구되지 않았다.

육군은 지원자를 활용하는 모든 연구에서, 개발, 실험, 평가에 대한 연구담당관으로부터 육군의무부의 의무감으로 최종승인권한을 이양하도록 하는 DoD 내부의 개혁을 위하여 1974년에 AR 70-25를 개정하였다[28]. 육군의료부대(Army Medical Service)에서 수행된 연구와 육군의료연구 및 개발사령부(Army Medical research and Development Command)에 의해 수행된 연구는 구별되었으며, 지원자들로서 현역군인의 사용을 위한 요건을 확인하였다.

규정에서 이들 변화가 이전의 규정개발과 관련되지 않았음에도 불구하고, 그것은 권한의 이양으로 인하여, FDA와 새로운 MOU를 협상이 필요하였다[29]. FDA도 1964년 MOU와 1974년

10월 24일에 DoD와 서명한 MOU 간의 그 기간 동안 변화를 겪게 되었으며, 거기에는 부가적인 FDA 심사요건이 포함되어 있었다[23]. 한 번 더, 추가제한을 통하여 연구에 참여하였던 지원자들에게 개선된 보호기능을 제공하였으나, MOU에서 동의없이 FDA 승인을 필요로 하는 모든 시험에 대하여 제한되었으며, 군대에서는 연구가 잘 된 잠재적인 유익한 제품에 대하여 사용을 못하게 하였다.

1974년 MOU [29]는 군인의 건강을 보호하기 위하여 연구 중인 제품을 사용하려는 DoD의 권한을 제한하였다. 분류된 임상연구는 식품, 의약품, 화장품 법안에서 면제될 수 있었다. 그러나 DoD와 FDA는 FDA의 승인없이 군인들에게 제품의 사용에 대한 검토와 승인을 요구하였으나, "제품의 안전과 효능이 합리적인 확실성과 함께 설정되기 위하여 충분한 IND 규정 하에서 시험되어야 한다"는 것이었다[29]. DoD에 의해 지원을 받거나 수행되는 연구가 진행 중에 있는 약품들에 대한 다른 임상실험에서는 FDA에 IND 지원서를 제출할 것을 요구하였다.

1974년 국가연구법령(National Research Act)에 의해 만들어진 생물의학 및 행동연구의 인간대상의 보호를 위한 국가위원회는 1979년 4월 18일에 윤리적 원칙과 연구의 인체 보호를 위한 지침(Ethical Principles and Guideline for the Protection of Human Subjects of Research)라는 제목의 보고서 [일반에게 벨몬트 보고서(Belmont Report)로서 불려짐]를 출간하였다[30]. 1981년에 보건사회복지부와 FDA는 연구 대 치료(research vs. treatment)로서 간주될 수 있는 것들과 미승인 약품과 생물제제의 사용을 추가적으로 제한하는 내용이 포함된, 벨몬트 원칙(Belmonet principle)에 근거한 규정을 발표하였다[31,32].

더욱이 FDA는 내각에 있었던 감독자인 보건복지부 장관이 그 부서에서 지위가 크게 상승되었던 1980년대 후반 중에 개편이 단행되었다[22]. 군인들의 건강보호나 의학적 사용이 아직 승인되지 않은 약품이나 백신을 사용함으로 얻을 수 있는 효과를 위하여 계속적으로 제공되기를 바랐다면, 이 변화는 DoD가 FDA와 새로운 MOU를 협상하는 것을 필요로 하였다. 1987년 5월 21일에 서명된 DoD와 FDA 간의 새로운 MOU에서는 DoD가 전쟁 중에 FDA-미승인 제품을 사용하거나, 또는 유해환경에서 위기에 처해있는 사람들을 보호할 수 있었던 임의권한이 삭제되었다. DoD는 더 이상 IND/IDE 상태로 남아 있지 않은 약품, 백신, 장비 등의 자체승인 사용에 FDA-허가권을 가지지 않게 되었다.

1987년의 MOU는 여전히 유효하다. 이 MOU는 DoD에 의한 IND 사용을 위해서 FDA 검토를 필요로 한다 [예, 식품, 의약품, 화장품 법안(Food, Drug, Cosmetic Act)으로부터 예외 없음]. 분류된 연구의 경우에, DoD는 FDA에 의한 검토와 승인을 위해 "분류된 IND 또는 연구 중인 장치면제(investigational device exemption, IDE) 지원서"[33]를 제출해야 한다. FDA는 이들 활동을 평가하는데 필요한 기밀문서의 열람허가와 함께 심사자를 소유할 책임이 있다. 새로운 MOU는 또한 위험질병제제에 대한 작업노출의 위험으로부터 예방접종을 하는 작업자들을 위한 특별예방접종프로그램(Special Immunization Program)에 규정된 IND 백신사용을 하지 않아도 된다는 면제신분을 폐지시켰다. FDA의 새로운 MOU는 연구 중이라고 표지된 제품(investigational product)에 대하여 FDA 규정에 근거하여 확실하게 준수할 것을 요구하였다. DoD는 그들이 긴급 상황에서, 또는 군대의 건강보호를 위해 사용하기 원했던 FDA 요구 제품들을 더 이상 배제할 수 없었다.

이와 같은 새로운 변화는 페르시아 만에서 상황이 뜨겁게 가열됨에 따라 일어났으며, 미군은 화학 및 생물무기를 개발하기 위한 대규모 프로그램을 가졌고, 자국 내의 반대파벌에게 그 무기를 사용했었던 적을 대상으로 부대를 배치해야 한다는 것이 확실해 졌다. 사막의 방패/사막의 폭풍 작전이 수행되는 동안, 이라크에 참전하기 위한 미국의 대비책은 화학적 또는 생물학적 위험에 대하여 병사들을 보호 또는 치료하기 위해 사용된 의료대책의 일부가 여전히 인간임상효능의 실질적인 증거의 부재와 FDA에 의해 승인되지 않았기 때문에 도덕적 이분류법(moral dichotomy)을 낳았다. DoD를 위하여 제품이 어떻게 사용되고, 또 어떤 제약 하에서 사용되는지를 결정하는 수단으로서 의도적으로 사용하는 것이 일단 가능하였다. 의도적인 사용(intended use)은 "연구"인가? 아니면 "이점을 염두한 의도"인가? 새로운 MOU는 군인들과 실험실 요원들이 명확하지 않은 이점을 얻기 IND가 등록된 제품을 사용하도록 하였다.

새로운 치료법을 발견하고, 새로운 약물마케팅의 승인을 얻기 위한 데이터 요건을 만들어내기 위한 IND 제품의 예비연구는 DoD와 FDA의 요건에 따라 엄격하게 수행되는 것으로 예상되었다. 그러나 연구 중인 상태에서 생물무기의 의해 발생된 예기치 못한 대량사상자를 보호하기 위하여 사용가능한 제품만을 인명구조를 위한 사용을 막는다면 어떻게 될까? 만일 IND 상태에 있는 약물과 백신이 국가비상사태기간 중에, 사람들을 보호하거나 치료하기 위해 필요했다면, 그 제품들은 연구프로토콜에 따라 주어져야만 한다. 미승인 제품의 일시 사용정지를 벗어나기 위하여, 가식적인 실험을 행하는 것은 그 의도의 근거가 진실로 사람의 안전에 대한 지식과 동물효능 실험을 통해서 얻어진 제품을 놓고 볼 때, 부정직한 것으로 보인다. 더욱이, 핵, 화학, 생물학적 부상으로부터 고통을 받을 수 있는 모든 사람들에 대하여, 예방약 또는 치료제를 신속하게 제공해야 할 상황에서는 임상시험 프로토콜에 의해 예상되지 못한 과감한 긴급조치가 필요하다. 그 제품은 FDA의 승인을 얻지 못하였기 때문에 군인에게 예방 또는 치료를 하지 못하는 것에 대한 대체선택으로도 불충분한 해결책이었다. DoD는 FDA로부터 포기(waiver)를 적용하기로 결정하였다.

FDA는 그 규정을 실행할 수 없거나 비실용적일 경우에, 어떤 요건의 포기를 허락한다. "(치료나 수술을 받게 될 경우의) 동의"에 대한 요건의 포기는 요청을 받는다면, DoD가 보호하거나 유익하다고 결론지을 수 있는 정도로 개발된 유일한 약물이나 백신인 IND 제품은 사용될 수 있다. 그러나 이 포기는 근본적인 윤리원칙을 삭제하고 있었다. "사람의 존중"의 원리는 사람의 자결(自決, self-determination)과 자치권을 존중하고, 그 또는 그녀의 존엄의 구성요소이다. 인명구조치료(lifesaving treatment)를 필요로 하는 의식불명의 사람은 동의를 할 수 없다는 것을 이해하게 되었으며, 그 사례에서 죽음을 막기 위한 IND 약물이나 해독제의 제공이 허용될 수 있게 되었다. FDA 규정은 이미 그러한 상황을 수용하였지만, 그것은 소수의 사람 또는 단일 사건에 대해서만 그 사용을 제한하고 있다. 군대의 비상사태에서, 수백 또는 수천 명의 사람들이 IND 제품을 공급받아야 한다면, 그것은 규정상 허용되지 않는다. 윤리적 분석을 통해서 볼 때, 그것이 수용되어야 한다고 결론지을 수 있었다. 그러나 FDA 규정은 법으로서, 변경할 수 없다. 동의포기의 사용여부에 대한 결정은 어려운 선택이다[34~38].

거기에는 실용을 위한 윤리원칙을 폐기하지 않고, 이 갈등을 해결할 수 있는 다른 이유가 있는 포기들이 있었다. 1988년 9월 30일에 Fort Detrick에서 개최된 심포지엄에서, Post Chaplain

은 이 치명적인 신경가스 노출로부터 사람을 보호하기 위해 개발된 해독제의 안전성과 효과에 대한 실제 테스트를 하기 위한 법적, 도덕적, 또는 윤리적인지의 수사적 의문에 대한 답을 요청받았다[34,35]. 뉴욕시의 AIDS 시민위원회의 전무이사이자, IRB의 편집장으로서 Carol Levine은 인간대상연구의 검토(Review of Human Subjects Research)라는 제목의 연설에서 군사의학연구에서 윤리적인 예외가 있는지에 대한 질문에 "예" 또는 "아니오"로 대답하였다. 위험의 정도와 참여의 임의성은 그녀의 대답에 영향을 주었다. 더 나아가 Levine은 만일 어려운 대안선택이 "규제자(regulator)"에 의해 마련되었다면, "예"라고 말하기가 쉽다는 것을 인정하였다[34]. 1977～1979년에 FDA의 수석고문이었던 Richard Cooper도 이러한 선택으로 어려움을 겪었다. 그러나 그는 이 장에서 일찍이 보여주었던 것과 유사한 이유에 대한 (치료나 수술을 받게 될 경우의) 동의를 포기하여 인간임상효능의 실질적인 증거를 제공하도록 요구사항의 포기를 요구하기 위한 선택을 제시하였다[35]. 1990년에, DoD는 동의포기를 선택한 미군들을 걸프만에 파병하였으며, 1990년대 전반에 이 내용을 규정으로서 성문화(成文化)하였다[39～42].

DoD는 "일반규정(Common Rule)"으로 알려진 45 CFR 46의 기본적인 인간대상보호의 채택을 동의했던 17개 연방 부서와 기관 중의 하나였다. 이같이, 사람을 대상으로 연방차원에서 후원하는 모든 연구는 현재 정책, 보증, 보호의 공통설정 등에 의해 커버되었다 (DoD는 32 CFR 219를 사용함). 1990년 1월 25일에 발표된 AR 70-25의 현재버전은 이미 일반규정(Common Rule)에 따랐다[43].

1993～2002년에 제정된 추가적 FDA 적용 법률은 만일 이들 규정이 완화되지 않았다면, 사실상 불가능한 국내전쟁 또는 생물전과 관련된 긴급 상황에서 진단, 치료, 또는 예방에 필요한 FDA IND 및 좋은 임상사례 법안(FDA IND and Good Clinical Practices Act) 요건을 준수하도록 만들어졌을지도 모른다. 명백히, 추가적 요건의 완화없이 중요한 군사의료대책의 FDA 승인을 효율적 및 효과적으로 얻을 수 없었다. FDA 승인을 얻기 위해 필요한 인간임상효능의 입증을 위한 정당한 감염시험실험을 수행하는 것은 윤리에 어긋나며, 모든 좋은 임상사례에서의 요구사항을 확실하게 준수하는 것은 가능하지 않았다[34～36]. 거기에는 가능하면 최상으로 그들이 요구하는 모든 것들을 준수하여 해결하는 것과 전쟁터에서 병사들을 보호하기 위해 필요로 하는 IND 제품을 사용하는 것을 제외하고는 다른 선택이 없었다[39～42].

DoD가 긴급 상황에서 사용하고자 원하던 많은 IND 제품은 많은 동물효능과 사람의 안전성 데이터에 의해 유지되었으나, 그들은 또한 인간임상효능의 실질적인 증거가 확보할 때까지 승인될 수 없었다. 이들 생물학적 제제들은 위험하였으며, 임상감염시험연구의 실행은 죽음을 야기하는 것이 확실하였다. 이같이 식품, 의약품 및 화장품 법안은 이 요건에 대한 경감없는 상태에서 승인을 얻기 위하여 부도덕한 효능연구를 요구하였다[37,38,44～46]. 다행히도 사람의 안전과 동물모델에서 효능의 실질적인 증거에 근거한 FDA 승인이 인간임상효능에 대한 실질적인 증거를 얻음으로서 실행하기 어렵거나 또는 부도덕한 환경에서 충분할 수도 있다는 주장이 제기되었다. 이 개념은 FDA가 무기로서 의도적으로 사용된 생물학적 제제 때문에 감염치료를 위한 최초의 항균약품을 승인했을 때, 동물효능규칙이 최종적으로 만들어지기 전인 2000년 8월에 크게 이용되었다[47]. Ciprofloxacin hydrochloride (Bayer)는 흡입성 탄저병의 의학적 관리에 사용하기 위해서 신속한 승인절차를 거쳐서 FDA에 의해 승인되었다. 이들은 사람의 혈청에서 ciprofloxacin의 농도에 대한 대체마커와 광범위한 동물효능데이터를 가지는 약품의 안전프로파일에 대한 기존의 지식과 다른 세균제제의 효능데이터에 근거하여 승인되었다. 그 모델에서 얻은 흡입성 탄저병에 대한 동물모델과 후속효능 및 약리학적 데이터는 FDA의 승인을 받는데 중요한 역할을 하였다.

Mary Pendergast는 동의에 대한 DoD 포기에 대하여 재고를 검토하는 시점에, FDA의 차장이었다. 그때, 그녀는 민간인 응급실에서 시험되어야 했던 새로운 인명구조장치의 개발을 위한 응급의료기기연구를 허용하려는 새로운 규정도 생각하고 있었다. (치료나 수술을 받게 될 경우의) 동의에 대한 DoD의 포기 재고에 대하여 제출된 양해각서에는 인간임상효능실험을 수행하기 어렵거나 부도덕한 매우 위험한 조건에서 안전과 효능을 입증할 필요성과 인명구조제품을 제공할 필요성 간에 존재하는 방법을 연결하는 몇 가지 윤리적 해설을 제시하였다[36~38,44~46]. 동물효능규정 초안은 FDA 담당관의 연구실에서 준비되었으며, 2001년 가을, 테러리스트 공격 2년 전에 여론수렴을 위해 출간되었다. FDA는 어떤 중요한 신약을 만드는 데 도움이 되는 "동물효능규칙(animal efficacy rule)"의 즉각적인 필요성을 인식하였는데, 그 신약은 치료를 위해 디자인된 특성 때문에, 사람에서 유효성을 위해 안전하게 윤리적으로 시험될 수 없는 제품이다[48].

FDA는 새로운 약품과 생물제품에 대한 규정을 수정하였으며, 심각하거나 생명을 위협하는 조건을 줄이거나 막기 위한 목적으로 사람에 사용될 약품과 생물제제는 인간효능연구가 윤리적이지 않거나 실현가능하지 않을 때, 적당한 동물연구를 통한 효율성의 증거를 바탕으로 판매 승인될 수 있다. FDA는 치명적이거나 영구적으로 신체장애를 유발하는 독성물질 또는 생물체에 노출된 개인들을 보호하거나 치료하기 위한 적절한 의료조치의 필요성을 인식하였기 때문에 이러한 조치를 취했다. 테러사건을 포함한 비상사태에서 국가대응능력을 향상시키기 위한 FDA의 일부 노력으로서, 이 새로운 규정은 사람에 적절하고 잘 조절된 임상연구가 잠재적으로 치명적이거나 영구적으로 비활성화된 독성물질 또는 생물체를 건강한 실험지원자에 적용되는 경우를 포함하기 때문에 윤리적으로 수행될 수 없을 때 적용이 가능하다. 빠른 승인절차가 사용되거나, 생존이나 이환율 이외에 대체마커나 임상종말시점(clinical endpoint)을 이용할 수 있을 때와 같은, 사람의 임상연구가 여전히 실행되고 있을 때, 동물효능규정은 사용될 수 없다는 것을 기억하는 것은 중요하다[49].

이 새로운 규정 하에서 화학적, 생물학적, 방사능, 또는 핵 물질의 독성을 막기 위해 사용되는 어떤 새로운 약품과 생물제품은 적절한 동물연구와 모든 추가 지원된 데이터로부터만 유래하는 유효성의 입증에 근거하여 사람에게 사용이 승인될 수 있다. 이 규정 하에서 제품의 효율성 평가는 새로운 약품과 생물제품의 안전성을 확립하기 위해서 과거의 요건 하에서 수행될 것이다. FDA는 1999년 10월 5일에 이 새로운 규정을 제안하였고, 최종 규정은 2002년 5월 31일, 금요일에 관보(*Federal Register*)에 발표되었으며[43], 그 규정은 2002년 6월 30일에 효력이 발효되었다. 동물효능규정의 출현으로 무수한 독성 생물, 화학, 방사능, 또는 핵 위협에 대하여 안전하고 효과적인 대책을 찾는 데 동물의 중요성이 강조되었다. 사람과 동물의 건강을 향상시키고, 국가를 보호하기 위한 이 새로운 기회와 더불어, 우리 모두는 또한 책임감을 인식해야 한다. 그 책임감은 사람의 질병을 정확하게 모방하는 최적 모델의 검색, 동물사용에 대한 잠재적인 구체화에 대한 철저한 연구, 연구를 통한 적용가능한 발견을 통합시키는 것에 대하여 엄격해지는 것을 포함한다. 진통제의 초기 종말 및 투여 시점을 결정하는 일과 같은, 미묘한 점들에 대하여 동물모델이 제품의 유효성을 분명히 보여주기 위한 필요한 기준들을 충족시킬 것을 보장하기 위하여 FDA와 사전에 논의되어야만 한다.

FDA는 4가지 요건을 충족되어야만 동물효능규정에 따라 신약제품의 승인을 고려할 것이다. 첫 번째 요건은 우려가 어떻게 신체를 손상시키며, 손상을 어떻게 막거나 실질적으로 줄이는데 대한 병리생리학적인 이해를 필요로 한다. 이 요건은 하나의 제품이 그 제품의 추후 개발을 결정하는데 확실한 이점을 보여주는지를 엄격히 관찰하기 위해 계획될 수 있는 개념증명 연구(proof-of-concept study)에만 국한되는 것이 아니다. 관심제제의 효과와 치료에 대한 동물의 반응은 동물효능규정 하에서 약품승인에 필요한 자료를 제출하기 위해 사용될 동물모델에 대하여 확실한 이해가 있어야 한다. 질병과 치료의 병리생리학적 과정에 대한 완전한 이해는 사람에 대한 연구가 신제품의 승인을 입증하는 것을 요구하지 않지만, 동물연구를 위한 요건은 동물연구로부터 얻은 정보가 사람에 대한 신뢰로 적용될 수 있다는 추가적인 보증에 대한 필요성을 나타낸다.

이차 요건은 과학자들과 일반인들에게도 마찬가지로 종종 오해를 초래했던 것이며, 동물효능규정이 수차례에 걸쳐 "두 가지 동물규정(two-animal rule)"이라고 불렸던 이유이기도 하다. 동물효능규칙은 제품의 효과가 사람에서 보여 주었던 예측 반응이 한 가지 이상의 동물에서 증명되어야 한다는 것을 말한다. 그러나 그 규정에는 단일동물모델이 사람에서 예상되는 반응에 대한 특성연구가 잘 된다면 사용될 수 있다는 것을 말하고 있다. 사람에서 효능이 입증되지 않은 약품을 승인받기 위해서 동물효능데이터를 사용하는 일은 이전의 표준사례와 비교하여 상당한 편차가 있기 때문에, 단일동물모델을 사용한 아주 견실한 사례가 만들어질 수 없다면, FDA는 동물모델에 대한 매우 면밀한 조사와 두 가지 동물에 대하여 수행될 실험에 대한 예상을 하게 될 것이다. 한 가지 예를 들면, 많은 전염병들은 매우 잘 특성연구가 이루어진 동물모델과 더불어 수십 년간 매우 자세하게 연구되어왔다. 중요한 사람의 데이터를 이미 적용시킨 제품과 함께 사용된 명확히 정립된 모델의 사례에서, 단일동물모델의 사용은 적절할 수 있다. 또한 사람에 대한 대응예측을 나타내는 한 가지 동물모델만이 존재하는 상황에서, 단일동물모델은 충분히 고려될 수 있다.

동물연구 종료시점은 동물효능규정의 세 번째 요건으로서 개입된다. 종료시점은 사람들이 원하는 이점을 반영한 이 규정 하에서 사용할 동물모델을 개발하는 것이 중요하다. 생존은 한 가지 고려사항이지만, 이환율(morbidity)의 예방은 동등하게 중요할 수 있다. 일부 전염병은 사람에서 사망률(mortality)이 매우 낮지만, 이환율은 매우 높을 수 있으며, 종말시점으로서 죽음에 매우 민감한 동물에서, 이러한 형태의 질병에 대한 동물모델을 설정하는 것은 매우 부적절한 것일 수 있다. 또한 그 모델은 가능하면 충분하게 사람의 임상조건을 반영하기 때문에, 동물모델과 관련 대조집단의 통합은 사람들의 합리적 예상을 반영하는 지원치료(supportive care)에서 고려되어야 할 사항이다[49].

동물효능규정을 사용한 제품의 승인을 위한 최종 조건에서는 사람에서 유효투여량을 결정하기 위해서, 사용된 동물모델로부터 얻어진 제품의 동태학과 약효학에 대한 데이터 수집이 허용할 것을 요구한다. 제품을 시험하는 데 있어서 약효학 및 동태학 연구가 허용되지 않은 동물모델의 사용은 모델개발의 초기 단계에서 배제되어야 한다.

일단 한 제품이 FDA에 의한 동물효능규정 하에 승인을 받으면, 거기에는 승인목적을 위해 사용되었을 때, 제품의 안전과 효능에 대한 데이터를 얻기 위해서 출시 후 연구를 포함하는 부가적 요건들, 즉 동물사용을 통해 결정된 효능뿐만 아니라, 다른 관련 제품의 정보를 어떻게 설명하는지에 대한 표시 요건들, 즉 제품의 사용에 대한 제한된 범위에서 승인 가능성 등이 남아 있다.

제안단계에서 동물효능규정에 대한 논평, FDA에 의한 더욱 상세한 논의와 반응은 *Federal Register* (2002, Vol. 67, No. 105, 21 CFR Parts 314와 601)에서 찾아 볼 수 있다. 이들 논의는 동물효능규정의 응용과 한계에 대한 유용한 식견을 제공할 수 있다. 추가설명을 하기 위한 시도로서, FDA는 2009년 1월에 동물효능규정 하에서 사용하기 위해 의도된 동물모델의 중요한 특성을 확인하기 위해 만들어진 초안지침의 유용성에 대하여 발표하였다[50]. 이 지침이 제품승인을 얻기 위한 동물효능규칙을 사용하는 후원자들을 난처하게 하지는 않지만, 그 규정 하에서 사용하고자 하는 동물모델의 개발에 대한 FDA의 최근의 설명에 몇 가지 식견을 제공한다[49].

결론적으로, 동물효능규칙은 인간임상효능의 실질적인 근거를 찾기 위한 연구실험을 수행하는 것이 비윤리적이거나 도덕적이지 못한 것이 명백할 때에 한해서 제품승인을 얻기 위해 사용되어야 한다. 이것은 이 규정의 명분이 제품승인의 기준을 약화시키지 않기 때문에 유일하게 적절한 정당성을 가진다. 많은 사람들은 기준이 너무 많으며, 제품이 사람에게 효과적일 것이라는 추가적인 확신이 있기 위해서는 당연한 것이라고 주장한다. 오히려, 명분은 사람에 대하여 효능시험을 하는 것이 매우 위험하기 때문에 의학적 대안을 승인하기 위한 것이다. 향후 생물, 화학, 방사능 위협에 안전하고 효율적인 대안으로 이어지는 효과적인 동물모델을 개발하고 개선하기 위해서는 과학계와 규제기관들 간에 밀접한 관계 유지가 필요할 것이다.

참고문헌

1. Christopher, G.W., Cieslak, T.J., Pavlin, J.A. and Eitzen, E.M., Biological warfare: A historical perspective. *JAMA* 278, 412, 1997.
2. Thursfield, H., Smallpox in the American War of Independence. *Ann. Med. History* 2, 312, 1940.
3. Fenn, E.A., *Pox Americana. The Great Smallpox Epidemic of 1775–82.* Hill and Wang, New York, 2001.
4. Osler, W., The historical development and relative value of laboratory and clinical methods in diagnosis. The evolution of the idea of experiment in medicine, in *Transactions of the Congress of American Physicians and Surgeons*, Vol. 7: Seventh Triennial Session, Washington, DC, May 7–9th. New Haven, CT: Congress, 1907, pp. 1–8.
5. Osler, W., The evolution of modern medicine, the rise of preventive medicine. A series of lectures delivered at Yale University on the Silliman Foundation in April 1913. Project Gutenberg, http://biotech.law.lsu.edu/Books/osler/chapvi.htm.
6. Harvey, A.M., Johns Hopkins and yellow fever: A story of tragedy and triumph. *Johns Hopkins Med. J.* 149, 25, 1981.
7. Clendenin, R.M., *Science and Technology at Fort Detrick, 1943–1968.* Technical Information Division, Fort Detrick, Frederick, MD, 1968, pp. 1–68.
8. U.S. Department of the Army, *US Army Activity in the US Biological Warfare Programs*, Unclassified, Vols. 1 and 2, 1977.

9. Covert, N.M., *Cutting Edge: A History of Fort Detrick, Maryland 1943–1993*. Headquarters, United States Army Garrison, Public Affairs Office, Fort Detrick, MD, 1993, pp. 17–19.
10. Torrey, E.F. and Yolken, R.H., *Beasts of the Earth: Animals, Humans and Disease*, Rutgers University Press, New Brunswick, NJ, 2005.
11. Wedum, A.G., Barkley, W.E. and Hellman, A., Handling of infectious agents. *J. Am. Vet. Med. Assoc.* 161, 1557, 1972.
12. Smart, J.K., History of chemical and biological warfare: An American perspective, in *Textbook of Military Medicine: Medical Aspects of Chemical and Biological Warfare*, Office of the Surgeon General, Department of the Army, Washington, DC, 1989, p. 9.
13. Franz, D.R, Parrott, C.D. and Takafuji, E. The U.S. biological warfare and biological defense programs, in *Textbook of Military Medicine: Medical Aspects of Chemical and Biological Warfare*, Office of the Surgeon General, Department of the Army, Washington, DC, 1989, p. 425.
14. Paine, T.F., Illness in man following inhalation of *Serratia marcescens*. *J. Infect. Dis.* 79, 227, 1946.
15. Moreno, J.D., *Undue Risk: Secret State Experiments on Humans*, W.H. Freeman and Company, New York, 2000, p. 68.
16. Permissible medical experiments, in *Trials of War Criminals before the Nuremberg Military Tribunals under Control Council Law No. 10*, Vol. 2, Government Printing Office, Washington, DC, 1949, p. 181.
17. Beyer, D.H., Cathey, W.T., Stover, J.H., Williams W.J. and Green, T.W., Human experimentation in the biological warfare program, Memorandum, Fort Detrick, MD, October 9, 1953.
18. Woodward, T.E. (ed.). *The Armed Forces Epidemiological Board. Its First Fifty Years*. Washington, DC: Borden Institute, Office of the Surgeon General, Department of the Army, 1994.
19. Woodward, T.E. (ed.). *The Armed Forces Epidemiological Board. The Histories of the Commissions*. Section 3 (D. Crozier) Commission on Epidemiological Survey. Center of Excellence in Military Medical Research and Education, Office of the Surgeon General, Department of the Army, Washington, DC, 1990.
20. Wilson, C.E., Memorandum for the Secretaries of the Army, Navy and Air Force, Subject: Use of humans in experimental research. Office of the Secretary of Defense, Washington, DC, February 26, 1953.
21. Oakes, J.C., Cs-385, Memorandum Thru: Assistant Chief of Staff, G-4 For: the Surgeon General. Subject: Use of volunteers in research, Office of the Chief of Staff, Department of the Army, Washington, DC, June 30, 1953.
22. Swann, J.P., History of the FDA, http://www.fda.gov/oc/history/historyoffda/default.Htm; adapted from George Kurian (ed.), *A Historical Guide to the U.S. Government*, Oxford University Press, New York, 1998.
23. Milestones in U.S. food and drug law history, FDA Backgrounder, May 3, 1999, http://www.fda.gov/opacom/backgrounders/miles.html.
24. U.S. Army Regulation 70-25, Research and development: Use of volunteers as subjects of research, March 26, 1962.
25. Memorandum of understanding between the Department of Health, Education and Welfare, and the Department of Defense concerning investigational use of drugs by the Department of Defense, May 12, 1964.
26. Title 10, U.S. Code, Section 980. Limitation on use of humans as experimental subjects, 1972.
27. National Research Act (Pub. L. 93-348) of July 12, 1974.
28. U.S. Army Regulation 70-25, Research and development: Use of volunteers as subjects of research, July 31, 1974.
29. Memorandum of understanding between the Food and Drug Administration and the Department of Defense concerning investigational use of drugs by the Department of Defense, October 24, 1974.
30. The National Commission for the Protection of Human Subjects, The Belmont report, ethical principles and guidelines for the protection of human subjects in research, April 18, 1979.

31. Title 45, Code of Federal Regulations, Part 46, Protection of human subjects.
32. Title 21, Code of Federal Regulations, Parts 50, 56, 71, 171, 180, 310, 312, 314, 320, 330, 430, 601, 630, 812, 813, 1003, 1010, Protection of human subjects: Informed consent, January 27, 1981.
33. Memorandum of understanding between the Food and Drug Administration and the Department of Defense concerning investigational use of drugs, antibiotics, biologics and medical devices by the Department of Defense, May 21, 1987.
34. Levine, C., Military medical research: 1. Are there ethical exceptions? *IRB* 11, 5–7, 1989.
35. Cooper, R.M., Military medical research: 2. Proving the safety and effectiveness of a nerve gas antidote—A legal view. *IRB* 11, 7, 1989.
36. Martin, E.D., Acting Assistant Secretary of Defense for Health Affairs. Letter to Friedman, M.A., Attn.: Documents Management Branch (HFA-305) Re.: Docket No.; 90N-0302, July 22, 1997.
37. Anderson, A.O., Memorandum to U.S. Army Medical Research and Material Command, Subject: Reply to memorandum regarding review and comments about protocol entitled "Administration of pentavalent botulinum toxoid to individuals preparing for contingency combat operations" (Log No. A-6622), December 6, 1994.
38. Anderson, A.O., Letter to Mary K. Pendergast, J.D., Deputy Commissioner and Senior Advisor to the Commissioner, FDA, October 26, 1995.
39. Title 10, Code of Federal Regulations, Section 1107 (10 USC 1107). Notice of use of an investigational new drug or a drug unapproved for its applied use, November 18, 1997.
40. Executive Order 13139 (EO 13139), Improving health protection of military personnel participating in particular military operations. *Federal Register*. 64, 54175, 1999.
41. Title 21, Code of Federal Regulations, Section 50.23(d) (21 CFR 50:23(d)). Determination that informed consent is not feasible or is contrary to the best interests of recipients—New Interim Final Rule. *Federal Register.* 64, 54180, 1999.
42. DoD Directive 6200.2 (DODD 6200.2), Use of investigational new drugs for force health protection, August 1, 2000.
43. Embrey, E., Protecting the nation's military may include the use of investigational new drugs. National defense and human research protections. *Account Res*. 10(2), 85–90, 2003.
44. Howe, E.G. and Martin, E.D., Treating the troops. *Hastings Cent. Rep*. 21(2), 21–24, 1991.
45. Fitzpatrick, W.J. and Zwanziger, L.L., Defending against biochemical warfare: Ethical issues involving the coercive use of investigational drugs and biologics in the military, *J. Phil. Sci. Law.* 3, 1, 2003.
46. Gross, M.L., Bioethics and armed conflict: Mapping the moral dimensions of medicine and war. *Hastings Cent. Rep*. 34, 22, 2004.
47. Meyerhoff, A., Albrecht, R., Meyer, J.M., Dionne, P., Higgins, K. and Murphy, D. US Food and Drug Administration approval of ciprofloxacin hydrochloride for management of postexposure inhalational anthrax, *Clin. Infect. Diseases*. 39, 303, 2004.
48. Title 21, Code of Federal Regulations, Parts 314 and 601. New drug and biological drug products; evidence needed to demonstrate effectiveness of new drugs when human efficacy studies are not ethical or feasible, July 1, 2002.
49. Snoy, P.J., Establishing efficacy of human products using animals: The US Food and Drug Administration's "animal rule," *Vet. Path*. 47, 774, 2010.
50. U.S. Department of Health and Human Services, Food and Drug Administration, Draft Guidance for Industry—Essential elements to address efficacy under the animal rule. *Fed. Regist.* 74, 3610–3611, 2009.

4 동물모델의 개발과 검증

Jaime B. Anderson and Kenneth Tucker

목차

4.1 서론 ···43
4.2 모델이란 무엇인가? ···44
4.3 모델이 필요한 이유는? ···47
4.4 동물모델의 검증과 개발 ···48
4.4.1 1단계: 연구목적 결정 ···49
4.4.2 2단계: 내인성 요인 결정 ···50
4.4.3 3단계: 외인성 요인 결정 ···51
4.4.4 4단계: 검색전략 작성 ···52
4.4.5 5단계: 생물학적 정보기반 구축 ···53
4.4.6 6단계: 독특한 연구자원 결정 ···53
4.4.7 7단계: 선택된 예비동물모델 확인 ···55
4.4.8 8단계: 연구 수행 ···55
4.4.9 9단계: 선택된 동물모델의 타당성 평가 ···56
4.5 사람에 대한 동물모델 결정 예측 ···57
4.6 결론 ···60
참고문헌 ···60

4.1 서론

현대국가들은 공격용 생물무기(offensive biological weapon) 연구프로그램을 개발하기 시작하였다. 테러리스트들은 그들이 설정한 목표를 공격하기 위해 감염원이나 독소를 고의적으로 방출하는 것으로 알려져 있다. 감염원들 중에는 사람에 매우 치명적인 것들이 많이 있으며, 해독제 또는 치료 대책도 부족하다. 경제적으로 중요한 동물이나 농작물에 피해를 주는 제제들도 많이 알려져 있다. 2001년 탄저균을 고의적으로 방출한 편지사건 이래, 정책입안자들은 그 세균의 심각한 위험성에 대하여 알게 되었으며, 미국 정부는 자국의 방위를 목표로 하는 생물학적 위협제제(biological threat agent)에 대한 연구 기금을 크게 증액하고 있다.

최근에 생물학적 제제의 고의적인 방출이 사람에게 미치는 여러 가지 영향이 동물모델 연구를 통해서 알려지게 되었다. 연구자들은 사용하고자 하는 동물모델의 장점과 제한사항에 대한 충분한 이해를 통하여 안전하고 효과적인 백신과 치료법의 개발토록 한다. 그 외에도, 잘 디자인된 동물모델연구는 위해성 평가와 필요 시간에 제한된 자원을 배치하는 방법에 대한 정책결정을 할 수 있도록 해준다. 정책입안자들은 동물, 조직, 세포배양 모델로부터 배울 수 있는 것들에 대한 명확한 이해가 필요하다. 과거의 연구 활동으로부터 유용한 결론을 얻어내려는 과학자들과 정책입안자들은 사람의 발병에 대하여 관련된 동물모델로부터 제공되는 특징과 목적을 이해할 필요가 있다. 그러기 위해서 이 장에 제시된 자료들은 동물모델 개발에 대한 체계적인 접근방법을 제공한다.

4.2 모델이란 무엇인가?

모델(model)은 모델 비행기가 실제 비행기와 유사한 것과 마찬가지로, 어떤 것과 유사한 것을 의미한다. 전(全)동물모델(whole animal model)과 체외모델(*ex vivo* model)과 같은 생물학적 모델(biological model)로부터 컴퓨터 또는 수학적 모델과 같은 무생물학적 기원(nonbiological origin)을 가지는 모델에 이르기까지 많은 형태의 생체임상의학적 모델(biomedical model)이 있다[1]. 생체임상의학적 모델을 이용하여 동물이나 사람에서 정상적 또는 비정상적 과정을 모의실험한다. 이 장은 생물학적 위협제제에 의해 야기되는 질병에 대한 동물모델을 검토하고자 한다. 그런 의미에서, 동물모델은 사람에서 발생하는 질병에 관심의 대상이 되는 생물학적 현상을 모방하는 것을 의미한다.

동물모델을 개발하는 방법을 이야기하기 전에, 동물모델을 논의할 때, 공통적으로 사용되는 용어에 대하여 먼저 이해해야 한다. 동물모델의 중요한 변수들은 상동성(homology), 상사도(相似度, analogy), 충실도(fidelity)에 대한 개념을 포함한다. 상동성은 일반적 형태로부터 하향식의 구조적 유사성을 가진 해당부분의 형태학적 정체성을 나타낸다. 동종모델(homologous model)은 유전적 유사성을 가진다. 동종으로 고려되는 모델에서 요구되는 유전적 유사도는 다양하다. 상사도는 기능이나 외관에서의 유사정도 또는 유사성을 가리키지만, 유래 또는 개발을 말하는 것은 아니다. 따라서 동종모델들은 기능적인 유사성을 가지고 있다. 일반적으로 동물모델에서는 이들 두 가지 특성이 다양한 정도로 나타나며, 이들의 잡종도 생각할 수 있다. 모델의 충실도는 그 모델이 연구되고 있는 조건에서 얼마나 사람과 유사한지를 나타낸다[2]. 충실도의 다른 측면은 데이터가 그 모델 그 자체 내에서 재현 가능한 방법으로 측정될 수 있다.

다른 중요한 개념에는 일대일 모델링(一對一, one-to-one modeling)과 다대다 모델링(多對多, many-to-many modeling)이 포함된다. 이 용어들은 모형제작 과정 그 자체로 일반적인 접근방법을 가리키며, 각 동물모델을 나타내는 것이 아니다. 일대일 모델링에서 특정 동물이 자극을 받는 과정은 사람에서와 비슷한 특성을 가진다. 다대다 모델링에서, 과정의 각 구성요소는 계, 기관, 조직, 세포, 아세포와 같은 다양한 구조에서 많은 종들에 대하여 조사하는 것을 말한다[3]. 다대다

모델링은 동물모델을 개발하는 동안 흔히 사용되는 반면에, 일대일 모델링은 동물모델이 연구 중인 특이한 생물학적 현상에 대한 이미 잘 알려진 특징과 유효성을 검증하는 연구에 더 적합하다[4].

개념상, 동물모델은 실험(experimental) [유발(induced)], 자연(spontaneous, natural)], 유전적으로 조작(genetically modified), 음성(negative), 희귀(orphan), 대체(surrogate) 등과 같은 많은 방법으로 설명될 수 있다[5,6]. 그러나 이들 설명항목은 그 설명이 모순되지 않고, 모델이 여러 가지로 설명이 가능한 특성을 가지기 때문에 분류하는데 사용될 수 없다. 게다가, 모델에 대한 지식과 질병의 경과가 진행됨에 따라 그 모델의 설명항목은 바뀔 수 있다. 이들 각각의 서술 항목은 다음 단락에서 기술될 것이다.

실험적 동물모델(experimental animal model)은 과학자들에 의해 질병이나 어떤 상태가 동물에서 유발되는 모델이다. 감염성 바이러스 또는 세균과 같은 생물학적 제제에 노출, 종양유발물질과 같은 화학적 제제에 노출, 또는 심지어 어떤 상태를 초래하는 외과적 조작을 포함한 많은 형태의 실험실 조작이 있을 수 있다. 많은 사례에서 이러한 시도는 거의 모든 선택된 동물들에서 얻어진 결과를 모델화시킬 수 있다. 예를 들어, 많은 생물 독소의 활성은 척추동물뿐만 아니라 무척추동물에서도 측정될 수 있다[7,8]. 선택된 모델들은 연구자들의 필요에 따라 달라진다. 그러나 많은 생물학적 제제는 선택적이며, 종 특이성(species-specific) 반응을 일으킨다. 이것은 세균과 바이러스를 포함한 감염원에 관한한 사실이다. 많은 감염원들은 감염을 일으키고 질병을 일으킬 수 있는 종(species)은 한정되어 있다. 사람에서만 질병을 일으키는 인간면역결핍바이러스(human immunodeficiency virus)와 같은 병원체는 하나의 숙주에 한정된다. 이같이 이 모델은 유발된 질병이나 어떤 상태에 민감한 동물에 한정된다.

자연 모델(spontaneous model)은 보통 자연적으로 발생하는 유전질환에 대한 연구에서 사용된다. 암, 염증, 당뇨병 모델을 포함하여 이 형태의 모델은 수백 가지가 알려져 있다. “자연적”이라는 용어가 의미하는 것처럼, 이들 모델은 질병이 집단에서 자연적으로 나타나야 한다. 이러한 형태의 모델은 유전병에 국한되지 않지만, 질병에 대한 유전적 감수성에도 적용된다. 예를 들어, 1형 당뇨병의 감수성은 유전적 특성이나. 비비만성 당뇨병(nonobese diabetic, NOD) 마우스 계통(mouse strain)은 또한 대부분의 다른 마우스 계통에 비하여 당뇨병에 대한 유전적 감수성을 보여주며, 1형 당뇨병의 자연 모델로서 사용되어왔다[9]. NOD 마우스에서 당뇨병이 자연적으로 발생할지라도, 그 질병의 발생은 환경적 요인과 관련이 있다. 이같이 NOD 마우스 모델은 당뇨병이 실험 간섭(experimental intervention)이 없이 생기기 때문에, 그 질병이 환경적 요소에 의해 유발될지라도, 자연적 모델로서 기술된다. 자연 모델이 보통 유전적 질병과 관련이 있다 하더라도, 일부 이들 모델은 바이러스, 세균, 또는 화학물질과 같은 유발제제가 확인되지 않은 질병을 나타낼 수 있다. 일단 유발제제가 연구자에 의해 확인되고 실제로 적용되면, 그 모델은 유발모델(induced model)로서 기술된다. 한 가지 예는 1형 당뇨병(type 1 diabetes)인데, 이 병은 바이러스 감염으로 베타세포가 직접 파괴되었거나 세포를 파괴하는 자가면역반응(autoimmune response)이 일어난 것으로 밝혀졌다[10]. 만일 연구자가 NOD 마우스에서 당뇨병을 일으키기 위해 그 바이러스를 사용한다면, 이것은 실험 모델(experimental model)이 된다.

유전적 조작 동물모델(genetically modified animal model)은 유전적 수준에서 선택적으로 변형된 동물을 말한다. 이들 모델이 연구자에 의해 조작되어 만들어지기 때문에 유전적으로 조작된 동물을 사용하는 모델은 실제로 실험적 모델의 특별한 예가 된다. 넓은 의미에서 유전적으로 조작된 모델은 육종이나 화학적으로 유발된 돌연변이로서 생겨날 수 있다. 이들은 재조합 DNA의 사용을 통해 조작된 동물을 포함할 수 있으며, 유전적으로 조작된 동물모델의 하위집단은 변형동물모델(transgenic animal model)을 나타낸다. 그 같은 변형모델은 유전자의 결실, 대체, 또는 추가를 수반할 수 있다. 유전적 변형 동물모델의 개발은 유전공학 기술의 발달에 따라 빠르게 발전되었다. 예를 들어, 황색포도상구균 장독소 B (staphylococcal enterotoxin B, SEB)의 변형모델은 사람의 백혈구항원 DR3 (human leukocyte antigen DR3)과 CD4를 발현시키기 위해 유전적으로 조작된 마우스에서 개발되었다[11]. 이들 마우스는 SEB에 대하여 높은 감수성을 가지며, 어버이(parent) 마우스 계통과 관련된 사람의 그것과 더욱 유사한 면역반응을 나타낸다.

음성 모델(negative model)에서 사람에 질병을 일으키는 제제는 동물에서 질병을 일으키지 않는다. 질병과 관련한 동물모델 개발의 초기단계에서 질병이 없는 경우는 종종 그 동물이 모델로서 배제되는 경우가 있다. 그러나 어떤 제제가 질병을 일으키지 않는 이유를 연구하는 것은 또한 그 질병의 과정을 이해하는 데 도움이 될 수 있으며 이것은 모든 동물에 대하여 적용될 수 있다. 예를 들어, 토끼와 마우스의 감수성과 비교하여 볼 때, 솟과 동물(bovine)의 시가독소(shiga toxin)에 대한 내성은 그 독소 수용체의 상대적 발현량에 의해 유발된다[12~14]. 음성모델은 어떤 동물의 종 내의 계통(系統, strain)들 간에 차이점이 식별되어, 동일한 종 내에서 비교될 때 특히 강력하게 나타난다. Lyons 등[15]은 마우스의 탄저병에 대한 감수성이 시험된 마우스 계통에 따라 10배 이상 다양할 수 있다는 것을 관찰하였다. 마우스 계통들 간에 질병이 일어나는 과정에 대한 감염반응 비교는 중요한 통찰력을 제공한다. 형질전환모델을 사용하게 되면 음성모델에 부가적인 효과를 제공하며, 동물은 동질유전자 변화(isogenic change)를 나타내기 위해서 유전적으로 조작될 수 있다. 이 방법은 인간백혈구항원(human leukocyte antigen)에 유전자를 삽입하여 더욱 감수성 있는 동물을 만들어내기 위하여 SEB에 이미 적용된 바 있다.

희귀모델(orphan model)은 사람의 질병과 알려진 상관관계가 없는 모델이다. 그러나 동물과 사람의 질병에 대한 이해가 증가됨에 따라, 장차 그 상관관계가 명백하게 밝혀질 것이다. 햄스터에 항생제 투여함으로써 발생되는 장염(enteritis)과 죽음이 독소를 생성하는 *Clostridium difficile*의 과다생장을 촉진시켜 사람에서 항생제와 연관된 위막성결장염(antibiotic-associated pseudomembraneous colitis)을 일으키는 것과 관련이 있다고 알게 되었듯이, 일부 희귀모델에서는 사람의 질병과 직접 비교할 수 있다[16]. 또 다른 경우로는 인간면역결핍증 바이러스의 감염모델로서 고양이 백혈병 바이러스(feline leukemia virus)를 사용하는 경우가 있는데, 그 관련성은 간접적일 수 있으나, 여전히 사람의 질병에 대하여 적절한 모델로서 제공된다[17]. 일단 희귀모델이 사람의 질병과 연관되면, 그 모델은 더 이상 희귀모델이 아니다.

새로운 서술항목은 대체모델(surrogate model)이다. 대체모델에서 대체감염원은 사람의 질병에 적용하기 위해 사용된다. 고양이 백혈병 바이러스(feline leukemia virus)가 사람의 HIV로 모델화되거나, 마우스의 *Salmonella typhimurium*이 사람의 *Salmonella typhi* 감염에 모델화되기 위해 사용되는 것처럼, 대체(substitution)는 명백히 있을 수 사례이다[18]. 그러나 동물모델에 사용된 동물은 감염시키기 위해 적응된 사람의 병원체를 활용하는데서 미묘한 차이가 생길 수 있다. 예를 들어, 에볼라 자이레 바이러스(Ebola Zaire virus)는 마우스나 기니픽에서 연속 계대되면 감염되어 질병을 일으킬 수 있다[19]. 바이러스가 새로운 숙주에 적응되어야 한다는 사실은 바이러스의 변화를 겪어야 한다는 것을 의미한다. 마우스와 기니픽에 적응된 Ebola 바이러스는 사람바이러스와 동일한 것이 아닌, 대체제제(surrogate agent)로 간주되어야 한다.

이해하기 더욱 어려운 것은 사람외 영장류 세포주(nonhuman primate cell line)에서 인간바이러스의 증식 또는 인공배지에서 세균의 배양과 같이, 실험실에서 생물체의 단순한 계대(繼代, passage) 과정에서 병원체가 나타나는 것과 같은 의도하지 않은 변화이다. 생물체에서는 유전자 이동(genetic drift)이 일어날 가능성이 있기 때문에, 원래의 임상분리체와의 정체성을 유지하기 위한 균주의 계대는 최소화되어야 할 필요가 있다. 현재 대체모델에서 얻어진 결과의 해석은 동물과 사람이 다를 뿐만 아니라, 동물모델의 감염원은 사람을 감염하는 제제와는 다르다. 이것은 사람의 질병에 동물의 결과에 대한 부가적 추정을 포함시킨다.

동물모델은 한 가지 이상의 방법으로 설명될 수 있다. 예를 들어, SEB 분석을 위해 사용된 마우스는 유전적으로 조작되고, 유도모델로서 기술될 수 있다. 또한 어떤 모델은 실험디자인에 근거하여 다른 방법으로 설명될 수 있다. 예를 들어, 당뇨병의 자연 마우스모델은 실험하는 사람이 베타세포의 파괴를 일으키는 바이러스를 사용한다면 유도모델로서 설명될 수 있다.

4.3 모델이 필요한 이유는?

Massoud 등[20]은 "모델은 과학적인 방법으로 필수불가결하게 조작하는 것이다: 연역적으로 조작가능한 산물로서, 모델은 관찰에서 이론을 변화시키는 데 필수적인 것이다"라고 설득력 있게 제시하였듯이, 동물모델은 연구에서 중요한 역할을 한다. 모델은 생물학적 위협제제 연구(biological threat agent research)에서 특히 중요한 역할을 하는데, 이는 많은 경우에, 그 제제가 치명적일 수 있거나 영구적으로 장애를 일으켜서, 사람을 대상으로 하는 연구를 지속적으로 수행할 수 없기 때문이다. 가급적이면, 모델링은 윤리적인 면을 고려하여 동물의 대체물을 사용해야 한다. 만일 대체모델을 이용할 수 없다면, 사람의 세균성 및 진균성 병원체의 감염모델로서 *Caenorhabditis elegans*와 같은 계통유전학적으로 가장 하등한 동물모델을 사용해야 한다[21]. 모델이 과학적 진보에 필수적이지만, 그들이 만일 특징이 잘 파악되지 않고, 이해가 되지 않았다면, 그로 인해 얻어진 잘못된 결론은 과학적 진보를 방해할 수 있다.

동물모델은 예방약이나 치료제의 안전 및 효능시험에서 전통적으로 중요한 역할을 해왔다. 사람에 대한 위험을 줄이기 위해서, 미국식품의약품국(FDA)에서는 예방약이나 치료제가 사람에 대한 안전 및 효능실험을 진행하기 전에, 동물에서 어느 정도 안전하고 효과적인 보여줄 것을 요구한다. FDA는 최근에 사람에서 효능을 시험하기에 적당치 못하거나 윤리적으로 부적절할 때로 효능시험을 하기 위한 요건을 수정하였다. 이들 환경에서 효능시험은 동물에서만 요구된다. 많은 생물학적 위협제제(biological threat agent)에 대하여 연구 중인 예방약과 치료제 연구는 이 범주에 속한다. 이들 수정안은 연방규정코드(*Code of Federal Regulations*), Chapter 21, Part 314, Subpart H, 601, Subpart E에 기술되어 있다. 구체적으로, FDA는 안전성이 확립되고, 효능요건이 아래 환경 하에서 동물의 사례연구로부터 믿을만한 증거가 제시될 경우에 새로운 약품과 생물제품으로서 판매승인을 할 수 있다:

1. 생물학적 물질의 독성에 대한 확실하고 합리적인 병리학적 기작, 그의 예방 또는 실질적인 감소가 있어야 한다.
2. 특성규명이 잘된 한 가지 동물모델에서 나타나는 효과가 사람에서 예상되는 반응이 나타나지 않는다면, 사람에서 예상되는 반응이 한 가지 이상의 동물에서 나타나야 한다.
3. 동물연구의 종료시점은 보통 생존 연장 또는 이환율 예방과 같은, 사람이 원하는 이점과 분명히 관련이 있다.
4. 동물과 사람에서 얻어진 제품 또는 기타 관련 데이터나 정보의 동력학(kinetics)과 약효학(pharmacodynamics)에 관한 데이터나 정보는 사람에서 유효투여량을 결정하는 데 활용할 수 있어야 한다.

생존 또는 비가역적 이환율(irreversible morbidity) 이외에, 대체종료시점(surrogate endpoint)이나 다른 임상종료시점(clinical endpoint)에 근거하여 평가될 수 있는 새로운 약품과 생물제품은 연방규정(*Code of Federal Regulations*), Chapter 21, Pats 314, Subpart H, 601, Subpart E에 언급된 바와 같이, 심각하거나 생명을 위협하는 질병을 치료하기 위해서 FDA의 신속한 동의 하에 승인을 받아야 한다. 치료제품은 "임상혜택(clinical benefit)을 예측하기 위한 역학적, 치료적, 병리생리학적, 또는 다른 증거에 근거하거나, 또는 생존 또는 비가역적 이환율 이외의 임상종료시점에 대한 효과에 근거하여, 합리적으로 가능성이 있는 대체종료시점에 대한 효과"가 있다는 것을 보여주어야 한다[22, 96쪽].

백신과 치료제에 대한 FDA 승인절차의 수정은 승인절차에서 동물모델의 중요성을 증가시킨다. 이들 모델에 근거한 치료승인은 수정에 의해 다루어진 제제에 노출된 수백만의 사람들의 임상결과에 영향을 미칠 수 있다. 게다가 이들 동물모델에 근거한 효과적인 치료에 대한 인식은 연구 및 정부정책 기금에 영향을 미치게 될 것이다. 여기에는 이들 모델의 신뢰성에 대한 책임감에 대한 엄청난 부담이 존재한다.

4.4 동물모델의 검증과 개발

이 장은 생물학적 위협제제에 의해 야기된 대표적인 질병 유발 동물모델을 확인하는데 초점이 맞추어질 것이며, 여기에는 동물모델의 가능성을 확인하는 내용이 포함될 것이다. 연구자의 요구에 적합한 현재의 동물모델도 평가대상이 될 것이다. 이 절차가 질병의 병리학적 진전에 대하여 일대일 비교(one-to-one comparison)로부터 시작되었지만, 개념적으로 집난분석은 다대다 관점(many-to-many perspective)을 제공한다. 한 가지 모델이 선택되어 검증됨에 따라, 분석은 일대일 접근(one-to-one approach)에 중점을 맞추어 모델링할 것이다. 동물모델을 확인하고, 개발하기 위한 기본 단계는 다음과 같다:

1. 연구목적을 결정한다.
2. 질병의 병리학적 발달과정과 같이 연구 중인 생물학적 현상과 관련된 내인성 요인들(intrinsic factors)을 결정한다.
3. 병원성 세균을 준비하는데 사용되는 방법과 같은 연구 중인 생물학적 현상과 관련된 외인성 요인들(extrinsic factors)을 결정한다.
4. 검색전략(search strategy)을 작성하고, 이전 동물모델의 참고문헌을 검토한다.
5. 생물학적 정보기반(biological information matrix)을 구축한다.
6. 독특한 연구자원을 결정한다.
7. 선택된 예비 동물모델을 확인한다.
8. 선택된 예비 동물모델의 생물학적 정보기반에서 내용의 차이를 메우기 위하여 연구한다.
9. 선택된 동물모델의 타당성을 평가한다.
10. 선택된 동물모델을 확인한다.

질병모델을 찾는 일은 그 제제에 민감한 동물이나 조직을 먼저 확인하는 일에 달려 있다. 그 후, 사람에서 내인성 요인은 그 질병의 병리학적 진전과 같이, 모델에서 그 타당성을 뒷받침하기 위한 질병의 요인들과 연관이 있어야 한다. 질병원이 새로운 것이라면, 거기에 맞는 동물모델은 없으며, 따라서 연구자는 동물모델을 검증하고 개발해야 한다. 설정된 동물모델과 함께 알려진 병원체에 대한 새로운 제제와의 상호관계를 확인을 통하여 (예, 동정과 rRNA 염기서열분석), 그 동물들은 관련 생물체에서 이미 알려진 모델에 근거하여 일차적으로 모델링을 시작할 수 있다. 알려진 모델을 대신에, 모델링하려는 동물은 실험을 통하여 확인되어야 하며, 이 선택은 연구시약을 이용하여 동물평가를 시작하고 (예, 마우스), 사람에서 질병을 반영하는 요건을 충족시킬 필요에 따라 입증이 덜된 동물에서 진행되어야 한다.

4.4.1 1단계: 연구목적 결정

단일모델(single model)은 매 상황마다 적용이 가능하지 않을 것이다. 선택된 모델은 연구의 제약조건에서 연구목적을 가장 나타내는 모델이다. 그러므로 동물모델 개발의 첫 단계는 연구하는데 필요로 하는 특별한 문제를 명시적으로 결정하는 것이다. 다음 단계는 연구목표를 성취하기 위하여 동물모델에 의해 제공되는 특별한 정보가 무엇인가를 결정하는 것이다. 이 정보는 대단히 중요하며, 앞으로 수행될 동물모델 개발과정에 방향을 제시하게 될 것이다.

4.4.2 2단계: 내인성 요인 결정

일단 실험의 필요성이 결정되면, 동물모델을 설정하는 다음 단계는 사람 질병에 대한 평가의 내인성 기준을 개발하는 것이다. 내인성 요인은 숙주와 생물학적 제제나 병원체 간의 관계에서 유전적 요인이다. 모델의 신뢰는 동물모델과 사람 간에 일반적인 평가기준과 더불어 증가할 것이다. 생물학적 과정과 관련된 모든 내인성 요인들은 규명되어야 할 연구의 문제와 관련이 있기 때문에, 연구 중인 사람의 조건과 동물모델을 비교하기 위한 토대를 마련할 수 있다는 점에서 그 요인들은 매우 중요하다.

모델개발 과정의 초기 단계는 기초적이고 명백하지만, 세부적인 사항들로 인하여 특정한 연구에 적절하지 않은 동물모델의 선택이 초래될 수 있다는 것을 간과할 수 있다. 감염성 질병에서 병리학적 진행이 분명하게 나타날 때, 질병과정의 진행을 기본 단계에서 확인한다. 간단한 개요를 보면, 질병의 원인체가 숙주에 노출되어야 하고, 숙주에 결합하고 침입하여, 숙주 내의 표적 조직으로 분산되며, 특이한 작용양식을 통해서 질병을 일으킨다. 병원체는 (벼룩이나 진드기 같은 기생체에 물림으로) 침투하거나 찰과상을 통해서 체내로 유입될 수 있다. 그 병원체는 창자와 허파에 있는 점막과 반응할 수 있다. 이 상황에서 병원체는 숙주세포의 특별한 수용체와 결합할 수 있다. 그 후 그 병원체는 숙주의 세포과정에 의해서 점막세포를 통해 숙주 내로 침투하여 순환계로 들어간다. 그 병원체는 그 후 (순환계를 통해서) 몸 전체로 분산된다. 분산되는 동안, 병원체는 조직의 수용체에 결합하여 특정한 조직을 표적화할 수 있다. 병원체는 그 후 표적조직의 세포로 들어가서, 표적세포에서 특별한 생화학적 과정에 영향을 주어 질병을 일으킨다. 그러나 어떤 병원체는 숙주의 몸이나 조직에 침입하지 않고, 독소와 조직손상을 일으키는 효소와 같은 세포외 요인을 생산한다. 이들 요인은 몸 전체로 전달되고, 뒤이어 순환계를 통해서 표적조직 또는 세포로 분산될 수 있다. 예를 들어, 연구 중인 생물학적 현상이 보툴리눔 독소와 같은 제제의 50% 사람치사투여량(human lethal dose)을 결정하는 일이라면, 전신 흡수로부터 뉴런에 대한 독소효과로 진행되는 중독과정이 진행되는 발병 단계와 같이, 예상되는 내인성 요인들은 다음과 같이 확인될 수 있다:

- 독소/제제 투과/흡수 및 생물학적 안전성
- 순환과 이동을 통해서 표적조직으로 독소/제제의 잔류
- 독소/제제 결합 및 표적조직으로 흡수
- 표적조직에서 독소/제제 작용기작

질병과정은 단순한 관점에서 보면, 숙주와 병원체 간에 복합적인 상호작용이다. 그 병원체는 생리기능과 숙주와의 상호작용에 대한 반응으로 독성인자의 발현을 현저하게 변화시킬 것이며, 숙주도 병원체에 대한 반응이 변하게 될 것이다. 예를 들어, 숙주세포는 병원체에 노출된 후에만 특별한 수용체를 생산할 수 있다[23]. 더욱이, 숙주의 내재(innate) 및 획득(acquired) 면역반응은 병원체의 침입으로 촉발될 것이다. 병원체는 정상균총에 의한 경쟁적 배제, 항미생물 펩티드와 효

소와 같은 숙주요인에 의한 공격, 내재 및 획득반응에 의한 파괴 등의 숙주 저항성으로 부터 벗어나야 한다. 경우에 따라서, 면역반응의 회피는 면역반응의 착오와 해제를 가져와서, 실제로 발병에 기여하는 숙주면역반응을 일으킨다.

이 상호작용이 진행됨에 따라, 침입생물체는 자신의 복제를 촉진하기 위해 숙주의 세포과정을 활용할 것이며, 숙주세포와 조직에 손상을 직접 일으킬 것이다. 병원체에 대응하는 숙주의 능력은 숙주가 겪게 될 질병의 정도를 결정한다. 이같이 독성은 단지 침입생물체의 특성이 아니라, 그 숙주와 병원체와의 상호작용을 나타내는 것이다.

질병모델은 숙주-병원체간의 상호작용을 모방하려는 시도이다. 따라서 숙주와 병원체의 조합은 질병의 모델을 명확히 하며, 전체적으로 그 모델의 내인성 요인들로 구성된다.

4.4.3 3단계: 외인성 요인 결정

숙주-병원체/제제의 상호작용에 내인성이 아니지만, 그 과정에 영향을 주는 다른 유용한 매개변수들은 외인성 요인으로 알려져 있다. 기능적으로, 외인성 요인들은 숙주-병원체/제제의 관계의 범위 밖에서 조작될 수 있는 변수들이다. 외인성 요인들은 보통 동물모델의 일부로 간주되지 않지만, 그들은 사실상 중요한 구성요소이다. 외인성 요인들은 숙주-병원체 상호작용과 연관됨에 따라, 내인성 요인들에 영향을 줄 수 있으며, 그것은 결국 특별한 동물모델의 특징이 된다. 예를 들어, 그 결과는 제제의 준비, 취급, 제조 방법과 같은 병원체에 영향을 미치는 요인들에 의해 영향을 받을 수 있다. 외인성 요인들은 또한 숙주에 대한 반응에도 영향을 미칠 수 있다. 예를 들어, 동물의 잠자리, 제공된 온도와 광주기, 심지어 제제의 투여시간 등은 연구 중인 동물의 면역학적 반응 또는 치료제제의 약물동태학(pharmacokinetics)에 영향을 미칠 수 있다. 외인성 요인들은 실험디자인의 연장선상에 있다. 그러한 이유로 외인성 요인들의 데이터를 비교하고, 사람의 질병에 내한 결과의 추정에 도움이 되기 위하여 확인되고 기록되어야 한다. 이 요건이 적용되면 일부 요인들은 인식되지 않을 수 있다는 사실에 의해 복잡해질 수 있다.

내인성 및 외인성 요인들의 기능적인 개념은 일률적으로 허용되지 않는다. 대체 개념은 유입한 내인성 요인으로서 동물을, 그리고 실험디자인에서 조작될 수 있는 외인성 요인으로서 병원체나 생물학적 제제를 말한다[24]. 우리는 숙주와 병원체 간의 상호작용이 질병모델로 간주되어야 한다는 것을 주장하지만, 일부 과학계 사람들은 철학적으로 다른 의견을 가지고 있다는 것을 인식해야 한다. 이 같은 의견 차이에도 불구하고, 외인성 요인들은 모델의 내인성 인자들에 영향을 미치고, 전체적으로, 이 요소들이 동물모델을 사용하는 실험디자인에 영향을 미친다는 것이 일반적으로 인정되고 있다 (그림 4.1).

발병(pathogenesis)의 많은 기본 단계들은 체외(*ex vivo*)에서 모델링될 수 있다. 그러나 생체내 발병과정(*in vivo* pathogenic process)에서 예상되는 체외 모델(*ex vivo* model)에 대하여, 그 모델은 생체 내에서 발생에 따른 숙주와 병원체의 상호작용에 영향을 미칠 수 있는 요소들에 대하여 설명할 수 있어야 한다. 문헌의 예비 검토는 연구가 진행 중에 발견되는 생물학적 현상의 독특한 특징을 적절하게 결정하는 데 필요할 수 있다.

4.4.4 4단계: 검색전략 작성

자유롭게 접근가능한 정보를 기술한 문헌의 간략한 검토는 2단계와 3단계에서 확인된 관련 내인성 요인과 외인성 요인을 확인하는 데 필요할 수 있다. 예비 검토는 동물모델과 사람의 임상데이터가 기술된 이전 연구가 포함되어야 한다. 이 검토를 통해서 상세한 검색전략 개발이 진행될 수 있다. 모델링에 사용된 동물모델의 이전 데이터가 없다면, 유사한 조건을 모델링하는 데 사용된 동물을 검색하는 것이 합리적이라고 생각된다. 원숭이와 같이 사람과 밀접한 계통유전학적 상관관계를 가지는 동물들은 상당히 높은 상동성을 가질 수 있다고 믿기 때문에 더욱 유사한 방법으로 반응할 것이라고 생각해야 한다. 그러나 상사도는 항상 상동성을 수반하지 않기 때문에 주의해야 한다. 이것은 원숭이에서 인간면역결핍바이러스에 감염되었을 때 획득면역결핍(acquired immunodeficiency)이 나타나지 않는다는 것을 증명한다. 대신에, 고양이 백혈병바이러스(feline leukemia virus)에 감염된 고양이와의 관계가 멀수록 사람의 AIDS에 대한 더욱 적절한 모델이 될 수 있다[25].

포괄적인 문헌 검색전략은 예비 문헌검토에서 확인된 관심의 대상이 되는 생물학적 현상과 관련된 내인성 및 외인성 요인들에 근거하여 디자인될 수 있다. 그러한 검토는 종종 노력이 간과되었지만, 지식을 바탕으로 동물모델의 확인과 개발이 진행되는 동안, 과학적으로 신중한 결정을 내

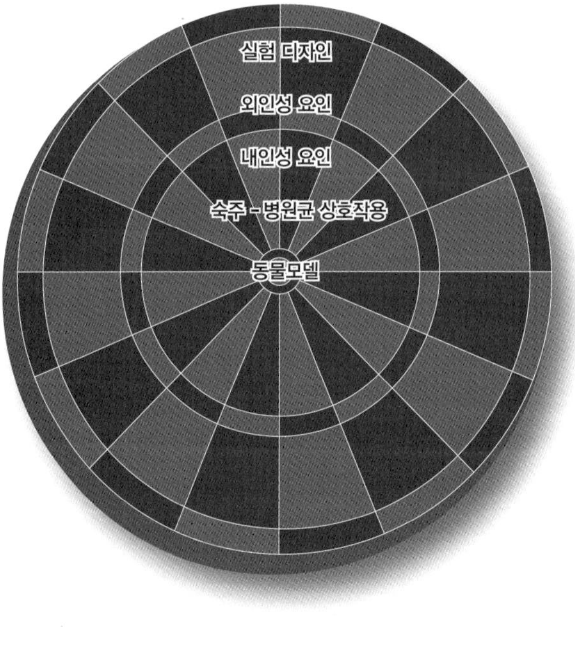

그림 4.1 질병의 동물모델은 숙주동물과 병원체 또는 생물 제제 간의 상호작용이다. 이 상호작용은 숙주의 내인성 요인과 직접적으로 조작될 수 없는 병원체에 의해 영향을 받으며, 직접 조작될 수 있는 외인성 요인에 의해서도 영향을 받는다. 전체적으로, 외인성 및 내인성 요인들은 주어진 동물모델에서 실험디자인의 구성요소이며, 모델의 이해와 조절을 위해 명확히 결정되어야 한다.

리기 위해서 절대적으로 필요하다. 검색전략은 많은 출판물과 데이터로부터 관련정보의 포괄적 조사를 위해 디자인되어야 한다. 한 가지 자료가 포괄적인 경우는 없으며, 따라서 이상적인 검색 전략에는 관련된 모든 정보자료에 대한 종합검색이 포함되어야 한다. 그러나 이것은 비용이 터무니없고, 단층 검색전략(tiered search strategy)이 가장 관련성이 높은 무료 정보자료로부터 시작하여, 필요에 따라 부가적으로 독자적인 자료로 넓혀 나가는 것이 더욱 적절할 수 있다. 전자정보 검색에 부가하여, 그것은 그 질병과 모델에 대하여 경험을 가진 의사나 과학자들과 개인적으로 협의하는 것이 현명하다. 포괄적 문헌검토를 통해서 병리학적 특성, 동물, 또는 예비문헌의 검토에서 발견되지 않았던 기타 매개변수들과 같은 부가적 요인들이 확인되었다면, 그 검토전략은 적절하게 변경되어야 한다.

4.4.5 5단계: 생물학적 정보기반 구축

문헌의 예비평가(preliminary assessment)에 따라, 각 동물 종의 내인성 및 외인성 요인들과 연관된 생물학적 정보기반(biological information matrix)이 준비될 수 있다. 생물학적 정보기반은 사람의 질병에 대하여, 그 모델의 요인들을 비교하는데 사용되는 정보색인(index of information)이다. 생물학적 정보기반은 동물모델에 이용가능한 것과 제안된 연구와 가장 관련성이 높다는 것을 보여주어야 한다 (그림 4.2). 기반(matrix)이 개별데이터로 채워짐에 따라, 다른 종들과 사람의 데이터 사이에 상사도가 비교될 수 있다. 사람의 조건 연구에 가장 정확하게 영향을 미치는 동물은 그 후 현재 가지고 있는 과학지식에 근거하여 확인된다. 연구목적을 정확하게 수행하기 위해서 한 가지 이상의 동물이 필요하다는 것은 이 시점에서 명백하다. 더욱이 질병과정에서 특별한 요소를 모델링하기 위한 최상의 동물은 질병의 전체과정을 모델링하기 위해 선택한 동물과 다를 수 있다 (그림 4.2). 모델은 그 동물이 사람에서 전반적인 질병과정을 잘 모델링하는 방법보다, 더 구체적인 연구와 관련된 질문에 잘 적용될 수 있는 방법에 의해 판단된다는 것이 가장 중요하다. 예를 들어, 효모는 중추신경계를 가지지 않기 때문에 프리온(prion)에 의해 야기되는 중추신경계 기능장애를 모델링하는 데 사용되지 않는다. 그러나 효모는 프리온 감염과 증식에 관한 생물학을 모델링하는데 사용된다[26].

4.4.6 6단계: 독특한 연구자원 결정

정보의 생물학적 기반에 부가하여, 동물모델을 선택할 때 많은 사항들이 고려되어야 한다. 동물의 확보가능성, 적합한 사육시설, 또는 기타 제약들로 인하여, 일부 동물모델은 특정 연구자들의 경우에 이용할 수 없다. 이들 연구자는 마우스, 랫드, 기니픽, 토끼와 같은 관련성이 적은 동물들만 이용할 수 있다. 그 연구자들은 독특한 자료 요건 목록을 준비해야 한다. 자료 요건을 확인할 때, 통합팀 접근법(integrated team approach)을 사용하는 것이 도움이 될 수 있다. 일차 및 이차 연구자들은 실험동물 수의사와 통계학자의 협력을 통하여 독특한 요건을 잘 다룰 수 있다[2]. 이상적인 모델을 선택하는 데 있어서 일반적인 고려사항들은 많은 문헌들로부터 인용된다. 다음은 이상적

정보의 생물학적 기반

	마우스	랫트	기니픽	토끼	사람외 영장류	사람
생물학적 안전성	2	2		1		
흡수	2		2	3		
대상조직에 잔류/전달						
대상조직에 흡수			1	3	3	
대상조직에서 기작/효과	3	3	1	4	4	
독성/치사	2	2	3	3	3	
임상징후		2	1	3	3	
역할	2	2	2	2	2	
면역반응	3	2	4	3	4	
치료반응						
침적	2	2	0	1	3	

그림 4.2 여기에 제시된 생물학적 기반은 질병을 모델링하기 위해 사용된 동물에 대한 감염과 질병에서 일부 내인성 및 외인성 요인들을 평가하기 위한 것이다. 이 절에서 음영은 요인들에 대한 상대적 이해를 나타내는데, 가장 어두운 음영은 이해가 거의 또는 전혀 없음을 나타내고, 중간 밝기의 음영은 잘 정의되고 이해된 요인을 나타내며, 가장 밝은 음영은 그 사이 어딘가 근거가 없는 이해가 있다는 것을 나타낸다. 이러한 색깔 구분은 특이 종에서 하나의 요인에 대한 이해정도를 나타내며, 사람에서의 그 요인은 그 종에서의 질병과정과 연관이 없다. 이 절에서 숫자는 사람에 대한 동물에서 요인의 상관관계를 나타내는데, 0은 상관관계 없음을 의미하고, 4까지 일정 비율로 증가하는 것은 충분한 상관관계가 있다는 것을 나타낸다. 빈칸은 상관관계를 결정하기 위한 정보가 충분하지 않다는 것을 의미한다. 이것은 단순화된 기반이며, 각 부분은 더욱 세분될 수 있다. 예를 들어, 사람외 영장류는 특이종으로 구분될 수 있으며, 마우스는 계통(系統, strain)으로 구분될 수 있다. 마찬가지로, 요인들은 연구자의 필요에 따라 세분될 수 있다. 예를 들어, 흡수는 피부, 폐), 또는 위장관 경로 등으로 나눌 수 있다. 더 나아가, 이들의 세분화는 연구자의 요청에 의한 질문에 근거하여 개체, 계, 기관, 조직, 아세포 흡수(subcellular absorption) 등으로 나눠질 수 있다. 이같이 경구노출(oral exposure)로부터 전체 흡수(total absorption)에 관심을 가진 연구자는 특이 종(specific species)에서 총흡수(gross absorption)를 통한 아세포(subcellular) 평가가 기술된 문헌을 이용하여 경구노출의 단일 누적점수(single cumulative score)를 만드는 반면, 조직차원에서 흡수에 관심이 있는 연구자는 소화관에 연결된 기관과 다른 조직들을 세분하고, 조직차원의 세포 흡수연구에 근거한 문헌을 이용하여 점수를 부여한다. 더욱이, 여기에 열거된 일부 요인들은 연구에 대한 질문과 관련되지 않을 수 있고, 생략될 수 있으며, 다른 요인들이 추가될 수도 있다. 기반의 이 예는 동물모델을 평가할 때 직면하기 쉬운 몇 가지 요점을 제시한다. 예를 들어, 그림에서 "목표에 잔류/통과"와 "치료반응" 과정과 같이, 거기에는 사람에 대한 모델의 상관관계를 설정하기 위한 연구에 의해 거론되어야만 하는 영역으로서 이해되지 않고 확인된 질병과정의 단계들도 작성될 것이다. 이 기반은 질병과정 (예, 면역반응을 모델링하는 기니픽)의 특정 단계에서 좋은 모델로서 제공되기도 하지만, 전체 질병에서 부실한 모델의 예들도 보여준다. 반면에 심지어 토끼가 그 질병에서 전반적으로 좋은 모델이 될지라도, 토끼에서 그 제제의 생물학적 안전성에서 부실한 상관관계의 좋은 예를 보여주듯이, 전체 질병에 대한 한 가지 모델이 그 과정의 한 가지 단계에서 사람의 질병에 대한 부실한 상관관계를 가질 수 있다는 예도 존재한다. 이같이 질병과정의 특별한 단계를 연구하는 연구자는 전체 질병과정을 연구하는 연구자들보다 다른 동물모델을 선택을 위해 정당화될 수 있다. 이 예의 토끼에서 보여주는 바와 같이, 이 기반은 사람외 영장류보다 다른 동물들이 모델로서 효과적일 수 있다는 사실도 강조하고 있다. 모델에서 다루어지는 실험적 질문을 정의하고 각 모델의 이용가능한 정보를 분석하는 것은 연구자에게 어떤 모델이 적절하게 결정되었는지, 그렇다면 그 모델을 특별히 다루기 위해 가장 좋은 것을 수용해야 한다.

인 모델의 일반적인 특성들을 일부 열거한 것이며, 이들은 어떤 모델을 선택할 때 연구자들의 이용가능한 자료로서 고려된다[27,28]:

1. 원하는 기능 또는 질병을 정확하게 모방되어야 한다: 이것은 데이터의 추정을 위한 기본적인 토대이다.
2. 상대적 빈도수로 연구된 현상을 보여주어야 한다: 그 현상은 문제없는 과학적 연구 자체라는 것을 입증하기 위해 즉시 제시되어야 한다.
3. 여러 연구자들이 이용할 수 있다: 동물은 많은 연구자들에 의해 쉽게 다루어져야 한다. 이것을 통해서 과학계의 영향력을 이용할 수 있어야 한다.
4. 한 실험실에서 다른 실험실로 전달될 수 있어야 한다: 그 모델은 광범위하게 사용되기 위해 공유할 수 있어야 한다. 그 모델이 이용가능한 동물사육시설에서 공존이 가능해야 한다는 것을 의미한다. 이것을 통해서 과학계의 영향력을 이용할 수 있다.
5. 한번에 많은 새끼를 낳는 동물이어야 한다. 태어난 새끼들은 추후에 쉽게 이용하는데 있어서 제한요소가 된다. 이 기준은 특히 유전적 장애의 자연 모델(spontaneous model)과 관련된다.
6. 적당한 샘플링에 필요한 충분한 크기여야 한다: 여러 번에 걸쳐 혈액채취를 하는 것과 같이, 동물들은 적절한 방법에 의한 데이터 수집을 위해 충분한 크기를 가져야 한다.
7. 기능을 확인하기 위하여 적절한 수명을 가져야 한다: 그 동물은 실험 조작과 연구가 진행되는 동안 살아 있어야 한다.
8. 손쉽게 이용가능한 사전데이터가 수반되어야 한다: 광범위한 사전데이터의 유용성은 생물정보기반에 손쉽게 이용될 수 있으며, 새로운 데이터에 대한 이해가 증진될 수 있다.
9. 명확한 유전적 동질성 또는 이질성을 가져야 한다: 이것은 자연 모델 및 변형모델(transgenetic model)과 관련이 있다. 이 기준은 현재 마이크로어레이와 프로테옴 기술의 발전과 더불어 그 중요성이 크게 증가되고 있다.

4.4.7 7단계: 선택된 예비동물모델 확인

생물학적 정보기반(biological information matrix)은 동물모델로서의 가능성을 확인하기 위하여 정보를 제공해야 한다. 이 단계에서 확인된 동물모델들은 남은 동물모델 개발과정에 도움을 주기 위하여 단지 예비평가하는 것이다. 가장 바람직하게, 적어도 두 종의 동물은 그 모델과 사람의 결과를 비교하기 위한 모델링을 위하여 선별되어야 한다. 동물모델들 간의 조화는 생물학적 반응에서 신뢰수준을 증가시킨다.

4.4.8 8단계: 연구 수행

생물학적 정보기반에서 필요로 하는 자료를 얻기 위한 연구는 비용이 상당히 많이 들 수 있다. 따라서 재정적 제약조건 때문에 가장 중요하다고 생각되는 연구만을 수행할 수 있다. 많은 생물 위협제제들이 어떤 집단에서 드물게 감염을 일으키기 때문에, 사람의 상태는 잘 기록되지 않을 수 있다. 이것은 동물모델을 개발하는 데 더욱 어렵게 한다. 그러나 이것은 단순주의자적 접근법(reductionist approach)으로 연구를 수행함으로써 부분적으로 극복될 수 있다 (그림 4.2). 다대다 동물모델 방법론(many-to-many animal model methodology)을 사용하여, 질병경과의 내인성 및 외인성 요인들, 또는 연구 중인 생물학적 현상은 확인되어야 하고, 체외실험(*ex vivo* experimentation)으로 평가되어야 한다. 체외분석(*ex vivo* assay) 기술은 연구 중인 질병과정이나 생물학적 현상에서 적절하게 반영할 수 있는 그 요인들을 측정하기 위해 연구되어야 한다. 이들 체외실험은 동물과 사람 조직 또는 세포주(cell line) 모두에서 평가되어야 한다. 이것은 사람과 동물 간의 데이터에 대한 공통점을 비교 평가하기 위한 데이터를 얻기 위해 허용된다. 시험관내 실험(*in vitro* experimentation)은 또한 체외 연구를 보완하기 위해서 필요할 수 있다. 연구 중인 질병과정 또는 생물학적 현상에서 동일한 내인성 및 외인성 요인들은 또한 포괄적인 접근방식으로 평가되어야 한다. 이 접근방식은 생체내 동물실험(*in vivo* animal experimentation)을 포함한다. 생체내 연구는 온전한 동물에서 세포의 독특한 관계와 상호작용 때문에 체외와 몇 가지 차이가 있다고 생각되며, 이들 차이점은 데이터를 해석할 때 고려될 필요가 있다.

마이크로어레이(microarray)와 프로테오믹스(proteomics)는 체외와 생체내 연구로부터 얻어진 데이터를 분석하는 데 중요한 통찰력을 제공할 수 있다. 이들 기법은 유전자 서열이 분석된 종(種)으로 명백히 제한되며, 그를 위하여 마이크로어레이가 개발되었다. 그러나 이용가능하다면, 그들은 세포들이 제제에 대하여 유사하거나 다른 반응을 가지는지의 여부를 신속하게 나타낼 것이다. 종간에 감염기작의 유사성을 신속하게 평가하기 위한 부가적 시도로서, 숙주세포에서 침입과 증식 단계를 모니터링하기 위해 프로테오믹스와 주사전자현미경을 사용할 수 있다. 더 나아가 다른 기관이나 조직에서 유래하는 사람의 세포에 대한 제제의 효과와 동물모델에 사용된 종(種)에서 유래하는 유사한 세포에 대한 제제의 효과를 비교하여, 동물모델 평가에 사용될 있는 활성 프로파일을 만들 수 있다. 이러한 시도는 사람에 대한 제제와 동물에 대한 제제의 상관관계를 평가하는데 상대적으로 신속한 수단을 제공한다. 컴퓨터 동화모델(computer assimilation model)과 같은 컴퓨터분석 모델로부터 얻어진 데이터는 생체 내와 체외 연구의 비교와 같이, 데이터의 적절성을 비교하여 평가될 수 있다.

체외 모델링(*ex vivo* modeling)은 관찰을 통해서 표적조직이 확인가능하다면, 동물모델에서처럼 동시에 수행될 수 있고, 동물모델보다 선행될 수도 있다. 동물 체외 실험에서 얻은 데이터와 결론은 비교하여, 동물 생체내 실험에서 얻어진 데이터와의 공통점을 평가해야 한다. 만일 동물의 생체내, 체외, 컴퓨터분석연구, 그리고 사람의 체외 연구와 이용가능한 사람의 사례 연구들 간에 데이터의 공통점이 있다면, 그 후에 데이터의 추정은 신뢰도 증가를 바탕으로 만들어질 수 있다. 이 과정은 지속적인 노력으로 이루어지며, 이전에 얻은 정보를 발판으로 삼아야 한다.

4.4.9 9단계: 선택된 동물모델의 타당성 평가

동물모델을 검증하기 위해 무엇이 요구되며, 어떤 점에서 모델을 검증해야 하는가? 단순히, 입증된 모델은 한 가지인데, 내인성 및 외인성 요인들의 상사도 가운데 상당한 중복 부분이 동물모델과 사람의 질병 사이에 존재하는 것이다. 이러한 맥락에서 "상당한(significant)"의 정의는 연구자 개인에 의해 명확하게 결정되어야 하며, 과학자들에게 받아들여져야 한다는 것이 논쟁의 요점이다. 동물모델과 모델링되는 사람의 조건은 생물학적 정보기반에서 유사한 특성을 가져야 한다 (그림 4.2). 더욱 포괄적 접근이 생물학적 정보기반에서 지식의 간격을 좀 더 메우게 되는 것을 제외하고, 모델을 검증하기 위한 연구의 실험 디자인은 8단계에서 수행된 연구와 유사하다. 생물학적 정보기반에서 동물모델과 사람 사이에 충분한 양의 중복된 데이터가 없다면, 이 간격을 메우기 위한 부가적 실험을 수행해야 한다. 이 간격이 채워지고, 상사도의 중복부분이 대수롭지 않은 것으로 결정된다면, 그 모델은 근거가 없는 것으로 간주되며, 다른 모델을 생각해야 한다.

동물모델의 정확도는 연구 중인 병리학적 과정이나 생물학적 현상을 측정하기 위해 사용되는 방법의 신뢰도에 의존된다. 평가를 위해 사용된 기법들은 민감해야 한다. 동물모델과 사람 사이의 유사성과 차이점을 정확하게 확인하지 못하게 되면 잘못된 추정을 하게 된다. 계(系), 기관, 조직, 세포, 아세포 수준에서 각 요소의 계층적 평가를 통해서 아주 값진 통찰력이 얻어질 수 있다. 동물모델 개발과정에서 초기에 실시된 이 평가는 중요하다. 측정에 대한 민감성이 클수록, 검증의 신뢰성은 더욱 커지게 될 것이다.

조직병리학(histopathology)은 종종 평가의 초기 시점을 보여주지만, 면역조직화학(immunohistochemistry), 현장혼성화(*in situ* hybridization), 마이크로어레이, 프로테오믹스과 같은 다른 기법이나 기술은 해부학적 및 생리학적인 면에서 적절하게 평가하는 데 필요할 것이다. 새로운 기술이 이용가능하게 됨에 따라, 그 모델에 대한 추후 재조사와 재검증이 항상 필요하기 때문에, 검증은 결코 끝나지 않고 변화하는 과정이다.

4.5 사람에 대한 동물모델 결정 예측

모델은 연구 대상의 복사체 또는 모방이다. 그들은 매 사례에서 결코 완벽하지 않을 것이다. 그 모델의 완전한 이해와 취약한 부분의 인식은 그 연구자가 더욱 정확하게 평가하고, 높은 신뢰도를 가지는 결과를 추정할 수 있도록 할 것이다. 추정될 수 있는 것과 될 수 없는 것은 모델에 대하여 감염시험하는 것이다. 체외, 시험관내, 컴퓨터 분석 모델링과 같은 다른 데이터를 조사하거나 평가함이 없이 동물에서 직접 사람으로 데이터를 추정하는 임상 사례연구는 추정데이터(extrapolating data)의 타당성에서 신뢰도를 높이지 못한다 (그림 4.3). 동물모델의 목적은 사람에 대하여 정당한 추정치를 높이기 얻기 위한 것이다.

추정절차에서 중요한 고려사항은 자료의 수집에 사용된 실험디자인과 방법론이다. 이상적으로, 실험디자인과 방법론은 가능하면 밀접하게 모델링될 조건들을 반영해야 하며, 모델과 관련된 내인성 및 외인성 요인들을 고려해야 한다. 생물위협제제연구(biothreat agent research)는 보통 에어로졸(aerosol)이나 구강 노출(oral exposure)을 통한 동물감염시험을 사용한다. 그러나 이들 두 가지 노출경로는 모두 정확하게 디자인되지 않으면 잘못된 결과가 얻어진다. 예를 들어, 동물 체내의 침착패턴은 생성된 에어로졸의 입자크기에 따라 다양하게 나타난다. 1 μm 크기의 입자는 기니픽, 사람외 영장류, 사람의 폐에 유사한 입자침착이 나타나지만, 5 μm 크기의 입자는 기니픽의 폐에 잘 침착되지 않는다[29]. 유사한 고려사항으로는 사료를 먹인 동물과 먹이지 않은 동물에서, 그리고 다양한 종에서, 또는 감염시험 투여량과 비교된 위장 내 공복기간과 같은 경구감염시험을 하는 것이 중요하다[30,31]. 제제에 대한 다른 균주 또는 분리체, 그리고 제제준비에서의 차이점들은 다른 연구실험으로부터 얻은 자료를 비교하고, 추정할 때 고려되어야 한다[32].

동물모델에서 치료개입 시점은 종종 사람에서 개입시간 경과를 정확하게 반영하기 위하여 많은 생각을 해야 한다. 동물은 증상을 보이지 않으며, 임상적 징후의 진행이나 시간 경과는 항상 동일하지 않다. 예를 들어, 기니픽에서 보툴리눔 중독과정은 시간의 경과에 따라 차이가 있으며, 임상징후는 사람외 영장류와 사람을 비교하여 볼 때 이들 작은 종에서 항상 적용되지 않다[33].

시험관내 모델은 더욱 윤리적이거나 인도적인 연구과정을 보여주며, 시험관내 분석의 단순주의자적 접근(reductionist approach)은 그 환경에 존재하는 변수들을 조절하는 장점이 있다. 그러나 시험관내 연구는 더욱 복잡한 생물학적 시스템에 대하여 정확하게 추정될 수 있다는 점에서 종종 제한되어 있다. 수학적 모델과 컴퓨터 모델, 기타 컴퓨터분석 모델은 이미 연구에서 얻어진 데이터에 의해 만들어지며, 따라서 그 질병에 대해 이미 알려진 것에 의해 제한된다. 세포배양연구는 그 동물로부터 제거되었을 때, 체외 세팅(*ex vivo* setting)에서 보통 작용하지 않을 수 있기 때문에 제한된다. 더욱이 세포주는 그 종의 각 개체들로부터 얻어지며, 생물학적 반응에서 동일종 내

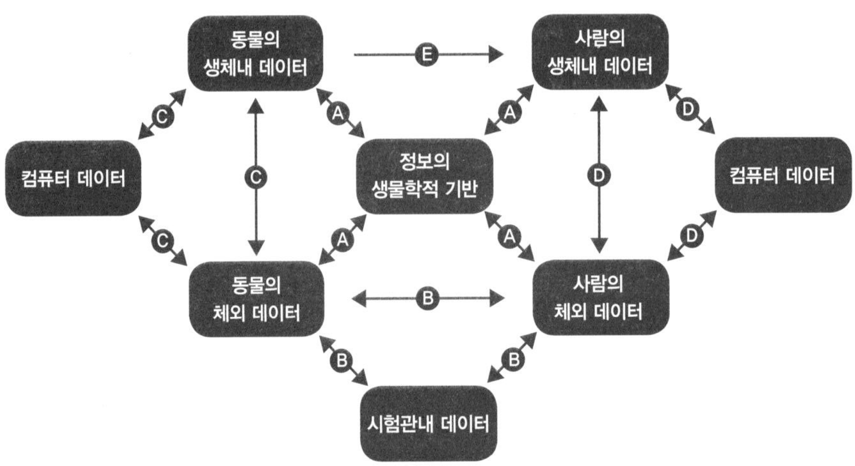

그림 4.3 동물의 생체내(*in vivo*), 체외(*ex vivo*), 컴퓨터분석(*in silico*) 연구뿐만 아니라 사람의 체외 연구, 그리고 이용 가능한 사람 사례연구 간의 데이터의 공통점에 근거하여, 자료의 추정은 신뢰도 증가로 만들어질 수 있다. 모든 출처의 데이터는 정보의 생물학적 기반에 기여한다. 녹색 표시 부분은 동물과 관련된 자료를 나타내고, 붉은색 표시 부분은 사람과 관련된 자료를 나타낸다. 화살표는 다양한 데이터의 상관관계를 보여준다. 정보의 생물학적 기반은 모든 데이터의 출처로부터 수집된다(A). 동물의 체외 데이터와 생체내 데이터는 사람의 시험관내 데이터와 비교된다(B). 동물의 체외 데이터는 동물의 생체내 데이터(C)와 컴퓨터분석 데이터(C)로 입증된다. (B)와 (C)의 공통점에 근거하여, 사람의 시험관내에서 얻어진 자료의 추정은 사람의 생체내(D) 및 컴퓨터분석 모델(D)로부터 만들어질 수 있다. 궁극적으로 동물의 데이터는 사람에 대하여 추정된다(E).

의 다양성 때문에 일반 개체군에 정확하게 반영되지 않을 수 있다.

동물모델은 종간의 생화학적 보존 때문에 제한적이며, 종간의 생리학적 차이는 충분히 정의되어 있지 않다. 모델에 근거한 어떤 예측은 숙주와 더불어 질병을 일으키는 제제간의 상호작용이 복잡하고, 내인성 및 외인성 요인들에 영향을 받는다는 것을 이해하여 조합되어야 하는데, 그들 가운데 많은 것들은 대개 확인되지 않았다. 적어도 이들 일부 요소들은 주어진 종에 특이적일 수 있으며, 다른 것들은 어떤 종 내에서조차 다양하다. 영양, 스트레스, 휴식 등과 같은 요인들은 감염에 대한 동물과 사람의 반응에 영향을 주는 것으로 알려져 있다. 중요한 내인성 및 외인성 요인들을 조절하는 것뿐만 아니라, 적절한 실험다자인과 통계분석은 보통 모델의 생물학적 가변성을 극복할 수 있다.

사람연구는 가장 정확한 데이터를 제공할 수 있다. 그러나 사람을 이용하는 제어실험연구는 범위가 제한적이며, 독성이 많거나, 치료할 수 없는 질병에 대해서는 수행할 수 없다. 일반적 개체군을 모델링하기 위해 사용되는 사람의 임상 사례연구는 그 데이터가 제어환경으로부터 얻어진 것이 아니기 때문에 제한적일 수도 있다. 환자들은 기존의 조건에 있을 수 있으며, 이같이 도출된 결론들은 덜 정확할 수 있다. 더욱이 전형적으로 희귀병의 사례연구에서 기술된 상대적으로 적은 환자들은 일반적 개체군을 반영하지 않을 수 있으며, 이것은 그 결과를 해석하는 데 있어서 정확성에 영향을 줄 수 있다. 사람들은 인류 전체에서 관찰된 것보다 더 유전적 다양성을 나타내는 단일종의 원숭이를 포함한 대부분의 다른 동물들과는 상대적으로 유전적 제한이 있는 것으로 간주된다. 그럼에도 불구하고, 질병에 대한 민감성에 영향을 미치는 사람들은 유전적 차이가 있다는 것이 알려져 있다. 예를 들어, *Plasmodium vivax* 감염의 민감성은 Duffy 혈액형을 발현하는 숙주에 의존적이며, 사람은 그 기생체의 수용체이다[34]. 나아가 사람에서 기술된 각각의 질병으로부터 생존자들은 있었지만, 대부분의 사례에서 생존에 영향을 미친 매개변수들에 대해서는 잘 알지 못한다. 단순히 제제에 대한 개별 반응은 동일하지 않다.

질병과정은 많은 병원체들의 변종들로 인하여 더욱 이해하기 복잡해지며, 이들 변종은 다른 독성 잠재력과 관련이 있다. 질병에 영향을 미치는 다수의 요인들과 이들 요인의 제한된 이해를 실현하기 위해서, 모델은 질병원인 제제들이 종(種)과 이 과정의 단계들이 질병에 기여하는 방법 사이에 유사한 병리적 경과를 따르는지를 결정하기 위하여 지금까지 사용되어왔다. 질병진행과 숙주반응이 사람에서와 유사할 때, 그 모델은 사람에서의 반응예측을 수용하는데 참고사항으로서 제공된다. 그러나 어떤 수준에서 예측 실패한 인정모델(accepted model)에 대한 많은 사례들이 있다. 예를 들어, *Yersinia pestis*에 의한 작은 설치류의 치사는 세균의 독성에 의한 것으로 생각된다. 그러나 *Y. pestis* 균주는 사람을 포함한 보다 큰 동물에서 질병을 일으키지 않지만, 쥐는 죽인다는 것이 알려져 왔다[35]. 다른 예로서, 영장류는 에볼라 바이러스(ebola virus)에 의해 감염되지만, 영장류에서 질병과 죽음을 일으키는 에볼라 바이러스의 Reston 균주는 사람에서 질병을 일으키지 않는다[36]. 따라서 동물모델에 근거한 예측의 정확도는 사람에 노출되었을 때만 확실하게 평가될 수 있다.

4.6 결론

동물모델은 미생물학 초기 역사에서 코흐의 가설(Koch's postulate)을 잘 적용시킴으로써 전염병 연구에 중대하게 영향을 미쳤다[37]. 동물모델의 사용은 전염병에 대한 현재의 이해를 도모하는 데 필수적이었으며, 새로운 치료방법의 발견을 가능하도록 하였다. 동물모델은 예비 안전성과 오늘날 사용되는 거의 모든 치료의 효능시험을 제공하고, 사람에 대하여 잠재적으로 위험하거나 효과가 없는 치료시험을 행하는 일을 감소시켰다. 안전성과 효능시험에서 동물모델의 역할은 단지 시간이 지남에 따라 증가한다. FDA에 의한 "동물규정(animal rule)"을 시행함에 있어서, 동물모델은 어떤 생물학적 위협제제에 의해 야기된 새로운 치료제 표적화 질병의 평가에 이용가능한 사전 판매를 위한 효능데이터만을 제공할 것이다. 이것은 특성이 잘 밝혀진 동물모델의 필요성을 강조한다. 사람질병에 대한 어떤 모델에서 얻어진 결과와의 상관관계에서 신뢰는 사람의 질병에 대한 모델과의 연관성이 잘 이해된 경우에만 성취될 수 있다. 이 장은 동물모델에서 요구되는 이해를 얻고자 체계적인 접근법에 대하여 기술하였으므로, 확실하게 적용될 수 있을 것이다.

참고문헌

1. Committee on New and Emerging Models in Biomedical and Behavioral Research, Institute for Laboratory Animal Research (U.S.), Commission on Life Sciences, and National Research Council, *Biomedical Models and Resources: Current Needs and Future Opportunities*, Washington, DC: National Academy Press, 1998, p. 10.
2. Kriesberg, K., *Animals as Models*, http://www4.ncsu.edu/ ~ jherkert/ori/models.htm, accessed on April 1, 2005.
3. Quimby, F., Animal models in biomedical research. In *Laboratory Animal Medicine*, J.G. Fox, L.C. Anderson, F.M. Loew, and F.W. Quimby, eds., 2nd edn., New York: Academic Press, 2002, pp. 1185–1225.
4. National Research Council (U.S.). Committee on Models for Biomedical Research, *Models for Biomedical Research: A New Perspective*. Washington, DC: National Academy Press, 1985, pp. 12–23.
5. Hau, J., Animal models for human disease. In *Source Book of Models for Biomedical Research*, P. Michael Conn, ed., New Jersey: Humana Press Inc., 2008, pp. 4–5.
6. Committee on the Assessment of Future Scientific Needs for Live Variola Virus, Board on Global Health, and Institute of Medicine, *Assessment of Future Scientific Needs for Live Variola Virus*, Washington, DC: National Academy Press, 1999, http://books.nap.edu/html/variola_virus/chg.html, accessed on August 2, 2005.
7. Needham, A.J. et al., *Drosophila melanogaster* as a model host for *Staphylococcus aureus* infection, *Microbiology*, 150, 2347–2355, 2004.
8. Garsin, D.A. et al., A simple model host for identifying gram-positive virulence factors, *Proc. Natl. Acad. Sci. USA*, 98, 10892–10897, 2001.
9. Riley, W.J., Insulin dependent diabetes mellitus, an autoimmune disorder? *Clin. Immunol. Immunopathol.*, 53, S92–S98, 1989.
10. Jun, H.S. and Yoon, J.W., A new look at viruses in type 1 diabetes, *ILAR J.*, 45, 349–374, 2004.
11. DaSilva, L. et al., Humanlike immune response of human leukocyte antigen-DR3 transgenic mice to staphylococcal enterotoxins: A novel model for superantigen vaccines, *J. Infect. Dis.*, 185, 1754–1760, 2002.

12. Pruimboom-Brees, I.M. et al., Cattle lack vascular receptors for *Escherichia coli* O157:H7 Shiga toxins, *Proc. Natl. Acad. Sci. USA*, 97, 10325–10329, 2000.
13. Tesh, V.L. et al., Comparison of the relative toxicities of Shiga-like toxins type I and type II for mice, *Infect. Immun.*, 61, 3392–3402, 1993.
14. Keusch, G.T. et al., Shiga toxin: Intestinal cell receptors and pathophysiology of enterotoxic effects, *Rev. Infect. Dis.*, 13, S304–S310, 1991.
15. Lyons, C.R. et al., Murine model of pulmonary anthrax: Kinetics of dissemination, histopathology, and mouse strain susceptibility, *Infect. Immun.*, 72, 4801–4809, 2004.
16. Chang, T.W. et al., Clindamycin-induced enterocolitis in hamsters as a model of pseudomembranous colitis in patients, *Infect. Immun.*, 20, 526–529, 1978.
17. Hardy, W.D. Jr. and Essex, M., FeLV-induced feline acquired immune deficiency syndrome. A model for human AIDS, *Prog. Allergy*, 37, 353–376, 1986.
18. Tsolis, R.M. et al., Of mice, calves, and men. Comparison of the mouse typhoid model with other *Salmonella* infections, *Adv. Exp. Med. Biol.*, 473, 261–274, 1999.
19. Bray, M. et al., Haematological, biochemical and coagulation changes in mice, guinea-pigs and monkeys infected with a mouse-adapted variant of Ebola Zaire virus, *J. Comp. Pathol.*, 125, 243–253, 2001.
20. Massoud, T.F. et al., Principles and philosophy of modeling in biomedical research, *FASEB J.*, 12, 275–285, 1998.
21. Mylonakis, E., Ausubel, F.M., Tang, R.J., and Calderwood, S.B. The art of serendipity: Killing of *Caenorhabditis elegans* by human pathogens as a model of bacterial and fungal pathogenesis, *Expert. Rev. Anti. Infect. Ther.*, 1, 167–173, 2003.
22. Title 21: Food and Drugs. Part 314.510: Approval based on a surrogate endpoint or on an effect on a clinical endpoint other than survival or irreversible morbidity. In *Code of Federal Regulations*, Washington, DC, Government Printing Office, April 1, 2004; see also Parts 314.610, 601.41, and 601.91.
23. Hooper, L.V. and Gordon, J.I., Glycans as legislators of host-microbial interactions: Spanning the spectrum from symbiosis to pathogenicity, *Glycobiology*, 11, 1R–10R, 2001.
24. Lipman, N.S. and Perkins, S.E., Factors that may influence animal research. In *Laboratory Animal Medicine*. J.G. Fox, L.C. Anderson, F.M. Loew, and F.W. Quimby, eds., New York: Academic Press, 2002, pp. 1143–1184.
25. Gardner, M.B. and Luciw, P.A., Animal models of AIDS, *FASEB J.*, 3, 2593–2606, 1989.
26. Burwinkel, M., Holtkamp, N., and Baier, M., Biology of infectious proteins: Lessons from yeast prions, *Lancet*, 364, 1471–1472, 2004.
27. Leader, R.A. and Padgett, G.A., The genesis and validation of animal models, *Am. J. Pathol.*, 101, s11–s16, 1980.
28. National Research Council (U.S.). Committee on Animal Models for Research on Aging, *Mammalian Models for Research on Aging*, Washington, DC: National Academy Press, 1981, pp. 1–6.
29. Palm, P., McNerney, J., and Hatch, T., Respiratory dust retention in small animals, *AMA Arch. Indust. Health*, 13, 355–365, 1956.
30. Dressman, J.B. and Yamada, K., Animal models for oral drug absorption. In *Pharmaceutical Bioequivalence*, P. Welling, and F.L. Tse, eds., New York: Marcel Dekker, 1991, pp. 235–266.
31. Stevens, C.E., Comparative physiology of the digestive system. In *Dukes Physiology of Domestic Animals*. M.J. Swenson, ed., Ithaca, NY: Comstock, 1993, pp. 216–232.
32. Ohishi, I., Oral toxicities of *Clostridium botulinum* type A and B toxins from different strains, *Infect. Immun.*, 43, 487–490, 1984.
33. Sergeyeva, T., Detection of botulinal toxin and type A microbe in the organism of sick animals and in the organs of cadavers, *Zhurnal. Mikrobiologii* 33, 96–102, 1962.

34. Miller, L.H. et al., The resistance factor to *Plasmodium vivax* in blacks. The Duffy-blood-group genotype, FyFy, *N. Engl. J. Med.*, 295, 302–304, 1976.
35. Zhou, D. et al., DNA microarray analysis of genome dynamics in *Yersinia pestis*: Insights into bacterial genome microevolution and niche adaptation, *J. Bacteriol.*, 186, 5138–5146, 2004.
36. Jahrling, P.B. et al., Experimental infection of cynomolgus macaques with Ebola-Reston filoviruses from the 1989–1990 U.S. epizootic, *Arch. Virol. Suppl.*, 11, 115–34, 1996.
37. Koch, R., Die Aetiologie der Tuberkulose. *Mitt. Kaiserl. Gesundheitsamt*, 2, 1–88, 1884.

5 전염병, 공중생물학, 에어로졸 감염방법

Chad J. Roy and M. Louise M. Pitt

목차

5.1 서론 ··· 63
5.2 총론 ··· 64
5.3 에어로졸 시험 시설과 장치 ··· 64
5.3.1 동물감염에 소개된 흡입노출장치 ··· 65
5.3.2 에어로졸 장치 특성 평가 ··· 69
5.3.2.1 1부: 에어로졸 분사요소(spray factor, F_s)의 측정 ··· 70
5.3.2.2 2부: 에어로졸 감염을 위한 개시농도 계산: 예 ··· 71
5.4 입자크기와 생성 ··· 72
5.5 에어로졸 샘플링 장치 ··· 73
5.6 분석법 ··· 74
5.7 에어로졸 간연 선량측정 ··· 75
5.8 에어로졸 감염시험된 동물의 운반과 사육 ··· 75
5.9 요약 ··· 76
참고문헌 ··· 76

5.1 서론

에어로졸 노출(aerosol exposure)은 생물학전 또는 테러공격에서 가장 가능성이 높은 경로이다[1]. 자연적 에어로졸 감염(natural aerosol infection)에서, 불과 몇 가지의 생물학적 제제 만이 절대적 또는 기회성 공기매개 병원균으로 알려져 있다 (예, *Mycobacterium tuberculosis*, 독감)[2]. 자연적 에어로졸 감염은 공기감염을 연구하는데 대체방법이 별로 없기 때문에, 제어된 실험설정에서 이들 상호작용을 모델링을 통해서 에어로졸로 획득되는 질병(aerosol-acquired disease)의 경과에 대한 집중적인 연구를 할 수 있다. 동질적 동조화 실험을 위한 에어로졸(homogenous synchronized experimental aerosol)을 사용하는 에어로졸화된 감염성 질병제제(aerosolized infectious disease agent)의 연구에 대한 최근의 자료들은 에어로졸화된 *M. tuberculosis*에 감염된 기니픽을 수반하는 20세기 초반에 있었던 노력으로 거슬러 올라간다[3]. 이들의 초기연구에서 현재의 연구에 이르기까지 중요한 차이점은 자연감염과 실험감염의 모델링화 사이에서 얻어낼 수 있다. 자연감염(natural infection) 또는 질병을 일으키는 감염원의 전염성을 사용하는 것은 실험감염(experimental infection)과는 과정이 매우 다르다. 감염된 숙주의 에어로졸 분비물(예, 기침 또는 재채기)에 의한 면역화되지 않은 숙주(naive host)로의 자연감염은 통제할 수 없는 다양한 요인들에 의존되며, 그 대부분은 감염된 숙주에서 질병의 임상경과에 의해서 증식된다. 감염원의 특성 (감염의 안정성), 양(농도), 입자크기 분포, 생물학적 에어로졸의 형태 (입자구성)는 임상적으로 병든 동물이 감염의 목적으로 사용될 때 매우 다양하다. 이러한 형태의 노출은 비동시적(asynchronous) 및 이종감염(heterogenous infection)을 초래하며, 잠재적으로 실험설계 및 원하는 생물학적 결과에 영향을 미친다. 반면에, 통제된 실험감염은 연구자들이 대략 유사 용량에 노출된 동물의 집단에서 생물학적 반응을 관찰하고자 다양한 실험매개변수를 조절하여 영향을 미치도록 하는 것이다. 이러한 실험 형태를 뒷받침하기 위하여, 실험기구의 디자인과 작동이 기술적 및 논리적으로 운용될 필요가 있으며, 성공적인 에어로졸 감염시험을 위하여 생명과학과 공학 간의 조화는 중요하다.

5.2 총론

감염성 생물학적 제제로 에어로졸 감염을 실행하기 위해서는 다양한 사항들이 고려되어야 한다. 가장 중요한 것은 안전이다: 실험이 진행되는 동안, 실험실, 실험실내 장비, 또는 실험이 진행되는 동안 참여한 인원들이 매 시점마다 오염되지 않았는지에 대한 주의가 필요하다. 동물 에어로졸 감염실험은 비보호된 [위장노출된(sham-exposed)] 대조동물(control animal)에서 질병을 일으키는 감염이나 독성반응의 유발과 기대되는 생물학적 반응을 일으키기에 충분한 양의 감염원이나 독성제제 에어로졸을 생성 및 효과적으로 운반을 통해서 성공적인 성과를 얻을 수 있다. 이 목적을 성취하기 위해서, 다양한 실험적 변수가 고려되어야 하며, 거기의 모든 것들은 상호의존성이며, 사용 중인 에어로졸 장치의 품질, 동물의 선택, 기술적 능력, 동물자원, 미생물학적 지원 등에도 크게 의존된다.

5.3 에어로졸 시험 시설과 장치

전염성 에어로졸 감염시험(infectious aerosol challenge)에 사용되는 기본적인 흡입장치(inhalation system)는 에어로졸이 유입되는 용기 또는 챔버로 구성되며, 쇠퇴(衰退, decay)[정적(static)] 또는 입력유동(input flow)과 비슷한 속도로 배기 [역동적(dynamic)]시켜 챔버를 통해 빼낸다[4]. 정적 시스템(static system)은 이용가능한 산소가 소진되고, 체내에서 생성된 불필요한 가스 (예, 이산화탄소, 암모니아)의 농도가 증가함에 따라, 주입된 제제는 급격하게 감소되도록 한다. 반면에 동적 흡입장치(dynamic inhalation system)는 흡입유닛(inhalation unit)이 한 방향으로 흘러서, 지속적으로 "신선한(fresh)" 에어로졸이 유입되고 원치 않는 노폐물을 연속적인 공기흐름을 이용하는 챔버를 통해서 제거하기 때문에, 실험감염에 바람직하다. 이 시스템은 감염성 에어로졸 사용 실험을 한, Henderson [5]에 의해 최초로 기술되었다. 그 후 에어로졸 감염시험을 위한 동적시스템(dynamic system)에서 몇 가지 장점들이 추가되었다[6]. 대부분 미생물의 생존력은 일반적으로 대기 체류시간(atmospheric residence time)이 길어짐에 따라 감소한다[7,8]. 어떤 형태의 에어로졸 노출 실험이 진행되는 과정에서는 모든 변수들 (기류, 습도, 온도, 압력 등)의 모니터링과 조절이 필요하다. 전염병 에어로졸 감염시험에 사용되는 다양한 장치는 상용흡입 독성학연구실에서 사용되는 흡입장치보다 간단한 버전(version)이다.

이러한 형태의 실험에 요구되는 기본적인 사항으로는 원치 않는 오염으로부터 실험실 요원들과 실험과 관련된 부분들을 보호하기 위해 높은 봉쇄 생물안전캐비닛(biological safety cabinet, BSC)을 사용해야 한다. 살아 있는 감염원과 단백질 독소의 모든 에어로졸 노출실험은 일반적으로 3등급 BSC에서 실시된다[9]. 3등급 BSC는 이차 봉쇄로서 간주된다. 봉인된 모듈형의 에어로졸 노출챔버는 일차 봉쇄로서 사용된다. 3등급 BSC는 감염성 생물에어로졸(infectious bioaerosol) 연구에 사용될 때, 지속적인 기술적, 구조적인 누출-봉인 유지보수가 필요하다. 구조적으로, 배수, 전기콘센트, 고압멸균기, 창문, 장갑, 고효율 미립자 공기필터는 수시로 점검, 수리, 교체되어야 한다. 누출봉인시험(leak-seal testing)을 실시해야 하고, 캐비닛은 연 2회 기준으로 확인해야 한다. 운전 중 캐비닛은 적어도 0.5″ water의 음압에서 지속적으로 유지되어야 한다.

캐비닛과 에어로졸 노출장치 내부는 일반장비 유지보수를 위해 사용된 생물제제와 남아 있는 다른 종류의 균주들간의 교차오염을 막기 위해서 청소해야 한다. 흡입장비와 3등급 BSC 내부의 가스 오염제거는 감염실험이 끝날 때마다 신속히 실시해야 한다. 파라포름알데히드(paraformaldehyde) 가스는 오염제거를 위해 미군육군 전염병 연구소(US Army Research Institute of Infectious Disease, USAMRIID)에서 오래 전부터 사용되어 왔다. 과산화수소 증기도 장비와 안전캐비닛의 오염을 안전하게 제거하는 데 사용될 수 있다. 오염제거에 앞서, *Bacillus atrophaeus* 포자가 흡습된 종이 스트립(paper strip)을 캐비닛과 노출장비 내에 넣어둔다. 오염을 제거한 후, 포자 스트립(spore strip)을 빼내어 배양시킨다. 종이 스트립에서 생장이 관찰되지 않았다는 것은 포자가 확실히 멸균되었다는 것을 확인하고, 안전캐비닛이 성공적으로 오염이 제거되었다는 확신을 갖게 해준다. 그 후 3등급 BSC에 대한 봉인은 호흡이 가능하며, 그 장비는 안전하게 제거되거나 대체될 수 있다.

5.3.1 동물감염시험에 추천되는 흡입노출장치

현재, 선택적 생물제제(select biological agent)를 사용한 동물노출 실험을 수행하는 시설에서 이용되는 모든 노출챔버는 모듈형이며, 독립적인 기반이다. 동물노출(animal exposure)에 사용되는 많은 흡입장치에서, 일차 기류(primary air flow)(보통 특정 압력에서)는 연구 중에 접종물이 로딩된 에어로졸 발생기(aerosol generator)를 통과한다. 그 후, 일차 기류로 부유시켜 운반된 에어로졸은 에어로졸 챔버(inlet aerosol chamber)의 노출장치로 유입되기 전에 이차 기류(secondary air flow)와 보충 혼합된다. 15~30 L의 노출챔버는 그 후 정상 상태의 에어로졸(steady-state aerosol)

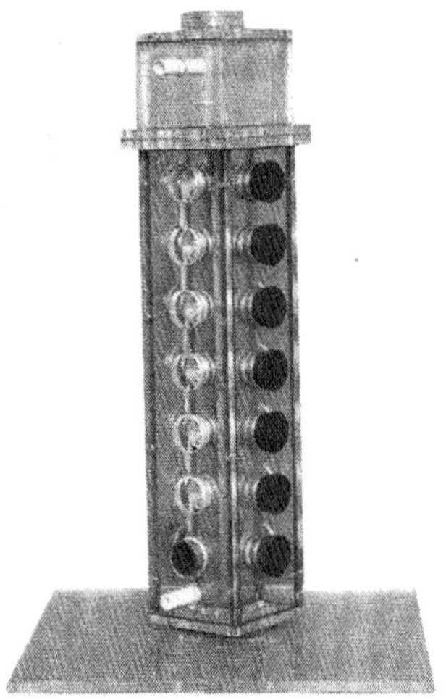

그림 5.1 미육군전염병의학연구소(US Army Medical Research Institute of Infectious Disease)에서 현재 사용되는 설치류의 코-노출 챔버(nose-only exposure chamber). 에어로졸이 설치류의 주둥이로 직접 운반되도록 설계되어 있으며, 그 후 약간의 음압 하에서, 이차 다기관(多岐管, manifold)을 통해 배출된다.

농도에 도달하게 된다. 챔버 배기(chamber exhaust)는 일차 기류와 샘플링 기류 사이에 분리된다. 유입기류와 배기기류는 흐름과 진공조절(vacuum control)로 유지되며, 노출기간 동안 챔버의 압력(chamber pressure)은 중립상태(0.0±0.5 mmHg)를 유지하며, 부착된 magnehelic gauge를 사용하여 모니터링한다.

동물은 집단(*en masse*) 또는 한 마리 단위로 에어로졸에 노출된다. 일반적으로 작은 동물들 (설치류, 기니픽)은 집단으로 노출되는 반면, 커다란 동물들 (토기, 영장류)은 한 마리씩 노출된다. 작은 동물들은 코(nose-only) 또는 전신흡입장치(whole-body inhalation system)를 통해서 노출된다. 의약품 전임상 실험실에서 흔히 사용되는 코흡입챔버(nose-only inhalation chamber)는 시중에서 구입가능하다[10]. 그 장비의 이름이 의미하는 바와 같이 코흡입챔버는 USAMRIID에서 현재 사용되고 있는 사육실내 모델(in-house model)과 같이 수직타워 형태로 되어 있다(그림 5.1). 동물들은 기둥형 홀더(stanchion-type holder)에서 공기흐름을 제한하지 받지 않은 채 가두어져 있다. 동물이 들어 있는 통(loaded restraint)은 그 후 에어로졸에 동물의 코만을 노출시키는 방법으로 탑에 부착된다. 반면에 전신노출챔버(whole-body exposure chamber)는 동물의 출입이 가능한 출입문이 있는 봉인된 상자이다[12] (그림 5.2). 노출시킬 동물을 노출챔버 안에 있는 와이어케이지(wire cage)에 넣는다. 전신챔버(whole-body chamber)에서 노출된 동물들은 3등급 BSC에서 상당히 쉽게 다루어지지만, 에어로졸 노출이 진행되는 동안 털에 생성되는 매개물에 민감하다. 토끼와 사람외 영장류와 같은 커다란 동물들은 주둥이(muzzle) 또는 머리(head)만이 각각 노출된다.

USAMRIID의 형상은 입구로부터 이어진 중앙에 통기공(porthole cut)을 가지며, 변경장착된 락텍스 댐(latex dam)의 환형 컷아웃(circular cutout)을 포함한 면으로 구성된 노출챔버로서, 머

그림 5.2 미육군전염병의학연구소에서 현재 사용되는 전신-노출(whole-body exposure). 이 챔버는 설치류 집단의 에어로졸 노출에 사용된다. 작은 스틸로 보강된 그물상자(4)에 설치류를 넣고, 노출 개시 전에 챔버로 밀어 넣는다. 이 챔버는 노출반복(exposure iteration)당 40마리의 마우스까지 노출시킬 수 있다.

그림 5.3 미육군전염병의학연구소에서 현재 사용되는 머리-노출 챔버(head-only exposure). 이 챔버는 하나에서 원형입구에서 이어진 변형된 고무댐(rubber dam)의 사용으로 영장류(머리) 또는 토끼(주둥이)의 단회 에어로졸 감염시험에 사용된다.

리만 노출시켜 사용한다[13] (그림 5.3). 토끼는 에어로졸 감염시험이 진행되는 동안 마취를 시키지 않는다. 토끼는 몸부림이나 발길질에 의해서 상처를 입지 않도록 편하게 나일론으로 만들어진 통에 넣는다. 토끼의 코/주둥이는 그 후 털(fur)과 댐(dam) 사이에 봉인을 만들어 고무 댐(rubbcr dam)으로 부드럽게 밀어 넣는다. 토끼는 노출되는 동안 특정 장소에 위치시킨다. 반면에 영장류는 에어로졸에 노출시키기 전에 마취시킨다. 영장류의 머리는 호흡을 제한하지 않고, 동물의 목

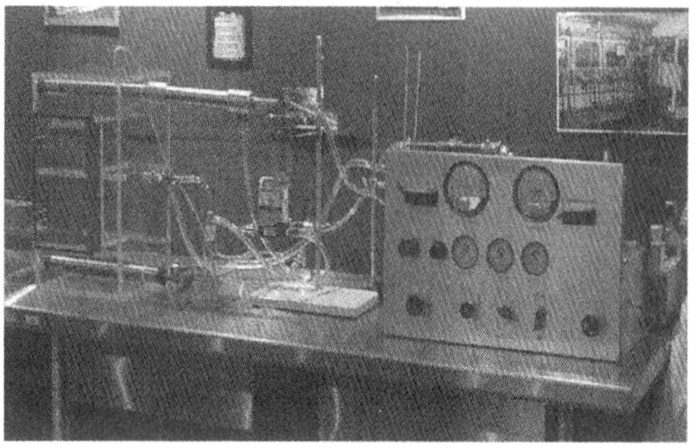

그림 5.4 [전신-노출챔버(whole-body exposure chamber)를 보여주는] 에어로졸 감염에서 사용되는 수동조절되는 계측패널. 이 패널은 에어로졸 생성, 기류, 챔버압력 모듈식 흡입장치를 기반의존성 흡입장치(infrastructure-dependent inhalation system)로의 대체 등을 관찰 및 조절하기 위하여 미육군전염병의학연구소에서 전통적으로 사용되었으며, 이들 패널은 다른 챔버 구성으로 교체될 수 있으며, 수리와 서비스를 위해 3등급 생물안전 캐비닛 안팎으로 쉽게 이동될 수 있다.

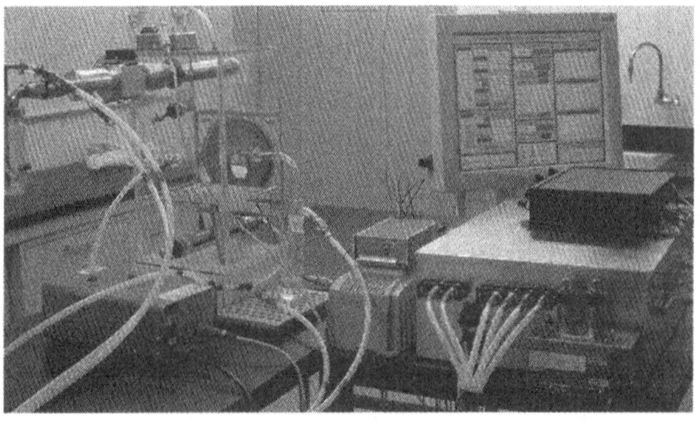

그림 5.5 에어로졸 감염에 사용되는 자동생물에어로졸노출장치(automated bioaerosol exposure system) [전신-챔버 배치(whole-body chamber configuration)를 보여줌]. 자동 생물에어로졸 노출장치플랫폼(automated bioaerosol exposure system platform)은 미육군전염병의학연구소(US Army Medical Research Institute of Infectious Disease)에서 전통적으로 사용된 수동제어계측패널(manually controlled instrumentation panel)을 새롭게 만든 자동화 버전이다. 기류, 압력, 발생의 전체 전자 포착과 조절에 부가하여, 자동생물에어로졸 노출장치에는 보다 큰 동물 (예, 영장류)의 단회노출과 관련하여, 챔버의 가습장치와 실시간 호흡 모니터링 기능이 탑재되었다.

부위에 부드럽게 장착하여, 라텍스 포트(latex port)를 통해 챔버 속으로 밀어 넣는다. 그 동물의 머리는 챔버와 통합된 스테인레스-스틸 그물망에 놓여 있게 된다. 앞서 언급한 흡입형상구조물는 보통 저기류(low air flow) (12~25 L/분)와 압력 (15~30 psig)에서 작동된다.

감염성 에어로졸을 수반하는 실질적인 모니터링과 에어로졸 노출을 조절하는 것은 필수적이다. 수동제어 모듈흡입장치(manually controlled modular inhalation system)는 오래 전부터 사용되어 왔으며, 오늘날에도 여전히 사용되고 있다. 에어로졸 연구와 관련된 조절과 데이터의 입수에 수반되는 미터기와 게이지가 많기 때문에, 높은 봉쇄에서 쉽게 사용하기 위하여 기계사용을 패키지화하는 것이 바람직하다. 유량계, 공기압력계, 진공제어, 발생기와 에어로졸 시료채취기의 스위치가 포함된 하나의 계기판은 몇 년간 USAMRIID에서 사용되었다 (그림 5.4). 최근에 에어로졸 노출 자동조절플랫폼(automated aerosol exposure control platform)이 높은 봉쇄 하에서 사용하기 위해 개발되었다[14,15]. 자동플랫폼은 노출에 따른 모든 면에서의 정교한 데이터의 획득과 조절을 알려주고, 노출기간 동안 동물의 호흡기 매개변수에 근거한 선량측정 기능(dosimetry function)을 통합한 microprocessor-driven inhalation platform을 제공한다 (그림 5.5). 이것은 흡입량 전달과 순환의 정확성과 정밀성을 개량한 것이다. 이 장치는 에어로졸 분무기능을 위해 USAMRIID에서 사용되었다. 이 장치는 일상적으로 사용되며, 조절연구에서 사용이 그 정확성이 입증되었다.

5.3.2 에어로졸 장치 특성 평가

일단 흡입장치의 모니터링과 조절이 확실하게 되면, 감염 실험의 성공적인 실행을 위한 중요 변수는 생성 및 샘플링 과정 중에 에어로졸의 움직임을 면밀히 관찰하는 것이다. 동물에 노출시키기 전에, 미생물의 활성과 생존력에 대한 에어로졸 발생과정의 효과를 결정하는 것이 중요하다. 특별히 사용된 노출챔버와 제어장치 내에서 미생물의 활성에 대한 지식이 없이, 투여량 예상과 그 후의 생물학적 반응은 조절될 수 있다. 다른 형태의 에어로졸은 매우 다른 안정상수(stability constant)를 보일 수 있다. 세균의 영양세포 에어로졸은 탈수와 사멸에 특히 민감한 것으로 알려진 반면, 음성가닥 RNA 바이러스(negative-strand RNA virus)는 에어로졸 형태에서 매우 저항성이 있는 것으로 여겨진다[7]. 균주의 종류도 에어로졸 생존력에 영향을 미칠 수 있다. 세포벽에 캡슐이 없는 돌연변이체는 에어로졸 상태에서 생존력에 좋지 않은 영향을 미칠 수 있다[C.J. Roy, 미발표 자료, 2004]. 공기매개 미생물의 농도는 보통 세균배양 또는 바이러스 용균반 분석과 같은 생균계수기법을 사용하여 정해진다. 에어로졸 생존력은 이 형태의 흡입노출에서 가장 중요하기 때문에 생성과 샘플링 하는 동안 미생물에 대한 효과를 정해야 한다. 온도와 상대 습도 같은 환경요인들은 세균이나 바이러스 에어로졸의 생존력에 유해한 효과를 나타낼 수 있다[16]. 마찬가지로, 생존력은 에어로졸 발생에서 기계고장에 의해 영향을 받을 수도 있다.

따라서 어떤 동물에 대한 노출이 시작되기 전에, 유사한 실험적 변수들을 사용하는 신뢰할 수 있는 생균 에어로졸 농도를 설정할 필요가 있다. 사용 중인 흡입장치(in-use inhalation system)는 특별한 생물학적 제제와 더불어 적절한 특징을 가지며, 그 제제는 구성흡입장치(configured inhalation system)에 사용된 에어로졸로서 적절한 특징을 가진다는 것은 예비실험을 통해서 확실하게 입증될 것이다. 특성이 잘 규명된 노출챔버는 재현할 수 있는 환경을 만들기 위해 필요하다. 이 특성에는 누출률, 혼합특성, 평형농도를 빠르게 성취하기 위한 최적의 흐름 등이 포함된다[17].

동물감염시험의 목적에서 에어로졸 안전성을 실증적으로 결정하기 위한 가장 효율적인 방법은 에어로졸 희석요소(aerosol dilution factor), 또는 특별한 흡입노출 구성에서 "분사요소(spray factor)"의 측정이다. 분사요소를 측정하기 전에, 최적 세포주 채취 결정과 선택제제의 분리는 일반 미생물학적 기법들을 사용하여 실행되어야 한다. 이것은 최적의 표준화 배지(standardized culture)가 분사요소를 결정하는 데 사용되고 있음을 확실하게 할 것이다.

에어로졸 분사요소(aerosol spray factor)를 결정하기 위해, 일련의 에어로졸 "분사(run)"는 동물감염시험에서 사용될 특별한 흡입장치에서 수행된다 (5.3.2.1절 참조). 매회 분사가 되는 동안, 에어로졸 발생기 내에 개시농도(starting concentration, C_s)는 순차적으로 증가되어야 한다. 매 에어로졸 실험에서 얻어진 최종 에어로졸 농도(resulting aerosol concentration, C_a)는 보통 사용 중인 특별한 에어로졸 시료채취기로부터 기질분석에 의해 결정되며, 에어로졸 리터당 유닛(unit)으로 나타낸다 [집락형성단위(CFU)] 또는 용균반형성단위(PFUs) 또는 μg/에어로졸]. 이들 두 값의 비율을 통해서 동일한 흡입구성과 균주-특이성 선택제제를 가지고 동물감염실험을 동안 예상되는 희석을 나타내는 단위가 없는 값을 얻게 될 것이다. 에어로졸 요소는 후속실험의 질적 관리를 보여주고, 특별제제를 사용하여 에어로졸 실험의 표준을 설정하기 위한 개시점을 결정하는 데 제공된다. 더욱이, 분사요소의 결정은 특정 동물에서 요구되는 제시용량을 달성하는 데 필요한 에어로졸 발생기 개시농도(aerosol generator starting concentration)를 평가할 수 있도록 해 준다 (5.3.2.2절 참조). 각 흡입장치에서 분사요소를 유지하는 제제에 특이한 데이터베이스는, 그 후 개시농도의 정확한 계산, 그 장치의 전체성능, 생성공정의 질적 관리를 위해 사용될 수 있다.

5.3.2.1 1부: 에어로졸 분사요소(spray factor, F_s)의 측정

실험/가정: 에어로졸 희석요소, 또는 분사요소(spray factor, *Fs*)는 동물감염시험에 사용하기 위하여 (특별한 흡입장치 구성에 근거하여) 측정되어야 한다. 제제는 *Yersenia pestis* CO92로서, 에어로졸 감염시험에 사용될 것이다. 얻을 수 있는 최고 액체농도 (C_s)는 1.0×10^{11} CFU/mL이다. 6 L/min (Q_{agi})로 지속적으로 빨아들인 에어로졸 시료는 그 장치에서 별도의 분사를 통해서 채취될 것이다. 각 시료채취기는 10 mL의 채취 배지(collection medium, V_{agi})를 미리 채워둔다. 증발상수(evaporation constant, E_c)는 0.15 mL/min로 가정한다. 매 분사(run)의 t_d는 10분이다. 시료들은 매 에어로졸 분사 후에 즉시 배양된다 (C_{sam}). 1.1×10^7 CFU/mL의 개시농도(C_s)에서 대수적 증가를 통해, 장치에서 총 5회의 분사(run)가 실시된다.

1. 각 에어로졸 분사에서 에어로졸 농도(C_a) 측정 ($C_s = 1.0\times10^7$ CFU/mL을 보여줌):

$$C_a = \frac{C_{sam} \times (V_{agi} - (E_c \times t_d))}{Q_{agi} \times t_d}$$

$$= \frac{2.0 \times 10^3\ \text{CFU/mL}^* \times (10\ \text{mL} - (0.15\ \text{mL/m} \times 10\ \text{m}))}{61/\text{m} \times 10\ \text{m}}$$

$$= 283\ \text{CFU/L}$$

여기서 "*"는 3회에 걸쳐 실행된 배양평판에서의 평균값을 나타낸다.

뒤이은 에어로졸 분사에 따른 데이터가 다음과 같이 주어진다:

$$C_s = 1.0\times10^8;\ C_a = 2.9\times10^3 \text{ CFU/L}$$
$$C_s = 1.0\times10^9;\ C_a = 2.9\times10^4 \text{ CFU/L}$$
$$C_s = 1.0\times10^{10};\ C_a = 2.9\times10^5 \text{ CFU/L}$$
$$C_s = 1.0\times10^{11};\ C_a = 2.9\times10^6 \text{ CFU/L}$$

2. 그 후 F_s는 각 C_s와 C_a로부터 계산된다 (C_s = 1.0×10^7 CFU/mL를 보여줌)

$$F_s = \frac{C_a}{C_s\ (\text{CFU/L})} = \frac{283\ \text{CFU/L}}{1.0\times10^9\ \text{CFU/L}} = 2.8\times10^{-7}$$

3. 따라서 상대적 선형성(relative linearity)을 가정하여, 평균 F_s는 제시용량(presented dose, D_p) 계산에 사용될 수 있다.

$$\text{평균} = 2.71\times10^{-7}$$

5.3.2.2 2부: 에어로졸 감염시험을 위한 개시농도 계산: 예

실험/가정: 평균 900 g인 백신접종된 기니픽 집단에 대하여 *Y. pestis* CO92 에어로졸을 사용한 감염시험하고자 한다. 원하는 제시용량(D_p)은 100 평균치사용량(median lethal dose, LD_{50}s)과 같은 동물당 4.2×10^5 CFU이다. 지난 1부에서의 에어로졸 분사요소(aerosol spray factor, F_s) 값, 2.1×10^{-7}이 사용될 것이다. 단기감염시험(acute challenge)의 지속기간은 10분이다.

4. 노출기간 동안, 예상호흡량(predicted respiratory volume, V_e)의 측정:
   a. 분당호흡량(minute volume, V_m)은 Guyton의 공식을 사용하여 계산된다:

$$V_m = 2.10\times \text{BW}(g)^{0.75} = 2.10\times 900^{0.75} = 345\ \text{mL}$$

   b. 노출지속기간(exposure duration, t_d)을 설명하기 위하여:

$$V_e = 345\ \text{mL}\times t_d = 3.45\ \text{mL}\times 10\ \text{m} = 3.45\ \text{L}$$

5. 그 후, D_p를 얻기 위하여 필요한 에어로졸 농도(aerosol concentration, C_a)를 계산한다:

$$V_e C_a = D_p$$

$$3.451(C_a) = 4.2 \times 10^5 \text{ CFU}$$

$$= \frac{4.2 \times 10^5 \text{ CFU}}{3.45 \text{ L}}$$

$$= 1.21 \times 10^5 \text{ CFU/L}$$

6. 그 후, 개시농도 (C_s)는 F_s를 적용하여 계산한다:

$$F_s = \frac{C_a}{C_s}$$

$$2.1 \times 10^{-7} = \frac{1.21 \times 10^5 \text{ CFU/L}}{C_s}$$

$$= \frac{1.21 \times 10^5 \text{ CFU/L}}{2.1 \times 10^{-7}} = 5.79 \times 10^{11} \text{ CFU/L} \times 1000 \text{ mL/L}$$

$$C_s = 5.79 \times 10^8 \text{ CFU/mL}$$

7. 따라서 실험에서 4.2×10^5 CFU의 D_p를 전달하기 위해 t_d 10분 동안의 C_s는 5.79×10^8 CFU/mL이다.

5.4 입자크기와 생성

에어로졸의 미생물 안정성과 더불어 동물에어로졸 감염시험의 다른 중요한 부분은 생성된 에어로졸의 특성 평가와 최적화이다. 호흡계를 침투하는 입자의 능력은 전적으로 생성된 입자의 공기동역학적 크기에 의존된다. 생성된 입자의 크기를 조절하지 않고, 민감한 조직에 침적되는 것에 대하여 어떠한 장담도 할 수 없다. 주로 기관지 하부 및 폐공간 내에 에어로졸을 침적시키는 일은 감염 실험에서 바람직하다. 이들 조직은 손상과 감염에 가장 민감하며, 공격 또는 생물테러리스트-형태의 노출(bioterrorist-type exposure)로 인한 어떤 위협의 표적으로 여겨진다. 감염 실험에서 입자크기는 사용된 발생기의 형태와 노출 전 챔버 내에서의 체류시간에 의해 조절된다. 다양한 압력 또는 공기의 흐름으로 작동되는 atomizer 분무기, nebulizer 분무기 등이 개발되었다. Collison nebulizer 분무기는 감염성 에어로졸에 대한 노출실험에서 다른 형태의 발생기와 비교하여 널리 사용되었다[18]. Collison nebulizer 분무기는 20~25 psig의 압축 공기로 작동되며, 7.5 L/min의 에어로졸 유속을 가지는 간단하고, 저압을 이용하는 개량된 분무기이다. 이들 조건 하에서,

nebulizer 분무기는 공기동역학적 입자크기 조절기(aerodynamic particle sizer)에 의해 측정되어, 호흡에 적합한 크기의 에어로졸 [1.0 mass median aerodynamic diameter; 1.4 기하학적 표준편차(geometric standard deviation) [σ_g])를 생산한다. 사용이 쉬울 뿐만 아니라, 상대적으로 적은 양의 aliquot가 생물학적 제제 생산에 필요하다. 노출에 필요한 (nebulizer 분무기 용기에 들어 있는) 제제의 초기 농도는 제제의 에어로졸 효율과 전달에 필요한 투여량에 근거하여 계산된다. 또 다른 발생장치는 실험노출에서 입자크기분포를 조절하기 위해 사용될 수 있다. 스피닝 상부 에어로졸 발생기(spinning top aerosol generator, STAG)와 같은 기구는 여기에 기술된 모듈식 흡입장치와 함께 사용되기 위해서 개조될 수 있다. 이 용량으로 입자조절 발생기를 사용하기 위해서는 실험설정이 상당히 복잡하며, 입자 조절이 실험디자인의 구성요소로서 절대적으로 필요하다면, 그 장치는 높은 봉쇄조건에서 작동되어야 한다. 입자 변화를 위해 STAG을 사용하여, 소재의 필요요건은 크게 증가할 수 있으며 (>10~30 mL/단회 노출), 용매-용질 비율(solvent-solute ratio)은 사용된 접종액의 밀도에 따라 다양하게 조절될 수 있다.

최근에 큰 입자의 에어로졸을 생성하는 유동중심 에어로졸 발생기(flow-focusing aerosol generator, FFAG)가 개발되었다. 액체는 한정된 에어로졸(defined aerosol)의 모세관 바늘(capillary needle)을 통해 펌프질되며, 중요한 구멍(critical orifice)으로 뿜아낸다. 압축공기를 넣어 적절한 압력이 생긴 상태에서, 액체는 에어로졸 발생기의 입구로부터 특정 구역에 정해진 크기의 입자들로 분산된다. 입구의 지름은 고정되어 있다. 그러나 액체의 유동율 또는 가스의 압력을 조절하여 10 μm보다 더 커다란 크기의 입자들도 생성될 수 있다. 에어로졸은 입자의 균질성을 나타내는 기하학적 표준편차를 사용하여, 그 값이 1.1~1.3인 입자 크기로 생산된다[19].

에어로졸 노출에서 입자조절은 발병에 커다란 영향을 주며, Collison nebulizer 분무기로부터 얻어진 결과와 유사한 "표준(standard)" 입자크기 분포를 사용하여 이전에 실행된 발병의 개시와 속도를 바꿀 수 있다[20].

5.5 에어로졸 샘플링 장치

에어로졸 감염시험 동안 노출챔버의 샘플링 기간이나 연속 공기샘플링은 에어로졸 농도의 결정하는 데 필수 단계이다. 에어로졸 샘플링에 이용되는 방법은 많지만, 임핀저(impinger)는 감염성이 있는 생물학적 에어로졸 채취에 적합한 시료채취기이다. 임핀저는 습한 표면에 에어로졸이 많이 포함된 공기를 채워 넣는 방법을 채택한다 (그림 5.6). 수집용기를 진공상태로 만든 후, 거기서 모세관 분출(capillary jet)을 통해 수집된 공기를 신속하게 빨아들인다. 시료채취기는 20 μm의 입자들을 상대적인 고효율 (97%)로 채취하기 위해 스톡직경(Stokes diameter)을 이용한다. 현재 USAMRIID의 운영체제에서, 저속버전(low-flow version)의 유리로 된 임핀저(AGI, Ace Glass Inc., Vineland, New Jersey)를 사용하면 연속적으로 에어로졸을 샘플링할 수 있다. 저속채취(low-low collection)를 위해서, AGI-4 (용기하단에 모세관 말단의 길이를 mm로 표시함)는 생물에어로졸 샘플링에 흔히 사용된다. 에어로졸 생성과 노출기간 동안 연속샘플링을 통해서, AGI 수집용기는

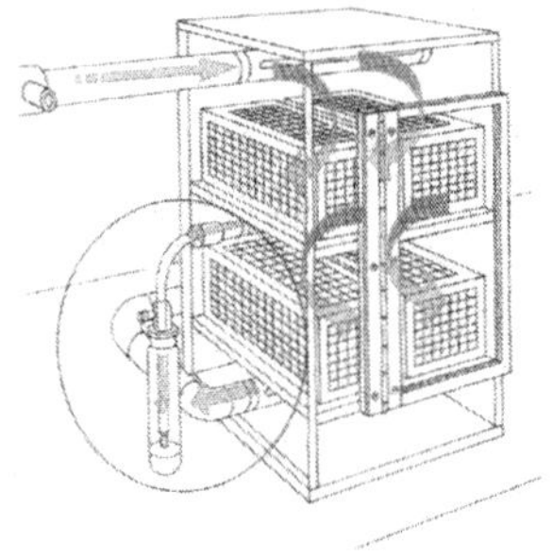

그림 5.6 설치류 사육케이지가 있는 전신-노출챔버(whole-body exposure chamber)에서 샘플링하는 유리로 된 임핀저(둥근 표시). 청색 화살표는 챔버로 유입되는 에어로졸 흐름을 나타낸다. 유리로 된 임핀저는 에어로졸 감염 동안 계속적으로 작동된다. 채취한 액체는 그 후 다른 용기로 옮기고, 미생물 함량을 분석한다.

에어로졸 감염시험에 사용되는 미생물을 적절한 양 (10 mL)의 배양배지로 채운다. AGI 모세관에는 유속을 조절하는 6 L/min의 중요한 입구가 포함되어 있다. 이 시료채취기에서, 적어도 15″ 수은(mercury) 압력으로 유지되는 진공상태는 그 입구 주변의 임계압력비율(critical pressure ratio)을 유지하는 데 필요하다. 에어로졸 감염시험이 종료된 후, 액체수집배지(liquid collection medium)는 추가 분석을 위해 다른 용기로 옮긴다. AGI는 생물에어로졸 채취(bioaerosol collection)를 위해 사용될 수 있는 유일한 샘플링 방법이 아니다. 카세트 내에 장착된 여과기질(filter substrate)을 사용하는 샘플채취는 생물에어로졸(bioaerosol)을 수집하기 위해 흔히 사용된다. 마찬가지로, 미생물 평판이 많이 장착된 캐스케이드 임팩터(cascade impactor)는 에어로졸 샘플의 크기선택을 결정하는 데 사용되어왔다.

5.6 분석법

실험 감염에 사용된 통합공기샘플(integrated air sample)과 액체 접종물의 분석은 보통 실험 절차에서 후반에 실행된다. 세균감염시험에서 일상적인 배양은 정량적 분석에 널리 사용된다. 용균반분석(plaque assay)은 대부분의 바이러스 제제의 분석에 사용된다. 채취된 단백질제제 에어로졸(protein agent aerosol) 샘플은 간단한 단백질분석을 통해서 이루어진다. 에어로졸 발생기에서 개시농도(starting concentration, C_s)를 측정한 후에, 뒤이어 에어로졸 농도(aerosol concentration, C_a)를 측정하게 된다. 분석 이전에, 샘플액에서 제제의 적당한 농도를 예측하는 것이 유리하다. 이것은 그 제제를 배양하거나 시험하기 전에 샘플링배지의 적절하게 희석시켜, 계수하기에 너무 적거나 너무 많은 집락 또는 용균반이 포함된 평판이나 세포배양 평판에서의 지나친 증식을 막는다. 샘플분석을 위한 표준 미생물학적/바이러스학적 기법들 이외에도, 중합효소연쇄반응(PCR)과 같은 정량적 방법들이 제제의 측정에 사용될 수 있다. 그러나 PCR 사용의 단점은 특별한 샘플에 포함된 생균제제를 평가하는 능력이다. 에어로졸 샘플 내의 살아 있는 (또는 증식 중에 있는) 제제의 농도는 투여량 측정에서 필수적인 부분이며, PCR과 같은 정량적 방법의 사용은 전통적인 배양이나 용균반 분석의 대체분석법으로서 무시된다.

5.7 에어로졸 감염 선량측정

에어로졸 감염시험에서 투여량 계산은 동물에 투여된 제제의 무게를 나타내는 "제시된(presented)" 투여량을 관습적으로 사용하였다. 전염병 연구에서 제시된 투여량은 에어로졸 농도(CFU, PFU, μg에서)의 곱과 노출시간 동안 동물이 흡입한 공기의 총부피로 측정된다. 설치류 종에서, 호흡률 [분당호흡량(minute volume), V_m으로 표시]은 체중 ($2.10 \times BW^{0.75}$)에 근거한 방식[21] 또는 기타 유사한 방식[22]으로 미리 계산된다. 보다 커다란 동물 (토끼, 사람외 영장류)에서, V_m은 노출되기 바로 전에 전신체적기록기(whole-body plethysmography)를 사용하여 측정된다[23]. 그 후 흡입 공기의 총 부피는 노출시간(t_e)을 곱하여 측정한다. 집단(group)과 동료(cohort)들 간에 제시된 용량의 차이는 투여량 측정법에 이미 내재되어 있다; 체적기록기는 투여량에서 동물상호간의 다양성 차이를 상세히 기술하기 위한 방법을 제공한다.

모듈식 흡입장치(modular inhalation system)로 동물에 노출된 에어로졸의 선량측정(dosimetry)을 하는데 있어서, 컴퓨터에 근거한 모니터링을 이용하고, 보다 나은 예상 투여량을 조절하는 새로운 방법들이 최근에 등장하였다[14,15]. 이 장치들은 차동압력변환기(differential pressure transducer)를 통한 호흡량(tidal volume)을 측정하기 위해서 챔버 내에 있는 단일 동물(single animal)(보통 사람외 영장류)의 능동적인 호흡(active respiration)을 이용한다. 누적 호흡량(cumulative tidal volume)은 그 후, 특정 투여량(particular dose)을 얻기 위해서 필요한, 에어로졸이 포함된 공기(aerosol-laden air)의 총량을 측정하는 데 사용된다. 이 방법은 과거에 사용된 표준이었던 설정시간에 근거한 노출(set time-based exposure)로부터 탈피했다는 점에서 획기적인 것으로 평가된다. 거의 "실시간(real-time)" 선량측정의 개념은 제제농도를 측정하기 위해 여전히 사용 중인 정량법에 의해 제한적으로 남아 있다—사람들은 채취된 에어로졸 샘플에 대한 그 이후의(*post hoc*) 세균배양 또는 바이러스 용균반 분석 때까지 에어로졸 샘플(C_a)을 알지 못한다. 이것은 거의 "실시간" 선량측정과 같이, 투여량 측정에 보다 새로운 방법들을 사용할 때, 제한요소이다.

5.8 에어루졸 감염시험된 동물의 운반과 사육

에어로졸 감염시험 동안 잠재적으로 위험가능성이 있는 절차는 선택제제의 에어로졸에 노출된 동물을 신속하게 운반하는 일이다. 노출된 동물의 모피/털(fur/hair)에 접촉성 매개물의 재분무주입(reaerosolization)의 가능성은 상당히 높다. 일반적으로 환경에서 활성을 잘 유지하는 어떤 제제[예, *Bacillus anthracis* 포자, 황색포도상구균 장독소 B (staphylococcal enterotoxin B)]는 동물의 털에 잔류하는 동안, 그 전염성/독소의 잠재력을 유지할 수 있다[6]. 노출양상과 감염시험에 사용된 동물의 종류는 그 제제의 재분무주입을 통해서 제제 자체가 가지는 위험을 보인다. 동물의 털은 노출된 신체의 일부분 또는 전체 (머리 또는 전신)에 묻어 있는 제제를 운반한다. 어떤 노출의 가능성을 피하기 위하여, 에어로졸 감염시험이 실시된 모든 동물들은 감염성으로 취급하고, 선제외피는 제제에 오염된 것으로 간주한다. 이어서, 안전캐비닛에서 관찰실로 동물을 조심해서 운반한다.

노출된 동물의 운송을 안전캐비닛 밖으로 운반하여, 관찰실의 지정된 사육실로 원위치시키는 여러 가지 방법들이 USAMRIID에서 실행되어왔다. 노출된 동물은 노출챔버에서 꺼내어, 동물관찰실(observation animal room)로 되돌리기 전에 안전캐비닛 내의 interlocking double-door high-flow pass box에 넣는다. 모바일 3등급 캐비닛은 동물대기실(animal-holding room)에서 안전하게 동물들을 운반하도록 설계되었다. 이 캐비닛은 그 후 high-flow pass box로서 작동하는 에어로졸 노출장치를 포함하는 3등급 생물안전(biosafety)장치에 고정시킨다. 전체 관찰실은 오염된 것으로 간주하고, 일단 노출된 동물은 케이지 유닛(caging unit)으로 되돌려 놓는다. 노출시킬 방에 대기 중인 면역화되지 않은 동물(naive animal)은 오염된 감염동물에서와 같이, 복도를 이용한 운반에 대하여 생각해야 한다. 동물관리직원에 의한 에어로졸-감염시험동물의 적절한 치료와 사육방법은 에어로졸 실험에서 중요한 부분이다. 동물들이 케이지 유닛에 있게 되면, 거기에는 다듬는 활동(preening activity)을 통한 재에어로졸화된 호흡에 적합한 입자들에 노출될 가능성이 남아 있다. 더욱이, 일부 생물학적 제제들은 노출된 후, 구토, 설사, 그리고 그 제제에 대한 고농도의 분비물에 부합되는 질병상태를 [예, 황색포도상구균 장독소 B (staphylococcal entrotoxin B)] 신속하게 유발할 것이다.

5.9 요약

동물의 에어로졸 감염시험은 성공적인 실험결과를 보장하기 위해서 여러 가지 기술의 조합을 필요로 하는 하나의 중요한 주제이다. 에어로졸 감염시험은 절차상 많은 어려움이 있다. 에어로졸이 살포되는 동안 한 방향 기류(unidirectional air flow)인지를 확인하는 간단한 절차는 실험 감염의 성공과 실패의 결정 요인이 될 수 있다. 에어로졸 형태의 감염원을 다루는 일에는 항상 잠재적 위험에 직면하게 된다—이러한 에어로졸을 이용하는 연구형태는 감염성 질환연구에서 더욱 잠재적으로 유해한 환경을 제시한다. 연구자의 경험 유무를 떠나서, 에어로졸 감염의 매 절차상의 조치에서 안전프로토콜의 엄격한 준수는 필수적이다. 마찬가지로, 특별히 만든 표준운영 절차를 사용한 에어로졸 감염시험의 실행은 단독으로 또는 무리(*en masse*)로 노출된 동물과 관련된 연구에서 투여량의 연속성을 보장한다. 모든 작업절차를 면밀하게 조사했던 완전한 기능을 가진 공중생물학 시설은 실로 에어로졸 감염과 관련된 전염병 연구에 귀중한 자원이다.

참고문헌

1. Franz, D.R. (ed.), *Textbook of Military Medicine*, Chapter 30, Part I: Warfare, weaponry, and the casualty: Medical aspects of chemical and biological warfare. Washington, DC: Surgeon General Printing Office, 1997.
2. Roy, C.J. and Milton, D.K., Airborne transmission of communicable infection—The elusive pathway. *New England Journal of Medicine*, 350(17):1710–1712, 2004.
3. Wells, W.F., Airborne contagion and air hygiene: An ecological study of airborne infection, The Commonwealth Fund. Cambridge, MA: Harvard University Press, 1955.

4. Cheng, Y. and Moss, O., Inhalation exposure systems. In: R.O. McCellan and R.E. Henderson (eds.), *Inhalation Toxicology* (pp. 25–66). New York: Pergamon Press, 1997.
5. Henderson, D., An apparatus for the study of airborne infection. *Journal of Hygiene*, 50, 53–68, 1952.
6. Jemski, J.V. and Phillips, G.B., Aerosol challenge of animals. In: W. Gay (ed.), *Methods of Animal Experimentation* (pp. 274–341). New York: Academic Press, 1965.
7. Larson, E., Dominik, J. and Slone, T., Aerosol stability and respiratory infectivity of Japanese B encephalitis virus. *Infection and Immunity*, 30, 397–401, 1980.
8. Dunklin, G.W. and Puck, T.T., The lethal effect of relative humidity on airborne bacteria. *Journal of Experimental Medicine*, 87, 87–101, 1948.
9. Richmond, J.Y. and McKinney, R.W., *Primary Containment for Biohazards: Selection, Installation, and Use of Biological Safety Cabinets*, 2nd edn., Washington, DC: Government Printing Office, 2000.
10. Cannon, W.C., Blanton, E.F. and McDonald, K.E., The flow-past chamber: an improved nose-only exposure system for rodents. *American Industrial Hygiene Association Journal*, 44, 923–928, 1983.
11. Stephenson, E.H., Moeller, R.B., York, C.G. and Young, H.W., Nose-only versus whole-body aerosol exposure for induction of upper respiratory infections of laboratory mice. *American Industrial Hygiene Journal*, 49, 128–135, 1988.
12. Pitt, M.L.M., Fleeman, G., Turner, G.R. and Young, M., Head-only bioaerosol exposure system for large animals. *Proceedings of the American Association of Aerosol Research*, A75.5, 1991.
13. Roy, C.J., Hale, M.L., Hartings, J.M., Duniho, S. and Pitt, M.L.M., Impact of inhalation exposure modality and particle size on the respiratory deposition of ricin in BALB/c mice. *Inhalation Toxicology*, 15(6):619–638, 2003.
14. Roy, C.J. and Hartings, J.M., Automated inhalation toxicology exposure system. U.S. Patent and Trademark Office, Patent Application 09/919,741, 2001.
15. Hartings, J.M. and Roy, C.J., The automated bioaerosol exposure system: development of the platform and a dosimetry application with nonhuman primates. *Journal of Toxicological and Pharmacological Methods*, 49, 39–55, 2004.
16. Ehrlich, R., Miller, S. and Walker, R., Relationship between atmospheric temperature and survival of airborne bacteria. *Applied Microbiology*, 19, 245–249, 1970.
17. Dabisch, P.A., Kline J., Lewis, C., Yeager, J. and Pitt, M.L., Characterization of a head-only aerosol exposure system for nonhuman primates. *Inhalation Toxicology*, 22(3):224–233, 2010.
18. May, K.R., The Collision nebulizer. Description, performance & application. *Journal of Aerosol Science*, 4(3):235, 1973.
19. Thomas, R.J., Webber, D., Sellors, W., Collinge, A., Frost, A., Stagg, A.J., Bailey, S.C. et al., Characterization and deposition of respirable large- and small-particle bioaerosols. *Applied and Environmental Microbiology*, 74(20):6437–6443, 2008.
20. Roy, C.J., Reed, D.S., Wilhelmsen, C.L., Hartings, J.M., Norris, S. and Steele, K.E., Pathogenesis of aerosolized eastern equine encephalitis virus infection in guinea pigs. *Virology Journal*, 6, 170, 2009.
21. Guyton, A.C., Measurement of the respiratory volumes of laboratory animals. *American Journal of Physiology*, 150, 70–77, 1947.
22. Bide, R.W., Armour, S.J. and Yee, E., Allometric respiration/body mass data for animals to be used for estimates of inhalation toxicity to young adult humans. *Journal of Applied Toxicology*, 20, 273–290, 2000.
23. Besch, T.K, Ruble, D.L., Gibbs, P.H. and Pitt, M.L., Steady-state minute volume determination by body-only plethysmography in juvenile rhesus monkeys. *Laboratory Animal Sciences*, 46, 539–544, 1996.

6 *Bacillus anthracis* 감염에 대한 새로운 동물모델의 특성

Elizabeth K. Leffel and M. Louise M. Pitt

목차

6.1 배경 79
6.2 현재의 동물모델 80
6.2.1 마우스 82
6.2.2 랫드 84
6.2.3 기니픽 84
6.2.4 토끼 86
6.2.5 사람외 영장류 87
6.3 요약 90
참고문헌 91

6.1 배경

동물과 사람에서 오랜 질병의 한 가지인 탄저병(anthrax)은 수십 년 동안 광범위하게 연구되어왔다. *Bacillus anthracis*는 약 1~10 μm의 크기로, 비운동성이며, 내생포자를 생성하는 바실러스로서 탄저병을 일으키는 세균이다. 그 세균의 생활사는 잘 알려져 있다. 포자(spore)는 감염동물의 사체에서 토양으로 방출되고, 영양성 포자는 토양에서 생장한다. 일반적으로 초식동물(hervivore)은 오염된 토양에서 방목하거나 오염된 사료를 섭취함으로서 이 세균에 감염된다. 육식동물(carnivore)이나 부식동물(腐蝕動物, scavenger)은 부패가 발생하기 전에 사체 (죽은 동물)를 먹음으로써 감염되기도 한다. 감염된 비비(狒狒, 아프리카 · 아라비아산 긴팔원숭이) 고기를 먹은 치타에서 탄저병이 발병한다는 것이 증명되었듯이, 포획된 야생동물도 그럴 가능성이 있다[2]. 사람에서는 일반적으로 피부나 위장관의 두 가지 경로를 통해서 감염되는데, 사람들이 감염된 동물이나 동물의 부산물을 다루거나, 감염된 고기를 섭취하였을 때 발병된다. 게다가 감염은 흡입경로로도 일어나는 데 매우 치명적이다. 사람과 동물에서 잠복기와 질병의 정도는 노출경로와 투여량에 따라 달라질 수 있다. 사람에서 초기증상은 비특이적이며, 불안감, 두통, 발열, 메스꺼움, 구토 증세가 수반된다[3,4]. 호흡곤란과 쇼크가 뒤따르고, 다양한 감염단계에서 치료하지 않으면 거의 100% 사망하며[5,6], 항생제 치료시의 사망률은 40% 정도이다[4]. 흡입탄저병(inhalation anthrax)은 질병 발생의 가능성이 가장 높은 형태로서, 포자의 에어로졸 분산이 용이하기 때문에 전쟁과 테러공격에 이용된다. 동물모델을 개발하는데 노출경로와 투여량은 신중한 검토를 필요로 하는 부분으로서 추후 기술될 것이다.

1886년 초기에 Hans Beuchner는 마우스, 기니픽, 토끼 등을 이용한 실험에서 "폐(肺)탄저병(pulmonary anthrax)"을 연구하였다. 이들 동물을 작은 상자 속에 넣고, 포자를 분무시켜, 폐를 조직학적으로 관찰하였다. 100년이 훨씬 지난 지금도 그 감염기작은 일반적으로 활용되고 있다. *B. anthracis* 포자를 민감한 동물이 흡입하게 되면, 포자는 대식세포의 식세포작용을 겪고, 기관지협착 림프절(tracheobronchial lymph node)로 운반될 때, 일반적인 전신성 질병(systemic disease)이 생긴다. 그 후 탄저세균의 포자는 림프절에서 발아하고 증식되어, 종격동절(mediastinal nodes)과 주변조직으로 퍼져나간다. 림프계는 이 세균을 체순환을 통해 분산시켜 패혈증(septicemia)을 일으키고 여러 장기로 퍼트린다. 뇌막(meninges)이 관련될 수 있으며 종종 출혈성 수막염(hemorrhagic meningitis)이 생긴다. 이 세균은 조직에서 캡슐을 가지며, 2~3개의 세균이 연결된 사슬모양으로 발견될 수 있다.

특히 위에 설명한 바와 같이, 에어로졸화된 포자는 사람의 체내에서 침착, 식세포작용, 운반, 발아가 일어난다. 치명적인 독혈증(toxemia)은 대략 1~6일의 잠복기가 경과한 후, 저혈압과 전신출혈로 이어진다. 초기 호흡기 증상은 2~3일 동안 지속되며, 노출된 지 24~48시간 내에 치료하지 않는 경우에 100% 사망에 이른다[4~10].

호흡경로에 의한 탄저포자의 고감염성과 호흡기 질환과 연관된 높은 사망률 때문에 *B. anthracis*는 심각한 군사적, 생물테러 위협으로 간주된다. 1979년에 탄저균 포자가 러시아의 Sverdlovsk 주 소재 군사연구기관에서 유출되는 사고가 있었는데, 결과적으로 흡입탄저병 환자들이 유출지점으로부터 50 km 떨어진 곳에서도 발생하였다고 보고되었다[12]. 이라크가 걸프전에서 *B. anthracis* 포자를 생산하여 사용하였다는 것이 1990년대 후반에 알려졌다[13]. 이러한 위협은 현실적인 가능성의 중심이 되어, *B. anthracis* 포자가 미국 우편서비스를 통해 편지로 배포되어, 2001년에 22건의 탄저병 사건이 있었으며, 이들 사건 가운데 5건은 치명적인 흡입탄저병(inhalational anthrax)으로 밝혀졌다[3,4,14]. 수십 년 동안의 연구에도 불구하고, 사람에 대한 추정을 가장 적절하게 적용할 수 있는 동물모델은 여러 가지 이유로 인해 불확실하다. 한 가지 중요한 사실은 사람에서 흡입탄저병에 대한 이용가능한 정보가 제한되어 있고, 동물에서 얻은 데이터와의 비교가 어렵다는 것이다. 비교적 최근에 있었던 2001년 생화학테러는 터키의 풍토병으로 조사되었고, 정맥주사 마약사용자들로부터 이 질병의 발생으로 임상질환 지식에 관한 일부 데이터베이스를 얻을 수 있었으며, 동물모델과의 결과와 비교하는 데 보탬이 되었다[4,15~17].

6.2 현재의 동물모델

동물모델을 선택하기 전에 많은 요소들이 고려되어야 한다. 가장 분명한 질문은 사람의 질병에 기존의 자료에 기초하여 추정할 수 있는지의 여부에 대한 것이다. 해부학적으로 동물모델이 사람과 얼마나 밀접하게 관련되며, 동물과 사람은 병태생리학(pathophysiology)적으로 얼마나 유사한가? 발병 기작은 잘 이해되었는가? 면역체계는 밀접하게 연관되어있는가? 그 질병의 종료시점(endpoint)은 비슷한가? 그 해답을 위해서 동물의 해부학적 및 생리학적 지식과 주어진 생물체의 발병이 상호 어떻게 영향을 미치는지에 대하여 이해할 필요가 있다. 이러한 내용은 알려지지 않았으며, 개념증명연구(proof-of-concept study)는 결정된 동물에서 이용가능한 정보에 근거한 예측요인을 통해서 설계되어야 한다. 다음의 변수들은 탄저병[생물위협제제(biothreat agent)]에 대한 유발질병모델(induced disease model)을 연구하고자 할 때 중요하며, 숙주 특이성에 근거하여 다루어져야 한다.

첫째, 선택된 종이 유전적 또는 생리학적으로 사람과 비교할 만한지에 대하여 결정해야 한다. 이것은 선택된 모델에서 탄저병 발병에 대한 특성을 연구하고, 기본적인 그동안 기록 유지되어 온 자료들을 필요로 한다. 그 다음 연구에서 효능연구가 질병의 발생이 드물고, 허가없는 질병 치료는 치명적이고, 또는 흡입은 보통 노출의 일반 경로가 아니라는 윤리적 또는 실질적인 이유들 때문에 사람에서 수행될 수 없기 때문에 동물모델의 백신효능 또는 치료제/노출 후 대책 등을 평가한다. 이 사실에 비추어 미국식품의약국(FDA)에서는 사람의 질병과정과 치료효능을 예상하는 특징이 잘 연구된 동물모델로부터 얻은 데이터에 대한 과학계의 신뢰를 뒷받침하는 규정(21 CFR 314.601.90-95과 CFR 314.600-650)에 대하여 기술하였다. 이 규정은 종종 “FDA 동물규정(Animal Rule)”으로서 불리며, 사람에 대하여 안전성을 설정한 후, FDA에서 그 결과로서 생산된 제품(product)이 “사람에서 임상혜택을 위한 합리적인 생산가능성”을 설정할 때, 일반적으로 잘 관리된 동물연구에 근거한 제품을 승인할 수 있다는 것을 말한다.

두 번째 고려사항은 노출경로이다. 만일 모델이 예상된 사람의 노출과 관련된 경로에 근거하지 않으면, 그 후 그것은 의미가 없을 수도 있다. 선택된 실험경로가 동일하지 않다면, 발생한 질병경과가 비교될 만하다는 것을 보여주어야 한다. 동물에 실제로 제시될 제제의 투여량(dose)은 잘 계산되어야 하고, 사람에 적용하게 될 것에 근거해야 한다. 선택된 동물의 대사과정도 평가되어야 한다. 예를 들어, *B. anthracis*는 노출된 후에 생존할 수 있는가? 포자의 캡슐에 독성을 나타내는 효소를 가지는 종이 있는가? 그 세균이 폐로 전파된다면, 폐에서의 침착과 잔류가 예측된 질병의 경과에 어떻게 영향을 미칠 수 있는지 고려되어야 한다.

마지막으로, 적절한 동물모델을 개발 시에는 여러 가지 요인들이 고려되어야 한다. 그 동물을 사용할 수 있고, 연구시설에서 적절하게 사육될 수 있는가? 동물의 수명 또는 크기가 사육능력에 영향을 미칠 것인가? 종(species)과 친밀도(familiarity)가 있으며, 시약들은 손쉽게 생물학적 샘플을 처리하는 데 이용할 수 있는가? 가격은 얼마인가? 성별은 중요한가? 이들 질문에 대한 표준답안은 없다. 그들은 예상모델 (백신의 효능과 같은) 또는 유발질병모델 (탄저병)을 고찰하고 있는지에 따라 변화될 수도 있다.

동물모델의 선택은 간단한 문제가 아니다. 이상적으로, 질병의 발병이나 중독은 사람의 질병과 유사해야 한다. 그러나 사람으로부터 얻어진 데이터가 충분하지 못하여, 동물의 데이터와 비교하기 어렵다. 동물의 종(種, species)과 계통(系統, strain)은 감염성 생물제제 또는 독소에 대한 민감성에서뿐만 아니라, 백신과 치료제에 대한 정성 및 정량적 반응에서 차이가 있다. 실험실에서 탄저병 연구에서 사용된 중요한 동물모델은 마우스, 랫드, 기니픽, 토끼, 사람외 영장류 등이었다. 여기에서는 각 모델과 관련된 문제점들을 다루고, 현재 최상으로 간주되는 모델들에 대하여 업데이트하고자 한다.

6.2.1 마우스

탄저병의 잠재적 백신과 치료제를 평가하기 위해서는 명확하게 정립되어 있는 작은 동물모델이 필요하다. 마우스 모델(mouse model)은 특징이 잘 규명된 여러 가지 근친교배 마우스 계통(inbred mouse strain), 잘 알려진 면역기작, 널리 연구된 유전적 다형현상, 질병내성의 차이점, 시약의 유용성, 유지보수의 용이성과 통계학적으로 적정한 수의 사용을 용이하게 하는 적당한 크기 등의 여러 가지 이유로 매우 바람직하다.

Abalakin와 Cherkasskii[18]은 근친교배 마우스 중에서 내성 차이에 대한 몇 가지 증거를 제공하였다. 몇몇 마우스 계통은 400개의 독성이 강한 캡슐형 *B. anthracis* 균주포자에 의해 죽었다. 그러나 CC57BR 마우스 계통은 100배 높은 감염시험에서 생존하였다. 비캡슐형의 독소생성 백신균주(toxin-producing vaccine strain)에 감염시험되었을 때, A/Sn과 DBA/2의 두 가지 마우스 계통은 죽었지만, 다른 마우스 계통들은 생존하였다. 감염에 대한 감수성이 탄저병 독소(anthrax toxin)의 부종생성 및 면역억제 반응(edematogenic and immunosuppressing action)에 대한 동물의 감수성과 직접 관련된다는 것이 제시되었다. 유전적 분석은 탄저병에 대한 내성이 조직적합성 복합체(histocompatibility complex) H-2와 연관되지 않는 우성유전자에 의해 조절될 수 있고, 마우스의 혈청에서 용혈활성(hemolytic activity)의 존재와 무관하며, 보체(complement) C5 성분에 의해 결정된다는 것을 나타냈다.

탄저병 연구를 위한 모델로서 근친교배 마우스 계통의 적합성은 Welkos 등[19]에 의해 더욱 심도있게 연구되었으며, 그는 10마리의 근친교배된 마우스 계통을 가지고 시험하였다. Abalakin과 Cherkasskii와 비교하여 Welkos 등은 모든 마우스 계통들이 독성을 가진 *B. anthracis* 균주 (5~30개 포자)의 낮은 비경구성(parenteral) LD_{50} [개체군의 50%에서 평균치사용량(median lethal dose)] 값을 나타낸다는 것을 알았다. 그러나 시망시간 분석(time-to-death analysis)은 마우스 계통들 간에 상당한 차이를 나타냈다. DBA/2J와 A/J는 더욱 빨리 죽었으며 C3H/HeN, C37BL/6J, C3HHeJ, C57lL/J, C58/J는 중간 정도였다. 그리고 CBA/J, BALB/cJ, C57BR/cdj는 다른 마우스 계통들과 비교하여 생존시간이 길었다. 반면에 마우스 계통들은 독소를 생성하는 비캡슐형 *B. anthracis* “백신(vaccine)” 균주에 치명적인 감염으로 뚜렷하게 민감하거나(A/J와 DBA/2J), 내성(C3H/HeN, C57BL/6J, C3HHeJ, C57L/J, C58/J; CBA/J, BALB/cJ, C57BR/cdJ)을 나타내었다. A/J와 DBA/J 마우스는 보체(complement) C5 성분에서 결함이 있으며, 결손 H*c* 유전자(defective H*c* gene)를 가진다[21,22]. C5-유래 펩티드는 염증이 일어나는 동안 대식세포(macrophage)와 호중구(neutrophil)의 중요한 아나필락스 독소(anaphylatoxin)이며 화학주성 유인제(chemoattractant)이다. 이 요인들이 없으면 세균이 적절한 면역반응을 준비하기 전에 숙주가 세균을 압도하도록 하는 감염부위에 대식세포의 유입을 지연시킨다. 독소를 생성하지 않는 캡슐형 균주는 A/J와 CBA/J 마우스에 치명적이다[23]. 기니픽에서 무독성인 독소를 생성하지 않는 캡슐형 균주는 마우스에 독성을 나타낸다. 이같이, 캡슐은 마우스에서 우성 독성인자가 되어 나타난다.

치명적인 *B. antracis* 균주를 이용한 연구에는 이계교배(異系交配, outbred) 마우스와 근친교배 마우스(inbred mice)도 포함되었다. Lyons 등[24]은 근친교배 BALB/c 마우스에서 기관내 경로(intratracheal route)와 비강내 경로(intranasal route)의 감염을 비교하였다. 산재성 탄저병(disseminated anthrax)의 가장 일관된 병리학적 병변이 폐에서가 아닌, 지라에서 나타났다. 48시간에 폐의 변화는 주로 유조직염증(parenchymal inflammation)에서는 거의 없었으며, 탄저균과 더불어 중격모세혈관(septal capillaries)의 광범위팽만(diffuse distention)이 관찰되었다.

반면에 50 LD_{50} 에임즈 포자(Ames spore)의 에어로졸에 노출된 BALB/c 마우스에서 가장 흔한 변화는 다양한 기관, 특히 폐포사이막모세혈관(alveolar septal capillaries), 신장사구체모세혈관(renal glomerular capillaries), 간장 동모양혈관(hepatic sinusoid)에 세균이 존재한다는 것이었다. 다핵형백혈구(polymorphonucleated leukocyte, PMN), 몇몇 대식세포와 림프구에서 경미한 침윤(mild infiltration)으로 잘 알려진 종격염(縱隔炎, mediastinitis)이 광범위한 부위에서 종종 발견되는데 반하여[25], 이 세균은 이 염증 부위에서 발견되었다. 그 마우스의 1/3에서 비장병변(splenic lesion)이 나타났다. 폐병변은 드물게 나타나는 반면에, 폐에서 자란 세균은 열충격에 저항성이 있었는데, 이는 그 세균들의 포자가 발아되지 않았다는 것을 나타내며, 사람의 흡입탄저병에서와 유사하게 나타났다. 탄저균은 혈액에서 감염 초기에 신속히 감소되고, 그 후 마우스가 죽게 될 때까지 증가되는 것이 알려졌다. 마우스 모델에서 에어로졸 경로는 폐병변이 생기지 않는데, 이것은 비강내 경로와 기관내 경로[24]와 다르고, 노출경로가 고려되어야 한다는 것이 중요하며, 그 결과로 나타나는 질병은 특별하게 응용하기 위한 모델로 선택하기 전에 잘 이해하여야 한다.

몇몇 실험실에서는 비캡슐형의 독소생성 균주 (백신균주)가 마우스에서 치명적이라는 사실을 이용하여, 다양한 감염경로를 통한 탄저병 모델(anthrax model)을 개발하였다[26-29]. 이들 모델들은 BSL-2 실험실에서 사용될 수 있는 장점을 가지고 있어, 많은 기초연구가 수행될 수 있었다. 그러나 독성균주에 의해 야기된 사람의 탄저병 사례에서 보여진 전형적인 병리학적 변화는 잘 나타나지 않을 수 있다는 것을 명심해야 한다. 다양한 백신으로 예방접종된 마우스는 비독성 비캡슐형 탄저병 균주로 부터 보호될 수 있었으나, 독성 탄저균에서는 보호받지 못하였다[20]. 다양한 마우스 계통의 비캡슐형 백신균주에 대한 감수성/내성은 백신으로서 가능성을 검증을 위한 장점이다[30,31]. 2001년 이래 흡입탄저병의 효과적인 대책이 긴급하게 필요하였으며, 마우스는 다양한 잠재적 요법을 선별하고[24,31,32], 작용기작과 독성인자[24,33~37], 그리고 초기 숙주반응[38,39]을 규명하기 위하여 더욱 널리 사용되었다.

특별히 사람의 경험에 대한 결과를 추정할 때, 이들 연구의 해석에 주의해야 한다. 모델개발의 목표가 *B. anthracis* 독성균주에 노출된 사람에서 치료제나 또는 백신의 효능을 예상하는 것이라면, 마우스는 적절한 작은 동물모델이 되지 않을 수도 있다.

6.2.2 랫드

랫드(rat)는 *B. anthracis* 감염에 대하여 자연내성(natural resistance)을 가지며, 동물의 나이에 따라 그 내성은 증가한다. 비경구적으로, 랫드 한 마리를 죽이는데 약 1백만 개의 포자, 토끼는 1만 개 포자, 그리고 마우스는 단 10개의 포자가 필요하다[40]. 당연히, 면역된 랫드에서조차 포자감염시험(spore challenge)에 대한 이 내성은 다소 증가된다[41].

그러나 랫드는 탄저병 독소(anthrax toxin)에 매우 민감하며, 몇 가지 종(Fischer 344, NIH black, Wistar, Norvegicus black)이 독소효과를 연구하는 데 사용되었지만, Fischer 344가 가장 민감한 것으로 나타났다[42~44]. 정맥내 경로(intravenous) 또는 복강내 경로(intraperitoneal route)에 의해 독소노출된 랫드는 호흡기손상, 폐부종, 죽음 등에 이르는 임상징후를 나타내었다[43,45]. 많은 연구가 시험관내(*in vitro*) 또는 비경구적 경로(parenteral route)를 통해 진행되었으며, 에어로졸 경로(aerosol route)에 의한 노출과 관련된 최근 연구는 없다[46~50]. 따라서 랫드는 탄저균 공격과 같은 생물학전에서 사람에 대한 효과를 예상하거나, 치료제 또는 백신을 평가하기 위한 실용적인 모델이 아니다.

6.2.3 기니픽

기니픽은 탄저병에 대하여 잘 확립된 모델이다[50~55]. 1950년대에 Ross [56,57]은 *B. anthracis*에 대한 기관내 노출과 에어로졸 노출을 비교하고, 감염시간경과에 따른 포자/탄저균의 위치와 전신성 기관부전(systemic organ failure)과의 상관관계를 입증하기 위하여 기니픽을 사용하였다. 이들 연구는 현재 우리가 탄저병 발병(anthrax pathogenesis)으로서 받아들이는 것을 설명하는 전통적인 실험이었다. Ross[56,57]는 포자가 흡입되어, 식세포작용(phagocytosis)이 진행되고, 발아하며, 영양세포는 전신성 질병(systemic disease)을 야기하는 림프와 혈액을 통해 이동한다는 것을 보여주었다. Ross는 기니픽이 “포자분무(spore clouds)”에 노출되었을 때, 폐에서 소량의 포자를 발견하였으며, 최근의 이 병리학적 발견은 질병의 발병에서 비강통로(nasal passage)에 있는 국소성 식세포(local phagocytic cell)의 역할일 수 있다는 것을 제시하였다. Ross는 기관내삽입(intratracheal implantation)을 통해서 포자를 주입시킨 후, 세균의 수를 증식시키고, 포자의 위치를 결정하는 더욱 실용적인 방법을 소개하고자 조직학적 연구를 반복적으로 수행하였다. 두 가지 사례에서, Ross는 포자가 폐포대식세포(alveolar macrophage)에 의해 섭취되어, 국소성림프절(regional lymph node)에서 대식세포의 세포내 및 세포외의 림프로 이동하였다는 것을 보여주었다. 그 후 탄저균은 혈류에서 발견되었으며, 궁극적으로 전신성 질병을 일으켰다[56]. 최근 리뷰논문에는 기니픽의 일부 병변이 사람과 토끼의 병리학이 일치한다는 것이 기술되어 있다.

기니픽은 *B. anthracis* 포자에 대한 감염에 민감하고, 물리적으로 관리가능한 동물이며, 그 질병의 경과가 토끼에서 보여주었던 것과 유사하기 때문에 탄저병 발병연구에서 널리 사용되었다[51,53,55,58~60]. 대략 50~500개 포자는 비경구적 노출(parenteral exposure)의 경우에 기니픽에 치명적이다[61]. 반면에 기니픽은 에어로졸 감염시험 후, 다소 저항력을 가지며, 에임즈 계통

(Ames strain)의 LD_{50}은 23,000~79,000개의 집락형성단위(colony-forming unit, CFU) 정도이다[62,63]. Vollum 계통(strain)의 비강내(intranasal) LD_{50}은 대략 40,000 CFU이며, ATCC 6605 균주는 약 80,000 CFU이다[64]. 랫드와 대조적으로, 기니픽은 독소에 저항성이 있다. 랫드는 kg당 불과 15 유닛의 독소에 죽지만, 기니픽을 죽이기 위해서 kg당 1,125 유닛의 독소가 필요하다[61].

각 로트(lot)에서 제조의 일관성을 평가하기 위해서 백신의 효능을 분석하였다. 비경구적 포자감염시험(parenteral spore challenge)에 대하여 예방접종된 기니픽에서 보인 보호에 근거하여, FDA는 기니픽에서 승인된 탄저병 백신인 BioThrax®의 효능분석을 허가하였다[65]. 동물모델의 이러한 사용은 독특하고 매우 특이적이다. 그 분석은 로트의 다양성(lot variation)을 시험하기 위해 설계되었으며, 일상적인 안전성 또는 대부분의 모델에서 실시된 효능연구 보다 훨씬 나중에 일어난다.

특정 용도로 사용하는 것 이외에, 기니픽은 발병연구에 널리 사용되었다[50,56,57,66~70]. Ivins 등[50]은 기니픽 모델에서 면역잠재력을 결정하기 위해서 독성이 다양한 *B. anthracis*를 비교하였다. 그렇게 함으로써, 임상적으로 중요한 질병을 일으키는 두 가지 단백질의 발현에 부가하여, 그 집단은 매우 독성이 있는 균주가 독소플라스미드(toxin plasmid)와 캡슐플라스미드(capsule plasmid) 모두를 가져야 한다는 것을 보여주는 다른 연구를 입증하였다. 다른 많은 연구들이 약 1950년대에 수행되었으며, 뒤이은 발병 연구는 백신효능실험과 통합되었다.

Hartley 기니픽은 백신면역원성(vaccine immunogenicity)과 효능을 시험하는데 가장 흔히 사용되는 동물로서, 아마도 이것은 몇 가지 이계교배 보존주(outbred stock) 가운데 하나이기 때문이라 여겨진다[50,55,60,66,71~73]. 중요한 항보호항원(anti-protective antigen, anti-PA) 항체들이 *B. anthracis*에 노출된 기니픽의 보호를 어떻게 하는지에 대한 설명을 통하여, 이 모델에서 수동면역(passive immunity)이 획득될 수 있다는 것이 증명되었다.

분명히, 백신효능연구에 사용할 동물모델을 확립하기 위해서는 면역과의 상관관계가 확립되어야 한다. 기니픽 모델에서 PA와 중화항체(neutralizing antibody)의 상관관계가 양호한 것으로 나타났다. 생존과 중화항체역가(neutralizing antibody titer) 사이의 직접적 상관관계가 보고되었다. 연구자들은 동일한 논문에서 생존과 효소결합면역흡착측정법(enzyme-linked immunosorbent assay, ELISA)으로 측정된 면역글로불린 G (immunoglobulin G, IgG) 항-PA 항체역가(anti-PA antibody titer) 사이에 그러한 일관된 상관관계가 없다는 것을 기술하였다[76]. 사실상, 기니픽 보호의 결정요인은 PA 항체의 양(量)이 아니라, 위험수준에서 유지되는 그 항체의 질(質)이 될 수 있다[77]. PA의 면역학적 기억(immunological memory)은 백신에 의해 제공된 보호의 정도에 기여할 수도 있다[78]. 기니픽이 발병에 대한 만족스러운 모델임에도 불구하고, 효능연구를 위한 모델의 유용성에 관한 문헌에서 상반된 데이터가 보고되었다. 백신(vaccine)/항원보강제(adjuvant) 병용에 따라, 사람에 승인된 백신의 예방접종으로 기니픽를 보호하는 결과를 초래한다[63]. 이것은 항원보강제인 수산화알루미늄(aluminum hydroxide)이 기니픽에서 가장 효과적인 선택일 수 있다는 사실 때문일 수 있다[63,72,79]. 흥미롭게도, 기니픽은 동일한 항원이 다른 항원보강제와 병용될 때 보호될 수 있다[63,80]. 그러므로 기니픽은 백신효능연구에 사용된 항원보강제를 신중하게 고려한다면, 백신을 평가하는데 허용가능한 모델이다. 다시 말해서, 기니픽 모델에서 보호기작(protection mechanism)[의료대책의 작용기작]의 기본 지식은 기니픽을 사용할 때 특히 중요하다.

기니픽은 치료제 효능연구에 널리 사용되지 않았으나, 새로운 치료제를 선별에는 더욱 널리 사용하게 되었다[81]. 비강내 모델(intranasal model)에서, 단일클론 항독소 항체(monoclonal anti-toxin antibody)는 보호기능을 하였으며, ciprofloxacine의 준최적 용량(suboptimal dose)으로 투여되었을 때 생존에 상승효과(synergistic effect)를 나타냈다[82]. 그 연구는 예방약 및 치료제 시나리오를 통해서 완성되었으며, 보호의 상관관계로 확인되었다. 이것은 제대로 설계된 연구에서 기니픽 모델이 치료제 효능연구를 위한 허용가능한 모델이 된다는 것을 보여준다.

6.2.4 토끼

토끼는 *B. anthracis*에 민감성을 나타냈으며, 사람에서 자연적으로 발생하는 질병에서 보고된 것과 유사한 병리학적 변화를 보여주었다. 1886년 초, 토끼는 흡입탄저병(inhalational anthrax) 연구실험에 사용되었으며, 그 후부터 그 모델은 사람외 영장류(nonhuman primate)에서도 유사한 결과를 보여주었다. 비경구적 경로(parenteral route)와 에어로졸 경로(aerosol route)에 의한 포자노출은 잘 연구되었으며, 사람외 영장류 모델 또는 유용성이 제한된 사람의 사례에서 관찰된 것과 유사하다는 것을 보여주었다. 사람외 영장류보다 계통분류학적 수준에서 하위 종(species)으로서 먼저 연구를 수행하는 것이 좋다. 이들 데이터는 토끼모델(rabbit model)이 초기 비임상 효능연구에서 사용되기 위한 적절하고 민감한 모델이라는 것을 보여주었다.

Zaucha 등[83]은 New Zealand 흰토끼(white rabbit)에서 *B. anthracis*의 흡입과 피하노출을 비교하기 위한 광범위한 병리학 연구를 수행하였다. 두 노출집단에서 신속한 질병의 발생은 별로 중요하지 않은 임상징후의 비교를 통해서 얻어졌다. 저자들은 면역화되지 않은 토끼(naive rabbit)에서 관찰된 질병의 단기간 경과가 그 탄저균에 대한 반응에서 백혈구의 유입을 방해하고, 그 결과 출혈과 괴사를 일으킬 수 있다는 것을 제시하였다. 토끼는 빨리 죽어서, 부검을 통해서 뇌와 뇌척수막에서 병변이 발견되었지만, 그 같은 병발(involvement)을 나타내는 임상징후를 거의 볼 수 없었다. 문헌에 기술된 일부 사례에서는 감염된 토끼의 임상징후에 근거한 중추신경계(central nerve system, CNS) 병발을 기술하였다. 1943년의 초기 연구에 알려진 사람의 사례에서는 탄저병으로 죽은 토끼와 CNS 병변을 비교하여, 유사한 것으로 보고하였다[86]. 이 데이터는 CNS 임상징후가 분명하지 않았지만, CNS를 발견하였던 추후 Zaucha 등[83]의 연구에 의해 구체화되었다.

토끼와 다른 동물 사이에서 전반적으로 눈에 띄는 병리적 차이점[83]은 토끼에서 뇌와 뇌척수막의 백혈구 반응(leukocytic response) 결핍, 경미한 종격병변(mild mediastinal lesion), 탄저병과 관련된 폐렴의 낮은 발생빈도 등이었다. 이들 차이점은 더 빨리 죽게 되는 토끼모델(rabbit model)이 가지는 민감성 때문일 수 있다. 흥미롭게도, 대다수의 토끼에서 폐병변은 노출집단과 상관없이 대다수 토끼에서 발견되었다. 저자들은 탄저병이 토끼에서 빠른 질병의 경과에도 불구하고, 사망시간의 병리학이 흡입탄저병에 걸린 사람의 사례에서 보고된 것과 매우 유사하다고 결론지었다. 그것은 이 질병이 토끼에서 빠르게 진행된다는 점을 고려해야 한다는 것을 제시하였다; 그 모델은 "후보제품(candidate product)에 대한 엄격한 시험"을 제공한다[83].

세균의 배양상등액, 정제된 재조합 단백질, DNA 백신을 포함하는 다양한 백신은 독성 *B. anthracis* 포자의 치명적 감염시험에 대하여 토끼모델에서 효과적임을 보여주었다[72,87~91]. 효과적인 백신효능모델이 되기 위해서, 면역생물마커(immune biomarker)는 토끼모델이 사람에서 예측관련성을 가지기 위해서 보호와 연관성이 확인되어야 한다. 알루미늄에 근거한 항원보강제와 PA 백신을 사용하여, anti-PA IgG와 독소중화항체(toxin-neutralizing antibody)로 보호되었다는 것을 보여주었다[88,92,93]. 상관관계를 확립에 관한 초기 연구는 최신의 결과로 갱신되지 않았지만, 토끼모델의 면역 상관관계가 독소중화항체[독소중화분석(toxin neutralization assay)에 의해 측정됨] 또는 IgG anti-PA 항체 (ELISA에 의해 측정됨)에 있다는 것은 널리 알려진 사실이다[79,88]. Weiss 등에 의해서도 발표된 바와 같이[93], 중화항체가 감염을 예상하는데 가장 좋은 지표가 될 수 있다는 미발표 자료들이 최근 과학모임[94]에서 제시되었다. anti-PA 항체와 함께 토끼를 죽음으로부터 수동적으로 보호하는 능력은 항체가 능동면역의 역할을 한다는 사실을 뒷받침한다[82,95].

이 모델의 백신효능연구를 수행하는데 있어서, 항원보강제의 선택은 기니픽과 마찬가지로 신중하게 고려되어야 한다. CpG와 같은 Alhydrogel 이외의 다른 항원보강제는 면역반응을 증진시킬 수 있거나[96], 없을 수도 있기 때문에[80], 사람외 영장류와 사람에서의 효능은 기대되지 않을 수 있다.

토끼모델은 또한 치료제 연구를 위해서도 이용될 수 있음을 보여주었다. 능동감염(active infection)을 예측하는 생물마커는 치료를 시작하기 위한 자극제로서 설정되었다. 감염의 두 가지 생물학적 지표인 체온증가와 항원혈증(antigenemia)(전신성 PA의 존재)은 감염확인의 최적지표인 세균혈증(bacteremia)과 연관이 있다[97~99]. 치료를 위한 자극은 단일클론항체[97]와 항생제[99]를 평가하는 치료모델(therapeutic model)에서 사용되었다.

토끼는 흡입탄저병을 연구하는데 유용한 모델이다. 토끼모델은 *B. anthracis*에 감염된 사람외 영장류와 사람의 반응을 예상하는데 사용될 수 있는 적절한 발병모델이므로, 선도 치료제(lead therapeutics) 또는 후보백신(vaccine candidate)의 효능을 평가하는 네 유용하다. FDA에 의해 승인된 제품이 아직 없지만, 한 가지 동물이 동물규칙에 따라 이용되었으며, 적절한 예측모델로서 FDA에 의해 거부되지 않았던 뉴질랜드 흰토끼(New Zealand white rabbit)가 제시되었다 (FDA Anti-Infective Drugs Advisory Committee Meeting, October 27, 2009; Biological License Application 125349).

6.2.5 사람외 영장류

과학자들은 수년간에 걸쳐 다른 계통의 사람외 영장류에 대하여 시험하였다. 초창기 몇 가지 연구가 침팬지를 이용하여 실시되었으며[100], 그 후 rhesus 원숭이에 대하여 집중적으로 연구되었다[8,61,72,83,101~106]. 이 연구는 점차 cynomolgus 원숭이로 확대되었다[107]. 이 책의 초판이 2006년에 발간된 이래, 사람외 영장류 모델에서 얻어진 여러 자료들과 질병발병모델 개발과 관련된 몇 편의 논문이 발표되었다: African green 원숭이[98,108]와 최근에는 marmoset이 소개되었다[109]. 이 장에서는 이들 새로운 모델의 특성을 알아보고, 임상 탄저병에 대해 알려진 것들을 비교하는 최근의 연구를 기술하고자 한다.

Haas[110]는 2002년에 흡입한 *B. anthracis* 포자의 위험을 분석한 리뷰논문을 발표하였다. 그 논문에서는 사람외 영장류 데이터를 사람에 대한 위험성으로 추정하기 어려운 이유와 그 동물모델이 이 위험성을 고려할 때 중요한 이유를 강조하였다. 사람에서 흡입탄저병(human inhalational anthrax)의 기본적 병변은 대부분의 조직에서 비교적 경미한 세포성 염증과 더불어 출혈, 부종, 괴사 등이다. 지라, 림프절, 종격(縱隔, mediastinun)*, 폐, 위장관, 뇌 등은 사람에서 병발의 중요 부위이다[111~114]. 의료대책을 평가하기 위해 선택된 사람외 영장류 모델에서도 유사한 발병이 나타날 수 있다.

동물모델과 사람에서 흡입탄저병의 차이는 동물모델에서 감수성이 더 크기 때문이라고 생각될 수 있는데, 그 결과 치명적인 상황으로 신속한 진행되는 데 비하여, 사람에서 질병의 경과는 더욱 긴 시간이 걸린다는 것과 비교된다. 그 차이점들은 노출시점을 전후한 인지능력에서의 차이점들과 연관될 수 있다: 모델에서 연구자들은 상대적 확실성 범위 내에서, 정확한 노출시간과 투여량을 아는 반면에 기록된 임상사례에서[4,14], 노출량은 알지 못하며 노출시간도 종종 모호하다. 연구자들은 질병의 징후를 알기위해 지속적으로 노출된 동물을 모니터링하는데, 초기 증상이 보통 비위협성 바이러스(nonthreatening virus) 때문인 것으로 생각하는 데 비하여, 사람은 일반적으로 심하게 아플 때 증상이 나타난다. 마지막으로, 사람의 경우에서는 민감성이 증가하는 폐렴이나 심혈관질환[4]과 같은 잠재적인 질병이 생길 수 있다.

Macaca mulatta 원숭이(rhesus macaque)는 탄저병 연구에서 널리 사용된 사람외 영장류의 한 종류이며, 탄저병을 연구하고 백신효능을 시험하는 유사모델로 고려되었다[103,104,115~117]. Rhesus 모델은 흡입탄저병에 상당히 저항성이 있는 듯하여, 최근에 약간의 논쟁이 있다. 저항성이 발생한 이유는 여전히 명확하지 않지만, 동물의 나이[109] 또는 주조직적합성 복합체 1(major histocompatibility complex 1, MHC1)과 관련이 있는 듯하다[118,119]. 탄저병에 대한 이 명백한 저항성 관찰의 원인이 될 수 있다는 다른 가능성은 무시될 수 없다: (1) 동물의 태생은 하나의 요인이 될 수 있는가? (2) 이 모델에 대한 연구가 진행된 수년간, 포자제제(spore preparation)의 특성이 변했는가? (3) 이 효과를 일으킬 만한 실험실의 기술적 방법에서 많은 차이가 있는가? 이들은 우리가 대답할 수 없는 문제들이며, 흡입탄저병의 모델로서 rhesus 원숭이의 치료제/백신모델에 대한 신뢰도 부족에 대한 최근의 인식은 아마도 그에 대한 발표된 연구결과가 부족하기 때문이다.

의문의 *B. anthracis* 노출이 발생한 경우에, 사람들은 감염이 확실히 확인되기 전에 치료를 받을 수 있는데, 이를 노출 후 예방(postexposure prophylaxis, PEP)이라고 한다[14]. 백신연구에서 rhesus 원숭이의 변화가 관찰되었음에도 불구하고, rhesus 원숭이는 PEP 효과를 평가하기 위한 두 가지의 최신 연구에 사용되었다. 한 연구에서, 매우 많은 양의 에어로졸 형태의 포자(aerosol-

* 양쪽 흉강 사이에 있는 공간.

ized spore)에 노출(약 1,600 LD_{50})된 후에, ciprofloxacin과 BioThrax [흡착 탄저백신(adsorbed anthrax vaccine, AVA)]를 평가하였다. 원숭이들은 경구항생제(oral antibiotic) 단독으로 (14일 동안 매일 2회) 또는 3회에 걸친 항생제+백신의 투여로 노출된 후, 약 2시간 이후 치료되었다. 항생제 투여집단에서는 불과 44%만이 생존하였으며, 병용치료 집단에서는 100% 생존하는 것으로 나타났다. 두 번째 연구에서는 PEP와 치료 시나리오를 비교하였다[121]. 원숭이들은 에어로졸에 노출된 후, 약 2시간 또는 2회 연속시점에서 세균혈증 양성(bacteremia-positive)이었을 때, 10일 동안 정맥을 통해서 ciprofloxacin을 투여받았다. 치료제 집단은 PEP 그룹에서 원숭이와 일치하였으며, 각각은 치료제 집단이 치료 10일째에 이르렀을 때까지 치료를 받았다. PEP 집단에서 치료 후 20%만이 생존하였으며, 치료제 집단에서의 70%와 비교되었다 (치료 중 3마리는 죽었음). 두 마리 가운데 한 마리에 대한 연구로서 미치료 대조군은 없었지만, 이 연구의 골격은 rhesus 원숭이모델이 PEP 시나리오에서 사용에서 조작될 수 있다는 것은 의미한다.

Rhesus 원숭이가 이 책의 최신판에 기술된 시점에 탄저병 연구(anthrax research work) 결과의 유용성이 점차 줄어들고 있었기 때문에, 비교할 수 있는 사람외 영장류모델을 개발하는 연구가 시작되었다. Cynomolgus 원숭이(*Macaca fascicularis*)와 African green 원숭이(*Chorocebus aethiops*)는 이미 논의되었다[87,88]. 2008년에 일반 marmoset (*Callithrix jacchus*)의 자연사(natural history)가 출판되었다[109].

African green 원숭이는 rhesus 원숭이, 토끼, 사람 등에서 질병의 발병에 대한 발표와 유사하였기 때문에, 흡입탄저병의 허용가능한 모델로서 확립되었다[108]. 특히 사람의 탄저병 사례에서 종종 관찰되는 임상징후를 x-선으로 종격(縱隔, mediastinum)의 확장을 관찰한 것은 흥미있는 일이다. 또한 African green 원숭이 모델은 감염의 생물마커가 확인됨에 따라 치료대책을 평가하기 위하여 조작될 수 있다[98]. 저자들은 전신성 PA(systemic PA)가 신속하게 전기화학발광(electrochemiluminescence, ECL) 분석으로 진단될 수 있으며, 24시간이 요구되는 세균혈증(bacteremia)의 최적표준분석과 관계가 있다는 것을 기술하였다. ECL 분석의 사용은 의료대책의 치료모델(therapeutic model)로 African green 원숭이를 사용가능하도록 하였다[123].

Cynomolgus 원숭이 모델연구는 새로운 의료대책의 효능을 평가하기 위해서 기본 모델개발에서 치료모델로 진행되었다[97,124,125]. 한 가지 연구에서는 cynomolgus 원숭이는 약 200정도의 에어로졸 LD_{50}에 노출시켜, 탄저병 감염 징후를 모니터링하였다. 치료를 위한 자극요인(trigger-to-treat)은 ECL 분석에 의해 모니터링된 항원혈증이었다[97]. 거기에는 또한 이 모델에서 보았던 세균혈증과 매우 밀접한 상관관계가 있었다.

또한 cynomolgus 원숭이도 의료 대책으로 평가하기 위한 예방모델(prophylactic model)로서 사용가능하게 되었다. 또 다른 연구에서 약물은 100 에어로졸 LD_{50}의 에어로졸 감염시험을 하기 전, 2일간 투여되었으며, 약물의 투여량에 따라 28일 후 70~90%가 생존한다는 것이 보고되었다[97]. 흥미롭게도, 생존한 원숭이들은 1년 후에 재감염시험되었을 때, 100%의 생존율을 보여주었는데, 이는 면역체계(immune system)가 기억반응(memory response)을 일으켰다는 것을 나타낸다.

2008년에 Lever 등[109]은 흡입탄저병(inhalation anthrax)에 새로운 사람외 영장류모델로서 일반 marmoset (*C. jaccus*)을 소개하는 연구를 발표하였다. Marmoset은 *B. anthracis*에 민감할 뿐

만 아니라, rhesus 원숭이, cynomolgus 원숭이, 사람에서와 유사한 병리학적 특성을 보여준다는 것을 보고하였다. Marmoset의 LD_{50} (1.5×10^3 CFU)은 cynomolgus 원숭이와 유사한 LD_{50} (5.5×10^4 CFU)을 가지며, 에어로졸 감염시험 후와 유사한 사망시간(2~6.5일)을 나타내었다. Marmoset은 크기가 작은 사람외 영장류이며, 사육과 취급에 용이한 장점을 가지고 있다.

탄저병 동물모델 연구는 자연 현상에 대한 특성연구에서 의료대책 평가에 유용한 조작과 관련한 특성 연구로 바뀌고 있기 때문에, 전통적인 "비생물방어(non-biodefense)" 모델을 이용하는 데 관심을 가지게 되었다. Stearns-Kurosawa 등[126]은 흡입모델(inhalation model) 이상으로, 탄저병의 좀 더 제어될 수 있는 세균혈증 단계(bacteremic phase)를 자극하는 세균을 주입하여 독소의 효과를 평가하기 위하여 개코원숭이(baboon)를 이용한 패혈증모델(sepsis model)을 채택하였다. 저자들은 그 모델이 독소혈증(toxemia)의 개연성 있는 결과에 관하여 분명한 설명하고 있지만, 그 질병의 동태학(kinetics)을 모방하지 않고, 그들이 이 문제를 다루기 위해 모델을 잘 개선하고 있다는 것을 인정한다[126].

그러므로 사람외 영장류는 발병, 치료제 또는 백신효능 연구를 위해 신뢰할 수 있는 모델이다. 사람의 질병, 특히 흡입탄저병을 예측하는 데 이용된다. 대부분의 역사적 연구가 rhesus 원숭이에서 완성되었음에도 불구하고, cynomolgus 원숭이, African green 원숭이, marmoset 등은 유망한 대안이라는 것을 보여주었다.

6.3 요약

탄저병에 대한 작은 동물모델을 선택할 때, 사람의 질병에 대한 예측이 어렵기 때문에 마우스는 선별연구를 위해서만 가급적 사용하고, 효능결정을 위해서는 사용하지 않는다. 기니픽은 만족스러운 효능모델이지만, 연구계획을 신중하게 고려한 후에 사용해야 한다. 예를 들어, 기니픽은 백신효능연구에 도움이 될 수 있겠지만, 사용된 항원보강제(adjuvant)는 생존에 영향을 미칠 수 있다. 따라서 연구의 종료시점(endpoint)은 이들 동물 가운데 하나가 적절한지를 결정하는 것이다.

아마도 탄저병을 위한 제일 작은 동물모델은 토끼일 것이다. 질병의 진행은 빠르지만, 발병은 사람외 영장류와 사람에서 보여주는 것과 유사하다. 토끼의 백신효능연구로부터 사람외 영장류의 결과도 예측할 수 있다. 기니픽과 마찬가지로, 사용된 항원보강제와 적절한 연구 종료시점에 관한 백신 효능연구계획은 신중히 고려해야 한다. 이 모델은 탄저병이 매우 빨리 진행되기 때문에, 탄저병 치료제에 대한 엄격한 시험이 될 수 있다.

사람외 영장류는 여전히 최적의 지표로 간주되며 사람에서의 결과와 가장 잘 비교된다. Rhesus 원숭이는 가장 오랜 시간 동안, 지금까지 특성 연구가 가장 잘 이루어졌지만, African green 원숭이, cynomolgus 원숭이, marmoset에서 탄저병의 자연적인 진전도 잘 연구되어 왔으며, 이 동물들로 연구영역이 확대되고 있다.

참고문헌

1. Hambleton, P., J.A. Carman, and J. Melling, Anthrax: The disease in relation to vaccines. *Vaccine*, 1984, **2**(2): 125–132.
2. Jager, H.G., H.H. Booker, and O.J. Hubschle, Anthrax in cheetahs (*Acinonyx jubatus*) in Namibia. *J Wildl Dis*, 1990, **26**(3): 423–424.
3. Mayer, T.A. et al., Clinical presentation of inhalational anthrax following bioterrorism exposure: Report of 2 surviving patients. *JAMA*, 2001, **286**(20): 2549–2553.
4. Jernigan, D.B. et al., Investigation of bioterrorism-related anthrax, United States, 2001: Epidemiologic findings. *Emerg Infect Dis*, 2002, **8**(10): 1019–1028.
5. Albrink, W.S., Pathogenesis of inhalation anthrax. *Bacteriol Rev*, 1961, **25**: 268–273.
6. Brachman, P.S., Inhalation anthrax. *Ann N Y Acad Sci*, 1980, **353**: 83–93.
7. Friedlander, A.M., Anthrax: Clinical features, pathogenesis, and potential biological warfare threat. *Curr Clin Top Infect Dis*, 2000, **20**: 335–349.
8. Hail, A.S. et al., Comparison of noninvasive sampling sites for early detection of *Bacillus anthracis* spores from rhesus monkeys after aerosol exposure. *Mil Med*, 1999, **164**(12): 833–837.
9. Lew, D., *Bacillus anthracis* (anthrax), in *Principles and Practices of Infectious Disease*, G. Mandell, J. Bennett, and D. R., editors. New York: Churchill Livingstone Inc., 1995, pp. 1885–1889.
10. Tekin, A., N. Bulut, and T. Unal, Acute abdomen due to anthrax. *Br J Surg*, 1997, **84**(6): 813.
11. Inglesby, T.V. et al., Anthrax as a biological weapon: Medical and public health management. Working Group on Civilian Biodefense. *JAMA*, 1999, **281**(18): 1735–1745.
12. Friedlander, A.M., Anthrax, in *Textbook of Military Medicine: Medical Aspects of Chemical and Biological Warfare*. Washington, DC: Office of the Surgeon General at TMM Publications, 1997, p. 467.
13. Zilinskas, R.A., Iraq's biological weapons. The past as future? *JAMA*, 1997, **278**(5): 418–424.
14. Doolan, D.L. et al., The US capitol bioterrorism anthrax exposures: Clinical epidemiological and immunological characteristics. *J Infect Dis*, 2007, **195**(2): 174–184.
15. Becker, C., 20/20 Hindsight. Months after anthrax claimed the lives of several Americans, hospitals review their reaction to the event—and plan for future crises. *Mod Healthc*, 2002, **32**(8): 8–9, 12.
16. Doganay, M. and G. Metan, Human anthrax in Turkey from 1990 to 2007. *Vector Borne Zoonotic Dis*, 2009, **9**(2): 131–140.
17. Beaumont, G., Anthrax in a Scottish intravenous drug user. *J Forensic Leg Med*, 2010, **17**(8): 443–445.
18. Abalakin, V.A. and B.L. Cherkasskii, Use of inbred mice as a model for the indication and differentiation of *Bacillus anthracis* strains (in Russian). *Zh Mikrobiol Epidemiol Immunobiol*, 1978(2): 146–147.
19. Welkos, S.L., T.J. Keener, and P.H. Gibbs, Differences in susceptibility of inbred mice to *Bacillus anthracis*. *Infect Immun*, 1986, **51**(3): 795–800.
20. Welkos, S.L. and A.M. Friedlander, Pathogenesis and genetic control of resistance to the Sterne strain of *Bacillus anthracis*. *Microb Pathog*, 1988, **4**(1): 53–69.
21. Shibaya, M., M. Kubomichi, and T. Watanabe, The genetic basis of host resistance to *Bacillus anthracis* in inbred mice. *Vet Microbiol*, 1991, **26**(3): 309–312.
22. Welkos, S. et al., The role of antibodies to *Bacillus anthracis* and anthrax toxin components in inhibiting the early stages of infection by anthrax spores. *Microbiology*, 2001, **147**(Pt 6): 1677–1685.
23. Welkos, S.L., N.J. Vietri, and P.H. Gibbs, Non-toxigenic derivatives of the Ames strain of *Bacillus anthracis* are fully virulent for mice: role of plasmid pX02 and chromosome in strain-dependent virulence. *Microb Pathog*, 1993, **14**(5): 381–388.
24. Lyons, C.R. et al., Murine model of pulmonary anthrax: kinetics of dissemination, histopathology, and mouse strain susceptibility. *Infect Immun*, 2004, **72**(8): 4801–4809.

25. Heine, H.S. et al., Determination of antibiotic efficacy against *Bacillus anthracis* in a mouse aerosol challenge model. *Antimicrob Agents Chemother*, 2007, **51**(4): 1373–1379.
26. Glomski, I.J. et al., Inhaled non-capsulated *Bacillus anthracis* in A/J mice: Nasopharynx and alveolar space as dual portals of entry, delayed dissemination, and specific organ targeting. *Microbes Infect*, 2008, **10**(12–13): 1398–1404.
27. Glomski, I.J. et al., Noncapsulated toxinogenic *Bacillus anthracis* presents a specific growth and dissemination pattern in naive and protective antigen-immune mice. *Infect Immun*, 2007, **75**(10): 4754–4761.
28. Loving, C.L. et al., Murine aerosol challenge model of anthrax. *Infect Immun*, 2007, **75**(6): 2689–2698.
29. Duong, S., L. Chiaraviglio, and J.E. Kirby, Histopathology in a murine model of anthrax. *Int J Exp Pathol*, 2006, **87**(2): 131–137.
30. Flick-Smith, H.C. et al., Mouse model characterisation for anthrax vaccine development: Comparison of one inbred and one outbred mouse strain. *Microb Pathog*, 2005, **38**(1): 33–40.
31. Chabot, D.J. et al., Anthrax capsule vaccine protects against experimental infection. *Vaccine*, 2004, **23**(1): 43–47.
32. Heine, H.S. et al., Efficacy of oritavancin in a murine model of *Bacillus anthracis* spore inhalation anthrax. *Antimicrob Agents Chemother*, 2008, **52**(9): 3350–3357.
33. Drysdale, M. et al., Capsule synthesis by *Bacillus anthracis* is required for dissemination in murine inhalation anthrax. *EMBO J*, 2005, **24**(1): 221–227.
34. Pickering, A.K. et al., Cytokine response to infection with Bacillus anthracis spores. *Infect Immun*, 2004, **72**(11): 6382–6389.
35. Pickering, A.K. and T.J. Merkel, Macrophages release tumor necrosis factor alpha and interleukin-12 in response to intracellular *Bacillus anthracis* spores. *Infect Immun*, 2004, **72**(5): 3069–3072.
36. Steward, J. et al., Post-exposure prophylaxis of systemic anthrax in mice and treatment with fluoroquinolones. *J Antimicrob Chemother*, 2004, **54**(1): 95–99.
37. Chand, H.S. et al., Discriminating virulence mechanisms among *Bacillus anthracis* strains by using a murine subcutaneous infection model. *Infect Immun*, 2009, **77**(1): 429–435.
38. Cote, C.K., N. Van Rooijen, and S.L. Welkos, Roles of macrophages and neutrophils in the early host response to *Bacillus anthracis* spores in a mouse model of infection. *Infect Immun*, 2006, **74**(1): 469–480.
39. Drysdale, M. et al., Murine innate immune response to virulent toxigenic and nontoxigenic *Bacillus anthracis* strains. *Infect Immun*, 2007, **75**(4): 1757–1764.
40. Lincoln, R.E., *Advances in Veterinary Science*. New York: Academic Press, 1964.
41. Jones, W.I., Jr. et al., *In vivo* growth and distribution of anthrax bacilli in resistant, susceptible, and immunized hosts. *J Bacteriol*, 1967, **94**(3): 600–608.
42. Beall, F.A., M.J. Taylor, and C.B. Thorne, Rapid lethal effect in rats of a third component found upon fractionating the toxin of *Bacillus anthracis*. *J Bacteriol*, 1962, **83**: 1274–1280.
43. Beall, F.A. and F.G. Dalldorf, The pathogenesis of the lethal effect of anthrax toxin in the rat. *J Infect Dis*, 1966, **116**(3): 377–389.
44. Haines, B.W., F. Klein, and R.E. Lincoln, Quantitative assay for crude anthrax toxins. *J Bacteriol*, 1965, **89**: 74–83.
45. Fish, D.C. et al., Pathophysiological changes in the rat associated with anthrax toxin. *J Infect Dis*, 1968, **118**(1): 114–124.
46. Mourez, M. et al., Mapping dominant-negative mutations of anthrax protective antigen by scanning mutagenesis. *Proc Natl Acad Sci USA*, 2003, **100**(24): 13803–13808.
47. Sarac, M.S. et al., Protection against anthrax toxemia by hexa-D-arginine *in vitro* and *in vivo*. *Infect Immun*, 2004, **72**(1): 602–605.
48. Sawada-Hirai, R. et al., Human anti-anthrax protective antigen neutralizing monoclonal antibodies derived from donors vaccinated with anthrax vaccine adsorbed. *J Immune Based Ther Vaccines*, 2004, **2**(1): 5.
49. Webster, J.I., M. Moayeri, and E.M. Sternberg, Novel repression of the glucocorticoid receptor by anthrax lethal toxin. *Ann N Y Acad Sci*, 2004, **1024**: 9–23.

50. Ivins, B.E. et al., Immunization studies with attenuated strains of *Bacillus anthracis*. *Infect Immun*, 1986, **52**(2): 454–458.
51. Turnbull, P.C. et al., Development of antibodies to protective antigen and lethal factor components of anthrax toxin in humans and guinea pigs and their relevance to protective immunity. *Infect Immun*, 1986, **52**(2): 356–363.
52. Ivins, B.E. et al., Transposon Tn916 mutagenesis in *Bacillus anthracis*. *Infect Immun*, 1988, **56**(1): 176–181.
53. Ivins, B.E. et al., Immunization against anthrax with aromatic compound-dependent (Aro-) mutants of *Bacillus anthracis* and with recombinant strains of *Bacillus subtilis* that produce anthrax protective antigen. *Infect Immun*, 1990, **58**(2): 303–308.
54. Ivins, B.E. et al., Immunization against anthrax with *Bacillus anthracis* protective antigen combined with adjuvants. *Infect Immun*, 1992, **60**(2): 662–668.
55. Little, S.F. and G.B. Knudson, Comparative efficacy of *Bacillus anthracis* live spore vaccine and protective antigen vaccine against anthrax in the guinea pig. *Infect Immun*, 1986, **52**(2): 509–512.
56. Ross, J.M., On the histopathology of experimental anthrax in the guinea-pig. *Br J Exp Pathol*, 1955, **36**(3): 336–339.
57. Ross, J.M., The pathogenesis of anthrax following the administration of spores by the respiratory route. *J Pathol Bacteriol*, 1957, **73**: 485–495.
58. Puziss, M. and G.G. Wright, Studies on immunity in anthrax. X. Gel-adsorbed protective antigen for immunization of man. *J Bacteriol*, 1963, **85**: 230–236.
59. Ivins, B.E. and S.L. Welkos, Cloning and expression of the *Bacillus anthracis* protective antigen gene in *Bacillus subtilis*. *Infect Immun*, 1986, **54**(2): 537–542.
60. Ivins, B.E. and S.L. Welkos, Recent advances in the development of an improved, human anthrax vaccine. *Eur J Epidemiol*, 1988, **4**(1): 12–19.
61. Lincoln, R.E. et al., Value of field data for extrapolation in anthrax. *Fed Proc*, 1967, **26**(5): 1558–1562.
62. Benjamin, E. et al., LD50 of aerosolized *B. anthracis* and deposition of spores in the Hartley guinea pig, in *ASM Biodefense Research Meeting*, 2005, Baltimore, MD, USA. p. Abstract # 96(R).
63. Ivins, B. et al., Experimental anthrax vaccines: efficacy of adjuvants combined with protective antigen against an aerosol *Bacillus anthracis* spore challenge in guinea pigs. *Vaccine*, 1995, **13**(18): 1779–1784.
64. Altboum, Z. et al., Postexposure prophylaxis against anthrax: evaluation of various treatment regimens in intranasally infected guinea pigs. *Infect Immun*, 2002, **70**(11): 6231–6241.
65. Little, S.F. et al., Development of an in vitro-based potency assay for anthrax vaccine. *Vaccine*, 2004, **22**(21–22): 2843–2852.
66. Kobiler, D. et al., Efficiency of protection of guinea pigs against infection with *Bacillus anthracis* spores by passive immunization. *Infect Immun*, 2002, **70**(2): 544–560.
67. Barnes, J.M., The development of anthrax following the administration of spore by inhalation. *Br J Exp Pathol*, 1947, **28**: 385–394.
68. Dalldorf, F.G. and F.A. Beall, Capillary thrombosis as a cause of death in experimental anthrax. *Arch Pathol*, 1967, **83**(2): 154–161.
69. Fasanella, A. et al., Detection of anthrax vaccine virulence factors by polymerase chain reaction. *Vaccine*, 2001, **19**(30): 4214–4218.
70. Kolesnik, V.S. et al., Experimental anthrax infection in laboratory animals with differing species susceptibility to the causative agent (in Russian). *Zh Mikrobiol Epidemiol Immunobiol*, 1990(6): 3–7.
71. Terril, L. and D. Clemons, *The Laboratory Guinea Pig*. Boca Raton: CRC Press, 1998.
72. Fellows, P.F. et al., Efficacy of a human anthrax vaccine in guinea pigs, rabbits, and rhesus macaques against challenge by *Bacillus anthracis* isolates of diverse geographical origin. *Vaccine*, 2001, **19**(23–24): 3241–3247.
73. Gauthier, Y.P. et al., Efficacy of a vaccine based on protective antigen and killed spores against experimental inhalational anthrax. *Infect Immun*, 2009, **77**(3): 1197–1207.

74. Little, S.F. et al., Passive protection by polyclonal antibodies against *Bacillus anthracis* infection in guinea pigs. *Infect Immun*, 1997, **65**(12): 5171–5175.
75. Mabry, R. et al., Passive protection against anthrax by using a high-affinity antitoxin antibody fragment lacking an Fc region. *Infect Immun*, 2005, **73**(12): 8362–8368.
76. Reuveny, S. et al., Search for correlates of protective immunity conferred by anthrax vaccine. *Infect Immun*, 2001, **69**(5): 2888–2893.
77. Hambleton, P. and P.C. Turnbull, Anthrax vaccine development: A continuing story. *Adv Biotechnol Processes*, 1990, **13**: 105–122.
78. Marcus, H. et al., Contribution of immunological memory to protective immunity conferred by a *Bacillus anthracis* protective antigen-based vaccine. *Infect Immun*, 2004, **72**(6): 3471–3477.
79. Pitt, M.L. et al., In vitro correlate of immunity in an animal model of inhalational anthrax. *J Appl Microbiol*, 1999, **87**(2): 304.
80. Ionin, B., Development of a guinea pig model for post-exposure prophylaxis of inhalation anthrax, in *Biodefense Vaccines & Therapeutics Conference—Animal Models Forum*, June 15, 2010, Washington, D.C.
81. Richter, S. et al., Capsule anchoring in *Bacillus anthracis* occurs by a transpeptidation reaction that is inhibited by capsidin. *Mol Microbiol*, 2009, **71**(2): 404–420.
82. Peterson, J.W. et al., Human monoclonal anti-protective antigen antibody completely protects rabbits and is synergistic with ciprofloxacin in protecting mice and guinea pigs against inhalation anthrax. *Infect Immun*, 2006, **74**(2): 1016–1024.
83. Zaucha, G.M. et al., The pathology of experimental anthrax in rabbits exposed by inhalation and subcutaneous inoculation. *Arch Pathol Lab Med*, 1998, **122**(11): 982–992.
84. Nordberg, B.K., C.G. Schmiterlow, and H.J. Hansen, Pathophysiological investigations into the terminal course of experimental anthrax in the rabbit. *Acta Pathol Microbiol Scand*, 1961, **53**: 295–318.
85. Klein, F. et al., Pathophysiology of anthrax. *J Infect Dis*, 1966, **116**(2): 123–138.
86. Lebowich, R.J., B.G. McKillip, and J.R. Convoy, Cutaneous anthrax—A pathologic study with clinical correlation. *Am J Clin Pathol*, 1943, **13**: 505–515.
87. Aleksandrov, N.I. et al., Further experimental study of the efficacy of chemical anthrax vaccine (in Russian). *Zh Mikrobiol Epidemiol Immunobiol*, 1964, **41**: 45–50.
88. Pitt, M.L. et al., In vitro correlate of immunity in a rabbit model of inhalational anthrax. *Vaccine*, 2001, **19**(32): 4768–4773.
89. Galloway, D.R. and L. Baillie, DNA vaccines against anthrax. *Expert Opin Biol Ther*, 2004, **4**(10): 1661–1667.
90. Little, S.F. et al., Duration of protection of rabbits after vaccination with *Bacillus anthracis* recombinant protective antigen vaccine. *Vaccine*, 2006, **24**(14): 2530–2536.
91. Mikszta, J.A. et al., Protective immunization against inhalational anthrax: A comparison of minimally invasive delivery platforms. *J Infect Dis*, 2005, **191**(2): 278–288.
92. Little, S.F. et al., Defining a serological correlate of protection in rabbits for a recombinant anthrax vaccine. *Vaccine*, 2004, **22**(3–4): 422–430.
93. Weiss, S. et al., Immunological correlates for protection against intranasal challenge of *Bacillus anthracis* spores conferred by a protective antigen-based vaccine in rabbits. *Infect Immun*, 2006, **74**(1): 394–398.
94. Nuzum, E. National Institute for Allergic and Infectious Diseases (NIAID) studies, in *FDA Vaccines and Related Biological Products Advisory Committee*, Maryland, USA, 2010.
95. Mohamed, N. et al., A high-affinity monoclonal antibody to anthrax protective antigen passively protects rabbits before and after aerosolized *Bacillus anthracis* spore challenge. *Infect Immun*, 2005, **73**(2): 795–802.
96. Thomas, L.J. et al., Co-administration of a CpG adjuvant (VaxImmune, CPG 7909) with CETP vaccines increased immunogenicity in rabbits and mice. *Hum Vaccin*, 2009, **5**(2): 79–84.
97. Migone, T.S. et al., Raxibacumab for the treatment of inhalational anthrax. *N Engl J Med*, 2009, **361**(2): 135–144.
98. Rossi, C.A. et al., Identification of a surrogate marker for infection in the African green monkey model of inhalation anthrax. *Infect Immun*, 2008, **76**(12): 5790–5801.

99. Yee, S. et al., Aerosolized *Bacillus anthracis* infection in New Zealand white rabbits: Natural history and intravenous levofloxacin treatment. *Comp Med*, 2010, **60**(6): 461–468.
100. Albrink, W.S. and R.J. Goodlow, Experimental inhalation anthrax in the chimpanzee. *Am J Pathol*, 1959, **35**: 1055–1065.
101. Klein, F. et al., Anthrax toxin: Causative agent in the death of rhesus monkeys. *Science*, 1962, **138**: 1331–1333.
102. Kelly, D.J. et al., Serum concentrations of penicillin, doxycycline, and ciprofloxacin during prolonged therapy in rhesus monkeys. *J Infect Dis*, 1992, **166**(5): 1184–1187.
103. Fritz, D.L. et al., Pathology of experimental inhalation anthrax in the rhesus monkey. *Lab Invest*, 1995, **73**(5): 691–702.
104. Ivins, B.E. et al., Comparative efficacy of experimental anthrax vaccine candidates against inhalation anthrax in rhesus macaques. *Vaccine*, 1998, **16**(11–12): 1141–1148.
105. Kihira, T., J. Sato, and T. Shibata, Pharmacokinetic–pharmacodynamic analysis of fluoroquinolones against *Bacillus anthracis*. *J Infect Chemother*, 2004, **10**(2): 97–100.
106. Klinman, D.M. et al., CpG oligonucleotides improve the protective immune response induced by the anthrax vaccination of rhesus macaques. *Vaccine*, 2004, **22**(21–22): 2881–2886.
107. Vasconcelos, D. et al., Pathology of inhalation anthrax in cynomolgus monkeys (*Macaca fascicularis*). *Lab Invest*, 2003, **83**(8): 1201–1209.
108. Twenhafel, N.A., E. Leffel, and M.L. Pitt, Pathology of inhalational anthrax infection in the African green monkey. *Vet Pathol*, 2007, **44**(5): 716–721.
109. Lever, M.S. et al., Experimental respiratory anthrax infection in the common marmoset (*Callithrix jacchus*). *Int J Exp Pathol*, 2008, **89**(3): 171–179.
110. Haas, C.N., On the risk of mortality to primates exposed to anthrax spores. *Risk Anal*, 2002, **22**(2): 189–193.
111. Borio, L. et al., Death due to bioterrorism-related inhalational anthrax: Report of 2 patients. *JAMA*, 2001, **286**(20): 2554–2559.
112. Grinberg, L.M. et al., Quantitative pathology of inhalational anthrax I: Quantitative microscopic findings. *Mod Pathol*, 2001, **14**(5): 482–495.
113. Gleiser, C.A., Pathology of anthrax infection in animal hosts. *Fed Proc*, 1967, **26**(5): 1518–1521.
114. Guarner, J. et al., Pathology and pathogenesis of bioterrorism-related inhalational anthrax. *Am J Pathol*, 2003, **163**(2): 701–709.
115. Berdjis, C.C. et al., Pathogenesis of respiratory anthrax in *Macaca mulatta*. *Br J Exp Pathol*, 1962, **43**: 515–524.
116. Gleiser, C.A. et al., Pathology of experimental respiratory anthrax in *Macaca mulatta*. *Br J Exp Pathol*, 1963, **44**: 416–426.
117. Ivins, B.E., P.F. Fellows, and G.O. Nelson, Efficacy of a standard human anthrax vaccine against *Bacillus anthracis* spore challenge in guinea-pigs. *Vaccine*, 1994, **12**(10): 872–874.
118. Blasky, A.J. et al., Rapid high-resolution MHC class I genotyping of Chinese rhesus macaques by capillary reference strand-mediated conformational analysis. *Immunogenetics*, 2008, **60**(10): 575–584.
119. Karl, J.A. et al., Identification of MHC class I sequences in Chinese-origin rhesus macaques. *Immunogenetics*, 2008, **60**(1): 37–46.
120. Vietri, N.J. et al., Short-course postexposure antibiotic prophylaxis combined with vaccination protects against experimental inhalational anthrax. *Proc Natl Acad Sci USA*, 2006, **103**(20): 7813–7816.
121. Vietri, N.J. et al., A short course of antibiotic treatment is effective in preventing death from experimental inhalational anthrax after discontinuing antibiotics. *J Infect Dis*, 2009, **199**(3): 336–341.
122. Gill, J.R. and J. Melinek, Inhalation of anthrax: Gross autopsy findings. *Arch Pathol Lab Med*, 2002, **126**(8): 993–994.

123. Dyer, D. et al., Development of a therapeutic African green monkey model for inhalational anthrax to demonstrate added value of adjunct therapies, in *Bacillus-ACT 2009: The International Bacillus anthracis, B. cereus, and B. thuringiensis Conference*, New Mexico, USA, 2009.
124. Vitale, L. et al., Prophylaxis and therapy of inhalational anthrax by a novel monoclonal antibody to protective antigen that mimics vaccine-induced immunity. *Infect Immun*, 2006, **74**(10): 5840–5847.
125. Whipple, E.C. et al., Low doses of antigen coupled to anti-CR2 mAbs induce rapid and enduring IgG immune responses in mice and in cynomolgus monkeys. *Mol Immunol*, 2007, **44**(4): 377–388.
126. Stearns-Kurosawa, D.J. et al., Sepsis and pathophysiology of anthrax in a nonhuman primate model. *Am J Pathol*, 2006, **169**(2): 433–444.

7 마비저

David L. Fritz and David M. Waag

목차

7.1 배경 97
7.2 기병성 인자 99
7.3 동물모델 100
7.4 임상질환 100
7.5 총체적 병변 101
7.6 미세병변 102
7.7 면역 104
7.8 실험실 진단 104
7.9 치료 105
참고문헌 106

7.1 배경

마비저(馬鼻疽, glanders)는 숙주동물에서 *Burkholderia mallei*에 의해 야기되는 임상질병의 두 가지 형태 중의 하나로, 말, 당나귀, 노새 등의 단세동물(solipeds)에서 주로 발생하는 인수공통질병(zoonotic disease)이다[1]. 그러나 거의 모든 포유류들은 *B. mallei*에 민감하며, 이 세균은 그람음성의 호기성 간균이고, 포유류에 감염하는 병원균이다[2~4]. 마비저는 극동과 중동, 북아프리카, 동지중해, 남동유럽 지역의 풍토병이다[5,6]. 역사적으로 사람에서 마비저의 발생빈도는 낮았지만, 사람의 병원균으로서 출현 가능성은 무시될 수 없다. 이 질병에 대한 예방연구의 필요성은 과거에 보호백신개발의 실패, 항생제 치료에 대한 생물체의 내성, 그리고 숙주에서 질병의 변화무쌍한 징후로 인해 강조되고 있다.

한때, *B. mallei*는 세계도처에서 발견되었으나, 지난 세기 동안 교통의 현대화와 엄격한 단속으로 마비저의 발생빈도는 상당히 감소하였다. 마비저는 1939년까지 대부분의 서유럽, 캐나다와 미국에서 박멸되었고, 나머지 서유럽 국가에서 1960년까지 박멸되었다. 한편, 멕시코의 연구원들이 자국에서 마비저의 활성이 없다고 알고 있었지만, 멕시코에서 미국으로 수출된 말들 중 일부에서는 보체고정시험(complement-fixation test)에 의해서 *B. mallei*에 대하여 양성반응이 발견되었으며. 그 이유는 아직도 밝혀지지 않고 있다[7]. 최근에 마비저의 극동의 일부 국가와 남동유럽, 북아프리카, 그리고 동지중해 (터키), 동물성 풍토병이 존재한다고 생각되는 중앙아시아 (이란, 시리아, 이라크)에서 산발적인 감염이 보고되고 있다[5,8]. 이러한 풍토병 지역에서 감염된 동물들은 사람의 질병 보균체(reservoir)로서 제공된다[9]. 이들 어떠한 나라들로부터의 정확한 역학적 자료가 없기 때문에, 마비저를 규명하는 일은 어렵다. 혈청학적 자료는 항체의 교차반응과 밀접한 관계를 가진 *Burkholderia pseudomallei*로 인하여 잘못 해석되는데, *Burkholderia pseudomallei*는 유비저(melioidosis)의 기병성 인자(etiologic agent)로 마비저와 비슷한 환경에서 발견된다[10].

마비저는 오래된 질병으로 알려진 것들 중의 한 가지로, 기원전 450~425년에 그리스인과 400~500년에 로마인들에 의해 알려졌다[7,10~13]. 마비저는 아마도 몽골족이나 타타르족(Tartars)에 의해 중앙아시아에서 유럽으로 옮겨졌을 것이다[11,14]. 마비저는 17세기에 전염병으로 인식되었으나, 기병성 인자인 이 세균이 독일 베를린에서 Loeffler와 Schutz에 의해 규명되고 분리됨으로서 알려지게 되었다. 19세기에 말들 사이에서 여물통을 통한 마비저의 전파가 규명되어 사람이 말과 접촉하는 것 또한 감염으로 발전될 수 있다는 것을 보여주었다. 이 원인균은 오늘날 말(Equidae)과(科) 동물의 질병에 사용되는 용어로서, 그리스어인 *malis*와 *melis*, 그리고 '지독한 악성 질병'을 의미하는 라틴어인 *malleus*로부터 유래한다[3,10,11,13,14].

역사적으로 말이 문명과 군사적 이동수단의 중심이었을 때 마비저는 심각한 질병이었다[11]. 전쟁기간 중에 그 질병이 만연했기 때문에, 마비저는 군마의 골칫거리였으며, 군마가 민간인 용역으로 이양된 것이 마비저를 더 넓게 멀리 확산시키는 원인을 초래하였다. 미국에서는 남북전쟁으로 인해 그 질병은 동부해안으로 확산되고 수많은 말들이 집결하여 많은 도시에서 증가하게 되었다. 1900년대 초에 마비저의 진단법이 발견되어 신속히 통제되었다. 자동차의 출현은 말의 개체수를 줄이고, 미국에서 질병을 근절시키는 데 보탬이 되었다[7,15].

자연적인 마비저는 일차적으로 말, 당나귀, 노새에서 감염되었으나[16], 자연적인 질병은 때때로 염소, 양, 개, 고양이에게도 나타났으며[17,18], 감염된 말고기를 섭취한 육식동물에서도 일부 보고되었다[17,18]. 소, 돼지[18], 새[2]는 자연적인 질병에 아주 잘 견딘다[2]. 실험적으로, 소, 돼지, 랫드를 제외한 대부분의 가축들은 마비저에 감염될 수 있다. 기니픽과 햄스터는 실험용 설치류인데 대부분 마비저 감염에 민감하다[2]. Miller 등[1]은 *B. mallei* 감염에 대하여 기니픽의 민감도는 다양하지만, 햄스터는 균일한 민감도를 보인다는 것을 발견하였다. Vyshelesskii[19]는 동물실험에서 고양이가 가장 민감하고, 뒤이어 기니픽, 토끼, 들쥐와 두더지 순으로 민감도를 나타내었다고 기술하였다. 실험용 마우스는 *B. mallei*가 매우 높은 양으로 투여되지 않는다면 감염에 대하여 약간의 민감도만 나타내었다[3].

사람에서 마비저는 주로 수의사, 말 관리인, 도축장 직원들의 직업병이다[7,14,20]. 감염은 점막 (눈, 입, 코), 기도, 찰과상 또는 피부 상처를 통해 발생된다[7,9,15,20,21]. 감염 원인은 동물의 비루, 농포로부터의 분비[4,9,13], 또는 감염된 동물의 분비물이 재채기나 기침을 통해 사람의 얼굴에 튀어서 오염될 수 있다[7,10]. 연구원들 사이에서 에어로졸 제제에 대한 실험실 감염이 보고되어, 에어로졸에 의한 발병의 근원이 자연 환경에서 발생되는 것으로 의심되었다[5,10,15,22]. 마비저는 사람과 사람 사이에서 몇 가지 보고사례가 있기는 하지만, 사람들 간에는 일반적으로 전염되지 않는다[5,7,9,10]. 에어로졸화된 *B. mallei*의 잠재적 위협은 동물이나 사람의 부검이 진행되는 동안 질병에 노출된 많은 실험실과 직원들의 감염에 의해 가장 잘 예시되었다[4,10,20].

마비저가 말의 일반적인 질병으로 사람에게는 감염성이 비교적 낮기 때문에 실험실 감염자의 수는 많지 않다[7,20]. 현재 마비저에 대한 사람의 민감성은 밝혀지지 않았지만, 마비저 간균을 연구하는데 위험한 세균일 수 있다는 것이 확인되었다[10,17]. *B. mallei*에 대한 사람의 민감성이 세부적으로 연구되지는 않았지만, 그 세균이 실험실 환경에서 높은 감염성을 가질 수 있음이 입증되었다[4,10,17]. 그러나 높은 실험실 감염가능성에도 불구하고, 사람에서 자연적인 감염은 산발적이고 평상시에는 잠재성이다. 마비저가 최초로 알려진 이래, 2000년 동안, 이 질병이 사람에서 발생한 전염병이라는 기록은 없다[5,12,13]. 주로 수의사, 말 관리인과 도축장 종업원 등 직업과 관련되어 산발적으로 일어났다는 기록이 있을 뿐이다[6,7,14,17]. 그러나 말과 접촉한 수많은 사람에게서 마비저와 관련된 종괴(nodules)를 부검한 결과는 경미한 준임상적 감염이 이전에 의심되었던 시기보다 더 높을 수 있음이 제시되었다[10,11]. 이것은 마비저에 감염된 실험실 종사자의 연구에 의해 뒷받침되었고, 마비저 간균의 높은 감염성을 입증하였다[10,17].

7.2 기병성 인자

마비저 간균인 *Burkholderia mallei*는 직경 0.3~0.7 μm, 길이 0.5~5 μm의 작은 막대모양이다[9,20]. 이 간균은 비운동성이고 포자를 형성하지 않으며, 캡슐에 둘러싸인 그람음성 세균이다[5,9,15,23,24]. 마비저균은 여러 가지 일반적인 염색법으로 염색이 잘 되지 않아서 조직단면에서 발견하기 어렵다[4,22,25]. 몇 가지 실험가운데, 김자염색(Giemsa stain)이 가장 잘되지만 종종 배경부분이 심하게 염색되어서 관찰하기 어려울 때가 있는 반면에, 면역표지된 부분에서는 세균항원이 많아서 이 세균을 관찰하기 어렵다[26]. *Burkholderia mallei*는 호기성 조건에서 잘 자라지만, 일반 실험실에서는 천천히 자란다[9,15]. 일차적으로 37℃에서 48시간 동안 배양하면 지름 0.5~1 mm의 집락이 자란다[9]. 이 세균은 적당한 pH 변화에 견딜 수 있고, 약산이나 알칼리 기질에서 균등하게 잘 자란다. 마비저 간균은 건조, 열, 화학물질에 대하여 약간의 저항성이 있다. 이 세균은 건조한 환경에서 단시간, 햇빛에서 24시간[10,27], 55℃의 온도에서 10분간 견딜 수 있으며, 하이포아염소산염(hypochlorites)과 요오드와 같은 소독제에 의해 사멸된다[9,10]. *B. mallei*는 절대 동물기생체이지만, 숙주 밖에서 적절한 조건하에 3일간 생존할 수 있다[15]. 실험실 실험에서 수돗물에서는 1개월 정도 생존할 수 있고, 배양의 생존력/독성은 3~6개월간 동결건조에 의해 보존될 수 있음이 확인되었다[7].

7.3 동물모델

사람에서 *B. mallei* 감염에 대한 다양한 동물모델은 원숭이[1,28~30], 기니픽[1], 햄스터[1,26,31,32], 마우스[1,24,32~35]에서 보고되었다. 사람과 유사하게, 사람외 영장류는 마비저에 비특이적 숙주이지만, 원숭이에서 마비저로 보고된 여러 서양과학문헌들에서는 거의 정보를 찾을 수 없다. 한 연구에서, 6마리의 rhesus 원숭이에게 단계별로 독성균주를 투여하였다; 가장 많은 양이 투여된 원숭이에서 3주 후에 피부농양이 나타났다[1]. 러시아에서, 몇 명의 연구자들은 개코원숭이(baboon)에 대하여 연구하였으나[30], 이 연구와 다른 연구에서 나타난 원숭이의 이 질병에 대한 결과는 모호하다[28,29]. 실험용 설치류들 가운데, 기니픽과 햄스터는 *B. mallei*의 감염에 대하여 가장 민감하였다. 그러나 기니픽은 감염에 대한 감수성이 각 개체에 따라 다양하게 나타난 반면에[1], Syrian 햄스터에서는 균일하게 감염되었는데 이러한 이유로 햄스터는 기니픽보다 더 최근의 연구에 사용되었다[26,32]. 실험용 마우스가 마비저 감염에 대한 감수성(susceptibility)에서 균주에 따라 다양함에도 불구하고, 마우스들은 사람에서처럼 감염에 대해 모두 적당한 저항성을 가진다. 마우스에서는 많은 양의 세균이 투여되었을 때 균일하게 감염되었다. BALB/c에 대한 과학적 연구와 녹아웃(knock-out)의 유용성 때문에 BALB/c 마우스는 몇몇 최근 연구에서 우선적으로 광범위하게 사용되었다[24,35].

7.4 임상질환

*B. mallei*에 의해 일어나는 마비저는 비강-폐 형태(nasal-pulmonary form)(마비저)와 피부형태(cutaneous form)[마비저종(馬鼻疽腫, farcy)]의 두 가지 주요한 특징으로 나타난다. 이들 두 가지 형태는 동시에 나타날 수 있으며, 보통 전신성 질병이 동반된다[11,14,21]. *B. mallei*의 감염 경로, 투여량, 독성은 질병의 정도를 결정한다. 이 질병은 임상적으로 급성 또는 만성으로 구분될 수 있으나, 준임상적 감염(subclinical infection)이나 잠재적 감염도 일어날 수 있다[13,14,17]. 질병의 정도는 숙주의 감수성에도 의존된다. 만성형(chronic form)은 보통 말에서 볼 수 있으며, 더욱 점진적인 발병과 몇 가지 전신성 징후에 의해 특징이 결정된다. 반면에, 급성형(acute form)은 당나귀와 노새에서 흔히 관찰되며, 3~4주가 경과하면 죽는다[7,20,27]. 사람은 급성형으로 고통을 받는데, 그것은 폐렴, 세균혈증, 농포, 몇일 이내에 사망에 이르는 빠른 질병의 진행이 특징이다[9]. 반면에, 만성형 마비저는 간헐적인 재발과 보다 경미한 징후와 증상을 나타내며, 25년까지 지속될 수 있다. 사람에서 이 질병은 심한 고통을 주며, 효과적으로 치료되지 않으면 치명적이다[2,4,7,10,12,13,17].

사람에서 아래와 같은 몇 가지 징후가 나타난다: 갑작스런 발병에 의한 급성전격성패혈증(acute fulminating septicemia), 오한, 발열, 임상징후와는 전혀 어울리지 않는 쇠약; 코에서 화농성 분비물을 동반한 급성폐감염; 세균혈증을 동반하거나 동반지 않는 기관지폐렴와 엽성폐렴(lobar pneumonia); 일반 농혈증(generalized pyemia)과 다중피부발진(multiple cutaneous eruption)

을 동반한 급성 화농성감염; 15년까지 동안 만성 화농증상의 진정 및 악화; 잠복기가 긴 잠재적 감염과 특징적인 임상상태의 재연; 내장에서 캡슐형 결절만이 관찰되고, 부검하는 동안 일반적으로 발견되는 보이지 않는 마비저 등의 증세가 있다[4,7,10,20,36].

이 질병은 에어로졸, 구강, 또는 비경구적 경로에 의해 매우 적은 양으로도 감염될 수 있다. 잠복기는 짧고, 마비저의 최종 진단은 비특이적 징후 및 증상과 혼동된다. 마비저가 심각하고, 생명을 위협하는 인수공동질병(zoonotic disease)이지만, 발병, 독성인자, 균주의 차이, 감염에 대한 숙주의 면역병리학적 반응에 대하여 상대적으로 알려진 것은 없다. 급성형 마비저는 초기 징후로 고열과 함께 발병하며, 오한과 탈진이 수반된다.

7.5 총체적 병변

말(equids)의 자연적 마비저 사례에서는 중격(septum)과 비갑개(nasal turbinate)에서 전형적으로 컵모양의 궤양(crateriform ulcer)이 형성되어 비강의 병변으로 나타난다. 콧구멍에서 진하고 끈적끈적한 화농성 삼출물(purulent exudate)이 흘러나오는 궤양을 형성하고, 곧 터져서 점막하결절(submucosal nodule)이 만들어지는 비강병변이 일어난다. 코의 병발은 종종 목에 림프절 종창을 동반한다. 이들 결절은 궤양 또는 배농누(draining sinuses)를 형성하게 된다. 거기에는 거의 항상 감염경로와 상관없이 폐병발이 존재한다. 폐병변에는 액체 [건락성(caseous)] 또는 석회화된 중심에 소육아종(small granulomas)이 존재한다. 이들은 광범위 폐렴을 통해서 확대된다. 유사하게 폐에 감염될 때까지, 육아종은 지라, 간, 다른 내장에 존재할 수 있다. 비임상 사례에서, 주로 폐육아종, 농양 등의 병변이 존재한다. 흥미롭게도, 위장관은 결코 연루되지 않는데, 이는 감염에 대하여 높은 면역성을 가진다는 것을 보여준다.

기니픽, Syrian 햄스터, 흰색 근친교배 마우스(white inbred mouse)는 실험용 설치류들 이용하는연구에서 자주 사용된다. *B. mallei*의 치명적인 양이 복강 내로 투여되었을 때, 햄스터에서 전형적으로 비장에 여러 개의 흰색병소를 가지는 지라비대(splenomegaly)라는 육안 병리학적 구조물이 발견되며, 그 질병이 경과하면서 폐에서 흰색병소가 산재하게 된다[26]. 치사량이 투여된 마우스에서 육안병리학적인 구조물은 폐병발이 매우 드물다는 것을 제외하고, 햄스터와 유사하다[24]. 마비저의 치사투여량이 에어로졸로 노출된 후, 두 종에서 병리학적 변화가 폐에서 두드러진 나타난 것을 제외하고, 복강내 접종에서의 변화는 유사하였다 (D.L. Fritz, D. DeShazer, and D.M. Waag, 미발표 자료).

마비저 감염으로 죽은 사람으로부터 일부 부검데이터가 확보되었다. 피부찰과상, 긁힘, 또는 상처에 의해 감염되면 통증이 심한 결절, 안면 또는 사지의 홍반종창(erythematous swelling), 림프관염(lymphangitis)이 일어난다. 코점막층 감염은 말에서 발견되는 것과 유사한 점액농이 분비되기도 한다. 질병 초기에 급성상태의 폐에서 폐농양이 나타나며[22], 그 후 엽성폐렴(lobar pneumonia) 또는 기관지폐렴으로 전개된다. 만성형태에서 병리학적 병변은 말에서의 병변과 유사하다. 병변은 림프관(lymphatics)과 국소림프절의 비대와 관련되어 보통 팔과 다리에 다중피하 및 근육내 농양이 있을 수 있다. 더욱이 피부에 심한 괴양성 병변, 골수염, 드물게 수막염이 나타날 수 있다[13]. 코점막에 결절이 형성될 수 있으며, 이 결절은 파열되어 궤양을 일으킬 수 있다 [20].

7.6 미세병변

조직학적으로, 급성 마비저 감염의 주요 병변은 여러 기관에서 동수의 대식세포(macrophage)와 다핵형백혈구(polymorphonuclear leukocyte)[PMN; 고름육아종성 염증(pyogranulomatous inflammation)]에 대한 염증성 세포침윤에(細胞浸潤, cell infiltrate)으로 구성된다[24,26,37,38]. 몇 가지 실험을 통한 마비저 연구결과는 망상내피조직이 풍부한 기관들이 마비저 간균의 국소화와 병변의 생성에 특히 민감하다는 것을 보여주었다. 이들 기관에는 지라, 림프절, 간, 골수도 포함된다.

민감한 숙주 (햄스터, 기니픽)에서 염증성 세포침윤물(inflammatory cell infiltrate)은 보통 괴사 중심에서, 치밀결절(compact nodule)[고름육아종(pyogranulomas)]이 관찰된다. 민감한 숙주에서도 흔히 나타나지만, 백혈구와 실질조직(parenchymatous tissue)에 광범위한 괴사가 병변 내에 존재한다. 혈관변화와 관련된 이차 병변은 질병진행과정의 나중 단계에서 발생한다[26]. 이들은 지라, 또는 지라와 뼈에서 균열골절을, 그리고 간과 뇌의 여러 부위에 허혈(ischemia)이 포함되어 있다. 혈관성 트롬빈(vascular thrombin)은 피브린, PMN, 대식세포, 마비저 간균 항원 (면역화학에 의해 확인됨)으로 구성된다. 일부 저자들은 이들 패혈성 트롬빈이 고름육아종성 염증(pyogranulomatous inflammation)의 확장성 병소의 전구물질이라는 것으로 생각하였다[2,26].

민감한 숙주에서 다른 조직학적 특징은 괴사성 고름육아종에 세포핵 분해물질이 존재한다는 것이다[2,10,26,39]. 옛 문헌에서 이 특성은 주화성(chemotaxis)[22,39] 또는 염색질체(chromatin masses)[37]를 지칭하였다. 마비저 결절에 다핵거대세포(multinucleated giant cell)는 숙주동물과 세균의 종류에 따라 다르게 나타난다. 대부분의 저자들[2,17,22,37,39,40]은 다양한 숙주동물에서 마비저 결절이 빈번하게 발생하였다고 발표하였으며, 일부 사람들은 발견하지 못하였다고 보고하였다[24,26,41]. Duval과 White[37], Howe[2]는 독성이 낮은 감염성 균주에 의해 야기되는 마비저 병변에는 다핵거대세포가 항상 존재하지만, 더 독성이 강한 세균이 수반될 때는 존재하지 않는다는 것을 보고하였다. M'Fadyean[39]과 Howe[2]는 이들 세포가 오래된 병변에서는 흔하지만, 초기 질병에서는 없을 수 있다는 것을 보고하였다. 만성 병변에서 염증성 병소는 콜라겐에 의해 둘러싸여 있다. 염증성 세포침윤물은 주로 대식세포와 다핵거대세포로 구성되었다. 투명대(central zone)는 주로 종종 석회화(calcification)된 병소와 함께 세포성 잔해의 액화에 의해 만들어진다. 살아 있는 마비저 간균은 줄어든다. 이들 만성병변은 *Mycobacterium tuberculosis*와 같이 만성감염으로부터 생기는 결절(tubercle)과 많은 조직학적 유사성을 가진다.

스트라우스 반응(Straus reaction)이라 불리는 복강 내로 접종된 수컷 햄스터에서 정소의 염증은[1] 마비저뿐만 아니라, 몇 가지 다른 병원성 생물체에서도 볼 수 있다. 이것은 복강에서 고환집막(tunic vaginalis)을 통하여 고환으로 감염물질의 확산을 초래하며, 보통 수컷 설치류에서 명백한 것으로 생각된다.

또한 햄스터와 같은 민감한 숙주에서 이 세균은 전신으로 전파될 수 있으며, 거의 모든 기관과 관련될 수 있다. 위에 언급된 기관에 부가하여, 피부, 비강, 치수, 뇌, 암컷의 생식기관에서도 볼 수 있었다. 장골(long bone)의 골수와 두개관(頭蓋冠, calvaria)의 골수에서의 염증은 골절과 주변 조직으로 염증이 확장될 정도로 심하였다[26]. BALB/c 마우스와 같은 비감수성 숙주의 감염은 감수성이 있는 숙주에서와 같이, 많은 조직학적 유사성을 나타내었다. 첫째로, 염증성 세포침윤의 특성은 일반적으로 햄스터와 같이, 동수의 대식세포와 PMN으로 구성된다는 점에서 유사하다. 이들 세포는 진결절(眞結節, true nodule), 또는 고름육아종(pyogranuloma)으로 거의 응집되지 않고, 오히려 더 느슨하게 응집된다. 마우스에서 괴사는 거의 보이지 않으며, 햄스터와는 달리, 혈전증(thrombosis)은 그 질병의 진행이 지연되는 경우에만 존재한다. 출혈은 드물게 나타나며, 마비저 병변의 분포에서도 차이가 있다.

복강내 감염된 햄스터의 대부분 기관에서 감염이 확대되는 것과는 달리, 마우스에서 병변은 (복강내 접종 이후에) 지라, 간, 다양한 림프절에 한정되며, 대퇴골의 골수에서 간헐성 염증병소(occasional inflammatory foci)가 발견된다. 그러나 후자에서 이들 병변은 햄스터에서처럼, 항상 특정부위에 국한되며 결코 심해지거나 사그라지지 않는다[26]. Lever 등[35]은 *B. mallei*의 치사용량(lethal dose)을 BALB/c 마우스에 에어로졸 노출시킨 후, 24시간 이전에 폐에서 염증과 괴사의 병소가 발견되었다는 것을 기술하였다. 그때, 이들 병소는 아물어서 광범위한 통합구역이 만들어지며, 그때, 염증세포침윤물(inflammatory cell infiltrate)은 급성 (PMN의 우위)에서 만성 (대식세포와 림프구와 같은 단핵세포의 우위)으로 특성이 변화되었다. 감염된 마우스에서 일부 간세포변성(hepatocellular degeneration)과 간세포(hepatocyte)의 괴사와 더불어 염증의 병소는 24시간 만에 나타났다. 비장에서 최초의 병변은 간에서의 병변과 유사한 염증성 침윤과 더불어 노출 후, 48시간 만에 발견되었다. 그때, 적색속질(red pulp)에서 거대핵세포(megakaryocyte)는 크게 증가하였으며, 골수외 조혈(extramedullary hematopoiesis)도 증가하였다.

에어로졸에 노출된 BALB/c 마우스 (미발표 자료)에 대한 연구는 에어로졸에 노출된 마우스 모두에서 비강통로에 급성염증이 나타났으며, 그때, 이 염증과정은 부비강(nasal sinus)을 포함하여 뒤로 확장되었다는 주목할 만한 추가적인 내용과 함께, Lever 등[35]의 연구를 입증하였다. 급성염증은 고름육아종(pyogranulomas)으로 진행되며, 이들 통로의 [호흡상피(respiratory epithelium)와 후각상피(olfactory epithelia) 모두에서] 점막벽(mucosal lining)에 빈번한 짓무름과 궤양이 형성되었고, 결국 그 통로는 괴사성 세포잔해에 의해 막혔다. 그러나 더욱 흥미있는 것은 염증과정이 결국 두개(頭蓋, brain case) 내로 부비강(sinus)의 가장 안쪽 부분으로부터 확장된다는 사실이다. 우리는 식세포화된 마비저 간균을 운반하는 대식세포가 후각상피(olfactory epithelium) [부비동 통로의 안쪽(lining the deep sinus passage)]에서 체관(cribriform tract)의 작은 구멍을 통하여, 후삭(嗅索, olfactory tract)이라 하는 두개 내로 신경응괴(神經凝塊, nerve aggregation)로 후각신경(olfactory nerve)을 따라 이동한다는 것을 가정하였다. 후삭은 뇌, 뇌의 두개골 대부분(cranial-most portion)인 후각엽(olfactory lobes)으로 들어가거나 나온다.

또한 대식세포는 부비동 통로에 생긴 압력 때문에 이동한다는 것을 가정하였다 (통로를 막는

괴사성 세포잔해). 이들 마우스에 생긴 변화는 감염의 마지막 단계에서 매우 균일하다: 염증은 후각로(후삭)에서, 그리고 다소 적은 정도로, 마우스 뇌의 후각엽(olfactory lobes)의 뇌척수막(meninges)과 호중구에서 두드러졌다. 적은 양의 항생제가 투여된 마우스와 많은 사례의 급성 감염단계에서 가장 깊숙한 부비동 통로(sinus passage)의 감염부위에 여전히 남아 있다는 우리의 미발표 연구에 대해서도 주목할 필요가 있다. 이들 발견은 *B. mallei*에어로졸에 노출되었던 어떤 동물에서 재발에 대한 우려를 강조한다.

7.7 면역

현재, 사전에 감염되거나 예방접종으로 마비저에 대하여 면역을 갖는다는 증거는 없다[5,42]. 20세기 초에 말을 이용하는 사업에서 마비저가 심각한 영향을 미쳤기 때문에, 효과적인 백신을 개발하기 위한 많은 시도가 있었다. 이들 백신제제는 *B. mallei* 세포를 화학적으로 처리하거나[5] 건조시켜서[42] 만들었다. 감염에 단발성이며, 일관성 없는 내성이 관찰되었지만[19], 이 백신제제를 사용한 실험은 말을 보호하는데 성공적이지 못했다. 또한 마비저로부터 무증상으로 회복되는 듯하였던 마비저에 걸린 말은 *B. mallei*의 감염시험에서 재발되었다. 연구의 결과는 비저병이 감염된 말을 도살하거나, 질병으로 오염되지 않은 마구간으로 감염된 말의 출입금지 여부에 따라 발생에 차이가 있다는 것을 보여주었다.

B. mallei B급 제제에 의해 제기된 생물테러리스트의 위협 때문에, 마비저에 효과적인 백신을 개발하는데 새로운 관심을 가지게 되었다. 최근 연구에서 Amemiya 등[43]은 죽은 *B. mallei* 세균세포가 비경구적생균감염시험(parenteral live challenge)에서 마우스를 보호하지 못한다는 것을 알아냈다. 이 백신은 interleukin (IL)-2, γ-interferon, IL-5와 IL-5, IL-10의 측정가능한 양; 그리고 IgG2a보다 IgG1의 보다 많은 양을 유도하는 것이 발견되었다. 종합해보면 그 데이터는 죽은 *B. mallei* 세포시료가 그들이 죽은 제제의 모두에 대하여 혼합 T-세포 헬퍼 1(T-cell helper 1)과 Th2-유사 면역반응을 일으켰기 때문에 그 연구에서 마우스를 보호하지 못했다는 것을 제시하였다. 마우스들이 감염된 상태로 남아 있음에도 불구하고 (미공개 자료), 최근의 실험에서 방사선조사로 사멸된 세포성 백신이 *B. mallei*의 치명적인 에어로졸 투여량으로 감염된 마우스의 약 50%를 보호한다는 것이 보고되었다. Trevino 등[44]의 연구결과는 체액성 항체(humoral antibody)가 면역보호에 중요할 수 있다는 것을 나타낸다. 그 연구는 *B. mallei* 지질다당체에 대한 마우스 단일클론항체(mouse monoclonal antibody)가 아마도 치명적인 에어로졸 감염시험에서 마우스를 보호했다는 것을 나타낸다. Goodyear 등[45]에 의한 연구에서 단핵구 주화성단백질-1(monocyte chemotactic protein-1)은 폐감염 후, 세포성 면역(cellular immunity)과 γ-interferon 생산을 조절하는 데 중요한 역할을 한다는 것을 나타낸다. 백신성분으로서 독성인자를 확인하기 위한 노력이 진행 중이어서, 재조합 또는 아세포 백신(subcellular vaccine)이 개발될 수 있다.

7.8 실험실 진단

20세기 초에 마비저의 진단법들이 개발되어 감염동물을 식별하고 선택하는 데 사용되었다. 기병성 인자(etiologic agent)의 분리가 더욱 어렵기 때문에, 이 진단법들은 만성 마비저를 규명하는데 특히 필요하였다. 최초의 진단시약은 1891년에 러시아에서 개발된 피부검사 항원(skin-test antigen)인 mallein이었으며, 4~8달 동안 배양된 세균 여과액으로 만들어졌다[5]. Mallein은 마비저 질병이 의심되는 말의 눈꺼풀로 접종되며, 그 말이 양성이면, 접종 후 48시간 이내에 염증성 및 화농성 반응을 일으킨다. 마비저가 박멸되었던 미국에서 마비저 선별을 위해서 보체고정시험(complement fixation test, CF test)이 사용되었다[46]. Mallein test는 CF 항체에 대하여 분명치 않은 그들 동물에서만 실시된다.

사람의 마비저에 대한 특이한 혈청진단시험은 없으며, 간접적인 혈구응집반응(hemagglutination)과 CF 시험(CF test)이 사용되어왔다[47,48]. 그러나 CF 시험은 만성 마비저 사례를 발견할 수 없다[19]. 발표되지는 않았지만, 방사선조사로 사멸된 *B. mallei* 세포를 사용하는 사람의 마비저에 대한 효소결합면역흡착측정법(enzyme-linked immunosorbent assay)이 개발되었다. 이 시험을 통해서 탄저병, 브루셀라병, 야토병, Q열, 홍반열, 마비저 등을 확인할 수 있다. 그러나 *B. mallei*와 *B. pseudomallei* 사이에 항원유사성이 있기 때문에, 현재 그 분석으로 유비저(類鼻疽, melioidosis)와 마비저 사례를 식별할 수 없다. 그러나 실험용 마우스조직에서 *B. mallei*의 특정 검색을 위한 중합효소연쇄반응(polymerase chain reaction, PCR)에 근거한 방법이 개발되었다[49,50].

작은 그람음성 세균은 병변삼출물(lesion exudate)을 그람염색하여 볼 수 있지만, 이 세균은 보통 급성농양에서조차 관찰하기 매우 어렵다[22]. 혈액배지는 종종 이 질병의 최종 단계까지 음성이다[22].

7.9 치료

*Burkholderia mallei*는 시험관 내에서 광범위 항생제에 민감하다[51,52]. 보통 대부분의 *B. mallei* 균주는 gentamycin, streptomycin, tobramycin, azithromycin, imipenem, ceftazidime, tetracycline, doxycycline, ciprofloxacin, erythromycin, sulfadiazine, amoxicillin-clavulanate에 민감하다. Aminoglycosides는 생체 내에서 효과적일 것 같지 않다[32,51]. 대부분의 *B. mallei*는 amoxicillin, ampicillin, penicillin G, cephalexin, cefriaxone, metronidazole, polymyxin B에 내성을 나타낸다. 최근에 A급 β-lactamase 유전자(*penA*)는 *B. mallei* ATCC 23344에서 확인되었으며, 암호화된 β-lactamase는 penicillins과 cephalosporin에 내성의 원인이 된다[53]. 햄스터, 기니픽, 원숭이 등을 포함한 실험동물들이 화학요법제의 생체내 효능을 결정하기 위해 사용되었다[32,54~58]. 햄스터에서 sulfadiazine 염은 급성마비저를 치료하는 데 효과적으로 사용되었다[59]. Penicillin과 streptomycin은 햄스터에서 유용한 화학요법제로 사용되었으며, dosycycline과 ciprofloxacin도 햄스터에서 조사되었다[32]. Doxycycline 치료는 ciprofloxacin 치료보다 우수하였으나, 감염시험 후, 4~5주 치료된 일부 동물에서 질병이 재발되었다.

별도 연구에서, 피히 또는 *B. mallei*가 포함된 에이로졸에 의해 감염된 햄스터는 ofloxacin, biseptol, doxycycline, minocycline으로 치료되었다[56]. 모든 항균제가 피하시험 동물에서 활성이 미약한 반면에, ofloxacin은 우수하게 나타났다. 어떤 항균제도 *B. mallei*의 많은 양의 에어로졸에 노출되었을 경우에 상당한 활성을 보여주지는 않았지만, 적은 양의 doxycycline에 대하여 70% 정도는 보호되었다[56]. 다른 연구의 결과는 항균제와 병용으로 *B. mallei*에 감염된 햄스터의 치료에 유용한 것으로 나타났다[57,58]. 많은 변수들 (예, 동물모델, 감염경로, 감염시험용량, 항생제, 치료복용량, 치료기간, 후속기간)이 수반되기 때문에, 다른 화학요법의 연구결과와 직접적으로 비교하는 것은 어렵다. 그러나 이들 연구에서 doxycycline, ciprofloxacin, ofloxacin과 같은 항균제와 병용으로, 마비저의 실험 경과가 가장 나은 것으로 나타났다.

그러나 치료에 대한 생존과 다양한 조직에 "잠복"하는 능력이 있기 때문에 *B. mallei*에 대한 항생제 치료는 주의해야 한다. 이것은 우리 자신의 연구 (미발표 자료)와 Judy 등에 의한 연구에서도 입증되었다[60]. 그 연구에서 ceftazidime과 levofloxacin이 시험관 내의 *B. mallei*을 사멸시킬 수 있었고 (마우스 대식세포), *B. mallei*의 치사량으로 감염된 마우스의 생존을 보장할 수 있었지만, 감염 후 34일이 지나서 세균이 폐와 지라에서 발견되었다.

많은 사람의 마비저 사례는 항생제 시대 이전에 일어났으며, 사망률은 90% 이상이었다[61]. 몇 명의 마비저 환자들, 주로 실험실 연구원들이 항생제에 의해 성공적으로 치료되었다[62~65]. 8건의 사례는 sulfadiazine에 의해 성공적으로 치료되었다[62,65]. 스트렙토마이신은 *B. mallei*와 *M. tuberculosis*에 감염된 환자를 치료하는 데 사용되었다[64]. 스트렙토마이신은 마비저를 성공적으로 치료하였으나, 이 환자에서 뼈의 결핵에는 효과가 없었다. 실험실에서 감염된 마비저의 최근 사례에서, 1개월 동안 정맥 내로 imipenem과 doxycycline을 투여받은 환자는 계속해서 6개월 동안 경구로 azithromycin과 doxycycline가 투여되었는데, 이 치료방법은 성공적이었으며, 그 질병은 재발되지 않았다.

참고문헌

1. Miller, W.R. et al., Studies on certain biological characteristics of *Malleomyces mallei* and *Malleomyces pseudomallei*. II. Virulence and infectivity for animals. *J Bacteriol*, 1948. **55**: 127–135.
2. Howe, C., Glanders, in *The Oxford Medicine*, H.A. Christian, editor. New York: Oxford University Press, 1949, pp. 185–201.
3. Pitt, L.L., Pseudomonas, in *Topley & Wilson's Principles of Bacteriology, Virology, and Immunity*, M.T. Parker and L. Collier, editors. Philadelphia: H.B.C. Decker, 1990, pp. 255–273.
4. Sanford, J.P., Pseudomonas species (including melioidosis and glanders), in *Principles and Practice of Infectious Diseases*, G.L. Mandell, R.G. Douglas, and J.E. Bennett, editors. New York: Churchill Livingstone, 1990, pp. 1692–1696.
5. Kovalev, G.K., Glanders (Review). *Zh. Mikrobiol Epidemiol Immunobiol*, 1971, **48**: 63–70.
6. Benenson, A.S., *Control of Communicable Diseases Manual*. Washington, DC: American Public Health Association, 1995.
7. Steele, J.H., Glanders, in *CRC Handbook Series in Zoonoses*, J.H. Steele, editor. Boca Raton: CRC Press, 1979, pp. 339–362.
8. Benenson, A.S., Glanders, in *Control of Communicable Diseases in Man*. Washington, DC: American Public Health Association, 1990, p. 77.
9. Freeman, B.A., Pseudomonas and Legionella, in *Burrow's Textbook of Microbiology*. Philadelphia: W.B. Saunders, 1985, pp. 544–557.

10. Redfearn, M.S. and N.J. Palleroni, Glanders and melioidosis, in *Diseases Transmitted from Animals to Man*, W.T. Hubbert, W.F. McCulloch, and P.R. Schnurrenberger, editors. Springfield, IL: Charles C. Thomas, 1975, pp. 110–128.
11. Howe, C., A. Sampath, and M. Spotnitz, The pseudomallei group: A review. *J Infect Dis*, 1971, **124**(6): 598–606.
12. Wilkinson, L., Glanders: Medicine and veterinary medicine in common pursuit of a contagious disease. *Med Hist*, 1981, **25**: 363–384.
13. Hornick, R.B., Diseases due to *Pseudomonas mallei* and *Pseudomonas pseudomallei*, in *Infections in Children*, R.J. Wedgewood, editor. Philadelphia: Harper & Row, 1982, pp. 910–913.
14. Steele, J.H., The zoonoses: An epidemiologist's viewpoint. *Prog Clin Pathol*, 1973, **5**: 239–286.
15. Gillespie, J.H. and J.F. Timoney, The genus *Pseudomonas*, in *Hagan and Bruner's Microbiology and Infectious Diseases of Domestic Animals*. Ithaca, NY: Cornell University Press, 1981, pp. 51–60.
16. Miller, W.R., L. Pannell, L. Cravitz, W.A. Tanner, and M.S. Ingalls, Studies on certain biological characteristics of *Malleomyces mallei and Malleomyces pseudomallei*. I. Morphology, cultivation, viability, and isolation from contaminated specimens. *J Bacteriol*, 1948, **55**: 115–126.
17. Parker, M., Glanders and melioidosis, in *Principles of Bacteriology, Virology, and Immunity*, M.T. Parker and L.H. Collier, editors. Philadelphia: H.B.C. Decker, 1990, pp. 392–394.
18. Dungworth, D.L., The respiratory system, in *Pathology of Domestic Animals*, K.V.F. Jubb, P.C. Kennedy, and N. Palmer, editors. New York: Academic Press, 1993, pp. 553–555.
19. Vyshelesskii, S.N., Glanders (Equina). *Trudy Vsessoiuznyi Institut Eksperimental'noi Veterinarii (in Russian)*, 1974, **42**: 67–92.
20. Smith, G.R., A.D. Pearson, and M.T. Parker, Pasteurella infections, tularemia, glanders, and melioidosis, in *Topley & Wilson's Principles of Bacteriology, Virology, and Immunity*, G.R. Smith and C.S. Easmon, editors. Philadelphia: H.B.C. Decker, 1990, pp. 392–394.
21. von Graevenitz, A., Clinical microbiology of unusual *Pseudomonas* species. *Prog Clin Pathol*, 1973, **5**: 185–218.
22. Sanford, J.P., Melioidosis and glanders, in *Harrison's Principles of Internal Medicine*, J.D. Wilson, E. Braunwald, A.S. Fauci, K.J. Isselbacher, J.B. Martin, R.B. Petersdorf, and R.K. Root, editors. New York: McGraw-Hill, 1990, pp. 606–609.
23. Popov, S.F., V. Kurilov, and A.T. Iakovlev, *Pseudomonas pseudomallei* and *Pseudomonas mallei*—Capsule-forming bacteria (in Russian). *Zh Mikrobiol Epidemiol Immunobiol*, 1995(5): 32–36.
24. Fritz, D.L. et al., Mouse model of sublethal and lethal intraperitoneal glanders (Burkholderia mallei). *Vet Pathol*, 2000, **37**(6): 626–636.
25. Bartlett, J.G., Glanders, in *Infectious Diseases*, S.L. Gorbach, J.G. Bartlett, and N.R. Blacklow, editors. Philadelphia: W.B. Saunders, 1982, pp. 1293–1295.
26. Fritz, D.L. et al., The hamster model of intraperitoneal *Burkholderia mallei* (glanders). *Vet Pathol*, 1999, **36**(4): 276–291.
27. Smith, D.T., N.F. Conant, and H.P. Willett, *Actinobacillus mallei* and glanders; melioidosis and actinobacillus, in *Zinsser Microbiology*. New York: Appleton-Century Crofts, 1968, pp. 744–750.
28. Manzenyuk, I.N. et al., Some indices of infectious process in therapy of malleus in monkeys. *Antibiot Khimioter*, 1996, **41**: 13–18.
29. Manzenyuk, I.N. et al. Homeostatic changes in monkeys in a model of glanders. *Antibiot Khimioter*, 1997, **42**: 29–34.
30. Khomiakov Iu.N. et al., The principles of the therapy of glanders in monkeys (in Russian). *Zh Mikrobiol Epidemiol Immunobiol*, 1998(1): 70–74.
31. Dyadishchev, N.R., A.A. Vorobyev, and S.B. Zakharov, Pathomorphology and pathogenesis of glanders in laboratory animals. *Zh Mikrobiol Epidemiol Immunobiol*, 1997, **2**: 60–64.

32. Russell, P. et al., Comparison of efficacy of ciprofloxacin and doxycycline against experimental melioidosis and glanders. *J Antimicrob Chemother*, 2000, **45**(6): 813–818.
33. Alekseev, V.V. et al., The early laboratory diagnosis of the pulmonary form of glanders and melioidosis by using rapid methods of immunochemical analysis (in Russian). *Zh Mikrobiol Epidemiol Immunobiol*, 1994(5): 59–63.
34. Manzenyuk, I.N. et al., *Burkholderia mallei* and *Burkholderia pseudomallei*. Study of immuno- and pathogenesis of glanders and melioidosis. *Antibiot Khimioter*, 1999, **44**: 21–26.
35. Lever, M.S. et al., Experimental aerogenic *Burkholderia mallei* (glanders) infection in the BALB/c mouse. *J Med Microbiol*, 2003, **52**(Pt 12): 1109–1115.
36. Sonnenwirth, A.C., Pseudomonads and other nonfermenting bacilli, in *Microbiology*, B.D. Davis, R. Dulbecco, H.N. Eisen, and H.S. Ginsberg, editors. Hagerstown, MD: Harper & Row, 1980, pp. 674–677.
37. Duval, C.W. and P.G. White, The histological lesions of experimental glanders. *J Exp Med*, 1907, **9**(4): 352–380.
38. Ferster, L.N. and V. Kurilov, Characteristics of the infectious process in animals susceptible and resistant to glanders (in Russian). *Arkh Patol*, 1982, **44**(11): 24–30.
39. M'Fadyean, J., Glanders. *J Comp Pathol*, 1904, **17**: 295–317.
40. Coleman, W. and J. Ewing, A case of septicemic glanders in the human subject. *J Med Res*, 1903, **9**(3): 223–240.
41. Galati, P., V. Puccini, and F. Contento, An outbreak of glanders in lions. Histopathological findings. *Acta Med Vet*, 1973, **19**: 261–277.
42. Mohler, J.R. and A. Eichhorn, Immunization tests with glanders vaccine. *J Comp Path*, 1914, **27**: 183–185.
43. Amemiya, K. et al., Nonviable *Burkholderia mallei* induces a mixed Th1- and Th2-like cytokine response in BALB/c mice. *Infect Immun*, 2002, **70**(5): 2319–2325.
44. Trevino, S.R. et al., Monoclonal antibodies passively protect BALB/c mice against *Burkholderia mallei* aerosol challenge. *Infect Immun*, 2006, **74**(3): 1958–1961.
45. Goodyear, A. et al., Critical protective role for MCP-1 in pneumonic *Burkholderia mallei* infection. *J Immunol*, 2010, **184**(3): 1445–1454.
46. Hagebock, J.M. et al., Serologic responses to the mallein test for glanders in solipeds. *J Vet Diagn Invest*, 1993, **5**(1): 97–99.
47. Gangulee, P.C., G.P. Sen, and G.L. Sharma, Serological diagnosis of glanders by haemagglutination test. *Indian Vet J*, 1966, **43**: 386–391.
48. Sen, G.P., G. Singh, and T.P. Joshi, Comparative efficacy of serological tests in the diagnosis of glanders. *Indian Vet J*, 1968, **45**: 286–293.
49. Lee, M.A., D. Wang, and E.H. Yap, Detection and differentiation of Burkholderia pseudomallei, *Burkholderia mallei* and *Burkholderia thailandensis* by multiplex PCR. *FEMS Immunol Med Microbiol*, 2005. **43**(3): 413–417.
50. Ulrich, M.P. et al., Using real-time PCR to specifically detect *Burkholderia mallei*. *J Med Microbiol*, 2006, **55**(Pt 5): 551–559.
51. Heine, H.S. et al., *In vitro* antibiotic susceptibilities of *Burkholderia mallei* (causative agent of glanders) determined by broth microdilution and E-test. *Antimicrob Agents Chemother*, 2001, **45**(7): 2119–2121.
52. Kenny, D.J. et al., *In vitro* susceptibilities of *Burkholderia mallei* in comparison to those of other pathogenic Burkholderia spp. *Antimicrob Agents Chemother*, 1999, **43**(11): 2773–2775.
53. Tribuddharat, C. et al., *Burkholderia pseudomallei* class a beta-lactamase mutations that confer selective resistance against ceftazidime or clavulanic acid inhibition. *Antimicrob Agents Chemother*, 2003, **47**(7): 2082–2087.
54. Batmanov, V.P., Sensitivity of *Pseudomonas mallei* to fluoroquinolones and their efficacy in experimental glanders (in Russian). *Antibiot Khimioter*, 1991, **36**(9): 31–34.
55. Batmanov, V.P., Sensitivity of *Pseudomonas mallei* to tetracyclines and their effectiveness in experimental glanders (in Russian). *Antibiot Khimioter*, 1994, **39**(5): 33–37.
56. Iliukhin, V.I. et al., Effectiveness of treatment of experimental glanders after aerogenic infection (in Russian). *Antibiot Khimioter*, 1994, **39**(9–10): 45–48.

57. Manzenyuk, I.N., V.V. Dorokhin, and E.A. Svetoch, The efficacy of antibacterial preparations against *Pseudomonas mallei* in *in vitro* and *in vivo* experiments (in Russian). *Antibiot Khimioter*, 1994, **39**: 26–30.
58. Manzenyuk, I.N. et. al., Resistance of *Pseudomallei mallei* to tetracyclines; assessment of the feasibility of chemotherapy (in Russian). *Antibiot Khimioter*, 1995, **40**: 40–44.
59. Miller, W.R., L. Pannell, and M.S. Ingalls, Experimental chemotherapy in glanders and melioidosis. *Am J Hyg*, 1948, **47**: 205–213.
60. Judy, B.M. et al., Comparison of the *in vitro* and *in vivo* susceptibilities of *Burkholderia mallei* to Ceftazidime and Levofloxacin. *BMC Microbiol*, 2009, **9**: 88.
61. Howe, C., Glanders, in *The Oxford Medicine*, H.A. Christian, editor. New York: Oxford University Press, 1950, pp. 185–202.
62. Howe, C. and W.R. Miller, Human glanders: Report of six cases. *Ann Intern Med*, 1947, **26**: 93–115.
63. Srinivasan, A. et al., Glanders in a military research microbiologist. *N Engl J Med*, 2001, **345**(4): 256–258.
64. Womack, C.R. and E.B. Wells, Co-existent chronic glanders and multiple cystic osseous tuberculosis treated with streptomycin. *American J Med*, 1949, **6**: 267–271.
65. Anasbi, M. and M. Minou, Two cases of chronic human glanders treated with sulfamides (in French). *Ann Inst Pasteur (Paris)*, 1951, **81**: 98–102.

8 페스트

Jeffrey J. Adamovicz and Patricia L. Worsham

실험동물의 특성은 사용된 백신의 특성보다 더 결과를 나타내는데 훨씬 더 중요한 것으로 보인다.

Otten 1936

목차

8.1 배경 ··· 112
8.1.1 분류학 ··· 112
8.1.2 형태학 ··· 113
8.1.3 생장 특성 ··· 113
8.1.4 생화학과 유전학 ··· 114
8.1.5 분리와 동정 ··· 114
8.2 사람의 질병 ··· 115
8.2.1 가래톳페스트와 패혈성페스트 ··· 116
8.2.2 일차 폐(肺)페스트 ··· 119
8.2.3 인두페스트 ··· 121
8.3 페스트의 작은 동물모델 ··· 121
8.3.1 마우스 ··· 121
8.3.2 기니픽 ··· 124
8.3.3 Multimammate 마우스 (*Mastomys natalensis*와 *Mastomys coucha*) ··· 126
8.3.4 랫드 ··· 127
8.3.5 토끼 ··· 128
8.3.6 코튼 랫드 ··· 128
8.3.7 얼룩다람쥐(*Ostospermophilus beecheyi*)와 땅다람쥐(*Ostospemophilus variegatus*) ··· 129
8.3.8 들쥐(*Microtus caliegatus*) ··· 129
8.3.9 기타 ··· 129
8.4 페스트의 사람외 영장류 모델 ··· 129
8.4.1 Rhesus 원숭이 ··· 130
8.4.2 Cynomolgus 원숭이 ··· 131
8.4.3 Vervet 원숭이 ··· 132
8.4.4 Langur 원숭이 ··· 133
8.4.5 망토개코원숭이(Sacred baboon) (*Papio hamadryas*) ··· 134
8.4.6 Marmoset (*Callithrix* 종) ··· 134
8.5 페스트의 다른 모델들 ··· 134

8.6 요약 ································ 135
참고문헌································ 136

8.1 배경

심한 열병인 페스트(plague)는 그람음성 세균인 *Yersinia pestis*에 의해 일어나며, 흔히 벼룩에 물려서 전파되는 인수공동전염병(zoonosis)이다. 페스트는 무엇보다도 설치류에서 나타나는 질병이며, *Y. pestis*의 보균체(reservoir)는 200여 종이 넘는다[1,2]. 벼룩들이 세균혈증이 있는 동물의 피를 섭취할 때, 이 세균은 벼룩의 중장(中場, midgot)에서 섭취한 피와 함께 흡수되고 증식하여, 결국 중장으로 이어지는 판막과 유사한 구조인 전위(前胃, proventriculus)를 막는 세균덩어리를 형성한다. 혈액을 타고 흐르던 세균들이 한자리에 머물게 되어 만들어진 덩어리로 인해 벼룩은 굶주림을 느끼게 되는데, 이것이 반복되면 벼룩은 굶주림의 한계에 도달하게 된다. 이 막힘으로 인하여 *Y. pestis*를 운반하는 피는 물린 상처로 역류하여 새로운 숙주로 그 질병을 전파하게 된다. 굶주림 상태에 있는 벼룩도 그 질병의 희생양으로서 결국 굶어 죽는다[3]. 사람들은 종종 동물유행병성이 많이 일어나는 시기에 벼룩에 물려 감염된다. 가끔 사람의 질병은 감염된 (날고기나 설익은 고기를 섭취하는 등) 동물의 피나 조직과 접촉하거나, 그 세균을 포함하는 에어로졸에 노출되어서 발생한다[2,4]. 감염성 에어로졸은 페스트성 폐렴(plague pneumonia)에 걸린 사람이나 동물, 특히 고양이에서 발생할 수 있다[5,6].

현시대에 기록된 페스트에 대한 범세계적인 전염병은 3건이 존재한다. 첫 번째로, 6세기에 이집트의 번창했던 Pelusium 항구 도시에서 시작된 유스티니아누스 페스트(Justinian plague)는 발생하여 지중해에 인접한 유럽과 소아시아로 확산되었다. 이 시기에 유행했던 페스트로인하여 그 지역 인구의 15~40% 정도가 사망한 것으로 추정되었다[7]. 두 번째는 14세기 초에 중앙아시아에서 유행하기 시작한 전염병으로 중국에서 무역로를 따라 전염병이 확산되기 시작하여, 지중해 유역, 중동, 대부분의 유럽으로 퍼지게 되었다. 1347년에 Messina에서 시작된 이 전염병으로 유럽 인구의 대략 30~40%가 사망하였던 것으로 생각되며, 흑사병(Black Death)으로 알려지게 되었다[8]. 세계적으로 두 번째로 발생한 이 페스트의 유행으로 수백년동안 유럽 전역이 황폐화되었으며, 17세기 말까지 계속 유행하였다. 최근 (현대 또는 세 번째)의 페스트는 1894년에 중국에서 시작되어, 홍콩과 여러 아시아의 항구로 퍼져나갔다. 불과 몇 년 동안, 페스트는 세계의 여러 항구를 오가는 증기선들을 통해서 전파되었으며, 그 전염병이 발생한 35년 동안 2,600만 명이 페스트에 걸렸고, 1,200만 명이 사망한 것으로 추정되었다[9]. *Y. pestis*가 북미와 남미, 호주, 필리핀, 일본 지역에서 새롭게 소개되었던 것은 바로 현대 전염병의 초창기였다[9].

8.1.1 분류학

*Yersinia pestis*는 페스트의 원인균으로 장내세균과(Enterobacteriaceae)에 속하는 그람음성의 구형간균(coccobacillus)이다. 이 속(genus)은 1894년 홍콩에서 페스트가 창궐하였던 시기에 *Y. pestis*

를 처음으로 분리하였던 Alexandre Yersin을 기리기 위해 이름이 붙여졌으며, 그 종의 이름인 *pestis*는 페스트 또는 역병의 라틴어에서 유래한다. 이 종의 이전 명칭으로는 *Bacterium pestis*, *Bacillus pestis*, *Pasteurella pestis*, *Paesticella pestis* 등이 있었다[10]. 이 종은 *Yersinia* 속의 서로 다른 병원체인 *Yersinia pseudotuberculosis*와 *Yersinia enterocolitica*와 밀접한 관련이 있다. *Y. pseudotuberculosis*와 *Y. pestis* 사이의 90% 이상의 유전적 유사성이 있어, *Y. pestis*를 *Y. pseudotuberculosis*의 아종으로써 재분류되어야 한다는 의견이 있었다[11]. 이 제안은 명칭의 변경이 *Y. pestis*의 실험획득감염의 가능성을 증대시킬 것이라는 두려움 때문에 받아들여지지 않았다. *Y. pestis*의 가장 최근의 분자지문분석(molecular fingerprinting analysis)은 이 병원체가 동물지방병인(enzootic) Pestoides 분리균주가 진화하는 동안 천년 넘게 미소진화(microevolution)를 통해 *Y. pseudotuberculosis*로부터 생겨났다는 것을 제시하였다(8.1.4절 참조). Pestoide 균주는 10,000년 그 이전에 *Y. pseudotuberculosis*로 부터 분지된 것으로 나타났다. 이것은 대략 3500년 이후에 이진분할(binary split)되었으며, *Y. pestis*는 사람의 질병으로 더욱 자주 언급되었다. 아프리카와 아시아에서 *Y. pestis*인 “Pestoides”의 분리는 *Y. pestis*가 784년에 Justinian의 최초로 기록된 페스트 이전에 전 세계적으로 확산되었다는 것을 의미한다.

8.1.2 형태학

*Y. pestis*는 짧은 간상형(폭 0.5~0.8 μm, 길이 1.0~3.0 μm)으로 “안전핀(safety pin)” 형태의 양극성 염색특성을 가지며, Wayson's 또는 Giemsa 염색으로 가장 잘 볼 수 있다. *Y. pestis*는 생장조건에 따라 간상형, 난형, 짧은 사슬형태의 특징적인 다형태(pleomorphism)를 나타낼 수 있다. F1 캡슐항원(F1 capsular antigen)으로 알려진 젤라틴성 외피(gelatinous envelope)는 37℃의 생장온도에서 대다수의 균주에서 생성된다. 30℃보다 낮은 생장온도에서도 주모성 편모를 생산하는 다른 포유류의 병원체와는 달리 *Y. pestis*는 비운동성이다[10,13].

8.1.3 생장 특성

실험실에서 *Y. pestis*는 4~40℃의 폭넓은 온도에서 생장이 가능하지만, 최적 생장온도는 28℃이다. *Y. pestis*는 양혈액 고체배지(sheep blood agar), 맥콩키 고체배지(MacConkey agar), 또는 heart infusion agar와 같은 일반 실험용 배지에서 잘 자라지만, *Y. pseudotuberculosis*와 *Y. enterocolitica* 보다 생장이 느리며, 24시간 이상 배양하였을 때, 아주 작은 크기의 집락을 관찰할 수 있다. 5% CO_2 존재 하의 생장환경에서 집락의 생장이 촉진된다. 둥글고, 촉촉하며, 반투명 또는 불투명한 집락은 양혈액 고체배지에서 비용혈성이며, 집락의 가장자리 부분은 불규칙한 모양을 나타낸다. 흔히 많이 자란 집락에서 “계란후라이(fried-egg)”와 같은 모양이 나타나며, 특정 균주에서는 더 뚜렷하게 나타난다. *Y. pestis*를 실험실에서 장기간 배양하거나 최적의 상태에 못 미치는 조건에서 단기간 생장시킬 때, 되돌릴 수 없는 유전적 변화를 일으키게 되고 감쇄(attenuation)에 이르게 된다. 이러한 변화는 벼룩과 포유류 숙주, 하나 이상의 독성 플라스미드의 손실에서 생장에 필요한 요인을 암호화하는 커다란 염색체의 병원성 유전자군의 결실을 포함한다[7,10,13].

8.1.4 생화학과 유전학

*Yersinia pestis*는 통성혐기성이며, 포도당을 발효시켜 산을 생성한다. 이 절대병원체는 여러 종류의 아미노산과 비타민을 포함하는 복합 영양요구성 때문에, 장기간 사물기생적으로 생존할 수 없다. 이 세균은 중간대사에서 기능적으로 밀접한 관련이 있는 특정 효소도 결핍되어 있으나, *Y. enterocolitica* 또는 *Y. pseudotuberculosis*와 같이 더 빠르게 생장한다. *Y. pestis* 균주는 일반적으로 질소를 환원하고 글리세롤을 발효하는 능력에 근거하여 3가지 생물변종(biovar)으로 분리되었다[7]. 리보타이핑(ribotyping)과 삽입순서위치의 제한효소절단단편길이 다양성(restriction fragment length polymorphisms, RFLP)과 같은 몇 가지 타이핑의 분자적 방법을 통해 균주를 분리한다[14,15]. 생물변종 orientalis (Gly^-, Nit^+)는 세계적으로 분포되어있으며, 제3의 (현재) 페스트는 범세계적 전염병의 원인이 되었다. 이 생물변종은 남미와 북미에만 존재한다. 생물변종 antiqua (Gly^+, Nit^+)는 중앙아시아와 아프리카에서 발견되며, 발견되는 생물변종 가운데 가장 오래된 생물변종으로 추측하고 있다[7,12]. 생물변종 mediaevalis (Gly^+, Nit^-)는 지리학적으로 카스피해 인근의 지역에서 제한적으로 나타난다. 이러한 생물변종들은 병원성의 분명한 차이는 없다[7,16]. 더욱 현대적인 접근방식을 사용하여, *Y. pestis*의 미소진화(microevolution)는 3가지 다른 다유전자좌의 분자적 방법(multilocus molecular method)에 의하여 조사되었다. 여덟 개의 개체군이 3가지 방법에 의해 인식되었으며, *Y. pseudotuberculosis*에 근거한 이들 개체군의 계통수(系統樹, evolutionary tree)가 제안되었다. 여덟 개체군은 그 생물변종들과 직접적으로 일치하지 않았다. 따라서 앞으로 균주의 집단화(grouping)은 분자의 타이핑에 근거해야 한다 것이 제안되었다. 네번째 개체군은 "Pestoides"라는 *Y. pestis*의 과도기의 균주로 구성되었으며, *Y. pestis*와 *Y. pseudotuberculosis*의 두 가지 생화학적 특성을 나타낸다[17]. 이러한 분리 균주들은 고대의 *Y. pestis* 균주의 특성을 지금까지 나타내고 있다[12]. 최근에 다양한 *Y. pestis* 수집균주들에 대하여 933개의 뚜렷한 단일 뉴클레오티드 다형성의 존재여부를 분석하였다. 이 연구에서 미국과 마다가스카의 *Y. pestis* 균주들은 각각 중국으로부터 단일 확산되었으며, 반면에 중국에서 유럽, 남미, 아프리카, 동남아로 다중 확산된 것으로 제안되었다[18].

8.1.5 분리와 동정

A급 실험실(level A laboratory)에서 *Y. pestis*의 분리 및 추정동정(presumptive identification) 방법은 질병통제예방센터(Centers for Disease and Prevention, CDC) 웹사이트인 http://www.bt.cdc.gov/agent/plague/index.asp로부터 내려받을 수 있다[19].세계보건기구는 http://www.who.int/csr/resourecs/publications/plague/WHO_CDC_CSR_EDC_99_2_EN/en/index.html에서 페스트 매뉴얼 온라인(plague manual online)을 제공하고 있다[20]. 임상샘플과 동물에서 *Y. pestis*를 분리하고 동정하는 최신 방법을 이용할 수 있다[13].

표준 세균방법론(standard bacterial methodology)은 생물체의 염색과 현미경 분석, 배양에서 분리, 생화학적 시험을 포함한다. 적당한 봉쇄시설(containment facility)로 *Y. pestis*의 동정을 수행해 온 실험실에서는 페스트 진단시험을 실시할 수 있다. 에어로졸을 피하기 위한 주의가 요구되며, 이 관점에서 열고정보다 메탄올로 슬라이드에 고정하는 방법이 선호된다.

페스트의 신속하고 정확한 추정진단(presumptive diagnosis)은 페스트-특이 캡슐항원(plague-specific capsular antigen)을 검출하기 위한 형광항체시험(fluorescent antibody test, FA)을 사용하여 수행된다. F1이 33℃ 이상의 온도에서만 생산되기 때문에, 이 방법은 적절한 온도에서 배양된 동물로부터 또는 실험배양에서 유래하는 상대적으로 신선한 샘플을 필요로 한다. 벼룩샘플(flea sample)은 30시간 이상 냉장될 것이므로 음성이 될 것이다[13]. 그 시험은 일부 공중보건 및 수의학 진단실험실과 질병통제예방센터에서 수행되며, FA 실험을 위해 공기 중에서 건조된 슬라이드가 준비되어야 한다. 확인시험(confirmatory testing)은 종-특이성 박테리오파아지(species-specific bacteriophage)에 의한 용균을 포함한다[2]. 사람을 위한 혈청진단(serodiagnosis)의 표준방법은 수동혈구응집반응분석(passive hemagglutination assay)이나 F1 항원을 사용하는 효소결합면역흡착측정법(ELISA)이다. 급성기 및 회복기의 혈청은 비교된다[13]. F1 캡슐항원에 대한 면역글로불린 G 항체의 검출에 근거한 신속검사키트는 아직 상업적으로 이용가능하지 않지만, 사람과 랫드 개체군의 페스트 감시에 사용되어왔다[21]. 그러나 F1 항원포획에 근거한 면역진단키트(immunodiagnostic kit)는 New Horizones Diagnostics (Columbia, Maryland)와 Tetracore (Rockville, Maryland) 사를 통해 이용가능하다.

그들이 일반적으로 아직 입증되지 않았지만, 중합효소연쇄반응(PCR)과 같은 유전적 방법들이 *Y. pestis*를 동정하는 데 더욱 일반적으로 사용될 수 있다[22~24]. 그 같은 분석들은 실험적으로 감염된 벼룩과 동물들을 확인하는 데 가능성이 있다고 생각해왔으며, 배양과 혈청을 이용할 수 없는 사례에서 *Y. pestis*를 발견하는 데 사용될 수 있다[25,26]. 진단용 PCR에서 한 개 이상의 페스트-특이성 프라이머세트(plague-specific primer set)가 F1-과 Pla-균주들과 같은 드문 유전적 변종뿐만 아니라, 야생균주의 동정에 사용될 것이다. 최근에 *Y. pestis*-특이 독성플라스미드(*Y. pestis*-specific virulence plasmid)를 표적화하는 실시간 PCR 분석(real-time PCR assay)은 사람의 임상 샘플을 사용하여 입증되었다. 이 분석은 배양 또는 F1 근거한 면역분석법보다 페스트의 임상동정으로 더 많은 환자들을 확인하였다[27]. *Y. pseudotuberculosis*와 일부 교차반응성이 있음에도 불구하고, *Y. pestis*의 F1-양성 및 F1-음성균주들을 동정하는 토끼 폴리클론 항혈청(rabbit polyclonal antiserum)도 개발되었다 (John W. Ezzell, 사적 교신).

8.2 사람의 질병

사람의 페스트는 일반적으로 가래톳(bubonic), 패혈성(septicemic), 또는 폐렴성(pneumonic)으로 분류된다. *Yersinia pestis*는 림프영양성 병원체이다. 가래톳페스트에서 *Y. pestis*는 유입부위로부터 국소림프절(regional lymph nodes)로 이동하며, 거기서 증식하고 그 질병의 특징인 심한 통증을 야기하는 팽대결절(enlarged node)인 가래톳(bubo)을 형성한다. 가래톳은 이 간상형 세균과 뭉쳐 있으며, 피개부종(overlying edema)을 종종 수반한다. 때때로 가래톳페스트는 세균혈증(bacteremia)과 간, 지라, 폐, 덜 일반적으로 뇌척수막을 포함한 다른 기관으로 혈행확산(hematogenous spread)을 초래한다[2,28]. 명백한 림프절병(lymphadenopathy)이 없는 페스트 세균혈증(plague bacteremia)은 패혈성 페스트(septicemic plague)로 불린다[4,28,29]. 일부 페스트 환자들에서 이차 폐(肺)페스트(secondary pneumonic plague)는 이차가래톳 또는 패혈성 페스트(septicemic plague)로 발전하며, 환자 개인들로부터 다른 사람들에게로 그 질병이 직접 전파될 수 있다. 페스트에 감염된 사람 또는 동물의 기침으로 생성된 흡입감염성 에어로졸에 의해 발병되는 일차 폐(肺)페스트(primary pneumonic plague)는 흔치는 않지만, 빠르고 치명적이다[28,29]. 인두페스트(pharyngeal plague)는 섭취 또는 흡입 생물체에 의해 발병될 수 있다. 일부 사례에서 이 형태의 질병은 무증상(asymptomatic)으로 나타난다[2,4,29,30].

페스트 감염 후, 나타난 임상증상과 병원성 병변은 보편적이지 않으며, 개인의 나이와 건강, 상대적 감염정도, 질병의 경과에 따라 크게 달라진다. 일반적으로 시간에 경과함에 따라 증상과 병변의 심한정도는 증가한다[31]. 이 장에서는 어떤 증상과 병변을 치료하지 않은 환자들에서 최종적으로 나타난 것으로 생각되는 사람의 페스트 감염에서 가장 널리 알려진 임상증상과 병원성 병변에 대하여 기술하고자 하였다. 그러나 이러한 관찰은 페스트의 발병, 백신 또는 치료제 개발 연구를 위한 가장 적당한 동물모델을 선택하기 위한 지침만을 제공하고자 하는 것이며, 동물모델 평가를 위한 절대적 기준으로서 제공되기 위한 것이 아니다.

8.2.1 가래톳페스트와 패혈성페스트

가래톳페스트(bubonic plague)는 화농성 림프절염(suppurative lymphadenitis)의 특징을 가지고 있다[28]. 임상적으로 대부분의 환자들은 벼룩에 물린 후, 2~7일 사이에 열과 림프절병(증)(lymphadenopathy)이 나타난다. 림프절병은 궤양형성(ulceration)과 피부기루갑(皮膚鬐甲瘻, cutaneous fistulae)으로 진행될 수 있다. 그러나 이 증세는 보편적이지 않으며, 부가적 또는 다른 임상증상이 관찰될 수 있다 (표 8.1). 처음 벼룩에 물린 부위 또는 피부를 통하여 세균이 침투한 부위에 수포, 농포, 뾰로지, (상처)딱지, 또는 괴사성 병변은 나타나지 않을 수 있다. 치료되지 않은 가래톳페스트의 환자에서 패혈증, 이차 폐(肺)페스트, 또는 페스트성 수막염(plague meningitis)이 나타날 수 있다[2,28,31]. 치료되지 않은 가래톳페스트는 환자들의 약 60%에서 치명적인 것으로 추정된다[2]. 일차 패혈성페스트(primary septicemic plague)는 가래톳이 없고, 열, 오한, 구역질, 구토, 설사, 복통과 같은 일반적인 임상징후를 나타내기 때문에 진단하기 어렵다. 패혈성페스트 진단의 어려움 때문에, 이 질병 형태의 치사율은 치료가 시작되었더라도 28% 정도이다[32]. 위장관 증세는 언급된 림프절병이 없이 종종 관찰되며, 이 질병의 패혈성 형태와 연관된다고 믿어진다. 환자에서 또한 말단피부나 목주변의 피부(cervical skin region)가 검어지거나 자색반증(purpura)이 나타날 수 있다[33]. 이 자색반증은 말기 페스트 사망자를 기술하는데 사용된 "흑사(black death)"라는 용어의 근거이다. 목주변 림프절염(cervical lymphadenitis)은 페스트에 걸린 몇몇 환자에서 나타났으며, 질병의 패혈성 형태와 관련이 있다. 그러나 이들 환자들은 구강경로/에어로졸 경로에 의해 노출된 후, 전신감염으로 진행되어 인두페스트가 나타났을 수 있다[2,29~31]. 이러한 감염양식은 널리 연구되지 않았다. 이차 폐(肺)페스트는 가래톳페스트 또는 패혈성페스트와 관련이 있으며, 세균혈증 단계 이후에 발생한다. 이차 페스트폐렴 환자(secondary plague pneumonia patient)는 폐렴이 관찰되기 1~2일 전에 패혈증 징후를 나타낼 가능성이 높다. 이들 개인은 일차 폐질환과 연관된 물기가 있고 피가래보다 진한 점액성 고름가래가 나오는 경향이 있다[2].

가래톳페스트는 감염된 벼룩에 물리거나, 드문 경우로서 감염된 동물조직과 접촉한 후 감염부위에 병변이 생긴다. 이 세균은 식작용되어, 림프관(lymphangiole)과 국소배농림프절(local draining lymph node)로 운반된다. 사람에서 이것은 종종 서혜부(groin)에서 서혜림프절(inguinal node)이나, 겨드랑이에서 보조림프절(auxilliary node)을 말한다[31]. 대식세포를 피한 세균들은 일반적으로 배관에 관련된 모든 림프절 가운데 일부 림프절이 연루되어 일차병변을 만든다[7]. 거기에는 현저한 종창과 통증이 있는 림프절이 나타난다; 시간이 경과되면서 림프절에서는 출혈이 있을 수 있으며 괴사되기도 한다. 이 과정은 관찰된 가래톳의 생성 근거가 된다. 일부 환자에서 배농림프절(draining lymph node)은 눈에 띄게 관련되지 않지만, 그 세균은 말초순환(peripheral cir-

표 8.1
말초감염의 임상증상 (가래톳페스트 / 패혈성페스트)

증상	사람	African Green 원숭이	Cynomolgus 원숭이	Rhesus 원숭이	Langur 원숭이	집고양이
림프절병(증) (가래톳)	+	++	+	+	++	++
고열	+++	+++	+++	++	+++	++
근육통	+	+	+	+	+	+
권태감	+	+	+	ND	ND	ND
설사	++	ND	ND	ND	ND	I I
구토	++	ND	ND	ND	ND	++
메스꺼움	++	ND	ND	ND	ND	ND
식욕부진	++	+	+	+	ND	++
졸음증	++	++	++	++	++	++
실조증	ND	ND	ND	ND	ND	++
오한	++	ND	ND	ND	ND	ND
맥박증가	++	++	++	+	++	ND
청색증	+ (말기)	+	+	+ (말기)	+	+
두통	+	ND	ND	ND	ND	ND
인두염	+	ND	ND	ND	ND	++
호중성 백혈구증가증	++	++	++	++	ND	++
혈소판감소증	+	ND	ND	++	ND	ND

주석: 미측정(ND, not determined).

표 8.2

가래톳페스트의 육안적 병리학

증상	사람	African Green 원숭이	Cynomolgus 원숭이	Rhesus 원숭이	Langur 원숭이	집고양이
출혈/접종부위의 화농	+	++	+	+	++	++
일차 가래톳 형성	+	++	+	+	++	+
일차 림프절의 출혈성 괴사	++	++	++	++	++	++
장조직의 점출혈병변	+	+	+	ND	++	+
점출혈 피부병변	++	++	++	ND	+++	++
팽대 지라	++	++	++	++	++	+
폐부종/출혈	+ (말기)	+ (말기)	+ (말기)	ND	+++	+
심장막내 체액	++	++	++	ND	++	ND
간울혈	++	++	++	+	++	ND

주석: 미측정(ND, not determined).

표 8.3

가래톳페스트의 조직병리학

증상	사람	African Green 원숭이	Cynomolgus 원숭이	Rhesus 원숭이	Langur 원숭이	집고양이
림프절 내 세균 (젖빛 유리)	++	++	++	++	++	++
림프절 내 림프구 용해	++	++	++	+	+	+
림프절에서 출혈/괴사	++	+++	++	++	+++	++
간 실질의 변성 parenchyma	+	+	+	++	ND	+
피브린 트롬빈 (간/신장)	+	+	+	+	+	ND
지라의 적색 속질내 세균	+ (말기)	+	+	++	++	+

주석: 미측정(ND, not determined).

culation)을 통해서 패혈성페스트(septicemic plague)와 간, 지라, 폐를 포함하는 다른 기관들로 전파된다[31, 33, 34].

가래톳페스트 또는 패혈성페스트로 사망한 사람에서 가장 자주 언급되는 병리학적 특성은 표 8.2에 요약되어 있다. 특징적인 가래톳에 부가하여, 대부분의 말기환자에서는 심한 혈관팽창과 장출혈과 함께 충혈도 나타나게 된다. 이러한 출혈은 비록 병변이 거의 항상 무균적임에도 불구하고, 소화관과 연관된 심장외막, 흉막, 복강조직에서 자주 언급된다. 가장 자주 언급되는 감염기관은 지라이다. 감염수준은 보통 뚜렷한 종창이 있음에도 불구하고, 일반적으로 낮다. 만일 그 질병

표 8.4
에어로졸 감염의 임상징후

증상	사람	African Green 원숭이	Cynomolgus 원숭이	Rhesus 원숭이	Langur 원숭이	집고양이[a]
림프절병(증)	++	++	++	++	++	++
고열	+++	+++	+++	+	+++	++
근육통	+	ND	ND	ND	ND	ND
권태감	++	++	++	++	ND	++
식욕부진		ND	+	ND	ND	+
졸음증	++	++	++	++	++	+
실조증		ND	ND	ND	ND	+
오한	++	ND	ND	ND	ND	ND
맥박 증가	+	+	+	+ (Late)	+	ND
청색증	+ (Late)	+	+	+ (Late)	++	+
두통	++	ND	ND	ND	ND	ND
인두염	+	+	+	ND	+	+
흉통	+	ND	ND	ND	ND	ND
기침	++	ND	ND	+	ND	++
수포음 (水泡音, rales)	++	+	+	+	ND	ND

주석: 미측정(ND, not determined).
[a] 우연한 에어로졸 노출과 일치하는 고양이에서의 병리학.

이 계속 진행된다면, 간의 지방변성이 관찰되며, 다른 주요 기관들은 보통 연루되지 않는다.

사람에서 일부 조직병리학적 관찰에 근거하여 특성이 요약되어 있다 (표 8.3). 특별한 병변의 유무는 사망시간과 일시적으로 관련되거나 치료에 의해 영향을 받을 수 있다. 가래톳페스트와 연관된 부가적 병리학적 증상은 파종성혈관내응고(disseminated intravascular coagulation)와 세균성 응고 또는 피브린 응고에 따른 신장손상을 포함한다[35~37]. 페스트를 치료하는 항생제의 개발과 사용으로 이전의 병변에 대한 기록은 줄어들었다. 사람에서 항생제 치료 후에도 페스트 항원에 활발한 면역반응이 일어난다. 비록 항생제가 일부 페스트 항원에 대한 항체반응의 생성을 둔화시킴에도 불구하고, 균일하게 인식된 요인들로는 F1, V 항원, 지질다당체(lipopolysaccharide), 플라스미노겐 활성자(plasminogen activator, Pla), *Yersinia* 외부단백질(outer protein, Yops) M과 H 등이 있다. 이 혈청반응은 백신연구를 위한 동물모델을 선택할 때 비교대상으로 사용될 수 있다.

8.2.2 일차 폐(肺)페스트

일차 폐(肺)페스트(primary pneumonic plague)는 가래톳 또는 패혈성 질병보다 훨씬 덜 일반적이다. 에어로졸 경로에 의해 감염된 사람에서 7일까지 걸릴 수도 있지만, 보통 노출된 지 24~48시간 이내에 일차 폐렴 증상을 보이기 시작한다[31]. 주요 임상적 특성은 심한 두통을 동반하는 고열

표 8.5

일차 폐(肺)페스트의 육안적 병리학

증상	사람	African Green 원숭이	Cynomolgus 원숭이	Rhesus 원숭이	Langur 원숭이	집고양이[a]
섬유소흉막염	++	++	ND	+	ND	ND
다엽성 폐렴	+++	+++	+++	+ (시험감염에 의존)	++	+(국소)
출혈성 종격	+	++	+	+	++	ND
기관/기관지 울혈	++	++	+	+	+++	ND

주석: 미측정(ND, not determined).
[a] 우연한 에어로졸 노출과 일치하는 고양이에서의 병리학.

표 8.6

일차 폐(肺)페스트의 조직병리학

증상	사람	African Green 원숭이	Cynomolgus 원숭이	Rhesus 원숭이	Langur 원숭이	집고양이[a]
폐포홍수	+++	+++	++	++	++	++
괴사성 출혈 병소	++	+++	+	++	++	++
섬유소흉막염	++	++	++	ND	ND	++
종격염	+	++	+	++	+	+
피브린 트롬빈 (간/신장)	+	+	+	++	ND	ND
산재성 혈관내 응고장애	+	+	+	++	ND	ND
폐속의 피브린	–	–	–	–	ND	ND
폐의 중성구 침윤	+++	+++	+++	+++	ND	++
폐속에 세균	+++	+++	+++	+++	+++	++
지라의 적색	++	+++	+	++	++	++

주석: 미측정(ND, not determined).
[a] 우연한 에어로졸 노출과 일치하는 고양이에서의 병리학.

과 1개 이상의 엽(lobe)에서 수포음(水泡音)을 동반하는 객혈로 진행될 수 있는 소모성 기침이다[2,20,28,29]. 부가적 임상증상은 표 8.4에 열거되어 있다. 치료하지 않은 많은 환자들은 질병개시 1~3일 이내에 사망하게 될 것이다. 세균혈증(은 적절한 항생제로 치료받은 환자에서조차 사망의 불길한 지표이다.

일차 폐페스트의 병리학적 증세는 폐로 침투된 깊이에 어느 정도 의존된다. 일차병변은 기관지에서 나타날 수 있고, 세기관지염(bronchiolitis)을 초래하며, 만일 세균이 폐포공간에 자리잡게 된다면, 폐포염(alveolitis)이 발생할 수 있다. 두 가지 조건 모두에서 결국 기관지폐렴(lobular pneumonia)과 엽성경화(lobar consolidation)를 일으킨다. 흉막표면과 기관지 점막에 생긴 출혈은 질병의 경과시간과 더불어 증가한다. 폐활량은 퇴행성 호중구(degenerate neutrophil)와 세균이 많이 존재 때문에 광범위한 부종과 울혈로 점차적으로 줄어들게 된다. 이 세균은 자궁경부, 폐문, 또는 종격 림프절에서도 발견될 수 있다. 림프절은 그 환자가 오랫동안 생존한다면, 괴사와 출혈로 진행할 수 있다. 일차 폐페스트의 육안병리학 및 조직병리학적 증상은 표 8.5와 8.6에 요약되어 있다. 사람에서 페스트의 조직병리학적 증상은 환자들 간의 분명한 시간적 차이로 상대적으로 적은 수의 환자에서 연구되었다는 것이 언급되어야 한다. 따라서 이들 데이터를 해석하는데 주의를 필요로 한다.

8.2.3 인두페스트

*Y. pestis*는 일반적으로 구강병원균으로서 분류되지 않지만, 밀접하게 관련된 *Y. pseudotuberculosis*는 보통 구강에서 숙주를 감염한다. 자연에서 사람을 포함한 일부 숙주들은 감염동물을 섭취함으로써 페스트에 걸릴 수 있다는 것을 나타낸다[2]. 카니발리즘(cannibalism)이 일부 설치류에서 중요한 역할을 하는 것으로 생각되지만, 도처에 존재하는 벼룩매개체의 특성과 벡터매개성 질병(vector-borne disease)과의 연관 가능성은 풍토병으로서 페스트의 구강감염에 대한 중요성을 평가하기 어렵게 한다[39]. 사람은 벼룩을 먹거나, 설치류, 낙타, 또는 염소와 같은 감염 동물의 고기를 요리하지 않고 섭취하여 감염될 수 있다고 보고되었다. 때때로, 이것은 인두(pharyngeal) 또는 편도페스트(tonsillar plague)의 형태를 취하는데, 이것은 질병의 패혈성 형태에 의해 수반될 수 있다[2,29~31,40~43].

8.3 페스트의 작은 동물모델

8.3.1 마우스

최근 몇 년 동안 페스트 연구에 가장 널리 사용된 동물모델은 아마도 마우스(*Mus musculus*)였을 것이다. 이 모델은 발병, 백신개발, 또는 치료제의 평가에 흥미를 가지는 연구자들에게 많은 장점을 제공한다. 실제적인 고려사항으로는 동물의 가격이 저렴하고, 공간적 측면에서의 분명한 장점이 있으며, 취급이 용이하다는 것이 포함된다. 미국 FDA가 승인한 백신은 마우스모델에서 이미 평가되었으며[44], 감염된 마우스에서 *Y. pestis*에 대한 면역반응은 사람에서와 유사하다[38]. 마우스는 F1과 같은 사람의 면역에서 중요한 것으로 알려진 항원에 신속히 반응하는 반면에, 기니픽과 같은 일부 다른 모델들은 중요한 반응을 나타내어 사람이 사용하기 위해 승인되지 않은 항원보강제(adjuvant) 사용이 필요할 수 있다[45]. 마우스는 또한 수동 보호(passive protection) 모델에서도 사용될 수 있다[46]. 연구자들은 많은 근친교배 마우스 계통과 "녹아웃(knockout)" 마우스를 이용하여 백신과 감염에 대한 면역반응을 분석할 수 있다[47~49]. Swiss-Webster와 같은 이계교배 마우스 계통과 BALB/c 근친교배 마우스 계통은 최근 백신효능실험과 면역반응 평가에 사용되었다[46,50~56]. 이계교배 계통 Swiss-Webster와 OF1, Porton 계통의 마우스들은 치료제 시험을 위해서 근친교배 BALB/c 계통과 함께 사용되었다[57~62]. 페스트 백신의 반응에서 근친교배 마우스 계통들 간의 일부 미묘한 차이가 보고되었으며[63], 일부 근친교배 마우스(inbred mice)가 DNA-기반 백신(DNA-based vaccine)에 대하여 과도한 반응이 나타날 수 있다는 것이 제시되었다[64]. 또한 생균백신은 어떤 일배체형(haplotype) 마우스에서 더욱 독성이 나타나며, MHC 클래스 H-2k와 H-2a는 일배체형 H-2와 H-2b 마우스보다 개선된 생균 백신EV76에 내성을 가진다[65]. BALBs/c, NIH/s (근친교배), Porton 이계교배 마우스들 중에 피하(subcutaneous, s.c.), 복강내(intraperitoneal, i.p.), 비강내 평균치사량(median lethal dose, LD_{50})에서 차이점이 보고되었지만, 이에 대한 통계적 의미는 LD_{50} 값의 신뢰성 한계가 주어지지 않음에 따라 분명하지 않다[66]. 최근에 근친교배된 마우스와 녹아웃된 마우스 계통은 마우스에서 페스트에 대한 면역반응을 분석하는데 유용하게 사용되어왔다[47~49,67,68]. 암컷들은 수컷들이 더 공격적으로 될 수 있기 때문에, 일반적으로 사용되고, 수컷 마우스들 간의 싸움은 일부 실험의 해석을 복잡하게 하였다[63].

마우스는 비경구적(parenteral) 경로, 정맥내(intravenous, i.v.) 경로, 에어로졸 경로에 의한 *Y. pestis* 감염에 매우 민감하다[7,46,59]. 따라서 가래톳, 패혈성, 폐페스트는 모델화될 수 있다. 세균의 선택은 이 모델에서 복잡하지 않으며, 유전자 및 지리적으로 다양한 *Y. pestis* 균주위원회에서는 이계교배 Swiss-Webster 마우스의 감수성을 보고하였다[1]. 사람외 영장류와 같이, 마우스는 F1 캡슐항원을 발현하는 균주들에 의한 감염과 F1-음성균주에 민감하다[16,69~71].

피하(s.c.) 경로[벼룩에 물림(flea bite)의 모방]로 투여되었을 때, 마우스에서 야생형 *Y. pestis*의 LD_{50} 값은 보통 1~10 집락형성단위 사이에 존재한다[7]. Meyer[72]는 마우스, 랫드, 기니픽, 원숭이에서 페스트 감염의 발병이 그 동물의 피하(s.c.)에 접종되었을 때와 유사하였다는 것을 발견하였다. 마우스의 부위절(regional node) 크기에서 육안적인 변화는 명백하지 않지만, 거기에는 또한 사람에서 질병의 병리학적 증세와 이들 모델에서 많은 유사성이 있다. 마우스가 피하(s.c.)로 감염시험 되었을 때, 그 세균은 부위림프절(regional lymph node)로 신속하게 운반되며, 흉관(胸管, thoracic duct)과 혈류로 전달된다[73]. 간, 지라, 골수는 감염되어, 6~12시간 이내에 초기 세균혈증이 일어나게 된다. 이들 기관에서 생장한 후, 말기 세균혈증은 보통 3~5일 이내에 나타난다. 낮은 LD_{50} 값 때문에, 마우스는 자연적으로 발생하는 페스트의 감시(surveillance)를 위해 종종 사용된다. 분말로 만든 벼룩 또는 다른 잠재적 오염물질을 포함하는 샘플은 피하(s.c)에 접종되며, 그 생물체는 그 후 지라에서 분리된다. 그 대신에 조직은 *Y. pestis* 캡슐항원의 발현을 위한 FA로 조사될 수 있다[13, 26]. 역사적으로, 피하(s.c.) 마우스 모델은 또한 포르말린에 사멸된 페스트인 Plague USP의 FDA 효능분석에도 사용되었으나, 이것은 더 이상 제조되지 않는다[44].

에어로졸 모델은 발병연구뿐만 아니라, 백신과 치료효능시험에도 사용되었다[17,50,57,58,69,71,74]. 작은 입자의 *Y. pestis* 에어로졸은 마우스에서 일차 폐페스트를 일으킨다[50,57]. Meyer의 검토에서처럼, *Y. pestis*를 흡입시킨 마우스에서 관찰된 병변은 사람의 일차 폐페스트와 상당히 유사하다. 감염초기에 세포침윤물(cellular infiltration)은 대량출혈과 부종, 혈관 내에서 세균 증식, 폐의 인접한 엽(adjacent lobe)으로 확산되는데 이어, 폐포중격(肺胞中隔, alveolar septa)에서 발견되며, 72~96시간 이내에 죽는다. 연구자들은 사육실내 마우스들 간에 교차감염의 증거가 거의 없음을 밝혔다. Meyer[75]는 연구를 통해서, 마우스 호흡계의 물리적 구조는 감염동물이 발산한 입자들이 접촉 동물의 폐로 도달되는 것을 방지하는데, 이는 마우스들 간에 호흡기 확산이 없기 때문이라고 가정하였다. 이 관점에서 마우스는 동물들 간에 폐페스트 전염에 대한 조사를 하기에 좋은 모델이 아니다. 다양한 입자크기를 가진 에어로졸은 호흡기질환보다 목가래톳(cervical bubo)과 패혈증의 특징을 가지는 질병을 일으킬 수 있다. 이것은 사람의 인두페스트(pharyngeal plague)에 대한 기록들을 반영하였다[75~77]. Swiss Webster 마우스에서 *Y. pestis* 균주 CO92 (최근 연구에서 가장 특징이 잘 규명되었으며 가장 널리 사용되는 균주 가운데 한 가지)에 대한 전신 에어로졸 양은 2.1×10^3[78]과 6×10^4[79]임이 보고되었다. 에어로졸 생성시스템과 흡입용량의 계산상 차이는 LD_{50}에서 관찰된 변화의 원인이 될 수 있다.

에어로졸 노출(aerosol exposure)보다 호흡기 감염에 대한 비강내 모델(intranasal model)이 최근에 널리 사용되었다[54,80~83]. 그 결과, 질병병리학적 증세의 세부정보와 모델에 대한 설명은 아직 문헌으로 발표되지는 않았으나, 마우스가 이 경로의 감염에 민감하고, 콧구멍에 존재하는 병원체로부터 폐렴이 발생하는 것이 분명하다. 비강내 감염에 의한 *Y. pestis* 균주 CO92의 예상 LD_{50} 값은 에어로졸 감염시험이 사용될 때 보고된 값보다 언제나 1 또는 2 log가 더 낮다. 에어로졸화 과정 동안 병원체에 손상을 주는지 또는 다른 질병과정을 나타내는지는 아직 분명하지 않다. Meyer 등[84]은 마취된 마우스가 비강내 노출되었을 때, 10%의 접종물이 심폐에 도달한다는 것을 보고하였다. 그것은 또한 비강내 장치 후, 초기병변이 기관지에서 관찰되었으며; 기관지주위의 세균종괴(peribronchial masses)는 폐포에 침윤되기 전에 관찰되었다는 것을 언급하였다. 이것은 작은 입자의 에어로졸에 의해 생긴 질병의 병리적 증세와 대조적이다. 사망시간은 에어로졸 유발질환(aerosol-induced disease)과 함께 관찰된 것과 유사하였다. 그러나 질병이 진행됨에 따라, 그것은 사람의 폐페스트와 더욱 유사하였다[75,85]. 몇 가지 측면에서, 비강내 장치가 콜리손 분무기(Collison nebulizer)(8.3.2절 참조)에 의해 생성된 소입자의 에어로졸보다 다분산 에어로졸을 모방할 수 있다는 것은 타당한 듯하나, 최근에 큰 입자 및 작은 입자의 에어로졸에 노출된 마우스에서 분명한 병리학적 차이가 있다는 것이 밝혀졌다[86]. 이 병리학적 차이는 큰 입자에 노출되어 코-연관 림프조직(nose-associated lymphoid tissue, NALT)의 손상과 이차폐렴이 나타났으며, 반면에 이차폐렴은 작은 입자 에어로졸에 노출되어 생겨났다. 이것은 에어로졸 노출방법이 실험목적을 지원하기 위해 제대로 선택되어야 하는 중요한 변수라는 것을 나타낸다. 예를 들어, 큰 입자 에어로졸(large-particle exposure)은 개인 대 개인 전파의 예측에 적절한 데 비하여, 작은 입자 에어로졸은 고의적인 에어로졸 방출에 대한 시험예측을 위해 추천되었다. 에어로졸과 비강 내로 다양한 농도에 노출된 마우스의 질병동태학적(disease kinetics) 측면에서 양립비교는 비강내 소입자 에어로졸(intranasal small particle aerosol) 모델과 다분산 에어로졸 모델(polydisperse aerosol model)의 비교에서 매우 유용하다. 원칙적으로 그 연구는 동일한 접종시료와 마우스의 출처를 사용하여 동시에 수행되었다. 이것은 현재 이용할 수 있는 데이터에서 문제를 일으키는 많은 변수들을 최소화한다.

패혈성페스트는 독성이 강한 세균의 정맥내(i.v.) 감염시험으로 마우스에서 유발될 수 있으며, 일부 치료제들은 이 모델을 통해서 평가되었다[59,73]. 더욱 중요한 점은 피하(s.c.) 경로에 의해 크게 약독화된 *Y. pestis*의 색소결핍(pigmentation-deficient)(Pgm⁻) 균주의 정맥내(i.v.) 독성은 많은 연구자들이 생물안전단계-2(biosafety level-2) 조건에서 몇 가지 *Y. pestis* 독성인자의 중요성을 안전하게 평가할 수 있도록 하였다[7]. 안구뒤 감염시험(retro-orbital challenge)은 종종 마우스의 꼬리정맥(tail vein)으로 접종하는 대신에 사용된다[87]. 그 세균이 보통 혈류로 직접 유입되지 않기 때문에, 이들 모델은 자연스럽게 획득된 질병으로 생각되지 않는다. 그러나 그들은 질병진행에서 중요한 부분을 차지하며 (지라와 간에 전파로 인한 패혈증), 보다 나은 격리시설이 준비되지 않는 과학자들에게는 가치가 있다. 더욱이 어떤 염색체가 결실된 Pgm⁻ 균주들은 실험실의 질병통제센터(Centers for Disease Control, CDC)의 선택제제 규정(select agent regulation)으로부터 면제되는데, 이는 제제 선택에서 CDC에 제제의 등록이 되어있지 않은 실험실에서 이점이 된다. 이 제외에 대한 설명은 다음 웹사이트에서 볼 수 있다: http://www.cdc.govlod/sap/exclusion.com.htm.

Butler 등[88]은 위장내 장치, 그리고 음용수와 세균의 혼합물의 *Y. pestis*에 의한 구강감염에 대하여 마우스, 기니픽, 랫드 모델을 기술하였다. 마우스에서 치명적 전신감염과 뒤이은 혈청전환의 자연치유성 질병에 대한 증거가 있었다. *Yersinia pestis*는 실제 창자감염을 일으키지 않았다; 대신에 그 세균은 위장관의 상피를 통해 침입하여, 혈액, 간, 지라에서 증식하는 것으로 나타났다. 이같이 병리학적 증세는 장내병원균에 의해 야기된 유사한 질병보다 비경구적으로 감염된 마우스의 것과 유사하였다. 최근의 연구에서 Kokushkin 등[89]은 더욱 자연스러운 섭취과정에 근거한 마우스 모델을 제시하였으며, 거기에서 마우스는 한천펠릿(agar pellet)에 포함된 세균섭취를 통하여 감염시험되었다. 초기감염에서, 저자들은 위장관을 따라, 특히 회장-맹장이음부(ileal-caecal junction)에서, 부위절(regional node) 내에서 이 세균들을 관찰하였다. 전신성 감염(systemic infection)은 그 이후에 관찰되었다[89].

8.3.2 기니픽

기니픽(guinea pig)은 마우스와 마찬가지로, 가격, 공간, 취급의 용이함의 측면에서 매력적인 모델이다. 그러나 역사적으로 이 모델의 사용에는 몇 가지 문제점들이 제기되어왔다. 많은 연구자들은 사멸백신, 세포성 페스트백신(plague vaccine), 또는 F1 캡슐항원을 포함하는 항원추출물(antigenic extract)이 마우스, 랫드, 사람의 영장류에서 매우 효과적임에도 불구하고, 이들 물질로 기니픽에 성공적으로 예방접종하는 일이 어렵다는 것을 보고하였다[45,90~95]. 일부 사례에서, 오일로 된 항원보강제(oil-based adjuvant)의 혼합물은 *Y. pestis* 감염시험에서 기니픽을 보호하는데 필요하였다. 이것은 이 항원보강제가 사람을 대상으로 사용 승인되지 못함에 따라 기니픽은 매력적인 모델로서 많은 각광을 받지 못하였다. Meyer[72]가 상대적으로 다량의 특이항체를 복강내(i.p.)에 투여하여 일부 성공적인 결과를 얻었다고 보고하였지만, 면역혈청(immune sera)이 감염시험 이전에 기니픽에 투여되는 수동방어모델(passive protection model)은 일반적으로 사용되지 않았다[90,96]. 약독화된 생백신(live attenuated vaccine)은 보통 기니픽을 성공적으로 보호하였다[90]. 그러나 기니픽에서 본래 독성이 없었던 일부 백신균주가 사람와 영장류에서 치명적임이 입증되었을 때, 생균 페스트백신의 모델로서 이 동물의 사용에 관하여 심각한 우려가 제기되었다. Meyer 등[93]은 이 모델이 F1 항원을 가진 기니픽의 보호능의 부재로 인하여 백신효능시험에 부적당하다고 생각하였다.

많은 서방의 연구자들이 마우스 모델을 선호하지만, 구(舊)소비에트연방(former Soviet Union, FSU)에서 페스트를 위해 선택한 작은 동물모델은 마우스보다 기니픽이었다. Anisimov 등[98]은 기니픽에 대한 독성이 아마도 사람에 대한 독성을 예측하는 데 가장 좋은 동물이라고 발표하였다. 이 주장의 일부 근본적 이유는 구(舊)소비에트연방에서 발견된 *Y. pestis*의 어떤 아종(subspecies)이 사람감염에 거의 연관되지 않는다는 것이었다. 이들 분리체는 그들이 비경구적 경로(parenteral route)에 의해 감염될 때, 기니픽에 대하여 약독화되지만, 다른 동물모델에서는 독성을 유지한다[98,99]. 그러나 이 현상은 이들 질병의 병소를 유지하는 사람과 숙주 사이의 제한된 접촉의 결과일 수 있다. 더욱이 비경구적 감염경로(parenteral infection route)에 의한 감쇄(attenuation)는 에어로졸 백신을 필연적으로 예측되지 않았다[100,101]. 구(舊)소비에트연방에서 생균백신(live bacterial vaccine)에 대한 중시와 더불어 이 형태의 예방접종에 잘 반응하는 것으로 알려짐에 따라, 기니픽 모델은 매력을 가지게 되었다. 서양의 실험실과 구(舊)소비에트연방에서 사용된 다양한 세균균주와 동물계통은 직접 비교하기 어렵다. 마우스와 기니픽 간의 분명한 차이 때문에, 연구자들은 이들 동물모델들 사이에 추정하는 일에 조심해야 한다.

많은 경우에 기니픽 계통이 특별한 연구에 사용되었다는 것은 분명하지 않다. 최근에 이계교배 Dunkin Hartley과 "불임성" 기니픽이 페스트 모델로서 사용되었다[69,92,94,102]. 백신에 대한 그들의 반응에서 기니픽의 다양성 때문에, Smith와 Packman[103]은 근친교배(inbred) 또는 특별한 무균동물의 사용을 제시하였다. 그러나 Meyer 등[97]은 특별한 무균동물의 사용이 예방접종과 감염시험에 대한 반응에서 이 다양성의 문제를 제기하지 않았다는 것을 보고하였다.

마우스와 같이, 기니픽은 *Y. pestis*에 의한 감염에 대한 매우 민감한 것으로 생각된다[69,74]. 그러나 *Y. pestis*의 어떤 균주에 대한 이들 설치류의 감수성에서 눈에 띄는 차이점은 없다. 예를 들어, 마우스나 사람외 영장류와는 달리, 기니픽은 비캡슐형 균주(noncapsulated strain)(F1)에 의한 감염에 상대적으로 저항성을 나타낸다. 캡슐은 이 동물에서 필수적인 독성을 나타낸다[69,104]. 기니픽에서 저항성의 독특한 패턴에 대한 다른 사례는 브라질 사례에서 언급되었다. 페스트 병소에서 분리된 200개의 균주들은 모두 마우스에 고병원성을 나타냈으나, 기니픽에서 독성을 나타내지 않았다[105]. 이들 *Y. pestis* 균주는 F1-양성이었지만, 아스파라긴 영양요구체(asparagine auxotroph)가 되는 것이 뒤이어 발견되었다. 분명히 asparaginase는 기니픽의 혈청에 존재하였으나, 영양요구성 균주(auxotroph strain)의 필수영양소를 기니픽 숙주환경에서 제거시킨 마우스 (또는 사람)에서는 없었다. 이 사례에서 사람에 대한 기니픽 연구에서 얻은 추정된 독성데이터는 불확실하다. Caucus 지방에서 분리된 일부 *Y. pestis* F1-양성균주는 마우스, 들쥐, 땅다람쥐(suslik), 게르빌루스쥐(gerbil)에 대하여 독성을 나타냈지만, 기니픽에서는 약화되었다[99]. 이 숙주특이성의 유전적 기초는 알려지지 않고 있다. 마지막으로, 기니픽의 *Y. pestis*에 대한 감수성에서 일부 계절적 변이에 대한 보고가 있다; 이 기니픽은 겨울보다 여름에 더욱 민감한 것으로 나타났다[72,85,90]. Spivak 등[90]은 열대지방에 위치한 실험실의 기후 조건이 일부 초기연구에서 계절적 변이를 고려하지 못하였다는 것을 제시하였다.

진피 접종, 또는 피하 접종뿐만 아니라 벼룩물림모델(flea bite model)을 이용한 가래톳페스트 모델이 개발되었다. 기니픽은 이들 경로에 의한 감염에 매우 민감하다[31,90,94,106]. Pollitzer에 의해 검토된 바와 같이, 면도, 탈모, 또는 심지어 온전한 기니픽에 전염성 물질을 바르는 것은 감염을 일으키기에 충분하였다. 동물이 진피 경로(intradermal route) 또는 벼룩에 의해 감염될 때 뾰로지(papule)가 관찰되면, 림프절병, 패혈증, 죽음의 순서로 진행된다. 기니픽이 비경구적으로 감염된 경우에, 질병은 많은 다른 모델들과 비교해 볼 때, 지연되었으며, 항상 투여용량과 연관되지 않는 않았다[30,31,69,106].

현재 미국에서 가장 흔하게 사용되는 *Y. pestis* 균주 CO92와 Hartley 기니픽의 에어로졸 LD_{50} 값은 약 40,000 CFU으로, 마우스의 그것과 유사하다[69]. 혼합된 입자크기의 에어로졸 연구에서, 기니픽의 감염은 자궁경부 및 후두부종(cervical and laryngeal edema), 림프절병(증), 출혈절(hemorrhagic node), 패혈증, 장내벽 출혈의 특징을 가지는 질병을 일으켰다. 지라에서 속립성 농양(粟粒性性膿瘍, military abscess)이 관찰되었다. 동물의 약 1/4에서 폐렴이 발생하였으나, 이것은 일차 폐감염보다는 이차 폐감염으로 나타났다[75,76,107~109]. 동일한 조건에서 노출된 원숭이들은 일차 폐페스트를 보여주었다. 이들 결과에 근거하여, Strong and Teague[109]는 기니픽에서 감염이 입과 목의 점막에 시작된다고 결론을 내렸다. 국소 림프절 침입은 패혈증, 그리고 일부 사례에서는 이차폐렴이 수반된다. 그들은 이 질병의 진행이 얕은 호흡과 기니픽 기도의 상대적으로 작은 크기의 입자들에 기인하는 것으로 생각하였다[109]. 다른 것들은 기니픽 코털의 밀집이 입자의 침착에 영향을 미칠 수 있다는 것을 제시하였다[31]. Druett 등[110]은 기니픽 기도가 4 μm 이하의 입자들이 폐에 도달하지 못하도록 한다는 것을 보고하였다. 1 μm 이하의 입자들은 일차 기관지폐렴을 일으킨 반면에, 10~12 μm 입자들은 상기도에 축적되었다[110]. 후자의 동물그룹은 Strong and Teague에 의해 기술된 것과 유사한 병리학적 증세를 보여주었다[109]. 다른 모델에서, $5\times10E^7$ 세균의 기관내 장치에 의해 일부 기니픽 그룹에서 폐페스트를 일으켰으며[75,111], 바르비투르산염(barbiturate)으로 마취된 동물의 비강내 장치의 사용을 통해서도 일어났다[84,85]. Meyer[75]에 따르면, 이 기법은 심호흡으로 대략 접종물의 10%를 제거한다. 이 연구에서 마우스와 대조적으로, 기니픽에서는 뚜렷한 고통을 수반하지 않은 채, 급사하였다. 흔한 경우는 아니지만, 이들 모델에 의해 감염된 일부 기니픽은 같이 사육된 대조군들을 감염시켰다[75].

8.3.3 Multimammate 마우스 (*Mastomys natalensis*와 *Mastomys coucha*)

두 종의 Mastomys (이전에 Praomys로 불림)가 페스트의 실험모델로서 사용되었다. 이들 동기[쌍생]종(sibling species)은 남아프리카 지역에 존재하는 농업해충으로, 사람과 더불어 살아간다. *Mastomys coucha*는 *Y. pestis*의 알려진 보균체인 반면, *Mastomys natalensis*는 라사열(Lassa fever)의 원인이 되는 아레나바이러스(arenavirus)를 옮긴다[112,113]. 최근에 이들 종을 식별하는 동질효소(isozyme)와 동종이인자형(同種異因子型) 마커(allotype marker)가 동정되었다. 그러나 그들이 동일한 병원체의 보균체로서 작용하지 않는 이유는 아직 분명하지 않다[112]. 실험실에서 *M. natalensis* 토끼는 *M. coucha* 토끼보다 *Y. pestis*에 의한 감염에 덜 민감하다[114,115]. *M. coucha* 토끼가 아닌 면역화되지 않은(naive) *M. natalensis* 토끼는 비특이적으로 *Y. pestis* 분열촉진물질(mitogen)과 반응하는데, 이것은 이전 종의 보다 내재면역(innate immunity)이 더 크다고 설명할 수 있다[116]. 두 종의 실험용 집락이 확인되었다[116,117]. *M. coucha* 모델은 마우스나 기니픽보다 *Cercopithicus aethiops*의 생균백신에 대한 감수성을 더욱 밀접하게 모방할 수 있으며, 이 백신형의 더욱 적절한 선별모델(screening model)이라는 것을 제시하였다[117].

8.3.4 랫드

많은 랫드 종(種)(*Rattus norvegicus*, *Rattus rattus*, *Rattus alexandrinas*, 뿐만 아니라 Sprague-Dwaley Wistar 실험용 랫드)이 페스트 모델로 알려져 왔다[93,118,119]. 이 속(屬)은 *Y. pestis* 균주와 랫드의 종류에 따라 피하 치사량 대략 1,000배 이상으로, 마우스 또는 기니픽보다 *Y. pestis* 감염에 대하여 보다 강한 내성을 나타내었다. 페스트에 대한 저항성은 실험용 랫드와 전염병 발생 지역과 미발생 지역으로부터 포획된 랫드에서 언급되었다[119]. 랫드에 피하 진피내, 에어로졸, 비강내 등의 다양한 시험투여경로(challenge route)로 적용하였다. Williams와 Cavanaugh[120]는 비강 감염이 일차 호흡기질환보다 더 편도선과 후두를 수반했던 바와 같이, 비강 경로가 폐페스트를 확립하는데 에어로졸만큼 신뢰할 수 없다는 것을 알았다. 그러나 그들은 비강 시험투여경로가 피하감염시험 경로보다 백신에 대한 더욱 엄격한 시험이었으며, 따라서 효능시험에 적합하다고 생각하였다[120]. 랫드의 구강감염모델은 감염조직을 랫드에게 섭취시킴으로써 개발되었다. 페스트로 죽은 랫드의 대략 22%가 세균혈증에 걸렸다[118].

Otten[121]은 야생에서 포획된 *R. rattus*와 실험용 랫드 모두가 약독화된 생 *Y. pestis* 균주에 보호될 수 있다는 것을 보여주었다. 그러나 그는 야생 랫드가 사육 상태에서 스트레스의 명백한 징후를 보여주었으며, 면역기간 평가에 이 모델을 사용하는 데 대한 우려를 언급하였다[121]. 랫드는 마우스와 원숭이와 마찬가지로, 동일한 세포분획 (주로 F1)에 의해 보호되었다. 랫드는 약독화된 생백신, (죽은) 세포백신, 현저한 F1 역가(titer)를 가지는 F1-기반 백신에 반응하였다. 이들 역가는 *Y. pestis* 감염시험에서 보호와 관계가 있다는 것이 나타났다[93,120]. 보호항체(protective antibody)는 자궁(in utero)에서 그들의 immune dam에 의해 갓 태어난 랫드로 전달된다는 것을 보여주었다[122].

최근의 연구는 *Y. pestis* 균주 C092의 500 CFU가 허리의 진피로 투여되었을 때, Brown Norway, Sprague-Dawley, Wistar 랫드의 100%에서 치명적이었다는 것을 보고하였다. 그러나 일부 동물들은 병원체가 귀속의 진피 내로 접종되었을 때 생존하였다[123]. 현재, Brown Norway 근친교배 랫드(inbred rat)는 가래톳페스트와 폐(肺)페스트의 모델화를 위해 널리 사용되고 있다. 이들 균주의 게놈은 완전히 서열 분석되었으며, 그것은 모델로서 매력을 가지게 되었다. 랫드에서 질병

진행의 동태학(kinetics), 독성인자(virulence factor)의 확인, 전사체분석(transcriptomic analysis)은 모두 보고되었다[124~127]. 질병의 경과는 사람에서의 경과와 유사한 것으로 보인다. *Y. pestis* 균주 CO92의 비강내 LD_{50} 값은 대략 200 CFU가 되는 것으로 보고되었으나, 에어로졸 LD_{50} 값은 1.6×10^3 CFU가 되는 것으로 계산되었다[125,126]. Winstar 계통에서 유래하는 *R. norvegicus* "WR" 계통은 나이, 성별 또는 계절에 관계없이, 페스트에 매우 민감하였다. 이 랫드 계통에서 *Y. pestis*의 LD_{50} 값은 피하 감염시험에 의해 20 CFU 이하로 나타났다. 그러나 WR 계통은 현재 이용가능 여부는 분명하지 않으며[120], 이 감수성 향상을 위한 유전적 기초 지식은 알려져 있지 않다.

8.3.5 토끼

토끼(*Oryctolagus cuniculus*)는 야생에서 페스트에 걸린 후에, 사람으로 전파되는 질병으로 알려져 있다. 최근에 감염된 토끼의 가죽을 벗기는 일과 연관된 페스트 환자의 사례가 미국에서 보고되었다[128]. 역사적으로, 토끼는 감염시험 용량에 대한 반응으로 중요한 변화가 있는 것처럼, 신뢰할 수 있는 실험용 모델이라고 생각하지 않았다[31]. 그러나 토끼는 *Y. pestis* 항원에 잘 반응하여, 페스트 항혈청(plague antiserum) 생산에 널리 사용되었다. 항혈청은 마우스를 수동적으로 보호하는 것으로 나타났다[72,96]. Pollitzer의 리뷰에서와 같이[31], 일부 연구자들은 *Y. pestis*를 흡입한 토끼가 폐페스트보다 패혈성 질병에 걸린다는 사실을 발견하였다. 위에 인용된 우려와는 관계없이, 토끼모델은 최근에 재검토되었다. 이들 연구는 백신효능실험, 필수독성유전자의 동정, 페스트의 매개체로서 사람의 몸이(body louse)를 평가하기 위한 실험모델을 포함한다[95,129~131]. 인공 벼룩-사육모델(artificial flea-feeding model)에서 *Y. pestis*가 "부착된(spiked)" 토끼의 피를 섭취한 벼룩은 세균에 대한 부담이 덜하며, 동일한 *Y. pestis*에 감염된 랫드의 피를 섭취한 벼룩과 비교하여 감염의 가능성은 높지 않다[132]. 벼룩이 섭취한 다른 출처의 피, 피의 출처에 따른 영양적 차이, 또는 아마도 어떤 포유동물의 피에서 벼룩에 대한 억제 물질의 존재에서 차이를 반영하는지는 분명하지 않다. 마찬가지로, 이 현상이 자연에서 벼룩 (궁극적으로 포유류 숙주)에 대한 전파에 영향을 미치는지는 확실하지 않다. 그러나 그 같은 생체밖 사육모델에서의 결과는 사용된 혈액형에 의존되며, 이것은 그러한 실험을 디자인했을 때 명심해야 한다는 것을 보여준다. 토끼의 근친교배 계통과 이계교배 계통에 대한 추후 연구를 통해서 페스트에 대한 더욱 바람직한 모델의 개발이 가능하게 될 것이다.

8.3.6 코튼 랫드

코튼 랫드(cotton rat, *Sigmodon hispidus*)는 페스트에 상대적으로 내성을 가진다[72]. Meyer 등[85]은 기니픽과 마우스와 함께, 코튼 랫드에 대한 비강감염모델을 기술하였다. 마우스와 코튼 랫드는 비강내 감염 후, 명백한 질병의 징후를 나타내었으며, 감염 3~4일 만에 죽었다[85]. 그 결과 일차폐렴은 사람에서의 징후와 유사한 것으로 나타났다. 코튼 랫드는 Fi를 포함하는 세포분획이 사용되었을 때, 마우스 또는 원숭이보다 예방접종이 더욱 어려운 것으로 나타났다[93].

8.3.7 얼룩다람쥐(*Ostospermophilus beecheyi*)와 땅다람쥐(*Ostospemophilus variegatus*)

캘리포니아 얼룩다람쥐(California ground squirrel)와의 접촉을 통해서 페스트 환자들이 많이 발생하였다. California 주에서 포획된 얼룩다람쥐에서 *Y. pestis*의 LD_{50} 값은 ID_{50}에서 보다 대략 25배 더 높았다. 일부 동물들은 혈청전환(seroconversion) 없이 감염시험으로 생존된 반면, 다른 동물들은 캡슐항원 F1에 대한 항체를 만들어 냈다. *Y. pestis* 감염에 대한 이질적인 반응이 있음에도 불구하고, 일부 동물들에서 코피, 점상출혈, 지라비대, 폐렴 등이 나타났다. 이 동물은 감시(surveillance)에 유용하지만, 페스트에 대한 실험연구에서는 거의 사용되지 않는다[133]. Quan 등[134]은 땅다람쥐가 사람에서와 유사한 빈도로 병리학적 응고이상(pathocoagulopathy)과 폐렴을 나타냈으며, 이 동물이 페스트 실험모델로서 적절할 수 있음을 언급하였다. 땅다람쥐에서 질병의 육안병리학적 특성은 3가지 형태의 카테고리로 나뉘었다: 간과 지라에서 괴사성 병변은 없지만, 출혈성가래톳과 지라비대를 가진 매우 치명적인 형태, 지라와 간에 가래톳과 괴사병변의 특징을 나타낸 보다 긴 사망시간을 가진 아급성 형태, 그리고 치명적이지 않은 림프절병(증) 형태[135].

8.3.8 들쥐(*Microtus caliegatus*)

페스트에 내성을 가지는 동물과 민감한 동물을 넘나드는 실험실에서 사육된 들쥐(*Microtus caliegatus*)에 관한 연구는 이 종(種)의 내재내성(innate resistance) 특성이 다중유전자에 있으며, 식작용(phagocytic activity)에서의 차이점 때문일 수 있다는 것을 제시한다[136]. 이 모델은 내재면역의 본질을 연구하는 데 유용한 것이 입증되었다.

8.3.9 기타

많은 작은 동물들은 보균체로 제공되거나 전염병으로서 페스트의 창궐에 기여한다. 이들 대부분의 동물들은 역학적 관점에서 일차적 관심의 대상이 되었다. 그러나 이들 모델에 대한 최신의 실험실 연구가 수행되지 않았지만, 일부는 추후의 잠재성으로 남아 있을 수 있다. 예를 들어, *Y. pestis*가 실험적으로 감염된 작은 땅다람쥐(little susliks)(*Citellus pygmaeus* Pallas)가 동면할 때, 잠재성일 수 있다는 것을 보여주었으며, 그러한 모델들은 자연의 페스트 주기를 연구하는데 사용될 수 있다[137].

관심의 대상이 되는 최근 논문들은 책 후미의 참고문헌에 포함되어 있다[9,138~140].

8.4 페스트의 사람외 영장류 모델

사람외 영장류(nonhuman primates, NHP)는 페스트 감염, 발병, 백신효능을 위한 모델로서 100년 이상 사용되어왔다. 사람과 같이, 영장류는 페스트의 흔한 숙주이다. 그러나 사람외 영장류와 사람, 그리고 다른 종의 사람외 영장류들 간의 페스트에 대한 민감성은 몇 가지 차이점이 있다. 이들 차이점의 범위와 근거는 완전하게 이해되지 않았다. 문헌의 결과들과의 비교는 사용된 원숭이의 출처가 기록되지 않았던 것과 같이 어렵고, 페스트 균주, 감염경로, *Y. pestis*의 투여량 등과 같은 다른 변수들로 인하여 해석이 혼동된다. 최근에 유전암호 차이의 추적을 통해서, 사람/사람외 영장류의 생리학, 해부학, 면역학에서 미묘한 차이를 확인하기 시작하였다. 유전자 수준에서 사람과 사람외 영장류의 비교가능성 아직 끝나지 않은 이야기이다. 그러나 이 정보를 이해하는 것은 결국 페스트 연구자를 위한 가장 적절한 사람외 영장류를 선택하는 일에 도움을 주게 될 것이다. 사람외 영장류의 몇 가지 종이 페스트의 발병과 백신효능을 연구하기 위한 모델로서 문헌에 기술되어 있다. 여기에서 사람외 영장류의 페스트 감염에서 알려진 유사성과 차이점, 그리고 이것이 어떻게 사람감염과 비교되는지를 간단히 기술할 것이다.

8.4.1 Rhesus 원숭이

Rhesus 원숭이 (*Macaca mulatta*)는 오랫동안 페스트 백신연구에서 널리 사용되었다. Rhesus 원숭이는 사람을 포함한 다른 영장류보다 피하 페스트 감염에 더욱 내성이 있는 기술되었다. Rhesus 원숭이의 피하 LD_{50}에는 분명히 수백만 개의 세균이 필요하며, 사람에서는 세균이 감염용량으로서 몇백에서 몇천 개가 필요하다[141,142]. Rhesus 원숭이는 또한 에어로졸 형태의 *Y. pestis*에 대하여 다소 내성을 가진다. Rhesus 원숭이에서 면밀하게 계산된 에어로졸 LD_{50} 값은 20,000개의 흡입 세균인 데 반하여, 사람에서의 LD_{50} 값은 약 3,000개 정도로 추정된다[143~145]. 그러나 페스트에 대한 낮은 내성은 100 CFU의 면밀하게 계산된 LD_{50} 값으로 기관지내 투여시험 후, rhesus 원숭이에서 관찰되었다[141]. 기관지내 경로에 의한 감염이 폐페스트의 발달을 초래하지만, 에어로졸에 노출된 동물과 비교되었을 때, 병리학적 측면에서 일부 차이가 있다. 특히 기관지내 점적주입 후 폐렴의 특성은 에어로졸 전달에서 보여주었던 것보다 더 제한적이며, 폐렴이 일차패혈증과 동시에 일어날 수 있다는 증거가 있다[145]. Rhesus 원숭이가 급성 폐페스트를 나타낼 수 있지만, 에어로졸화된 페스트에 노출된 많은 원숭이들은 만성 폐페스트로 알려진 특이한 병변을 가진 지연성 질병을 나타낼 것이다[146]. 만성 페스트는 사람에서 매우 드문 질병이기 때문에, 여기에서 이 증후군에 대하여 많은 논의를 않을 것이다. 그러나 rhesus 원숭이에서 폐페스트에서 관찰되는 두 가지 중요한 형태는 살아 있는 많은 간균들이 이 질병의 만성형태에서 "조절"된다는 것을 나타낸다. 이같이 rhesus 원숭이에서 만성 페스트 연구는 에어로졸화된 *Y. pestis*에 보호반응(protective response)의 상승에 요구되는 중요한 숙주요인들의 보다 나은 이해를 초래할 수 있다.

반면에 rhesus 원숭이의 급성 폐페스트에서 관찰된 병변은 사람에서의 병변들과 밀접하게 부합된다(표 8.5 및 표 8.6). 고열은 질병에서 일찍이 나타나는 것으로 보고되었으며, 그 동물은 발열이 시작된 2~4일 후에 혈압과 적혈구 용적률(hematocrit)은 떨어져서 24시간이내에 사망에 이르게 된다[145]. 순환성 호산구(circulating eosinophil)의 양은 질병이 진행되는 동안 감소한다. 동물들은 빈호흡(頻呼吸, tachypnea)을 나타내며, 급격히 약해진다. 그 질병의 급성형태에서, rhesus 원숭이는 사람의 질병에서와 유사한 엽성폐렴(lobar pneumonia)을 나타낸다(표 8.5). Rhesus 원숭이에서 가래톳페스트가 아닌, 폐페스트는 간에서 신속한 집락형성으로 간기능이 조기 손상되는 것으로 보고되었다[145]. 이 현상은 사람에서 일어나는 것과는 정반대로 나타난다. 그러나 기관지내 감염이 직접적인 패혈증페스트를 초래할 수 있는 것처럼, 이 rhesus 원숭이 연구에서 기관지내 시험투여경로의 사용으로 해석은 복잡해진다.

Finegold 등[36]은 파종혈관내응고를 알아보기 위하여 페스트에 감염된 rhesus 원숭이를 조사하였다. 에어로졸에 노출된 원숭이는 응고시간, 부분적 트롬보플라스틴시간, 평균프로트롬빈시간, 그리고 혈소판 수의 감소와 동시에 순환성 피브리노겐의 시간 경과에 따라 증가하는 경향을 나타내었다[36]. 이 현상은 사람에서 다양하게 발생하는 것과 사람의 사례에서 항균제의 사용으로 완화될 가능성을 기술하였다[37,147]. 전체적으로 볼 때, 이 데이터는 rhesus 원숭이가 비록 이 문맥에서 모델로서 사용하는데 역사적 선례가 있음에도 불구하고, 페스트 백신연구를 위한 최적의 사람외 영장류 모델이 아닐 수 있다는 것을 제시한다. Rhesus 원숭이는 발병과 내재면역연구를 위해 더 유용할 수 있지만, 백신면역연구에서 사용되어왔다[148].

8.4.2 Cynomolgus 원숭이

Cynomolgus 원숭이 (*Macaca fascicularis*)는 20세기 시작 이래 페스트 백신 실험에 사용되어왔다. 중요한 점은 지난 5년 동안, cynomolgus 원숭이는 페스트의 발병과 백신연구에서 발표된 대부분의 연구에서 사람외 영장류 모델이 되었다[149~158]. 페스트에 대한 감수성은 피하 경로와 기관지 경로에서 cynomolgus 원숭이와 rhesus 원숭이 모두가 유사하게 기술되었다. 그러나 문헌에서는 감수성에서 큰 변수가 있다는 것을 제시하고 있다[97]. 이 차이점이 실제변수인지 아니면 실험변수인지는 알 수 없다. 우리 연구에서는 cynomolgus 원숭이가 대략 300개의 흡입세균 LD_{50} 값으로 에어로졸화된 페스트에 매우 민감하다는 것을 제시하고 있다[159]. 이 값은 계단법(staircase method)을 통해서 결정되었다. 더욱 최근의 연구에서는 작은 입자로 된 에어로졸의 LD_{50} 값이 프로빗 분석(probit analysis) 또는 선형회귀분석(linear regression)에 의해 각각 계산된 바와 같이, 24 [158] 또는 66 [151] CFU 값으로 낮아진다는 것을 제시하였다.

Cynomolgus 원숭이의 임상 및 병리반응은 미묘한 차이로 구별될 수 있지만, 사람의 질병과 유사하다. 사람의 폐페스트에서 그렇듯이, 에어로졸 경로로 감염된 cynomolgus 원숭이는 대개 감염 2일 후에 고열이 생긴다. 빈맥(頻脈, tachycardia)와 빈호흡(頻呼吸, tachypnea)이 관찰되며, 무기력해진다. Cynomolgus 원숭이에서 수포음(水泡音, detectable rales)이 발견되고, 소엽(lobular) 및 분엽경화(lobar consolidation)가 나타난다[97]. 세균혈증은 24시간 이내에 말초순환을 통해서 발견될 수 있으며, 보통 노출 후 3~5일 만에 죽는다[159]. 폐의 육안병리학적 증세는 섬유성 흉막염(fibrinous pleuritis)의 발달이 크게 감소되는 것을 제외하면, 사람의 질병에서와 유사하게 나타난다 (표 8.5). 이것은 보다 면밀한 검사를 통해서 폐병변의 섬유소 흉막염과 동일한 손상을 보여주는 것과 같은 일시적 현상일 수 있다 (표 8.6). 지라와 말초순환에 저농도로 투여된 cynomolgus 원숭이에서 폐의 외부에서 세균의 전파는 용량현상(dose phenomenon)을 반영할 수 있지만, 줄어드는 것으로 나타났다. 폐의 괴사와 출혈은 종격 림프절에서와 마찬가지로, 사람의 병변과 비교하여 감소되며, 이것은 용량효과(dose effect) 또는 일시적 현상이 될 수 있다. 일차 폐페스트의 병리학 측면에서 가장 최근에 발표된 연구는 이전의 관찰 내용들을 확인하고, 고열이나 호흡곤란과 같은 이전의 병리폐렴성 발견이 감염동물에서 항상 나타나지 않을 수 있다는 것을 알 수 있으며, 거기에는 다양한 조직병리학적 증상이 존재한다는 것을 보여주었다[157]. 그러나 이들 연구는 모두 임상증상, 육안병변, 조직병리학이 말기 사람의 일차 폐페스트에서와 일치하였다고 결론지었다.

Cynomolgus 원숭이는 페스트 항원에 대하여 확고하고, 다양한 반응을 나타낸다. F1-V 백신이 접종된 원숭이는 에어로졸 페스트 감염시험 후, 한 가지 분획(F1), V 항원, LPS, Yop B, Yop D, Yop M에 대하여 항체반응을 한다[160]. 이 모델은 또한 사멸된 세포백신, 약화된 생백신, F1+V 재조합 페스트백신(recombinant plague vaccine)[149,150], 또는 재조합융합단백질(recombinant fusion protein) rF1-V[152,154,161]을 시험하기 위해서도 사용되었다. 사멸백신은 에어로졸 감염시험이 아닌 비경구적에 대한 보호를 유도하는 반면에, 약화된 생백신 및 재조합백신은 높은 폐(肺)페스트의 이환율(morbidity)과 사망률(mortality)에 대하여 대다수 동물을 보호하였다[97]. 사람에서 발생할 것을 예상하는 것과 보호수준의 상관관계를 입증하기 위한 시도가 있었다. F1과 항원에 대한 항체 측정은 면역의 가장 믿을만한 상관관계인 것으로 보인다[160]. 절대역가(absolute titer)가 보호와 상호연관되어 있는 듯하지만, 특이 항원결정기(epitope)에 대한 항체생산은 중요한 것으로 보인다. 현재까지 수집된 임상 및 병리학적 결과는 cynomolgus 원숭이가 페스트 발병과 백신연구에 훌륭한 모델이라는 것을 나타낸다. 비교유전체연구를 위한 부가적 유전자데이터는 감염과 치료에 대한 사람의 반응을 반영하기 위한 이 원숭이의 능력을 결정하는데 필요하다.

8.4.3 Vervet 원숭이

African green 원숭이 (*Cercopithecus aethiops*) 종(種)은 페스트에 대한 다양한 선천적 내성(innate resistance)을 가지는 몇 가지 아종(subspecies)으로 구성된다. 케냐에서 유래하는 것으로 기술된 아종들은 EV76 백신균주에 감염과 사망률에 민감한 반면에, 에디오피아산 녹색원숭이(Ethiopian green monkey)는 그 백신균주에 의해 죽지 않았다[97,162,163]. 원래 남아프리카에서 유래한 St. Kitts의 카리브섬에 소재하는 제3 아종의 반응은 측정되지 않았다. 사람의 백신균주로 원숭이의 어떤 아종을 감염하거나 죽이는 능력은 페스트 연구에 African green 원숭이의 사용에 의문을 제기한다. 비록 야생 균주에 대한 감수성은 바람직하지만, 약화된 페스트 세균에 저항하는 능력은 동등하게 중요하다. 그러나 EV76 균주들 간에 상당한 차이가 있다는 것과 앞서 언급된 연구에서 동일한 감염시험 생물이 사용되었는지는 분명하지 않다는 것에 주목하라.

다행히도 African green 원숭이의 비케냐 종(non-Kenyon species)에 대한 백신연구는 매우 생산적이었다. Cynomolgus 원숭이와 같이 African green 원숭이는 약 300 개체의 야생형 *Y. pestis* 흡입에어로졸 LD_{50} 값을 가진다. St. Kitts 소재 원숭이의 임상징후는 만성 폐페스트를 보여주는 사람과 다른 종류의 사람외 영장류에서의 징후들과 유사하다 (표 8.4). 병리학적 증세는 사람에서와 유사하게 보고되었다. 그러나 병리학적 증세와 감염시험 용량은 상관관계가 있는 것으로 나타났다(표 8.5 및 표 8.6). 반면에 피하로 감염시험된 동물들은 보다 오래 생존하는 것을 보여주었으며, 낮은 감염시험 용량으로 병리학적 증세를 지연시켰다[162]. 피하 경로의 LD_{50} 값은 계산되지 않았다; 그러나 사람에서 예상된 LD_{50} 값과 유사하게, 수백에서 수천 개체 사이에 존재하는 것으로 추정되었다. 반면에 진피내 경로에 의한 LD_{50} 값은 5~50 CFU에서 보고되었으며, 그것은 사람에서의 값과 비교하여 상당히 낮았다.

남아프리카 또는 에디오피아에서 유래한 African green 원숭이를 사용한 백신연구에서는 뒤섞인 결과가 나왔다. 동물들이 항-F1 항체반응 활성을 보여줌에도 불구하고, 구강용 약독화 생균 페스트 백신의 투여에 의해 예방접종된 6마리의 원숭이들 가운데 3마리가 폐페스트로부터 보호된 반면에, 재조합 페스트백신은 에어로졸화된 페스트의 노출로부터 28마리 가운데 7마리만을 보호하였다[159,164]. 에어로졸 또는 피하(s.c.) 감염시험된 African green 원숭이에서 다양한 생균백신실험에서도 부분적으로 유사하게 보호되는 결과가 나타났다[97]. 현재까지 시험된 모든 페스트 백신의 다양한 반응뿐만 아니라, 명백한 "감수성(susceptible)"의 페스트 표현형은 이들 백신연구의 해석을 어렵게 한다. 전체적으로 이들 데이터는 페스트 백신실험에서 African green 원숭이 사용의 실효성에 대한 우려를 제기한다. 반면에 이들 원숭이는 페스트의 발병과 병리학적 연구에 유용하게 사용된다. 또한 African green 원숭이는 페스트 치료제의 평가를 위해 적절하다는 것이 알려졌다.

8.4.4 Langur 원숭이

Langur 원숭이 (*Semnopithecus* 또는 *Presbytis entellus*)는 가래톳페스트 연구를 위해서 선택된 최초의 동물 가운데 하나이다. Langur 원숭이는 페스트에 대하여 "감염되기 쉬운" 것으로 기술되었다[162]. African green 원숭이와 같이, langur 원숭이는 rhesus 원숭이보다 피하 페스트에 훨씬 더 민감한 것으로 언급되었다. Langur 원숭이의 피하 LD_{50} 값은 210 CFU인 것으로 보고되었다[162]. Langur 원숭이는 생약독화된 사람의 페스트 백신균주에 의해 치명적인 감염을 일으켜 죽게 되었으며, 이것은 또한 베르베트원숭이(vervet)에서 관찰된 결과와 유사하다[97].

이 모델에서 가래톳페스트의 잠복기는 감염 후 2~4일이며, 3~10일 사이에 대부분 죽게 된다. 임상적으로, 감염된 대부분의 langur 원숭이는 고열, 가래톳페스트의 패혈증뿐만 아니라, 기타 증상이 초기에 나타난다(표 8.1). 증상은 탈진과 빈호흡이 빠르게 진행되어 즉시 죽게 된다. 세균은 지라와 심장내 혈액에서 분리될 수 있다. 감염으로부터 생존한 동물들은 활성이 강한 항체반응을 수행하고, 재감염에 저항력을 가진다[165].

Langur 원숭이는 피하접종 후, 사람의 가래톳페스트와 유사한 병리적 병변을 보여준다[165]. 특히 사람에서와 같이, 일차 가래톳은 다양하게 형성된다; 그러나 사람에서 언급된 것보다 높은 빈도로 피부와 장관에서 점상출혈을 일으키는 경향이 있다(표 8.6). Langur 원숭이의 피하 감염은 사람에서 패혈성페스트로서 기술되었던 것과 가장 유사한 듯하다. 이같이 langur 원숭이는 패혈성 페스트를 연구하기 위한 적절한 모델이 될 수 있다. Langur 원숭이의 일부 에어로졸 감염시험과 경기관(經氣管, transtracheal) 감염시험만이 문헌에 기술되었으며, 이들 데이터가 사람에서 일차 폐페스트를 보여주는지에 대한 것은 명확하지 않다[162,165]. 이미 기술된 몇 가지 임상적 및 병리적 병변은 표 8.4~8.6에 나타내었다.

8.4.5 망토개코원숭이(Sacred baboon) (*Papio hamadryas*)

개코원숭이(baboon)는 페스트 치료제와 백신평가를 위한 구(舊)소비에트연방(FSU)에서 널리 사용되었다. 피하 모델과 에어로졸 모델에 대하여 모두 기술되었다[166,167]. 이 모델에서 피하(s.c.) LD_{50} 값은 대략 2,000 CFU이며, 이 투여경로는 가래톳 형태와 유사한 림프절페스트(glandular plague)를 일으킨다. 감염된 개코원숭이들의 약 18%에서 이차 폐페스트가 발견되었다. 개코원숭이와 기니픽은 구소비에트연방에서 생백신 및 소단위백신 후보물질을 평가하기 위한 모델로서 사용되었다[168].

8.4.6 Marmoset (*Callithrix* 종)

현재 marmoset을 이용한 페스트 백신 또는 발병에 관한 연구결과는 없다. 그러나 크기, 생식능력, 사람에 대한 전체적인 연관성은 marmoset이 추후 페스트 발병과 백신연구를 위한 매력적인 동물모델임을 보여준다. 최근에 marmoset은 사람의 헤르페스바이러스, 말라리아, *Legionella*와 *Chlamydia*를 포함하는 몇 가지 전염병의 발병을 연구하는 데 성공적으로 사용되었다.

8.5 페스트의 다른 모델들

집고양이와 개는 전염병 만연지역에서 페스트의 중간숙주가 될 수 있다. 그러나 역학 및 진단연구 이외에 페스트 발병 또는 페스트 백신을 연구하기 위한 모델로서 개나 고양이가 아닌 다른 동물이 널리 사용되어왔다. 많은 육식동물과 마찬가지로, 개는 페스트의 이환율(morbidity)/사망률(mortality)에 상대적으로 저항력을 가지지만, 질병을 일시적으로 감염하고 전파할 수 있다. 드문 경우에, 개는 특히 에어로졸 경로에 의한 페스트 감염으로 죽었다고 보고된 바 있다[108]. 반면에, 고양이는 페스트 감염에 더욱 민감하고 사람에서 관찰된 임상증상과 병변과 상당히 유사한 것으로 알려졌다[169]. 개는 페스트에 신속하고 지속적인 항체반응을 나타낸다; 이것은 개가 진단시약에 대한 유용한 역학적 지킴이로서, 그리고 생산자로서 이용될 수 있도록 해준다[170].

고양이와 개는 감염동물의 섭취 또는 감염 설치류/포유동물의 서식지를 약탈하는 동안 감염된 벼룩의 획득을 통해 페스트 세균과 자주 접촉한다. 개의 경우에, 사람에 서는 사람의 주거지로 개 또는 설치류의 기계적 전파에 의한 세균혈증에 걸린 개(bacteremic dog)가 이전에 섭취한 개벼룩을 통해 전파될 수 있다. 구강으로 감염된 개는 구강감염 후, 몇 일 동안 그들의 목과 편도선에 배양 가능한 세균들을 옮길 수 있다. 개는 호흡기를 통해 사람으로 감염용량을 전파시킬 수 있다는 최근의 보고가 있다[169,171]. 중국에서 최근에 발생한 일차 폐페스트 사례는 개 주인을 감염시킨 동물이 최종적으로 감염된 개 때문일 가능성이 높다. 개 주인은 폐페스트를 12명의 다른 접촉자들에게 전염시켰으며, 개 주인과 두 명의 접촉자는 잇달아 사망하였다[172].

반면에 미국에서 고양이는 사람의 일차 폐페스트의 가장 널리 알려진 출처라는 충분한 증거가 있다. 사람에서 고양이-매개 일차 폐(肺)페스트의 몇 가지 사례가 보고된 바 있다[5,173]. 고양이는 에어로졸 경로에 의해 감염될 수 있으며, 사람과 유사한 일차 폐(肺)페스트를 나타낸다 (표 8.4). 그들은 또한 감염동물을 섭취한 후, 급성 페스트에 감염될 수 있다[174]. 대부분의 감염 고양이들은 감염 후 7일 이내에 죽는다. 그러나 고양이는 또한 몇 주 동안 지속되는 만성적인 감염이 될 수도 있다. 만성적으로 감염된 개에서와 같이, 고양이의 목과와 인두조직으로 페스트가 전파된다[174,175]. 감염된 고양이들 모두는 아니지만 대부분은 치료를 하지 않으면, 페스트 감염으로 결국 죽게 된다. 이것은 페스트에 대한 내재면역(innate immunity)과 페스트 발병 후반, 특히 이차 폐페스트 폐렴의 발달을 연구하는데, 고양이가 적합한 모델이 될 수 있다는 것을 보여준다.

고양이는 벼룩에 물린 후, 사람에서 전신성 페스트 감염과 동일한 림프조직과 내장에서 병변이 나타난다 (표 8.2와 8.3). 그러나 그들은 감염된 림프절 주변에 약간의 피브린을 포함하는 부분적인 캡슐형 농양을 형성하려는 경향이 있는 반면에, 사람에서는 감염된 림프절을 캡슐화 하지 못한다. 또한 구강경로 또는 에어로졸 경로에 의해 감염되었을 때, 특히 고양이의 머리와 목 주변에 괴사농양이 발생한다. 이들 병변은 감염된 턱밑샘 또는 자궁경부 림프절과 상호 관련이 있다[174,175]. 유사한 병변은 사람과 사람외 영장류에서도 관찰되었다. 고양이 병변(feline lesion)은 결국 터져서, 화농성 물질과 접촉한 사람은 감염될 수 있다. 사람 대 사람에서 이러한 전파양식의 중요성은 알려져 있지 않지만, 제한될 가능성이 있다. 고양이와는 대조적으로, 누공형성 림프절(fistulating lymph nodes)은 사람에서 때때로 관찰되지만; 이 차이점은 일부 고양이에서 감염기간이 지연되기 때문일 수 있다. 마찬가지로, 사람에서 구강감염의 중요성은 분명하지 않다. 사람은 패혈성페스트와 관련된 목림프절에서 가래톳이 나타났으며, 그것은 구강경로가 노출통로일 가능성을 제시한다[176]. 그러므로 고양이는 구강감염을 연구하기에 적절한 모델이 될 수 있다. 고양이는 또한 F1과 다른 페스트 항원에 대한 강력한 항체반응을 일으킨다. 이것은 고양이가 페스트 백신과 발병연구를 위한 동물모델로서 고려될 수 있다는 것을 나타낼 수 있다.

8.6 요약

최근 몇 년 동안 페스트 연구에 많은 노력이 진행되어 왔다. 우리는 이들에 대한 현대적인 접근과 그 분야의 선구자에 의해 수행된 발병기작과 면역학과 관련된 전통적인 연구로부터 결과를 얻어내기 위한 검토를 해왔다. 100년 이상 수행되어온 그들 연구가운데 일부는 여전히 *Y. pestis*, 페스트의 발병, 질병의 동물모델 등에 대해 흥미를 가진 연구자들과 관련이 있다.

특히 우리는 Pollitzer에 의한 세계보건기구 연구보고서[31]와 오랜 외길을 걸어온 Meyer 박사를 기념하여 1974년에 출판된 *Journal of Infectious Disease*의 추가 발행물을 포함하여, Meyer 박사와 그의 동료들의 페스트에 대한 광범위한 검토를 권고한다[73,74,177]. 이 과학자들은 Yersin 자신과 함께 시작한 페스트의 발병, 역학, 면역학, 백신개발 등의 다양한 연구에 대한 통찰력을 남겼다. 현대적 시설과 더불어 선임자들의 통찰력 있고 수고를 아끼지 않는 연구와 유전체학, 세균생리학, 축산학 지식의 결합은 우리의 나가갈 길을 빠르게 제시할 것이다. 마찬가지로 서구 과학계 이외에서 활동하는 연구자들에 의해 선택된 모델들에 대한 보다 나은 이해는 사람의 질병과 면역의 가장 적절한 귀감을 택하는데 있어서 커다란 장점이 될 것이다.

참고문헌

1. Smith C.R. et al., Plague studies in California: A review of long-term disease activity, flea-host relationships and plague ecology in the coniferous forests of the Southern Cascades and northern Sierra Nevada mountains. *J Vector Ecol.* 2010, **35**(1):1–12.
2. Poland, J.D. and D.T. Dennis, Plague, in *Infectious Diseases of Humans: Epidemiology and Control*, A.S. Evans and P.S. Brachman, editors. New York: Plenum, 1998, pp. 545–558.
3. Hinnebusch, B.J., Bubonic plague: A molecular genetic case history of the emergence of an infectious disease. *J Mol Med*, 1997, **75**(9): 645–652.
4. Tigertt, W.D., Plague, in *Bacterial Infections of Humans*, A.S. Evans and P.S. Brachman, editors. New York: Plenum, 1991, pp. 513–523.
5. Doll, J.M. et al., Cat-transmitted fatal pneumonic plague in a person who traveled from Colorado to Arizona. *Am J Trop Med Hyg*, 1994, **51**(1): pp. 109–114.
6. Gage, K.L. et al., Cases of cat-associated human plague in the Western US, 1977–1998. *Clin Infect Dis*, 2000, **30**(6): 893–900.
7. Perry, R.D. and J.D. Fetherston, *Yersinia pestis*—Etiologic agent of plague. *Clin Microbiol Rev*, 1997, **10**(1): 35–66.
8. McEvedy, C., The bubonic plague. *Sci Am*, 1988, **258**: 118–123.
9. Dennis, D.T., Plague as an emerging disease, in *Emerging Infections*, Vol. 2, W.M. Scheld, W.A. Craig, and J.M. Hughes, editors. Washington, DC: ASM Press, 1998.
10. Bercovier, H. and H.M. Mollaret, *Yersinia*, in *Bergey's Manual of Systematic Bacteriology*, N.R. Kreig and J.G. Holt, editors. Baltimore, MD: Williams & Wilkens, 1984, pp. 498–503.
11. Bercovier, H. et al., Intra-and interspecies relatedness of *Yersinia pestis* by DNA hybridization and its relationship to *Yersinia pseudotuberculosis. Curr Microbiol*, 1980, **4**: 225–229.
12. Achtman, M. et al., Microevolution and history of the plague bacillus, *Yersinia pestis. Proc Natl Acad Sci USA*, 2004, **101**(51): 17837–17842.
13. Bockemuhl, J. and J.D. Wong, Yersinia, in *Manual of Clinical Microbiology*, P.R. Murray, editor. Washington, DC: ASM Press, 2003, pp. 672–683.
14. Achtman, M. et al., *Yersinia pestis*, the cause of plague, is a recently emerged clone of *Yersinia pseudotuberculosis. Proc Natl Acad Sci USA*, 1999, **96**(24): 14043–14048.
15. Guiyoule, A. et al., Plague pandemics investigated by ribotyping of *Yersinia pestis* strains. *J Clin Microbiol*, 1994. **32**(3): 634–641.
16. Worsham, P.L. and M. Hunter. Genetic Diversity of Yersinia pestis: Selection of a Panel of Strains for Vaccine Testing. *Abstract, Annual Meeting of the American Society for Microbiology*, New Orleans Louisiana, 24–27 May 2004.
17. Worsham, P.L. and C. Roy, Pestoides F, a *Yersinia pestis* strain lacking plasminogen activator, is virulent by the aerosol route. *Adv Exp Med Biol*, 2003, **529**: 129–131.
18. Morelli, G. et al., *Yersinia pestis* genome sequencing identifies patterns of global phylogenetic diversity. *Nat Genet*, 2010, **42**(12): 1140–1143.
19. CDC, ASM, and APHL. *Basic Protocols for Level A Laboratories for the Presumptive Identification of* Yersinia pestis, 2002 [cited; Available from: www.ype.asm.cp.042202].
20. Dennis, D.T. et al. *WHO/CDS/CSR/EDC/99.2 Plague Manual: Epidemiology, Distribution, Surveillance, and Control*. 1999 [cited; Available from: http://www.who.int/csr/resources/publications/plague/WHO_CDS_CSR_EDC_99_2_EN/en/].
21. Thullier, P. et al., Short report: Serodiagnosis of plague in humans and rats using a rapid test. *Am J Trop Med Hyg*, 2003, **69**(4): 450–451.
22. Radnedge, L. et al., Identification of nucleotide sequences for the specific and rapid detection of *Yersinia pestis. Appl Environ Microbiol*, 2001, **67**(8): 3759–3762.
23. Zhou, D. et al., Identification of signature genes for rapid and specific characterization of *Yersinia pestis. Microbiol Immunol*, 2004, **48**(4): 263–269.
24. Stewart, A. et al., A quadruplex real-time PCR assay for the detection of *Yersinia pestis* and its plasmids. *J Med Microbiol*, 2008, **57**(Pt 3): 324–331.
25. Higgins, J.A. et al., 5′ uclease PCR assay to detect *Yersinia pestis. J Clin Microbiol*, 1998, **36**(8): 2284–2288.

26. Engelthaler, D.M. et al., PCR detection of *Yersinia pestis* in fleas: Comparison with mouse inoculation. *J Clin Microbiol*, 1999, **37**(6): 1980–1984.
27. Riehm, J.M. et al., Detection of *Yersinia pestis* using real-time PCR in patients with suspected bubonic plague. *Mol Cell Probes*, 2011, **25**(1): 8–12.
28. Worsham et al., Plague, in *Textbook of Military Medicine: Medical Aspects of Chemical and Biological Warfare*, Z.F. Dembeck, editor. Washington DC: Office of the Surgeon General, 2007, pp. 91–119.
29. Butler, T., Plague, in *Plague and other Yersinia Infections*, W.B. Greenough and T.C. Harigan, editors. New York: Plenum Press, 1983, pp. 73–108.
30. Poland, J.D. and A.M. Barnes, Plague, in *CRC Handbook Series in Zoonoses. Section A. Bacterial, Rickettsial, Chlamydial, and Mycotic Diseases*, J.H. Steele, editor. Boca Raton, FL: CRC Press, 1979, pp. 515–559.
31. Pollitzer, R., Plague. *WHO Monogr Ser*, 1954, **22**: 1–698.
32. Dennis, D.T. and F.A. Meier, Plague, in *Pathology of Emerging Infections*, C.R. Horsburgh and A.M. Nelson, editors. Washington, DC: ASM Press, 1997, pp. 21–48.
33. Smith, J.H. and B.S. Reisner, Plague, in *Pathology of Infectious Diseases*, D.H. Conner, editor. New Jersey: Prentice Hall, 1997, pp. 729–738.
34. Rollins, S.E., S.M. Rollins, and E.T. Ryan, *Yersinia pestis* and the plague. *Am J Clin Pathol*, 2003, **119**(Suppl): S78–S85.
35. Inglesby, T.V. et al., Plague as a biological weapon: Medical and public health management. Working Group on Civilian Biodefense. *JAMA*, 2000, **283**(17): 2281–2290.
36. Finegold, M.J. et al., Studies on the pathogenesis of plague. Blood coagulation and tissue responses of *Macaca mulatta* following exposure to aerosols of *Pasteurella pestis*. *Am J Pathol*, 1968, **53**(1): 99–114.
37. Crook, L.D. and B. Tempest, Plague. A clinical review of 27 cases. *Arch Intern Med*, 1992, **152**(6): 1253–1256.
38. Benner, G.E. et al., Immune response to Yersinia outer proteins and other *Yersinia pestis* antigens after experimental plague infection in mice. *Infect Immun*, 1999, **67**(4): 1922–1928.
39. Rust, J.H., Jr. et al., Susceptibility of rodents to oral plague infection: a mechanism for the persistence of plague in inter-epidemic periods. *J Wildl Dis*, 1972, **8**(2): 127–133.
40. Tieh, T.H., Primary pneumonic plague in Mukden, 1946, and report of 39 cases with 3 recoveries. *J Infect Dis*, 1948, **82**: 52–58.
41. Christie, A.B., T.H. Chen, and S.S. Elberg, Plague in camels and goats: Their role in human epidemics. *J Infect Dis*, 1980, **141**(6): 724–726.
42. Meyer, K.F., Pasturella and Francisella, in *Bacterial and Mycotic Infections in Man*, R.J. Dubos and J.G. Hirsch, editors. Philadelphia: Lippincott, 1965, pp. 659–697.
43. Cleri, D.J. et al., Plague pneumonia disease caused by *Yersinia pestis*. *Semin Respir Infect*, 1997, **12**(1): 12–23.
44. Williams, J.E. et al., Potency of killed plague vaccines prepared from avirulent *Yersinia pestis*. *Bull World Health Organ*, 1980, **58**(5): 753–756.
45. von Metz, E., D.M. Eisler, and G.A. Hottle, Immunogenicity of plague vaccines in mice and guinea pigs. *Appl Microbiol*, 1971, **22**(1): 84–88.
46. Anderson, G.W., Jr. et al., Protection of mice from fatal bubonic and pneumonic plague by passive immunization with monoclonal antibodies against the F1 protein of *Yersinia pestis*. *Am J Trop Med Hyg*, 1997, **56**(4): 471–473.
47. Elvin, S.J. and E.D. Williamson, Stat 4 but not Stat 6 mediated immune mechanisms are essential in protection against plague. *Microb Pathog*, 2004, **37**(4): 177–184.
48. Elvin, S.J. et al., Evolutionary genetics: Ambiguous role of CCR5 in *Y. pestis* infection. *Nature*, 2004, **430**(6998): 417–418.
49. Green, M. et al., The SCID/Beige mouse as a model to investigate protection against *Yersinia pestis*. *FEMS Immunol Med Microbiol*, 1999, **23**(2): 107–113.
50. Anderson, G.W., Jr. et al., Recombinant V antigen protects mice against pneumonic and bubonic plague caused by F1-capsule-positive and -negative strains of *Yersinia pestis*. *Infect Immun*, 1996, **64**(11): 4580–4585.

51. Simpson, W.J., R.E. Thomas, and T.G. Schwan, Recombinant capsular antigen (fraction 1) from *Yersinia pestis* induces a protective antibody response in BALB/c mice. *Am J Trop Med Hyg*, 1990, **43**(4): 389–396.
52. Eyles, J.E. et al., Intra nasal administration of poly-lactic acid microsphere co-encapsulated *Yersinia pestis* subunits confers protection from pneumonic plague in the mouse. *Vaccine*, 1998, **16**(7): 698–707.
53. Garmory, H.S. et al., Protection against plague afforded by immunisation with DNA vaccines optimised for expression of the *Yersinia pestis* V antigen. *Vaccine*, 2004, **22**(8): 947–957.
54. Torres-Escobar, A. et al., Fine-tuning synthesis of *Yersinia pestis* LcrV from runaway-like replication balanced-lethal plasmid in a *Salmonella enterica* serovar typhimurium vaccine induces protection against a lethal Y. pestis challenge in mice. *Infect Immun*, 2010, **78**(6): 2529–2543.
55. Little, S.F. et al., Quantitative anti-F1 and anti-V IgG ELISAs as serological correlates of protection against plague in female Swiss Webster mice. 2010, *Vaccine*, **28**(4): 934–939.
56. Lin, J.S. et al., TNFalpha and IFNgamma contribute to F1/LcrV-targeted immune defense in mouse models of fully virulent pneumonic plague. 2010, *Vaccine*, **29**(2): 357–362.
57. Russell, P. et al., Efficacy of doxycycline and ciprofloxacin against experimental *Yersinia pestis* infection. *J Antimicrob Chemother*, 1998, **41**(2): 301–305.
58. Byrne, W.R. et al., Antibiotic treatment of experimental pneumonic plague in mice. *Antimicrob Agents Chemother*, 1998, **42**(3): 675–681.
59. Rahalison, L. et al., Failure of oily chloramphenicol depot injection to treat plague in a murine model. *J Antimicrob Chemother*, 2000, **45**(4): 541–545.
60. Steward, J. et al., Efficacy of the latest fluoroquinolones against experimental *Yersinia pestis*. *Int J Antimicrob Agents*, 2004, **24**(6): 609–612.
61. Xiao, X. et al., Human anti-plague monoclonal antibodies protect mice from *Yersinia pestis* in a bubonic plague model. *PLoS One*, 2010, **5**(10): e13047.
62. Ayyadurai, S. et al., Lovastatin protects against experimental plague in mice. *PLoS One*, 2010, **5**(6): e10928.
63. Jones, S.M. et al., Protection conferred by a fully recombinant sub-unit vaccine against *Yersinia pestis* in male and female mice of four inbred strains. *Vaccine*, 2001, **19**(2–3): 358–366.
64. Brandler, P. et al., Weak anamnestic responses of inbred mice to Yersinia F1 genetic vaccine are overcome by boosting with F1 polypeptide while outbred mice remain nonresponsive. *J Immunol*, 1998, **161**(8): 4195–4200.
65. Nazarova, L.S. et al., Morphological study of the damaging effect of an EB vaccine strain of the plague microbe in inbred mice (in Russian). *Biull Eksp Biol Med*, 1988, **105**(6): 761–764.
66. Russell, P. et al., A comparison of plague vaccine, USP and EV76 vaccine induced protection against *Yersinia pestis* in a murine model. *Vaccine*, 1995, **13**(16): 1551–1556.
67. Turner, J.K. et al., The resistance of BALB/cJ mice to *Yersinia pestis* maps to the major histocompatibility complex of chromosome 17. *Infect Immun*, 2008, **76**(9): 4092–4099.
68. Turner, J.K., J.L. Xu, and R.I. Tapping, Substrains of 129 mice are resistant to *Yersinia pestis* KIM5: Implications for interleukin-10-deficient mice. *Infect Immun*, 2009, **77**(1): 367–373.
69. Welkos, S.L. et al., Studies on the contribution of the F1 capsule-associated plasmid pFra to the virulence of *Yersinia pestis*. *Contrib Microbiol Immunol*, 1995, **13**: 299–305.
70. Davis, K.J. et al., Pathology of experimental pneumonic plague produced by fraction 1-positive and fraction 1-negative *Yersinia pestis* in African green monkeys (*Cercopithecus aethiops*). *Arch Pathol Lab Med*, 1996, **120**(2): 156–163.
71. Worsham, P.L., M.P. Stein, and S.L. Welkos, Construction of defined F1 negative mutants of virulent *Yersinia pestis*. *Contrib Microbiol Immunol*, 1995, **13**: 325–328.
72. Meyer, K.F., Immunity in plague: a critical consideration of some recent studies. *J Immunol*, 1950, **64**: 139–163.

73. Walker, D.L. et al., Studies on immunization against plague. V. Multiplication and persistence of virulent and avirulent *Pasteurella pestis* in mice and guinea pigs. *J Immunol*, 1953, **70**(3): 245–252.
74. Titball, R.W. and E.D. Williamson, Vaccination against bubonic and pneumonic plague. *Vaccine*, 2001, **19**(30): 4175–4184.
75. Meyer, K.F., Pneumonic plague. *Bacteriol Rev*, 1961, **25**: 249–261.
76. Martini, E., Ueber inhalationspest der ratten. *Z Hyg Infektionskrankh*, 1901, **38**: 332–342.
77. Meyer, K.F. and A. Larson. The pathogenesis of cervical septicemic plague developing after exposure to pneumonic plague prdouced by intratracheal infection in primates, in *Proceedings of the Symposium of the Diamond Jubilee of Haffkine Institute*, January 10–14, 1960, Bombay, India, pp. 1–12.
78. Agar, S.L. et al., Characterization of a mouse model of plague after aerosolization of *Yersinia pestis* CO92. *Microbiology*, 2008, **154**(Pt 7): 1939–1948.
79. Glynn, A. et al., Protection against aerosolized *Yersinia pestis* challenge following homologous and heterologous prime-boost with recombinant plague antigens. *Infect Immun*, 2005, **73**(8): 5256–5261.
80. Wang, S. et al., A DNA vaccine producing LcrV antigen in oligomers is effective in protecting mice from lethal mucosal challenge of plague. *Vaccine*, 2004, **22**(25–26): 3348–3357.
81. Sha, J. et al., Braun lipoprotein (Lpp) contributes to virulence of yersiniae: Potential role of Lpp in inducing bubonic and pneumonic plague. *Infect Immun*, 2008, **76**(4): 1390–1409.
82. Bubeck, S.S., A.M. Cantwell, and P.H. Dube, Delayed inflammatory response to primary pneumonic plague occurs in both outbred and inbred mice. *Infect Immun*, 2007, **75**(2): 697–705.
83. Lathem, W.W. et al., A plasminogen-activating protease specifically controls the development of primary pneumonic plague. *Science*, 2007, **315**(5811): 509–513.
84. Meyer, K.F., S.F. Quan, and A. Larson. Prophylactic immunization and specific therapy of experimental pneumonic plague, in *43rd Annual Meeting of the National Tuberculosis Foundation*, 1947, San Francisco, California.
85. Meyer, K.F., S.F. Quan, and A. Larson, Prophylactic immunization and specific therapy of experimental pneumonic plague. *Am Rev Tuberc*, 1948, **57**: 312–321.
86. Thomas, R.J. et al., Different pathologies but equal levels of responsiveness to the recombinant F1 and V antigen vaccine and ciprofloxacin in a murine model of plague caused by small- and large-particle aerosols. *Infect Immun*, 2009, **77**(4): 1315–1323.
87. Straley, S.C. and W.S. Bowmer, Virulence genes regulated at the transcriptional level by Ca^{2+} in *Yersinia pestis* include structural genes for outer membrane proteins. *Infect Immun*, 1986, **51**(2): 445–454.
88. Butler, T. et al., Experimental *Yersinia pestis* infection in rodents after intragastric inoculation and ingestion of bacteria. *Infect Immun*, 1982, **36**(3): 1160–1167.
89. Kokushkin, A.M. et al., The results of the measured oral infection of white mice with strains of the causative agent of plague differing in their plasmid profile (in Russian). *Zh Mikrobiol Epidemiol Immunobiol*, 1994(2): 15–20.
90. Spivak, M.L. et al., The immune response of the guinea pig to the antigens of *Pasteurella pestis*. *J Immunol* 1958, **80**(2): 132–141.
91. Lawton, W.D., G.M. Fukui, and M.J. Surgalla, Studies on the antigens of *Pastuerella pestis* and *Pastueurella pseudotuberculosis*. *J Immunol*, 1960, **84**: 475–479.
92. Chen, T.H., L.E. Foster, and K.F. Meyer, Comparison of the immune response to three different *Yersinia pestis* vaccines in guinea pigs and langurs. *J Infect Dis*, 1974, **129**(Suppl): S53–S61.
93. Meyer, K.F., Experimental appraisal of antiplague vaccination with dead virulent and living avirulent plague bacilli. *Abstr Int Congr Trop Med Malar*, 1948, **56**(4th Congr):16.
94. Jones, S.M. et al., Protective efficacy of a fully recombinant plague vaccine in the guinea pig. *Vaccine*, 2003, **21**(25–26): 3912–3918.
95. Qi, Z. et al., Comparison of mouse, guinea pig and rabbit models for evaluation of plague subunit vaccine F1 + rV270. *Vaccine*, 2010, **28**(6): 1655–1660.
96. Jawetz, E. and K.F. Meyer, The behavior of virulent and avirulent *P. pestis* in normal and immune experimental animals. *J Infect Dis*, 1944, **74**: 1–13.

97. Meyer, K.F. et al., Live, attenuated *Yersinia pestis* vaccine: virulent in nonhuman primates, harmless to guinea pigs. *J Infect Dis*, 1974, **129**(Suppl): S85–S120.
98. Anisimov, A.P., L.E. Lindler, and G.B. Pier, Intraspecific diversity of *Yersinia pestis*. *Clin Microbiol Rev*, 2004, **17**(2): 434–464.
99. Kovaleva, R.V., Certain characteristics of *Pasteurella pestis* strains isolated from *Microtus brandii* and other rodents. *Zh Mikrobiol Epidemiol Immunobiol*, 1958, **8**: 30–36.
100. Welkos, S. et al., Determination of the virulence of the pigmentation-deficient and pigmentation-/plasminogen activator-deficient strains of *Yersinia pestis* in non-human primate and mouse models of pneumonic plague. *Vaccine*, 2002, **20**(17–18): 2206–2214.
101. Worsham, P., Hunter, M., Mou, S, Bassett, A., and Fritz, D., Virulence of the *Yersinia pestis* strain Pestoides B in the mouse and guinea pig models. Abstract, *International Symposium on Yersinia*, Lexington Kentucky, 2006.
102. Lebedinskii, V.A. et al., Experience using fraction I of the plague microbe for revaccinating experimental animals (in Russian). *Zh Mikrobiol Epidemiol Immunobiol*, 1982(5): 60–63.
103. Smith, H. and L.P. Packman, A filtered non-toxic plague vaccine which protects guinea-pigs and mice. *Br J Exp Pathol*, 1966, **47**(1): 25–34.
104. Burrows, T.W. and G.A. Bacon, The effects of loss of different virulence determinants on the virulence and immunogenicity of strains of *Yersinia pestis*. *Br J Exp Pathol*, 1958, **39**: 278–291.
105. Burrows, T.W. and W.A. Gillett, Host specificity of Brazilian strains of Pasteurella pestis. *Nature*, 1971, **229**(5279): 51–52.
106. Wayson, N.E., C. McMahon, and F.M. Prince, An evaluation of three plague vaccines against infection in guinea pigs induced by natural and artificial methods. *Public Health Rep*, 1946, **61**: 1511–1518.
107. Martini, E., Ueber die wirkung des pestserums bei experimenteller pestpneumonie an ratten, mausen, meerschweinchen, und kaninchen. *Klin Jahrb*, 1902, **10**: 137–176.
108. Strong, R.P. and O. Teague, Studies on pneumonic plague and plague immunization. VIII. Susceptibility of animals to pneumonic plague. *Phillip J Sci*, 1912, **7B**: 223–228.
109. Strong, R.P. and O. Teague, Studies on pneumonic plague and plague immunization. *Phillip J Sci*, 1912, **7B**: 173–180.
110. Druett, H.A. et al., Studies on respiratory infection. II. The influence of aerosol particle size on infection of the guinea pig with Pasteurella pestis. *J Hyg (Lond)*, 1956, **54**: 37–48.
111. Bablet, J. and G. Girard, Lesions histologiques dans le peste pulmonaire primitive experimentale du cobaye. *Ann Inst Pasteur* (*Paris*), 1934, **52**: 155–165.
112. Smit, A.A. and H.F. Van der Bank, Isozyme and allozyme markers distinguishing two morphologically similar, medically important Mastomys species (Rodentia: Muridae). *BMC Genet*, 2001, **2**(1): 15.
113. Green, C.A., D.H. Gordon, and N.F. Lyons, Biological species in Praomys (Mastomys) natalensis (Smith), a rodent carrier of Lassa virus and bubonic plague in Africa. *Am J Trop Med Hyg*, 1978, **27**(3): 627–629.
114. Shepherd, A.J. et al., Comparative tests for detection of plague antigen and antibody in experimentally infected wild rodents. *J Clin Microbiol*, 1986, **24**(6): 1075–1078.
115. Shepherd, A.J., P.A. Leman, and D.E. Hummitzsch, Experimental plague infection in South African wild rodents. *J Hyg (Lond)*, 1986, **96**(2): 171–183.
116. Arntzen, L., A.A. Wadee, and M. Isaacson, Immune responses of two Mastomys sibling species to *Yersinia pestis*. *Infect Immun*, 1991, **59**(6): 1966–1971.
117. Hallett, A.F., Evaluation of live attenuated plague vaccines in Praomys (Mastomys) natalensis. *Infect Immun*, 1977, **18**(1): 8–13.
118. Williams, J.E. and D.C. Cavanaugh, Potential for rat plague from nonencapsulated variants of the plague bacillus (*Yersinia pestis*). *Experientia*, 1984, **40**(7): 739–740.
119. Chen, T.H. and K.F. Meyer, Susceptibility and antibody response of *Rattus* species to experimental plague. *J Infect Dis*, 1974, **129**(Suppl): S62–S71.
120. Williams, J.E. and D.C. Cavanaugh, Measuring the efficacy of vaccination in affording protection against plague. *Bull World Health Organ*, 1979, **57**(2): 309–313.
121. Otten, L., Immunization against plague with live vaccine. *Indian J Med Res*, 1936, **24**(1): 73–101.

122. Williams, J.E. et al., Antibody and resistance to infection with *Yersinia pestis* in the progeny of immunized rats. *J Infect Dis*, 1974, **129**(Suppl): S72—S77.
123. Sebbane, F. et al., Kinetics of disease progression and host response in a rat model of bubonic plague. *Am J Pathol*, 2005, **166**(5): 1427–1439.
124. Lemaitre, N. et al., *Yersinia pestis* YopJ suppresses tumor necrosis factor alpha induction and contributes to apoptosis of immune cells in the lymph node but is not required for virulence in a rat model of bubonic plague. *Infect Immun*, 2006, **74**(9): 5126–5131.
125. Agar, S.L. et al., Characterization of the rat pneumonic plague model: Infection kinetics following aerosolization of *Yersinia pestis* CO92. *Microbes Infect*, 2009, **11**(2): 205–214.
126. Anderson, D.M. et al., Pneumonic plague pathogenesis and immunity in Brown Norway rats. *Am J Pathol*, 2009, **174**(3): 910–921.
127. Comer, J.E. et al., Transcriptomic and innate immune responses to *Yersinia pestis* in the lymph node during bubonic plague. *Infect Immun*, 2010, **78**(12): 5086–5098.
128. Lowell, J.L. et al., Identifying sources of human exposure to plague. *J Clin Microbiol*, 2005, **43**(2): 650–656.
129. Houhamdi, L. et al., Experimental model to evaluate the human body louse as a vector of plague. *J Infect Dis*, 2006, **194**(11): 1589–1596.
130. Zhang, Q.W. et al., Evaluation of immunization protection efficacy of plague subunit vaccine (in Chinese). *Zhonghua Yu Fang Yi Xue Za Zhi*, 2009, **43**(9): 785–788.
131. Andrews, G.P. et al., Identification of *in vivo*-induced conserved sequences from *Yersinia pestis* during experimental plague infection in the rabbit. *Vector Borne Zoonotic Dis*, 2010, **10**(8): 749–756.
132. Eisen, R.J. et al., Source of host blood affects prevalence of infection and bacterial loads of *Yersinia pestis* in fleas. *J Med Entomol*, 2008, **45**(5): 933–938.
133. Williams, J.E., M.A. Moussa, and D.C. Cavanaugh, Experimental plague in the California ground squirrel. *J Infect Dis*, 1979, **140**(4): 618–621.
134. Quan, T.J. et al., Experimental plague in rock squirrels, Spermophilus variegatus (Erxleben). *J Wildl Dis*, 1985, **21**(3): 205–210.
135. McCoy, G.W., Studies on plague in ground squirrels. *Public Health Bull*, 1911, **43**: 1–51.
136. Hubbert, W.T. and M.I. Goldenberg, Natural resistance to plague: Genetic basis in the vole (*Microtus californicus*). *Am J Trop Med Hyg*, 1970, **19**(6): 1015–1019.
137. Bizanov, G. and N.D. Dobrokhotova, Experimental infection of ground squirrels (*Citellus pygmaeus* Pallas) with *Yersinia pestis* during hibernation. *J Infect*, 2007, **54**(2): 198–203.
138. Swearengen, J.R. and P.L. Worsham, Plague, in *Emerging Diseases of Animals*, C. Brown and C. Bolin, editors. Washington, DC: ASM Press, 2000, pp. 259–279.
139. Anisimov, A.P., Factors of *Yersinia pestis* providing circulation and persistence of plague pathogen in ecosystems of natural foci. Communication 2 (in Russian). *Mol Gen Mikrobiol Virusol*, 2002(4): 3–11.
140. Anisimov, A.P., *Yersinia pestis* factors, assuring circulation and maintenance of the plague pathogen in natural foci ecosystems. Report 1 (in Russian). *Mol Gen Mikrobiol Virusol*, 2002(3): 3–23.
141. Ehrenkranz, N.J. and K.F. Meyer, Studies on immunization against plague. VIII. Study of three immunizing preparations in protecting primates against pneumonic plague. *J Infect Dis*, 1955, **96**(2): 138–144.
142. Hinnebusch, B.J., K.L. Gage, and T.G. Schwan, Estimation of vector infectivity rates for plague by means of a standard curve-based competitive polymerase chain reaction method to quantify *Yersinia pestis* in fleas. *Am J Trop Med Hyg*, 1998, **58**(5): 562–569.
143. SIPRI, The problem of chemical and biological warfare, in *Chemical Biological Weapons Today*, S. Institute, editor. New York: Humanities, 1973, pp. 3–6.

144. Speck, R.S. and H. Wolochow, Studies on the experimental epidemiology of respiratory infections. VIII. Experimental pneumonic plague in Macacus rhesus. *J Infect Dis*, 1957, **100**(1): 58–69.
145. Ehrenkranz, N.J. and L.P. White, Hepatic function and other physiologic studies in monkeys with experimental pneumonic plague. *J Infect Dis*, 1954, **95**(3): 226–231.
146. Ransom, J.P. and A.P. Krueger, Chronic pneumonic plague in *Macaca mulatta*. *Am J Trop Med Hyg*, 1954, **3**(6): 1040–1054.
147. Finegold, M.J., Pathogenesis of plague. A review of plague deaths in the United States during the last decade. *Am J Med*, 1968, **45**(4): 549–554.
148. Qiu, Y. et al., Comparison of immunological responses of plague vaccines F1 + rV270 and EV76 in Chinese-origin rhesus macaque, *Macaca mulatta*. *Scand J Immunol*, 2010, **72**(5): 425–433.
149. Williamson, E.D. et al., Kinetics of the immune response to the (F1 + V) vaccine in models of bubonic and pneumonic plague. *Vaccine*, 2007, **25**(6): 1142–1148.
150. Williamson, E.D. et al., Immunogenicity of the rF1 + rV vaccine for plague with identification of potential immune correlates. *Microb Pathog*, 2007, **42**(1): 11–21.
151. Van Andel, R. et al., Clinical and pathologic features of cynomolgus macaques (*Macaca fascicularis*) infected with aerosolized *Yersinia pestis*. *Comp Med*, 2008, **58**(1): 68–75.
152. Mizel, S.B. et al., Flagellin-F1-V fusion protein is an effective plague vaccine in mice and two species of nonhuman primates. *Clin Vaccine Immunol*, 2009, **16**(1): 21–28.
153. Mett, V. et al., A plant-produced plague vaccine candidate confers protection to monkeys. *Vaccine*, 2007, **25**(16): 3014–3017.
154. Honko, A.N. et al., Flagellin is an effective adjuvant for immunization against lethal respiratory challenge with *Yersinia pestis*. *Infect Immun*, 2006, **74**(2): 1113–1120.
155. Cornelius, C.A. et al., Immunization with recombinant V10 protects cynomolgus macaques from lethal pneumonic plague. *Infect Immun*, 2008, **76**(12): 5588–5597.
156. Chichester, J.A. et al., A single component two-valent LcrV-F1 vaccine protects non-human primates against pneumonic plague. *Vaccine*, 2009, **27**(25–26): 3471–3474.
157. Koster, F. et al., Milestones in progression of primary pneumonic plague in cynomolgus macaques. *Infect Immun*, 2010, **78**(7): 2946–2955.
158. Warren, R. et al., Cynomolgus macaque model for pneumonic plague. *Microb Pathog*, 2011, **50**(1): 12–22.
159. Pitt, M.L. et al., unpublished data.
160. Adamovicz, J., unpublished data.
161. Fellows, P. et al., Protection in mice passively immunized with serum from cynomolgus macaques and humans vaccinated with recombinant plague vaccine (rF1V). *Vaccine*, 2010, **28**(49): 7748–7756.
162. Chen, T.H. and K.F. Meyer, Susceptibility and immune response to experimental plague in two species of langurs and in African green (grivet) monkeys. *J Infect Dis*, 1974, **129**(Suppl): S46–S52.
163. Hallett, A.F., M. Isaacson, and K.F. Meyer, Pathogenicity and immunogenic efficacy of a live attentuated plaque vaccine in vervet monkeys. *Infect Immun*, 1973, **8**(6): 876–881.
164. Chen, T.H., S.S. Elberg, and D.M. Eisler, Immunity in plague: protection of the vervet (*Cercopithecus aethips*) against pneumonic plague by the oral administration of live attenuated *Yersinia pestis*. *J Infect Dis*, 1977, **135**(2): 289–293.
165. Chen, T.H. and K.F. Meyer, Susceptibility of the langur monkey (*Semnopithecus entellus*) to experimental plague: pathology and immunity. *J Infect Dis*, 1965, **115**(5): 456–464.
166. Romanov, V.E. et al., Standardization of conditions for the evaluation of effectiveness of antibacterial drugs in pneumonic plague in sacred baboons (in Russian). *Antibiot Khimioter*, 1995, **40**(6): 23–30.

167. Romanov, V.E. et al., Effect of antibacterial therapy on the epidemic threat of experimental pneumonic plague in monkeys (in Russian). *Antibiot Khimioter*, 2001, **46**(4): 16–18.
168. Byvalov, A.A. et al., Effectiveness of revaccinating hamadryas baboons with NISS live dried plague vaccine and fraction I of the plague microbe (in Russian). *Zh Mikrobiol Epidemiol Immunobiol*, **1984**(4): 74–76.
169. Rust, J.H., Jr. et al., The role of domestic animals in the epidemiology of plague. I. Experimental infection of dogs and cats. *J Infect Dis*, 1971, **124**(5): 522–526.
170. Rust, J.H., Jr. et al., The role of domestic animals in the epidemiology of plague. II. Antibody to *Yersinia pestis* in sera of dogs and cats. *J Infect Dis*, 1971, **124**(5): 527–531.
171. Gage, K.L., J.A. Montenieri, and R.E. Thomas. The role of predators in the ecology, epidemiology, and surveillance of plague in the United States, in *Proceedings of the 16th Vertebrate Pest Conference*, 1994, University of California, Davis, pp. 200–206.
172. Wang, H. et al., A dog-associated primary pneumonic plague in Qinghai Province, China. *Clin Infect Dis*, 2011, **52**(2): 185–190.
173. Carlson, M.E., *Yersinia pestis* infection in cats. *Feline Practice*, 1996, **24**(6): 22–24.
174. Gasper, P.W. et al., Plague (*Yersinia pestis*) in cats: Description of experimentally induced disease. *J Med Entomol*, 1993, **30**(1): 20–26.
175. Eidson, M., J.P. Thilsted, and O.J. Rollag, Clinical, clinicopathologic, and pathologic features of plague in cats: 119 cases (1977–1988). *J Am Vet Med Assoc*, 1991, **199**(9): 1191–1197.
176. Herzog, M., *The Plague: Bacteriology, Morbid Anatomy, and Histopathology*, D.O.T. Interior, editor. Manila: Bureau of Public Printing, 1904. pp. 3–149.
177. Multiple, *J Infect Dis*, 1974. **129**(Suppl. 1): 1–120 [Available from: http://jid.oxfordjournals.org/content/129/Supplement_1.toc].

9 야토병

Jeffrey J. Adamovicz and David M. Waag

목차

9.1 역사/배경 146
9.2 미생물 146
9.2.1 분류학 146
9.2.2 독성인자 148
9.3 유전학 149
9.4 백신 150
9.5 사람의 질병 151
9.5.1 궤양선성 야토병 152
9.5.2 구강인두 야토병 152
9.5.3 폐렴성 야토병 153
9.5.4 면역 153
9.5.5 치료 154
9.6 동물모델 154
9.6.1 마우스 (*Mus musculus*) 155
9.6.2 랫드 (*Rattus* 종) 160
9.6.3 기니픽 (*Cavia porccellus*) 161
9.6.4 들쥐 (*Microtus arvalis*) 161
9.6.5 토끼 (*Leporidae* 과) 162
9.6.6 사람외 영장류 163
9.6.7 기타 동물모델 166
9.7 요약 167
봉헌 168
참고문헌 168

9.1 역사/배경

야토병(野兎病, tularemia)은 그람음성 세균인 *Francisella tularensis*에 의해 일어나는 감염성 질병이다. 최초로 보고된 임상사례는 1837년 일본에서 토끼고기를 먹은 사람들에서 열, 오한, 선종양(線腫瘍, glandular tumors) 등이 나타났다[1]. 1911년에 이 질병은 Edward Francis 박사에 의해 미국의 California 주 Tulare 카운티에 서식하는 땅다람쥐(ground squirrel)를 통해서 발병하는 페스트와 유사한 질병으로 설명되었다. 3년 후 미국에서 최초의 야토병 환자는 도축인에게서 나타났다[2]. 이 세균이 Francis 박사에 의해 명명된 후, 감염 후에 나타나는 징후, 증세, 전파양식에 대한 여러 가지 특성에 대한 조사가 진행되었다.

*Francisella tularensis*는 고감염성, 전파의 용이성, 질환의 치사력 때문에, 카데고리 A 형의 생물위협제제로 분류된다. 제2차 세계전쟁 중에 *Francisella tularensis*가 생물전 제제로 개발되어 사용되었다[3,4]. 1942년 스탈린그라드 전투 중에 소련 방위군에 의한 제제의 고의적인 살포 또는 자연감염으로 독일군들에서 야토병이 발생하였다[5]. 이 세균은 그 후에 냉전기간 중에, 미국과 소련에 의해 무기화 되었다[5]. 이 감염성 세균은 불과 10개 세균의 접종이나 흡입으로 사람에서 질병을 일으키는 것으로 알려져 있다. 이 세균은 오염된 음식이나 물 섭취, 작은 상처, 다양한 절지동물에 물림을 통해서, 또는 오염된 공기의 흡입 등의 많은 경로를 통해서 감염된다. 야토병과 주로 연관된 곤충벡터로는특히 *Dermacentor*와 *Amblyomma* 종에 속하는 진드기, 사슴 파리, 모기 등이 있다. *Francisella tularensis*는 또한 토끼, 다람쥐, 기타 설치류를 포함하는 여러 종류의 포유류, 그리고 아메바와 연계된 토양과 물에 존재하기도 한다[6].

9.2 미생물

9.2.1 분류학

Francisella 속(genus)은 현재 *F. philomiragia*와 *F. tularensis*의 두 종으로 구성된다. *F. tularensis*에는 *tularensis*, *holarctica*, *novidia*, *mediaasiatica* 등의 몇 가지 종이 있다. A형 *F. tularensis subspecies tularensis*는 사람에 높은 독성을 나타내며, 북미에서 우세한 종이다. B형 *F. tularensis* subspecies *holarctica* (*palearctica*라고도 불림)는 유럽국가에서 흔히 발견되며, 독성이 높지 않다[7]. A형 균주는 토끼에서 진드기-유래 야토병과 관련이 있으며, 반면에 B형 균주는 설치류에서 수인성질병을 일으킨다. *Francisella tularensis* subspecies *novidia*와 *Francisella philomiragia*는 낮은 독성을 가지며, 일차적으로 면역약화상태(immunocompromised)의 숙주에서는 위험할 수 있다[8]. A형과 B형 균주 간에는 유전체 분석에서 상당한 차이가 있다는 것을 알 수 있다. DNA 마이크로어레이 분석(DNA microarray analysis)에서 *F. tularensis* subspecies *tularensis*는 *F. tularensis* subspecies *holarctica*에 결손된 분절(分節, segment)을 가지고 있으며, 추가적인 세 개 부분은 원래 *holaritica*와 비교하여, 생균백신균주에서 결손되었다는 것을 보여준다[9]. 거기에는 독성의 약화와 염색체의 특정구역의 부재와 연관될 수 있다. *F. tularensis* subspecies *tularensis*의

생물[A]형	MLVA 클러스터/ 클레이드[10]	종	아종	대표균주	사람 병리학[B]	동물모델[C]				
A	A1	*F. tularensis*	*Tularensis*	SCHU S4 (북미)			x	x	x	x
	A2	*F. tularensis*	*Tularensis*	ATCC 6223 (북미)						
	A2	*F. tularensis*	*Tularensis*	(북미)				x	x	
	NA	*F. tularensis*	*Mediaasiatic*	GIEM 543 (중앙아시아)		x				
	NA	*F. tularensis*	*Novicida*	ATCC 15452 (북미)		x		x		x
B	B1	*F. tularensis*	*Holartica*	유라시아		x		x		
	B2	*F. tularensis*	*Holartica*	스칸디나비아/ 북미		x		x		
	B3	*F. tularensis*	*Holartica* LVS	유라시아	NA	x	x	x	x	x
	B3	*F. tularensis*	*Holartica*	GIEM 543/유라시아/ 북미		x		x		
	B4	*F. tularensis*	*Holartica*	북미/스웨덴		x		x		
	B5	*F. tularensis*	*Holartica*	일본		x		x	x	
NA	NA	*F. philomiragia*	NA	유라시아						

그림 9.1 일반적인 *F. tularensis*의 동물모델

A. 토끼에서 독성의 최초 결정과 글리세롤 발효에 따른 생물형(biotype)[149].

B. 사람에 상대적 독성을 나타내는 그림을 색상으로 표현한 것. 가장 유해한 것은 붉은색, 덜 유해한 것은 녹색; 면역이 약화된 상태에서만 독성을 나타낸다.

C. 마우스, 랫드, 사람외 영장류, 햄스터 등의 종종 사용되는 실험동물모델을 표시한다. 햄스터 기호는 햄스터, 들쥐, 기니픽, Sprague Dawley 또는 Fischer 344 랫드 등을 포함하는 대표적인 작은 설치류들이다.

유전적 연관성에 대한 최고의 정보는 다중좌위변연쇄반복 분석(multiple-locus variable-number tandem repeat analysis, MLVA)을 통해서 얻어졌다. 네 가지 아종에서 분리된 192종의 균주에 대한 분석으로 120가지의 다른 인사형(genotype)이 동정되었다[10]. A형 균주는 다양한 변이체가 발견되는 반면에, B형 균주는 지리적으로 다양하게 분포한다. A형 균주들은 사람에서 심각한 감염과 관련이 있지만, B형 감염이 가장 널리 유행하는 균주이다. 단일뉴클레오티드 다형현상(single-nucleotide polymorphism), 리보타이핑(ribotyping), 전기장전기영동(pulsed-field gel electrophoresis), 증폭단편길이다형성(amplified fragment-length polymorphism) 등의 많은 유전기법들이 *Francisella*으로부터 새로운 종을 규명하기 위해 사용되었으며, 모든 기법들은 본질적으로 MLVA의 분류학적 지위를 입증하였다[10~14]. 사람에 대한 *F. tularensis*의 상대적 독성과 병원성 여부를 연구하기 위해 현재 사용되는 동물실험모델을 그림 9.1에 나타내었다. 그림 9.1에서는 *Francisella*의 이전 연구에 사용된 동물실험모델들에 대하여 간단하게 요약한 것을 보여주지만, 이들 연구가, 특히 마우스를 포함하는 연구에서 최적 종 또는 최적 계통으로 실행하지 않을 수 있는 것을 이해하는 것이 중요하다. 여기에서 종에 대한 논의의 주안점은 실험의 목적에 적절하게 부합되는 동물실험모델과 종료시점에 있다.

9.2.2 독성인자

*Francisella tularensis*는 그람음성, 캡슐형, 비운동성이며, 생장을 위해 시스테인(cystein)을 필요로 하는 독성이 강한 세균이다[15]. 이 세균은 물, 토양, 또는 오랜 기간에 걸쳐 유기물질을 부패시키면서 생존할 수 있다[16]. 이 세균은 감염량(infectious dose)이 낮기 때문에, 생물안전단계 3(biosafety level three, BSL-3) 환경에서 증식되어야 한다. *Francisella*의 발병에 대해서 알려진 것은 상대적으로 적다. 분비 독소로서 검출된 것은 없다. 감염에 필요한 단백질은 발견된 것이 없다. III형 또는 IV형 분비계(secretion system)는 알려진 것이 없다. 그러나 일부 III형 효과기와 IV형 성분은 게놈에 존재한다[17]. 독성 *F. tularensis*는 얇은 지질캡슐을 가지지만, 캡슐이 독성에 기여한다는 것은 확실하지 않다. 예를 들어, 비캡슐형 세균은 Porton 마우스와 Hartley 기니픽에서 독성을 가지며[18], LVS가 마우스에서도 존재할 수 있지만, 캡슐이 없는 LVS의 접종으로 지라에서 세균이 제거된다[19]. 보체매개사멸(complement-mediated killing)로부터 생물체를 보호하기 위해 캡슐이 존재하지만[19], 다핵형대식세포 내에서 생존하기 위해 요구되지 않는다.

*Francisella*의 독성에서 IV형 필리(pili)의 역할 또한 분명하지 않다. 필리(pili)의 발현 유전자는 독성 SCHU S4와 약화된 LVS 균주 모두에 존재한다. 두 균주는 시험관 내에서 필리의 발현을 보여주었다[20]. 그러나 13가지 *F. tuleransis* 아종에 대한 프로테옴 분석에서, 독성 A형 균주와 비독성 *F. mediaasiatica*, *holaractica*, 또는 *novicida* 균주들은 PilP 단백질을 발현하였다[21]. 이 발견은 LVS가 아닌 북미의 *holartica* 균주들이 IV형 필리를 암호화하는 게놈 DNA를 갖지 않았다는 것을 확인함으로써 복잡해졌다[9]. 따라서 IV형 필리가 세균의 부착을 용이하게 하여 다른 병원체에서 독성 결정인자의 역할을 하는 것으로 알려졌지만, 야토병의 발병에서 필리의 역할은 아직 더 연구되어야 한다. 균주의 종류에 대한 더욱 직접적인 게놈서열 비교는 IV형 필리의 분포와 발병에서 그 역할을 명백히 할 수 있다.

*Francisella tularensis*의 지질다당체(lipopolysaccharide, LPS)는 전형적인 그람음성 내독소보다 독성이 낮다[22]. LPS는 또한 종양괴사인자(tumor necrosis factor alpha, TNF-α)의 분비, (적은 LPS 투여량에서) 산화질소의 생산, 인터루킨(interleukin, IL)-12, IL-6, IL-4 또는 γ-인터페론(γ-interferon, IFN-γ)의 생산을 유도하지 않으며[23], 따라서 다른 세포내 병원균에 대한 전형적인 스트레스 반응을 유도하지 않는다. *Francisella tularensis*의 LPS는 발병을 위해 요구되지 않는 다른 그람음성 LPS와는 다르다. Toll-유사수용체(Toll-like receptor, TLR4)는 독성 에어로졸 A형 감염시험(aerosol A challenge)에 감수성이 있는 야생형의 한배새끼들(wild-type littermates)과 차이가 없었다[24]. 그러나 이들 데이터로는 마우스 실험모델에서 A형 균주의 치명적인 독성을 해석하기 어렵다. 이들 특성이 숙주면역반응을 돕는지는 불분명하다. LVS의 LPS는 복강(intra-peritoneal, i.p.) 또는 진피(intradermal, i.d.) LVS 또는 B형으로부터 마우스를 보호하기 위한 백신으로 사용될 수 있었으나, A형 감염시험에서는 사용될 수 없었다[26,27]. *Francisella novicida*의 LPS는 또한 복강(i.p.) 또는 진피내 감염시험에 대한 보호를 유도할 수 있으나, *F. novicida*에 대한 보호는 유도할 수 없다[28]. LVS에서 LPS가 아닌 *F. novicida*의 LPS는 친염증성 사이토카

인(proinflammatory cytokine)인 TNA-α와 IL-12를 유도하기 때문에, 저자들은 TNA-α가 독성에 기여한다는 것으로 결론지었다. 사람의 대식세포가 동일한 방식으로 반응하는지, 또는 마우스에서 *F. novicida*의 독성증가가 그 결과에 대한 해석을 왜곡했는지는 분명하지 않다. 흥미롭게도, LVS의 LPS에 대한 반응으로 염증성 사이토카인(inflammatory cytokine)을 생성하지 못하는 것은 TLR2의 mRNA 발현억제 때문일 수 있다. LVS는 *Escherichia coli*의 LPS 또는 세균의 리포펩티드(bacterial lipopeptide)의 공동배양에 대한 반응으로, TNA-α와 IL-1이 J774의 생산을 차단한다는 것을 보여주었다[29,30]. 이러한 차단은 미지의 23 kDa 단백질의 존재와 관련이 있었다. 야토병(tularemia)을 일으키는 다른 종에서 이 단백질의 유사성과 분포는 알려지지 않고 있다.

아울러 대식세포의 생존은 *F. tularensis*의 존재와 생체내 전파에 특히 중요하게 나타난다[31]. 이 세균들은 포식소체로 유입되며, 포식리소솜 융합(phagolysosome fusion)을 막는다[32]. 그 이후에, *Francisella*는 세포질로 이동하여, 그곳에서 증식한다[33]. 세포자살(apoptosis)은 숙주세포로부터 최종 방출에 연루될 수 있다[34]. 식작용화된 세균(LVS)은 숙주세포의 세포질 내로 포식소체를 피할 수 있으며[32,35], 포식소체의 산성화는 *F. tularensis*의 성장과 철의 획득에 필수적이다. Nano 등[36]은 최근에 대식세포에서 생장에 필요한 30 kb의 G + C 함량이 낮은 병원섬(low G + C content pathogenicity island)을 개발하였다. 그 병원섬(pathogenicity island)이 LVS에서 복제된다는 것을 보여주었지만, 병원성 결정단백질인 *pdpABCD*는 없었다. 특히 pdpD가 모체인 SCHU S4 균주에서 돌연변이 되었을 때, 대식세포 내에서의 증식력은 크게 약화되었으며, 심한 독성을 나타내기 위해서 필요하다[36,37]. *F. tularensis*가 주로 숙주세포 내에 존재한다는 가설에 반하여, 마우스의 최근 연구에서는 그 세균이 혈장에서도 쉽게 발견될 수 있다는 것을 보여주었다[38]. 그러나 이 세포외 단계가 사람을 포함한 다른 동물들에서 일어나는지는 분명하지 않다.

9.3 유전학

*F. tularensis*의 전체 게놈은 2005년 1월에 처음으로 발표되었으며[39], http://www.ncbi.nlm.nih.gov/genomes/framik.cgi?db=genome&gi=563에서 이용가능하다. IV형 필리, 표면 다당류, 철획득 시스템과 소병원섬(small pathogenicity island) 등을 암호화한 유전자들이 표시되어 있다. 흥미롭게도, 수송/결합, 유전자 조절, 에너지 대사, 세포과정 등을 암호화한 유전자는 지금까지 연구된 *F. tularensis*의 게놈 부분에 존재한다는 것이 발견되었다. 독성 SCHU S4 균주는 2 Mbp 이하의 게놈에서 34% 함량을 가진다. LVS 균주의 서열분석은 완성되었으며, http://www.ncbi.nlm.nih.gov/genomeprj/16421에서 이용가능하다. LVS 게놈의 G + C 함량은 32%보다 다소 낮다. LVS 균주는 2개의 비밀플라스미드(cryptic plasmid)(pFMN10과 pOM1)를 갖는다는 것이 확인되었다; 그러나 이들 플라스미드는 독성이 강한 SCHU S4 균주에 존재하지 않는다[40]. 반면에 독성 *F. tularensis*에는 8개의 "차이가 있는 구역" (0.6~11.5 kb)이 존재하지만, *F. tularensis* subspecies *holarctica*에는 없었다. 몇 가지 부가적인 독성 및 무독성을 나타내는 *F. tularensis* 균주들은 이미 서열이 분석되었거나, 분석 중에 있으며 (http://www.ncbi.nlm.nih.gov/sites/entrez?Db=genome&Cmd=Search&Term=txid263[orgn] 참조), 거기에는 *F. novicida*와 *F. mediaasiatic* subspecies와

*F. philomiragia*의 모두 또는 일부 균주도 포함되어 있다. *F. tularensis*의 진화에 대한 보다 충분한 이해와 병원성 기작의 규명은 이들 이용가능한 염기서열을 사용하는 비교유전체학(comparative genomics)을 통해서 가능하게 되었다.

다른 세균과 마찬가지로 *F. tularensis*의 유전적 조작에 필요한 것은 유전적 기법의 개발이다. *Fransiella*의 유전적 기법을 성공적으로 개발하는 일은 지난 몇 년 동안 제한적이었다. Lauriano 등[41]은 *F. tularensis* subspecies *novicida*에 *erythromycin* 내성카세트 삽입을 중합효소연쇄반응을 이용한 대립형질의 교환기작을 개발하는 시험에 성공하였다. 두 가지 독립된 집단은 성공적인 제작과 삽입돌연변이체를 만들기 위한 트랜스포손(transposon) 기법들에 대한 실험을 소개하였다. Kawula 등[42]은 전위효소(transposase)가 결여된 kanamycin 내성을 암호화한 TN5에 근거한 트랜스포손을 조립하였다. 전위효소와 관련되었을 때, 그 복합체는 LVS에서 안정적으로 삽입되는 것으로 알려졌다. 두 번째 전략은 독성 SCHU S4 균주의 세포질외 단백질 배출을 암호화하는 유전자의 삽입돌연변이를 만들기 위해서 λTNphoA 조립체를 사용하였다[43]. Maier 등[44]은 최근에 LVS, *F. tularensis novicida, E. coli* DH5α의 셔틀벡터(shuttle vector)를 조립하였다. 그 플라스미드는 시험관 내와 생체 내에서 항생제의 부재에서 안정적으로 유지되며, 다중클로닝부위의 확장과 온도민감성 돌연변이(temperature-sensitive mutation) 특성을 포함한다. 이 벡터와 다른 최근에 개발된 기법들은 추후 연구에서 널리 이용하게 될 것이다. 더욱 최근의 연구에서는 틀 내에서 트랜스포손 삽입 돌연변이유발에 대한 효과가 조사되었으며, SCHU S4에서 7개의 필수독성 유전자 (*iglB*, *iglD*, *purl*, *purF*, *ggt*, *kdtA*, *glpX*)가 발견되었다[45]. 이전에 일부 유전자들이 다른 방법으로 확인되었지만, 생체내 선별법은 추가백신실험에서 잠재적으로 유용한 돌연변이를 신속하게 확인할 수 있었다. 부수적 진단기법의 개발과 유전암호 부분에 대한 특성연구는 여전히 연구 중인 중요한 분야로 남아 있다.

9.4 백신

A형 *F. tularensis* subspecies *holarctica*의 약화된 백신이 소련연방에서 개발되어[46], 1956년에 미국으로 보내졌다. 이 표본에서 *F. tularensis* LVS라 불린 예방접종에 적합한 균주가 분리되었으며, 특성조사가 이루어졌다[47]. 포도당 시스테인 혈액고체배지(glucose cysteine blood agar)에서 LVS의 회색과 청색 집락의 변종들이 배양되었다[47]. 백신으로 사용되었을 때, 청색집락의 변종은 보호할 수 있었으나, 회색집락 변종은 보호하지 못하였다. 회색집락 변종은 마우스와 기니픽에서도 독성을 나타내었다. 다른 LVS 백신들은 시험된 모든 백신들이 주로 청색이었지만, 청색과 회색 집락들도 상당량 포함되었다[48~50]. LVS의 일회 투여량의 면역조치는 대부분의 백신에서 14일 이내에 측정가능한 anti-LVS 항체와 림프구의 증식을 유도한다[48~50]. LVS는 장티푸스성 야토병(typhoidal tularemia)의 발생빈도를 줄이는데 효과적이었으나, 궤양선성 야토병(ulceroglandular tularemia)에서는 그렇지 못한 것으로 드러났다[51,52]. LVS는 내재 및 적응면역반응을 명확히 하기 위하여 murine 연구에 널리 사용되었다[53]. 마우스에서 LVS 사용은 추후에

좀 더 자세히 논의될 것이다 (9.6.1 절). 이 백신은 모체계통의 출처가 정확하게 알려져 있지 않기 때문에 (따라서 약화기작은 알려지지 않음), FDA로부터 일반인들에 대한 사용승인을 받지 못하였다. 마우스의 복강내 평균치사량(median lethal dose)(LD_{50})은 1960년대 초반에 10^5 CFUs (colony forming units)의 청색집락과 오늘날 1 CFU의 LVS 비교를 통해서 극적으로 LVS 독성이 증가된다는 것을 밝혔다[47]. 독성에 대한 균주의 안정성이나 그 반대 현상은 충분히 연구되지 않았지만, 시험관 내에서 배양된 LVS는 캡슐의 발현이 증가한 후, 독성이 증가하기 때문에 불확실한 듯하다[54]. 따라서 LVS는 작업노출위해와 더불어 연구자들을 위해 사용 승락을 받기 위한 새로운 의약제제로서 남아 있다. 그러나 새로이 개발된 백신은 LVS와 비교해야 할 것으로 보인다.

새로 개발된 백신에 대한 한 가지 접근법은 LVS 또는 iLVS 백신을 개량하는 것이다. 이 iLVS 소재는 원래 LVS에서 유래하며, 100% 청색집락으로 구성된 것으로 밝혀졌다[55]. 백신은 현재 좋은 제조조건에서 생산되며, 토끼에서 안전성과 면역원성(immunogenicity)에 대한 특징을 조사한다. iLVS는 인체임상실험을 통해서 평가된다.

9.5 사람의 질병

*F. tularemia*는 100종 이상의 다양한 동물, 조류, 곤충에서 발견된다. *holoarctica* 감염의 보균체로는 중앙 유럽에서 토끼(hare), 유라시아에서 들쥐, 북미에서 비버(beaver)와 사향쥐(muskrat) 등이 알려져 있다[11]. 북미에서 *tularensis* 아종에 감염된 토끼는 일차 보균체인 것으로 보인다[11]. 사람은 진드기나 모기와 같은 감염된 절지동물에 물리거나, 또는 들쥐나 사향쥐와 같은 작은 동물들과 접촉을 통해서 감염될 수 있다[56~60]. 감염의 또 다른 경로로는 감염조직이나 체액의 취급, 오염된 식품이나 음용수의 섭취, 또는 감염성 에어로졸의 흡입 등이 있다[61~64]. 사람에 대한 A형 *F. tularensis*의 최소 에어로졸 감염용량(minimal human aerosol infectious dose)은 약 10개 정도이다. 감염된 사람은 급성열병을 일으킨다.

야토병은 세계노처에서 발견된다. 매년 수백만 명의 야토병 환자들이 미국에서 보고되고 있다. 대부분의 질병과 마찬가지로, 대다수의 환자들은 보고되지 않았거나 오신의 가능성이 있다. 모든 형태의 야토병 증상은 감염 세균의 독성에 따라 다르다. 이 세균과 연관된 독소는 없기 때문에, 발병은 숙주 내에서 생존력과 증식력 때문인 듯하다[66]. 잠복기는 3일에서 1주일 정도이며, 그때 환자들에서 고열, 오한, 피로, 온몸의 통증, 두통, 림프절 비대, 메스꺼움 등이 나타난다[67]. 허약, 권태감, 체중감소, 식욕부진 등의 증상으로 진행될 수 있다. 이 질병은 비특이적이며, 독감과 유사한 증상을 나타내기 때문에 진단하기 어려울 수도 있다. 사람에서 사람으로 전파되는 사례는 보고된 바 없다[68].

야토병은 균주의 종류, 감염량, 감염경로에 따라, 궤양선성(ulceroglandar), 림프절(glandular), 눈림프절(oculoglandular), 구강인두(oropharyngeal), 폐렴성(pneumonic), 장티푸스성(typhoidal) 등의 여러 형태로 발견된다[51,52,69]. 궤양선성 형태는 감염부위에 궤양이 생기는 것 이외에는, 림프절 형태와 유사하다. 보통, 야토병의 징후는 두 가지 형태로 나눌 수 있는데, 궤양선성 형태

일수록 국소적인 증상과 징후가 두드러지게 나타나며, 더욱 치명적인 장티푸스성 형태 일수록 피부병변이 없는 전신증상의 특성을 나타낸다[68]. 피부나 점막으로, 또는 흡입이나 구강섭취를 통해서 감염된 세균은 혈류를 따라 전파되며, 이차흉막폐렴, 패혈증, 수막염을 일으킨다[70]. 대부분의 자연적으로 발생하는 야토병 환자들은 궤양선성이며, 일부 환자들에서는 폐렴성 또는 장티푸스성도 나타난다. *F. tularemia*는 통성 세포내 병원균이며, 대식세포에서 증식한다. 표적기관은 림프절, 폐와 흉막, 지라, 간, 신장을 포함하는 망상내피계와 연관이 있다.

9.5.1 궤양선성 야토병

가장 흔한 형태의 야토병은 감염된 절지동물에 물리거나, 감염된 동물의 취급을 통해서 발생한다. 궤양선성 야토병에서 전형적인 증상은 열이 난다는 것이며, 피부궤양은 흔한 일반 징후로서, 보통 감염 후 3일 이내에 나타난다[59]. 질병의 지속기간은 3~110일이지만, 보통 환자들은 2주 이내에 회복된다. 국소 림프절은 비대해지고, 환자는 열, 오한, 근육통을 나타낸다[67,68]. 궤양선성 야토병은 미치료 환자 중에서 약 3%는 사망한다[67]. 많은 환자들은 급성질환에서 회복된 후, 몇 주 동안 권태감과 쇠약감을 느낀다. 위에 언급된 질병의 발생에서 직접 형광항체시험(direct fluorescent antibody test)에 의해 측정된 항체역가(antibody titer)는 160~10,240이며, 평균치는 1,297이다. 역가는 노출 후 3~5주에 최고치에 도달한다. 감염된 사향쥐를 취급하는 사람들에서 특별한 야토병이 발생하였다. 실험설정을 통해서, 10 CFU의 독성 A형 *F. tularensis strain* SCHU S4를 사람의 진피내(i.d.)로 투여하였으며[52,71], 그 결과, 감염된 환자들에서 열, 두통, 근육통, 피부병변, 식욕부진 등이 나타났다.

9.5.2 구강인두 야토병

사람에서도 오염된 물이나 음식의 섭취 후에, 구강인두 야토병이 나타날 수 있다[16,72]. 야토병 가운데 불과 5% 정도만이 구강인두성 이다. 세균들은 인두의 점막에 감염하며, 삼출성인두염(exudative pharyngitis)은 4~5일 후에 나타난다[67]. 경관선병증(cervical adenopathy)도 발생할 수 있다. 인두, 편도, 연구개는 자주 궤양을 일으킨다. 환자에서는 열이 나고, 오한과 권태감이 나타난다. 노르웨이, 코소보, 터키의 흑해지역에서 이 질병이 크게 창궐한 바 있다. 노르웨이에서 창궐한 야토병은 감염된 토끼 때문이었다[73]. 환자들의 혈청학적 효소결합면역흡착측정법(ELISA)의 역가는 80~640의 범위에서 나타내었다. 코소보에서 이 질병의 발생원인은 설치류에 오염된 식품이었던 반면에[16], 터키에서 추정된 감염출처는 저수지에서 발견된 감염된 랫드의 사체였다[74]. *F. tularensis*는 장관(gut)에서 집락을 형성하지 않으며, 담즙에 의해 용해되기 때문에, 구강인두 야토병의 감염기작은 확실하지 않다[75,76].

다소 논란의 여지가 있기는 하지만, *F. tularensis*는 손상되지 않은 피부로도 침투할 수 있다는 증거가 있다. Ohara 박사의 부인은 *F. tularensis*에 감염된 죽은 토끼의 심장으로 인하여 야토병 증상이 생겨 감염된 것으로 보인다. 기니픽과 토끼도 상처가 없는 피부와 감염조직에 접촉된 후에 감염되었다[77]. 결정적으로, 식염수에 처리된 *F. tularensis*를 백변종에 걸린 새끼마우스(baby albino mice)의 복부에 발랐을 때, 감염되었다[78]. 이 같은 일련의 관찰기록들을 토대로 하여볼 때, 이 세균은 직접적인 침투, 잘 보이지 않는 미세한 찰과상을 통한 침투, 또는 감염된 피부로부터 다른 통로로의 전이 등에 의해 감염된다는 것을 암시한다.

9.5.3 폐렴성 야토병

사람의 폐렴성 야토병(pneumonic tularemia)은 폐에서 다른 기관으로 진행되는 질병가운데 가장 급성형태의 감염을 나타내며, 일차적으로 간과 지라에서 병리학적 변화를 일으킨다[51,67,68]. 초기에는 호흡기 병발이 나타나지 않을 수 있다. 전형적인 징후는 노출 후, 5~7일 경에 갑작스런 발열이 시작되며, 소모성 기침과 허리의 통증을 수반한다. 기관지주위침윤물(peribronchial infiltrates), 기관지폐렴(bronchial pneumonia), 흉막삼출(pleural effusion), 폐문림프절병(hilar lymphadenopathy)은 X-선 사진으로 관찰할 수 있다. 폐의 흉막이나 실질육아종병변(parenchyma granulomatous lesion)도 관찰가능하다. 에어로졸 노출에 의해 감염된 사람은 기도에서 출혈성염증도 관찰할 수 있으며, 이것은 기관지폐렴으로 진행될 수 있다[79]. 폐포공간(alveolar space)은 단핵세포침윤물(mononuclear cell infiltrate)로 채워지게 된다. 부착(adhesion), 삼출(effusion), 폐문림프절병과 더불어 늑막염도 흔히 나타난다[80]. 사람의 질병에 대한 실험모델로서 사용될 때, 원숭이는 사람에서의 징후와 증상을 유사하게 나타내었다. 마우스, 토끼, 원숭이에서 세균전파와 관련된 병리학적 변화와 패턴은 사람에서 나타나는 징후와 증상과 유사하다[71,81]. A형 *F. tularensis*에 의해 생긴 폐감염을 치료하지 않은 상태의 치사율은 약 30% 정도이며, B형 *F. tularensis* 감염에서는 약 10% 정도이다[68,82]. 보통 항생제요법으로 치료한 환자들에서 치사율은 약 2%로 감소될 수 있다.

9.5.4 면역

야토병에 대한 면역기작은 잘 규명되지 않았다. 이전의 감염으로부터 회복된 사람은 후속감염으로부터 보호를 받는다. 아치사성 진피내 감염시험에서 생존한 마우스에서는 후속 복강내 감염시험으로부터 보호면역(protective immunity) 체계가 발달하게 된다[53]. 전체적으로, 이들 결과는 한 가지 이상의 야토병 보호항원에 대한 장기 면역학적 기억(long-lived immunological memory)이 유도된다는 것을 나타낸다. LVS 백신으로 예방접종된 사람에서 진피내 또는 에어로졸 시험에 대한 보호기능이 탁월하게 나타난다. 그러나 보호의 근거는 분명하지 않다. 이 세균이 통성 세포내 병원균이기 때문에, 세포성 면역이 감염을 조절하는 데 중요한 역할을 한다는 것이 전제되었다. 야토병으로에서 회복된 환자들에서는 지속적인 항체역가가 나타났는데, 이는 체액성 반응이 면역에서 중요하다는 것을 나타낸다[83]. 급성 감염이 진행되는 동안, 세포성 면역은 억제되지만, 감염의 대책과 면역기억의 발달에 중요한 것으로 보인다. 항생제는 급성감염의 세균혈증 단계에서 세포외 생물체의 확산을 조절하고, 재감염을 방지하는 이차 역할을 할 수 있다. 최근 토끼의

iLVS 백신연구에서 제시된 바와 같이, 항체는 면역의 상관관계에 따라 여전히 유용하다는 것이 입증될지도 모른다[55]. 항체는 마우스의 LVS 백신 개량에 대한 별도의 연구에서 백신수용을 측정하는데 재사용되었다[84]. 야토병에 대한 면역의 세포 및 분자적 관점은 마우스 모델에서 가장 많이 연구되었으며, 발견된 내용들은 9.6.1절에 기술되어 있다.

9.5.5 치료

흥미롭게도, 야토병 치료에는 승인되지 않은 항생제들이 많이 사용되고 있다. 승인된 항생제의 효능은 시험관내 감수성 실험과 사람에게 사용을 통해서 결정되었다. 적절한 항생제 치료는 야토병 치사율을 약 2% 정도로 낮출 수 있다. 항생제치료 기간은 대개 길어지며, 만일 치료가 조기에 멈춘다면 재발될 수 있다. 근육(intramuscularly, i.m.) 또는 정맥(intravenously, i.v.)으로 투여된 streptomycin은 성인, 어린이, 임산부의 질병을 치료하기 위해 선택된 승인된 의약품이다[85]. Gentamycin은 더욱 광범위하게 사용될 수 있으며, 정맥 내로 투여될 수 있으나, 라벨로 표지되지 않는다. Doxycycline은 정맥경로에 효과적이며, 이들 세 가지 치료군은 사용이 승인되었다. Tetracycline과 chloramphenicol도 치료에 사용이 가능하지만, 일부 환자들에서 종종 병이 재발된다[85]. Chloramphenicol은 성인과 어린이용으로 표시되어 있다. Ciprofloxacin도 효과적이며, 치료 실패율은 낮다[68]. Ciprofloxacin은 또한 마우스 모델에서 A형으로 유발된 사망을 방지하는데 효과적인 것으로 나타났다[86]. 그러나 노출 후, 24~48시간 동안 치료가 지연되었다면, gatifloxicin과 moxifloxacin은 ciproflacin에서 보다 생존율을 높이는 데 더욱 효과적이었다는 것이 다른 마우스를 이용한 연구에서 밝혀졌다[87]. B형 균주는 azithromycin, ceftazidime, meropenum, 또는 imipenem에 자연내성(natural resistance)을 갖는 것으로 알려졌다. 미국과 소비에트연방에서는 chloramphenicol과 tetracycline에 내성을 가지는 A형 균주를 만들었다[68]. 과거의 연구에서 BALB/c 또는 C57BL/6 마우스의 LVS 감염시험은 추가적인 항생제의 효율성을 연구하기 위한 좋은 치료모델이 됨을 보여주었다. 특히, 마우스는 항생제의 에어로졸 전달 개념을 시험하기 위한 좋은 동물이다[88]. 또한 기니픽과 토끼도 더욱 독성을 가지는 균주들과 더불어 주화성(chemotaxis) 또는 치료 프로토콜을 시험하는 데 사용될 수 있다.

9.6 동물모델

*Francisella tularensis*는 토끼, 고양이, 프레리독, 들쥐, 미국너구리(racoon), 다람쥐, 랫드, 나그네쥐(lemmings), 야생쥐, 기타 동물들과, 조류, 어류, 원생동물 등을 포함하여 250가지 이상의 숙주를 통해서 자연적으로 감염을 일으킬 수 있다[16,89~97]. 조류와 돼지는 감염에 대하여 상대적으로 저항성을 가진다[98,99]. 질병의 발병과 노출 전후의 치료 효능을 연구하기 위한 몇 가지 동물모델이 개발되었다.

9.6.1 마우스 (*Mus musculus*)

야토병의 발병과 백신효능에 대하여 이미 보고된 연구의 대부분은 마우스 모델에서 수행되었다. 그러나 이것은 마우스가 백신연구 또는 사람과의 비교연구에서 제일 좋은 모델이라는 것을 의미하지 않는다. 예를 들어, LVS는 마우스에 치명적인 데 비하여, 사람에 대해서는 그렇지 않으며, 사람모델(human model)과는 달리, LVS 백신접종은 A형 균주에 대한 생리학적 연관성이 있는 감염시험에서 마우스를 보호하지 못한다. 마우스와 사람 간의 질병병리학 측면에서 차이점도 언급되었다. 마우스와 사람 간의 차이점은 백신연구영역에서 특히 중요하다. 지난 5년 동안, 여러 가지 새로운 백신연구에서 백신과 마우스의 대조군 간의 감염시험과 관련되어 생존, 평균생존시간, 세균 감소 등이 마우스에서 통계적으로 증가되었다는 것이 보고되었다. 이 백신에 의해 유발된 보호가 통계학적으로 중요하지만, 그것은 (적어도 마우스에서) 생물학적으로 중요한 것 같지는 않다. 여기에 기술된 생물학적 중요성은 한번 이상 진드기 물리거나, 큰 감염성 비말핵의 흡입, 절개 또는 상처의 감염, 또는 오염된 물 또는 식품의 섭취와 같은 생물학적으로 연관된 감염시험을 견디기 위한 예방접종능이다. 거기에는 생물학적으로 연관된 감염시험이 [감염성 입자 또는 CFU 갯수] 있을 수 있는 데이터의 부족에도 불구하고, 분명한 것은 감염 또는 생물학적으로 연관된 감염시험이 예방접종된 동물에 대한 감염시험에서 최근 연구에 사용된 10~88 CFU 보다 많을 가능성이 매우 높다는 것이다[100~102]. 한 가지는 (LVS의 경우에서처럼) 백신 그 자체를 만드는데 문제에 있는 것이 아니라, 백신효과를 측정하기 위하여 마우스를 사용하는 것을 가정할 수 있다. 반면에 마우스는 근친교배 계통, 유전적 녹아웃 계통(genetic knockout strain), 특성이 잘 연구된 면역결핍계통(immune-deficient strain) 등의 폭넓은 이용가능성을 포함하여 많은 이유에서 유용하다. 면역화 되지 않은(naive) BALB/c와 C57BL/6 마우스는 A형과 B형 *F. tularensis*의 에어로졸 감염시험에서 똑같이 민감하였다. 두 가지 마우스 계통의 A형 또는 B형 *F. tularensis* 에어로졸에 대한 LD_{50}는 각각 10개 또는 20개 정도였다[81]. 그러나 마우스는 B형 (8일째) 감염보다 A형 (6일째) 감염 후에 바로 죽었다. 마우스의 에어로졸 LD_{50}은 동일한 경로에서 사람들에 대한 감염량과 유사하다. 최근의 많은 연구들이 더 많은 독성을 가지는 A형과 B형 균주를 사용하였지만, 이들 세균의 매우 높은 독성으로 인하여, 설치류모델시스템에서 대부분의 실험 감염에는 LVS를 사용하였다. LVS의 사용은 사람에게 필수적으로 전염성을 가지지는 않은 채, 독성이 크게 약화되어 실험실 연구원들에게 별로 위험하지 않다[103]. LVS는 면역화되지 않은 마우스(naive mice)에 치명적이며, 사람에서 독성균주가 보여주었던 것들과 유사한 병리학적 반응을 일으켰다[104]. 그러나 감염에서 LVS 모델을 사용하는 것은 문제가 전혀 없는 것은 아니다. 먼저, 치사량(dose lethality)은 LVS 감염경로에 따라 매우 다양하였다. 면역화되지 않은 마우스는 복강내(i.p.) 감염시험에 가장 민감하였으며, 정맥내(i.v.), 비강내(i.n.), 에이로졸, 진피내(i.d.) 시험 순이있다. BALB/c 또는 C57BL/6 마우스의 복강내(i.p.)에 주어진 LVS의 LD_{50}는 각각 4와 1 CFU이었던 반면에[105], 진피내(i.d)에 주어진 LD_{50}은 훨씬 더 높았다 (10^6 CFU 이상)[103]. 흥미롭게도, C57BL/6J와

C3H/HeJ 마우스는 피하(s.c.) 또는 정맥내 감염시험(i.v.)에서 낮은 내성에도 불구하고, 다른 근친교배 마우스 계통보다 복강내 감염시험(i.p.)에 대하여 더욱 내성을 나타내었다. LVS와는 달리, 임상용 A형 또는 B형 균주의 진피내(i.d.) LD_{50}은 20 CFU 이하를 나타내었다[81]. BALB/c와 C3H/HeN 마우스의 비강내(i.n.)로 투여된 LVS의 LD_{50}는 각각 3.2×10^2과 1.6×10^2로 측정되었다. 다른 마우스 계통의 피하(s.c.), 또는 정맥내 시험(i.v.)에 대한 감수성 (LD_{50} 결정에 의함)을 LVS와 비교하였을 때, 가장 민감한 마우스 계통은 C3H/HeJ, CBA/J, C57BL/6J, A/JduTes인 반면에, 가장 내성이 있는 마우스 계통은 SWR/J, SJL/J, BALB/cJ, AKR/J, 그리고 이계교배된 CD-1 (Swiss)였다[103,106~108]. 이들 LVS 연구는 야토병에 대한 면역에서 숙주유전학에 중요한 역할을 나타낼 수 있다. 대부분의 마우스 계통에 대한 LVS 예방접종은 진피내(i.d.) 경로에 뒤이은, A형 감염시험에 대하여 확실하게 보호한다는 것을 알게 되었으나, 에어로졸 경로에서는 그렇지 않다는 것을 알게 되었다[109]. 따라서 숙주의 유전적 특성은 더욱 독성을 가진 A형 균주의 감염시험에 기여하지 않는 것이 명백하며, 모든 면역화되지 않은 마우스 계통에서 동일하게 독성을 나타내는 것으로 보인다는 사실이 중요하다. 마우스는 *F. tularensis* 발병을 연구하는데 기본적인 동물이지만, 사람백신연구와 비교하여 murine 데이터 한계에 대하여 신중히 생각해야 한다.

야토병 연구 중에서, 마우스는 LVS에 대한 murine 면역반응에 대한 연구에 가장 커다란 기여를 하였다. 마우스 모델에 대한 많은 논문이 발표되었으며, 그 내용의 대부분은 LVS에 면역화된 마우스의 감염시험에 대한 것들이다. 1940년대 후반의 연구는 사멸 세균이 아닌 LVS는 독성 SCHU S4를 진피내 감염시켜 마우스가 보호될 수 있음 보여주었다[110]. LVS의 비강내 예방접종으로 A형 *F. tularensis* 균주의 비강내 또는 진피내 감염시험에 대하여 BALB/c 마우스는 부분적으로 보호될 수 있었으나, C57BL/c 마우스는 보호되지 못하였다[111]. 이 균주는 감염시험된 마우스의 절반 이상에서 재분리될 수 있었다.

LVS가 독성 에어로졸 감염시험에서 완벽하게 보호할 수 없기 때문에, 추후 연구에서는 LVS를 백신으로서, 그리고 감염시험 균주로서 사용하였다. 마우스의 LVS 백신접종은 LVS로 진피내(i.d.), 피하(s.c.) 또는 에어로졸 감염시킨 후, 치사성 감염을 보호하는 것으로 나타났다[103,104,112]. 마우스의 LVS-예방접종된 근친교배 계통의 A형 또는 B형 균주에 의한 감염시험과 관련된 최근의 연구는 백신효능에서 선천적 차이와 면역반응성분을 명확히 보여주기 위해 실시되었다. C57BL/6이 아닌, LVS로 예방접종된 BALB/c 마우스는 소량 투여된 에어로졸 B형 감염시험으로부터 보호되었다. 어떤 마우스 계통도 A형 감염시험에 대하여 보호되지 않았다. 이 관찰의 한 가지 가능한 설명은 LVS가 B형 균주로부터 유래하기 때문에, A형 균주에 존재하는 중요한 보호항원이 없을 수 있다는 것이다. SCHU S4와 더불어 진피내 추가접종된 LVS-면역화된 마우스는 LVS로 추가접종된 마우스 보다 진피내(i.d.) 또는 에어로졸 감염시험에 대하여 보다 강한 내성을 가졌다는 것을 보여주었다[106,108]. 백신으로서 *F. novicida*의 사용은 BALB/c 마우스에서 A형 또는 B형 에어로졸 감염시험에서 보호를 증진시키지 못하였다[113]. 이것은 *F. novicida*가 LVS 보다 SCHU S4와 더욱 밀접하게 관련되어 있기 때문에 흥미있는 발견이었다.

LVS 예신접종은 다른 유전적 배경을 가진 마우스에서 A형 진피내 감염시험에 대한 백신효능을 식별하는데 사용되었다[109]. 이 연구는 감염시험 후, 평균 사망시간에 근거하여 예방접종된 두 가지 부류의 마우스를 식별하는데 사용되었다. 백신에 대하여 반응이 적은 마우스는 A/J, SW, DBA/2, CF-1 마우스 등이었으며, 크게 반응하는 마우스는 BALB/c, BDF1, C3H/HeN, CD1, CDF1, strain 129 이었다. LVS 감염시험에서와는 달리, 이들 차이는 진피내 감염된면역화되지 않은 마우스에서는 나타나지 않았는데, 이는 A형 감염시험에 대한 선천적 내성에서 차이가 없다는 것을 의미한다. 그들은 또한 숙주유전학(host genetics)이 LVS 백신접종에 대한 생산적 반응에서 결정인자의 역할을 할 수 있다는 것을 나타내기도 한다. LVS 백신접종이 A형 에어로졸 감염시험에서 백신의 양에 따른 반응을 식별하지 못함으로서 이들 데이터의 적절성이 결정된다. 저자들은 BALB/c와 C3H/HeN 마우스가 추후의 LVS 백신연구에서 최선의 선택이라는 것을 결론지었다[109]. 이 발견은 C57BL/6 마우스가 아닌 BALB/c에 대한 B형 에어로졸 감염시험에서 LVS-의존성 보호를 보여줌으로써 입증되었다. 우리는 추후의 LVS 또는 LVS-유사 백신연구에서 BALB/c와 C3H/HeN 마우스 사용을 추천한 저자들의 의견에 동의한다. C57BL/6 마우스는 또한 복강내 감염에서 내성 증가와 A형과 B형 균주와 진피내 시험에 대한 LVS 보호를 식별하기 위한 유용성이 흥미를 끈다.

LVS 또는 LVS- 및 SCHU S4-면역지라세포(S4-immune spleen cell)는 각각 LVS 또는 SCHU S4 복강내 감염시험에 대하여 면역화되지 않은 마우스를 수동적으로 보호하였다[103,106]. 마우스의 후속연구에서는 LVS 감염을 해결하는데, CD4+와 CD8+ T 세포가 필요하다는 것을 보여주었다[114]. 이들 T 세포는 IFN-γ를 생산하고, 대식세포를 활성화하는 역할을 한다. 감마 인터페론은 LVS의 비강내 감염 후에, 자극되는 것을 보여주었다[115]. BALB/c와 C57BL/6 마우스에서 NK 세포는 초기에 IFN-γ의 분비를 일으켰다. 폐포대식세포는 IFN-γ에 의해 활성화되었을 때, 세균을 직접 죽이는 역할을 할 수 있다[116]. *F. tularensis* LVS의 일차 대식세포반응은 TLR2 활성화를 통하여 진행되며, 세균의 데노보(*de novo*) 단백질합성이 필요하지만, 세포내 LVS 증식이 독립적으로 일어난다는 것이 마우스에서 연구를 통해서 밝혀졌다[117]. 그러나 독성이 강한 세균의 주기적인 감염으로 대식세포가 증식되기 때문에, 질병 보호역할을 하는 대식세포는 그 역할이 분명하지 않다. 또한 γδ T-세포의 역할도 면역에 기여함에도 불구하고 분명하지 않다. γδ T-세포는 야토병 환자에서 세포수와 발병기간 중에 증가되는 것으로 나타났으며, 이들 세포는 리스테리아증(listeriosis)과 같은 다른 세포내 감염에서 보호역할을 하는 것으로 알려졌다[118]. 호중구는 대조구인 한배새끼들이 아닌 호중구(neutrophil)-결핍 마우스가 LVS로 아치사(sublethal) 비강내 또는 진피내 감염시험을 조절할 수 없기 때문에 감염조절에 중요할 수 있다[119]. B-세포는 초기에 보호면역에서 직접 비항체(nonantibody) 역할도 할 수 있다. B-세포는 TLR 기작을 통해 야토병 감염에서 내재 및 적응면역의 가교역할을 할 수 있다. CpG 올리고뉴클레오티드로 치료한 마우스는 치명적 LVS 진피내 감염시험에서 마우스를 보호하였다[53,120]. TNF-α, IL-1, IFN-γ도 LVS 감염에서 중요한 보호역할을 하는 것으로 나타났다. 항-IFN-γ-항체는 독성 A형 야토병의 진피내 시험에 대하여 BALB/c 마우스의 LVS-의존성 보호(dependent protection)를 막는 것으로 나타났다[108]. 이미 언급한 바와 같이, LVS (및 아마도 다른 균주)는 TNF-α와 IL-1β의 LPS-의존성 분비를 억제하는 NF-κB의 역할을 막는 23 kDa 단백질을 분비한다. 발병에서 고의적인 사이토카인의 발현억제는 중요한 독성기작인 것으로 보인다. TNF-α 수용체와 IFN-γ 녹아웃된 마우스는 LVS로 진피내(i.d.) 또는 에어로졸 감염시험에 이례적으로 민감하다[53]. 그러나 B형 감염시험과 유사한 연구에서 TNF-α 수용체, IFN-γ, 또는 B-세포 눌마우스(null mice)*가 치사(lethality)에 대하여 감수성 증가를 보여주지 않았다[25]. 이 연구의 저자들은 LVS에 대한 숙주방어가 독성이 큰 균주를 보호하지 않으며, LVS 만은 특이숙주면역 기작의 부재 하에서 독성 균주와 같이 작용한다고 결론지었다. 아마도 마우스 대 사람에서 LVS의 발병에서의 차이점은 백신접종 및 감염 후, 사람에서 순환성 Vγ9/Vδ2 T-세포의 증가에 의해 설명될 수 있다[121]. 마우스는 해당 세포수용체를 갖지 않는다.

Murine LVS 모델에 대한 결과가 다른 동물모델에서 구체화되지 않았다는 것은 중요한 발견이다. 우리는 마우스에서 발견된 이러한 관찰이 토끼, 사람외 영장류, 또는 사람과 같은 다른 감염모델에서 구체화되지 않을 것이라고 예상한다. 총체적으로, 이들 데이터는 세포성 면역이 아마도 야토병을 조절 및 퇴치에 주된 역할을 한다는 것을 나타낸다. 그러나 체액성 면역을 위한 역할도 제시되었다. 체액성 면역의 상대적 기여는 분명하지 않으며, 세포성 면역의 주된 역할에 의해 감춰질 수 있다. 항체가 감염을 해결하는 역할을 할 수 있다는 증거는 주로 쥐 연구로부터 얻어졌다. 예를 들어, 다중클론 murine 항체의 B-세포 눌마우스로 수동전이(passive transfer)는 세균에 의한 조직부하를 감소시켰으며, 아치사 B형의 진피내 감염시험에서 생존하였으나, 정상 혈청이 투여된 한배에서 태어난 새끼들은 죽었다[122]. LPS에 대한 항체는 LVS 감염시험에도 마우스를 수동적으로 보호하는 것으로 나타났다[26]. 그러나 항-LPS 항체가 A형 감염시험에서 어떤 역할을 한다는 것은 불분명하다. 중요한 점은 A형 야토병 균주가 LPS 발현을 변화시키는 것으로 나타났다[123].

독성 A형 *F. tularensis* 또는 LVS로 에어로졸 감염시험에서, 폐, 간, 지라는 세균의 증식을 지원하는 기관이다. C3H/HeJ와 C57BL/10J 마우스는 약 10 CFU의 A형 *F. tularensis* 균주 에어로졸에 노출되었다[24]. 감염시험 후, 둘째 날에는 지라, 간, 폐에서 조직 그램당 세균 수는 각각 8.9×10^3, 4.5×10^3, 3.2×10^3이었다. 그 후, 이들 조직에서의 세균 수는 각각 4×10^9, 3×10^9, 6×10^8로 증가하였으며, 그 결과는 LVS의 에어로졸 감염시험의 결과와 유사하였다. BALB/c와 C57BL/6 마우스가 약 10^3 CFU의 LVS에 노출되었을 때, 이 세균은 48시간 만에 폐에서 발견되었으며, 그 후 혈액을 통해 간과 지라로 전파되었다[81]. 죽은 날에 마우스의 간과 지라에서 10배의 세균이 존재하였다. *F. tularensis*로 감염된 마우스에서 관찰된 조직발병은 야토병 폐렴에 걸린 환자에서 보였던 것과 유사하였다. 에어로졸 노출은 폐에 감염을 초래하였으며, 다른 기관에서 전신성 감염으로 진행되었다. 폐에서 병변에 의해 수반된 지라와 간에서 기능의 저하가 관찰되었다[31]. 또한 BALB/c 마우스는 적어도 죽기 48시간 전에 졸음증, 굽은 등(hunched back), 식욕부진과 같은 임상 징후를 나타냈으며, 반면에 C37BL/6 마우스는 죽기 불과 몇 시간 전까지 임상 징후를 나타내지 않았다. 감염 발병은 A형 또는 B형 *F. tularensis*로 감염시험된 마우스들 간에도 차

---

* 특징적인 B세포 또는 T세포의 항원이 결핍된 상태의 마우스.

이가 있었다. B형 세균으로 감염시험된 마우스에서는 중등도 백혈구감소증(moderate leucopenia)이 관찰되었으나, A형 세균에 노출된 마우스는 감염시험 후, 4일째 두 마우스 계통에서 심각한 백혈구감소증(severe leucopenia)이 나타났다. 조직병리학적 반응은 A형 미생물에 노출된 마우스에서 더욱 심하였다. 내장에서 육안변화는 감염시험 후, 4일째까지 나타나지 않았으며, 그 세균에 감염된 간에서 염증성괴사(inflammatory necrosis)가 관찰되었다. 간에서의 변화는 B형 세균에 노출된 마우스에서 덜 심하였다. 감염 4일째에 폐에서도 변화가 있었다. 폐에는 중증 폐괴사(severe pulmonary necrosis)와 흉막염(胸膜炎, pleuritis)이 나타났다. 중소 혈관으로 둘러싸인 폐조직은 대식세포와 호중구에 의해 침윤되었다. 조직병리학적 변화는 간보다는 지라에서 작게 나타났다. 감염 2일 이내에, 지라에서 호중구와 대식세포의 수는 증가하였다. 비백수(脾白髓, splenic white pulp)는 호염기과립(basophilic granule), 괴사성 파편(necrotic debris), 세균 등을 포함하였다. 이 조직병리학적 증세는 A형 *F. tularensis*로 감염된 사람에서와 유사하였다.

BALB/c와 C3H/HeN 마우스에 1,000 CFU의 LVS가 비강내(i.n.)으로 감염되었을 때, 이 세균은 감염 후, 24시간 이내에 폐에서 발견되었다[103]. 폐에서 그 세균의 수는 감염시험 후, 2~5일 사이에 100배 증가하였으며, 감염 후, 48시간 이내에 지라와 간에서 발견되었다. 지라와 간에서 세균의 수는 감염 5일째까지 약 1,000 배로 증가하였다. 마우스는 감염 후, 3일째 까지 질병증상이 나타났으며, 7일 만에 죽었다. LVS에 감염된 BALB/c와 C3H/HeN 마우스는 조직병리학적으로도 조사되었다. 마우스는 3일째에 호흡곤란과 기관지폐렴의 징후를 나타내었으며, 6일째에 괴사병변을 동반하는 폐렴을 나타냈다. 간에서 괴사성 급성염증은 감염시험의 8일째까지 육아종형성(granulomas formation)으로 진행되었으며, 그 시점에 마우스는 죽었다. 이같이, LVS 감염 후, 마우스에서 병리학적 반응은 독성 *F. tularensis*로 감염된 사람에서 반응과 유사하였다.

마우스는 LVS가 아닌 A형 감염시험에서 피하경로에 매우 민감하다. A형 *F. tularensis*의 1 CFU로 피하 감염시험 한 후, 세균들은 24시간 이내에 림프절로, 48시간 이내에 내부기관으로 이동하며, 감염시험 후 6일째에 죽게된다. 조직 gram당 10^{10} CFU 이상의 *F. tulranesis*는 감염 후, 5일째에 수거된 지라에서 발견될 수 있었다. LVS와 A형 균주 간의 피하에서 병원성의 차이는 분명하지 않다. 그러나 LVS와 A형 균수는 접종부위를 벗어날 수 없기 때문에 그 가능성은 희박하다. 피하경로로 LVS에 의해 감염된 마우스는 감염 후, 3일 만에 폐, 간, 지라에서 배양가능한 양이 있는 것으로 나타났다[103].

BALB/c와 C3H/HeN 마우스에 LVS가 진피 내로 투여되었을 때, 이 세균은 하루 만에 간에서 발견되었으며, 그 개체수는 5일째 1×10^5 CFU에서 3×10^5 CFU로 증가하였다[103]. 세균은 2일째 지라에서 1×10^5 CFU가 발견되었으며, 그 갯수는 5일째에 3×10^5 CFU로 증가하였다. 1×10^3 CFU의 세균은 감염 4일째까지 폐에서 발견되지 않았다.

BALB/c와 C57BL/6 마우스가 A형 균주에 의해 진피 내로 감염되었을 때, 폐의 조직병리학적 변화는 마우스가 에어로졸에 의해 감염되었을 때보다 덜 심각하였다[81]. 그러나 지라의 병변은 에어로졸에 의해 감염시험된 마우스에서보다 하루 먼저 나타났다. 이들 병변은 사람에서의 궤양선성 질병(ulceroglandular disease)과 유사하였다. 마우스가 B형 세균과 진피내로 감염시험되었을 때, 4일째 지라에서 호중구의 수가 증가하였으며, 5일 만에 지라림프구(splenic lymphocyte)에서 괴사가 일어났다. 전반적으로, LVS와 A형 균주는 발병을 일으키는데 분명한 차이가 있으며, 독성 야토병의 모델로서 LVS를 사용하는데 문제의 여지가 있다. 따라서 *F. tularemia*의 독성 균주(A형)에 대한 대응책 개발은 보편적인 LVS 감염시험보다 잘 특징지어진 독성 감염시험이 필요할 수 있다.

진드기가 *F. tularensis* 독성 균주를 획득하여 전파시키는지에 대한 능력을 연구하는데 마우스가 사용되었다[125]. 세균혈증은 A형과 B형 *F. tularensis*에 감염 후, 2일 만에 나타났으며, 혈액에서 A형은 감염 3일 이내에, 그리고 B형 *F. tularensis*는 감염 4일 이내에 10^8 CFU/mL에 도달하였다.

마우스는 비경구적 경로보다 약 10^6개 세균의 LD_{50}의 구강경로로 감염되어 덜 민감하였다[126]. 구강감염 후, 이 세균은 먼저 장간막 림프절에서 나타났으며, 크게 증식하여 호중구침윤(neutrophilic infiltration)과 조직괴사를 일으켜 간과 지라로 전파되었다. 조직에서 생장은 IFN-γ, IL-1b, IL-6, TNF-α의 양의 급속한 증가에 따랐다. LVS 진피 내로 면역조치(immunization)는 A형 *F. tularensis*와 구강 감염시험을 보호하지 못하였다.

9.6.2 랫드 (*Rattus* 종)

랫드(rat)는 마우스보다 *F. tularensis* 감염에 덜 민감하고, 랫드들 간에 감수성 차이도 있다. 수컷 Fischer 344 랫드는 Spraguw-Dawley 랫드와 비교하여, A형 *F. tularensis*의 치사 에어로졸 투여량에 훨씬 더 민감하다고 알려져 있다[127]. 90% 이상의 Fischer 랫드가 2×10^5개의 세균에 감염되어 죽었지만, Spraguw-Dawley 랫드는 한 마리도 죽지 않았다. 이것은 Fischer 랫드가 Spraguw-Dawley 랫드와 비교하여, 에어로졸 발병 연구에 적합할 수 있다는 것을 나타낸다. 마우스와는 달리, 그들이 LVS 또는 아종인 novicida와 폐 감염시험에 더욱 내성을 가지게 되는 것이 발견된 것처럼, Fischer 344 랫드는 마우스보다 *F. tularensis* 감염에 대한 사람의 감수성에 대하여 보다 양호한 상관관계를 가지는 감수성을 나타낸다. 또한 Fischer 344 랫드는 A형 *F. tularensis*와 더불어 기관내 감염에 민감하였으며, LVS 예방접종과 A형 *F. tularensis*로 호흡기 감염시험한 후, 일부에서 예방되는 것으로 나타났다[129]. 랫드의 감염시험 연구에서 중요한 측면은 흡입감염시험 방법에 따른 질병병리학에서의 차이에 있는 것이 보고되었다. Fischer 344 랫드가 LVS 비강 내로 노출되었을 때, 세균은 3일 동안 폐에서 자랄 수 있었다. 그러나 랫드가 에어로졸에 의해 LVS로 노출되었을 때, 세균은 24시간 이내에 폐에서 검출될 수 있다[127]. 랫드에 대한 질병의 경로에 따른 병태생리학은 더욱 완전한 분석이 필요하다.

B형 세균 10 CFU를 랫드의 피하로 감염시험시킨 결과, 한 마리도 죽지 않았다[124]. 그러나 체내기관들은 감염되었으며, 그 세균들은 지라와 림프절에서 조직 gram당 대략 10^5 CFU가 5일 후에 최고역가를 나타내었다. 마우스와 기니픽은 은 감염시험 투여량에 노출된 후에 죽었지만, 랫드는 회복하는 경향을 나타내었다. 그러므로 랫드는 기니픽이나 마우스 보다 사람의 장티푸스성/림프절/폐렴성 야토병에 더욱 적절한 대체모델로서 사용될 수 있다.

9.6.3 기니픽 (*Cavia porccellus*)

F. tularensis 감염에 대한 기니픽의 감수성은 랫드보다는 덜 하지만, 마우스보다는 훨씬 더 크다. 그러나 사람과 같이, 기니픽은 SCHU S4 감염시험에 대한 LVS 예방접종에 의해 보호된다. A형 세균에 노출된 Hartley 기니픽의 호흡성 LD_{50}은 10개 이하인 반면에, B형 *F. tularensis*의 호흡성 LD_{50}은 38개였다. 마우스와 토끼에서와 같이, 에어로졸 감염 후, 감염은 폐에서 혈액과 지라로 체계적으로 진행되었다[69]. 기니픽이 B형 *F. tularensis*에 노출되었을 때 (대략 3×10^3 CFU), 지라에서 세균의 수는 3일 후에 증가하였으며, 보통 5일째인 사망시점까지 지속적으로 증가하였다. 세균혈증(bacteremia)은 감염 후, 둘째 날에 나타났다.

A형 또는 B형의 *F. tularensis*를 피하로 감염시험된 기니픽의 LD_{50}은 1 CFU였다[124]. 기니픽이 B형 *F. tularensis* 10 CFU로 피하 감염시험되었을 때, 궤양형성과 종창이 접종부위에서 나타났으며, 그 세균이 2일 이내에 국소림프절에서 발견되었다[124,130]. 3일째까지, 그 동물은 열이 났으며, 국소림프절과 지라에서 그 세균이 발견되었다. 접종부위에서 육아종이 나타났으며, 피부의 심층으로 확산되었다. 이들 병변은 그 질병의 궤양선성을 가진 사람에서 관찰된 병변들과 유사하였다. 4일째에, 세균들은 내장에서 발견되었으며, 국소림프절, 지라, 간은 비대해졌다. 6일째에, 지라의 육아종은 괴사되었으며, 기니픽은 10일 만에 죽었다. 기니픽에 보다 많은 B형 세균이 투여되었을 때 (10^7 CFU), 24시간 이내에 열이 발생하였으며, 접종부위에서 궤양형성이 관찰되었다. 림프절, 지라, 간에 감염되었지만, 이들 기관의 외부에서는 명백한 변화가 관찰되지 않았다. 기니픽은 3일 째까지, 접종부위와 국소림프절이 괴사되었으며, 지라비대와 간비대를 보여주었다. 기니픽은 감염된 후, 4~8일이 지나서 죽었다. 기니픽이 대부분의 마우스 계통들보다 야토병 감염에 더욱 민감하게 나타나기 때문에, 부가적 연구를 위한 유용성에는 의문의 여지가 있다. 사람의 질병을 대신하는 연구에 기니픽을 사용하는데 있어서 추가적인 문제는 병리생리학적 비교 관찰을 하기 위한 면역기술이 개발되지 않았다는 것이다.

9.6.4 들쥐 (*Microtus arvalis*)

B형 *F. tularensis*으로 피하 감염시험된 들쥐(vole)의 LD_{50}은 10개 이하이다[92]. 중요한 점은 동시에 사육되는 들쥐들 간에 전염될 수 있다는 것을 보여주기 위해 사용되었다[131]. 동시에 사육되는 동물들은 감염된 들쥐 또는 흰쥐의 사체를 섭취함으로써 감염된다. 감염된 들쥐의 약 1/3이 세균이 오줌에 섞여 나오는 반면에, 한 마리의 들쥐의 분변에서 세균이 발견되었다[92]. 감염된 들쥐의 오줌에서 세균의 역가는 10^5 CFU였으며, 들쥐들은 80일 동안 세균이 오줌에 섞여 나오는 것으로 나타났다. 신장은 대부분의 사구체의 혈관루프에서 국소괴사와 간질조직의 세관과 육아종에서 조직병리학적 변화를 보여주었다. 육아종은 림프절, 지라, 간에서도 발견되었다. 따라서 들쥐는 만성적으로 감염되었으며, 다른 동물들과 사람에 대한 감염시킬 수 있다. 들쥐는 풍토병의 병소를 유지하는 것으로 알려진 표적 설치류의 수의학적 백신의 개발에 관련한 백신연구를 위한 적절한 모델이 될 수 있다. 부가적 측면에서 들쥐는 마우스에 대체물질 또는 항원보강제를 제공하는 작은

동물모델로 사용된다. 최근에 이 결과는 들쥐와 마우스 간의 생화학반응 비교연구를 통해서 밝혀졌다[132]. 마우스와 들쥐 모델에서 간으로부터 분비되는 효소들과 지질대사의 흥미로운 차이점들이 언급되었다. 이 차이점은 들쥐와 사람의 생화학 마커를 통해서 직접 비교할 수 있다.

9.6.5 토끼 (*Leporidae* 과)

많은 야생토끼와 실험용 토끼는 A형 야토병 감염에 민감하며, 일부는 B형 균주에 민감하다. 유럽에서 토끼(hare)는 *F. tularensis holarctica*에 감염되는 것으로 알려진 반면에[133], 북미에서 멧토끼(snowshoe rabbit)와 솜꼬리큰토끼(cottontail rabbit)는 *F. tularensis holarctica*에 흔히 감염되지만, *F. tularensis novicida*에는 덜 감염되었다[95]. 감염된 토끼를 취급하는 일을 하는 사람은 종종 인수공동감염과 연관된다. 겨울철에 감염된 토끼조직의 취급하는 것은 미국에서 주요 야토병의 감염원이다. 토끼는 *Fransisella* 균주의 분포와 만연도 연구에서 유용한 감시동물로 제공한다. 항야토병 항체(antitularemia antibody)와 종종 살아 있는 세균은 토착 토끼 개체군에서 쉽게 검출될 수 있다[95,134~136]. 토끼는 시험관과 생체의 면역연구에도 유용하며, 특히 New Zealand 토끼(rabbits)의 대식세포는 A형 (SCHU S4)과 B형 (LVS) 세균에 의해 쉽게 감염된다[137]. 토끼의 대식세포는 SCHU S4 사멸에 민감하였지만, 동일한 감염증식에서 LVS 감염을 조절할 수 있다. LVS에서의 LPS는 LVS에 대한 마우스에서 알려진 보호항원이었지만, SCHU S4 감염시험에서는 아니었다. 토끼의 단일클론항체와 다중클론항체는 LPS의 종 특이 유사성과 차이점들을 명확하게 하는데 유용하다[138,139].

실험실에서, 토끼는 야토병의 발병 모델로서 사용되어왔다. 토끼는 진피, 복강, 피하, 에어로졸을 통해서 감염될 수 있다. 사람과 마찬가지로 토끼는 10 CFU 보다 적은 피하 LD_{50} 값의 A형 (SCHU S4) *F. tularensis*에 극도로 민감하다. 이와는 대조적으로, B형 균주(425)의 LD_{50}는 1×10^6 CFU 보다 크다[140]. Hornick와 Eigelsbach[141]은 글리세롤 발효와 관련된 집토끼(*Oryctolagus*)에서 A형 균주의 전염성이 rhesus 원숭이와 사람에서 독성을 예상하고 비교가능하다는 것을 결론지었다. 토끼에서 피하경로 감염은 낮은 독성을 가진 균주들을 식별하는 데 유용하다. Bell 등[142]은 토끼, 마우스, 기니픽에서 다양한 A형과 B형 균주로 감염을 정량분석 하였다[142]. 그들은 가장 독성 A형 균주가 세 가지 동물 모두에서 동일하게 독성이지만 (10 CFU 이하), 독성이 저하된 균주들은 마우스, 기니픽, 토끼에서 감염 비교에 의해 가장 쉽게 볼 수 있었는데; 마우스는 10 CFU 이하의 감염에 치명적이었고, 기니픽은 중급의 감수성을 가졌으며, 토끼는 10^6 CFU 이상의 감염투여량에 상당한 저항력을 가지며 생존하였다.

토끼는 병리학적 연구에 사용될 수 있다. 집토끼는 뒷발바닥(hind footpad)으로 진피내 감염되며, SCHU S4에 의해 쉽게 감염된다[143]. 1,000 CFU 접종물(inoculum)에 감염 후, 8시간 만에 슬와(膝窩, popliteal) 림프절에 도달하였다. 슬와(膝窩節, opliteal node)로부터, 감염 36시간 만에 그 세균이 급속하게 심혈, 골수, 폐 등에서 발견되어 전신으로 확산되었다. 토끼에서 3일 만에 세균혈증이 나타났으며, 감염 후, 4~6일 만에 죽었다. 괴사병변은 접종부위와 림프절, 간, 골수, 폐에서 나타났다. 병리학적 병변은 궤양선성 야토병에 걸린 사람에서의 치명적인 사례에서의 병변들과 유사하였다.

중요한 점은 토끼가 에어로졸 경로에 의한 감염에 매우 민감하다는 것이다. 작은 입자크기(1~2 μm)의 SCHU S4 에어로졸에 노출된 토끼의 병리학은 Baskerville과 Hambleton에 의해 기술되었다[144]. 이 연구에서, 토끼는 살아있는 SCHU S4의 $1\sim2\times10^5$ 또는 $2\sim4\times10^8$ CFU의 유지투여량에 노출되었으며, 병리학적 병변의 동태학(kinetics)이 기록되었다. 감염의 가장 초기부위는 심폐의 작은 입자 침투의 특성을 반영하는 폐포관과 폐포이다. 폐포에서 감염 24시간 이내에 다핵형 대식세포의 유입이 나타났다. 24시간 후 세균은 폐에서 발견되었다. 폐포, 폐포관, 기관지상피와 세기관지상피, 비강점막, 괴사성 기관지폐렴으로 기관에서 나타나는 폐병변은 시간이 경과함에 따라 증가하였다. 야토병 폐렴에 걸린 사람에서와 같이, 자궁경부와 기관지림프절은 괴사병변이 점점 비대해지며, 결국 괴사성 림프절염이 나타난다. 감염성 에어로졸에 노출된 토끼는 또한 노출 후, 1~4일 이내에 전신으로 감염되었다. 지라와 간에서 괴사병변이 나타났으며, 시간이 경과함에 따라 아물었다. SCHU S4에 노출된 토끼의 병리학적 소견은 SCHU S4에 노출된 rhesus 원숭이의 SCHU S4 또는 LVS의 감염성 에어로졸에 노출된 마우스의 병리학적 소견과 유사하였다[81,108,145]. 중요한 점은, 비록 상기도의 병변이 사람에서 언급되지 않았음에도 불구하고, 세균의 확산패턴과 병리학적 병변은 사람에서 관찰된 것들과 유사하였다.

토끼와 사람에서 질병병리학적 유사성은 토끼가 백신연구에 사용되기에 훌륭한 모델이 될 수 있음을 제시한다. 토끼는 사람과 같이 야토병 감염에 대하여 유사한 내성패턴을 보여준다. 토끼의 다양한 이용가능성과 상대적으로 저렴한 가격은 야토병 감염과 치료를 연구하기 위한 훌륭한 동물임을 제시한다. 이 연구결과는 사람에서 대표적이며, 예상되는 임상결과일 가능성이 높다.

토끼는 개량된 LVS 백신의 안전성과 면역원성을 평가하는 데 사용되었다[55]. 예방접종 후, 특이 항-*F. tularemia* 항체의 개발은 투여량에 따른 방식을 보여주었으며, 유해한 임상징후 또는 조직병리학적 반응은 나타나지 않았다.

9.6.6 사람외 영장류

*F. tularensis*로 사람외 영장류의 감염실험에 이용가능한 대부분의 정보는 1960년대와 1970년대에 걸쳐 수행된 연구에서 기인한다. LVS-예방접종 되거나 예방접종되지 않은 동물에서 실병의 결과와 세균의 전파를 비교하는데 연구의 초점에 맞추어졌으며, 그 결과는 사람을 포함하는 다른 동물들에서 나타난 질병의 경과와 유사하였다[146]. LVS의 피내(皮內) 또는 에어로졸 (각각 10^5 또는 7.6×10^5개)로 감염된 cynomolgus 원숭이 (*Macaca fascicularis*) (암컷과 수컷; 2~5 kg)는 24시간 이내에, 감염부위(또는 폐), 국소 림프절, 간, 지라에서 이 균주가 분리되었다. LVS는 혈액 또는 골수에서는 분리되지 않았으며, 14일 경과시에 확실하게 제거되었다. 응집반응역가는 노출 후, 21~28일에 최고치를 나타내었으며, 평균역가는 노출 후, 2달에 1:940과 1:1980 (각각 피부와 에어로졸)이었다. 독성 *F. tularensis* (10^3 SCHU S4)로 에어로졸 감염시킨 후, 세균은 이전의 LVS 예방접종 여부에 관계없이 3일 이내에 모든 동물의 폐에서 분리되었다. 이 시점에서 몇 마리의 예방접종되지 않은 동물의 지라와 간에서 세균이 분리되었다. SCHU S4는 또한 겨드랑이, 사타구니, 복강에서 분리되었으나, 예방접종된 동물의 자궁경부림프절에서는 14일째까지 분리되지

않았다. 그러나 고농도의 SCHU S4는 감염초기에 예방접종되지 않은 동물의 지라와 간에서 발견되었다. 각 예방접종되지 않은 원숭이, 피부로 예방접종된 원숭이, 에어로졸로 예방접종된 원숭이에서 각각 2, 3, 5일째 조직병리학적 변화가 명백하게 나타났다. 예를 들어, 세기관지의 흔적폐포(rudimentary alveoli)와 폐포관에서 단핵구와 호중구의 축적이 관찰되었다. 또한, 예방접종된 동물은 경과가 정해진 질병(self-limiting disease)이 나타난 반면에, 예방접종되지 않은 동물은 7일 이내에 신속하고 지속적인 증식, 전신성 병발, 사망률의 특징적인 감염양상을 나타내었다. 괴사와 육아종생성과 연관된 급성 및 진행성 염증반응이 관찰되었다. SCHU S4는 감염 5일째, 예방접종되지 않은 동물의 모든 조직에서 쉽게 분리되었다. 중요한 것은 LVS에 대한 에어로졸에 노출된 것들은 이들 동물에서 덜 광범위한 세균의 전파, 조기 제거, 지연성 림프절 병발에 의해 증거가 된 바와 같이, 피부로 예방접종된 원숭이보다 독성 SCHU S4의 호흡감염시험에 더욱 내성을 가진다. 특히 미래의 후보백신의 다른 예방접종 경로[피하, 비강내, 점막 등]가 연구된다면, 이것은 특별히 야토병 백신개발에서 사람외 영장류의 이용이 가능할 수 있다는 것을 나타낸다.

이들의 초기 연구에서 문제는 A형 SCHU S4 균주에 감염된 백신접종되지 않은 원숭이 (보통 96시간 이내 및 육아종생성으로 진행됨)가 즉시 죽기 때문에, 폐렴의 급성기만 평가될 수 있었다는 것이었다. 그리고, LVS 접종은 사람외 영장류에서 최소한의 탐지가능한 병리학적 변화를 초래하였다. 어떤 한 균주로 야토병균성 폐렴(野兎病菌性肺炎, tularemic pneumonia)이 해결될 수 없었다. 따라서 SCHU S4와 LVS 사이의 중등도 독성대사물질(moderate virulence intermediate)을 가진 B형 분리체인 *F. tularensis* strain 425가 사용되었다[147]. 평균흡입용량 5×10^5 개의 세균으로 20마리의 rhesus 원숭이 (*Macaca mulatta*)의 전신에 노출시킨 후, 동물에서 어떠한 문제없이 회복될 때까지 감염은 35일간 진행되었다. 그 시점에 세기관지상피에서 많은 미란(靡爛, 진무름)을 동반한 화농성 말단 및 호흡세기관지염(purulent terminal and respiratory bronchiolitis)이 조직학적 관찰을 통해서 확인되었다. 또한, 세균은 많은 눈과 코의 분비물에서 쉽게 분리되었다. 염증은 6일 동안 확산되었으며, 섬유성 대식세포침윤물은 폐포공간을 채웠다. 초기에 지라에서 호중구의 증식도 나타났다. 9일째에, 사람에서도 관찰된 폐렴의 중요한 특성인 섬유소성 삼출(fibrinous exudation, 滲出)이 화농성 병소 주변의 폐포에서 플러그(plugs)를 형성하기 위해 수축되었다. 이들은 15일 만에 혈관이 분포되었으며, 35일째에 사라졌다. 절반 이상의 원숭이에서 경미한 간염이 나타났으며, 신장의 세뇨관과 사구체에서 병리학적 변화도 명백히 나타났다. *Francisella tularensis* 항원은 감염시험 후 24시간~21일 이내에 호흡기관지에서 면역형광에 의해 탐지될 수 있었다[140]. Strain 425에 대한 연구에서 투여량 반응데이터는 표 9.1에 요약되어 있으며, 사망률은 10^6 개의 투여량(dose)에서도 18%를 넘지 않았다.

에어로졸에 노출된 원숭이의 LD_{50}은 입자크기와 직접 연관되었다[148]. *M. mulatta*에 대한 SCHU S4 (수컷, 4~5 kg)의 LD_{50}은 평균 직경이 2.1 μm인 입자가 에어로졸로 전달되었다면 14개였다. LD_{50}은 입자크기에 따라 증가하였다: 7.5 μm에서 378개, 12.5 μm에서 874개, 24.0 μm에서 4,447개의 세균이었다. 2.1~7.5 μm가 에어로졸로 노출된 후, 초기에 직장의 온도는 40~41.1℃로 증가하였으며, 그 후 35℃~36.5℃로 하락하는 징후를 나타내었다[149]. X-선을 통

표 9.1

호흡기 노출 후, 원숭이에서 *Francisella tularensis* 425 감염

흡입 세포수 평균치	잠복기 (일)	경과기간 (일)	질병증세를 나타내는 동물의 퍼센트[a]				
			무증상	경미	급성질병	급성질병	급성질병
10^0	6 (4~10)	5 (2~9)	30	40	30	0	0
10^2	5.5 (4~7)	6.5 (1~17)	0	50	45	5	0
10^3	4.5 (2~8)	9 (2~22)	0	57	40	0	3
10^4	4 (2~7)	10 (4~18)	0	3	77	13	7
10^5	3 (3~4)	11 (7~15)	0	0	80	12	8
10^6	3 (2~5)	9 (3~19)	0	0	55	27	18

[a] 10마리만이 10개가 투여된 것을 제외하고, 20~30마리 원숭이의 그룹들에 근거한 값.

해서 2일째와 3일째에 중증폐침윤(severe lobar infiltration)이 관찰되었다. 이 동물들은 또한 식욕부진, 빛의 기피(photophobic), 그리고 복부심계항진(腹部心悸亢進, abdominal palpitation)에 대해 민감하였다. 12.5~24.0 μm 에어로졸에 노출된 원숭이들은 그 후 (6~10일까지) 증상을 나타내지 않았으며, 질병은 심해지지 않았다. 그러나 상기도 병변, 점막울혈(mucosal congestion), 목의 림프절 비대는 여전히 관찰되었다.

몇 가지 다른 연구들에서는 베르베트원숭이(vervet monkey)(*Cercopithecus aethiops*)가 사용되었다. 치료되지 않은 이 원숭이에서는 간, 지라, 기도, 림프절에 괴저육아종 병변(pyogranulomatous lesion)이 생기고, SCHU S4로 감염 5~7일 후에 죽게 되었다[150]. 이 원숭이는 kanamycin 치료를 통해서 살아서 회복되었지만, 영구적인 병변이 나타났다. 더 나아가, 임상조건을 더 자극하기 위해서, 발열이 명백해질 때까지 치료는 시작되지 않았다 (감염 후 3일째). 그러나 치료가 24시간 정도 지연되었다면, 4일째 병변은 더욱 많은 세균이 전신으로 전파되고, 조직손상이 일어난 후의 병변은 더욱 커지고 확산되었을 것이다. 비강내 접종 후, 베르베트원숭이에서 감염은 지속적으로 치명적이었다. 일반적으로, 위에 기술된 표적기관에서 유사한 병리학에도 불구하고, 이 원숭이에서 야토병의 질병경과와 결과는 사람에서의 야토병보다 더욱 심하였다.

Rhesus 원숭이의 진피 내로 투여된 SCHU S4의 LD_{50}은 10 CFU 였다[71]. 이와 대조적으로, 마우스에서 B형 *Francisella* (균주는 확실하지 않음)와 LVS의 LD_{50}은 각각 1~9개 및 ~1.95×10^4~1.0^6×10^6 CFU 였다 (마우스 계통과 접종부위에 따라 다름). LVS 예방접종 또는 항생제 치료없이, 사람와 영장류에서 A형 감염은 지속적으로 치명적이다. 중요한 점은, 사람와 영장류에서 폐렴성 야토병의 진행과 병리학은 사람과 다른 동물들 (마우스, 토끼, 기니픽)에서 설명된 질병의 경과와 매우 유사하다. 사람과 원숭이에서 기관지폐렴의 발달, 기도에서 출혈성염증, 단핵세포침윤과 폐포공간의 삼출물 충전은 나타났다. 이 원숭이를 이용하는 연구는 가격과 병참학적 우려로 인하여 광범위한 사용이 어려울 수 있다; 그러나 이들 동물의 LVS에 대한 저항성 (마우스에 독성을 가짐), SCH S4와 같은 독성균주에 대한 감수성, 사람에서 폐의 해부학적 유사성 등을 감안하면, 이 동물모델은 추후 야토병 연구에서 매우 중요하게 사용될 것이다.

표 9.2

*Francisella tularensis*의 LD_{50}

	에어로졸			피하(Subcutaneous)		
	A형	B형	LVS	A형	B형	LVS
사람[a]	<10 [71]	>10^6 [71]	NV	<10 [71]	>10^6 [71]	NV
마우스	<10~20 [81]	10~20 [81]	>10^3 [81,104]	1 [124]	<10 [131]	>10^6 [104,160]
기니픽	<10 [69]	38 [69]	NR	1 [124]	1 [124]	NR
토끼	<10 [144]	<10 [144]	NV	<10 [142]	>10^6 [143]	NV
원숭이	<10 [71]	>10^6 [71]	NV	<10 [71]	>10^6 [71]	NV

주석: LD_{50}, CFU (참고문헌); 생백신균주(LVS, live vaccine strain); 미보고(NR, not reported); 비독성(NV, not virulent).

[a] 감염량

Marmoset (*Callithrix jacchus*)은 흡입야토병의 모델로서도 평가되었다[151,152]. 최소치사량(minimum lethal dose)은 10개 이하였다. 100 CFU의 SCHU S4 strain *F. tularemia*에 의해 감염된 동물은, 노출된 후, 2.5일 만에 열이 발생하였다. 발열개시 18시간 만에 임상징후들이 나타났으며, 3일 후에는 활성이 감소되는 것이 관찰되었다. 모든 동물은 감염으로 1주일 이내 죽었다. 부검을 통해서 폐, 지라, 간의 조직과 혈액에서 많은 세균들이 함께 존재하는 육안생리학적 변화가 관찰되었다. 심한 기관지폐렴, 중증 다발성고름육아종성 간염, 지라염, 림프절염 등이 있었으며, 중증화농성기관지폐렴, 중증다발성고름육아종성 간염, 지라염, 림프절염 등의 조직병리학적 변화도 나타났다. Marmoset에서 나타난 임상질환의 많은 요인들이 사람의 질병과 다른 동물모델들에서도 발견된다.

다른 사람외 영장류 모델에서, A형 *F. tularensis* 729 CFU를 감염성 에어로졸로 노출시킨 African green 원숭이 (*Chlorocebus aethiops*)를 감염 후 7~11일 만에 안락사 시켰다[153]. 감염시험 2일 만에 임상적 변화가 관찰되었다. 폐, 종격 림프절, 지라, 심장, 종격(縱隔, mediastinum), 횡격막, 간, 방광, 요도, 장간막(mesentery)에서 육안생리학적 변화가 관찰되었다. 이들 변화 가운데, 폐, 종격림프절, 지라는 가장 심각하게 영향을 받은 것으로 나타났다.

에어로졸이나 피하(s.c.) 노출을 통한 A형 균주, B형 균주, LVS 균주에 감염된 사람, 마우스, 기니픽, 토끼, 원숭이에서 상대적 감수성은 표 9.2에 요약되어 있다.

9.6.7 기타 동물모델

야생 프레리독 (*Cynomys* 종)에서 야토병은 Texas 주에서 애완동물 판매대리점에서 발생하였다[90]. 프레리독(prairie dog)은 감염동물의 시체를 섭취하였고, 그 후 사람에게 전파되어 감염이 일어났다. 그 동물의 부검에서 구강인두 야토병의 징후인 하악선 림프절 팽대가 관찰되었다. 이 프레리독은 야토병의 동물모델로서 개발된 것은 아니었으나, 특정 병소에 대한 질병을 연구기회를 마련하게 하였다.

고양이(*Felis catus*)도 감염된 토끼의 섭취를 통하여 야토병에 걸리게 되며, 사람에게로 전파될 수 있다[96,154]. 감염징후로는 지라비대, 간비대, 림프절병, 졸음증, 열, 식욕부진 등이 있다. 현재 고양이는 야토병의 동물모델로서 사용되고 있지 않다. 야토병 연구에서 고양이의 유용성은 결정되지 않았다.

햄스터(*Cricetus cricetus*)는 발병연구의 유용한 모델로서 제시되었다. 햄스터는 동유럽과 구(舊)소비에트 연합국가에서 야토병 감염의 보균체로서 검토되어왔다. 과거에 구소련에서 발표된 여러 논문에서 동물모델로서 햄스터를 사용하였다고 보고하였다; 그러나 이들 연구에서는 사용된 햄스터의 종류에 대하여 명확히 설명하지 않았다. 햄스터는 A형과 B형 (Gyuranecz) 균주에 민감할 수 있다는 것을 보여주었다[155]. 프레리독과 마찬가지로, 햄스터는 야토병의 전파를 이해하는데 사용될 수 있는 특징들이 규명되지 않은 동물모델이다.

9.7 요약

*Francisella tularensis*는 현재 연구가 잘되지 않은 병원균이지만, 2003년 이후 연구 발표논문의 수와 종류는 증가하고 있다. 이 세균에 대한 발병, 독성, 숙주에 대한 적응 면역반응에 대해 지속적인 연구가 필요하다. 다행히도, 최근에 게놈 서열이 발표되었으며, 이 병원체의 다양한 측면과 질병을 이해하는 데 도움이 될 수 있다. 그러나 이 병원균의 유전자를 조작하기 위한 부가적 기술들이 분자생물학적 접근을 수월하게 하는 데 필요하다. 또한 몇 가지 크고 작은 동물모델들은 *Francisella* A형과 B형 변종의 발병을 비교 연구하는 데 사용되었다. 백신연구에서 동물을 이용한 실험은 증가하고 있다. 랫드는 사람을 위한 비교실험 동물모델로서 가장 유용하게 사용되어왔다. LVS 백신연구는 마우스를 이용하지만, 그 백신이 치명적인 A형 감염시험에 대하여 보호하지 못한다는 단서조항(cabcat)이 있다는 것을 보여주었다. 이것은 예방접종된 모든 사람외 영장류에서 비교 관찰할 수 있다.

이 장에 기술된 동물모델들 가운데, 어느 것도 A형과 LVS에 대한 감수성과 Fischer 랫드에서 있을 수 있는 예외와 더불어 A형 (SCHU S4) 감염시험을 보호하는 LVS 백신접종능에 대하여 사람감염과 동일한 기작으로 작용하는 모델은 없다. 이 사실은 적절한 동물모델을 찾는 것이 중요하다는 것을 암시한다. 감염에 대한 사람의 반응을 보다 밀접하게 보여주는 보다 나은 동물모델은 야토병 백신의 지속적인 개발을 위해서 필요하다.

마우스는 사람에게 전염되는 야토병에 대하여 좋은 모델이 아니다. 마우스는 A형과 B형의 야토병 감염에 절대적으로 민감하지만, 사람에게는 민감하지 않다. 야토병 사멸백신은 일반적으로 A형 감염에 대해 마우스를 보호하지 못한 반면에, 이들 백신이 사람에게 사용되는 경우에는 질병의 심각도를 감소시켰다[47]. 또한 예방접종 후의 염증반응은 마우스에서보다 사람에서 빨리 일어났다고 보고되었다[157, 158].

폐렴성 야토병의 사례가 상대적으로 적기 때문에, 야토병 후보백신은 FDA의 동물규정[http://www.fda.gov/OHRMS/DOCKETS/98fr/05312a.htm]에 의거하여 승인을 받아야 한다. 동물규정을 준수하기 위해서는 먼저 동물모델에 대한 발병과정을 이해해야 한다. 이전에 언급한 바와 같이, 마우스는 사람과 비교하여 모든 *F. tularensis* 아종들에 더욱 민감하다[103]. 또한 사람과 영장류에 투여되는 백신들은 독성 *F. tularensis*에 대하여 보호할 수 있지만, 마우스는 보호하지 않는다. 생물학적 연관성이 고려됨이 없이 마우스에서 입증된 이미 발표된 연구를 검토할 때, 이것은 통계적으로 상당한 수준의 보호가 고려되어야 한다. 다시 말해서, 이것은 백신모델로서 마우스를 사용할 때의 문제와 백신실험에서 후보 마우스를 사용할 때의 고유한 문제에 더 많이 나타날 수 있다. 따라서 마우스는 야토병 후보백신의 효능을 평가하기에 좋은 실험모델이 아니다. 토끼와 돼지도 사람에서보다 *F. tularensis*에 더 민감하며[159], 랫드의 민감성은 계통에 따라 차이가 있다. 반면에 영장류에서 *F. tularensis*의 흡입으로 인한 발병과 LVS에 의한 보호는 사람과 비슷하였다. 따라서 특성이 잘 규명된 영장류 모델에 대하여 궁극적으로 야토병 백신의 승인을 필요로 할 가능성이 있다.

야토병 모델개발에서 흥미로운 점은 특히 면역성이 없는 사람과 예방접종된 사람에 대한 직접 감염시험과 같은 상대적으로 다양한 사람모델 데이터가 존재한다는 것이다. 오늘날 사람으로부터 이러한 연구결과를 다시 얻는다는 것을 어렵기 때문에, 다른 동물을 이용한 백신연구하고 그 유용성을 철저히 조사해야 한다. 특히 들쥐와 토끼는 마우스보다 훨씬 나을 수도 있다. 랫드 또는 사람 외 영장류는 미래의 중요한 효능연구에 가장 적합한 모델이 될 수 있다. 우리가 자연의 소리를 귀담아 듣는다면, 동물모델의 선택은 우리가 제기하는 질문들을 가장 잘 어울리도록 축소될 수 있다.

봉헌

이 장은 안식일 재림교단(Seventh Day Adventist)의 용기있는 인체실험 지원자들에게 바친다. 이 의료자원봉사자들은 초기 LVS 백신실험과 A형 독성생물체를 이용한 에어로졸시험과 피부감염시험에 참여하였다.

참고문헌

1. Ohara, S., Studies on yato-byo (Ohara's disease, tularemia in Japan). I. *Jpn J Exp Med*, 1954, **24**(2): 69–79.
2. Wherry, W.B. and B.H. Lamb, Infection of man with *Bacterium tularense*. 1914. *J Infect Dis*, 2004, **189**(7): 1321–1329.
3. Harris, S., Japanese biological warfare research on humans: A case study of microbiology and ethics. *Ann N Y Acad Sci*, 1992, **666**: 21–52.
4. Alibek, K., *Biohazzard*. New York: Random House, 1999.
5. Christopher, G.W. et al., Biological warfare. A historical perspective. *JAMA*, 1997, **278**: 412–417.
6. Greub, G. and D. Raoult, Microorganisms resistant to free-living amoebae. *Clin Microbiol Rev*, 2004, **17**(2): 413–433.
7. Tarnvik, A. et al., *Francisella tularensis*—A model for studies of the immune response to intracellular bacteria in man. *Immunology*, 1992, **76**(3): 349–354.
8. Whipp, M.J. et al., Characterization of a novicida-like subspecies of *Francisella tularensis* isolated in Australia. *J Med Microbiol*, 2003, **52**(Pt 9): 839–842.
9. Samrakandi, M.M. et al., Genome diversity among regional populations of *Francisella tularensis* subspecies *tularensis* and *Francisella tularensis* subspecies *holarctica* isolated from the US. *FEMS Microbiol Lett*, 2004, **237**(1): 9–17.

10. Johansson, A. et al., Worldwide genetic relationships among *Francisella tularensis* isolates determined by multiple-locus variable-number tandem repeat analysis. *J Bacteriol*, 2004, **186**(17): 5808–5818.
11. Keim, P., A. Johansson, and D.M. Wagner, Molecular epidemiology, evolution, and ecology of Francisella. *Ann N Y Acad Sci*, 2007, **1105**: 30–66.
12. Fey, P.D. et al., Molecular analysis of *Francisella tularensis* subspecies *tularensis* and *holarctica*. *Am J Clin Pathol*, 2007, **128**(6): 926–935.
13. Farlow, J. et al., *Francisella tularensis* in the United States. *Emerg Infect Dis*, 2005, **11**(12): 1835–1841.
14. Svensson, K. et al., Evolution of subspecies of *Francisella tularensis*. *J Bacteriol*, 2005, **187**(11): 3903–3908.
15. Bernard, K. et al., Early recognition of atypical *Francisella tularensis* strains lacking a cysteine requirement. *J Clin Microbiol*, 1994, **32**(2): 551–553.
16. Reintjes, R. et al., Tularemia outbreak investigation in Kosovo: Case control and environmental studies. *Emerg Infect Dis*, 2002, **8**(1): 69–73.
17. Champion, M.D. et al., Comparative genomic characterization of Francisella tularensis strains belonging to low and high virulence subspecies. *PLoS Pathog*, 2009, **5**(5): e1000459.
18. Hood, A.M., Virulence factors of *Francisella tularensis*. *J Hyg (Lond)*, 1977, **79**(1): 47–60.
19. Sandstrom, G., S. Lofgren, and A. Tarnvik, A capsule-deficient mutant of *Francisella tularensis* LVS exhibits enhanced sensitivity to killing by serum but diminished sensitivity to killing by polymorphonuclear leukocytes. *Infect Immun*, 1988, **56**(5): 1194–1202.
20. Gil, H., J.L. Benach, and D.G. Thanassi, Presence of pili on the surface of *Francisella tularensis*. *Infect Immun*, 2004, **72**(5): 3042–3047.
21. Hubalek, M. et al., Comparative proteome analysis of cellular proteins extracted from highly virulent *Francisella tularensis* ssp. *tularensis* and less virulent *F. tularensis* ssp. *holarctica* and *F. tularensis* ssp. *mediaasiatica*. *Proteomics*, 2004, **4**(10): 3048–3060.
22. Sandstrom, G. et al., Immunogenicity and toxicity of lipopolysaccharide from *Francisella tularensis* LVS. *FEMS Microbiol Immunol*, 1992, **5**(4): 201–210.
23. Ancuta, P. et al., Inability of the *Francisella tularensis* lipopolysaccharide to mimic or to antagonize the induction of cell activation by endotoxins. *Infect Immun*, 1996, **64**(6): 2041–2046.
24. Chen, W. et al., Toll-like receptor 4 (TLR4) does not confer a resistance advantage on mice against low-dose aerosol infection with virulent type A *Francisella tularensis*. *Microb Pathog*, 2004, **37**(4): 185–191.
25. Chen, W. et al., Susceptibility of immunodeficient mice to aerosol and systemic infection with virulent strains of *Francisella tularensis*. *Microb Pathog*, 2004, **36**(6): 311–318.
26. Dreisbach, V.C., S. Cowley, and K.L. Elkins, Purified lipopolysaccharide from *Francisella tularensis* live vaccine strain (LVS) induces protective immunity against LVS infection that requires B cells and gamma interferon. *Infect Immun*, 2000, **68**(4): 1988–1996.
27. Conlan, J.W. et al., Mice vaccinated with the O-antigen of *Francisella tularensis* LVS lipopolysaccharide conjugated to bovine serum albumin develop varying degrees of protective immunity against systemic or aerosol challenge with virulent type A and type B strains of the pathogen. *Vaccine*, 2002, **20**(29–30): 3465–3471.
28. Kieffer, T.L. et al., *Francisella novicida* LPS has greater immunobiological activity in mice than *F. tularensis* LPS, and contributes to F. novicida murine pathogenesis. *Microbes Infect*, 2003, **5**(5): 397–403.
29. Lindgren, H. et al., Factors affecting the escape of *Francisella tularensis* from the phagolysosome. *J Med Microbiol*, 2004, **53**(Pt 10): 953–958.
30. Telepnev, M. et al., *Francisella tularensis* inhibits Toll-like receptor-mediated activation of intracellular signalling and secretion of TNF-alpha and IL-1 from murine macrophages. *Cell Microbiol*, 2003, **5**(1): 41–51.

31. Tarnvik, A., Nature of protective immunity to *Francisella tularensis*. *Rev Infect Dis*, 1989, **11**(3): 440–451.
32. Clemens, D.L., B.Y. Lee, and M.A. Horwitz, Virulent and avirulent strains of *Francisella tularensis* prevent acidification and maturation of their phagosomes and escape into the cytoplasm in human macrophages. *Infect Immun*, 2004, **72**(6): 3204–3217.
33. Chong, A. et al., The early phagosomal stage of *Francisella tularensis* determines optimal phagosomal escape and Francisella pathogenicity island protein expression. *Infect Immun*, 2008, **76**(12): 5488–5499.
34. Lai, X.H., I. Golovliov, and A. Sjostedt, *Francisella tularensis* induces cytopathogenicity and apoptosis in murine macrophages via a mechanism that requires intracellular bacterial multiplication. *Infect Immun*, 2001, **69**(7): 4691–4694.
35. Golovliov, I. et al., An attenuated strain of the facultative intracellular bacterium *Francisella tularensis* can escape the phagosome of monocytic cells. *Infect Immun*, 2003, **71**(10): 5940–5950.
36. Nano, F.E. et al., A *Francisella tularensis* pathogenicity island required for intramacrophage growth. *J Bacteriol*, 2004, **186**(19): 6430–6436.
37. Ludu, J.S. et al., The Francisella pathogenicity island protein PdpD is required for full virulence and associates with homologues of the type VI secretion system. *J Bacteriol*, 2008, **190**(13): 4584–4595.
38. Forestal, C.A. et al., *Francisella tularensis* has a significant extracellular phase in infected mice. *J Infect Dis*, 2007 **196**(1): 134–137.
39. Larsson, P. et al., The complete genome sequence of *Francisella tularensis*, the causative agent of tularemia. *Nat Genet*, 2005, **37**(2): 153–159.
40. Karlsson, J. et al., Sequencing of the *Francisella tularensis* strain Schu 4 genome reveals the shikimate and purine metabolic pathways, targets for the construction of a rationally attenuated auxotrophic vaccine. *Microb Comp Genomics*, 2000, **5**(1): 25–39.
41. Lauriano, C.M. et al., Allelic exchange in *Francisella tularensis* using PCR products. *FEMS Microbiol Lett*, 2003, **229**(2): 195–202.
42. Kawula, T.H. et al., Use of transposon-transposase complexes to create stable insertion mutant strains of *Francisella tularensis* LVS. *Appl Environ Microbiol*, 2004, **70**(11): 6901–6904.
43. Gilmore, R.D., Jr. et al., Identification of *Francisella tularensis* genes encoding exported membrane-associated proteins using TnphoA mutagenesis of a genomic library. *Microb Pathog*, 2004, **37**(4): 205–213.
44. Maier, T.M. et al., Construction and characterization of a highly efficient francisella shuttle plasmid. *Appl Environ Microbiol*, 2004, **70**(12): 7511–7519.
45. Kadzhaev, K. et al., Identification of genes contributing to the virulence of *Francisella tularensis* SCHU S4 in a mouse intradermal infection model. *PLoS One*, 2009, **4**(5): e5463.
46. Tigertt, W.D., Soviet viable Pasteurella tularensis vaccines. A review of selected articles. *Bacteriol Rev*, 1962, **26**: 354–373.
47. Eigelsbach, H.T. and C.M. Downs, Prophylactic effectiveness of live and killed tularemia vaccines. I. Production of vaccine and evaluation in the white mouse and guinea pig. *J Immunol*, 1961, **87**: 415–425.
48. Waag, D.M. et al., Immunogenicity of a new lot of *Francisella tularensis* live vaccine strain in human volunteers. *FEMS Immunol Med Microbiol*, 1996, **13**(3): 205–209.
49. Waag, D.M. et al., Cell-mediated and humoral immune responses induced by scarification vaccination of human volunteers with a new lot of the live vaccine strain of *Francisella tularensis*. *J Clin Microbiol*, 1992, **30**(9): 2256–2264.
50. Waag, D.M. et al., Cell-mediated and humoral immune responses after vaccination of human volunteers with the live vaccine strain of *Francisella tularensis*. *Clin Diagn Lab Immunol*, 1995, **2**(2): 143–148.
51. Saslaw, S. et al., Tularemia vaccine study. II. Respiratory challenge. *Arch Intern Med*, 1961, **107**: 702–714.
52. Saslaw, S. et al., Tularemia vaccine study. I. Intracutaneous challenge. *Arch Intern Med*, 1961, **107**: 689–701.

53. Elkins, K.L., S.C. Cowley, and C.M. Bosio, Innate and adaptive immune responses to an intracellular bacterium, *Francisella tularensis* live vaccine strain. *Microbes Infect*, 2003, **5**(2): 135–142.
54. Cherwonogrodzky, J.W., M.H. Knodel, and M.R. Spence, Increased encapsulation and virulence of *Francisella tularensis* live vaccine strain (LVS) by subculturing on synthetic medium. *Vaccine*, 1994, **12**(9): 773–775.
55. Pasetti, M.F. et al., An improved *Francisella tularensis* live vaccine strain (LVS) is well tolerated and highly immunogenic when administered to rabbits in escalating doses using various immunization routes. *Vaccine*, 2008, **26**(14): 1773–1785.
56. Meka-Mechenko, T. et al., Clinical and epidemiological characteristic of tularemia in Kazakhstan. *Przegl Epidemiol*, 2003, **57**(4): 587–591.
57. Centers for Disease Control and Prevention (CDC), Tularemia—Oklahoma, 2000. *MMWR Morb Mortal Wkly Rep*, 2001, **50**(33): 704–706.
58. Bell, J.F. and S.J. Stewart, Chronic shedding tularemia nephritis in rodents: Possible relation to occurrence of *Francisella tularensis* in lotic waters. *J Wildl Dis*, 1975, **11**(3): 421–430.
59. Young, L.S. et al., Tularemia epidemia: Vermont, 1968. Forty-seven cases linked to contact with muskrats. *N Engl J Med*, 1969, **280**(23): 1253–1260.
60. Morner, T., The ecology of tularaemia. *Rev Sci Tech*, 1992, **11**(4): 1123–1130.
61. Berdal, B.P. et al., Field detection of *Francisella tularensis*. *Scand J Infect Dis*, 2000, **32**(3): 287–291.
62. Greco, D. and E. Ninu, A family outbreak of tularemia. *Eur J Epidemiol*, 1985, **1**(3): 232–233.
63. Hoel, T. et al., Water- and airborne *Francisella tularensis* biovar palaearctica isolated from human blood. *Infection*, 1991, **19**(5): 348–350.
64. Feldman, K.A. et al., Tularemia on Martha's vineyard: Seroprevalence and occupational risk. *Emerg Infect Dis*, 2003, **9**(3): 350–354.
65. McCrumb, F.R., Aerosol infection of man with *Pasteurella tularensis*. *Bacteriol Rev*, 1961, **25**: 262–267.
66. Hager, A.J. et al., Type IV pili-mediated secretion modulates *Francisella* virulence. *Mol Microbiol*, 2006, **62**(1): 227–237.
67. Evans, M.E. et al., Tularemia: A 30-year experience with 88 cases. *Medicine (Baltimore)*, 1985, **64**(4): 251–269.
68. Dennis, D.T. et al., Tularemia as a biological weapon. Medical and public health management. *JAMA*, 2001, **285**(21): 2763–2773.
69. Samoilova, L.V. et al., Experimental study of the pulmonary form of plague, tularemia and pseudotuberculosis (in Russian). *Zh Mikrobiol Epidemiol Immunobiol*, 1977(3): 110–114.
70. Stuart, B.M. and R.L. Pullen, Tularemia meningitis: Review of the literature and report of a case with post-mortem observations. *Arch Intern Med*, 1945, **76**: 163–166.
71. Eigelsbach, H.T. et al., Tularemia: The monkey as a model for man, in *Use of Nonhuman Primates in Drug Evaluation, a Symposium*, H. Vagtborg, editor. Austin & London: University of Texas Press, 1968, pp. 230–248.
72. Anda, P. et al., Waterborne outbreak of tularemia associated with crayfish fishing. *Emerg Infect Dis*, 2001, **7**(3 Suppl): 575–582.
73. Bevanger, L., J.A. Maeland, and A.I. Naess, Agglutinins and antibodies to *Francisella tularensis* outer membrane antigens in the early diagnosis of disease during an outbreak of tularemia. *J Clin Microbiol*, 1988, **26**(3): 433–437.
74. Gurcan, S. et al., An outbreak of tularemia in Western Black Sea region of Turkey. *Yonsei Med J*, 2004, **45**(1): 17–22.
75. Quan, S.F., Quantitative oral infectivity of tularemia for laboratory animals. *Am J Hyg*, 1954, **59**(3): 282–290.
76. Helvaci, S. et al., Tularemia in Bursa, Turkey: 205 cases in ten years. *Eur J Epidemiol*, 2000, **16**(3): 271–276.
77. Francis, E., A summary of present knowledge of tularaemia. *Medicine*, 1928, **7**: 411–432.

78. Quan, S.F., A.G. McManus, and H. Von Fintel, Infectivity of tularemia applied to intact skin and ingested in drinking water. *Science*, 1956, **123**(3204): 942–943.
79. Syrjala, H. et al., Bronchial changes in airborne tularemia. *J Laryngol Otol*, 1986, **100**(10): 1169–1176.
80. Pullen, R.L. and B.M. Stuart, Tularemia: Analysis of 225 cases. *JAMA*, 1945, **129**: 495–500.
81. Conlan, J.W. et al., Experimental tularemia in mice challenged by aerosol or intradermally with virulent strains of *Francisella tularensis*: Bacteriologic and histopathologic studies. *Microb Pathog*, 2003, **34**(5): 239–248.
82. Stuart, B.M. and R.L. Pullen, Tularemic pneumonia: Review of American literature and report of 15 additional cases. *Am J Med Sci*, 1945, **210**: 223–236.
83. Koskela, P. and A. Salminen, Humoral immunity against *Francisella tularensis* after natural infection. *J Clin Microbiol*, 1985, **22**(6): 973–979.
84. Twine, S.M. et al., Immunoproteomics analysis of the murine antibody response to vaccination with an improved *Francisella tularensis* live vaccine strain (LVS). *PLoS One*, 2010, **5**(4): e10000.
85. Enderlin, G. et al., Streptomycin and alternative agents for the treatment of tularemia: Review of the literature. *Clin Infect Dis*, 1994, **19**(1): 42–47.
86. Russell, P. et al., The efficacy of ciprofloxacin and doxycycline against experimental tularaemia. *J Antimicrob Chemother*, 1998, **41**(4): 461–465.
87. Steward, J. et al., Treatment of murine pneumonic *Francisella tularensis* infection with gatifloxacin, moxifloxacin or ciprofloxacin. *Int J Antimicrob Agents*, 2006, **27**(5): 439–443.
88. Conley, J. et al., Aerosol delivery of liposome-encapsulated ciprofloxacin: Aerosol characterization and efficacy against *Francisella tularensis* infection in mice. *Antimicrob Agents Chemother*, 1997, **41**(6): 1288–1292.
89. Hopla, C.E., The ecology of tularemia. *Adv Vet Sci Comp Med*, 1974, **18**(0): 25–53.
90. Avashia, S.B. et al., First reported prairie dog-to-human tularemia transmission, Texas, 2002. *Emerg Infect Dis*, 2004, **10**(3): 483–486.
91. Petersen, J.M. et al., Laboratory analysis of tularemia in wild-trapped, commercially traded prairie dogs, Texas, 2002. *Emerg Infect Dis*, 2004, **10**(3): 419–425.
92. Bell, J.F. and S.J. Stewart, Quantum differences in oral susceptibility of voles, Microtus pennsylvanicus, to virulent *Francisella tularensis* type B, in drinking water: Implications to epidemiology. *Ecol Dis*, 1983, **2**(2): 151–155.
93. Bigler, W.J. et al., Wildlife and environmental health: Raccoons as indicators of zoonoses and pollutants in southeastern United States. *J Am Vet Med Assoc*, 1975, **167**(7): 592–597.
94. Evans, M.E. et al., Tularemia and the tomcat. *JAMA*, 1981, **246**(12): 1343.
95. Shoemaker, D. et al., Humoral immune response of cottontail rabbits naturally infected with *Francisella tularensis* in southern Illinois. *J Wildl Dis*, 1997, **33**(4): 733–737.
96. Woods, J.P. et al., Tularemia in two cats. *J Am Vet Med Assoc*, 1998, **212**(1): 81–83.
97. Sjostedt, A., Tularemia: History, epidemiology, pathogen physiology, and clinical manifestations. *Ann N Y Acad Sci*, 2007, **1105**: 1–29.
98. Morner, T. and R. Mattsson, Experimental infection of five species of raptors and of hooded crows with *Francisella tularensis* biovar palaearctica. *J Wildl Dis*, 1988, **24**(1): 15–21.
99. Bivin, W.S. and A.L. Hogge, Jr., Quantitation of susceptibility of swine to infection with Pasteurella tularensis. *Am J Vet Res*, 1967, **28**(126): 1619–1621.
100. Huntley, J.F. et al., Native outer membrane proteins protect mice against pulmonary challenge with virulent type A *Francisella tularensis*. *Infect Immun*, 2008, **76**(8): 3664–3671.
101. Duplantis, B.N. et al., Essential genes from Arctic bacteria used to construct stable, temperature-sensitive bacterial vaccines. *Proc Natl Acad Sci U S A*, 2010, **107**(30): 13456–13460.
102. Bakshi, C.S. et al., An improved vaccine for prevention of respiratory tularemia caused by *Francisella tularensis* SchuS4 strain. *Vaccine*, 2008, **26**(41): 5276–5288.
103. Fortier, A.H. et al., Live vaccine strain of *Francisella tularensis*: Infection and immunity in mice. *Infect Immun*, 1991, **59**(9): 2922–2928.

104. Conlan, J.W. et al., Different host defences are required to protect mice from primary systemic vs pulmonary infection with the facultative intracellular bacterial pathogen, *Francisella tularensis* LVS. *Microb Pathog*, 2002, **32**(3): 127–134.
105. Green, M. et al., Efficacy of the live attenuated *Francisella tularensis* vaccine (LVS) in a murine model of disease. *Vaccine*, 2005, **23**(20): 2680–2686.
106. Eigelsbach, H.T. et al., Murine model for study of cell-mediated immunity: Protection against death from fully virulent *Francisella tularensis* infection. *Infect Immun*, 1975, **12**(5): 999–1005.
107. Anthony, L.S., E. Skamene, and P.A. Kongshavn, Influence of genetic background on host resistance to experimental murine tularemia. *Infect Immun*, 1988, **56**(8): 2089–2093.
108. Chen, W. et al., Tularemia in BALB/c and C57BL/6 mice vaccinated with *Francisella tularensis* LVS and challenged intradermally, or by aerosol with virulent isolates of the pathogen: Protection varies depending on pathogen virulence, route of exposure, and host genetic background. *Vaccine*, 2003, **21**(25–26): 3690–3700.
109. Shen, H., W. Chen, and J.W. Conlan, Susceptibility of various mouse strains to systemically- or aerosol-initiated tularemia by virulent type A *Francisella tularensis* before and after immunization with the attenuated live vaccine strain of the pathogen. *Vaccine*, 2004, **22**(17–18): 2116–2121.
110. Downs, C.M. and J.M. Woodward, Studies on pathogenesis and immunity in tularemia; immunogenic properties for the white mouse of various strains of *Bacterium tularense*. *J Immunol*, 1949, **63**(2): 147–163.
111. Wu, T.H. et al., Intranasal vaccination induces protective immunity against intranasal infection with virulent *Francisella tularensis* biovar A. *Infect Immun*, 2005, **73**(5): 2644–2654.
112. Anthony, L.S. and P.A. Kongshavn, Experimental murine tularemia caused by *Francisella tularensis*, live vaccine strain: A model of acquired cellular resistance. *Microb Pathog*, 1987, **2**(1): 3–14.
113. Shen, H., W. Chen, and J.W. Conlan, Mice sublethally infected with Francisella novicida U112 develop only marginal protective immunity against systemic or aerosol challenge with virulent type A or B strains of *F. tularensis*. *Microb Pathog*, 2004, **37**(2): 107–110.
114. Conlan, J.W., A. Sjostedt, and R.J. North, CD4+ and CD8+ T-cell-dependent and -independent host defense mechanisms can operate to control and resolve primary and secondary *Francisella tularensis* LVS infection in mice. *Infect Immun*, 1994, **62**(12): 5603–5607.
115. Lopez, M.C. et al., Early activation of NK cells after lung infection with the intracellular bacterium, *Francisella tularensis* LVS. *Cell Immunol*, 2004, **232**(1–2): 75–85.
116. Polsinelli, T., M.S. Meltzer, and A.H. Fortier, Nitric oxide-independent killing of *Francisella tularensis* by IFN-gamma-stimulated murine alveolar macrophages. *J Immunol*, 1994, **153**(3): 1238–1245.
117. Cole, L.E. et al., Toll-like receptor 2-mediated signaling requirements for *Francisella tularensis* live vaccine strain infection of murine macrophages. *Infect Immun*, 2007, **75**(8): 4127–4137.
118. Sumida, T. et al., Predominant expansion of V gamma 9/V delta 2 T cells in a tularemia patient. *Infect Immun*, 1992, **60**(6): 2554–2558.
119. Sjostedt, A., J.W. Conlan, and R.J. North, Neutrophils are critical for host defense against primary infection with the facultative intracellular bacterium *Francisella tularensis* in mice and participate in defense against reinfection. *Infect Immun*, 1994, **62**(7): 2779–2783.
120. Elkins, K.L. et al., Bacterial DNA containing CpG motifs stimulates lymphocyte-dependent protection of mice against lethal infection with intracellular bacteria. *J Immunol*, 1999, **162**(4): 2291–2298.
121. Poquet, Y. et al., Expansion of Vgamma9 Vdelta2 T cells is triggered by *Francisella tularensis*-derived phosphoantigens in tularemia but not after tularemia vaccination. *Infect Immun*, 1998, **66**(5): 2107–2114.
122. Stenmark, S. et al., Specific antibodies contribute to the host protection against strains of *Francisella tularensis* subspecies *holarctica*. *Microb Pathog*, 2003, **35**(2): 73–80.

123. Cowley, S.C., S.V. Myltseva, and F.E. Nano, Phase variation in *Francisella tularensis* affecting intracellular growth, lipopolysaccharide antigenicity and nitric oxide production. *Mol Microbiol*, 1996, **20**(4): 867–874.
124. Olsuf'Ev, N.G. and T.N. Dunayeva, Study of the pathogenesis of experimental tularemia. *J Hyg Epidemiol Microbiol Immunol*, 1961, **5**: 409–422.
125. Eisen, R.J. et al., Short report: Time course of hematogenous dissemination of *Francisella tularensis* A1, A2, and Type B in laboratory mice. *Am J Trop Med Hyg*, 2009, **80**(2): 259–262.
126. KuoLee, R. et al., Mouse model of oral infection with virulent type A *Francisella tularensis. Infect Immun*, 2007, **75**(4): 1651–1660.
127. Jemski, J.V., Respiratory tularemia: Comparison of selected routes of vaccination in Fischer 344 rats. *Infect Immun*, 1981, **34**(3): 766–772.
128. Ray, H.J. et al., The Fischer 344 rat reflects human susceptibility to francisella pulmonary challenge and provides a new platform for virulence and protection studies. *PLoS One*, 2010, **5**(4): e9952.
129. Wu, T.H. et al., Vaccination of Fischer 344 rats against pulmonary infections by *Francisella tularensis* type A strains. *Vaccine*, 2009, **27**(34): 4684–4693.
130. Savel'eva, R.A. and A.P. Gindin, Concerning the pathogenesis of tularemia infection in the nonimmune and immune organism (in Russian). *Zh Mikrobiol Epidemiol Immunobiol*, 1965, **42**(8): 43–50.
131. Olsufjev, N.G., K.N. Shlygina, and E.V. Ananova, Persistence of *Francisella tularensis* McCoy et Chapin tularemia agent in the organism of highly sensitive rodents after oral infection. *J Hyg Epidemiol Microbiol Immunol*, 1984, **28**(4): 441–454.
132. Bandouchova, H. et al., Tularemia induces different biochemical responses in BALB/c mice and common voles. *BMC Infect Dis*, 2009, **9**: 101.
133. Morner, T. et al., Infections with *Francisella tularensis* biovar palaearctica in hares (*Lepus timidus*, *Lepus europaeus*) from Sweden. *J Wildl Dis*, 1988, **24**(3): 422–433.
134. Morner, T. and K. Sandstedt, A serological survey of antibodies against *Francisella tularensis* in some Swedish mammals. *Nord Vet Med*, 1983, **35**(2): 82–85.
135. Morner, T., G. Sandstrom, and R. Mattsson, Comparison of serum and lung extracts for surveys of wild animals for antibodies to *Francisella tularensis* biovar palaearctica. *J Wildl Dis*, 1988, **24**(1): 10–14.
136. Morner, T. et al., Surveillance and monitoring of wildlife diseases. *Rev Sci Tech*, 2002, **21**: 67–76.
137. Nutter, J.E. and Q.N. Myrvik, *In vitro* interactions between rabbit alveolar macrophages and *Pasteurella tularensis. J Bacteriol*, 1966, **92**: 645–651.
138. Aronova, N.V. and N.V. Pavlovich, Comparative analysis of the immune response of a rabbit to antigens to live and killed *Francisella* species bacteria (in Russian). *Mol Gen Mikrobiol Virusol*, 2001(2): 26–30.
139. Pavlovich, N.V. et al., Species- and genus-specific antigenic epitopes of *Francisella tularensis* lipopolysaccharides (in Russian). *Mol Gen Mikrobiol Virusol*, 2000(3): 7–12.
140. Schricker, R.L. et al., Pathogenesis of tularemia in monkeys aerogenically exposed to *Francisella tularensis* 425. *Infect Immun*, 1972, **5**(5): 734–744.
141. Hornick, R.B. and H.T. Eigelsbach, Tularemia epidemic—Vermont, 1968. *N Engl J Med*, 1969, **281**(23): 1310.
142. Bell, J.F., C.R. Owen, and C.L. Larson, Virulence of *Bacterium tularense*. I. A study of the virulence of *Bacterium tularense* in mice, guinea pigs, and rabbits. *J Infect Dis*, 1955, **97**(2): 162–166.
143. Schricker, R.L., Pathogenesis of acute tularemia in the rabbit. *Technical Manuscript*, 1964. **178**: 1–13.
144. Baskerville, A. and P. Hambleton, Pathogenesis and pathology of respiratory tularaemia in the rabbit. *Br J Exp Pathol*, 1976. **57**(3): 339–347.
145. Eigelsbach, H.T. and R.B. Hornick. Characteristics of two major types of tularemia in North America: Influence of etiologic agent on severity of illness, in *Twentieth Annual Southwestern Conference on Diseases in Nature Transmissable to Man, Austin, Texas, May 7–8*, 1970.

146. Tulis, J.J., H.T. Eigelsbach, and R.W. Kerpsack, Host-parasite relationship in monkeys administered live tularemia vaccine. *Am J Pathol*, 1970, **58**(2): 329–336.
147. Hall, W.C., R.M. Kovatch, and R.L. Schricker, Tularaemic pneumonia: Pathogenesis of the aerosol-induced disease in monkeys. *J Pathol*, 1973, **110**(3): 193–201.
148. Day, W.C. and R.F. Berendt, Experimental tularemia in *Macaca mulatta*: Relationship of aerosol particle size to the infectivity of airborne *Pasteurella tularensis*. *Infect Immun*, 1972, **5**(1): 77–82.
149. Hambleton, P. et al., Changes in whole blood and serum components during *Francisella tularensis* and rabbit pox infections of rabbits. *Br J Exp Pathol*, 1977, **58**(6): 644–652.
150. Baskerville, A., P. Hambleton, and A.B. Dowsett, The pathology of untreated and antibiotic-treated experimental tularaemia in monkeys. *Br J Exp Pathol*, 1978, **59**(6): 615–623.
151. Nelson, M. et al., Characterization of lethal inhalational infection with *Francisella tularensis* in the common marmoset (*Callithrix jacchus*). *J Med Microbiol*, 2010, **59**(Pt 9): 1107–1113.
152. Nelson, M. et al., Establishment of lethal inhalational infection with *Francisella tularensis* (tularaemia) in the common marmoset (*Callithrix jacchus*). *Int J Exp Pathol*, 2009, **90**(2): 109–118.
153. Twenhafel, N.A., D.A. Alves, and B.K. Purcell, Pathology of inhalational *Francisella tularensis* spp. *tularensis* SCHU S4 infection in African green monkeys (*Chlorocebus aethiops*). *Vet Pathol*, 2009, **46**(4): 698–706.
154. Baldwin, C.J. et al., Acute tularemia in three domestic cats. *J Am Vet Med Assoc*, 1991, **199**(11): 1602–1605.
155. Gyuranecz, M. et al., Susceptibility of the common hamster (*Cricetus cricetus*) to *Francisella tularensis* and its effect on the epizootiology of tularemia in an area where both are endemic. *J Wildl Dis*, 2010, **46**(4): 1316–1320.
156. Rick Lyons, C. and T.H. Wu, Animal models of *Francisella tularensis* infection. *Ann N Y Acad Sci*, 2007, **1105**: 238–265.
157. Fuller, C.L. et al., Transcriptome analysis of human immune responses following live vaccine strain (LVS) *Francisella tularensis* vaccination. *Mol Immunol*, 2007, **44**(12): 3173–3184.
158. Andersson, H. et al., Transcriptional profiling of host responses in mouse lungs following aerosol infection with type A *Francisella tularensis*. *J Med Microbiol*, 2006, **55**(Pt 3): 263–271.
159. Lyons, C.R. and J. Wu, Animal models of *Francisella tularensis* infection. *Ann NY Acad Sci*, 2007, **1105**: 238–265.
160. Elkins, K.L. et al., Introduction of *Francisella tularensis* at skin sites induces resistance to infection and generation of protective immunity. *Microb Pathog*, 1992, **13**(5): 417–421.

10 Q열

David M. Waag and David L. Fritz

목차

10.1 역사 ··· 177
10.2 병원체 ··· 178
10.3 전파 ··· 178
10.4 증상 ··· 179
10.5 급성 Q열의 동물모델 ··· 180
10.5.1 마우스 ··· 180
10.5.2 기니픽 ··· 182
10.5.3 사람외 영장류 ··· 182
10.5.4 기타 동물모델 ··· 184
10.6 만성 Q열의 동물모델 ··· 184
10.7 백신안전성에 대한 동물모델 ··· 185
10.8 백신효능시험 ··· 186
10.8.1 마우스와 기니픽 ··· 187
10.8.2 사람외 영장류 ··· 187
10.9 결론 ··· 189
참고문헌 ··· 190

10.1 역사

1993년 호주 Queensland 주의 건강 및 의료 서비스(Health and Medical Services) 부서의 국장이었던 Edward Derrick 박사는 그 지역의 도살장 노동자들 간에 발생하는 원인불명의 질병을 조사하기 위하여 파견되었다. 환자들에서 발열, 두통, 무기력함이 나타났다. 이 질병의 병인은 알려지지 않았기 때문에, 이 증후군을 Q (query)열(Q fever)이라 불렀다. 질병의 원인을 밝히고자 기니픽에 환자의 혈액과 소변을 주사하였다. 감염된 동물들은 발열반응을 일으켰다[1]. 그러나 기병성 인자(etiological agent)는 분리되지 않았으며, Derrick 박사는 그 인자를 바이러스라고 생각하였다. 거의 동일한 시점에, Montana 주에서 록키산 홍반열(Rocky Mountain spotted fever)을 연구하기 위해 수집된 진드기를 기니픽에 주입하였다. 이 기니픽 가운데 한 마리에서 열이 났으며, 감염은 기니픽들 간에 전파되었다. 감염체는 분리되었지만, 그 질병의 정체는 밝혀지지 않았다. 이 세균연구의 돌파구는 Cox 박사가 수정란의 난황낭(yolk sac)에서 많은 *Coxiella burnetii*를 배양할 수 있었던 1938년에 마련되었다[2]. 또한 1938년에 Montana 주의 한 연구원이 진드기 분리체에 감염되었으며, 그 환자의 혈액샘플을 주입시켜 기니픽을 감염시켰다. 궁극적으로, 호주에서 정체불명의 질병원인체가 Montana 주에서 이전에 감염된 기니픽이 Q열 제제(agent)에 의한 감염에 대하여 저항성이 있었다는 것을 입증함으로서, Montana 주의 진드기로부터 분리된 것과 동일한 것임을 보여주었다[3].

10.2 병원체

*Coxiella burnetii*는 숙주세포의 절대 포식리소솜(phagolysosomal) 기생체이며[4], 최근까지 인공배지에서 배양되지 않았다. 그것은 실험동물들로부터 이 기생체를 분리하는 데 중요한 이유이다. 오늘날 실험동물은 질병의 발병이해, 백신의 안전성, 면역원성(immunogenicity), 효능평가, 그리고 환경샘플로부터 미지의 생물체를 분리하는데 중요한 역할을 한다. 연구실에서 *C. burnetii* 균주는 보통 닭의 난황낭과 세포배양을 통해 배양된다[5]. 그러나 이 세균의 세대시간은 약 8시간으로 느리게 생장한다[6].

이 병원체는 보통 다른 그람음성 세균과 유사한 세포구조를 가지는 작은 간상형 세균으로 생장한다[7]. 최소한 서로 다른 두 가지 세포유형이 동물숙주의 성숙된 개체군으로 발견된다[8]. 작은 세포변종들은 개체군에서 거대 세포변종들과 별개이다. 작은 세포변종들은 열, 건조[9], 그리고 화학물질에 의한 사멸에 저항성이 있는 감염성 입자로 나타나는 반면에[10], 거대 세포변종들은 대사적으로 활성을 나타낸다. *Coxiella burnetii*는 *Escherichia coli*의 매끄럽고-거친 LPS와 유사한 지질다당체(lipopolysaccharide, LPS)를 보여준다[11]. 이 생물체는 보통 활면(smooth) (I단계) LPS를 가진다. 수정란의 난황낭, 또는 세포배양같이 비면역적격 숙주(nonimmunocompetent host)를 거침에 따라, 이 미생물은 점차적으로 조면(rough) (II단계) LPS를 가지게 된다.

10.3 전파

Q열은 보통 만성적으로 심신을 쇠약하게 하는 질병을 일으키는 급성의 자연치유성 열병이다. 환자가 만성 Q열로 발전되지 않는다면, 사망에 이르는 경우는 별로 없다[12]. 이 인수공동전염병은 세계도처에서 발생한다. 소, 양, 염소를 포함한 가축성 유제류(有蹄類, ungulates)가 보통 *C. burnetii*를 전파시키지만, 애완동물들도 사람에서 감염 원인이 될 수 있다[13,14]. 이 세균은 우유, 소변, 대변, 특히 감염된 임신한 동물의 분만시 생성물 등과 함께 분비된다[15]. 자연 감염되는 동안, 이 생물체는 염소, 양, 아마도 소의 태반 조직에서 높은 역가 (조직 g당 $>10^9$개)를 가지며 생장한다[16]. 그러나 자연적 숙주에서 감염은 종종 낙태율 증가와 약한 새끼들의 출산증가로 나타

나지만[18], 임상증상은 거의 나타나지 않는다[17]. 사람의 임신기간 중에 Q열은 자연 유산과 조산을 포함한 좋지 않은 임신결과로 이어질 수 있다[19]. 사람과 가축에서의 감염은 흔히 감염성 에어로졸의 흡입을 통하여 획득된다[20]. 감염된 우유섭취[21]와 감염된 진드기에 물림으로 일어나는 비경구적 획득[1]은 흔치 않은 유입경로이다. 사람에 대한 감염량(infectious dose)은 10개 또는 그 이하로 추정된다[22]. 감염경로는 그 질병의 증세에 영향을 줄 수 있다[23]. 유럽지역에서 더욱 일반적인 전파형태는 생우유 섭취이며, 급성 Q열은 육아종간염(granulomatous hepatitis)으로 나타난다[24]. 그러나 Q열 폐렴(Q fever pneumonia)은 감염이 주로 에어로졸 경로에 의해 일어나는 캐나다의 Nova Scotia에서 더욱 일반적이다[25].

10.4 증상

당연히 동물모델에서 질병의 증세는 사람이 사용하는 제품의 평가에 유용하게 대체하기 위해서, 사람의 질병과의 유사성을 염두에 두어야 한다. 따라서 관심의 대상이 되는 질병을 사람의 증세로서 완전히 이해하는 일은 어떤 질병의 동물모델을 개발하기 전에 필요하다. Q열에 대한 진단에서 어떤 임상적 특징이 없음에도 불구하고, 급성 Q열 사례는 어떤 일반적인 징후와 증상이 일어난다. 열, 두통, 오한 등은 가장 흔하게 나타난다. 체온은 2~4일 동안 빠르게 증가하고, 대개 최고 40℃에 이르며, 대부분의 환자에서 열은 일반적으로 약 13일간 지속된다[26]. 피로감도 느끼며, 땀도 자주 난다[27]. 사람에서 보고된 급성 Q열의 다른 증상에는 기침, 메스꺼움, 구토, 가슴 통증 등이 있다. Q열의 일반적인 임상적 징후는 폐렴이다. 이형폐렴(atypical pneumonia)은 자주 일어나지만, 증상이 없는 환자에서도 방사선 변화가 나타난다[28]. 이 변화는 일반적으로 비특이적이며, 혼탁(混濁, rounded opacities)도 일어난다[13]. 균일한 침윤물(homogenous infiltrate)과 엽경화(lobar consolidation)가 관찰된다[29]. Q열은 또한 급성 간염과 유사한 증상인 아스파르테이트아미노전달효소(asparatate transaminase, AST) 및/또는 알라닌아미노전달효소(alanine transaminase, ALT)의 상승을 일으킬 수 있다[27]. 알칼리성 인산가수분해효소(alkaline phosphatase)와 총 빌리루빈(total bilirubin) 양의 증가는 일반적으로 적게 나타난다. Q열 환자의 혈청에서 유산탈수소효소(lactose dehydrogenase, LDH)의 양은 33~40%로 증가한다. 급성 Q열 환자의 백혈구 수는 평소에는 정상이지만, 가벼운 빈혈이나 혈소판감소증(thrombocytopenia)이 있을 수 있다[30].

만성 감염은 드물지만, 종종 급성 Q열 합병증은 치명적이다. 이 질병은 일반적으로 관상동맥 질환자 또는 면역성이 없는 사람에게서 볼 수 있다[31,32]. 질병의 일반적인 증세는 심내막염(endocarditis)이지만, 만성 간염도 나타난다[33]. 만성 Q열 환자들은 적절한 T-세포의 반응이 없으며[34], 숙주의 세포성 면역에 대하여 야기되는 면역억제(immunosuppression)는 세포와 연관된 면역억제 복합체(cell-associated immunosuppressive complex)의 결과이다[35]. 만성 Q열이 진전되는 동안, 숙주면역 억제로 미생물이 숙주세포에서 존재할 수 있다.

급성 Q열과 만성 Q열은 모두 임상징후와 증상, 환자의 기록에 근거하여 진단된다. 숙주 내성(host resistance)은 체액성 면역(humoral immunity)에 의존되지 않지만, 항체역가는 급성 또는 만성 Q열을 진단하는데 사용될 수 있다. 혈청학적 분석은 1단계 및 2단계의 *C. burnetii* 세포성 항원과 반응하는 항체를 측정한다. 진단대진표(diagnostic cutoffs)의 값을 초과하는 항체역가는 antiphase II 역가(titer)가 antiphase I 역가를 초과하는 급성 Q열의 임상진단을 뒷받침한다. 반면에, antiphase 1 역가가 antiphase II 역가를 초과할 때, 환자는 아마도 급성 Q열에 걸린 것으로 보인다 [37].

급성 Q열의 회복은 일반적이지만, 환자들은 가끔 완만한 회복으로 만성 피로감을 느낀다. 항체량은 높게 나타나며, *C. burnetii*의 게놈 DNA (genomic DNA)는 골수에서 중합효소연쇄반응에 의해 검출될 수 있다[38]. 저자들은 이 증상에 기여하는 요인으로는 *C. burnetii*의 세포성 항원의 비감염성의 생물에 분해되지 않은 복합체와 미생물을 제거하기 위한 숙주의 능력을 저해한 특이한 LPS라고 분석하였다.

10.5 급성 Q열의 동물모델

넓은 숙주범위를 고려해 볼 때, *C. burnetii*는 마우스, 랫드, 토끼, 기니픽, 원숭이를 포함한 다양한 실험동물을 감염시킬 수 있다. 마우스, 기니픽, 원숭이 질병모델은 Q열의 발병을 연구하고, 백신효능을 평가하기 위해 개발되어왔다[40,41]. 감염결과는 무증상으로부터 사망에 이르기까지 다양하게 나타날 수 있으며, 감염량에 비례하여 다양한 증세를 나타낸다. 실험동물로서 감염에 대한 민감성과 사용의 용이성과 경제성 때문에, 마우스와 기니픽은 급성 Q열의 좋은 동물모델이다. 단일 세균은 감염을 일으키는데 충분하다[42].

10.5.1 마우스

사람의 질병은 보통 에어로졸에 의한 감염으로 발생하기 때문에, 이 경로로 감염된 마우스의 근친교배 계통과 이계교배 계통의 감수성을 조사하였다[43]. 연구자들은 이 연구에서 조사된 모든 동물이 노출 후, 모피가 거칠어지고, 졸음증, 코감기 증상 등을 나타냈다고 보고하였다. 조직병리학적 검사를 통해서 간질성폐렴(intrastitial pneumonia), 다발성간염(multifocal hepatitis), 지라염(splenitis), 림프절염(lymphadenitis)이 관찰되었다. 감염동물에서 관찰된 병변은 이전에 기술된 바 있는 감염된 사람에서의 병변과 유사하였다. 마우스의 근친교배 계통(DBA/2J)에서 관찰된 폐렴은 그 정도가 이계교배된 Swiss-ICR 마우스에서 발견된 것보다 더 컸다. DBA/2J 마우스는 또한 시험된 다른 마우스 계통보다 감염 후 더 높은 사망률을 나타내었다.

이전보다 확대하고 개선된 연구에서, Scott 등[44]은 암컷 마우스의 근친교배 계통의 복강내 감염(intraperitoneal infection)에 대한 민감성을 시험하였다. 47마리의 마우스 계통에서 질병과 죽음을 일으키는 *C. burnetii*의 감염능력이 결정되었을 때, 33마리의 마우스 계통에서 저항성, 10마리에서는 중간 민감성, 4마리에서는 민감성이 각각 발견되었다. 민감한 마우스에서는 졸음증이 나타났고, 감염 후 3~6일에 털이 거칠어졌으며, 3~17일 동안 병든 채로 있었다. 가장 저항성이 있는 마우스 계통에서 감염은 불분명하였으며, 사망률과 관계가 있다고 판단할 수 있는 마우스 계통 단상형(mouse strain haplotype)은 없었다. 대부분의 민감한 마우스 계통은 A/J 계통으로서, 심장,

간, 폐, 비장, 콩팥, 뇌를 포함하여 관찰된 모든 조직에서 많은 세균이 관찰되었다. 감염에 대한 A/J 계통의 감수성은 소량의 인터페론 생산과 보체경로(complement pathway)와 대식세포 기능의 결핍과 관련된 것으로 보인다[34,45~47]. 육안병리학적 반응(gross pathological response)과 항체생산의 유도는 민감하고 (A/J 주), 저항성 있는 마우스 (C57BL/6J 주)에서와 유사하다. 감염시험된 A/J 마우스[또는 평균치사량(median lethal dose), LD_{50}]의 50%가 사멸되는데, 필요한 1단계 *C. burnetii*의 투여량은 $10^{7.1}$개인 반면에, C57BL/6J 마우스의 LD_{50}은 $10^{9.9}$개였다. A/J 마우스에서 LD_{100}는 $10^{7.7}$개였으며, $10^{6.5}$개보다 적은 투여량에서는 거의 죽지 않았다. 두 가지 마우스 계통은 1단계 세포, 2단계 세포, 그리고 1단계 LPS에 대한 항체역가를 생성하였으며, 역가의 정도는 감염량에 비례하였다. 세포성 면역의 분석에서, 시험관 내의 특이한 재현항원(recall antigen)에 대한 C57BL/6J 마우스의 비장세포(splenocyte)의 증식반응(proliferative response)은 A/J 마우스에서 보다 더 크게 나타났다. 증식반응의 한 가지 흥미있는 특성은 자극반응이 감염량의 증가에 따라 감소한다는 것이다[44].

감염에 대한 C57BL/10 ScN 내독소-비반응 마우스 모델(endotoxin-nonresponder mouse model)은 1단계 Q열 세포백신(whole cell vaccine, WCV) 접종이 지라세포(spleen cell)의 증식반응과 *C. burnetii* 1단계 세포항원을 억제할 수 있다는 것을 보여주기 위해서 사용되었다. 1단계 WCV는 정상 또는 예방접종된 마우스의 지라세포에 대한 직접적인 세포독성이 없었다. 2단계 WCV는 지라세포에서 현저한 분열촉진 저반응성(mitogenic hyporesponsiveness) 또는 음성 조절(negative modulation)을 유도하지 않았다. 이 음성면역조절의 원인이 된 1단계 세포와-연관된 성분을 면역억제 복합체(immunosuppressive complex)라고 한다. 이 복합체는 클로로포름-메탄올(CM)(4:1)에 의해 분리되어, CM 잔기(CM residue, CMRI)와 CM 추출물(CM extract, CME)을 생성한다. CMRI 또는 CME에서 억제성분이 별도로 접종되었을 때, 마우스 모델은 면역억제활성을 일으키지 않았다. 접종 전, CME와 함께 CMRI를 재구성하는 것은 1단계 세포에서 동일한 병리학적 반응특성을 나타내었다. 억제복합체는 매끈한 LPS를 가진 1기 strain에서 발현되었으나, 2기 strain에서는 발현되지 않았다.

Burnet and Freeman은 감염된 마우스의 간과 비장이 가장 영향을 많이 받는 기관이었다는 것을 조직병리학적 측면에서 최초로 관찰하였다[49]. 후속연구에서 *C. burnetii*에 감염된 마우스는 육아종 병변(granulomatous lesion)이 생겼으며, 단핵세포삼출물(mononuclear cell infusion)은 비장, 간, 신장, 부신에서 발견되었다[50]. 많은 세균들이 비장과 간에서 분리되었다. 비강으로 감염된 마우스는 화농성기관지폐렴(purulent bronchopneumonia)을 나타내었다. 폐렴성 조직병리학적 변화는 비강으로 감염된 마우스에서만 언급되었다. 크고 작은 단핵세포(mononuclear cell)를 포함하는 삼출물(exudate)에 의한 특징있는 변화가 나타났다. 이 세균은 폐포상피세포(alveolar epithelial cell)와 조직구(組織球, histiocyte)의 세포 내에 존재하였으나, 백혈구에서는 그렇지 않았다. 복강내 감염(intraperitoneal infection)은 주로 지라, 간, 부신, 복강 및 종격 림프절의 단핵세포에서 육아종 병변을 초래하였다. 유사한 변화는 골수에서 발견되었다. 감염시험으로 인한 마우스의 죽음과 관련된 병리학적 변화는 명확하지 않다.

10.5.2 기니픽

기니픽에서는 감염으로 예상되는 발열반응(febrile response) (40℃ 이하)을 알 수 있지만, 감염된 마우스에서는 무증상이 나타날 수 있다[12]. 성체 기니픽은 *C. burnetii* 감염에 대하여 동일한 반응을 나타내기 때문에 일반적으로 널리 사용된다[17]. 감염 후, 기니픽은 1~2주 이내에 발열반응을 나타내며, 5~7일 동안 세균혈증을 보일 수 있다. 열의 지속시간은 감염량과 감염시험에 사용된 미생물의 독성에 의존된다. 기니픽은 몇 달 동안 소변을 통해서 이 세균을 배출할 수 있다[51]. 기니픽에서 *C. burnetii*의 에어로졸 LD_{50}은 California AB strain을 사용한 경우에 약 10^8개였다[22]. 2단계 미생물에 대한 항체는 감염 후 2주 이내에 검출되었으며, 1단계와 2단계 미생물에 대한 항체는 감염 후 2달 만에 발견되었다. 복강내 또는 에어로졸에 의해 세균 감염된 기니픽과 마우스에서 최소감염량은 10개보다 적다[22,24].

C. burnetii 감염의 진단 때문이 아니라, 망상내피계(reticuloendothelial system)의 기관에서 가장 주목할 만한 것은 조직학적 변화이다. 기니픽에서 감염의 자연적 경과는 임상증세의 신속한 회귀와 육아종(granulomas) 제거와 더불어 간, 지라, 골수, 기타 장기에서 육아종 생성으로 급성질환을 나타낸다. 폐침윤(lung infiltration)은 이 세균이 에어로졸로 전달될 때 일어난다[52]. 에어로졸에 감염된 기니픽의 폐에서 다발성 림프조직 간질성 폐렴(multifocal lymphohistiocytic interstitial pneumonia)이 변형된 응집성 panleukocytic bronchointerstitial pneumonia의 조직학적 변화가 나타났다[53]. 질병의 전개과정은 사람에서의 Q열과 매우 흡사하다. 간육아종(liver granulomas)이 복강내 감염시험에서 더욱 빈번하게 발견되었다. 병리학적 변화는 회복되는 동안 예전상태로 돌아갔다. 그러나 동물들은 방사선 조사 또는 스테로이드로 면역억제(immunosuppression)된 후 재발한 질병에 명백히 감염된 것으로 나타났다[54,55]. 다른 리케치아 질병과는 다르게, 감염은 음낭반응(陰囊反應, scrotal reaction)을 수반하지 않았다[17]. 감염량과 감염경로는 관찰된 병리학적 변화에 크게 영향을 미쳤다. *Coxiella burnetii* 균주는 감염 후, 잠재적인 질병범위에 놓이게 된다. 기니픽에 접종되었을 때, 동일 유전체군 내의 세균 분리체들은 유사한 병리학적 반응을 일으켰다[56].

10.5.3 사람외 영장류

1970년대 중반에, cynomolgus 원숭이 (*Macaca fascicularis*)는 사람의 급성 Q열 모델로서 개발되었다[57,58]. 이 동물은 에어로졸에 의해 감염시험 되었을 때, 사람에서 나타나는 급성 Q열의 임상 징후와 특징적인 조직병리학적 변화가 관찰되었다. 1단계 *C. burnetii* 10^5개의 에어로졸로 감염시험된 cynomolgus 원숭이에서 식욕부진, 우울증, 그리고 감염시험 후 4~7일 사이에 직장내 온도가 상승되기 시작하여, 4~6일간 지속되었다. 이 원숭이들은 감염시험 후, 4~11일 사이에 중증 간질성 폐렴(severe interstitial pneumonia)과 세균혈증이 나타났다. 질병 개시일로 부터 16일째까지 흉부방사선사진 이상과 구분하여 5일째 폐문구역(hilar area)에 과립성 침윤(granular infiltration)이 방사선사진을 통해서 관찰되었다. 감염시험 후, 21일째 부검된 원숭이에 대한 조직병리학적 평가가 이루어졌는데, 중간 또는 심한정도의 간질성 폐렴, 경미 또는 중간 정도의 다발성육아종간염(multifocal granulomatous hepatitis)이 나타났다. 더욱이, 혈장 피브리노겐의 양은 4일째까지 증가하였으며, 14일 동안 상승된 채로 남아 있었다. 호중구 증가증과 림프구감소증도 관찰되었다. 3일째부터 13일째까지 혈청 알칼리인산분해효소(serum alkaline phosphatase)의 양이 증가하였다. 총 빌리루빈은 기준치보다 현저하게 높았다. 2단계의 항체와 1단계 *C. burnetii*는 각각 7일과 14일에서 검출되었다.

최근에 rhesus (*Macaca mulatta*)와 cynomolgus 원숭이가 사람의 급성 Q열의 모델로서 적합한지에 대한 비교연구가 실시되었다[59]. 원숭이들이 1단계 *C. burnetii* 10^5개의 에어로졸에 의해 감염시험된 후에, 평균온도는 Q열 환자에서 발견된 것과 유사한 발열프로파일로서 대략 1주일동안 정상보다 약 3°F 높았다[59]. 그러나 캐나다 연구에서는 사람의 Q열과는 달리[13], 혼탁(混濁, rounded opacity)과 흉막삼출(pleural effusion)은 나타나지 않았다. 사실상, 사람외 영장류에서 언급된 방사선사진에서의 변화는 영국에서 West Midlands 창궐 중에 환자에서 나타난 변화과 유사하였다[28]. 그러한 사례들은 빈약하게 규정되고, 뚜렷한 특징없이 주로 균일음영(homogenous shadowing)을 보여주었다. 방사선 변화는 초기사진과 비교하여 볼 때, 2주 이내에 악화가 관찰되었다. 흉막삼출과 선형폐확장부전(linear atelectasis)은 별로 관찰되지 않았다.

혈청화학적 측면에서 평가되었을 때, cynomolgus 원숭이는 에어로졸 감염시험된 후 14~42일 사이에 기준치와 비교하여 AST가 현저히 증가하였다[59]. 14~42일에 rhesus 원숭이에서 AST 양이 증가되었다. 매우 높은 LDH 양이 cynomolgus 원숭이에서 관찰되었다. Rhesus (10~42일)와 비교하여, 그 양은 기준치 (감염시험 후 5, 10, 14, 42일)보다 높았다. AST와 LDH의 증가하면, 감염 후 간병발(liver involvement)이 생길 수 있다. Cynomolgus 원숭이는 또한 감염시험 후, 10~21일 사이에 채혈된 혈액에서 백혈구 수가 정상이었다는 것을 언급하였다. Rhesus 원숭이에서 관찰기간동안 림프구감소증이 관찰되었다. 감염된 지 1주일 후에 cynomolgus 원숭이에서 혈소판 감소가 일어났다. Q열 환자의 약 25%에서 혈소판감소증이 보고되었다. 몇 가지 변수가 감염된 cynomolgus 원숭이와 rhesus 원숭이가 감염기간 동안 빈혈이 생겼다는 것을 암시하였다. 여기에는 적혈구용적률, 헤모글로빈, 적혈구 양의 증가와 MCH에서 감소가 포함되었다. 한 가지 연구에서 급성 Q열 폐렴 환자수의 절반 정도에서 헤모글로빈 양이 감소되는 것으로 나타났다. Q열에 기인한 용혈성 빈혈도 보고된 바 있다[60].

감염된 cynomolgus 원숭이와 rhesus 원숭이에서 혈청학적 프로필은 급성 Q열 환자에서 기술된 것과 유사하였다[59,61]. 질병의 발병 30일 이내에, antiphase II 항체는 antiphase I, 또는 anti-LPS 반응보다 더 높은 양으로 증가하였다. 연구자들은 rhesus 원숭이와 cynomolgus 원숭이가 백신효능시험을 위한 급성 Q열의 좋은 모델로서 제공된다고 결론지었다. 궁극적으로, cynomolgus 원숭이 모델은 에어로졸 감염시험 후, 방사선변화가 더욱 뚜렷하게 나타났기 때문에 백신효능시험에서 신덕되었다. 거기에는 또한 감염된 cynomolgus 원숭이와 급성 Q열에 걸린 사람에서 임싱실험 결과에 대한 *C. burnetii*의 여러가지 감염효과들 간의 밀접한 상관관계가 있었다.

10.5.4 기타 동물모델

햄스터는 *Coxiella* 감염의 모델로서 잘 연구되지 않았다. 그러나 햄스터는 마우스와 기니픽보다 감염에 대해 더 민감성이 있다고 보고되었으며, 감염 후 더 높은 항체 역가를 나타내었다[62]. 햄스터는 사람의 감염원이 될 수 있지만, 토끼는 동물모델로서 개발되지 않았다[63]. 감염된 토끼가 기간 중에 죽은 태아의 분만을 보여주기 때문에, 토끼는 태아에 대한 *C. burnetii* 감염효과를 연구하는데 좋은 모델이 될 수 있다[64].

10.6 만성 Q열의 동물모델

만성 Q열 심내막염(endocarditis)의 자연 모델은 없다. 그러나 급성 감염은 유전적으로, 또는 약품이나 방사선조사에 의해 면역약화 상태의 동물에서 볼 수 있다[54,55,65]. Q열 심내막염의 4가지 모델이 개발되었다. 이 질병은 면역약화 상태[66,67]의 임신한[68] 마우스와 전기응고술(electrocoagulation)로 손상된 심장판막을 가진 기니픽에서 동물모델로서 확립되었다[69]. Cyclophosphamide 치료와 복강내 감염에 의해 면역억제된 마우스에서 대식세포와 호중구가 침윤된 방실밸브(atrioventricular valve)와 반달밸브(semilunar valve)에서 심내막염이 나타났다[66]. *Coxiella burnetii* 항원은 대부분의 기관과 심장판막, 대동맥, 폐동맥, 주로 대식세포, 호중구, 내피세포 내에서 발견되었다. 다른 연구에서[67], *C. burnetii*에 감염된 중증복합면역결핍증(severe combined immunodeficiency, SCID) 마우스는 지속적인 임상증상을 보여주고 죽는 반면에, 유사하게 감염된 면역적격(immunocompetent) 마우스는 무증상으로 살아남게 된다는 것을 보여주었다. 감염된 SCID 마우스는 심장, 폐, 지라, 간, 신장을 포함한 내부기관에서 중증만성병변(severe chronic lesion)이 나타났다. 심장병변은 급성 Q열 심내막염을 가진 사람에서 발견된 것들과 유사하였다. 마지막으로, 대식세포에서 interleukin-10을 구성요소로서 보여주는 형질전환된 마우스는 급성 Q열 환자에서 발견된 것과 유사하게, 지라와 간에 있는 몇 개의 육아종과 함께 *C. burnatii*를 사멸시킬 수 없는 지속감염을 보여주었다[70].

그 질병에 대한 설명과 원인미생물을 확인한 대략 10년 후에, 분만동물(分娩動物, parturient animals), 특히 설치류는 Q열에 걸릴 중요한 위험요인이 되는 것으로 알려졌다[71]. Murine 동물모델은 감염, 임신, 유산 사이에 연관성을 연구하기 위해 개발되었다[68]. 2년 이상 연속 임신이 있은 후, *C. burnetii*에 의한 암컷 BALB/c 마우스의 복강내감염은 살아 있는 자손들에서 통계적으로 현저한 감소와 더불어, 유산과 출생전후기 사망(perinatal death)과 연관된 지속적인 감염을 초래하였다. 더욱이 심내막염은 일부 동물의 성체에서 발생되었으며, *C. burnetii* 항원과 DNA는 심장판막에서 발견되었다. 이들 동물의 심내막염은 임신 중에 세포성 면역이 억제됨으로 인하여 진행될 수 있다.

심내막염의 다른 실험모델은 대동맥판막의 전기응고술을 사용한 면역화되지 않은 기니픽에서 개발되었다[69]. 처리된 동물들의 절반에서 감염성 심내막염이 나타났다. 심내막염을 가진 동물들은 *C. burnetii*의 혈액배양에서 양성을 나타내었으며, *C. burnetii* 항원은 그 동물들의 심장판막에서 발견되었다. 이 모델은 병태생리학적 연구에 필요한 추가적 기법과 Q열 심내막염의 항생제요법을 제공할 수 있다.

10.7 백신안전성에 대한 동물모델

C. burnetii phase 1 WCV로 예방접종이 임상질환에서 사람을 보호하였지만[72], 초기 phase I 세포성 백신의 사용에는 종종 예방접종 부위에서 경화(induration) 또는 무균 농양(sterile abscess)이나 육아종(granulomas)의 생성을 포함한 부작용이 동반되었다[73,74]. 이 세포성 백신은 실험동물에서 간비대(hepatomegaly), 지라비대(splenomegaly), 간괴사(liver necrosis), 복용량 의존방식(dose-dependent manner)에서 사망을 일으킬 수도 있다[75]. 백신에 의한 경험에서 사전감염(prior infection) 또는 예방접종이라는 이유로 이전에 면역된 사람들이 예방접종 되었다면, 중증국부반응(severe local reaction)을 나타낼 위험에 있다는 것을 보여주었다[73]. 1962년의 양성시험(positive test)에서 Q열에 대한 기존면역(preexisting immunity)과 상호관계가 있다는 것이 밝혀졌다[76]. 피부시험을 한 후, 7일 이내에 5 mm 직경의 경화(induration)가 나타나는 사람들에게는 예방접종을 하지 않는다. 피부시험에서 양성인 사람이 예방접종에서 배제되었을 때, 예방접종의 부작용 발생빈도는 급격히 줄어들었다. 현재, 일부 실험실에서도 *C. burnetii*에 대한 특이 항체량을 측정하지만, 예방접종의 부작용 가능성은 항상 피부검사(skin test)에 의해 평가된다[77]. 음성으로 나타난 개체들에 대해서만 예방접종하였다. 그러나 이전에 민감백신은 피부검사가 잘못 해석되거나, 부적절하게 적용된다면 예방접종으로 농양과 육아종 발생될 위험이 있다. 증거에 따르면, 세포성 *C. burnetii* 백신은 접종자(recepient)가 *C. burnetii*에 의한 사전 감염으로 인하여, 면역이 없다면 안전하고 효과적이라는 것을 암시한다.

이전의 면역접종자의 예방접종에 대한 부작용으로 인한 위험성을 평가하기 위해서 동물모델이 개발되었다. 그 모델에 대하여 민감화된 털이 없는 Hartley 기니픽의 진피내로 후보백신(candidate vaccine)을 투여하는 실험을 실시하였다[78,79]. 예방접종 표본으로는 동물을 제모하거나 예방접종부위를 관찰할 필요가 없기 때문에 털이 없는 기니픽을 사용하였다. 기니픽은 완전한 Freuds 항원보강제(adjuvant)가 있는 WCV 또는 CMR 백신을 피하로 투여하여 민감화 시켰다[79]. 항원 민감화 6주 후에, 다른 농도의 WCV 또는 CMR을 동물의 진피 내로 접종하였다[78]. WCV 백신은 동량의 CMR가 투여된 곳의 접종부위에서 보다 커다란 경화가 관찰되었다. 또한 WCV로 민감화된 동물(sensitized animal)은, 주어진 백신이 고려되지 않았음에도 불구하고, CMR로 민감화된 동물보다 접종부위에서 경화부위가 크게 나타났다. 숙주염증반응은 CMR 접종부위에서 보다 WCV 접종에서 더 컸다. 농양생성은 또한 WCV가 주어진 집단에서 관찰되었다. 이 연구 결과는 CMR 백신이 이전에 면역된 사람들에 투여되었다면, WCV보다 부작용을 적게 일으킬 수 있다는 것을 나다냈다.

예방접종 후, 백신이 부작용을 일으킬 가능성을 더욱 직접 측정하기 위해서, 기니픽을 농양/과민반응의 동물모델로 사용하였다[80]. 기니픽은 복강내 주사에 의해서 또는 피하예방접종(subcutaneous vaccination) 및 에어로졸 감염시험에 의해서 *C. burnetii*에 민감하게 되었다. 이들 동물은 백신효능시험에서 살아남았다. 민감화된 동물은 그 후 WCM 또는 CMR로 피하로 예방접종 되었다. 각 백신의 부작용 발생 능력은 조직병리학적으로, 그리고 홍반과 경화의 증가에 의해 평가되었다. 이 연구에서 백신은 사람의 예방접종에 사용된 동일한 용량(30 μg)과 경로로 투여되었다. 동물들은 예방접종 후, 2~3주 사이에 안락사 되었으며, 예방접종부위의 피부와 피하조직을 절개하여, 조직병리학적 검사를 실시하였다. CMR로 접종된 이미 민감화된 기니픽은 예방접종 1주일 후에 접종부위에 일부 홍반이 관찰되었다. CMR로 예방접종된 기니픽에서 예방접종부위 주변의 경화부위는 WCV로 예방접종된 동물과 비교하여 점차 작아져 빠르게 사라졌다.

예방접종과 에어로졸 감염시험에 의해 민감 WCV로 예방접종된 기니픽에서 농양배출이 언급되었다. 농양은 대식세포와 더불어 심진피(deep dermal) 또는 분열된 피하포켓(subcutaneous pocket), 괴사성 다핵형백혈구(necrotic polymorphonuclear leukocyte)에서 조직학적인 특징을 나타내었다. 그 부위에 다핵거대세포(multinucleated giant cell)가 나타났다. 예방접종 후 13일에, 림프구, 림프모세포, 면역모세포, 대식세포, 다핵형백혈구로 구성된 말초혼합침윤물(peripheral mixed infiltrate)이 언급되었으며, 예방접종된 후 22일에는 형질세포와 섬유아세포도 관찰되었다. WCV와 CMR 백신이 예방접종부위에서 홍반과 경화를 일으킬 수 있었다는 것이 관찰되었다. 그러나 그 반응의 정도는 WCV에서 더욱 크게 나타났으며, 또한 누관(fistulous draining tract)에 농양을 형성하였다.

피하 예방접종으로 민감화된 기니픽에 대하여 Q열 백신의 안전성을 평가하기 위한 이 방법은 피부실험보다 더 바람직하다. 그 경로와 투여량은 사람에서 예방접종과 동일하다. 더욱이 피하접종의 적절한 투여는 진피내 접종보다 엄밀히 말해서 덜 어렵다. 마지막으로, 사람에서 기술된 유사한 예방접종의 부작용(홍반, 경화, 육아종, 농양)이 이 동물모델에서 손쉽게 관찰될 수 있다. 이 연구는 또한 이차연구가 필요한 모든 실험동물의 수를 줄일 수 있는 일차 실험 종료 후, 어떻게 수행되는지를 보여주었다. 이 연구에 사용된 대부분의 동물이 백신효능실험에 관여되었음에도 불구하고, Q열 백신의 안전성에 대한 추가적인 중요한 데이터를 얻는 데 재사용되었다.

동물들은 약화된 백신의 안전성을 시험하는데도 사용될 수 있다. 생약독화된 사람의 M-44 백신은 예방접종 후, 마우스의 3세대 동안 지속적으로 유지되었다.

10.8 백신효능실험

효과적인 Q열 백신은 기병성 인자(etiologic agent)가 발견된 12년 후인 1948년에 개발되었다. 포르말린으로 사멸되고, 에테르로 추출된 10% 노른자를 포함하는 *C. burnetii*로 구성된 이 제제는 에어로졸 감염시험으로부터 실험지원자를 보호하는 데 효과적이었다[82]. 정제법은 수년간에 걸쳐 개선되었으며, 이들의 고순도로 정제된 제제의 효능도 실험지원자를 통해서 밝혀졌다[83].

백신효능을 평가하기 위해, 사람에 *C. burnetii*을 의도적으로 감염시키는 행위를 금지하는 윤리적 고려 때문에, 예방접종된 사람들에서 자연적 질병의 위험으로부터 Q열 발생감소가 백신효능의 지표로 사용되었다[84]. 기니픽과 마우스는 인체실험 이전에, Q열의 구세대 및 신세대 백신을 평가하기 위해서 사람의 질병에 대한 대체모델(surrogate model)로서 개발되었다[72,75]. 위에서 언급한 바와 같이, 1단계 세포성 Q열 백신은 이미 면역된 사람에게 주어졌다면, 예방접종의 부작용에 따른 위험성과 관련이 있다. 그러므로 보다 안전한 백신을 필요로 하며, 부작용 위험을 감소시켜 안전성이 증가된 효과적인 Q열 백신을 개발 중 (CMR)에 있다[75]. 이 백신은 설치류 모델에서 안전과 효능을 위해 초기에 시험되었다[40]. 설치류 모델에서 안전성과 효능이 밝혀진 후, 백신은 감수성이 있는 실험지원자 집단에 대하여 시험하기 전에, 사람외 영장류에서 안전성과 효능을 위해 보통 시험된다.

10.8.1 마우스와 기니픽

A/J 마우스와 기니픽 동물모델은 호주로부터 승인된 백신인 Q-Vax와 함께 CMR Q열 백신의 방어효능을 비교하기 위하여 사용되었다[40]. 동물들은 백신의 단일투여와 함께 예방접종 후 6주 동안 에어로졸로 감염시험되었다. CMR 또는 Q-Vax의 1 μg 예방접종량은 모든 마우스의 감염시험에 따른 치사효과로부터 완전히 보호하는 것을 보여주었다. 50% 마우스와 기니픽을 보호하는데 필요한 CMR 백신의 투여량은 각각 0.01과 1.49 μg 이었다. 50% 마우스와 기니픽을 보호하는데 필요한 Q-Vax 백신의 투여량은 각각 0.03 및 0.36 μg 이었다. 이 백신들은 사멸세균, 약화세균, 또는 항원보강제(adjuvant)와 함께 투여되는 것이라는 것을 고려하면, 매우 강력한 것이었다. 이들 연구에서, 기니픽이 감염에 더욱 균등하게 죽었던 것처럼, Q열에서 보다 좋은 모델이 될 것으로 전망되었다. 이들의 백신효능 발견은 2.5 μg 백신의 복강내 1회 투여로 질병과 사망에 당면한 모든 A/J 마우스를 보호하였다는 것을 알아낸 Scott 등의 발견과 유사하였다[44]. 기니픽은 또한 에어로졸 감염시험 후, 사멸된 세포 백신에 의한 치명적 감염과 열로부터 완전하게 보호되었다[53]. 치사감염시험모델(lethal challenge model)과 마찬가지로, 백신효능은 실시간 정량 중합효소연쇄반응(RT-qPCR)을 사용한 감염시험 후, 조직에서 잔여감염(residual infection)을 결정하여 평가될 수 있다[85].

10.8.2 사람외 영장류

마우스에서 CMR과 WCV 효능에 대한 몇 가지 연구가 있었지만, 영장류에 대한 백신효능연구는 거의 없었다. 지원자에 의한 감염시험 연구가 수행될 수 없기 때문에, 사람외 영장류는 사람에서 백신의 효능을 예상하는데 있어서 가장 적절한 동물모델로서 사용될 수 있다. WCV는 Kishimoto 등[58]에 의해 cynomolgus 원숭이에서 시험되었다. 그 연구는 예방접종 후 6개월 동안 에어로졸로 감염시험된 원숭이에서, 30 μg Herzerling 균주 WCV Q열 백신으로 피하예방접종이 임상질환에서 아무런 징후없이 보호된다는 것을 보여주었다. 그러나 증상은 대조군에서 발견된 것보다 심하지 않았지만, 감염시험 이전 12달에 예방접종된 원숭이에서 질환의 징후를 보여주었다. 그 연구에서 예방접종된 동물은 흉부방사선 변화의 확인을 통해서 폐렴이 나타나지 않았지만, 대조군 원숭이에서는 중증 간질성 폐렴이 관찰되었으며, 이는 조직병리학적 조사를 통해 입증되었다. 예방접종된 원숭이에서는 피브리노겐이 증가한 것을 제외하고는 혈액학 프로필 또는 혈청화학에서 아무런 변화가 나타나지 않았다. 그러나 대조군 원숭이에서는 호중구증가와 림프구감소증을 보여주었으며, 알칼리인산분해효소, serum oxalacetic transaminase, 총 빌리루빈, 혈장 피브리노겐이 증가하였다. 예방접종된 원숭이에서 감염시험 4일 만에 세균혈증이 관찰되었으며, 세균은 감염시험 직후 4일째부터 7일 동안 대조군 동물의 혈액에서 분리되었다. 예방접종 후 12달 동안 감염시험된 원숭이들에서 식욕부진과 우울증이 나타났다. 원숭이는 예방접종 후, phase I과 phase II의 *C. burnetii* 항원에 대한 순환성 미세응집(circulating microagglutinating) 항체를 생성하였으며, 4달 후 탐지되었다. 감염시험 후, antiphase II와 antiphase I의 항체역가는 1주일 이내에 증가되었으며, 역가는 실험이 종료된 6주에 강력하게 나타났다.

Cynomolgus 원숭이 모델은 또한 사람외 영장류의 비치사 에어로졸 감염시험 모델(nonhuman primate nonlethal aerosol challenge model)에서 승인된 (호주에서) 세포성 Q열 백신인 Q-Vax과 연구 중인 백신 CMR의 효능을 시험하기 위해 사용되었다[41]. 이 연구는 단회 30 μg 투여량(사람에서 예방접종량)으로 시험된 Q-Vax와 단회 30 또는 100 μg 투여, 또는 2회 30 μg 투여된 CMR이 동등한 효과를 보여주었다고 발표하였다. 이들 결과는 2 μg Q-Vax 또는 CMR보다 적은 량이 에어로졸 감염시험 후, 죽음으로부터 마우스와 기니픽의 50%를 보호하기에 충분한 마우스와 기니픽 (위에 기술됨)의 유사한 연구에 비추어 놀라운 것이 아니었다[40]. 이 연구는 예방접종 후 6달간 감염시험된 원숭이에서 질병의 징후를 발견하였다. 이들 징후의 시작은 모든 치료집단에서 유사하였지만, 예방접종된 원숭이에서 임상적 변화는 대조군 원숭이에서 보여준 변화보다 덜 심각하였고 지속기간도 짧았다. 일반적으로, 예방접종된 원숭이의 최소에서 경미한 방사선 변화가 관찰된 반면에, 대부분의 대조군 원숭이에서 간질 및 기관지 비투과성(interstititial and bronchial opacity)에서 경증 및 중증 증가와 같은 방사선 변화가 나타났다. 알칼리인산분해효소는 크게 상승하였으나, serum glutamic oxalacetic transaminase 또는 빌리루빈은 증가하지 않았다. 예방접종된 동물과 대조군 동물들 간의 혈구수에서 상당한 차이가 발견되었으며, 감염시험 후, 최초 8일 동안 모든 원숭이에서 헤모글로빈과 적혈구용적률이 하락하였다. 대조군 원숭이에서 헤모글로빈과 적혈구용적률 수치(hematocrit value)는 또한 감염시험 후, 6주, 회복되기 전 둘째주 동안 현저하게 감소하였다. 100 μg CMR의 단회투여 또는 30 μg CMR의 2회 투여로 예방접종된 집단을 제외하고, 이 연구에서 대다수 예방접종된 동물에서 세균혈증이 나타났다. 세균혈증의 지속시간은 Kishimoto 등에 의한 연구에서 언급된 단일 시점(single time point)보다 더 길었다[58]. 세균혈증은 Kishimoto 등에 의한 발견과 유사한 플라시보(placebo)*가 주어진 모든 원숭이에서 언급되었다. 예상했던 바와 같이, 예방접종된 원숭이에서 세균혈증이 있었는데, 이는 고열과 연관되었다. 그러나 감염시험 후 14일 만에 감염된 대조군 동물 1/3의 혈액에서 이 세균이 발견되었는데, 이때 동물의 평균온도는 정상으로 돌아갔다. Kishimoto 등의 연구에서 고열의 영향은 결정되지 않았지만[58], 더욱 최근 연구에서 현저한 온도증가기간은 약 2일까지 줄어들었으며, 최대온도는 예방접종된 집단에서 충분히 낮아진다는 것이 밝혀졌다. 유사하게, 세균혈증에 걸린 원숭이의 비율

* 약물요법에 대한 환자의 심리적 욕구를 충족시키기 위하여 투여되는 효력이 없는 물질이나 약물.

과 세균혈증의 지속기간은 예방접종된 집단에서 적게 나타났다. 예방접종된 원숭이에서 백신효과가 소멸되었다는 임상 증거는 없었다. 예방접종된 원숭이에서는 대조군보다 짧은 기간동안 질병의 징후와 증상은 거의 없었다.

Q열 백신의 단회 투여(single dose)는 실험지원자의 항체반응을 약하게 자극한다[88,89]. 그러나 Q열에 대한 보호를 위한 세포성 면역은 백신이 혈청항체가 적거나 탐지가 어려울 때도 보호될 수 있다는 것을 제시한다. 그러나 예방접종 후 측정가능한 면역반응은 결국 FDA 백신승인을 위해서 바람직하다. 100 μg의 단회투여 또는 30 μg의 2회 투여된 CMR에 대한 한 가지 이론적 설명은 설치류에서 안전하다는 것을 보여주는 투여량에서 CMR의 효능을 평가하기 위한 것이지만, 여전히 전형적인 Q열 WCV 백신 투여량 (30 μg)보다 높다. 예방접종 후 지속되는 항체반응을 얻기 위한 시도에서, CMR의 단회 30 μg 투여는 Q-Vax의 단회 30 μg 투여에 대한 비교항체반응을 나타내는 반면에, 보다 높은 (100 μg) CMR 투여와 2회 투여[일차 추가(primary booster)] 방식은 백신에 대한 면역원성(immunogenicity)을 크게 증가시켰다[41]. 그 예방접종 방식이 CMR 또는 Q-Vax의 30 μg 단회 투여된 동물에서 관찰된 것보다 높은 항체반응을 초래하였음에도 불구하고, 항체반응은 예방접종 후 17주까지 기준보다 낮아졌으며, antiphase I과 antiphase II의 항체량과 더불어 오래가지 못하였다.

*C. burnetii*로 수행한 에어로졸 감염시험은 예방접종된 원숭이에서 2주 이내에 전형적인 기왕력의 항체반응을 초래하였는데, 이는 예방접종 방식이 그 동물을 민감화시키기에 충분하다는 것을 나타낸다[41]. 예방접종된 원숭이에서 antiphase I과 antiphase II *C. burnetii* 반응은 동시에 증가하였으며, 항체역가는 감염시험 후 2주 동안 하향세를 나타내었다. 대조군 원숭이에서, antiphase II 반응은 antiphase I 항체의 발달(사람에서 급성 Q열의 특성[61])에 우선하였으며, 감염시험 3주 이내에, antiphase II 반응은 예방접종된 원숭이에서 보여준 항체역가보다 더 컸다. 이것은 감염이 제어됨에 따라 예방접종된 원숭이에서 적당한 면역반응이 반영될 수 있었다.

Q-Vax 또는 보다 적은 CMR 투여가 있었지만, 100 μg CMR의 단일 예방접종은 대조군 원숭이에서 림프구증식반응이 크게 증가하는 결과를 초래하였다. 그러나 림프구증식반응은 예방접종 후 4주까지 기준치 이하로 떨어졌다. 이 반응은 사람의 백신에서 보고된 것보다 적었으며, 거기서 초기 8년까지 *C. burnetii*에 이전에 노출된 개체의 말초혈액세포는 시험관내에서 *C. burnetii*에 의해 크게 자극받는 다는 것을 보여주었다. 또한 Q-Vax로 예방접종된 개체의 85% 이상이 6주에 음성 증식반응에서 양성 증식반응으로 전환됨이 밝혀졌다[88].

10.9 결론

어떤 다른 질병 이상으로, Q열의 연구를 위한 실험용 동물의 사용은 이 제제를 둘러싼 미스테리를 알아내기 위한 시작이라는 측면에서 매우 중요하였다. 동물들은 Q열이 다음 동물로 계속 전달될 수 있는 감염원에 의해 발생한다는 것을 보여주기 위해서 초기에 사용되었다. 또한 진드기로부터 "9마일 제제(nine mile agent)"를 분리하고, 이 제제에 의하여 Q열이 실제로 발생된다는 것을 보여주었다. 실험동물은 *C. burnetii*가 시험관 내에서 배양될 수 없기 때문에 부분적으로 그들 일을 성취하기 위해서 필요하였다. 그 초기부터 동물모델은 감염의 발병, 백신 및 치료제의 효능, 미생물의 면역조절능 등을 연구하기 위한 기반을 제공하고, 백신으로서 안전하게 투여될 수 있는지를 연구하기 위해서 개발되어 사용되었다.

참고문헌

1. Davis, G. and H. Cox, A filter-passing infectious agent isolated from ticks. I. Isolation from *Dermacentor andersoni*, reactions in animals, and filtration experiments. *Public Health Rep*, 1938, **53**: 2259–2267.
2. Cox, H.R. and E.J. Bell, The cultivation of *Rickettsia diaporica* in tissue culture and in tissues of developing chick embryos. *Public Health Rep*, 1939, **54**: 2171–2178.
3. Dyer, R.E., A filter-passing infectious agent isolated from ticks. IV. Human infection. *Public Health Rep*, 1938, **53**: 2277–2283.
4. Omsland, A. et al., Host cell-free growth of the Q fever bacterium *Coxiella burnetii*. *Proc Natl Acad Sci USA*, 2009, **106**(11): 4430–4434.
5. Waag, D. et al., Methods for isolation, amplification, and purification of Coxiella burnetii, in *Q Fever: The Biology of Coxiella Burnetii*, J. Williams and H.A. Thompson, editors. Boca Raton: CRC Press, 1991, pp. 73–115.
6. Thompson, H.A., Relationship of the physiology and composition of *Coxiella burnetii* to the Coxiella-host cell interaction, in *Biology of Rickettsial Diseases*, D.H. Walker, editor. Boca Raton: CRC Press, 1988, pp. 51–78.
7. Schramek, S. and H. Mayer, Different sugar compositions of lipopolysaccharides isolated from phase I and pure phase II cells of *Coxiella burnetii*. *Infect Immun*, 1982, **38**(1): 53–57.
8. McCaul, T.F. and J.C. Williams, Developmental cycle of *Coxiella burnetii*: Structure and morphogenesis of vegetative and sporogenic differentiations. *J Bacteriol*, 1981, **147**(3): 1063–1076.
9. Samuel, J.E., Developmental cycle of *Coxiella burnetii*, in *Procaryotic Development*, Y.V. Brun and L.J. Shimkets, editors. Washington, DC: ASM Press, 2000, pp. 427–440.
10. Scott, G.H. and J.C. Williams, Susceptibility of *Coxiella burnetii* to chemical disinfectants. *Ann N Y Acad Sci*, 1990, **590**: 291–296.
11. Stoker, M.G. and P. Fiset, Phase variation of the Nine Mile and other strains of *Rickettsia burneti*. *Can J Microbiol*, 1956, **2**(3): 310–321.
12. Derrick, E.H., Q fever, a new fever entity: Clinical features, diagnosis and laboratory investigation. *Med J Aust*, 1937, **2**: 281.
13. Langley, J.M. et al., Poker players' pneumonia. An urban outbreak of Q fever following exposure to a parturient cat. *N Engl J Med*, 1988, **319**(6): 354–356.
14. Laughlin, T. et al., Q fever: From deer to dog to man. *Lancet*, 1991, **337**(8742): 676–677.
15. Welsh, H.H. et al., Air-borne transmission of Q fever: The role of parturition in the generation of infective aerosols. *Ann. NY Acad. Sci.*, 1958. **70**: 528–540.
16. Welsh, H.H. et al., Q fever in California. IV. Occurrence of *Coxiella burnetii* in the placenta of naturally infected sheep. *Public Health Rep*, 1951, **66**(45): 1473–1477.
17. Lang, G.H., Coxiellosis (Q fever) in animals, in *Q Fever: The Disease*, T. Marrie, editor. Boca Raton: CRC Press, 1990, pp. 23–48.
18. Grant, C.G. et al., Q fever and experimental sheep. From the International Council for Laboratory Animal Science. *Infect Control*, 1985, **6**(3): 122–123.
19. Carcopino, X. et al., Q fever during pregnancy: A cause of poor fetal and maternal outcome. *Ann N Y Acad Sci*, 2009, **1166**: 79–89.
20. Lennette, E.H. and H.H. Welsh, Q fever in California. X. Recovery of *Coxiella burneti* from the air of premises harboring infected goats. *Am J Hyg*, 1951, **54**(1): 44–49.

21. Huebner, R.J. et al., Q fever studies in Southern California. I. Recovery of *Rickettsia burneti* from raw milk. *Public Health Rep*, 1948, **63**: 214–222.
22. Tigertt, W.D., A.S. Benenson, and W.S. Gouchenour, Airborne Q fever. *Bacteriol Rev*, 1961, **25**: 285–293.
23. Marrie, T.J. et al., Route of infection determines the clinical manifestations of acute Q fever. *J Infect Dis*, 1996, **173**(2): 484–487.
24. Fishbein, D.B. and D. Raoult, A cluster of *Coxiella burnetii* infections associated with exposure to vaccinated goats and their unpasteurized dairy products. *Am J Trop Med Hyg*, 1992, **47**(1): 35–40.
25. Marrie, T.J. et al., Exposure to parturient cats: A risk factor for acquisition of Q fever in Maritime Canada. *J Infect Dis*, 1988, **158**(1): 101–108.
26. Derrick, E.H., The course of infection with *Coxiella burneti*. *Med J Aust*, 1973, **1**(21): 1051–1057.
27. Marrie, T., Acute Q fever, in *Q Fever, the Disease*, T. Marrie, editor. Boca Raton: CRC Press, 1990, pp. 125–160.
28. Smith, D.L. et al., The chest x-ray report in Q fever: A report on 69 cases from the 1989 West Midlands outbreak. *Br J Radiol*, 1991, **64**: 1101–1108.
29. Tselentis, Y. et al., Q fever in the Greek Island of Crete: Epidemiologic, clinical, and therapeutic data from 98 cases. *Clin Infect Dis*, 1995, **20**(5): 1311–1316.
30. Smith, D.L. et al., A large Q fever outbreak in the West Midlands: Clinical aspects. *Respir Med*, 1993, **87**(7): 509–516.
31. Heard, S.R., C.J. Ronalds, and R.B. Heath, *Coxiella burnetii* infection in immunocompromised patients. *J Infect*, 1985, **11**(1): 15–18.
32. Raoult, D. et al., Q fever and HIV infection. *AIDS*, 1993, **7**(1): 81–86.
33. Yebra, M. et al., Chronic Q fever hepatitis. *Rev Infect Dis*, 1988, **10**(6): 1229–1230.
34. Koster, F.T., J.C. Williams, and J.S. Goodwin, Cellular immunity in Q fever: Specific lymphocyte unresponsiveness in Q fever endocarditis. *J Infect Dis*, 1985, **152**(6): 1283–1289.
35. Waag, D.M. and J.C. Williams, Immune modulation by *Coxiella burnetii*: Characterization of a phase I immunosuppressive complex differentially expressed among strains. *Immunopharmacol Immunotoxicol*, 1988, **10**(2): 231–260.
36. Read, A.J., S. Erickson, and A.G. Harmsen, The role of CD4+ and CD8+ T cells in clearance of primary pulmonary infection of *Coxiella burnetii*. *Infect Immun*, 2010, **78**(7): 3019–3026.
37. Peacock, M.G. et al., Serological evaluation of O fever in humans: Enhanced phase I titers of immunoglobulins G and A are diagnostic for Q fever endocarditis. *Infect Immun*, 1983, **41**(3): 1089–1098.
38. Marmion, B.P. et al., Long-term persistence of *Coxiella burnetii* after acute primary Q fever. *QJM*, 2005, **98**(1): 7–20.
39. Marmion, B.P. et al., Q fever: Persistence of antigenic non-viable cell residues of *Coxiella burnetii* in the host—implications for post Q fever infection fatigue syndrome and other chronic sequelae. *QJM*, 2009, **102**(10): 673–684.
40. Waag, D.M., M.J. England, and M.L. Pitt, Comparative efficacy of a *Coxiella burnetii* chloroform:methanol residue (CMR) vaccine and a licensed cellular vaccine (Q-Vax) in rodents challenged by aerosol. *Vaccine*, 1997, **15**(16): 1779–1783.
41. Waag, D.M. et al., Comparative efficacy and immunogenicity of Q fever chloroform: methanol residue (CMR) and phase I cellular (Q-Vax) vaccines in cynomolgus monkeys challenged by aerosol. *Vaccine*, 2002, **20**(19–20): 2623–2634.
42. Ormsbee, R. et al., Limits of rickettsial infectivity. *Infect Immun*, 1978, **19**(1): 239–245.
43. Scott, G.H., G.T. Burger, and R.A. Kishimoto, Experimental *Coxiella burnetii* infection of guinea pigs and mice. *Lab Anim Sci*, 1978, **28**(6): 673–675.
44. Scott, G.H., J.C. Williams, and E.H. Stephenson, Animal models in Q fever: Pathological responses of inbred mice to phase I *Coxiella burnetii*. *J Gen Microbiol*, 1987, **133**(Pt 3): 691–700.
45. Cerquetti, M.C. et al., Impaired lung defenses against *Staphylococcus aureus* in mice with hereditary deficiency of the fifth component of complement. *Infect Immun*, 1983, **41**(3): 1071–1076.

46. Gervais, F., M. Stevenson, and E. Skamene, Genetic control of resistance to Listeria monocytogenes: Regulation of leukocyte inflammatory responses by the Hc locus. *J Immunol*, 1984, **132**(4): 2078–2083.
47. Boraschi, D. and M.S. Meltzer, Defective tumoricidal capacity of macrophages from A/J mice. II. Comparison of the macrophage cytotoxic defect of A/J mice with that of lipid A-unresponsive C3H/HeJ mice. *J Immunol*, 1979, **122**(4): 1592–1597.
48. Damrow, T.A., J.C. Williams, and D.M. Waag, Suppression of *in vitro* lymphocyte proliferation in C57BL/10 ScN mice vaccinated with phase I *Coxiella burnetii. Infect Immun*, 1985, **47**(1): 149–156.
49. Burnet, F.M. and M. Freeman, Experimenal studies on the virus of Q fever. *Med J Aust*, 1937, **2**: 299.
50. Perrin, T.K. and I.A. Bengtson, The histopathology of experimental Q fever in mice. *Public Health Rep*, 1942, **57**: 790–794.
51. Parker, R.R. and E.A. Steinhaus, American and Australian Q fevers; persistance of the infectious agents in guinea pig tissues after defervescence. *Public Health Rep*, 1943, **8**: 3.
52. La Scola, B., H. Lepidi, and D. Raoult, Pathologic changes during acute Q fever: Influence of the route of infection and inoculum size in infected guinea pigs. *Infect Immun*, 1997, **65**(6): 2443–2447.
53. Russell-Lodrigue, K.E. et al., Clinical and pathologic changes in a guinea pig aerosol challenge model of acute Q fever. *Infect Immun*, 2006, **74**(11): 6085–6091.
54. Sidwell, R.W., B.D. Thorpe, and L.P. Gebhardt, Studies on latent Q fever infections. I. Effects of whole body X-irradiation upon latently infected guinea pigs, white mice and deer mice. *Am J Hyg*, 1964, **79**: 113–124.
55. Sidwell, R.W., B.D. Thorpe, and L.P. Gebhardt, Studies of latent Q fever infections. II. Effects of multiple cortisone injections. *Am J Hyg*, 1964, **79**: 320–327.
56. Russell-Lodrigue, K.E. et al., *Coxiella burnetii* isolates cause genogroup-specific virulence in mouse and guinea pig models of acute Q fever. *Infect Immun*, 2009, **77**(12): 5640–5650.
57. Gonder, J.C. et al., Cynomolgus monkey model for experimental Q fever infection. *J Infect Dis*, 1979, **139**(2): 191–196.
58. Kishimoto, R.A. et al., Evaluation of a killed phase I *Coxiella burnetii* vaccine in cynomolgus monkeys (*Macaca fascicularis*). *Lab Anim Sci*, 1981, **31**(1): 48–51.
59. Waag, D.M. et al., Evaluation of cynomolgus (*Macaca fascicularis*) and rhesus (*Macaca mulatta*) monkeys as experimental models of acute Q fever after aerosol exposure to phase-I *Coxiella burnetii. Lab Anim Sci*, 1999, **49**(6): 634–638.
60. Levy, P., D. Raoult, and J.J. Razongles, Q-fever and autoimmunity. *Eur J Epidemiol*, 1989, **5**(4): 447–453.
61. Waag, D. et al., Validation of an enzyme immunoassay for serodiagnosis of acute Q fever. *Eur J Clin Microbiol Infect Dis*, 1995, **14**(5): 421–427.
62. Stoenner, H.G. and D.B. Lackman, The biologic properties of *Coxiella burnetii* isolated from rodents collected in Utah. *Am J Hyg*, 1960, **71**: 45–51.
63. Marrie, T.J. et al., Q fever pneumonia associated with exposure to wild rabbits. *Lancet*, 1986, **1**(8478): 427–429.
64. Quignard, H. et al., La fievre Q chez les petits ruminants. Enquete epidemiologique dans region midi-pyrenees. *Rev Med Vet*, 1982, **133**: 413.
65. Kishimoto, R.A., H. Rozmiarek, and E.W. Larson, Experimental Q fever infection in congenitally athymic nude mice. *Infect Immun*, 1978, **22**(1): 69–71.
66. Atzpodien, E. et al., Valvular endocarditis occurs as a part of a disseminated *Coxiella burnetii* infection in immunocompromised BALB/cJ (H-2d) mice infected with the nine mile isolate of *C. burnetii. J Infect Dis*, 1994, **170**(1): 223–226.
67. Andoh, M. et al., SCID mouse model for lethal Q fever. *Infect Immun*, 2003, **71**(8): 4717–4723.
68. Stein, A. et al., Repeated pregnancies in BALB/c mice infected with *Coxiella burnetii* cause disseminated infection, resulting in stillbirth and endocarditis. *J Infect Dis*, 2000, **181**(1): 188–194.
69. La Scola, B. et al., A guinea pig model for Q fever endocarditis. *J Infect Dis*, 1998, **178**(1): 278–281.

70. Meghari, S. et al., Persistent *Coxiella burnetii* infection in mice overexpressing IL-10: An efficient model for chronic Q fever pathogenesis. *PLoS Pathog*, 2008, **4**(2): e23.
71. Luoto, L. and R.J. Huebner, Q fever studies in Southern California. IX. Isolation of Q fever organisms from paturient placentas of naturally infected dairy cows. *Public Health Rep*, 1950, **65**: 541.
72. Ormsbee, R. and B. Marmion, Prevention of *Coxiella burnetii* infection: Vaccines and guidelines for those at risk, in *Q fever. The Disease*, T. Marrie, editor. Boca Raton: CRC Press, 1990, pp. 225–248.
73. Bell, J.F. et al., Recurrent reaction of site of Q fever vaccination in a sensitized person. *Mil Med*, 1964, **129**: 591–595.
74. Benenson, A.S., Q fever vaccine: Efficacy and present status, in *Symposium on Q Fever.*, J.E. Smadel, editor. Walter Reed Army Institute of Medical Science, Publication No. 6. Washington, DC: Government Printing Office, 1959.
75. Williams, J.C. and J.L. Cantrell, Biological and immunological properties of *Coxiella burnetii* vaccines in C57BL/10ScN endotoxin-nonresponder mice. *Infect Immun*, 1982, **35**(3): 1091–1102.
76. Lackman, D. et al., Intradermal sensitivity testing in man with a purified vaccine for Q fever. *Am J Public Health*, 1962, **52**: 87–93.
77. Ackland, J.R., D.A. Worswick, and B.P. Marmion, Vaccine prophylaxis of Q fever. A follow-up study of the efficacy of Q-Vax (CSL) 1985–1990. *Med J Aust*, 1994, **160**(11): 704–708.
78. Elliott, J.J. et al., Comparison of Q fever cellular and chloroform-methanol residue vaccines as skin test antigens in the sensitized guinea pig. *Acta Virol*, 1998, **42**(3): 147–155.
79. Ruble, D.L. et al., A refined guinea pig model for evaluating delayed-type hypersensitivity reactions caused by Q fever vaccines. *Lab Anim Sci*, 1994, **44**(6): 608–612.
80. Wilhelmsen, C.L. and D.M. Waag, Guinea pig abscess/hypersensitivity model for study of adverse vaccination reactions induced by use of Q fever vaccines. *Comp Med*, 2000, **50**(4): 374–378.
81. Freylikhman, O. et al., *Coxiella burnetii* persistence in three generations of mice after application of live attenuated human M-44 vaccine against Q fever. *Ann N Y Acad Sci*, 2003, **990**: 496–499.
82. Smadel, J.E., M.J. Snyder, and F.C. Robins, Vaccination against Q fever. *Am J Hyg*, 1948, **47**: 71–78.
83. Fiset, P., Vaccination against Q fever, in *Vaccines Against Viral and Rickettsial Diseases in Man*, PAHO Science Publication No. 147. Washington, DC: Pan American Health Organization, 1966, pp. 528–531.
84. Marmion, B.P. et al., Vaccine prophylaxis of abattoir-associated Q fever. *Lancet*, 1984, **2**(8417-18): 1411–1414.
85. Zhang, J. et al., Balb/c mouse model and real-time quantitative polymerase chain reaction for evaluation of the immunoprotectivity against Q fever. *Ann N Y Acad Sci*, 2005, **1063**: 171–175.
86. Williams, J.C. et al., Characterization of a phase I *Coxiella burnetii* chloroform–methanol residue vaccine that induces active immunity against Q fever in C57BL/10 ScN mice. *Infect Immun*, 1986, **51**(3): 851–858.
87. Kazar, J. et al., Onset and duration of immunity in guinea pigs and mice induced with different Q fever vaccines. *Acta Virol*, 1986, **30**(6): 499–506.
88. Izzo, A.A., B.P. Marmion, and D.A. Worswick, Markers of cell-mediated immunity after vaccination with an inactivated, whole-cell Q fever vaccine. *J Infect Dis*, 1988, **157**(4): 781–789.
89. Waag, D.M. et al., Low-dose priming before vaccination with the phase I chloroform-methanol residue vaccine against Q fever enhances humoral and cellular immune responses to *Coxiella burnetii. Clin Vaccine Immunol*, 2008, **15**(10): 1505–1512.
90. Jerrells, T.R., L.P. Mallavia, and D.J. Hinrichs, Detection of long-term cellular immunity to *Coxiella burneti* as assayed by lymphocyte transformation. *Infect Immun*, 1975, **11**(2): 280–286.

11 브루셀라증

Bret K. Purcell and Robert Rivard

목차

11.1 역사와 배경 ······ 195
11.2 미생물 ······ 197
  11.2.1 분류 ······ 197
  11.2.2 유전학 ······ 198
  11.2.3 독성인자 ······ 198
  11.2.4 세균의 동정 ······ 199
11.3 *Brucella* 백신 ······ 203
11.4 사람의 질병 ······ 205
11.5 동물의 질병 ······ 206
11.6 동물모델 ······ 206
  11.6.1 설치류와 조류모델 ······ 207
  11.6.2 염소 및 양 동물모델 ······ 208
  11.6.3 사람외 영장류 모델 ······ 209
11.7 요약 ······ 210
봉헌 ······ 211
참고문헌 ······ 211

11.1 역사와 배경

브루셀라병(brucellosis)은 *Brucella*속(屬)의 비운동성인 그람음성 구상간균(coccobacilli)에 의해 야기되는 전염병이다. 사람은 야생동물과 가축의 인수공동감염(zoonotic infection)으로 직접 또는 간접 접촉을 통해 감염된다[1~4]. 그러나 미국생물무기프로그램(US biological weapon program)이 시작된 이래, *Brucella*종은 효과적인 무기의 특성을 가지는 것으로 인식되었다. 이 세균은 사람과 동물에 매우 병원성이고, 실험실에서 배양이 용이하며, 다양한 방법으로 에어로졸화하여 살포될 수 있다[5~8].

*Brucella*종, 특히 *B. melitensis*는 에어로졸 경로에 의해 전파되어 사람에 매우 병원성을 나타낸다. 이 세균도 인수공동감염을 일으키기 때문에, 생물무기로 사용되기 위한 훌륭한 후보세균이다. 사실 미국은 1942년에 생물무기로서 *B. suis*의 개발을 시작하였으며, 현재 중지된 공격프로그램과 통합하였다[9]. 이 세균의 생존력을 장기간 유지시키는 방법에 대하여 구상하였으며, 그 후 군수무기에 포함시켜 1944~1945년에 동물대상으로 야외실험을 실시하였다. 미국은 1967년에 공격프로그램을 중지하였으며, 모든 미국 생물무기를 파괴하였다. 그러나 이들 무기를 개발하고 시험하는 동안 얻어진 데이터는 만약에 *Brucella*가 무기로 사용된다면, 민간인과 군인들 모두에 중대한 위협이 될 것이라는 분명한 증거를 제시하였다[10]. 또한 미국 내의 농업자산은 이 세균에 노출된 10만 명당 477.7백만 달러의 브루셀라병 모델예측으로, 잠재적으로 값비싼 대가를 치르는 경제테러의 목표가 될 수 있다는 것이 제시되었다[11]. 결론적으로, 감염성 질환의 발생 시초를 생각할 때, 연구자와 의사들은 인수공통병원체에 의해 야기되는 독특하거나 특징이 없는 전염병이 생물무기의 의도적 방출의 결과일 수 있다는 것을 명심해야 할 것이다[12]. 가장 중요한 진단법은 모든 과거의 기록물들을 감염원을 확인하는 데 사용하는 것이다. 동물 또는 동물제품과 접촉에 의한 노출, 잠재적으로 감염된 동물이 있었던 환경에 노출, 또는 유사한 질병증세를 나타내는 많은 의료사망자 발생에 대한 과거의 상세한 기록들은 병원체의 출처를 확인하는 데 중요하다.

독특한 질병패턴의 개시 또는 보통 인수공통감염, 특히 폐감염이 발생한다면, 의료진에게 생물학적 공격의 가능성에 대하여 즉시 알려야 한다.

역사책에서 2,000년 전에 Hippocrates는 이 질병을 만성 재발성 열병(relapsing febrile illness)이라고 기술하였으며, 이 질병은 오늘날 우리가 브루셀라병이라고 알고 있는 임상질환과 상당히 유사하다. 1751년과 1800년대에 지중해의 Minorca 섬과 Malta 섬에서 근무하였던 영국 군의관들은 이 질병에 대한 중요한 임상관찰 결과를 제공하였다[15,16]. David Bruce[17]는 *Brucella*속을 명명하였으며, 1887년에 Malta에서 이 질병에 걸린 5명의 환자의 지라로부터 *Micrococcus melitensis*를 분리하였다. M.L. Hughes[18]에 의해 명명된 "파상열(undulant fever)"은 1897년에 844명의 환자들에 대한 임상적 및 병리학적 특성을 기술하였다. 1917년에 A.C. Evans는 B. Bang의 관찰과 연결지어, Bruce에 의해 기술된 사람브루셀라병의 병원체에 대하여 소에서 전염성 유산을 일으키는 "낙태균(Abortion of Bacillus)"이라 명명하였다[19,20]. 1920년에 *Micrococcus melitensis*는 응집반응과 세포형태 프로필에 의거하여 *Brucella melitensis*로 재명명되었다[21,22].

Brucella 세균은 매우 다양한 동물들을 감염시키며, 사막숲쥐(desert wood rat), 개, 물개, 들쥐, 소, 염소, 양, 기타 반추동물들에게서 생식기의 감염, 낙태, 그리고 태아사(fetal death)를 일으킨다[1,4]. 사람은 오염된 음식물의 섭취 또는 감염동물과 접촉을 통해서 감염된다. 매년 세계적으로 50만 명 이상의 새로운 브루셀라병 환자들이 여행과 연관된 이환율과 상당한 건강장애를 일으키는 것이 보고되었다[23~27]. 사람에서 브루셀라병의 세계적 분포는 지난 10년 동안 남미, 프랑스, 이스라엘 등의 전통적 진원지로부터 중앙아시아, 근동으로 이동되었다[3]. 세계에 보고된 사람감염에서 발생빈도가 가장 높은 지역은 매년 100만 명당 1,603 사례를 보여준 시리아였으며, 그 다음으로 605명의 몽고와 362명의 키르기스스탄 순이었다[28]. 브루셀라병 발병의 중심은 미국의 Texas 주와 기타 지역의 국경을 따라 확산되었으며, 미국/멕시코 접경에서 확인되었다.

자연적으로 획득된 사람의 브루셀라병에 부가하여, 실험실 노출은 사람들에게 상당히 위험하다는 것을 보여주었다[6,27,29~33]. 생물방어(biodefense) 연구가 미국의 연구소에서 학술 및 생명공학 산업으로 확장됨에 따라 더욱 빈번하게 사건이 발생할 것으로 예상된다. 개인보호장비, 검증된 엔지니어링 제어, 좋은 실험실과 미생물학 사례, 그리고 가능하면, 관심의 대상이 되는 특별한 선택제제의 예방접종을 포함하는 생물안전성 시행(biosafety practice)의 엄격한 준수는 실험실-획득감염의 발생빈도를 감소시킬 수 있다[6,34~36]. 그러나 안전성과 안전대책이 엄격히 시행되더라도 항상 선택제제를 연구하는 사람의 노출에 대한 잠재적 위험과 감염가능성에 대한 대책이 있어야 한다는 것을 알아야 한다. 모든 생물안전성(biosafety)과 생물안전프로그램(biosecurity program)을 통한 철저한 의료모니터링과 개인의 책임은 절대적으로 중요하다. 그러나 이들 보호대책에는 재원, 규제, 연구 등의 실체에 대하여 분명하게 언급되어야 하며, 이 중요한 생물방어 연구와 제품개발을 방해하거나 억압으로 부담이 되어서는 안 된다. 균형된 증거에 기반을 둔 결정과 생물안전성의 일상적인 준수는 독성이 강한 병원균을 사용하는 성공적인 프로그램에서 필수적이다.

11.2 미생물

11.2.1 분류

*Brucella*속(genus)은 *Brucella*ceae 과(family)(III), Rhizobiales 목(order), α-2-proteobacteria 강(class)에서 발견된다[37]. 동물을 감염시키는 다른 알파프로테오박테리아(alphaproteobacteria)에는 *Ehrichia*, *Rickettsia*, *Bartonella*종이 있으며, 이들 모두는 세포내 병원체로서, 곤충벡터에 의해 전염될 수 있다. *Brucella*e는 또한 *Rhizobium*, *Agrobacterium*, *Rhodobacter*와 16S rRNA 유전자 서열에 근거한 계통유전학적 유사성을 가진다[38]. *Brucella*종들 간의 최소한의 DNA 변이에도 불구하고[39], 병원성과 동물보균체에서 차이점은 이 세균을 분류하고 명명하는 데 사용되었다.

적어도 10가지 *Brucella*의 아종(subspecies)이 동정되었으며, 각각은 특별한 동물에 감염한다 (표 11.1). *Brucella melitensis*, *B. suis*, *B. abortus*는 사람의 *Brucella* 감염에서 일차 병원성 균주이다. *B. canis*의 몇 가지 사례가 보고되었다. 그러나 이들 감염은 주로 면역억제(immunosuppressed) 또는 면역약화상태(immunocompromised)의 환자들에서 발생한다[40]. *B. canis*의 예상 흡입감염량은 10^6개 이상이며, 따라서 이 세균은 면역적격한 사람(immunocompetent human)에게 낮은 독성을 나타내는 것으로 보인다. *B. cetacean*과 *B. pinnipedias*의 우발적 감염이 보고되었다[41,42]. 최근에 유방삽입물에 의해 감염을 일으키는 *B. inopinata*가 보고되었다[43]. *Brucella*종은 실험적으로 다른 동물 종을 감염시킬 수 있지만, 많은 감염은 자연치유성(self-limited)으로 나타난다. *Brucella* 균주의 동물-특이 특성은 소가 *B. suis*에 감염된 야생돼지에 노출되었을 때 보여주었으며, 이 세균이 포함된 우유를 먹은 어린송아지나 감염된 소에서 분만된 송아지도 감염이 발생하지 않았다[44].

표 11.1
***Brucella*종의 숙주 특이성**

*Brucella*종	동물 숙주	사람 병원성
B. melitensis	양, 염소	고
B. suis	돼지	고
B. abortus	소, 아메리카 들소	중
B. canis	개	중
B. ovis	양	없음
B. neotomae	사막나무쥐	없음
B. ceti	돌고래, 고래	없음
B. pinnipedialis	물개	없음
B. inopinata	사람의 유방삽입물	드묾
B. microti	일반 들쥐, 붉은여우	없음

11.2.2 유전학

*Brucella*종의 게놈은 *Bartonella*보다 50~100% 더 크며, *Brucella*종들은 식물에서 유래하는 분자들의 대사에 의해 10주 정도까지 토양에 존재할 수 있다[45~48]. DNA 상동성에 근거하여, *Brucella*종은 단일뉴클레오티드 다형현상(single nucleotide polymorphism)으로 구성된 작은 서열변화에 의해 분리된 몇 가지 분기군(分岐群, clades)과 생물변종(biovars)으로 구성된 단일 종임을 보여준다[45,49]. 파지/트랜스포존에 의해 매개된 삽입/결실의 몇 가지 사례는 독성과 숙주특이성에서 차이점을 설명할 수 있다[45]. 모든 *Brucella*종은 86,000~296,000년 전 사이에 *B. ovis* 유사 조상균주로부터 진화되었다고 제안되었다[50].

11.2.3 독성인자

Brucellae속과 종의 유전적 분기(genetic divergence)는 DNA의 전체게놈기반 단편길이(whole-genome-based and fragment length)분석을 통해서 나타났다[45,48,50,51]. 단백질체학, 전체게놈 서열, 가변연쇄반복 분석(variable number tandem repeats analysis)에서 다중좌위 분석(multilocus analysis)은 *Brucella*종들 간의 독성결정인자, 병원성 군도(pathogenicity islands), 진화적 연관성을 식별하는 데 사용된다[52~56]. 전형적 독성인자(외독소 또는 내독소)의 결핍, 외막의 지질다당체(lipopolysaccharide, LPS)의 비정형 발병(atypical pathogenesis), 숙주의 프로그램된 세포사망의 억제는 *Brucella*의 특이한 발병기작을 제공한다[23,57]. 그러나 최근 연구에서 요소분해효소, IV형 분비계, LPS의 O 항원은 섭취경로에 의한 *B. melitensis* 감염에서 중요한 역할을 한다는 것을 보여주었다[58]. 마우스 모델을 사용하여, 연구자들은 *ureI* 오페론의 *ureABC* 유전자, phosphomannonutase를 암호화한 *virB2* 또는 *pmm* 유전자가 결손된 *B. melitensis*의 돌연변이균주를 조립하였으며, 이들 돌연변이체는 마우스의 위내(胃內)에서 배양되었다. 야생형 *B. melitensis*와 비교할 때, *pmm*과 *virBe* 유전자가 결손된 돌연변이체는 장간막 림프절(mesenteric lymph node)과 지라에서 약화된 반면에, *ureABC* 돌연변이체는 간과 지라에서 약화되었지만, 장간막 림프절에서는 약화되지 않았다. 시험관내 세포배양 단일층(*in vitro* cell culture monolayer)을 사용한 이 연구는 *B. melitensis*가 만일 그 단일층이 점막과 연관된 림프조직에서 발견된 림프상피 세포(lymphoepithelial cell)도 포함하였다면, 창자세포의 분극(polarized enterocyte)을 통해 신속하게 이동할 수 있다는 것을 보여주었다[58].

브루셀라병 감염에서 한 가지 두드러진 특성은 세균에 대하여 숙주의 염증반응이 없다는 것이다. 감염이 진행되는 동안, 내재면역반응은 이 "은밀한 병원균(stealth pathogen)"이 숙주 내로 쉽게 유입되어 여러 조직으로 전파되도록 활성화되지 않는다[58~62]. *B. abortus*의 murine 모델은 감염기간 동안 친염증성 반응(proinflammatory response)이 없으며, *B. abortus*는 소의 영양막세포(trophoblastic cell)에서 친염증성 반응을 손상시킨다고 알려졌다[59,60]. 이들 연구는 또한 장염증세가 없는 점막연관 림프조직사이의 소화관 점막을 직접 통과한 세균인 *B. melitensis*에 감염된 murine 모델과 상호연관된다[58]. 이 세균의 침입과 전파에 대한 숙주의 미약한 국소면역반응(local immunological response)은 *Salmonella enterica* serotype *Typhi*와 유사한 세균에 의한 독성전략으로 생각된다[63,64].

Brucellae의 LPS는 기능적 및 구조적으로 다른 그람음성 세균과 비교하여 상당히 특이하다[65,66]. Lipid A 부분은 16개의 탄소 지방산을 포함한다. 그러나 그것은 *Escherichia coli* LPS와 비교할 때, *Brucella* LPS의 발열원성(pyrogenicity) 감소를 설명할 수 있는 특유의 Enterobacteriaceae의 lipid A에서 탄소가 14개인 myristic acid가 없다[67]. 숙주의 사이토카인 경로는 *Brucella* LPS의 특이한 구조에 의해 활성화되지 않으며, 이것은 세포성 방어기작의 활성화를 억제하여 세포 내에서 죽음이 일어나지 않는다는 것을 설명할 수 있다. *Brucella*의 평활집락균주에서 LPS의 O-polysaccharide 부분은 α-1,2-연결 당류의 동종중합체(homopolymer) (A형), 또는 3α-1,2 및 2α-1,3-연결 당류 (M형)로 나타낸 4,6-dideoxy-4-formamido-α-D-mannopyranoside를 포함한다. 이들 차이점은 A와 M 당류 형태의 면역반응도(immunoreactivity)를 통한 분류학적 차이를 설명한다[68]. 마우스 모델에서 *B. abortus*와 *B. ovis*에 대한 조면 집락 돌연변이체의 백신효능은 완전한 LPS core 때문일 수 있다[69].

B. melitensis 감염 동안 사람과 염소의 면역프로필(immune profile)을 비교한 결과, 세균 항원이 이들 두 종 간에 다르게 인식되는 것으로 나타났다[70]. 이 연구는 이 인수공통질병(zoonotic disease)에 대한 면역반응의 기본적 차이점이 사람과 염소 사이에 존재하며, 숙주 병원체의 반응과 이 동물모델을 사용한 발병의 비교는 상당한 의미가 있을 수 있다는 것을 암시한다. 이들 차이점을 사용하여, 혈청진단단백질(serodiagnostic proteins)은 사람과 염소 사이의 공통적인 것은 2번, 사람에 특이한 것은 11, 그리고 염소에 특이한 것은 16으로 확인되었다[70].

11.2.4 세균의 동정

진단실험실에서 지 감염용량, 일상적 실험실 직업으로 생성된 에어로졸의 상내적으로 용이한 선파, 이 병원성 생물체의 고독성 등의 특성을 가진 임상시료를 처리할 때, 생물학적 샘플취급 과정에서 있을 수 있는 위험을 줄이기 위해서 엄격한 생물안전대책의 적용을 의무화 한다. 브루셀라병

의심사례에서 수거된 사람이나 동물시료는 임상시료를 처리하기 위해서 생물안전수준 2 (biological safety level 2, BSL 2)의 실험실 예방조치를 사용해야 한다. 그러나 *Brucella*종임을 동정한 세균배양을 다룰 때, BSL-3 실험실 예방조치의 적용은 의무적이다[36,71].

대부분의 Brucellae는 trypticase 배지, 콩과 관련된 배지, 또는 다른 농화배지에서 배양될 수 있으며, 대략 2시간의 전형적인 배가시간(doubling time)을 나타낸다. 이 세균은 매우 천천히 자라며, 며칠에서 몇 주 동안 생장이 쉽게 확인되지 않을 수도 있다. 용해 원심분리(lysis centrifugation)는 브루셀라병의 급성 및 만성 사례에서 세균의 분리를 개선하기 위해서 제시되었다[72]. 세균들은 우유와 유제품, 혈액, 감염된 동물 또는 사람의 체액과 조직, 질의 면봉채취, 태아막, 유산된 태아 등으로부터 분리할 수 있다. *B. abortus*의 생물변종(biovar)은 생장을 위해 5~10% 이산화탄소의 부가적인 대기 중의 배양요구성을 가진다. *B. melitensis*에 감염된 환자에서 수거된 혈액배양은 성인용 Plus Aerobic/F 또는 소아용 Peds Plus/F 용기를 사용하여, BACTEC 9240 혈액배양장치에서 약 1주일 만에 세균의 생장을 관찰할 수 있다[73~77]. BACTEC MYCO/F Lytic media를 이용할 경우에, 생장률은 감소한다[78]. 그러나 감염된 환자로부터 채취한 시료의 혈액배양이 항상 양성결과를 보여주는 것은 아니다[79]. *Brucella melitensis*는 *B. abortus*보다 쉽게 배양할 수 있다. 그러나 혈액에서 세균의 분리 가능성은 90%까지 높을 수도 있고, 10% 이하로 낮을 수도 있다.

브루셀라병 감염으로부터 분리된 세균의 동정에는 생화학적 및 혈청학적 분석을 이용한다[80]. *Brucella*종은 혈액고체배지에서 배양될 수 있으며, 생장을 위한 X 또는 V 인자를 필요로 하지 않는다. 그러나 다른 종과 생물변종은 생장을 위해서 높은 이산화탄소량이 요구될 수 있다. 세균평판은 적어도 7일 동안 매일 조사해야 하며, 이들 배양이 버려지기 전에 총 21일 동안 매 7일마다 한천배지에 항상 계대배양해야 한다[81]. 이 세균은 양혈액고체배지(sheep blood agar plate)에서 대략 48시간 만에 비색소성, 비용혈성 집락으로 나타난다. 분리 세균을 그람염색하면 "고운 모래"와 같은 그람음성의 구상간균(coccobacilli)으로 매우 작고, 잘 염색되지 않는다[82]. 이 염색 결과는 그림 11.1에 보여주고 있다.

*Brucella*종의 일차 동정은 acryflavine 응집반응(agglutination)에 부가하여 Gram 염색, oxidase, urease, catalase 시험 등을 사용하여 수행된다. 생화학적 진단에서 Brucellae는 oxidase와 catalase 양성이고, 아질산염(nitrite)을 질산염(nitrate)으로 산화하며, urease를 생성한다[82]. Oxidase는 *B. canis*에서 다양하게 나타나는 경향이 있다. *B. melitensis*, *B. abortus*, *B. neotomae*, *B. ovis*는 대략 15~20분에 urease 양성을 나타내지만, *B. suis*와 *B. canis*는 5분 이내에 urease 양성을 나타낸다. Acriflavine 시험은 acriflavin의 존재 하에 자가응집반응(auto-agglutination)에 의해 Brucellae를 거친 집락균주와 매끈한 집락균주로 구분한다. Acriflavine의 존재 하에서 *Brucella ovis*와 *B. canis*는 응집되지만, *B. abortus*, *B. melitensis*, *B. naeotomae*, *B. suis*는 응집되지 않는다. 유사한 그람음성 속과 종으로부터 *Brucella*종의 추정적 차이점은 표 11.2와 표 11.3에 요약되어 있다[82]. 다른 *Brucella*종과 생물변종들 가운데, ribose, lysine, glutamic acid, ornithine의 이용, thionine과 basic fuschin 염료에서 생장, 황화수소 생산, Tblisi 박테리오파지 용균에 대한 감

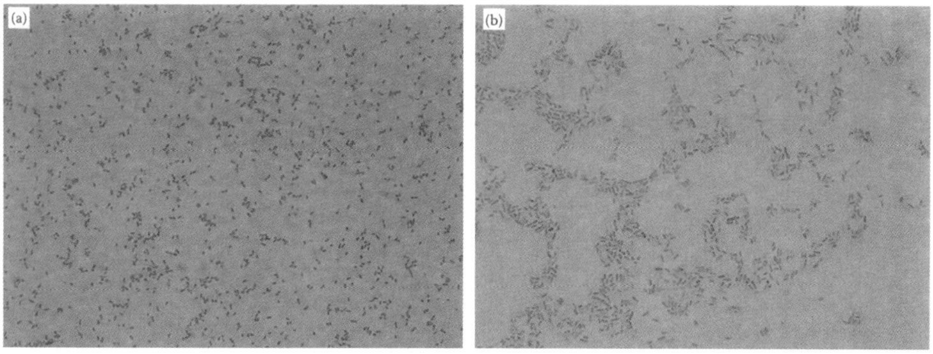

그림 11.1 *Brucella canis* (a)와 *Escherichia coli* (b)의 그람염색. [Mark Wolcott와 Terry Abshire, Diagnostics Division, US Army Medical Research Institute of Infectious Diseases (USAMRIID), Fort Detrick, Maryland의 사진 제공, 승인받음.]

수성, 특이 균주의 O-polysaccharide 사슬 A와 M 항원에 대한 항혈청(antisera)에 의한 응집에서 차이가 있다[82]. *Brucella*종들의 biotyping을 위한 형질규명에는 세균생장에서 CO_2 요구성, H_2S 생성, basic fuschin (1:50,000 및 1: 100,000)과 thionin (1:25,000; 1: 50,000; 1:100,000)과 같은 염료배지에서 생장관용(growth tolerance)뿐만 아니라, 단특이성 혈청(單特異性血清, monospecific serum)을 사용한 세균 응집반응(bacterial agglutination)이 포함된다.

브루셀라병 진단은 다양한 혈청학적 시험(serological test)에 의존된다[80]. 이들 혈청학적 분석에는 우유링 검사(milk ring test), 로스벵갈 슬라이드 응집반응시험(Rose Bengal slide agglutination test), 혈청응집시험(serum agglutinatin test), *Brucella* 미세응집반응시험(microagglutina-

표 11.2

유사한 그람음성 속(屬)과 종(種)과 *Brucella*종의 추정적 차이

시험	*Brucella*종	*Acinetobacter*종	*Psychobacteria phenylpyruvicusa*[a]
표본출처	혈액, 골수	다양한 조직	다양한 조직
그람염색에 의한 형태	작은 구형간균	폭넓은 구형간균	폭넓은 구형간균
oxidase	양성[b]	음성	양성
요소가수분해[c]	양성	다양함	양성
X 또는 Y 인자 요구성	음성	음성	음성

주석: Carvalho Neta AV. et al., 2008, Infect Immun, 76:1897-1907에서 채택됨.

[a] 구(舊) *Moraxella phenylpyruvica*.

[b] Oxidase: *B. abortus*, *B. melitensis*, *B. suis*는 모두 oxidase-양성세균임. *Brucella canis* 분리균주는 oxidase에 다양한 반응을 나타낼 수 있음.

[c] 요소가수분해: 대부분의 *Brucella* 분리체는 급격하게 요소를 가수분해한다. 양성수치는 90% 양성도(positivity)보다 크거나 동일한 범위에 있음. 음성수치는 10% 양성도보다 작거나 동일한 범위에 있음. 다양함 – 11%에서 89%의 양성도 범위.

표 11.3

유사한 그람음성 세균과 *Brucella*종의 가상적 차이

시험	*Oligella*종	*Haemophilus influenza*	*Fracisella tularensis*
표본출처	배설계	다양한 조직	다양한 조직
그람염색에 의한 형태	매우 작은 구형간균	작은 구형간균	매우 작은 구형간균
oxidase	양성	다양함	음성
요소가수분해[a]	양성	다양함	양성
X 또는 Y 인자 요구성	음성	양성	음성[b]

주석: Carvalho Neta AV. et al., 2008, *Infect Immun*, 76:1897-1907에서 채택됨.

[a] 요소가수분해: 대부분의 *Brucella* 분리체는 급격하게 요소를 가수분해한다. 양성수치는 90% 양성도(positivity) 보다 크거나 동일한 범위에 있음. 음성수치는 10% 양성도보다 작거나 동일한 범위에 있음. 다양함 – 11%에서 89%의 양성도 범위.

[b] 생장은 시스테인에 의해 증진됨.

tion test), 보체고정시험(complement fixation test), 효소결합면역흡착측정(법)(enzyme-linked immunosorbant assay), 형광분극검사(fluorescence polarization assay), *Brucella* IgM/IgG 유동분석(flow assay) 등이 포함된다[83~86]. 이들 시험들은 임상증상이 급성감염이거나 재발성질환에서 발생하는지를 결정하는데 유용하다[87]. 질병통제관리센터에 의해 정의된 바와 같이, 브루셀라병의 사례정의는 다음의 실험실 기준들이 발견된다면 충족될 수 있다: (1) 임상시료에서 세균분리, (2) 급성에서의 혈청과 2주 간격 이상에서 수거된 회복기의 혈청 간에 4배 또는 그 이상의 *Brucella* 응집반응 역가상승, 또는 (3) 임상시료에서 *Brucella*종의 면역형광검출[88]. 표준튜브 응집반응시험은 브루셀라병 감염을 확인하는데, 세계적으로 널리 사용되는 방법이다[89,90]. 이 시험은 항 O-polysaccharide 항체의 총량을 측정하고, 1:160 또는 그 이상의 역가(titer)에서 감염을 진단한다. IgM 항체를 제거하기 위하여 2-mercaptoethanol에 혈청을 침투시켜 측정된 IgG 항체의 증가 또는 잔류는 질병의 재발 또는 불완전한 치료와 관련이 있었다. 낮은 희석에서 응집반응의 저해가 일어날 수 있기 때문에 시험혈청은 적어도 1:320의 희석을 포함해야 한다. 효소결합면역흡착측정법(ELISA)은 추후 다른 혈청학적 분석과 Coomb 시험으로 대체될 수 있다. 그러나 이들 분석은 먼저 임상진단 분석의 엄격한 시험 요구사항을 충족시키는지를 입증해야 하고, 표준화되어야 한다.

중합효소연쇄반응(PCR)을 사용하는 *Brucella*종의 신속특이검출은 혈액, 체액, 조직에 사용하기 위하여 개발되었다. 이들 시험에서 주요 장애요인은 조직에 존재하는 PCR 저해요소와 각 임상시료에 존재하는 일부 세균들이며, 이들에 대하여 저해제의 제거와 DNA 추출법을 최적화해야 한다[94,95]. 정량 실시간 PCR 분석(quantitative real-time PCR assay)과 다른 상업용 DNA 키트 간의 비교는 키트들 간의 DNA 수율에서 상당한 차이를 보여주었다[96].

직접형광항체(direct fluorescent antibody)를 사용하는 대체 검출방법은 현재 개발 중에 있으며, 임상시료에서 *Brucella* 동정에 더욱 믿을만하고 신속하게 수행할 수 있다 (그림 11.2). 이 방

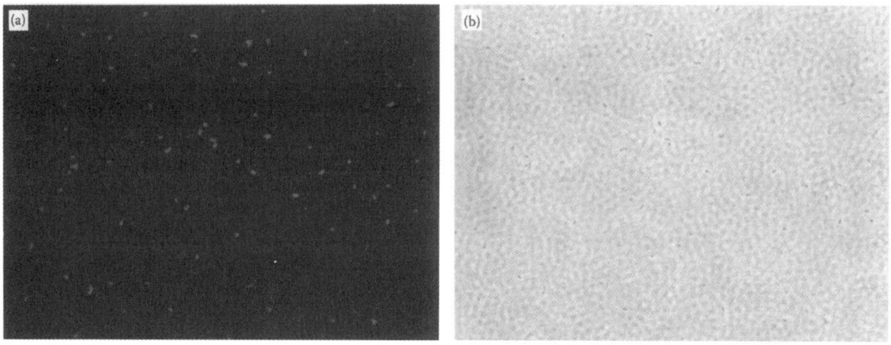

그림 11.2 *Brucella suis*의 직접형광항체 (BRU38) 염색은 에어로졸 감염시험 후 rhesus 원숭이의 폐조직에서 발견되었다: 디지털 사진은 epifluorescent 광원을 통해서 관찰된 것처럼 염색된 세포를 나타냈으며 (a), 그 후 살아 있는 *Brucella* 세균을 보기 위하여 백색광원에서와 비교되었다(b). [Mark Wolcott와 Terry Abshire, Diagnostics Division, US Army Medical Research Institute of Infectious Diseases (USAMRIID), Fort Detrick, Maryland의 사진제공, 승인받음.]

법을 사용하여, 임상시료를 수집할 수 있으며, 이 시료에서 직접 일차 양성확인이 가능하다. 그림 11.2에서 보는 것처럼, 시료들은 실험적으로 감염된 사람외 영장류의 폐로부터 수집되었으며, *B. suis*을 쉽게 식별하는 데 직접형광항체시약이 사용되었다.

11.3 *Brucella* 백신

현재 미국에서 브루셀라병의 예방을 위한 미국식품의약국(US Food and Drug Administration, US FDA)에서 승인한 사람백신은 없다. 동물보균체에서 사람으로 브루셀라병의 전염조절은 감염된 가축의 선별, 비감염된 동물의 예방접종, 가축의 질병발생확인 등을 통해서 관리된다[3,97,98]. 이들 대책으로 가축 10^6마리당 한 마리의 감염동물보다 적은 브루셀라병의 민연 정도는 무시할 수준으로 가축의 브루셀라병 발생빈도는 크게 감소되었다[99]. 또한 우유와 유제품의 FDA-규제 하의 저온살균법은 식품에서 유래하는 사람 브루셀라병 환자를 크게 감소시켰다.

미국농무부가 승인한 *B. abortus* S19를 사용한 소의 예방접종은 가축에서 브루셀라병의 방지에 효과적으로 사용되었다[100]. 1990년대에 일부 예방접종된 동물에서 자연적인 유산을 일으키고, 그 백신에 노출된 사람에 대하여 독성을 나타내는 것으로 발견된 S19 백신은 혈청학적 비반응성 백신으로 대체되었다. 1996년에 *B. abortus* 백신균주 RB 51은 주 연방 브루셀라증 박멸프로그램에서 소에 사용되기 위해서 선별되었다[102,103]. 이 유전적으로 안전하고, 거친 형태의 돌연변이체 백신균주는 세균표면에 polysaccharide O-side chain이 없기 때문에, 표준진단시험에 사용된 항원에 대한 항체생산을 촉진하지 않는다. 그러나 이 백신은 사람에 병원성이다.

Zinsstag 등[104]은 몽고에서 가축에서 사람으로 브루셀라병이 전염된다는 것을 기술하였다. 이 모델을 통해서 백신간섭(vaccine intervention)에 따라 가축에서 사람으로 브루셀라병 전염 여부를 평가할 수 있다. 이 연구의 목적은 가축의 범국가예방접종프로그램에서 가격효율성 분석과 개체군들 간의 통계적 및 전염 매개변수 평가에 의한 브루셀라병 전염 분석에 미치는 영향에 관한 모델을 개발하기 위한 것이었다. 지역적 매개변수를 이용하여 사람으로 전염되는 것을 막기 위해 필요한 가축개체수의 보호 비율은 양과 소에서 각각 0.46과 0.66으로 측정되었다. 그 연구에서는 소에서 브루셀라병의 만연도가 효율적으로 감소된 것이 예방접종 시나리오에서 보다는 오히려 시험과 도축방법을 사용하여 수행될 수 있다는 것을 보고하였다[104]. 이 연구에서는 대량가축예방접종이 세계보건기구 브루셀라증 방지프로젝트에서 약술된 것처럼, 사람의 브루셀라병을 효과적으로 감소시키는 것으로 확인하였다[104,105].

B. abortus S19 백신감염과 연관된 사람에서 매우 심각한 부작용에도 불구하고, 구(舊)러시아에서 300만 명 이상이 S19 백신으로 예방접종되었다[106]. *B. melitensis* Rev. 1 백신은 사람에서 브루셀라병을 일으키기도 하였다[107,108]. USSR 예방접종프로그램은 가축들이 질병에 걸렸음에도 불구하고, 사람브루셀라병이 50% 이상 감소하였지만, 백신의 약 12.5%가 잔류한 백신균주감염을 나타내었다. 이 백신은 연관된 심각한 부작용으로 인하여, 미국 내 어떤 상황에서도 사용되지 못하므로, 사람에게 이 백신을 시험하기 전에 독성인자를 현저하게 약독화시켜 만들 필요가 있다. *B. abortus* strain 19BA, *B. melitensis* 104M, *B. abortus*, 또는 *B. melitensis*에 감염된 후, phenol-insoluble sodium dodesyl sulfate 분획과 같은 백신들은 중국, 이전의 러시아, 프랑스에서도 사용되었으나, 이들 백신은 제한된 효능과 상당한 반응성을 가지는 것으로 알려졌다[103,109,110].

브루셀라병에 대한 성공적인 백신개발에서 중요한 구성요소는 *Brucella*의 증식 저해를 촉진하고, 세포내 생존을 못하게 하는 것이다. $\gamma\delta$, $CD8^+$, $CD4^+$ T-세포에 의한 interferon-γ 생산을 자극하는 것이 세포내 *Brucella* 세균에 대한 대식세포의 살균활성을 촉진하는 것이라는 연구가 발표되었다. 감염된 대식세포는 활성화된 $CD8^+$와 $\gamma\delta$ T-세포에 의해서도 죽는다. Th1-형 항체 아이소타입(type antibody isotype)에 의한 옵소닌작용(opsonization)은 *Brucella* 세균의 식작용을 용이하게 하며[109], 따라서 어떤 새로운 잠재력을 가진 브루셀라병 백신은 Th 1-형 항체생산을 자극할 뿐만 아니라, 이 감염에 대한 세포-매개 세포독성 반응을 촉진할 것이다[109,111]. 시험관내 T-세포증식과 식작용 분석에 의해 감지되는 것처럼, polyoxidonium이나 종양괴사인자의 결합은 체액성 및 세포성 반응을 촉진하기 위해서 생(生) *B. abortus* 균주 82-PS 백신과 함께 항원보강제(adjuvant)로서 사용되었다[112]. 항원보강제가 병용되었을 때 독성 *B. abortus* 균주 54-M으로 감염시험된 기니픽은 90% 보호될 수 있었다[112]. 다른 연구에서 interleukin-15 유전자는 항원보강제(adjuvant)로 사용되었으며, *Brucella* DNA 백신과 병용되었다[113]. *Brucella* DNA 백신은 *BCSP31*, *SOD*, ribosomal *L7/L12*를 암호화한 3개의 유전자로 구성되었다. 이 DNA 백신은 마우스로 다중 투여된 별도의 플라스미드처럼 마우스 interleukin-15 유전자와 병용되었다. 예방접종 후, 마우스는 체액성 및 세포성 면역반응이 증진되는 것을 보여주었다. 면역글로불린 IgG1과 IgG2a 양은 2형 IgG1 우위(predominance)에서 InGa 1형 반응으로 치우쳐 상승하는 것이 알려졌다. 이 병용 DNA 백신은 또한 interferon-γ가 존재하는 부위에서 세포-매개반응의 상승과 $CD8^+$ T-세포수가 증가하는 것을 보여주었다. 감염시험은 그 후 독성 *B. abortus* 균주 2308을 사용하여 수행되었으며, 기관조직의 세균배양과 세포에 근거한 분석을 이용하여 *B. abortus*에 노출된 마우스에서 면역반응의 증진과 세균의 제거를 보여주었다[113].

최근의 연구에서 *B. abortus*의 독성 백신균주들 간의 특이한 유전자 변이를 확인하기 위하여 DNA 서열분석과 게놈비교분석(comparative genomic analysis)이 사용되었다[114]. S19 백신에서 독성 소멸과 관련되는 것으로 보이는 총 24개 유전자가 확인되었다. 이들 유전자 가운데 4개는 erythritol 대사나 흡수와 관련된 한 개의 외막단백질과 3개의 단백질을 암호화하는 것으로 밝혀졌다[114]. 연구자들은 이들 결과의 특성을 더욱 연구하여 백신균주의 약독화 특성에 기인하는 중요한 유전자와 단백질을 확인하기를 바라고 있다. VIOLIN 웹에 근거한 백신 데이터베이스와 분석 시스템을 이용한 *Brucella* 백신균주의 생물정보학적 분석은 지금까지 융통성 있는 자료를 제공하고, *Brucella* 백신의 표적부위의 변형 가능성을 기대할 수 있다[115].

11.4 사람의 질병

브루셀라병 감염은 사람에서 다양하고, 여러 가지 경로를 가지며, 결핵이나 매독과 마찬가지로, "훌륭한 모방자"로서 기술되었다[4,8,23,26,90,116]. 따라서 각 환자들의 상세한 임상 및 역학자료 수집, 특히 오염된 유제품의 섭취, 또는 동물과의 접촉 등은 브루셀라병을 진단하는데 중요하다. 이 세균의 분리와 동정은 생물학적 공격에서 진단에 중요하다. 사람은 몇 가지 다른 Brucellae 균주에 의해 감염될 가능성이 있지만, 세계적으로 대부분의 감염은 *B. melitensis*와 *B. abortus*의 두 균주에 의해 일어난다. 임상징후와 증상은 전신성 급성열병에서 잠행성 만성감염까지 다양하다. 노출 후 잠복기는 3일에서 몇 주 정도이며, 질병은 거의 모르는 사이에 시작되어 갑작스럽게 진행될 수 있다. 고열, 피로, 식욕부진, 권태감, 오한, 발한, 관절통, 근육통, 관절통, 체중감소 등의 증상이 나타난다. 그러나 일부 환자에서 개인적으로 허리통증, 발이 타들어가는 듯한 느낌, 또는 심근침두(myocardial infiltration) 등의 증상노 나타난다[79,117,118].

신경학적 및 심리적 합병증(neurological and psychological complication)은 자주 발생하며, 두통, 흥분, 무도병(舞蹈病, chorea), 뇌수막염, 일과성 뇌허혈 발작(transient ischemic attack), 두개골 신경 손상, 우울증을 포함한다[26,119]. 환자들은 관절, 뼈, 또는 비뇨생식계의 감염으로부터 국소적 통증을 느낄 수 있다. 브루셀라병에 걸린 도살장 작업자는 폐감염을 통해서 종종 심한 기침과 늑막 가슴통증(pleuritic chest pain)을 느낄 뿐만 아니라, 소화불량도 일으킨다[90,116,120]. 만성감염은 종종 체중감소와 3개월에서 1년 이상 증상이 지속된다. 간비대(hapatomegaly), 지라비대(splenomegaly), 또는 림프절병(lymphadenopathy)은 감염환자의 건강검진을 통해서 발견될 수 있다; 그러나 대부분의 환자들은 일반 진찰에서도 발견될 수 있다. 골수형성저하증(hypoplasia), 호중구감소증(neutropenia), 범혈구감소증(pancytopenia)과 같은 혈액이상(hematological abnormality)은 종종 특히 만성감염에서 관찰된다[119,121~126]. 홍반자색반병변(erythematous purpura lesion), 피부낭종(皮膚囊腫, dermal cyst), 스티븐스-존슨증후군(Stevens-Johnson syndrome), 혈소판감소성 자반증(thrombocytopenic purpura), 결절성 홍반(erythema nodosum)과 같은 피부과학적 증상이 감염된 환자에서 관찰되었다[28,119,123~125].

뼈 또는 관절병발(併發, joint involvement)은 *B. melitensis*에 감염된 환자의 약 30%에서, 그리

고 청소년의 6~15%에서 천장골염(薦腸骨炎, sacrioliitis)이 확인되었다. 반면에 일차적으로 무릎과 엉덩이에서의 단일관절성 관절염(monoarticular arthritis)은 어린이들에서 골관절성 병발(倂發, osteoarticular involvement)의 가장 일반적인 형태이다[131]. 성인에서 심한 관절염은 천장골염과 동일한 빈도로 발생한다. 그러나 화농성세균에 의해 야기된 패혈성 관절염과는 달리, 경미한 관절염증만이 *B. melitensis*의 감염을 통해서 일어나며, 관절에서 피부홍반은 일반적이지 않다. 감염된 관절에서 입인된 삼출활액(exudative synovial fluid)에는 적은 양의 단핵세포가 존재한다; 결과적으로 뼈의 파괴는 흔치않은 특징이다. 활액배양(synovial fluid cultures)은 약 20%의 사례에서 양성 결과를 보여주지만, 활막배양(synovium culture)으로 감염된 관절에서 보다 많은 세균이 분리된다. 중년 또는 노인환자는 요통, 국소압통, 신경근병증(神經筋病症, radiculopathy) 증상을 수반하는 척추염이 흔히 발생한다[132]. 척추동물의 앞등쪽사분역(anterosuperior quadrant)에서 디스크공간협착(disc space narrowing) 및 골단염(뼈끝염, epiphysitis), 그리고 인대결합(靭帶結合, syndesmophyte)은 방사선 조사에 의해 흔히 발견되지만, 뼈스캔(bone scan)을 통해서 종종 음성이거나 약한 양성으로 나타나는 것을 볼 수 있다. 축골격 감염(axial skeleton infection)은 빈번하지만, 척추주위 농양(paravertebral abscess) 또는 장골감염(long bone infection)은 드물게 나타난다[133].

바르톨린샘 농양(Bartholin's gland abscess)과 부고환고환염(epididymoorchitis)과 같은 *Brucella* 비뇨생식관 감염이 보고되었으며, 결핵감염(similar tuberculosis infection)과 유사하게, 세균배양에서 "무균의" 고름뇨(膿尿, pyuria)를 생성한다[134~136]. 그러나 *Brucella*는 신우신염(pyleonephritis)과 방광염으로 소변에서 자랄 수 있다. 임신기간 중에 브루셀라병 감염은 태반과 태아에 감염을 일으켜, 자연유산의 위험성을 증가시킬 수 있다[137~139].

폐감염은 효과적인 항균요법의 발견 이전에 브루셀라병로 기술되었다. 단순흉부방사선사진에서 정상으로 나타남에도 불구하고, 감염환자는 종종 호흡곤란, 기침, 흉통 등을 호소한다[140]. 브루셀라병 환자에서 방사선 변화가 나타날 때, 국소 또는 광범위 침윤물(diffuse infiltrates), 흉막삼출(pleural effusion), 농양(abscesses), 육아종(granulomas) 등을 볼 수 있다.

혈청학적으로 아미노전이효소(transaminase)는 자주 상승하고, 알칼리인산분해효소(alkaline phosphatase)와 젖산탈수소효소(lactate dehydrogenase)는 소량 상승하는 것으로 나타난다. 간농양은 흔히 발생하지 않지만, 간염은 육아종(granulomas)이나 단핵세포(mononuclear cell)를 잘 보여주는 생체검사(biopsy)에서 종종 나타난다[116,141]. 세균성 복막염(bacterial peritonitis)은 브루셀라병 감염환자에서 자연적으로 발생하는 것이 보고되었다[142,143].

*Brucella*에 의해 야기되는 중추신경계 감염은 거미막밑출혈(subarachnoid hemorrhage)과 합병된 후근절(後根節, dorsal root ganglia)과 척수염을 수반하는 급성 신경성부루셀라증(acute neuro-brucellosis)의 길랭-바레증후군(Guillian-Barre syndrome)으로부터 만성뇌수막염(chronic menin-gocephalitis)에 이르는 다양한 증상과 함께 나타날 수 있다[144,145]. 심장과 피부와 같은 다른 조직의 감염도 알려져 있다. 브루셀라병에 의한 사망 가운데 대략 80%는 이들 세균들에 의해 야기되는 심내막염의 합병증에 기인하는 것으로 생각된다[143,146].

11.5 동물의 질병

Brucellae 사람병원체의 일차 자연숙주는 아메리카들소(bison)와 엘크(elk)이다. 그러나 소, 염소, 양, 돼지와 같은 가축들도 보균하는 것으로 알려져 있다. 사람에서 브루셀라병은 반추동물의 패혈성 유산 또는 오염 환경에 노출된 동안 직접감염; 저온살균되지 않은 우유 또는 오염된 유제품의 섭취; 감염동물의 도살이나 해체되는 동안 또는 미가공 제품의 취급 또는 부적절한 조리에 의한 오염된 고기제품의 섭취 등을 통하여 감염된다.

역사를 통해서 사람감염은 지리적으로 제한된 구역에서 발생하는 가축의 질병과 밀접하게 연관되었다. 세계적으로 감염의 원인이 되는 가장 훌륭한 원인은 오염된 동물제품을 섭취하는 것이다[97]: 그러나 미국에서 대부분 가축취급자 (예, 도살장), 수의사, 목축업자, 양치기들은 감염된 가축과 동물제품의 상업적 수집에 대하여 엄격한 규제하기 때문에, 이 세균에 노출되는 데 제한을 받는다. 다른 나라들에서 *B. abortus*와 *B. melitensis*는 저온살균하지 않은 요구르트, 소프트치즈, 아이스크림을 섭취함으로써 전파된다고 생각된다[147]. 또 다른 감염 발생요인은 환경과 동물 노출에 기인하는 것으로 제기되었다. 호흡기 감염은 양의 출산시기에 쿠웨이트의 사막에서 캠핑하는 사람들에서 관찰되었다[148]. 감염으로 유발된 유산에서 태반과 혈액의 조직 1그람당 포함된 *Brucella* 세균은 10^{10}개 정도이다[149]. 결과적으로, 저온살균하는 동안, 감염된 동물체액에서 발견된 많은 세균들은 에어로졸화되어, 부수적으로 사람감염과 비감염 동물에서 지속적인 질병전파를 초래할 수 있다

미국에서 매년 감염환자는 200명 이내 (10만 명당 0.04명)로 발생하지만, 중동, 특히 지중해에 접한 나라, 요르단, 쿠웨이트, 이란 등에서 감염의 발생빈도가 보다 높다[150~152]. 중동과 몽고에서 낙타유의 소비와 간과 같은 잘 익히지 않은 전통음식들은 이들 지역에서 감염원으로 사료된다[153]. 소에서 *Brucella melitensis*는 *B. abortus* 백신 균주가 적절히 보호하지 않기 때문에, 사우디아라비아, 쿠웨이트, 이스라엘, 남부 유럽에서 심각한 문제로서 부상되었다. 콜롬비아와 브라질에서 *B. suis* 생물변종 1 감염의 중요한 출처는 돼지보다는 소라는 것이 알려졌다[154].

11.6 동물모델

11.6.1 설치류와 조류모델

브루셀라병의 다양한 동물모델은 감염과 관련한 murine 모델로부터 흡입성 질병의 사람외 영장류 모델에 걸쳐서 개발되었다. Murine 모델에서 독성 및 비독성 *Brucella* 균주의 비강, 경구, 복강, 에어로졸을 포함한 몇 가지 감염경로에 대한 연구가 발표되었다[155~158]. Murine 모델은 종종 (1) 큰 동물보다 작은 마우스 사용에 관련한 전반적인 저비용, (2) 초기연구에서 진화학적으로 가장 낮은 동물을 사용하라고 요구하는 기관의 동물사용위원회의 제약, (3) 마우스 사용에 있어서 윤리적 수용가능성, (4) 다른 *Brucella* 균주의 전염성에 대한 많은 연구자료가 축적되어 있기 때문에 초기연구에서 선호된다.

2001년에 연구자들은 *B. melintensis*로 비강내 접종된 마우스의 조직병리학적 특성을 기술하였다[159]. 두 개의 후속 논문에서는 murine 모델을 대상으로 *Brucella* 세균의 에어로졸 전달에 의한 폐감염에 대하여 기술하였다. 흡입성 전파는 전반적인 전염성이라는 측면에서 가장 위험할 뿐만 아니라, 생물테러에서 이환율(morbidity)과 사망률(mortality)이 높게 발생한다는 것을 의미한다. 결과적으로 이 전달경로를 이용한 연구는 잠재적인 생물학적 위협제제(biological threat)로서 치료제와 백신을 시험하기 위한 가장 적절하고 신뢰할 만한 방안을 제공하였다. BALB/C 마우스는 예방접종 시험동물에 사용된 잠재적으로 약화된 생백신균주(live attenuated vaccine strain)의 효능을 시험하기 위해서 *B. abortus* 또는 *B. melintensis*의 독성균주로 에어로졸 감염시험되었다[160]. 2007년에 Losen 등[155]은 10^3~10^{10} 집락형성단위(colony-forming unit, cfu)를 포함하는 *B. abortus* (S2308)와 *B. melintensis* (S16M)을 murine 모델에 에어로졸 감염시험시켜 특성을 연구하였다. 두 균주의 최적흡입용량은 10^9 cfu 였으며, 그 후 RB51 (SRB51)로 예방접종된 마우스 시험에서 폐, 간, 지라 집락형성의 감소로 이 백신은 상당히 보호하는 것으로 밝혀졌다[155]. 2009년에 Smither 등[158]에 의한 보다 나은 murine 모델개발과 개량으로 적어도 10^3 cfu의 *B. melitensis* 투여량은 BALB/c 마우스의 감염을 일으키기에 충분하였으며, 이 모델은 약독화된 생백신인 *B. melitensis* Rev 1을 평가하는 데 성공적으로 사용되었다고 기술하였다.

Izadjoo 등[157]은 잠재적인 백신에 대한 비뇨생식계 병원성을 평가하기 위한 수컷 BALB/c murine 모델의 개발에 대하여 기술하였다. 최근에 동정된 병원체인 *Brucella microti*는 시험관 내에서 대식세포내 증식 연구와 murine 모델을 사용하여 특성이 평가되었다[2]. Sprague-Dawley 랫드[165]뿐만 아니라, Swiss albino 마우스[165], C57BL/6과 129/Sv[162,163], IRF-1[164]와 같은 다른 murine 모델은 백신감염시험과 독성인자의 균체밀도 감지조절자(quorum-sensing regulator)로부터 병원성의 시간적 분석과 수직적 전파 등의 다양한 연구에 성공적으로 사용되었다. 감염에 대한 항미생물 치료제 시험은 murine 모델과 랫드 모델을 사용하여 성공적으로 수행되었다[166,167]. 기니픽[168~170]과 닭배아[171]도 브루셀라병 모델화와 감염실험에서 사용되었다.

11.6.2 염소 및 양 동물모델

염소(caprine, goat) 모델은 소와 양의 브루셀라병에 대한 대체방법으로서 수의학에서 널리 사용되었다. 이 모델은 감염과 질병진행에서뿐만 아니라, 백신효능시험을 평가하는 데 사용되었다. 정맥내 또는 자궁동맥으로 실험적 감염된 염소는 태반소엽(placentome)의 적혈구식세포의 영양막(erythrophagocytic trophoblast)에서 발견된 *B. abortus*로 인한 태반염(placentitis)이 발견되었다[172]. 이 연구는 영양막(trophoblast)에서 *B. abortus*의 증가가 태반소엽과 치사성 감염보다 먼저 일어나고, 감염된 영양막이 세균에 감염된 다른 조직부위의 근원임을 시사한다. *B. abortus*에 노출된 임신한 염소를 사용한 후속연구에서 우유와 자궁체액을 포함하여, 자연유산과 다중조직에 대하여 기술하였다[173].

생물[A]형	MLVA 클러스터/클레이드[10]	종	아종	대표균주	사람 병리학[B]	동물모델[C]				

A	A1	*F. tularensis*	*Tularensis*	SCHU S4 (북미)			X	X	X	X
	A2	*F. tularensis*	*Tularensis*	ATCC 6223 (북미)						
	A2	*F. tularensis*	*Tularensis*	(북미)				X	X	
	NA	*F. tularensis*	*Mediaasiatic*	GIEM 543 (중앙아시아)		X				
	NA	*F. tularensis*	*Novicida*	ATCC 15452 (북미)		X		X		X
B	B1	*F. tularensis*	*Holarctica*	유라시아		X		X		
	B2	*F. tularensis*	*Holarctica*	스칸디나비아/북미		X		X		
	B3	*F. tularensis*	*Holarctica* LVS	유라시아	NA	X	X	X	X	X
	B3	*F. tularensis*	*Holarctica*	GIEM 543/유라시아/북미		X		X		
	B4	*F. tularensis*	*Holarctica*	북미/스웨덴		X		X		
	B5	*F. tularensis*	*Holarctica*	일본		X		X	X	
NA	NA	*F. philomiragia*	NA	유라시아						

A. 토끼에서 독성의 최초 결정과 글리세롤 발효에 따른 생물형(biotype)[149].

B. 사람에 상대적 독성을 나타내는 그림을 색상으로 표현한 것. 가장 유해한 것은 붉은색, 덜 유해한 것은 녹색; 면역이 약화된 상태에서만 독성을 나타낸다.

C. 마우스, 랫드, 사람외 영장류, 햄스터 등의 종종 사용되는 실험동물모델을 표시한다. 햄스터 기호는 햄스터, 들쥐, 기니픽, Sprague Dawley 또는 Fischer 344 랫드 등을 포함하는 대표적인 작은 설치류들이다.

그림 9.1 일반적인 *F. tularensis*의 동물모델

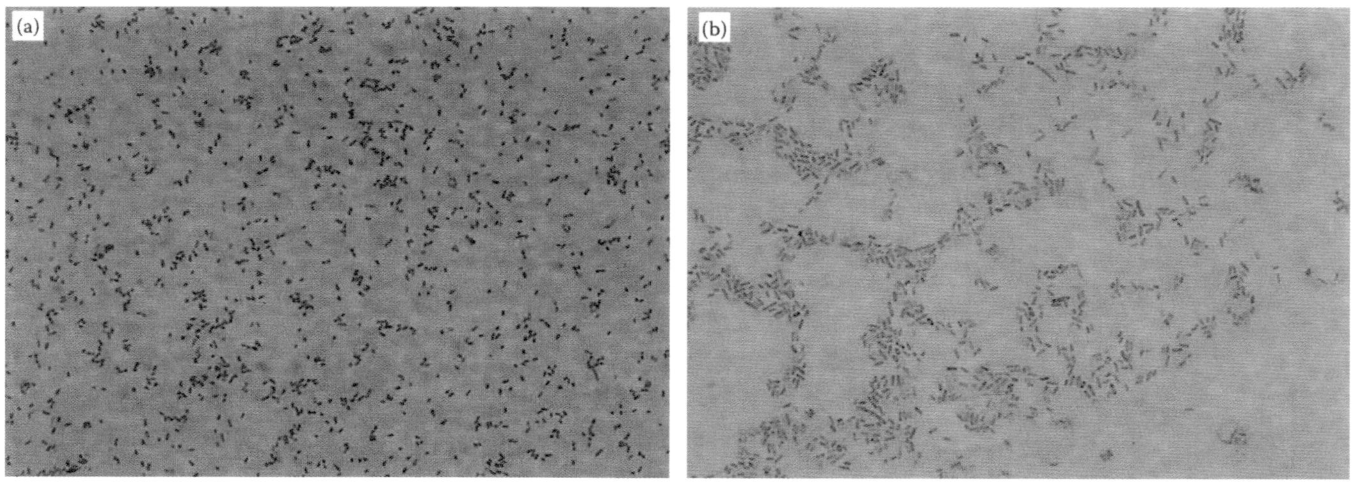

그림 11.1 *Brucella canis* (a)와 *Escherichia coli* (b)의 그람염색. [Mark Wolcott와 Terry Abshire, Diagnostics Division, US Army Medical Research Institute of Infectious Diseases (USAMRIID), Fort Detrick, Maryland의 사진 제공, 승인받음.]

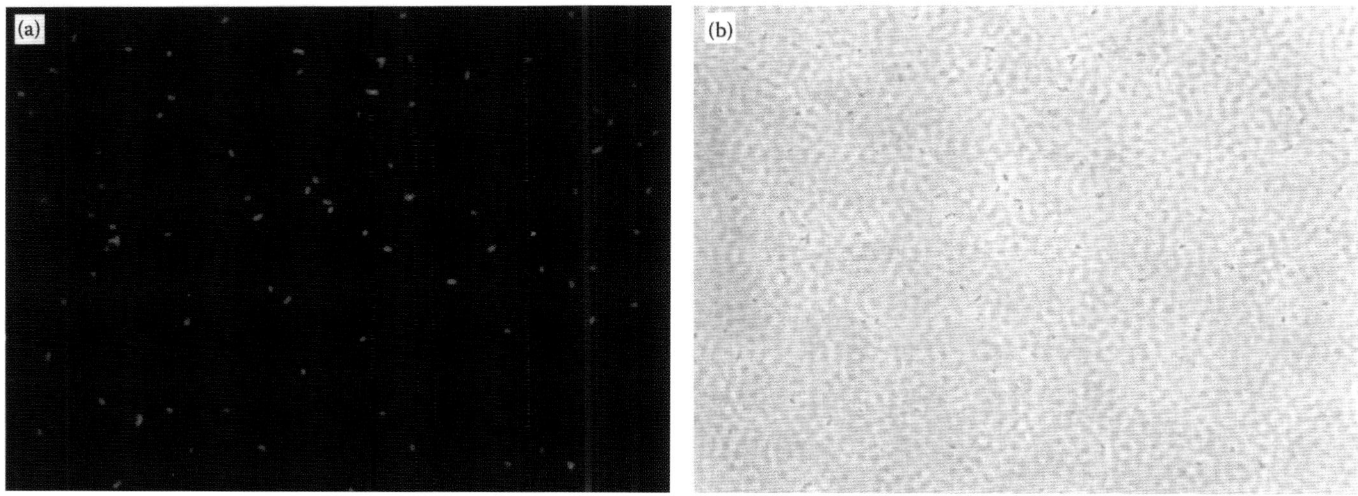

그림 11.2 *Brucella suis*의 직접형광항체 (3RU38) 염색은 에어로졸 감염시험 후 rhesus 원숭이의 폐조직에서 발견되었다: 디지털 사진은 epifluorescent 광원을 통해서 관찰된 것처럼 염색된 세포를 나타냈으며 (a), 그 후 살아 있는 *Brucella* 세균을 보기 위하여 백색광원에서와 비교되었다(b). [Mark Wolcott와 Terry Abshire, Diagnostics Division, US Army Medical Research Institute of Infectious Diseases (USAMRIID), Fort Detrick, Maryland의 사진제공, 승인받음.]

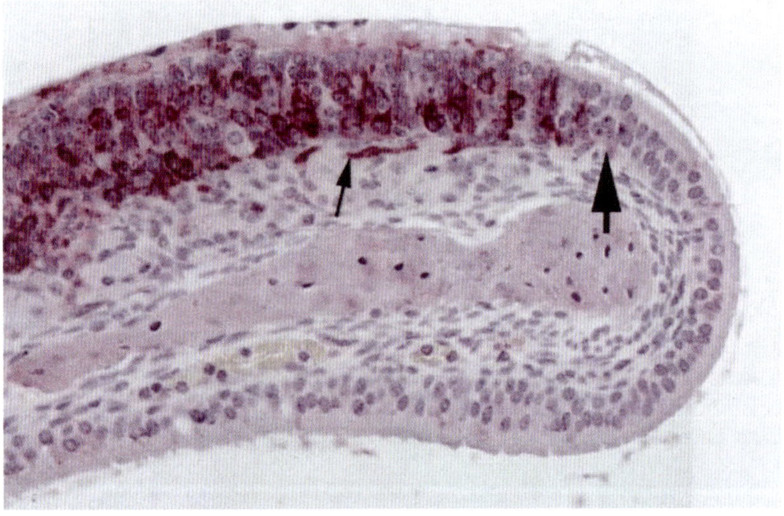

그림 12.1 에어로졸에 의해 베네주엘라 말뇌염 바이러스에 감염된 마우스의 비갑개(鼻甲介, nasal turbinate)의 면역조직화학적 염색. 붉은색은 비갑개의 이 부분이 연결된 후각상피에서 바이러스 감염이 있다는 것을 나타내며 (두꺼운 화살표는 호흡상피의 주변을 뒤덮음), 비갑개 나머지 부분의 호흡기 상피는 균등하게 감염되지 않았다. 바이러스가 후각신경의 시작부분에서도 존재한다 것을 주목하라 (가는 화살표).

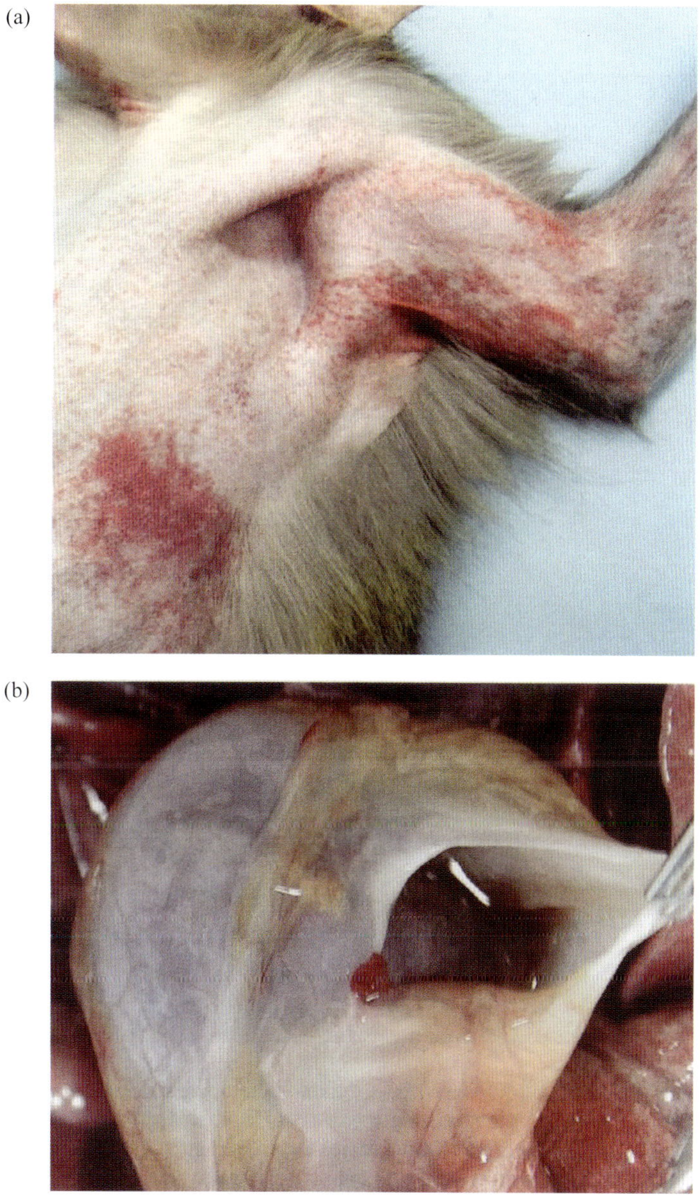

그림 14.1 실험적으로 출혈열 바이러스에 감염된 사람외 영장류에서 나타나는 대표적인 육안검시병변. (a) Marburg 바이러스 (Musoke 균주)에 감염 후, 11일에 rhesus 원숭이의 왼팔과 가슴에 나타난 전형적인 점상출혈발진. (b) Lassa 바이러스 (Josiah 균주)에 감염된 후, 13일에 cynomolgus 원숭이의 심낭(心囊, pericardial cavity)에 축적된 체액.

(c)

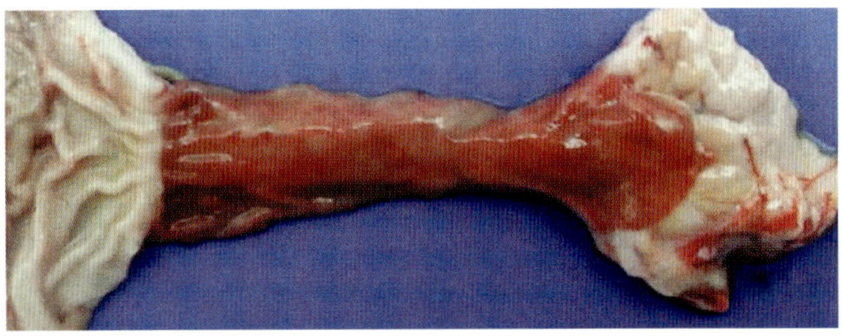

(d)

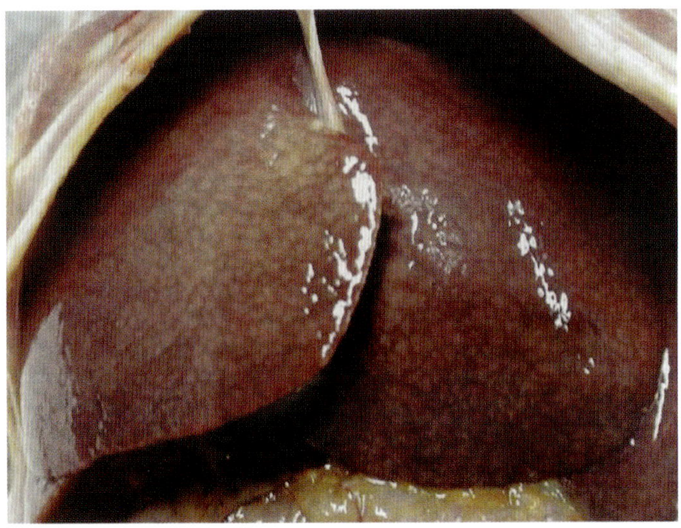

그림 14.1 계속. (c) Zaire ebolavirus에 감염된 후, 5일에 cynomolgus 원숭이의 위-십이지장 이음부에서 십이지장의 심한 울혈. (d) Lassa 바이러스(Josiah 균주)에 감염된 후, 11일에 간에 나타난 망상조직(reticulation)과 변색.

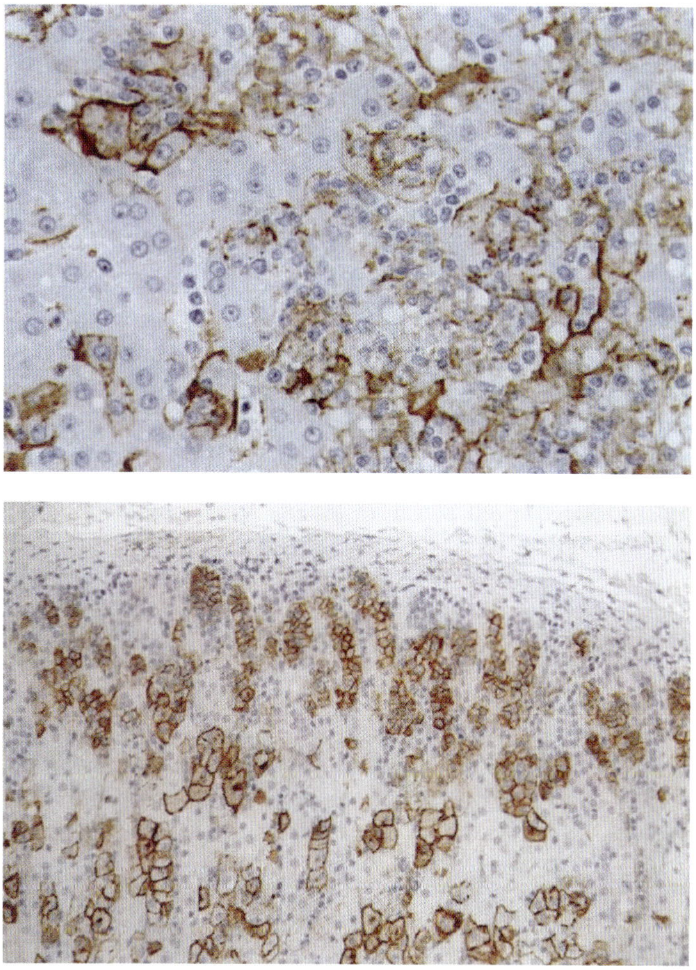

그림 14.2 실험적으로 출혈열 바이러스에 감염된 사람외 영장류에서 나타나는 면역조직화학적 염색패턴과 조직병리학적 변화. (a) Lassa 바이러스 (Josiah 균주)에 감염된 후, 15일에 cynomolgus 원숭이의 부신의 토리층(사구대, zona lomerulosa)과 다발층(zona fasciculata) 내의 세포에서 눈에 띄는 면역염색(immunoperoxidase 염색; 원배율, 20x). (b) Lassa 바이러스 (Josiah 균주)에 감염된 후, 15일에 cynomolgus 원숭이의 간에서 림프구, 대식세포, 호중구의 염증 병소에서 주변 및 내부의 면역양성 간세포(immunopositive hepatocyte)(immunoperoxidase 염색; 원배율, 40x).

(c)

(d)

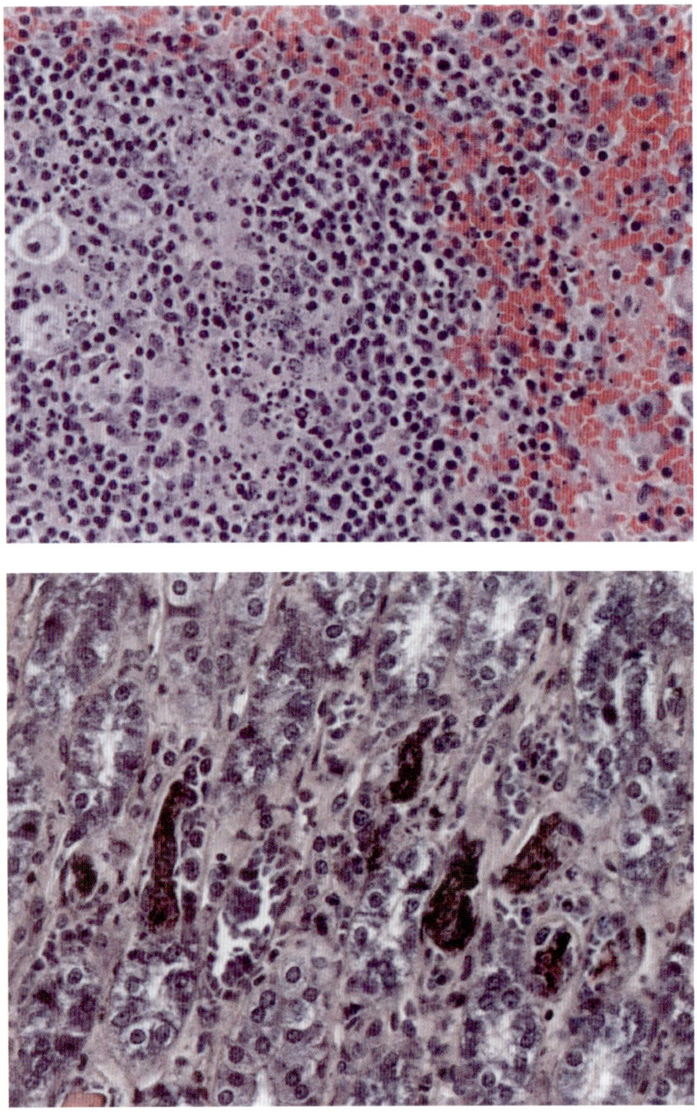

그림 14.2 계속. (c) Ivory Coast 에볼라바이러스에 감염된 후, 12일에 골수관에서 많은 피브린중합을 보여주는 cynomolgus 원숭이의 신장의 phosphotungstic acid hematoxylin 염색 (원배율, 20x). (d) Marburg 바이러스 (Musoke 균주)에 감염된 후, 7일에 rhesus 원숭이의 지라에서 동시에 림프구 감소 및 출혈을 동반한 림프구의 괴사와 세포자살 (hematoxylin와 eosin 염색; 원배율, 40x).

B. melitensis 결실 돌연변이체를 사용한 백신효능연구는 임신한 염소 모델(carpine model)을 사용하여 성공적으로 실시되었으며[174], 감염시험도 승인된 백신과 임신한 암양(ewe)을 사용하여 수행되었다[175]. 염소모델에서 두 개의 표지되지 않은 결실돌연변이체 후보백신(deletion mutant vaccine candidates)인 BMΔ*asp24*와 BMΔ*virB2*는 임신한 앙고라 염소(angora goat)에 투여되었을 때, 유산 또는 태아조직의 집락화를 일으키지 않았으며, BM *asp24*만이 모계조직으로부터 분리되었다. 야생형 *B. melitensis*를 이용한 감염시험에서 BMΔ*asp24*가 BMΔ*virB2*보다 더 보호되었으며, 두 가지 약독화 균주는 임신한 염소 대부분에서 유산과 감염을 보호하는 것으로 나타났다[174]. 임신한 암양모델(ewe model)에서, 소의 백신 RB51은 *B. melitensis*를 사용한 감염시험으로 임신한 양의 유산을 막지 못하였다[175].

11.6.3 사람외 영장류 모델

1920년대에, 연구자들은 사람외 영장류 모델에 대하여 브루셀라병을 성공적으로 감염시켰다[176,177]. 이들 초기 연구에서 실험적으로 감염된 원숭이에서 다양한 *Brucella*종의 발병을 조사하였다. Stumptail 원숭이(*Macaca arctodies*)* 는 구강, 결막, 정맥경로로 *B. canis* 감염시험되었으며, 접종 후, 7주에 이르기까지 말초혈관의 혈액에 존재하는 세균이 발견되었으며, 일부 조직에서는 감염시험 후 5주까지 감염이 발견되었다[178]. 감염된 원숭이에서는 중화항체(neutralizing antibody)가 높게 측정되었으며, 사람의 감염에서 나타나는 증세와 유사한 국소육아종 병변(focal granulomatous lesion)은 일부 동물의 림프조직, 자라, 간에서 발견되었다.

Cynomolgus philipinensis 원숭이는 생(生)약독화된 *B. melitensis* Rev. 1 백신을 사용한 접종(inoculation)과 함께 *B. melitensis*에서 정제된 다양한 항원을 사용하여 일련의 예방접종 실험에 사용되었다[179~181]. Chen and Elberg[179]는 구강경로 또는 피부경로로 예방접종된 사람외 영장류에서 보체고정과 수동혈구응집반응분석에 의해 항-*Brucella* 항체가 생산되었다는 것을 보여주었다. 그러나 경구와 피부루 각각 3마리씩 예방접종된 총 6마리의 cynomolgus 원숭이 가운데, 분기바늘(bifurcated needle)과 생(生) Rev. 1 세균을 사용한 피부주사로 예방접종된 원숭이들만이 1,600 cfu의 독성 *B. melitensis*로 피하감염시험을 하여 완전히 보호되는 것을 보여주었다. 그러나 생균백신 사용으로 부가적 보호가 됨에도 불구하고, 3마리 원숭이 가운데 2마리에서 백신균주와 연관된 세균혈증이 피부예방접종 14일 후에 일어났다[179]. 생균백신 Rev. 1가 투여되기 전에 항원보강제 65(adjuvant 65)의 분획 1(fraction 1)로 항원예방접종의 병용법을 사용한 후속연구에서 예방접종 후 세균혈증(postvaccination bacteremia)에 대하여 상당히 보호되는 것으로 나타났다[180]. 또한 이 연구는 Rev.1 예방접종에 의한 보호가 생균백신에 의해 자극된 보호항체의 생성과 직접 관련된다는 이전의 결과를 뒷받침하였다[180]. 1976년 Chen과 Elberg[181]는 *B. melitensis*의 수용성 분획 1 (fraction 1)과 생균백신 Rev.1이 포함된 병용백신 사용으로 6마리 원숭이 가운데 6마리에서 독성인 *B. melitensis* 균주 6015와 함께 피하감염시험에서 보호될 수 있다는 것을 증명하였다. 시험된 6마리의 원숭이는 두 집단으로 나누었다: 1 집단은 수용성 백신 1(soluble vac-

---

* 동아시아산 긴꼬리원숭잇과 머카크속의 꼬리가 짧은 원숭이.

cine 1)과 4주 후 Rev. 1백신을 사용하여 2차 백신을 맞았으며, 2 집단은 동시에 두 백신을 맞았다. 각 집단의 시험대상동물은 적었지만, 두 무리(cohort)는 상당한 *B. melitensis* 항체역가를 보여주었으며, 독성인 *B. melitensis*와 감염시험 후에 보호되었다.

발병과 질병의 진행을 보다 잘 이해하기 위해서 독성 *Brucella* 균주의 흡입경로를 통한 에어로졸 노출을 이용하는 방법이 rhesus 원숭이 모델을 통해서 개발되었다. 이들 모델들은 이들 제제에 노출된 사람과 동물개체군들 중에 가장 높은 이환율과 사망률을 초래하는 생물무기 살포 방법으로 더욱 증식하였다. Mense 등[182]은 투여량과 관련된 간 및 지라 염증과 함께 10^2~10^5 cfu의 *B. melitensis* strain 16M에 노출된 rhesus 원숭이에서 병리학적 변화가 발견되었다는 것을 기술하였다. 조직병리학적 분석에서 감염시험된 원숭이의 간, 지라, 신장, 정소, 부고환에서 염증이 발견되었으며, 이들 발견은 사람의 브루셀라병의 병리학적 소견과 일치하였다. 이 연구의 흥미있는 발견은 이 세균의 많은 흡입량은 세균의 제거와 함께 더욱 신속하고 심한 염증반응을 초래한 반면에, 적은 *Brucella* 흡입량으로 감염시험된 후, 9주에 다양한 조직부위로부터 세균이 분리될 수 있다는 것을 보여주었다[182].

Rhesus 원숭이 에어로졸 감염시험모델(aerosol challenge model)은 사람의 브루셀라병에서 *Brucella*를 탐침하기 위해 사용되는 추후 진단논리체계뿐만 아니라, 흡입경로와 방향에 의한 *B. suis* 발병을 평가하기 위해 사용되었다[183]. 이 연구에 사용된 *B. suis*의 평균은 5.6×10^8 cfu였다. 사람에서 온도 [사람외 영장류 모델에서 원격측정법(telemetry)에 의해 모니터링됨], 혈액화학, 또는 전체혈구측정값(complete blood count value)은 브루셀라병 감염에 구체적으로 기여하는 일관된 변화를 보여주지 않았다. 육안병리학적 및 조직병리학적 증세는 비특이적으로 고려되었으며, *Brucella*의 초기감염으로 인하여 관찰되지 않았다. 그러나 rhesus 원숭이의 간에서 비특이적 실질괴사(nonspecific parenchymal necrosis)와 림프구침윤(lymphocytic infiltration) 현상은 브루셀라병과 일치하였다. 사람외 영장류의 면봉 사용, 기관지폐포세척액, 동물조직에서 채취한 시료로부터 일반적인 배양을 통해서 살아있는 *B. suis* 세균을 분리하였다. 인두 및 비강 면봉채취와 노출 후 7일까지 기관지폐포세척액, 그리고 부검에서 채취한 조직과 같은 비감염성 진단샘플의 실시간 PCR (real-time PCR) 시험을 통해서 *Brucella* DNA를 성공적으로 발견하였다[183]. 저자들은 이 전염병의 발생을 조사하기 위하여 이상적 선별법으로서 PCR을 사용할 것을 제시하였다.

11.7 요약

브루셀라병은 여전히 세계적으로 농업과 사람의 질병으로서 커다란 위험성을 가지고 있다. 국가지원생물무기프로그램(state-sponsored biological weapon program) 또는 테러집단이 사람이나 가축에 대하여 독성 *Brucella* 균주를 국제적으로 유포시킬 가능성은 그 위험성을 더욱 크게 증가시킨다. 사회적, 정치적, 경제적 대변동을 맞이하는 현재의 혼란스러운 세계에서, 이들 질병이 사람 또는 농업센터 등 누구를 대상으로 일어나는지 간에, 전반적인 지정학적 글로벌 안정성에서 광범위한 세분화와 더불어, 지역사회에서 극복할 수 없는 스트레스 요인으로 다가올 수 있다. 자연적으로 발생하는 브루셀라병뿐만 아니라, 의도적으로 변형된 다약제 내성 균주에 대한 효과적인 예방약과 치료제의 개발대책은 이들 장차 있을 수도 있는 잠재적인 비참한 결과를 완화시키는 데 중요한 열쇠가 될 것이다.

봉헌

이 장은 미국민, 우리의 생명, 자유, 헌법을 지키기 위하여 봉사했거나, 현재 봉사중이거나, 또는 목숨을 바친 많은 군복무자들에게 바친다.

참고문헌

1. Morris JG, Southwick FS. 2010. *Brucella*, voles, and emerging pathogens. *J Infect Dis*. 202(1):1–2.
2. Jimenez de Bagues MP, Ouahrani-Bettache S, Quintana JF, Mitjana O, Hanna N, Bessoles S, Sanchez F. et al., 2010. The new species *Brucella microti* replicates in macrophages and causes death in murine models of infection. *J Infect Dis*. 202(1):3–10.
3. Pappas G, Papadimitriou P, Akritidis N, Christou L, Tsiano EV. 2006. The new global map of human brucellosis. *Lancet Infect Dis*, 6:91–99.
4. Godfroid J, Cloekaert A, Liautard J-P, Kohler S, Fretin D, Walravens K, Garin-Bastuji B, Letesson J-J. 2005. From the discovery of the Malta fever's agent to the discovery of a marine mammal reservoir, brucellosis has continuously been a re-emerging zoonosis. *Vet Res*. 36:313–326.
5. Pappas G, Panagopoulou P, Christou L, Akritidis N. 2006. *Brucella* as a biological weapon. *Cell Mol Life Sci*. 63:2229–2236.
6. Yagupsky P, Baron EJ. Laboratory exposures to Brucellae and implications for bioterrorism. *Emerg Infect Dis*. 11(8):1180–1185.
7. Christopher GW, Agan MB, Cieslak TJ, Olson PE. History of U.S. military contributions to the study of bacterial zoonoses. *Mil Med*. 170(4 Suppl):39–48.
8. Maloney GE. 2009. *CBRNE—Brucellosis*. http://emedicine.medscape.com/article/830118.
9. Martin JW, Christopher GW, Eitzen EM. 2007. History of biological weapons: From poisoned darts to intentional epidemics. In: Dembek ZF, ed., *Medical Aspects of Biological Warfare*. Washington, DC: Department of Defense, Office of The Surgeon General, US Army, Borden Institute, pp. 1–38.
10. Department of the Army. 1977. *US Army Activity in the US Biological Warfare Programs, Vols 1 and 2*. Washington, DC: Department of the Army Headquarters, unclassified.
11. Kaufmann AF, Meltzer MI, Schmid GP. 1997. The economic impact of a bioterrorist attack: Are prevention and post-attack intervention programs justifiable. *Emerg Infect Dis*. 3(2):83–94.
12. Kortepeter MG, Parker GW. 1997. Potential biological weapon threats. *Emerg Infect Dis*. 5(4):523–527.
13. Wright SG. 2000. Brucellosis. In: G. Thomas Strickland, ed., *Hunter's Tropical Medicine and Emerging Infectious Disease*, 8th ed. Philadelphia: WB Sanders, p. 416.

14. Capasso L. 2002. Bacteria in two-millenia-old cheese, and related epizoonoses in Roman populations. *J Infect.* 45(2):122–127.
15. Evans AC. 1950. Comments on the early history of human brucellosis. In: Larson CH, Soule MH, eds. *Brucellosis.* Baltimore, MD: Waverly Press, pp. 1–8.
16. Cleghorn G. 1751. *Observations of the Epidemical Diseases of Minorca (From the Years 1744 to 1749).* London, England: D. Wilson; cited in: Evans AC. 1950. Comments on the early history of human brucellosis. In: Larson CH, Soule MH, eds. *Brucellosis.* Baltimore, MD: Waverly Press, pp. 1–8.
17. Bruce D. 1887. Note on the discovery of a micro-organism in Malta fever. *Practitioner (London)*, 39:161–170; cited in: Evans AC. 1950. Comments on the early history of human brucellosis. In: Larson CH, Soule MH, eds. *Brucellosis.* Baltimore, MD: Waverly Press, pp. 1–8.
18. Hughes ML. 1897. *Mediterranean, Malta or Undulant Fever.* London, England: Macmillan and Co; cited in: Evans AC. 1950. Comments on the early history of human brucellosis. In: Larson CH, Soule MH, eds. *Brucellosis.* Baltimore, MD: Waverly Press, pp. 1–8.
19. Evans AC. 1950. Comments on the early history of human brucellosis. In: Larson CH, Soule MH, eds. *Brucellosis.* Baltimore, MD: Waverly Press, 1–8.
20. Bang B. 1897. Die Aetiologie Des Seuchenhaften ("Infectiosen") Verwerfens. *Z Thiemed* (Jena). 1:241–278.
21. Madkour MM. 1989. Historical aspects of brucellosis. In: Madkour MM, ed. *Brucellosis.* Boston: Butterworths, pp. 1–10.
22. Elser PH, Hagius SD, Davis DS, DelVecchio VG, Enright FM. 2002. Characterization of the caprine model for ruminant brucellosis. *Vet Microbiol.* 90:425–431.
23. Pappas G, Akritidis N, Bosilkovski M, Tsianos E. 2005. Brucellosis. *N Engl J Med.* 352:2325–2336.
24. Memish ZA, Balkhy HH. 2004. Brucellosis and international travel. *J Travel Med.* 11:49–55.
25. Solera J, Lozano E, Martinez-Alfaro E, Espinosa A, Castillejos ML, Abad L. 1999. Brucellar spondylitis: Review of 35 cases and literature survey. *Clin Infect Dis.* 29:1440–1449.
26. Ghaffarpour M, Khoshroo A, Harirchian MH, Sikaroodi H, Pourmahmoodian H, Jafari S, Hejazi SS. 2007. Clinical, epidemiological, laboratory and imaging aspects of brucellosis with and without neurological involvement. *Acta Medica Iranica.* 45(1):63–68.
27. Wunschel M, Olszowski AM, Weissgerber P, Wulker N, Kluba T. 2011. Chronic brucellosis: A rare cause of septic loosening of arthroplasties with high risk of laboratory-acquired infections. *Z Orthop Unfall.* 149(1):33–36; doi: 10.1055/s-0030-1249851, PMID: 20419627.
28. Franco MP, Mulder M, Gilman RH, Smits HL. 2007. Human brucellosis. *Lancet Infect Dis.* 7:775–786.
29. Singh K. 2009. Laboratory-acquired infections. *CID.* 49:142–147.
30. Olle-Goig JE, Canela-Soler J. 1987. An outbreak of *Brucella melitensis* infection by airborne transmission among laboratory workers. *Am J Publ Health.* 77:335–338.
31. Memish ZA, Mah MW. 2001. Brucellosis in laboratory workers at a Saudi Arabian hospital. *AJIC.* 29(1):48–52.
32. Staszkiewicz J, Lewis CM, Colville J, Zervos M, Band J. 1991. Outbreak of *Brucella melitensis* among microbiology laboratory workers in a community hospital. *J Clin Microbiol.* 29(2):287–290.
33. Fiori PL, Mastrandrea S, Rappelli P, Cappuccinelli P. 2000. *Brucella abortus* infection acquired in microbiology laboratories. *J Clin Microbiol.* 38(5):2005–2006.
34. Hawley RJ, Eitzen EM. 2001. Biological weapons—A primer for microbiologists. *Ann Rev Microbiol.* 55:235–253.

35. Rusnak JM, Kortepeter MG, Hawley RJ, Anderson AO, Boudreau E, Eitzen E. 2004. Risk of occupationally acquired illness from biological threat agents in unvaccinated laboratory workers. *Biosecur Bioterror.* 2:281–293.
36. U.S. Department of Health and Human Services, Centers for Disease Control and Prevention, and National Institutes of Health. 2007. *Biosafety in Microbiological and Biomedical Laboratories (BMBL)*, 5th ed. Washington, DC: U.S. Government Printing Office. http://www.cdc.gov/biosafety/publications/bmbl5/index.htm
37. Bergey DH, Hold JG. 1994. *Bergey's Manual of Determinative Bacteriology*, 9th ed. Baltimore, MD: Williams and Wilkins.
38. Moreno E, Stackebrandt E, Dorsch M, Wolters J, Busch M, Mayer H. 1990. *Brucella abortus* 16S rRNA and lipid A reveal a phylogenetic relationship with members of the alpha-2 subdivision of the class Proteobacteria. *J Bacteriol.* 172:3569–3576.
39. Verger JM, Grimont F, Grimont PA, Grayon M. 1985. *Brucella*, a monospecific gensu as shown by deoxyribonucleic acid hybridization. *Int J Syst Bacteriol.* 35:292–295.
40. Lucero NE, Corazza R, Almuzara MN, Reynes E, Escobar GI, Boeri E, Ayala SM. 2010. Human *Brucella canis* outbreak linked to infection in dogs. *Epidemiol Infect.* 138(2):280–285.
41. Foster G, Osterman BS, Godroid J, Jacques I, Cloeckaert A. 2007. *Brucella ceti* sp. *nov.* and *Brucella pinnipedialis* sp. *nov.* for Brucella strains with cetaceans and seals as their preferred hosts. *Internat J Systematic Evol Microbiol.* 57:2688–2693.
42. Center for Food Security and Public Health. 2009. *Brucellosis in Marine Animals.* www.cfsph.iastate.edu/Factsheets/pdfs/brucellosis_marine.pdf
43. Tiller RV, Gee JE, Lonsway DR, Gribble S, Bell SC, Jennison AV, Bates J, Coulter C, Hoffmaster AR, De BK. 2010. Identification of an unusual *Brucella* strain (BO2) from a lung biopsy in a 52 year-old patient with chronic destructive pneumonia. *BMC Microbiol.* 10:23–34; PMID: 20105296.
44. Ewalt DR, Payeur JB, Rhyan JC, Geer PL. 1997. *Brucella suis* biovar 1 in naturally infected cattle: A bacteriological, serological, and histological study. *J Vet Diagn Invest.* 9(4):417–420.
45. Ficht T. 2010. *Brucella* taxonomy and evolution. *Future Microbiol.* 5(6):859–866.
46. Paulsen IT, Seshadri R, Nelson KE, Eisen JA, Heidelberg JF, Read TD, Dodson RJ. et al., 2002. The *Brucella suis* genome reveals fundamental similarities between animal and plant pathogens and symbionts. *Proc Natl Acad Sci.* 99(20):13148–13153.
47. Moreno E, Moriyon I. 2002. *Brucella melitensis*: A nasty bug with hidden credentials for virulence. *Proc Natl Acad Sci.* 99(1):1–3.
48. Grimont F, Verger JM, Cornelis P, Limet J, Lefèvre M, Grayon M, Régnault B, Van Broeck J, Grimont PA. 1992. Molecular typing of *Brucella* with cloned DNA probes. *Res Microbiol.* 143(1):55–65.
49. Moreno E, Moriyon I. 2001. Genus *Brucella*. In: Dworkin M, Falkow S, Rosenberg E, Schleifer KH, Stackebrandt I. eds. *The Prokaryotes: An Evolving Electronic Resource for the Microbiological Community*. New York: Springer.
50. Foster JT, Beckstrom-Sternberg SM, Pearson T, Beckstrom-Sternberg JS, Chain PS, Roberto FF, Hnath J, Brettin T, Keim P. 2009. Whole-genome-based phylogeny and divergence of the genus *Brucella*. *J Bacteriol.* 191(8):2864–2870.
51. Maquart M, Le Fleche P, Foster G, Tryland M, Ramisse F, Djonne B, Al Dahouk S. et al., 2009. MLVA-16 typing of 295 marine *Brucella* isolates from different animal and geographic origins identifies 7 major groups within *Brucella ceti* and *Brucella pinnipedialis*. *BMC Microbiol.* 9:145–149.
52. Mujer CV, Wagner MA, Eschenbrenner M, Horn T, Kraycer JA, Redkar R, Hagius S, Elzer P, DelVecchio VG. 2002. Global analysis of *Brucella melitensis* proteomes. *Ann NY Acad Sci.* 969:97–101.

53. DelVecchio VG, Kapatral V, Redkar RJ, Patra G, Mujer C, Los T, Ivanova N. et al., 2002. The genomic sequence of the facultative intracellular pathogen *Brucella melitensis*. *Proc Natl Acad Sci USA*. 99:443–448.
54. Halling SM, Peterson-Burch BD, Bricker BJ, Zuerner RL, Qing Z, Li L-L, Kapur V, Alt DP, Olsen SC. 2005. Completion of the genome sequences of *Brucella abortus* and comparison to the highly similar genomes of *B. melitensis* and *B. suis*. *J Bacteriol.* 187:2715–2726.
55. Bricker BJ, Ewalt DR, Halling SM. 2003. *Brucella* "HOOF-Prints": Strain typing by multi-locus analysis of variable number tandem repeats (VNTRs). *BMC Microbiol.* 3:15.
56. Bricker BJ, Ewalt DR. 2005. Evaluation of the HOOF-Print assay for typing *Brucella abortus* strains isolated from cattle in the United States: Results with four performance criteria. *BMC Microbiol.* 5:37.
57. Gross A, Terraza A, Ouahrani-Bettache S, Liautard JP, Dornand J. 2000. *In vitro Brucella suis* infection prevents programmed cell death of human monocytic cells. *Infect Immun.* 68:342–351.
58. Paixao TA, Roux CM, den Hartigh AB, Sankaran-Walters S, Dandekar S, Santos RL, Tsolis RM. 2009. Establishment of systemic *Brucella melitensis* infection through the digestive tract requires urease, the type IV secretion system and lipopolysaccharide O antigen. *Infect Immun.* 77(10):4197–4208.
59. Barquerp-Calvo E, Chaves-Olarte E, Weiss DS, Guzman-Verri C, Chacon-Diaz C, Rucavado A, Moriyon I, Moreno E. 2007. *Brucella abortus* uses a stealthy strategy to avoid activation of the innate immune system. *PLoS One*. 2:e631.
60. Carvalho Neta AV, Stynen AP, Paixao TA, Miranda KL, Silva FL, Roux CM, Tsolis RM. et al., 2008. Modulation of the bovine trophoblastic innate immune response by *Brucella abortus*. *Infect Immun.* 76:1897–1907.
61. Cirl C, Wieser A, Yandav M, Duerr S, Schubert S, Fischer H, Stappert D. et al., 2008. Subversion of Toll-like receptor signaling by a unique family of bacterial Toll/interleukin-1 receptor domain-containing proteins. *Nat Med.* 14:399–406.
62. Salcedo SP, Marchesini MI, Lelouard H, Fugier E, Jolly G, Balor S, Muller A. et al., 2008. `*Brucella* control of dendritic cell maturation is dependent on the TIR-containing protein Btpl1. *PLoS Pathog.* 4:e21.
63. Tsolis RM, Young GM, Solnick JV, Baumler AJ. 2008. From bench to bedside: Stealth of enteroinvasive pathogens. *Nat. Rev. Microbiol.* 6:883–892.
64. Winter SE, Raffatellu EM, Wilson RP, Russmann WH, Baumler AJ. 2008. The Salmonella enteric serotype Typhi regulator TviA reduces interleukin-8 production in intestinal epithelial cells by repressing flagellin secretion. *Cell Microbiol.* 10:247–261.
65. Bundle DR, Cherwonogrodzky JW, Caroff M, Perry MB. 1987. The lipopolysaccharides of *Brucella abortus* and B melitensis. *Ann Inst Pasteur Microbiol.* 138(1):92–98.
66. Moreno E, Borowiak D, Mayer H. 1987. *Brucella* lipopolysaccharides and polysaccharides. *Ann Inst Pasteur Microbiol.* 138(1):102–105.
67. Goldstein J, Hoffman T, Frasch C, Lizzio EF, Beining RR, Hochstein D, Lee YL, Angus RD, Golding B. 1992. Lipopolysaccharide (LPS) from *Brucella abortus* is less toxic than that from Escherichia coli, suggesting the possible use of *B. abortus* or LPS from *B. abortus* as a carrier in vaccines. *Infect Immun.* 60(4):1385–1389.
68. Cherwonogrodzky JW, Perry MB, Bundle DR. 1987. Identification of the A and M antigens of *Brucella* as the O-polysaccharides of smooth lipopolysaccharides. *Can J Microbiol.* 33(11):979–981.
69. Alton GG, Jones LM, Pietz DE. 1975. Laboratory techniques in brucellosis. *Monogr Ser World Health Organ.* 55:1–163.

70. Liang L, Leng D, Burk C, Nakajima-Sasaki R, Kayala MA, Atluri VL, Pablo J. et al., 2010. Large-scale immune profiling of infected humans and goats reveals differential recognition of *Brucella melitensis* antigens. *PLoS Negl Trop Dis.* 4(5):1–10.
71. U.S. Department of Health and Human Services, Centers for Disease Control and Prevention, and National Institutes of Health. 2007. Appendix A—Primary containment for biohazards: Selection, installation and use of biological safety cabinets. In: *Biosafety in Microbiological and Biomedical Laboratories* (*BMBL*), 5th ed. Washington, DC: U.S. Government Printing Office. http://www.cdc.gov/biosafety/publications/bmbl5/BMBL5_appendixA.pdf
72. Mantur BG, Mangalgi SS. 2004. Evaluation of conventional Castaneda and lysis centrifugation blood culture techniques for diagnosis of human brucellosis. *J Clin Microbiol.* 42:4327–4328.
73. Ruiz J, Lorente I, Perez J, Simarro E, Martinez-Campos L. 1997. Diagnosis of brucellosis by using blood cultures. *J Clin Microbiol.* 35:2417–2418.
74. Yagupsky P, Peled N, Press J, Abu-Rashid M, Abramson, O. 1997. Rapid detection of *Brucella melitensis* from blood cultures by a commercial system. *Eur J Clin Microbiol Infect Dis.* 16:605–607.
75. Yagupsky P, Peled N, Press J, Abramson O, Abu-Rashid M. 1997. Comparison of BACTEC 9240 Peds Plus medium and Isolator 1.5 microbial tube for detection of *Brucella melitensis* from blood cultures. *J Clin Microbiol.* 35:1337–1384.
76. Yagupsky P. 1999. Detection of Brucellae in blood cultures. *J Clin Microbiol.* 37:3437–3442.
77. Ozturk R, Mert A, Kocak F, Koksal F, Tabak F, Bilir M, Aktuglu Y. 2002. The diagnosis of brucellosis by use of BACTEC 9240 blood culture system. *Diagn Microbiol Infect Dis.* 44:133–135.
78. Yagupsky P. 2004. Use of BACTEC MYCO/F LYTIC medium for detection of *Brucella melitensis* bacteremia. *J Clin Microbiol.* 42:2207–2208.
79. Mantur BG, Biradar MS, Bidri RC, Mulimani MS, Veerappa K, Kariholu P, Patil SB, Mangalgi SS. 2006. Protean clinical manifestations and diagnostic challenges of human brucellosis in adults: 16 years' experience in an endemic area. *J Med Microbiol.* 55(Pt 7):897–903.
80. Godroid J, Nielsen K, Saegerman C. 2010. Diagnosis of brucellosis in livestock and wildlife. *Croat Med J.* 51:296–305.
81. ASM (American Society for Microbiology) *Sentinel Laboratory Guidelines for Suspected Agents Of Bioterrorism.* Brucella *species*, revised October 15, 2004; accessed May 14, 2006 from www.asm.org/asm/images/pdf/brucella101504.pdf
82. Weyant RS, Popovic T, Bragg SL. 2001. Basic laboratory protocols for the presumptive identification of *Brucella* species. Washington, DC: Centers for Disease Control and Prevention (CDC) https://lrn.hr.state.or.us/home/bt/docs/brucella/levelaprocedures.pdf
83. World Organisation for Animal Health (OIE). 2004. *Manual of Diagnostic Tests and Vaccines for Terrestrial Animals*, 5th ed. Paris: OIE, 2004. http://www.oie.int/international-standard-setting/terrestrial-manual/access-online/
84. World Intellectual Property Organization Differential diagnostic assay for brucellosis. www.freepatentsonline/5190860.html
85. Nielsen K. 2002. Diagnosis of brucellosis by serology. *Vet Microbiol.* 90:447–459.
86. *Brucella* serology. FAO BruNet Publication. www.vircell/fileadmin/bibiografia/brucellacapt/evaluation_of_in-house_and_commercial_immunoassays.pdf
87. Versalovic J. *Manual of Clinical Microbiology*, 7th Ed., Chapter 44, Volume 1. Herndon, VA: American Society for Microbiology Press, May, 2011.
88. Centers for Disease Control and Prevention. 1997. Case definitions for infectious conditions under public health surveillance. *MMWR Recomm Rep.* 46(RR10): 1–55.

89. Young EJ. 1991. Serologic diagnosis of human brucellosis: Analysis of 214 cases by agglutination tests and review of the literature. *Rev Infect Dis.* 13:359–372.
90. Mantur BG, Amarnath SK, Shinde RS. 2007. Review of clinical and laboratory features of human brucellosis. *Indian J Med Microbiol.* 25(3):188–202.
91. Al-Shamahy HA, Wright SG. 1998. Enzyme-linked immunosorbent assay for *Brucella* antigen detection in human sera. *J Med Microbiol.* 47:169–172.
92. Al Dahouk S, Tomaso H, Nockler K, Neubauer H, Frangoulidis D. 2003. Laboratory-based diagnosis of brucellosis—A review of the literature. Part I: Techniques for direct detection and identification of *Brucella* spp. *Clin Lab.* 49:487–505.
93. Al Dahouk S, Tomaso H, Nockler K, Neubauer H, Frangoulidis D. 2003. Laboratory-based diagnosis of brucellosis—A review of the literature. Part II: Serological tests for brucellosis. *Clin Lab.* 49:577–589.
94. Dahouk SA, Tomaso H, Nockler K, Neubauer, H. 2004. The detection of *Brucella* spp. Using PCR-ELISA and real-time PCR assays. *Clin Lab.* 50:387–394.
95. Matero P, Hemmila H, Tomaso H, Piiparinen H, Rantakokko-Jalava K, Nuotio L, Nikkari S. 2011. Rapid field detection assays for *Bacillus anthracis*, *Brucella* spp., *Francisella tularensis* and *Yersinia pestis. Clin Microbiol Infect.* 17(1):34–43; PMID: 2032255.
96. Tomaso H, Kattar M, Eickhoff M, Wernery U, Al Dahouk S, Straube E, Neubauer H, Scholz HC. 2010. Comparison of commercial DNA preparation kits for detection of Brucellae in tissue using quantitative real-time PCR. *BMC Infect Dis.* 10:100–104.
97. Alausa OK, Corbel MJ, Elberg SS, Gargani G, Gubina EA, Shi-Lang L et al. 1986. Joint FAO/WHO expert committee on brucellosis: Sixth report. *World Health Organization Tech Rep Ser.* 740:1–132.
98. Corbel MJ. 1997. Brucellosis: An overview. *Emerg Infect. Dis.* 3(2):213–221.
99. U.S. Department of Agriculture, Animal and Plant Health Inspection Service, Veterinary Services. 2010. *National Brucellosis Surveillance Strategy*, December, pp. 1–8. http://www.aphis.usda.gov/animal_health/animal_diseases/brucellosis/downloads/natl_bruc_surv_strategy.pdf
100. Ragan VE. 2002. The Animal and Plant Health Inspection Service (APHIS) brucellosis eradication program in the United States. *Vet Microbiol.* 90(1–4):11–18.
101. Ficht TA, Kahl-McDonagh MM, Arenas-Gamboa AM, Rice-Ficht AC. 2009. Brucellosis: The case for live, attenuated vaccines. *Vaccine.* 27(Suppl 4):D40–D43.
102. U.S. Department of Agriculture. *Brucella abortus Strain RB51 Vaccine Licensed for Use in Cattle*, APHIS document. http://www.aphis.usda.gov/animal_health/animal_dis_spec/cattle/downloads/rb51_vaccine.pdf
103. Moriyon I, Grillo MJ, Monreal D, Gonzalez D, Marin C, Lopez-Goni I, Mainar-Jaime RC, Moreno E, Blasco JM. 2004. Rough vaccines in animal brucellosis: Structural and genetic basis and present status. *Vet Res.* 35:1–38.
104. Zinsstag J, Roth F, Orkhon D, Chimed-Ochir G, Nansalmaa M, Kolar J, Vounatsou P. 2005. A model of animal–human brucellosis transmission in Mongolia. *Prev Vet Med.* 69:77–95.
105. Kolar J. 1977. *Brucella* vaccine production in Mongolia. World Health Organization, Assignment Report on WHO Project MOG BLG 001, SEA/Vaccine/89, 40pp.
106. Vershilova PA. 1961. The use of live vaccine for vaccination of human beings against brucellosis in USSR. *Bull World Health Organ.* 24:85–89.
107. Spink WW, Hall JW, Finstad J, Mallet E. 1962. Immunization with viable *Brucella* organisms. Results of a safety test in humans. *Bull World Health Organ.* 26:409–419.
108. Blasco JM, Diaz R. 1993. *Brucella melitensis* Rev-1 vaccine as a cause of human brucellosis. *Lancet.* 342(8874):805.
109. Perkins SD, Smither SJ, Atkins HS. 2010. Towards a *Brucella* vaccine for humans. *FEMS Microbiol Rev.* 34:379–394.

110. Hadjichristodoulou C, Voulgaris P, Toulieres L, Babalis T, Manetas G, Goutziana G, Kastritis I, Tselentis I. 1994. Tolerance of human brucellosis vaccine and the intradermal reaction test for brucellosis. *Eur J Clin Microbiol.* 13:129–134.
111. Fugier E, Pappas G, Gorvel JP. 2007. Virulence factors in brucellosis: Implications for aetiopathogenesis and treatment. *Expert Rev Mol Med.* 9:1–10.
112. Denisov AA, Korobovtseva YS, Karpova OM, Tretyakova AV, Mikhina LV, Ivanov AV, Salmakov KM, Borovick RV. 2010. Immunopotentiation of live brucellosis vaccine by adjuvants. *Vaccine.* 28S:F17–F22.
113. Hu X-D, Chen S-T, Li J-Y, Yu D-H, Yi-Zhang, Cai H. 2010. An IL-15 adjuvant enhances the efficacy of a combined DNA vaccine against *Brucella* by increasing the CD8+ cytotoxic T cell response. *Vaccine.* 28:2408–2415.
114. Crasta OR, Folkerts O, Fei Z, Mane SP, Evans C, Marino-Catt S, Bricker B, Yu GX, Du L, Sobral BW. 2008. Genomic sequence of *Brucella abortus* vaccine strain S19 compared to virulent strains yield candidate virulence genes. *PLoS One.* 3(5):e2193.
115. Yongqun H, Zuoshuang X. 2010. Bioinformatics analysis of *Brucella* vaccines and vaccine targets using VIOLIN. *Immunome Res.* 6(Suppl 1):S5, 1–12.
116. Young EJ. 1983. Human brucellosis. *Rev Infect Dis.* 5(5):821–842.
117. Mantur BG, Akki AS, Mangalgi SS, Patil SV, Gobbur RH, Peerapur BV. 2004. Childhood brucellosis—A microbiological, epidemiological and clinical study. *J Trop Pediatr.* 50:153–157.
118. Bingol A, Togay-Isiday C. 2006. Neurobrucellosis an exceptional cause of transient ischemic attacks. *Eur J Neurol.* 13:544–548.
119. Yetkin MA, Bulut C, Erdinc FS, Oral B, Tulek N. 2006. Evaluation of the clinical presentations in neurobrucellosis. *Int. J Infect Dis.* 10:446–452.
120. Karimi A, Alborzi A, Rasooli M, Kadivar MR, Nateghian AR. 2003. Prevalence of antibody to *Brucella* species in butchers, slaughterers and others. *East Mediterr Health J.* 9:178–184.
121. Crosby E, Llosa L, Miro QM, Carrillo C, Gotuzzo E. 1984. Hematologic changes in brucellosis. *J Infect Dis.* 150:419–424.
122. Hatipoglu CA, Yetkin A, Ertem GT, Tulek N. 2004. Unusual clinical presentations of brucellosis. *Scand J Infect Dis.* 36:694–697.
123. Yildirmak Y, Palanduz A, Telhan L, Arapoglu M, Kayaalp N. 2003. Bone marrow hypoplasia during *Brucella* infection. *J Pediatr Hematol Oncol.* 25:63–64.
124. Gurkan E, Baslamisli F, Guvene B, Bozkurt B, Unsal C. 2003. Immune thrombocytopenic purpura associated with *Brucella* and *Toxoplasma* infections. *Am J Hematol.* 74:52–54.
125. Makokopakis E, Christias E, Kofteridis D. 2003. Acute brucellosis presenting with erythema nodosum. *Eur J Epidemiol.* 18:913–915.
126. Gotuzzo E, Alarcón GS, Bocanegra TS, Carrillo C, Guerra JC, Rolando I, Espinoza LR. 1982. Articular involvement in human brucellosis: A retrospective analysis of 304 cases. *Semin Arthritis Rheum.* 12:245–255.
127. Alarcon GS, Bocanegra TS, Gotuzzo E, Espinoza LR. 1987. The arthritis of brucellosis: A perspective one hundred years after Bruce's discovery. *J Rheumatol.* 14:1083–1085.
128. Mousa AR, Muhtaseb SA, Almudallal DS, Khodeir SM, Marafie AA. 1987. Osteoarticular complications of brucellosis: A study of 169 cases. *Rev Infect Dis.* 9:531–543.
129. Aydin M, Fuat YA, Savas L, Reyhan M, Pourbagher A, Turunc TY, Ziya Demiroglu Y, Yologlu NA, Aktas A. Scintigraphic findings in osteoarticular brucellosis. *Nucl Med Commun.* 6:639–647.
130. Cascio A, Iaria C. Campenni A, Blandino A, Baldari S. 2004. Use of sulesomab in the diagnosis of brucellar spondylitis. *Clin Microbiol. Infect.* 10:1020–1022.

131. Tsolia M, Drakonaki S, Messaritaki A, Farmakakis T, Kostaki M, Tsapra H, Karpathios T. 2002. Clinical features, complications and treatment outcome of childhood brucellosis in central Greece. *J Infect.* 44:257–262.
132. Howard CB, Alkrinawi S, Gadalia A, Mozes M. 1993. Bone infection resembling phalangeal microgeodic syndrome in children: A case report. *J Hand Surg (Br).* 18:491–493.
133. Rotes-Querol J. 1957. Osteo-articular sites of brucellosis. *Ann Rheum Dis.* 16:63–68.
134. Ibrahim AIA, Shetty SD, Saad M, Bilal NE. 1988. Genito-urinary complications of brucellosis. *Br J Urol.* 61:294–298.
135. Kelalis PP, Greene LF, Weed LA. 1962. Brucellosis of the urogenital tract: A mimic of tuberculosis. *J Urol.* 88:347–353.
136. Peled N, David Y, Yagupsky P. 2004. Bartholin's gland abscess caused by *Brucella melitensis*. *J Clin Microbiol.* 42:917–918.
137. Lubani MM, Dudin KI, Sharda DC, Abu Sinna NM, Al-Shab T, Al-Refe'ai AA, Labani SM, Nasrallah A. 1988. Neonatal brucellosis. *Eur J Pediatr.* 147:520–522.
138. Giannacopoulos I, Eliopoulou MI, Ziambaras T, Papanastasiou DA. 2002. Transplacentally transmitted congenital brucellosis due to *Brucella abortus*. *J Infect.* 45:209–210.
139. Khan MY, Mah MW, Memish ZA. 2001. Brucellosis in pregnant women. *Clin Infect Dis.* 32:1172–1177.
140. Buchanan TM, Faber LC, Feldman RA. 1974. Brucellosis in the United States, 1960–1972: An abattoir-associated disease, I: Clinical features and therapy. *Medicine (Baltimore).* 53:403–413.
141. Solera J, Martinez-Alfaro E, Espinosa A. 1997. Recognition and optimum treatment of brucellosis. *Drugs.* 53:245–256.
142. Refik MM, Isik AT, Doruk H, Cömert B. 2003. *Brucella*: A rare causative agent of spontaneous bacterial peritonitis. *Indian J Gastroenterol.* 22:190.
143. Peery TM, Belter LF. 1960. Brucellosis and heart disease, II: Fatal brucellosis. *Am J Pathol.* 36:673–697.
144. Namiduru M, Karaoglan I, Yilmaz M. 2003. Guillain-Barre syndrome associated with acute neurobrucellosis. *Int J Clin Pract.* 57:919–920.
145. Goktepe AS, Alaca R, Mohur H, Coskun U. 2003. Neurobrucellosis and a demonstration of its involvement in spinal roots via magnetic resonance imaging. *Spinal Cord.* 41:574–576.
146. Reguera JM, Alarcon A, Miralles F, Pachon J, Juarez C, Colmenero JD. 2003. Brucellosis endocarditis: Clinical, diagnostic, and therapeutic approach. *Eur J Clin Microbiol Infect Dis.* 22:647–650.
147. Eckman MR. 1975. Brucellosis linked to Mexican cheese. *J Am Med Assoc.* 232:634–637.
148. Mousa AR, Elhag KM, Khogali M, Marafie AA. 1988. The nature of human brucellosis in Kuwait: Study of 379 cases. *Rev Infect Dis.* 10(1):211–217.
149. Anderson TD, Cheville NF, Meador VP. 1986. Pathogenesis of placentitis in the goat inoculated with *Brucella abortus*, II: Ultrastructural studies. *Vet Pathol.* 23(3):227–239.
150. Dajani YF, Masoud AA, Barakat HF. Epidemiology and diagnosis of human brucellosis in Jordan. 1989. *J Trop Med Hyg.* 92(3):209–214.
151. Mousa AM, Elhag KM, Khogali M, Sugathan TN. 1987. Brucellosis in Kuwait: A clinico-epidemiological study. *Trans R Soc Trop Med Hyg.* 81(6):1020–1021.
152. Roushan, MRH, Mohrez M, Gangi SMS, Amiri MJS, Hajiahmadi M. 2004. Epidemiological features and clinical manifestations in 469 adult patients with brucellosis in Babol, Northern Iran. *Epidemiol Infect.* 132:1109–1114.
153. Malik GM. 1997. A clinical study of brucellosis in adults in the Asir region of southern Saudi Arabia. *Am J Trop Med.* 56(4):375–377.

154. Lopez MA. 1989. Brucellosis in Latin America. In: Young EJ, Corbel MJ, eds. *Brucellosis: Clinical and Laboratory Aspects*. Boca Raton: CRC Press, pp. 151–161.
155. Olsen SC, Waters WR, Stoffregen WS. 2007. An aerosolized *Brucella* spp. challenge model for laboratory animals. *Zoonoses Public Health.* 54(8):281–285.
156. Mense MG, Van De Verg LL, Bhattacharjee AK, Garrett JL, Hart AJ, Linder LE, Hadfield TL, Hoover DL. 2001. Bacteriologic and histologic features in mice after intranasal inoculation of *Brucella melitensis. Am J Vet Res.* 62(3):398–405.
157. Izadjoo MJ, Mense MG, Bhattacharjee AK, Hadfield TL, Crawford RM, Hoover DL. 2008. A study on the use of male animal models for developing a live vaccine for brucellosis. *Transbound Emerg Dis.* 55(3–4):145–151.
158. Smither SJ, Perkins SD, Davies C, Stagg AJ, Nelson M, Atkins HS. 2009. Development and characterization of mouse models of infection with aerosolized *Brucella melitensis* and *Brucella suis. Clin Vacc Immunol.* 16(5):779–783.
159. Greenfield RA, Drevets DA, Machado LJ, Voskuhl GW, Cornea P, Bronze MS. 2002. Bacterial pathogens as biological weapons and agents of bioterrorism. *Am J Med Sci.* 323:299–315.
160. Kahl-McDonagh MM, Arenas-Gamboa AM, Ficht TA. 2007. Aerosol infection of BALB/c mice with *Brucella melitensis* and *Brucella abortus* and protective efficacy against aerosol challenge. *Infect Immun.* 75:4923–4932.
161. Kaushik P, Sing DK, Kumar SV, Tiwari AK, Shukla G, Dayal S, Chaudhuri P. 2010. Protection of mice against *Brucella abortus* 544 challenge by vaccination with recombinant OMP28 adjuvated with CpG oligonucleotides. *Vet Res Commun.* 34:119–132.
162. Trant CGM, Lacerda TLS, Carvalho NB, Azervedo V, Rosinha GMS, Salcedo SP, Gorvel J-P, Oliveira SC. 2010. The *Brucella abortus* phosphoglyerate kinase mutant is highly attenuated and induces protection superior to that of vaccine strain 19 in immunocompromised and immunocompetent mice. *Infect Immun.* 78(5):2283–2291.
163. Rajashekara G, Glover DA, Krepps M, Splitter GA. 2005. Temporal analysis of pathogenic events in virulent and avirulent *Brucella melitensis* infections. *Cellular Microbiol.* 7(10):1459–1473.
164. Rambow-Larsen AA, Rajashekara G, Petersen E, Splitter G. 2008. Putative quorum-sensing regulator BlxR of *Brucella melitensis* regulates virulence factors including the type IV secretion system and flagella. *J Bacteriol.* 190(9):3274–3282.
165. Baek BK, Lee BO, Hur J, Rahman MS, Lee SI, Kakoma I. 2005. Evaluation of the Sprague-Dawley rat as a model for vertical transmission of *Brucella abortus. Can J Vet Research.* 69:305–308.
166. Atkins HS, Spencer S, Brew SD, Jenner DC, Sefton AM, MacMillan AP, Brooks TJ, Simpson AJ. 2010. Evaluation of azithromycin, tovafloxacin and grepafloxacin as prophylaxis against experimental murine *Brucella melitensis* infection. *Int J Antimicrob Agents.* 36(1):66–68.
167. Yumuk Z, Dundar V. 2005. The effect of long-term ethanol feeding on efficacy of doxycycline plus refampicin in the treatment of experimental brucellosis caused by *Brucella melitensis* in rats. *J Chemother.* 17(5):509–513.
168. Popow J, Jezyna C. 1969. Morphological studies of guinea pig lungs in experimental brucellosis caused by different *Brucella* strains. *Arch Hyg Bakteriol.* 153(2):157–161.
169. Lu SL. 1984. A study of delayed hypersensitivity and desensitization in guinea pigs after *Brucella* infection. *Dev Biol Stand.* 56:317–321.
170. Van de Verg LL, Hartman AB, Bhattacharjee AK, Tall BD, Yuan L, Sasala K, Hadfield TL, Zollinger WD, Hoover DL, Warren RL. 1996. Outer membrane protein of *Neisseria meningitis* as a mucosal adjuvant for lipopolysaccharide of *Brucella melitensis* in mouse and guinea pig intranasal immunization models. *Infect Immun.* 64(12): 5263–5268.

171. Detilleux PG, Cheville NF, Deyoe BL. 1988. Pathogenesis of *Brucella abortus* in chicken embryos. *Vet Pathol.* 25:138–146.
172. Anderson TD, Meador VP, Cheville NF. 1986. Pathogenesis of placentitis in the goat inoculated with *Brucella abortus*. I. Gross and histopathologic lesions. *Vet Pathol.* 23(3):219–226.
173. Meador VP, Deyoe BL. 1986. Experimentally induced *Brucella abortus* infection in pregnant goats. *Am J Vet Res.* 47(11):2337–2342.
174. Kahl-McDonagh MM, Elzer PH, Hagius SD, Walker JV, Perry WL, Seabury CM, den Hartigh AB. et al., 2006. Evaluation of novel *Brucella melitensis* unmarked deletion mutants for safety and efficacy in the goat model of brucellosis. *Vaccine.* 24(24):5169–5177.
175. el Idrissi AH, Benkirane A, el Maadoudi M, Bouslikhane M, Berranda J, Zerouali A. 2001. Comparison of the efficacy of *Brucella abortus* strain RB51 and *Brucella melitensis* Rev. 1 live vaccines against experimental infection with *Brucella melitensis* in pregnant ewes. *Rev Sci Tech.* 20(3):741–747.
176. Fleischner EC, Vecki M, Shaw EB, Meyer KF. 1921. The pathogenicity of *B. abortus* and *B. melitensis* for monkeys. *J Infect Dis.* 29:662–668.
177. Huddleson F, Hallman ET. 1929. The pathogenicity of species of the genus *Brucella* for monkeys. *J Infect Dis.* 45:293–303.
178. Percy DH, Egwu IN, Jonas AM. 1972. Experimental *Brucella canis* infection in the monkey (*Macaca arctoides*). *Can J Comp Med.* 36:221–225.
179. Chen TH, Elberg SS. 1970. Immunization against *Brucella* infections: Immune response of mice, guinea pigs, and *Cynomolgus philipinensis* to live and killed *Brucella melitensis* strain Rev. I administered by various methods. *J Infect Dis.* 122(6):70–82.
180. Chen TH, Elberg SS. 1973. Immunization against *Brucella* infections. Priming of *Cynomolgus philipinensis* with purified antigen of *Brucella melitensis* prior to injection of Rev. 1 vaccine. *J Comp Pathol.* 83:357–367.
181. Chen TH, Elberg SS. 1976. Priming of *Macaca cynomolgus philippinensis* with purified antigen of *Brucella melitensis* before injection of Rev. I vaccine. *J Infect Dis.* 134(3):294–296.
182. Mense MG, Borschel RH, Wilhelmsen CL, Pitt ML, Hoover DL. 2004. Pathogenic changes associated with brucellosis experimentally induced by aerosol exposure in rhesus macaques (*Macaca mulatta*). *Am J Vet Res.* 65(5):644–652.
183. Yingst SL, Huzella LM, Chuvala L, Wolcott M. 2010. A rhesus macaque (*Macaca mulatta*) model of aerosol-exposure brucellosis (*Brucella suis*): Pathology and diagnostic implications. *J Med Microbiol.* 59:724–730.

12 알파바이러스

William D. Pratt, Donald L. Fine, Mary Kate Hart, Shannon S. Martin, and Douglas S. Reed

목차

12.1 배경 222
12.2 알파바이러스의 구조와 생물학 223
12.3 항원관계 224
12.4 동물실험모델과 발병 224
12.5 베네수엘라 말뇌염 바이러스 (VEEV) 224
12.5.1 VEEV 마우스 실험모델 225
12.5.2 마우스 실험모델에서 발병 227
12.5.3 마우스 실험모델에서 원격측정법 사용 229
12.5.4 VEEV 감염 기타 소동물 실험모델 232
12.5.5 VEEV 감염 사람외 영장류 실험모델 233
12.5.6 VEEV 감염 동물실험모델의 적용 237
12.6 동부 말뇌염 바이러스 (EEEV) 238
12.6.1 EEEV 감염 마우스 실험모델 238
12.6.2 EEEV 감염 햄스터 실험모델 239
12.6.3 EEEV 감염의 다른 소동물 실험모델 240
12.6.4 EEEV의 사람외 영장류 실험모델 241
12.6.5 EEE 감염 비교 243
12.7 서부 말뇌염 바이러스 (WEEV) 243
12.7.1 WEEV 감염 마우스 실험모델 243
12.7.2 WEEV 감염 햄스터 실험모델 245
12.7.3 WEEV 감염 기타 소동물 실험모델 245
12.7.4 WEEV 감염 사람외 영장류 실험모델 246
12.8 요약 247
참고문헌 248

12.1 배경

1930년대 사이에 아메리카에서 뇌염의 징후를 보이며 죽어가는 말 또는 당나귀로부터 세 가지의 서로 다른 바이러스들이 발견되었다. 동부 말뇌염 바이러스(eastern equine encephalitis virus, EEEV), 베네수엘라 말뇌염 바이러스(venezuelan equine encephalitis virus, VEEV), 서부 말뇌염 바이러스(western equine encephalitis virus, WEEV)의 이들 세 가지 바이러스들이 사람에게 일시적으로 뇌염과 관련된 질병을 일으키는 것이 나중에 밝혀졌으며, 바이러스들이 일으키는 질병에 따라서 각각 EEE, VEE, WEE로 이름이 붙여졌다. 바이러스들은 단일가닥인 양성센스 RNA 바이러스(positive-sense RNA virus)로 밀접하게 연관되어 있으며, *Togaviridae* 과(科)의 *Alphavirus* 속(屬)으로 세분된다. EEEV, VEEV, WEEV에 대한 감염의 자연 순환은 유사하다—전파 순환 (주기)은 모기들과 그들의 척추동물 숙주들 사이에서, 그리고 말과 사람들 주변에서 가끔 발생하여 유지된다. VEEV의 IAB와 IC 변종들은 말들이 숙주로서 작용하고, 그 질병의 발생이 동물 간의 유행병(epizootic) 특성을 가지는 등의 패턴에서 여러 가지 차이점이 있다[1]. 또한 사람에서 중추신경계(central nervous system, CNS)의 감염에 의한 의학적 중요성에서 바이러스들 간의 차이점이 존재한다. EEEV는 가장 심한 뇌염을 일으키는데, 환자들의 사망률은 30~40%에 이른다. WEEV는 유사하게 심한 뇌염을 일으키지만, 사망률은 5~10%로 낮다. 그리고 VEEV는 어린이들을 제외하고, 거의 심한 뇌염을 일으키지 않는다. VEEV에 감염된 성인들에서 더욱 빈번하게 나타나는 이 질병은 급속하게 진행되며 느린 회복으로 무기력하게 된다.

VEEV, WEEV, EEEV는 모두 에어로졸 경로를 통해서 전염된다. 실험실의 연구원들에 의해서 백신이 널리 사용되기 전에, VEEV는 실험실에서 종종 감염을 일으켰고, 대부분의 감염이 에어로졸에 노출된 상태에 의해서 일어나게 된다고 생각되었다[2]. EEEV와 WEEV에 의한 실험실 감염은 많지 않았지만, 실험실에서 획득된 WEEV 감염의 7가지 경우 중에서 2가지 사례에서 사망자가 발생하였다. 이러한 "신세계(new-world)" 알파바이러스(alphaviruses)는 아메리카에서 고유한 것으로, 중미와 남미에서 분리된 VEEV, 북미 서부지역의 2/3에서 분리된 WEEV, 그리고 북미의 동부 해안지방과 남미에서 분리된 EEEV 등이 있다. 이런 바이러스들은 에어로졸에 의해 감염될 수 있기 때문에, 세포배양 또는 부화계란에서 높은 바이러스의 최고 역가로 생장할 수 있고, 비교적 안정하여, 잠재적인 생물학전 작용제로 고려된다. 국립전염성질환 및 알레르기연구소 생물방어연구 의제(National Institute of Allergy and Infectious Diseases Biological Defense Research Agenda)[3]에서 카테고리 B 우선순위(priority) 병원체로서 VEEV, WEEV, EEEV를 분류하였고, 이 바이러스들은 질병통제예방센터의 선택제제 프로그램에서 (WEEV를 제외하고) 선택제제로 여겨졌다. 생물학전 또는 생물테러의 맥락에서, 의학적 측면에서 이러한 바이러스들의 폭넓은 조사를 위해, 이 장에서는 생물학전에서 의학적 측면에 관한 가장 최근의 리뷰에 대하여 기술하고자 한다[4].

생물방어에 높은 관심과 더불어, 이들 바이러스로부터 생물학적 위협의 본질을 이해하고 위협에 대한 의료대책을 개발할 필요가 있다. VEEV, WEEV, EEEV에 의해 제기된 에어로졸 위협에 대한 의료대책의 승인은 "동물규칙(Animal Rule)"에 요약된 식품 및 의약품 안전국의 지침(Food and Drug Administration guidelines)에 따라서 가능할 것이다[5]. 이것은 사람의 질병에 관련된 잘 맞추어진 동물실험모델을 요구할 것이다. 이 장에서는 동물실험모델에 대한 현재 이용가능한 정보와 이들 실험모델에서 VEEV, WEEV, EEEV의 발병, 그리고 우리의 지식과 이해에서 중요한 차이점이 있는 연구 분야에서 노력을 촉진시키려는 희망에 대하여 기술하였다.

12.2 알파바이러스의 구조와 생물학

알파바이러스는 비교적 구조가 단순하며, 정이십면체의 대칭성 피막형 바이러스이다. 각각의 바이러스 게놈은 genomic RNA의 단일 양성센스 가닥(single positive-sense strand)으로 구성되어 있으며, 이것은 캡시드 단백질 단일종의 240개 복사본으로 구성된 뉴클레오캡시드 속에 포함되어 있다. 뉴클레오캡시드는 숙주세포막에 있는 지질이중층에 둘러싸여져 있고, 바이러스를 암호화하는 당단백질인 E1, E2의 240쌍들과 밀접하게 관련되어 있으며, 이들은 지질이중층에 분포되어 있다[6]. 바이러스 입자에서, 두 개의 당단백질은 80개의 삼량체 돌기(trimeric spike)와 연관된 이형이량체(heterodimer)이다. 바이러스 입자의 가장 바깥쪽 일부로써, 당단백질 돌기는 세포의 친화성과 독성에 대한 일차적 결정요소이며[7], 중화항체의 표적으로써 제공된다[8]. 바이러스 감염은 당단백질이 숙주세포의 표면에 있는 수용체에 결합했을 때 시작되며, 그 결과로써 바이러스는 세포내 섭취작용(endocytosis) 매개 수용체를 통해 세포의 안으로 들어가게 된다. 내포낭(endosome)의 산성화에서, E1 당단백질의 높게 보존된 부위로 추정하는 결합의 영역이 드러나게 되는 구조적 변화를 받는 당단백질의 이형이량체이라고 생각하며, 이것은 바이러스와 세포의 지질이중층 간의 결합과 비리온의 분해를 허용한다[9]. 제안된 다른 대체 실험모델은 세포막에서 막의 결합 없이 또는 pH의 변화상에서 형성되는 구멍과 유사한 구조를 통해서 바이러스의 단백질 외피의 분해 없이도 감염을 일으킨다[10]. 이 두 가지 실험모델에서 genomic RNA는 바이러스복제를 위해서 뉴클레오캡시드에서 세포질 쪽으로 방출된다.

알파바이러스 게놈은 4가지 비구조 단백질(nonstructural proteins)(nsP1-nsP4)과 3가지의 구조단백질(캡시드, E1, E2)을 포함한다. genomic RNA는 비구조단백질의 번역을 위한 mRNA로써의 역할을 하지만, 구조단백질에서는 그렇지 않다. 부분적으로 비구조단백질은 genomic RNA로부터 RNA의 음성센스 가닥을 전사하기 위한 바이러스 중합효소로서 작용한다. 결국 음성가닥 RNA는 새로운 genomic RNA를 생성하기 위한 주형으로서 제공되며, 양성가닥 RNA 는 26S subgenome을 생성하기 위하여 구조단백질의 mRNA로서 제공된다. 26S RNA로부터 번역되어진 구조단백질을 위한 폴리펩티드 전구체는 N에서 C 말단까지 C (캡시드), PE2 (E3-E2), 6K, E1 등의 4개 부위를 포함한다. 번역된 첫 번째 부위 C는 폴리펩티드로부터 캡시드단백질을 분해하는 protase 활성을 포함한다. 캡시드단백질은 특이하게 genomic RNA의 단일 복사본과 결합하고 뉴클레오캡시드의 형성을 유도한다. 폴리펩티드의 다음 부위인 PE2의 E3부분은 조면소포체(rough endoplasmic reticulum, RER)의 루멘(lumen)으로 이동되며, PE2의 나머지는 그 뒤에 이동한다.

6K 폴리펩티드에서 신호서열은 E1이 PE2와 이형이량체를 형성하기 위하여 분열되는 곳인 RER의 루멘으로 폴리펩티드 E1부분의 막전위가 원인인 것으로 나타난다. PE2와 E1은 골치체를 통해서 함께 이동하여, 그곳에서 글리코실화(glycosylation)된다. 전형적으로, PE2는 이형이량체가 성숙한 E2-E1 이형이량체와 유리되어 관련이 없는 E3 펩티드를 형성하기 위해서 골지를 떠난 이후에 숙주세포의 furin protease에 의해서 추가적인 분열을 하게 된다. 바이러스 돌기(spike)의 형성, 뉴클레오캡시드와 당단백질의 결합, 바이러스 입자의 조립 등은 모두 포유동물 세포의 표면상에서 일어나고[11], 곤충세포의 세포내막에서도 일어날 수 있다[12].

12.3 항원관계

알파바이러스는 일반적으로 혈청학적 교차반응(serological cross-reactivity)에 근거한 7가지의 항원성 복합체들로 그룹지어진다. EEEV, VEEV, WEEV 항원성 복합체들은 3가지의 복합체들로 형성되며, VEEV 복합체는 나아가 아형(subtype)(I, II, III, IV, V, VI)과 변종(IAB, IC, ID, IE, IF, IIIA, IIIB, IIIC, IIID)으로 다시 세분된다. E1 아미노산 서열에서 유래하는 계통유전학적 연구를 통해서, VEEV 복합체는 7가지의 서로 다른 종으로 개량되었다: VEEV는 IAB, IC, ID, IE 변종을 포함한다; Mosso das pedras virus(IF); Everglades virus(II); Pixuna virus(IV); Cabassou virus(V); 그리고 Rio Negro virus(AG80-663; VI)[13]. WEEV 복합체는 WEEV와 사람에게 약간의 병원성을 나타내는 Aura virus, Fort Morgan virus, Highlands J virus, Sindbis virus, Whataroa virus 등의 몇 가지 바이러스를 포함한다: 신드비스 바이러스(Sindbis virus)는 마우스에서 널리 연구된 초기 알파바이러스로서 주목할 가치가 있다. EEEV 복합체는 오직 EEEV만을 포함하지만, 적혈구응집억제시험에 근거하여 북미와 남미의 항원 변종으로 나뉘고, 그것은 더 나아가 계통유전학적 분석에 근거하여 4가지 주요 계통으로 다시 세분된다.

12.4 동물실험모델과 발병

알파바이러스로 부터의 보호는 항체에 의해 주로 매개되는 것으로 나타났다. 알파바이러스 감염에서 세포독성 T-세포의 중요한 역할을 확인하기 위한 연구는 몇몇 상황 하에서 세포용해를 하는 것으로 보고되었으나, 세포의 이동이 혼란스런 결과들을 가져왔으며, 때로는 바이러스의 양을 감소시켰지만, 사멸을 막지는 못하였다[15~17]. 대신에 항체들의 수동적인 이동은 알파바이러스로 말초적 감염시험에 대해서 보호되었으며[18], 일부 사례에서는 에어로졸 감염시험에서 보호되었다[19]. 백신개발은 알파바이러스의 항체를 기반으로 한 치료제의 개발을 선호하였는데, 이는 임상질병이 발병한 후[20] 또는 두개내(i.c.) 감염 후[21]에 주어졌다면, 동물연구가 항체의 수동이동이 동물을 보호하지 못했다는 것을 나타내었기 때문이다.

12.5 베네수엘라 말뇌염 바이러스 (VEEV)

마우스, 쥐, 햄스터, 기니픽, 토끼, cynomolgus 원숭이, 말, 당나귀들은 모두가 베네수엘라 말뇌염(VEE, venezuelan equine encephalitis)의 연구에서 핵심적인 특징을 연구하는 데 사용되어왔다

[22~25]. 사람에서 VEE는 독감과 유사한 증상을 보여주며[26~29], 중추신경계(CNS)는 보통 어린이들에서 자연적으로 발생하는 소수에서만 영향을 받는다. VEE에 걸린 사람에서 치명적인 경우에, 광범위한 충혈, 부종과 출혈, 림프 괴사, 간세포의 변성, 간질성 폐렴 등의 전신성 병리학적 변화가 일어난다[30]. 중추신경계의 변화에는 림프구, 단핵세포, 호중구의 침윤물과 함께 수막뇌염(meningoencephalitis)과 척수염(myelitis)이 포함된다. 뇌의 여러 부위가 전반적으로 영향을 받는다.

12.5.1 VEEV 마우스 실험모델

마우스는 VEE의 동물실험모델로서 가장 광범위하게 사용되어 왔으며, 이 마우스들은 VEEV의 동물유행병(epizootic) 균주와 동물토착병(enzootic) 균주들에 의해서 유사하게 감염된다. 마우스들은 이상(二相)의 질병(biphasic illness)을 나타내며, 피하, 복강, 에어로졸, 비강 또는 두개 경로를 통해 감염된 후, 죽기 1주 전에 신경외(extraneural) 감염과 중추신경계(CNS) 감염이 모두 발생하였다[31~33]. 초기 질병의 신호는 거친 외피의 발생, 무기력, 등이 굽는 증상, 마우스 간의 상호관계 감소, 4~5일 내에 체중감소를 포함하고, 이것은 실조증, 졸음증, 또는 마비 등으로 빠르게 진행될 수 있다. 마우스에서 VEEV [트리니다드섬 당나귀(Trinidad donkey, TrD)] IA 균주의 평균치사량(median lethal dose, median LD_{50})은 감염경로에 따라, 1 플라그-형성 단위(pfu, plaque-forming unit)에서 대략 30 pfu의 범위에 걸쳐있다[32]. BALB/c 마우스에서 성별, 감염경로, 공변량(covariate)으로서 투여량의 프로빗 분석은 성별 간에, 그리고 경로 간에 LD_{50}에서 커다란 차이점을 보여주지 않았다 (W.D Pratt and S.L. Norris의 비공개 자료, 2006). 수컷과 암컷 BALB/c 마우스의 LD_{50}의 값은 각각 6.7 pfu와 1.8 pfu이었으며, 바이러스 감염 경로에서는 각각 9.0 pfu와 7.4 pfu였다. 이들 마우스 그룹에서 평균생존시간은 크게 다르지 않고, 7.6~8.8일 이내에서 변화한다. VEEV의 토착 균주를 사용하는 프로빗 분석(provit analysis)* 에서 VEEV (68U201) IE 균주에서 약 30 pfu, 그리고 VEEV (Mucambo) IIIA 균주에서 에어로졸 감염시험의 LD_{50}값은 440~1,200 pfu를 나타내었으며, 이 값은 시험을 거친 마우스 계통에 따라 차이가 있었다(M.K. Hart, Tammariello의 비공개 자료, 2006).

잠재적인 백신후보들은 전형적으로 마우스 실험모델에서 안전성이 평가된다. 살아 있는 약독화 백신후보들의 안전성 결정과 비교를 위한 초기의 선별 또는 각 돌연변이와 더불어 감염성이 있는 DNA 클론들로부터 바이러스의 약화 정도는 피하경로를 통한 바이러스 접종으로 8~10주 된 C57BL/6 마우스들에게서 측정되었다[34]. 더 나아가서 안정성 평가에는 바이러스의 다른 접종경로, 좀 더 어린 마우스, 다른 마우스 계통 등이 사용되었다. Hart 등은 4~8주 된 C3H/HeN 마우스에서 에어로졸 경로를 통한 바이러스 감염을 약화된 생백신인 TC-83과 비교하였을 때, 재조합 VEEV인 V3526에서 높은 정도의 약화(attenuation)를 보고하였으며[35], 이것은 더 나아가서 6~8주된 C3H/HeN 마우스들이 두개내(i.c.) 감염경로를 사용한 것을 보여주었다[32]. 그것들의

* 정규분포 확률을 이용한 S자 곡선을 직선화하는 변환법에 의해, 약제 등의 효력평가 등을 하는 일련의 해석방법.

재조합 Sindbis/VEE 바이러스 백신후보들의 안정성 측정에서, 그리고 VEEV 조상에서 그것들의 약독화를 비교하기 위하여, Paessler 등[36,37]은 6일 된 NIH Swiss 마우스를 피하경로와 두개내 경로를 통해서 바이러스를 투여하였다. 그들은 더 나아가 살아 있는 키메라 알파바이러스 백신후보(chimeric alphavirus vaccine candidate)들 중의 하나인 SIN/ZPC의 안정성을 C57BL/6상에서 선택적 면역결핍[B-세포 결핍과 αβ T-세포 수용체(TCR), γδ TCR, 인터페론-γ 수용체 녹아웃]된 11~18주 된 마우스에서 평가하였다[38]. 안정성 평가에서 신생 마우스들은 생약독화된 VEE 바이러스를 선별하기 위해서 사용되는데 상당히 민감한 것으로 알려졌지만 (W.D. Pratt, 미발표 자료), 그들은 감염성의 바이러스의 지속성[38] 또는 바이러스의 비활성화 이후 잔여 전염력을 평가하는데 도움이 될 수 있다[39,40]. 마우스 실험모델에서 생약독화 바이러스의 안정성 검사는 보통 백신후보체로서의 면역원성(immunogenicity)과 효능평가를 포함하게 된다[34,37].

마우스 실험모델은 또한 면역원성과 효능, 그리고 VEE 백신후보균주들의 하향선별(down-selection)을 위한 일차 선별에 사용된다[34,37,39~42]. 전형적으로 다양한 유전적 배경을 가진 마우스들 (BALB/c, C57BL/6, NIH Swiss, 또는 C3H/HeN) 가운데 한 가지를 선택하여 6~8주 된 암컷 마우스를 사용하였다. 백신은 대개 피하경로로 투여되지만, 몇몇 경우, 예를 들어, DNA 백신은 진피내(i.d) 주사[41] 또는 유전자총[42]으로 투여될 수 있다. 바이러스 감염시험에서 감염 경로는 또한 덜 엄격한 피하 또는 복강내 경로로부터 발병에 근거하여 더 엄격한 에어로졸, 비강내 또는 두 개내 경로까지 다양할 수 있다(12.5.2절 참조).

3가지의 유전적 차이가 있는 근친교배 마우스 계통 (BALB/c, C57B1/6, 그리고 C3H/HeN)을 비교한 초창기 연구들에서는 모든 3가지의 세포주들이 생약독화 백신인 TC-83 또는 포르말린-불활성 백신인 C-84에 대하여 높은 역가항체를 가진다는 것이 관찰되었다 (M.K. Hart와 R.F. Tammariello, 비공식 자료, 2005)[31]. 마우스 세포주는 주로 IgG2와 IgG1 항체를 만드는 경향이 있는 BALB/c와 C3H/HeN 마우스들과 더불어, 그들 반응에 대한 우성 아이소타입(isotype)이 다양한 반면에, C57B1/6 마우스들은 IgG2a와 IgG1 역가보다 높은 IgG2b 역가를 가졌다. 몇몇의 보호 항원결정부위(epitopes)는 단일 클론항체를 사용하여 확인되었다. 일부가 E1 당단백질에서도 나타날지라도, 대부분의 항원결정부위는 아미노산 180 그리고 220 사이의 E2 당단백질 상에 나타난다[18,43].

TC-83 또는 C-84 중 한 가지의 예방접종은 감염시험 바이러스가 피하 접종되었을 때, 세 가지 마우스 계통에서 TrD 감염시험으로부터 보호면역(protective immunity)을 유도하였지만, 그것은 에어로졸 감염시험으로부터 C3H/HeN 마우스들을 보호하기가 더 어려운 것으로 증명되었다[31]. 이것은 아이소타입(isotype)** 에 의한 혈청학적 반응의 조사에 의해서 예견될 수 없었으나, 항체 반응은 항바이러스 IgA 역가와 점막보호(mucosal protection) 간의 연관성을 나타내었다[31,35]. 개선된 점막보호는 새로운 백신후보체가 에어로졸에 의해 투여된 C3H/HeN 마우스에서 성취되었다. 가능성이 있는 생약독화 백신은 보통 TC-83 백신이 이 경로에 의해 투여되었을 때, 대다수 C3H/HeN 마우스가 죽었던 것을 관찰한 이후에 비강내 투약에 의해 안정성이 시험되고 있다[44].

** 면역글로불린의 클래스나 서브클래스를 결정짓는 사슬의 불변부위에 있는 항원성 결정인자.

12.5.2 마우스 실험모델에서 발병

벡터전달 후, 자연 감염의 진행과 연관된 것들과 에어로졸 감염과 연관이 있는 것을 포함하여, VEEV(TrD)의 IAB 균주의 발병에 대한 많은 연구들이 마우스에서 진행되었다. 더욱이 마우스는 VEEV 감염에 대한 면역학적 및 분명한 면역병리학적 반응을 연구하는 데 사용되었다.

발바닥접종(footpad inoculation)은 모기 매개체에 의한 감염실험모델로 사용되었고, 진피의 수지상세포(dendritic cell)들은 이 경로에 의해 감염된 첫 번째 세포유형이었다[45]. 감염된 수지상세포는 VEEV를 초기증식이 일어나는 림프절로 전달한다. 바이러스는 4시간의 감염이 일어난 후(postinfection, PI), 림프절에서 발견될 수 있으며, 그람당 10^6~10^7 pfu의 바이러스 역가는 감염된 후 6시간까지 흘러나온 림프절에서 발견되었다[46,47]. 12~24시간의 감염이 일어난 후, VEEV는 혈액과 비장, 비누출성 림프절(nondraining lymph node), 흉선과 같은 다른 림프조직들에서 나타났다[47]. 심장, 폐, 간, 췌장, 신장, 부신, 침샘을 포함한 비림프성 조직들에서 증식된 바이러스들이 이 시점에서 발견된다. 혈액과 말초조직에서 바이러스 제거는 상대적으로 신속하게 일어나며, 3~4일의 감염이 일어난 후에 근본적으로 완료된다. 그러나 뇌의 손상은 말초가 제거되기 전에 일어난다. 바이러스는 감염이 일어난 후, 48시간 사이에 발바닥이나 피하경로에 의해 감염된 마우스의 뇌에서 발견될 수 있다[47~49].

마우스는 VEEV에서 많은 독성인자들의 특성을 규명하는 데 특히 유용한 것으로 입증되었다. 예를 들면, VEEV의 E2 당단백질은 명확히 표적화된 수지상 세포들에서 중요한 역할을 하는 것으로 나타났다. 심지어 E2에서 단일-점 돌연변이(single-point mutation)는 생체 내에서 수지상세포의 감염을 막을 수 있으며, 마우스에서 바이러스를 무독성으로 만든다[45]. 대식세포의 감염 또한 VEEV의 초기 발병에서 중요할 수 있다. 독성의 VEEV에 의한 단핵대식세포(mononuclear phagocytes)의 초기감염은 림프절에서 일어나며[48], 다른 VEEV 균주의 병독성은 대식세포에서 신속히 증식하는 능력과 서로 상호관계를 갖는다[7]. E2 또는 E1 당단백질에서 추가적인 돌연변이는 뇌 속으로 들어가는 것을 포함하여, 몸 전체에 걸친 VEEV 확산에서 다른 단계에 영향을 미치는 것을 보여주었다.

뇌에서 VEEV의 침입은 VEEV의 발병에 중요한 단계로서, 몇몇 연구들에서 다루어져 왔다[7,44,48~51]. 마우스의 혈액 속에서 바이러스는 말초감염 18시간 이내에 후각 신경상피(olfactory neuroepithelium) 아래에 있는 결합조직의 혈관 주변구역으로 전파될 수 있으며[49], 이 지역으로부터 연결되는 후각신경을 경유하여 뇌로 접근할 수도 있다. 이것은 마우스의 뇌로 침입하는 VEEV의 주된 경로로서 나타난다. 혈액-뇌 장벽을 경유한 진입은 마우스에서 VEEV에 의한 중추신경계(CNS) 침입의 중요한 수단이 되는 것으로 보이지는 않는다.

VEEV와 함께 에어로졸 감염에서 사람들이 쉽게 감염되기 때문에, 이 경로를 통한 노출은 동물연구에서 또 다른 관심분야가 되었다. 에어로졸 투여에 의해 VEEV에 감염된 마우스에서는 자연적인 감염에 비교하여 후각의 점막에서 초기 대량의 감염이 나타난다. 후각기관의 신경상피에서 이극성(bipolar) 또는 후각의 감각뉴런들은 환경에 직접 노출되어 있으며[52], 이들 세포는 에어로졸화된 독성 VEEV의 강력하고 특이적인 표적이다 (그림 12.1)[25,44,48,49,53]. 이 세포들은 후각신경을 형성하는 축색돌기의 과정들을 통하여, 뇌의 후구(嗅球, olfactory bulb)로 직접 접근하도록 한다. 그 후 VEEV는 두 가지 접종경로에 의하여, 후각계를 경유하여 뇌로 침입할 수 있다. 그러나 VEEV의 말초의 접종과 비교하여, 뇌의 침입은 에어로졸 경로에 의해서 더욱 빠르게 일어난다.

뇌 안의 뉴런은 마우스에서 독성 VEEV의 주요 표적이다[25,44,48,49,53]. VEEV는 후구(嗅球, olfactory bulb)에서 원심성 연결을 수용한 뇌의 조직에 우선적으로 전파되며, 그 후 보통 뇌의 부리모양에서 꼬리모양의 다른 부분으로도 전파된다. 그 후 전각뉴런(anterior horn neuron)들이 주요 표적이 되는 척수로 감염이 진행된다. 뇌를 통한 바이러스의 확산 패턴은 말초경로 또는 에어로졸 경로를 통해서 감염된 후 동일하게 나타난다. 뉴런뿐만 아니라, 뉴런과 같이 동일하지 않을 지라도, 신경아교세포의 형태적인 특성을 가진 마우스의 뇌에 존재하는 세포들도 감염된 것으로 나타난다.

뇌의 알파바이러스 감염에서 신경세포 사멸기작은 광범위한 연구목표가 되었다. 어린이들 사이에서 VEE와 다른 알파바이러스 뇌염에 대한 감수성 증가는 감염 후 진행되는 세포자살에서 미숙한 뉴런의 감수성 증가에 의해 설명될 수 있다고 여겨진다[54]. 알파바이러스의 원형(prototype)인 Sindbis 바이러스를 이용하는 마우스 실험모델은 알파바이러스 뇌염의 발병에서 뉴런감염과 세포자살의 역할을 조사하기 위해서 사용되었다. Sindbis 바이러스 균주는 신생마우스에게 치명적인 뇌염을 일으키지만, 젖이 갓 떨어진 마우스에서는 저항성을 가진다[55]. 그러나 성체 마우스들은 더욱 신경독성 균주에 민감하다[55,56]. 어떤 균주에 대한 신생마우스들의 보다 큰 감수성은 중추신경계 뉴런의 광범위한 세포자살과 연관되어있다. 성체 마우스에서 감염된 뉴런들은 이들 신경독성이 적은 균주들과 더불어 현저한 세포자살이 나타나지 않았다. 그러나 그들은 더욱 독성인

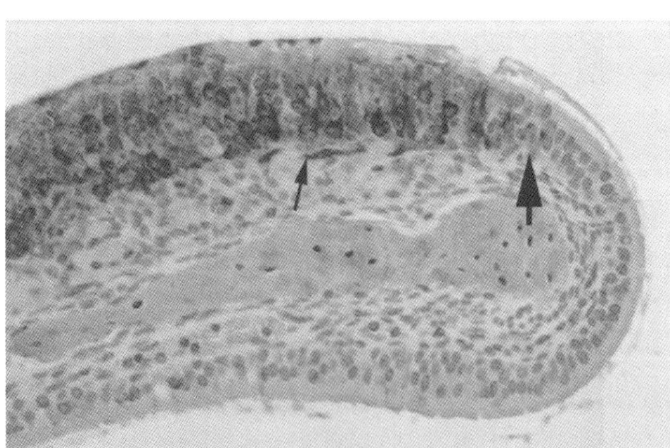

그림 12.1 에어로졸에 의해 베네주엘라 말뇌염 바이러스에 감염된 마우스의 비갑개(鼻甲介, nasal turbinate)의 면역조직화학적 염색. 붉은색은 비갑개의 이 부분이 연결된 후각상피에서 바이러스 감염이 있다는 것을 나타내며 (두꺼운 화살표는 호흡상피의 주변을 뒤덮음), 비갑개 나머지 부분의 호흡기 상피는 균등하게 감염되지 않았다. 바이러스가 후각신경의 시작부분에서도 존재한다 것을 주목하라 (가는 화살표).

Sindbis 바이러스 균주와 같이 감염 후에 일어났다[56,57]. VEEV 감염의 실험용 마우스 모델을 이용하여 뉴런의 파괴에서 세포자살 역할도 연구되었다. 괴사에 의한 죽음도 발생한 것으로 나타났지만, 세포자살이 VEEV에 감염된 마우스에서 신경세포 사멸 기작이라는 것이 별도의 연구에서 보고되었다[55,58]. 뇌의 염증은 중추신경계의 VEEV 감염에서 중요한 요인이다. VEE에 걸린 다른 동물과 사람과 같이, 마우스에서는 수막에서 세포침윤물(infiltrates), 혈관주변공간(perivascular spaces), 호중구의 특징을 가지는 뇌수막염이 나타난다[23,25,30,44]. 이들 침윤물(infiltrates)은 주로 림프구들로 구성되어 있지만, 그들은 대개 몇 개의 조직구세포(組織球細胞, histocytic cell)와 호중구들과 함께 섞여 있다. 호중구는 감염에서 초기에 더 두드러진다. 면역병리학적 기작이 VEEV의 발병에 도움이 될 것이라는 가능성은 항흉선세포 혈청(antithymocyte serum)을 이용한 치료가 감염된 마우스들의 생존시간을 오래 지속되게 하였다는 것을 보여주었을 때 제시되었다[59]. 더 나아가서 VEE가 면역-매개성 질병(immune-mediated disease)을 수반한다는 개념의 증거는 VEE에 걸린 SCID 마우스가 면역적격 마우스(immunocompetent mice)들의 뇌에서 세포성 면역의 변화가 없다는 것과 그들이 면역적격 마우스들보다 3일 더 오래 생존했다는 것을 보여준 연구에서 제공되었다[60].

실험은 VEE에서 보여준 신경쇠퇴의 역할을 가지는 성상세포(astrocytes)와 연관시켰다[53,61]. 한 연구에서 바이러스성 감염이 명백하지 않은 것에서 성상교세포증(astrogliosis)과 관련이 있는 뇌의 부분에서 뉴런들의 변성이 일어나는 것이 보고되었다[53]. 또한 이 연구에서는 VEEV에 감염된 마우스의 뇌에서 세포자살-신호 분자 수의 증가가 나타났다는 것이 보고되었다. 각기 다른 연구에서, 일차 성상세포의 VEEV 감염으로 프로염증 매개물질(proinflammatory mediator), 암의 세포괴사 α-인자, 유도성의 산화질소 생성효소(nitric oxide synthase)의 발현증가를 초래하였다[61]. 이들 실험은 성상세포들이 VEE에서 일어나는 뉴런에 대하여 손상을 일으킬 수 있다는 것을 나타낸다.

12.5.3 마우스 실험모델에서 원격측정법 사용

실험백신들에 대한 사람의 반응을 예측하는 것뿐만 아니라, 백신효능에 민감한 지시약이라는 것은 작은 동물실험모델이 가지는 커다란 매력이다. 사람 이외의 영장류와는 대조적으로, 사람들이 어떻게 VEEV 후보백신에 반응을 보일 것인지를 예측하기 위한 가장 적절한 실험모델[62]은 마우스이다. 마우스는 값싼 실험모델이고, 사람의 영장류 연구에 관련된 윤리적 우려와도 연관되지 않는다. 마우스에 사용하기에 충분히 작은 원격측정기 개발에는 예방접종과 감염시험에서 쥐과 동물의 반응에 대한 민감성을 증가시키는 시스템이 제공된다. 원격측정장치들이 이식된 근친교배시킨 마우스와 이계교배된 마우스 계통을 사용한 최근의 연구에서는 생리학적 반응 탐지의 민감성 증가를 기술하였다. 한 연구에서 VEEV TrD 감염과 관련된 증상의 개시는 사육실 쪽에서 관찰된 증상과 비교하여 최대 2일 정도 빠른 것으로 확인되었다[63]. 더구나 원격계측기(telemeter)는 마우스가 VEEV TrD 감염 이후에 발생하는 이상질병(二相疾病, biphasic disease)과 유사한 일일온도패턴에서 변화를 알 수 있다[47]. 그런 변화들은 케이지 쪽에서 관찰(cage-side observation)을

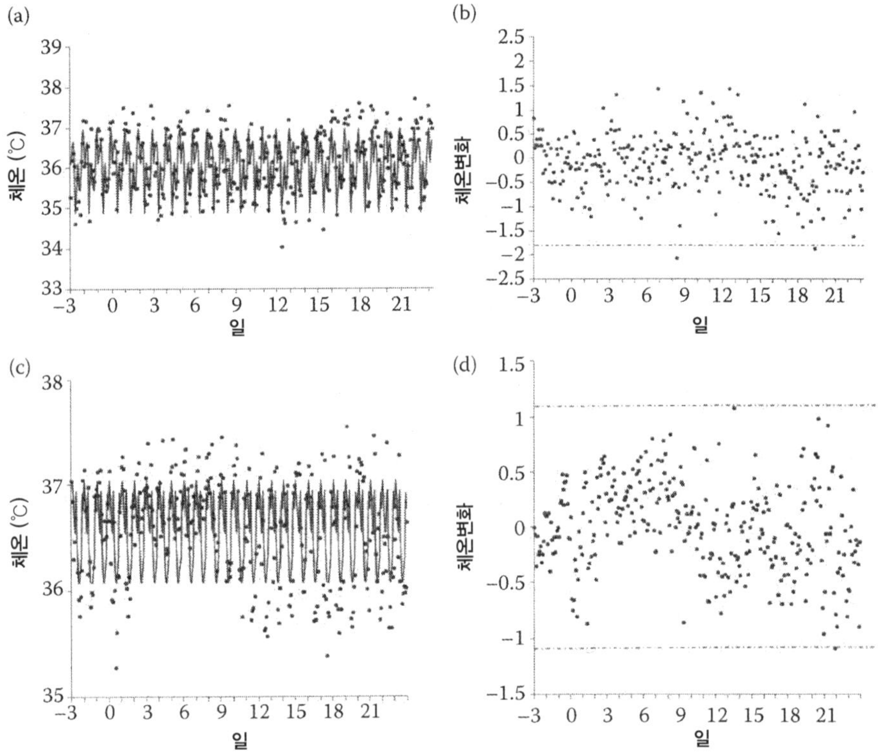

그림 12.2 기준기간(baseline period)(-7일에서 -1)과 V3526 예방접종 후 28일 동안, 이식된 원격계측기를 이용하여 체온을 모니터링하였다. 그 자료에 보다 나은 해상도 데이터가 −3일에서 24일 사이에 나타났다. 1 x 10⁴ pfu V3526으로 피하 예방접종된 BALB/c 마우스의 체온(a)과 상대적인 체온변화 (b). 1 x 10⁴ pfu V3526으로 피하로 예방접종된 CF-1 마우스의 체온(c)과 상대적인 체온변화(d). −3일에서 −1일 동안 각 마우스의 매 시간 평균체온(a와 c, 점으로 표시)은 자동회귀이동평균실험모델(autoregressive integrated moving average model)을 통해서 결정되었다. 이 24시간 실험모델은 남은 연구 일에 체온수치를 예상하기 위해 시간이 다가옴에 따라 추정되었다 (0일에서 28일, a와 c, 단선으로 표시). 체온변화는 매시간 체온데이터와 예측수치 사이의 차이로 나타난다. 단선으로 표시된 부분(b와 d)은 매시간 체온데이터와 예측수치 사이의 차이를 보여준다. 점선 표시는 체온의 평균변화를 3 SD로 보여준다.

통해서 발견할 수 없다.

백신이나 감염시험 소재에 대한 발열반응을 평가하는데 사용되는 일반적인 분석은 그룹의 평균발열시간이다[34,64,65]. VEEV 실험백신인 V3526로 예방접종된 두 마우스 계통에서 수집된 그룹평균자료의 분석은 V3526으로 접종된 마우스 집단들 사이에서 뚜렷한 차이를 보이지 않았는데, 이는 V3526이 발열반응을 유발하지 않는 것을 암시한다. 각각의 체온프로필(temperature profile) 검사는 BALB/c 마우스에서 동일한 결론을 초래하였다 (그림 12.2a와 b). 그러나 이계교배 시킨 CF-1 마우스의 예방접종 후 각 동물의 체 프로필 조사는 다른 방법으로 제안되었다. CF-1 마우스의 40%는 예방접종 후 6~9일에 걸쳐 일일체온리듬(diurnal temperature rhythm)에서 손실이 나타났다. 일일리듬의 손실은 체온의 증가와 관련되지 않지만, 상당한 일일 체온의 범위는 대략 2C°에서 1C° 가량이 감소하였다 (그림 12.2c와 d). 예방접종 후 활성도의 증가는 또한 예방접

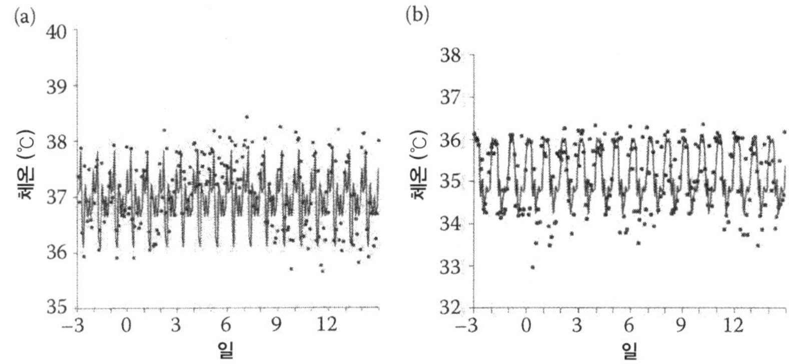

그림 12.3 체온은 기준기간 동안 (−35일에서 −20일), V3526으로 예방접종 후 (−28일에서 −1일), 베네주엘라 말뇌염 바이러스 TrD 감염시험 후 기간(0일부터 28일) 동안 원격측정기의 이식을 통하여 모니터 되었다. 1×10^4 pfu V3526를 피하로 예방접종시키고 1×10^4 pfu TrD로 피하 감염시킨 BALB/c 마우스(a)와 CF-1 마우스(b)는 28일 후 다음과 같이 나타났다. 기준기간 동안 각 마우스의 시간별 평균체온은 자동회귀이동평균실험모델(autoregressive integrated moving average model)을 확립하기 위해 사용되었다. 이 24시간 실험모델은 예방접종과 감염기간을 위한 체온수치를 예측하기 위해 앞서 추정되었다(단선으로 표시).

종 후 CF-1 마우스에서 4~5일 동안 관찰되었으나, 활성수준의 변화는 BALB/c 마우스에서 관찰되지 않았다. 이 반응의 빈도에 관해서, 이계교배 시킨 마우스들의 체온과 활동에서 변화의 백분율은 V3526로 예방접종된 후 고열반응을 나타내는 사람, 사람외 영장류, 그리고 말의 백분율과 유사하다[63,65]. 대략 사람의 30%, 사람외 영장류의 50%, 그리고 말의 20%가 V3526로 예방접종된 후, 단기간에 걸쳐 고열이 발생하였다. 이 연구로부터 이계교배 시킨 마우스, 특히 CF-1 마우스에서 원격계측기의 사용은 큰 동물실험모델과 사람의 예방접종에서 유도된 발열반응을 반영할 수도 있는, 체온과 활성의 미묘한 변화들을 감지하는데 충분히 민감하다고 결론지었다. 이들 연구는 나아가 개개의 동물사료의 분석이 그룹의 평균분석에서 보다 큰 종과 사람에서 실제 결과를 예측하였던 각 마우스에서 보여준 생리적인 변화가 나타나지 않음에 따라 예방접종에서의 반응들을 감지하고 예측하기 위해서는 필수적임을 증명하였다.

CF-1 마우스 실험모델이 이식된 원격계측 장치로만 감지될 수 있는 V3526에 대하여 감수성 증가를 보임에 따라, 백신의 효능을 평가하기 위한 CF-1 마우스들의 유용성이 평가되었다. BALB/c 마우스는 또한 비교를 위해서 평가되었다. 원격계측기가 이식된 CF-1 마우스는 V3526으로 예방접종되었고, 28일이 지나고 피하 경로에 의해 1×10^4 pfu의 VEEV TrD로 시험감염되었다. 감염시험 후 케이지 쪽 관찰에서 모든 마우스들이 28일간의 관찰기간 동안 건강한 상태로 남아 있었음을 나타내었다. 그러나 원격계측기로 수집된 체온과 활동에 대한 자료는 마우스의 40%가 예방접종 이후에 관찰된 것들과 유사하게 변화된 일일체온리듬으로 나타났다 (그림 12.3a). 이들 마우스의 활동자료는 또한 감염시험 후 며칠동안 일반적인 패턴으로부터 벗어났다. 대조적으로, 이 연구에서 BALB/c 마우스는 기준선(baseline)과 다른 체온 또는 활동 패턴들을 가지지 않았다 (그림 12.3b). 이들 연구는 더 나아가서 VEEV에 대한 고민감도의 마우스 실험모델로서, 원격계측기가 이식된 CF-1 마우스의 유용성을 입증하였다.

12.5.4 VEEV 감염 기타 소동물 실험모델

VEEV 감염의 병리학적 효과들은 마우스보다 다른 많은 작은 실험동물에서 조사되었다. 여기에는 햄스터, 쥐, 기니픽, 토끼 등이 포함된다. 비교적 초기의 연구에서 주사 또는 에어로졸에 의한 VEEV 감염은 골수조직과 림프조직에서 일반적인 괴사를 일으켰으며, 그 바이러스는 다른 동물들에서 향림프골수성(lymphomyelotropism), 그리고 향신경성(向神經性, neurotropism)을 나타내었다[24]. 햄스터, 기니픽, 토끼는 극심한 향림프골수성 효과(lymphomyelotropic effect)를 나타내었으며, 감염으로 그 동물들은 신경학적인 질병을 나타내기 전에 죽었다[23,66~69]. 그에 반해, 마우스와 쥐는 치명적인 신경학적인 질병이 발생하였다.

햄스터는 VEEV에 의해서 림프조직과 골수조직이 깊이 감염받기에 쉬운 표적이며, 이것은 광범위한 면역계 손상과 그 뒤의 미생물 과생장, 그리고 내독소 쇼크를 초래한다[23,70]. 만약 햄스터를 (미생물의 증식을 막기 위한) 항생제로 치료해주지 않는다면, 햄스터는 뇌염성 단계로 가기 전에 죽으며, 이 경우, 뇌염이 죽음의 원인이 되었다[70]. 초미세구조 연구는 림프세망조직(흉선, 림프절, 비장, 골수, 회장) 조사에서 거의 모든 세포들이 햄스터가 죽어가는 그 순간까지도 영향을 받게 된다는 것을 나타냈다[66].

성체 햄스터들은 VEEV에 가장 민감하기 때문에, 돌연변이 바이러스들의 새로운 VEE 후보백신 종류의 약화를 시험하기 위하여, 그리고 이전에 VEEV 아형(subtype)의 독성을 평가하기 위하여 최근 사용되고 있다. 이후의 시험에서 조직병리학적 비교는 독성 VEEV의 IAB, IE, II, III 균주들과 치명적이지 않은 바이러스들, TC-83 (VEEV IAB) 백신과 VEEV의 IV 균주를 사용한 햄스터들에서 수행되었다[68]. VEEV의 IAB 균주에 대해 이전에 언급된 것들에 대한 유사한 결과는 VEEV의 IE 균주를 사용하는 것에서 관찰됐지만, 이 바이러스는 뇌 조직들도 감염시켰다. VEEV의 II 균주 감염은 비록 골수와 뇌의 병변이 VEEV의 IA 균주에 의해 일어나게 되는 것과 유사할지라도, 비장 또는 페이에르 판(Peyer's patches)에서 중요한 변화를 유발하지 않았다. VEEV의 독성 III 균주는 비장, 골수, 페이에르 판에 최소한 또는 전혀 손상을 일으키지 않았고, 죽음은 관찰된 뇌의 병변에 기인하였다. 병변들은 (세포수의) 과형성(hyperplasia)에 뒤이은 일시적인 림프구감소증(lymphopenia)을 제외하고는, VEEV의 TC-83 또는 IV 균주에 감염된 동물들에게서 확인되지 않았다. 형광항체 검사를 통해서 영향을 받은 조직에서 바이러스 항원의 존재를 확인하였고, 또한 마우스[71]와 기니픽[72]에서 보고된 바와 같이, 이자의 샘꽈리세포(acinar cell)에서 항원을 찾아내었다. 그 다음 연구들은 바이러스혈증으로부터 그리고 비장으로부터 바이러스의 확산의 결과로 초래된 샘꽈리세포뿐만 아니라, 섬세포(islet cells)의 바이러스감염을 나타내었다[73].

VEEV의 9가지 독성 아형(subtype) I 균주는 흰색의 성체 랫드를 대상으로 치사율을 시험하였다[20]. 랫드는 VEEV의 IAB와 IC 균주들에 의해 죽었으며, IC 균주인 V-198의 경우에는, 1회분에 해당하는 10^6 pfu에서 100%의 치사율을 나타낸 것은 오직 한번뿐이었다. 바이러스 증식은 흉선, 비장, 뇌에서 관찰되었지만, 감염된 랫드의 골수와 간에서는 관찰되지 않았다. 마우스와 마찬가지로, 랫드에서도 감염이 일어난 약 1주 후에 빈사상태가 되었고 신경질환(신경장애)의 증상이 나타났다.

에어로졸, 피하, 또는 복강 내를 통해 VEEV의 TrD 균주가 감염된 몇몇 동물들은 12일 동안 생존했지만, 예방접종을 하지 않은 기니픽들은 대략 2~6일 이내에 죽었다[24]. 토끼들은 일반적으로 감염 후 4일 만에 죽었다. 토끼와 기니픽은 모두 림프조직과 골수조직에서 광범위한 세포괴사가 있었다[24]. 그것들의 비장들은 조금 커졌지만, 약간의 백혈구가 있었으나, 감염된 2일 후에 혈액에서 백혈구들의 엄청난 감소가 있었다. 비장의 굴모양혈관(sinusoid)은 비어 있었으며, pulp cord는 적혈구와 함께 부풀어 있었고, 말피기모낭(Malpighian follicles)은 괴사하였다. 마우스와는 대조적으로, 기니픽에서 뇌척수염은 거의 관찰되지 않았다. 초창기 연구에서, 투여경로와는 무관하게, 토끼, 기니픽에서 lymphomyelopoietic 변화, 사람외 영장류에서 신경영양적 변화, 마우스들에게서 두 가지 유형의 변화를 유발하는 VEEV와 더불어 몇몇 종들 사이에서 뚜렷한 차이가 관찰되었다[24]. 기니픽은 말에서와 같이 동물유행성 또는 풍토병의 아형에 대해 더욱 다양한 감수성을 가지기 때문에, VEEV의 예비 발병연구를 위한 실험모델로서 사용되었다[74]. Powers 등[75]과 Greene 등[76]은 비피막(nonenvelope) 및 피막(envelope) 유전자가 독성에 기여하는 역할을 평가하기 위해 기니픽 실험모델에서 가변성이 이용되었다.

12.5.5 VEEV 감염의 사람외 영장류 실험모델

사람외 영장류는 보통 감염성의 병원체들에 의해 발생되는 사람의 질병모델로서 사용되고, 그것은 사람외 영장류의 질병이 사람에 대해 보고되었던 것과 매우 유사하였던 VEEV를 다룬 초기 연구에서 평가되어졌다[24,25,77]. VEEV 연구에서 최근에 가장 널리 사용되는 동물은 사람외 영장류이며, 일반적으로 사용되는 종으로는 rhesus 원숭이(*Macaca mulatta*) 또는 cynomolgus 원숭이(*Macaca fascicularis*)가 사용되었다[34,62,78~81]. 두 종의 원숭이들에서 VEEV의 동물유행성 질병의 균주에 의한 비경구성 감염 이후, 1~2일 이내에 고열, 바이러스혈증, 림프구 감소증이 일어난다[62,77,81]. 고열은 5~6일가량 계속되고, 뇌염증상은 질병이 진행되는 후반까지 나타나지 않았다. 뇌염증상에는 균형의 손실, 가벼운 미진, 극심하고 지속적인 저체온증을 포함한다. 비교하자면, TrD (V3000)의 독성의 감염성 클론(clone)에 대한 에어로졸 노출이후, 발열반응은 노출 후 조금 늦게 (36~72시간) 일어나는 것으로 보인다[62]. 그러나 고열의 지속시간과 심한 정도는 V3000 (~10^8 pfu)의 동등한 감염시험이 주어졌을 때, 비경구적으로 노출된 원숭이와 비교하면, 에어로졸에 노출된 원숭이에서 더욱 크다. 다른 임상증상들은 특히 백혈구감소증과 바이러스혈증을 포함한 두 가지 경로의 노출에서 동일하였다. 각각의 경로로 노출된 동물의 뇌척수액은 VEEV에 특이한 IgG에서 양성이었으며, 항체의 양은 발열반응 정도와 관련이 있었다. 고열, 바이러스혈증, 림프구감소증을 포함하는 유사한 반응이 VEEV 동물유행성질병의 균주에 감염된 rhesus 원숭이에서 보고되었다[77]. 각 경로에서 VEEV의 노출은 사람에 대해 보고된 것과 유사하게 건강한 원숭이에서 거의 치명적이다.

VEEV이 좀처럼 치명적이지 않기 때문에, 방사원격측정기(radiotelemetry)로 생리학적 자료를 전송하는 피하 이식장치의 사용은 사람이외의 영장류를 이용하는 VEE 연구를 더욱 용이하게 만

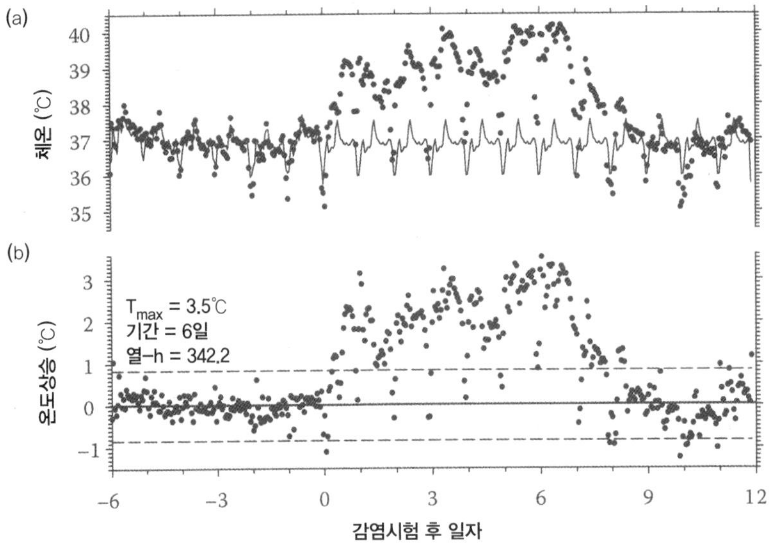

그림 12.4 체온은 기준기간 동안 (−10일에서 0)과 감염시험 이후 21일 동안 방사원격측정기(radiotelography)에 의하여 모니터되었다. 예방접종되지 않은 원숭이의 체온(a)과 분석(b)은 V3000의 4.0 x 10^8 pfu로 에어로졸에 의해 감염시험되었다 (Pratt, W.D. et al., Vaccine, 2003, **21**(25–26):3854–3862; Pratt, W.D. et al., Vaccine, 2009, **27**(49): 6814–6823으로부터 인용함). 원숭이의 시간별 평균체온(a, 점으로 표시)은 자동회귀이동평균실험모델(autoregressive integrated moving average model)을 맞추기 위하여 기준훈련기간(−10일에서 −3일)에 따랐다. 24시간 훈련기간 모델(24-h training period model)은 남은 −2일에서 12일 동안 체온수치를 예상하기 위해 미리 추정되었다 (a, 점으로 표시). 잔여온도 (b, 점으로 표시)는 매시간 체온자료와 예측수치 간의 차이를 보여준다. 3 SD 이상의 잔여온도자료[대시선(–, dashed line)]은 감염시험기간에 발열기간 (18시간 이상의 상당한 온도상승 일수)과 발열시간(fever hours) (상당한 온도상승 합)을 계산하기 위해 사용되었다.

들었다[34,62,79]. 이들 시스템은 사람에 대한 안전성과 제한적으로 동물을 통제하는 것을 개량하는 동안, 노출된 동물들로부터의 체온과 같은 자료들을 계속해서 모니터하고 기록한다. 방사원격측정으로 수집된 체온 자료는 사람의 영장류에서 일반적으로 보여주는 일일 변화를 수학적으로 설명하기 위하여 실험모델화 될 수 있으며, 보통 양적 및 질적으로 측정되고 식별될 수 있는 중요한 편차들로 실험모델에 제공될 수 있다 (그림 12.4).

VEEV의 국지유행성 균주에 노출된 원숭이의 반응에 관한 내용이 몇몇 문헌에 자세하게 보고된 바가 있다. 1968년에 Verlinde[82]는 Mucambo 바이러스에 감염된 cynomolgus 원숭이에 대하여 보고하였다. 피하감염 이후, 두 원숭이 가운데 한 마리가 5일째까지 발열 반응이 나타나지 않으며, 2일이 더 지난 후에 경미하한 발열 반응이 시작되었다. 바이러스는 각각 동물의 혈액에서 발견되지 않았고, 뇌염 증상도 나타나지 않았다. 그 후 병리학적 조사에서도 중추신경계에서 바이러스 흔적은 보이지 않았다. 그에 반해서 바이러스의 두개내 발열은 감염 2~3일이 경과된 후에 시작되었으며, 6일간 계속되었다. 두 마리 모두에서 바이러스혈증이 나타났으며, 발과 손에서 약간의 마비증세가 일어났다. 이 원숭이들은 12일 동안의 감염에서 회복되었으나, 그 후 죽었다. 병

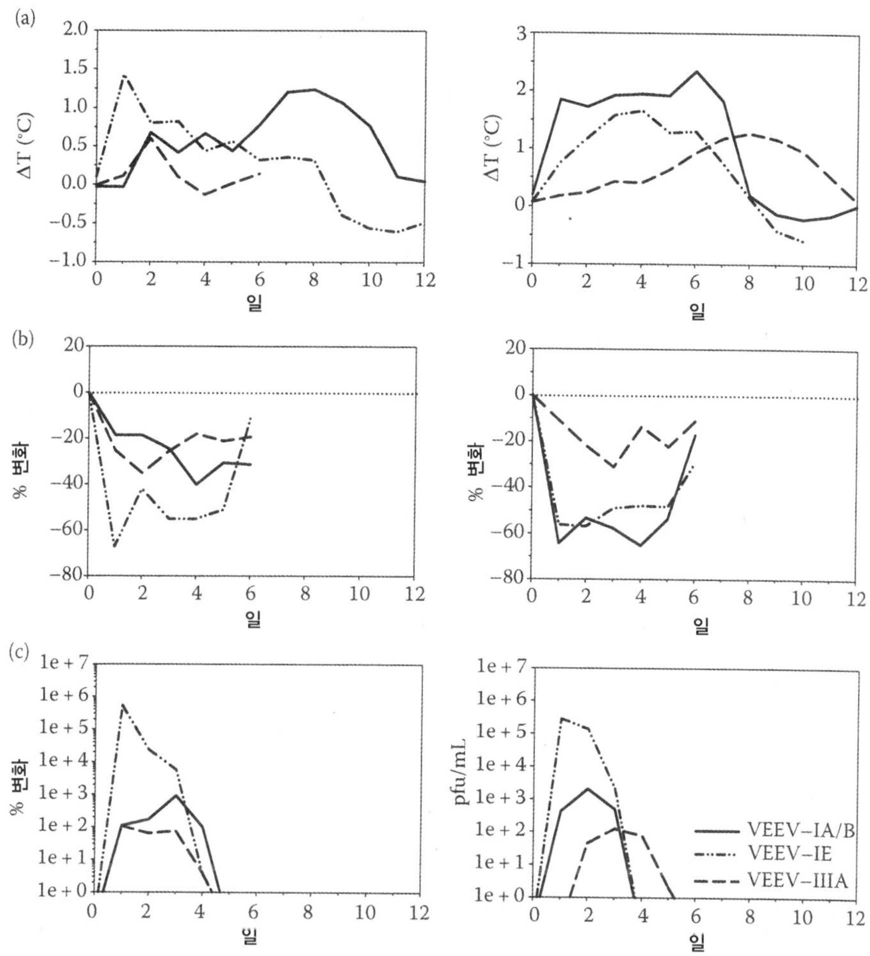

그림 12.5 Cynomolgus 원숭이는 베네주엘리 말뇌염 바이러스(VEEV)의 동물유행(epizootic) 또는 동물토착균주(enzootic strain)로 피하 또는 에어로졸 감염에 대응하여 열 (a), 림프구감소증 (b), 그리고 바이러스혈증 (c)을 보여준다 [Pratt, W.D. et al., *Vaccine*, 2003, **21**(25-26):3854-3862; Reed, D.S. et al., *J. Infect Dis*, 2004, 189(6):1013-1017 으로부터 인용함]. 체온을 기록하기 위하여 원격측정기(복강)가 이식된 원숭이 그룹은 약 10^6 pfu의 바이러스로 피하(s.c.) 접종되거나, 약 10^8 pfu의 바이러스로 에어로졸 노출되었다. VEEV의 독성의 감염성 클론(V3000, IA/B 균주의 클론인 TrD; IE1009, IE strain 68U201의 클론; 3A3500, IIIA 균주의 클론, Mucambo 바이러스)은 피하 접종에 사용되었으며, Mucambo 바이러스는 에어로졸 노출에 사용되었다.

리학적 검사로 신경손상부분과 단핵세포들의 혈관주위의 침윤을 포함한 중추신경계, 특히 시상(thalamus)에서 다중병변이 발견되었다. Monath 등[77]은 VEEV의 ID 또는 IE 균주 가운데 어느 한 가지 바이러스에 의해 피하감염된 rhesus 원숭이가 바이러스혈증과 경미한 백혈구 감소증에 걸렸으나, 발열반응은 일어나지 않았다고 보고하였다. 종합해 보면, 이 결과들은 국지유행성 균주들이 원숭이에서 중요한 질병을 일으키지 않는다는 것을 제시하였다.

원숭이 내의 방사 원격측정기를 이용한 가장 최근의 연구에서 몇몇 VEE의 동물유행병성 균주,

그리고 국지유행성의 균주들에 대하여 비교하였으며, 이러한 균주들은 그림 12.5에 잘 나타나있다. 68U201 (IE1009)의 독성감염성 클론의 106 pfu의 양으로 피하경로에 접종된 cynomolgus 원숭이는 동물유행성 VEEV (V3000)을 많은 양으로 피하접종을 했을 때 보인 것과 유사한 열이 빠르게 발생하였지만, V3000의 동등한 양으로 접종하였을 때 보여준 것보다 더욱 신속하고 빨랐다(그림 12.5a)[34,64]. 68U201 바이러스 또는 V3000 중 어느 하나의 높은 양(~10^8 pfu)의 에어로졸에 노출된 원숭이는 유사한 감염의 임상증상을 보였다[34,64,79]. 이런 바이러스들 중의 하나에 에어로졸 노출 이후의 발열반응은 이상(biphasic)이었으며, 4~5일간 계속되었다 (그림 12.5a)[79]. 림프구감소증과 바이러스혈증은 유사하게 심각하였으며, 열이 나는 기간 동안 일어났다. 모의 감염대조군(mock-infected controls)의 체온으로부터 중요한 차이가 없는 미열을 발생시킨 Mucambo 바이러스(3A3500)의 통성감염성 클론으로 피하접종된 cynomolgus에서, 반응은 서로 다른 카테고리에서, VEEV의 IIIA 균주에 노출시킨 이후에 나타났다 (그림 12.5a)[79]. 발열은 Mucambo 바이러스의 에어로졸 경로에 노출된 원숭이에서 지연되었으나, 오래동안 심하게 지속되었다. Mucambo 바이러스 감염시험이후, 림프구감소증(lymphopenia)은 감염경로에 상관없이 누그러졌으며 (그림 12.5b), 바이러스혈증은 V3000과 68U201과 더불어 보여준 수준에서 차이가 미미하였다 (그림 12.5c). Mucambo의 에어로졸에 노출된 원숭이는 균형의 손실, 미진, 지연성이며 극심한 저체온증을 포함한 뇌염을 나타내는 임상증상들이 일어났다[79].

독성의 동물유행성 균주에 노출된 원숭이의 병리학적 검사는 뇌염의 명백한 증거를 보여주었다. Gleiser 등[25]은 TrD로 비경구적으로 주사된 rhesus 원숭이의 부검에서 뇌의 주변에 병변이 생기는 것을 보고하였다. 가장 극심한 병변들은 특히 시상(thalamus)에 밀집되어 있었고, 관찰된 주된 병변들로는 림프구 위관성 침윤(lymphocytic perivascular cuffing)과 교세포 결절(glial noules)이었다. Danes 등[83,84]은 비강내(i.n.) 감염시험된 rhesus 원숭이에서 VEEV 감염을 조심스럽게 검사하였는데, 이것은 에어로졸 경로의 감염과 유사하였다. 이런 같은 부류의 연구에서, 원숭이는 세 가지 그룹으로 분류되었다: 그룹 1은 치환골(replacement bone) 이식과 함께 사골(ethmoidal bone)의 사상판(lamina cribrosa) 추궁절제(laminesctomy)를 받았으며, 독성 VEEV (십중팔구 TrD)로 수술한 8주 후 비강 내로 감염시험되었다. 그룹 2는 수술을 받지 않고, 독성 VEEV로 비강내 감염시험되었다[34,64] 그리고 그룹 3은 기관절개술(tracheostomy)을 통해 독성 VEEV로 감염시험을 받았다. 그룹 2에서, VEEV는 신속하게 원숭이의 후구(嗅球, olfactory bulb)와 후삭(嗅索, olfactory tract)에 이르게 되고, 후각신경(olfactory nerves)의 (그룹 1) 방해를 받은 원숭이에서 보다 높은 수준으로 증식된다. 저자는 VEEV가 마우스들에서 보인 것과 유사한 후각계(olfactory system)에 대해 선호하였지만, 바이러스혈증 동안 혈류를 통해서 바이러스가 퍼지는 것 보다 더욱 문제가 되는, 후삭을 통해서 뇌로 퍼지는 것을 알지 못하였다[48,49]. 그들은 그룹 1과 그룹 3, 그리고 그룹 2의 원숭이들 사이에서 유사한 조직학적 증상과 유사한 정도, 그리고 뇌 (해마, 뇌회, 후두엽, 수질)의 다양한 부분들에서 바이러스의 존재의 발견에 대한 결정에 근거를 둔다. 저자들은 또한 그들의 결과가 전체적으로 뇌가 VEEV의 표적기관으로 간주될 수 없었음을 보여주는 것이라고 생각하였다. 이것은 뇌염에 의해서 발생되는 독성과 치사의 서로 다른 정도에 의해 지지되며, 연구들이 마우스의 뇌가 표적기관이라는 견해를 지지하는 부위가 원숭이와 마우스 사이에서 나타났다.

12.5.6 VEEV 감염 동물실험모델의 적용

문헌에 따르면, 마우스와 원숭이가 VEE의 가장 중요한 동물실험모델이라는 것은 분명하다. 마우스 사용의 이점은 마우스의 작은 크기와 낮은 비용, 정확한 실험을 위해 최적화된 면역학적 또는 명확한 유전적 균주들의 유용성, 마우스 실험시약의 다양한 유용성, 그리고 VEE에 대해 마우스로부터 이미 확보된 중요한 자료 등을 포함한다. VEEV에 감염된 마우스와 사람 사이에 존재하는 유사점들을 고려하면, 마우스는 VEE의 가장 유용한 동물실험모델이다. 그러나 단점도 없는 것이 아니다. 독성 VEEV에 의해 발생하는 치명적인 뇌염은 사람에게는 비교적 드물게 일어나는 반면에, 마우스에서는 VEEV의 신경침투에 매우 예민하고, 바이러스가 대부분의 감염경로로 투여되었을 때, 마우스들의 100%가 뇌염으로 죽었다. 마우스가 사람이나 원숭이보다 훨씬 더 '후각적인(olfactory)' 동물이며, 이점이 아마 VEEV가 후각계를 통해서 뇌로 침입하기에 적절하기 때문에, 최소한 이러한 약간의 감수성은 아마도 있을 수 있다. 범위가 어느 정도인지 이것은 VEE에 대하여 정확하고 적절하며, 마우스에서 질병과 독특한 특징들이 어떻게 사람에 대하여 연관성이 있는지에 대해서는 일부 불확실한 사항으로 남아 있다.

당시에는 놀랄 것도 없고, 원숭이는 최근의 VEE 연구에서 가장 널리 사용되고 있다. 원숭이의 사용은 값이 비싸고 제한적인 효용성 측면에서 단점이 있으며, 원숭이에게 질병을 일으키기 위해 요구되는 VEEV의 접종량으로 인한 영향에 대한 일부 우려가 있다. 그러나 원숭이는 다른 실험모델들 보다 사람과 계통유전적으로 더 가깝다. 사람과 마우스 사이에서보다 사람과 원숭이 사이에서 VEE의 임상징후와 병리학적 징후들이 훨씬 더 유사하다. 특히, 원숭이는 쥐보다 덜 치명적인 뇌염을 일으키며, 그것은 사람에게 보고된 것과 유사하다. 원격계측기를 사용하여 VEEV에 노출된 원숭이에서 생리학적 변화를 계속해서 모니터하는 능력은 마우스 실험모델에서 아직까지 준비되지 않았다는 것이 또 다른 중요한 이점이다. 이야기된 바와 같이, 햄스터 실험모델의 주된 이점은 마우스에서 보였던 것보다 더욱 더 민감한 수준에서 여러 가지 VEEV 균주들의 약화정도를 시험하는 것에서 그 동물의 유용성을 찾을 수 있다.

VEE가 좋게 사용될 수 있는 세 가지 동물실험모델들의 어떤 이점들 중에서 좋은 예가 사람백신으로 사용되기 위해 현재 개발 중인 유전자 조작된 VEEV인 V3526을 다룬 연구들을 통해서 제공된다. V3526은 합리적인 디자인을 통해 이론적으로 계획되고[85], 마우스에서 광범위하게 연구되고 선택되며[32,34,44,85,86], 햄스터에서 약화를 시험하여[34], 원숭이에서 안전하고 효과임을 보여주었다[34,64]. V3526의 개발과 시험은 VEEV에서 최근 동물연구의 후방에서 많은 추진력이 있어왔으며, V3526 패러다임은 EEEV와 WEEV에 대비하여 추가적인 백신들의 개발과 평가를 위한 기준이 된다. 최근 이 패러다임에 추가적으로 안정성을 조사하기 위해 마우스 실험모델에서 원격측정법이 사용되었다.

12.6 동부 말뇌염 바이러스 (EEEV)

VEEV와 비교하여 볼 때, EEEV를 이용한 많은 동물연구는 현재 사용 중인 많은 현대 실험기법이 도래하기 전에 이용되어 왔으며, 그 기법들은 감염의 주변경로에 주로 집중되어왔다. 이 때문에 최근에는 감염의 에어로졸 경로나 또는 비강경로에 집중되고, 생물방어와 생물테러 대응책 개발에 더욱 적절한 동물실험 모델화와 발병 연구에 대하여 많은 관심이 집중되어왔다[87~91]. EEEV에 의해 야기된 사람질병의 이해는 원숭이, 마우스, 햄스터, 기니픽, 다른 동물을 연구를 통해서 얻어졌다. 이들 연구는 사람질병의 중요한 특성이 강조되는데, 더욱 중증 징후에는 열, 발작, 혼수, 신경손상에 의해 특징지어진 수막뇌염과 주로 기저핵과 시상뿐만 아니라, 피질, 해마, 뇌관[92~94]에도 영향을 미치는 혈관염(vasculitis)이 있다.

12.6.1 EEEV 감염 마우스 실험모델

어린 마우스들에서 비경구성 경로에 의한 EEEV 감염은 말초 조직에서 초기 바이러스 증식이 명백하고, 바이러스혈증, 중추신경계(CNS) 침투, 뇌염에 뒤이어, 4~6일 이내에 죽게 되는 이상(二相)의 질병과정을 나타내는 등의 VEE에 걸린 마우스들에서 보여주는 증세와 유사하게 나타난다[95,96]. 에어로졸 또는 두개내 경로를 통해 EEEV에 감염된 마우스들에서 일어나는 질병은 더욱 빠르게 진행되고, 마우스들은 전형적으로 감염 후 2일에서 4일 사이에 죽게 된다[90]. 마우스들의 두 가지 질병을 비교한 연구들에서 VEEV에 감염된 마우스들이 EEEV에 감염된 마우스들보다 상당히 일찌감치 입모(털을 세움)와 체중 손실과 같은 질병의 증상들을 나타내는 것에 주목하였다[95]. 반면에 VEEV에 감염된 마우스에서의 질병은 기능장애(ataxia: 실조증), 불완전마비(paresis), 마비를 거쳐 죽게 되고, EEEV에 감염된 마우스들은 감염 후 첫날동안에는 건강한 것으로 보였으나, 죽기 바로 12~24시간 전에 질병 증상들이 나타났다. 흥미롭게도, EEEV 감염의 마지막 단계에서 관찰된 질병의 신경학적 증상들에는 마비증상을 동반하지 않은 발작이 있었다. VEEV 감염에 대조적인 마우스들에서 EEEV 감염의 또 다른 특징은 림프조직들에서 EEEV의 증식이 엄격하게 제한되고, 이것이 아마도 감염의 초기 임상증상들의 결여에 기여한다는 것을 발견한 것이다.

생존자료는 프로빗 분석(probit analysis)을 통해서 1 또는 >6 μm 에어로졸 입자들 중에서 어느 하나에 의해 8~9주된 BALB/c 마우스들에 전달된 EEEV와 북미 균주인 NJ1959의 LD_{50}가 각각 6.2×10^2와 2.9×10^3 pfu 였다는 것으로 나타났다[90]. 1 μm의 에어로졸입자들로 전달된 EEEV의 남미 균주인 ArgM의 유사한 분석은 LD_{50}가 4.6×10^2 pfu인 것으로 나타났으나, 입자 사이즈 >6 μm에서 이 균주에 대한 LD_{50}은 사망률이 이 연구에서 어떤 그룹의 접종량이 50%보다 크거나 같지가 않았기 때문에 결정될 수 없었다(1.4×10^4 pfu 이하). 에어로졸을 통해 8주 된 마우스들에 전달된 EEEV의 또 다른 북미 균주인 FL91-4679의 분석은 LD_{50}이 두 가지 마우스 균주에서 대략 500 pfu 였으며 (M.K. Hart 그리고 R.F. Tammarello, 비공식 자료, 2005), 이 균주를 사용하는 잠재적 후보백신들을 평가하기 위한 감염시험연구는 전형적으로 에어로졸을 통해 10^5 pfu

의 양을 사용한다. 조상 균주로서만 확인된 EEEV를 사용한 다른 경로에 의한 감염을 비교한 LD_{50} 연구에서 LD_{50}는 두개내 경로에 의한 1 pfu, 복강내 경로에 의한 대략 400 pfu, 8~12 g되는 갓 젖을 뗀 마우스들에게 피하 접종했을 때, 대략 1,250 pfu와 비교하여 적은 것으로 나타났다.

마우스에서 EEEV는 뇌염을 일으키지만, 일반적으로 사람의 질병의 한 가지인 혈관염을 일으키지 못한다[97,98]. 갓 태어난 마우스는 대표적인 알파바이러스인 EEEV에 대하여 더욱 민감하며, 약 4~8주 동안 자라면서 말초감염에 저항성을 가지게 된다[97~101]. 이것은 성체 마우스에서 혈관을 통해서 지나가는 바이러스의 무능력 때문이라고 생각된다. 그러나 최근의 연구에서 이 저항력은 아마도 골격계의 성숙에 있어서 일어나는 골아세포 개체수의 두드러진 감소의 결과일 것이라고 암시하였다. 이 연구에서 뼈몸통끝 조골세포(metaphyseal osteoblasts)는 5주 된 C57BL/6 마우스에서 빠른 바이러스 증식을 위한 초기 부위인 것을 발견하였고, 저자들은 이것을 바이러스혈증과 CNS 감염을 초래하는 바이러스 증식을 위한 일차 부위로 제안하였다. 적은 수의 조골세포들이 성체 마우스에서 발견되었는데, 이것은 EEEV에 의한 말초접종에 대하여 더 큰 저항성이 있었다. 그러나 성체 마우스들은 비강내, 두개내 또는 에어로졸을 거쳐 가해진 EEEV에 민감하였다[90,97~99,102].

마우스에서 EEEV의 확산을 추적하기 위해 면역조직화학(immunohistochemistry)과 현장혼성화(*in situ* hybridization) 기법을 사용하여, Vogel 등[96]은 VEEV 감염에서 보았던 것과 대조적인 몇 가지 흥미로운 관찰들을 하였다. 이 연구에서 5주된 암컷 마우스들은 발바닥(footpad)에 EEEV를 접종시켜, 4일간 시간경과에 따른 연구를 계속하였다. 예상대로, 바이러스는 엄선된 신경외(神經外, extraneural) 조직과 중추신경계로 혈행 확산 이전에 접종부위 근처에서 증식하였다. 반면에 VEEV에 감염된 마우스들은 뽑아낸 림프절에서 신경외 바이러스 증식을 보였는데, EEEV의 신경외 증폭의 일차 위치는 뼈들의 활동적인 성장지역에서 조골세포의 안에서 나타났다[96]. 흥미롭게도, 비록 바이러스 항원이 일차적으로 수지상세포와 연관된 오금림프절(popliteal lymph nodes)에서 발견되었을지라도, 현장혼성화에 의한 약한 염색은 바이러스가 이 위치에서 능동적으로 복제하지 못하는 것을 보여주었다. 저자들이 본 VEEV 발병학의 또 다른 차이는 중추신경계(CNS)의 조기감염 위치에 있었다. VEEV 감염에서, 바이러스가 후각 통로와 대뇌변연구조(大腦邊緣構造, limbic structure)를 통해서 뇌로 확산되기 전에 먼저 후각의 신경상피를 감염하였다[49]. EEEV의 감염에서 그 패턴은 더욱 신속하고, 랜덤하게, 그리고 다초점성(multifocal)으로 나타나며, 중추신경계 감염의 혈액원성 경로(hematogenous route)를 나타낸다. 뇌의 많은 부분들에서 뉴런들, 특히 대뇌피질(cerebral cortex)의 뉴런들은 민감한 쥐들에서 감염된다[96,98]. 많은 뉴런들이 감염됨에도 불구하고, EEE에 감염된 마우스에서 신경병리학적 변화들은 혈관염과 위관성 침윤 둘 다 없거나, 상대적으로 적었다.

12.6.2 EEEV 감염 햄스터 실험모델

병독성 EEEV는 또한 다수의 말초기관들뿐만 아니라 뇌의 감염을 포함하여, 시리아 햄스터(Syrian hamster)에 치명적인 질병을 일으킨다[21,103]. EEEV의 "조상(parent)" 균주의 LD_{50}은 복강내 감염을 시켰을 때, 대략 1 pfu가 되는 것을 알아냈다[21]. 좀 더 최근에 Paessler 등[104]은 햄스터가 사람의 질병과 더욱 유사한 혈관성 질병을 나타냈기 때문에, EEEV에 대한 잠재적인 동물실험모델로서 평가하였다. 1979년에 Massachusetts 주에서 모기로부터 분리된 북미균주인 79-2138를 6~8주 된 암컷 골든 햄스터의 피하 내로 접종시켰다. 10^3 pfu로 감염 후 2일에서 3일 동안, 햄스터들은 구토, 무기력함, 식욕부진을 보였으며, 사육실 벽에 계속 머리를 박는 행동이 관찰되었다. 무감각, 혼수상태, 호흡증세가 감염 후 4~5일 동안 관찰되었으며, 5~6일 사이에 죽게 되었다. 이 그룹에서 수행된 일련의 발병연구는 1일째에 혈청에서 바이러스가 발견되었고, 3일 이상 계속되었으며, 2일째에 바이러스혈증에 도달하였다. 뇌와 내장조직들의 검사를 통해서 감염 1일 이내에 뇌, 폐, 간, 신장, 비장, 근육에서 바이러스가 발견되었다. 심장의 바이러스 감염이 감염 후 2일째 되는 날에 관찰되었다. 내장기관들에서 바이러스의 역가는 2~3일 사이에 도달하였으며, 바이러스의 제거는 중화 항체들의 생산과 관련이 있었다. 그러나 죽을 때까지 바이러스의 역가는 증가하였으며, 뇌로부터 제거되지 않았다. 혈관염과 미세출혈들은 감염된 골든 햄스터의 뇌에서 중요한 특징들로, 사람에서 EEE에 의한 조직학적 결과들처럼 보인다[92]. 혈관염과 연관된 출혈은 뇌에서 바이러스 항원의 출현뿐 만 아니라, 신경손상, 신경세포식현상(neuromophagia), 미세아교세포증(microgliosis), 식세포와 호중구에 의한 뇌-유조직의 침윤 이전에, 기저핵(basal nuclei)과 뇌간(brainstem)에서 감염 후 24시간 이내에 관찰되었다. 뇌의 다른 부위들은 감염 후에 영향을 받는다. 혈관염 역시 많은 신경외 조직들에 영향을 끼친다.

12.6.3 EEEV 감염의 다른 소동물 실험모델

기니픽의 복강내, 피하, 피내, 근육내 투여, 또는 에어로졸에 의한 투여를 하였을 때, EEEV는 뇌염을 포함한 질병을 일으킨다[90,101,105,106]. 기니픽을 에어로졸 경로를 통하여 EEEV의 NJ1959 (북미) 또는 ArgM (남미) 균주로 감염시킨 최근 연구에서 18~72시간 이내에 활동 감소와 등떨림(dorsal tremors)과 같은 임상징후들이 발생하였다고 보고되었다[90]. 다음 3~4일 동안 현기증, 드러누움, 혼수상태와 같은 증상들이 생겨났으며, 사망평균시간은 5~6일 사이에서 신속하게 진행된다. 뒤이은 연속 샘플링 연구에서, 바이러스는 전염이 일어난 후 24시간 사이에 폐, 혈액, 간에서 발견되었다. 3일 사이에, 바이러스는 적정농도 수준이 더욱 낮아지거나 발견되지 않았다. 그에 반에서, 뇌에서의 바이러스 역가는 빠르게 증가하였다. 부수적인 병리학적 자료는 감염이 일어난 후 4일 동안 뇌의 모든 지역들로 경뉴런 확산(transneuronal spread)을 포함해서, 1~2일 사이에 후각신경상피(olfactory neuroepithelium)와 후구(嗅球, olfactory bulb)에서 바이러스가 나타났다는 것을 보여주었다. 뉴런들은 바이러스 감염의 일차 표적으로 나타났으며, 뇌속에서 주된 미세 병변들로는 신경괴사, 혈관염, 수막들과 신경망의 염증 등이었다.

토끼들은 호중구성 침윤이 적고, 분명하게 더 큰 미세아교세포증(microgliosis)을 나타내었지만, 기니픽에서 나타난 병변들은 유사하였다[106]. 수컷 Fisher-Dunning 쥐들(250~275 g)은 EEEV 균주 Arth 167의 10^6 pfu로 피하 감염시켰는데, 여기에서는 치명적인 질병을 일으키지 않았으며 더 이상 평가되지 않았다[20].

12.6.4 EEEV의 사람외 영장류 실험모델

사람외 영장류들에서 EEEV를 이용한 많은 초기 연구들이 WEEV 연구와 관련되어 행해졌다. Hurst[107]는 rhesus 원숭이로 두개 내로 감염된 EEEV 또는 WEEV가 변함없이 치명적인 것을 입증했으며, 반면에 비경구성 접종은 분명치 않은 감염 또는 치명적인 뇌염 중 어느 한 가지 결과를 초래하였다. 발열반응은 그다음의 뇌염 임상징후들의 좋은 예측변수로서, 미진, 목의 경직, 일반적인 근육조절의 약화 또는 손실, 보통 이상의 타액분비 등을 포함한다. 동물들이 감염 후 초기 바이러스혈증을 나타낼지라도, 발열 반응의 거의 끝나가고, 신경병 증상들이 시작될 때까지, 바이러스는 혈액으로부터 분리되지 않았다[108].

1939년에 Wyckoff와 Tesae[109]는 EEEV 또는 WEEV를 다양한 경로로 접종시킨 rhesus 원숭이에서 발견된 사항들을 발표하였다. Hurst[107]과 유사하게 저자들은 두개내 접종이 언제나 치명적인 반면에, 다른 경로에 의한 감염시험은 매우 다양하였음을 발견하였다. 피하, 정맥내, 또는 안구내(intraoculaly)로 감염된 원숭이에서 어떤 질병도 나타나지 않았다. EEEV의 비강내 접종 후, 3일에 열이 났으며, 열이 시작된 후 2~3일에 죽었다. 이전의 보고서에서와 같이, 열이 최고점에 이르기까지 신경학적 징후는 나타나지 않았다. 보고된 신경학적 징후는 전율, 경련, 졸음증, 마비, 혼수상태 등을 포함한다. 신경학적 징후를 보여주었던 어떤 원숭이도 그 질병으로부터 회복되지 못하였다. 그러나 Hurst의 보고와는 대조적으로[107], 몇몇 원숭이는 열이 발생하였으나, 뇌염의 징후를 보이지는 않았으며, 곧 회복되었다. 더욱 최근의 연구에서, EEEV로 에어로졸에 의해 노출된 cynomolgus 원숭이는 열을 발생하였으며, 발열이 시작된 후 72시간 이내에 빈사상태가 되었다[109]. 백혈구 증가증 발생뿐만 아니라, 열이 진정됨에 따라 신경학적 징후가 진전되는 것 임상징후가 나타났다.

최근 다양한 자료연구를 통하여 사람의 사례와 일치하는 신경학적 징후를 가진 cynomolgus 원숭이를 대상으로 한 EEEV 감염 에어로졸 실험모델 개발이 보고되었다[89]. 이 연구에서는 백신효능연구를 위한 적절한 에어로졸 시험용량으로 EEEV의 FL91-4679 균주의 10^7 pfu로 정하였다. 이 질병이 특별한 임상징후는 열, 과립백혈구증가증(granulocytosis), 알칼리 포스포타아제(alkaline phosphatase)의 증가였다. 감염 후 5~9일 이내에, 원숭이는 떨림현상이 나타났으며, 혼수상태에 이르렀으며, 즉시 안락사 되었다. 이들 동물에서 감염이 진행되는 동안 바이러스혈증은 일시적이거나 발견되지 않았다. 육안적 검시에서는 평범한 결과가 나왔으나, 이 연구의 병리학 보고서에서는 이들 원숭이 뇌에서 나타나는 중요한 특징들에 초점을 맞추었다[91]. EEEV 항원은 널리 퍼져있었으나, 특히 뇌의 선조체(線條體, corpus striatum), 교뇌(pons), 전두피질(前頭皮質, frontal cortex), 중뇌(中腦, mesencephalon), 시상(thalamus), 연수(延髓, medulla oblongata) 부위의 뉴런에 존재하였다. 이들 부위에서 특이한 조직학적 특징은 광범위한 신경세포괴사, 혈관주위세포침윤(perivascular cuffing), 염증세포침윤(inflammatory cell infiltration)이였다. 혈관염은 부종과 출혈 구역에서와 마찬가지로, 대뇌혈관에서 우세하게 나타났다. EEEV의 바이러스 역가는 관찰된 모든 조직에서 측정되었다; 그러나 중추신경계(CNS)에서 현저하게 높은 농도가 관찰되었으며, 특히 간뇌부위(diencephalon region)에서 바이러스 역가는 7.5×10^8 pfu/g로 최고를 나타내었다 (그림 12.6).

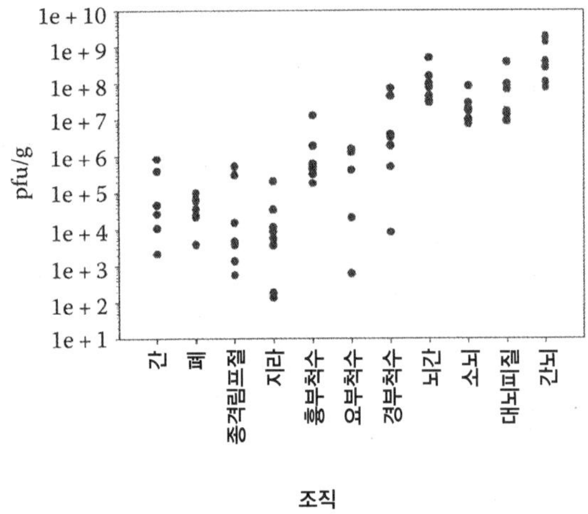

그림 12.6 동부 말뇌염 바이러스(EEEV)에 의해 죽은 cynomolgus 원숭이의 뇌와 중추신경계에서 높은 바이러스역가. 조직샘플은 부검을 통해서 채취되어, 인산염 완충생리수에 섞은 후, Vero cell을 사용한 용균반 분석을 통하여 바이러스를 계수하였다. 그래프는 주변조직의 바이러스 역가(조직 gram 당 pfu)뿐만 아니라 에어로졸 노출 후, EEEV 감염으로 죽은 10마리의 면역화되지 않은 원숭이(naive monkey)의 중추신경계(CNS)와 뇌의 다른 부위를 보여준다.

전통적인 사람외 영장류의 동물로서, Adam 등[87]은 사람 EEE의 유용한 실험모델로서 일반 marmoset (*Callithrix jacchus*)을 확인하였다. 이 연구에서, marmoset에 EEEV의 FL93-393 북미 균주 10^6 pfu를 비강내로 투여하였다[87]. 1~2일 후 PI marmoset은 식욕부진을 나타내고, 죽거나 안락사 (4~5일)될 때까지, 열, 백혈구 증가증, 극적인 체중감소를 보여주었다. 떨림과 혼수상태는 보고되지 않았으나, 비활동, 졸림, 눈꺼풀운동이 없거나 과도함, 의기소침한 자세 등과 같은 신경학적 징후가 나타났다. 부검으로 나타난 육안병리학적 병변은 없었으나, 대뇌피질에서 주변혈관 출혈을 가진 중등도수막뇌염(moderate meninggoencephalotis) 등의 조직병리학적 변화가 발견되었다. 비록 EEEV 항원이 사망시간에 marmoset의 뇌, 간, 근육에서 발견되었지만, 질병경과기간 동안 marmoset에서 확인가능한 바이러스혈증은 나타나지 않았다.

또 다른 최근의 연구는 비강내 또는 피하의 감염경로에 의한 EEEV의 FL93-393 균주 10^4 pfu가 주어진 올빼미원숭이(owl monkey) (*Aotus nancymaae*)를 사용하여 설명되었다[88]. 질병의 임상징후를 보여주는 올빼미원숭이들은 전혀 없었지만, 피하접종으로 24시간 이내에 바이러스혈증이 나타났으며, 평균 3.3일 동안 지속되었다. 6일 후, 각 그룹에서 두 마리가 조직학적 검사를 위해 안락사 되었으나, 조직에는 현저한 육안 또는 조직학적 소견이 없었음을 보여주었다. 종합해보면, 이 연구는 특히 만일 EEEV의 보다 높은 감염시험용량이 다른 사람외 영장류에서 보여준 것들과 유사한 임상학적 및 병리학적 징후를 유발한다면, 사람외 영장류 실험모델로서 New World 원숭이*** 의 사용가능성을 제시한다.

*** 코가 널적한 남미산 원숭이.

12.6.5 EEE 감염 비교

EEEV에 감염된 골든햄스터(golden hamster)가 다른 동물보다 사람의 질병과 더욱 유사한 병리학적 특징을 가지는 향신경증(neurotrophism), 뇌병증(encephalopathy), 치명적인 결과를 나타낸다는 최근 보고는 특히 발병연구에서, 햄스터를 소중한 동물실험모델로 만드는 것처럼 보인다[104]. 특히 뉴런의 직접적인 바이러스 손상 이전에 햄스터의 뇌에서 발생한 혈관손상의 초기 시작단계는 사람에서 발견된 유사한 현상을 근거로 연구하는데 잠재적으로 유용하다. 햄스터에서 말초감염에 대하여 나타나는 일치된 감수성 결과는 또한 햄스터가 백신보호(vaccine protection) 연구에 좋은 대체동물로 사용될 수 있도록 해준다. 햄스터를 사용하는데 있어서 작은 크기와 상대적인 경제성은 마우스를 사용하는 것을 능가하는 잇점을 가지는데, 새끼 때의 햄스터는 말초성 EEEV 감염에 내성을 가지며, 햄스터와 사람의 혈관병증(血管病症, vasculopathy)은 나타나지 않는다. 사람외 영장류에서 EEEV의 병리학적 결과는 이 실험모델이 신경발병연구에 얼마나 적절한지에 대하여 언급할 만큼 충분히 연구되지 않았다. VEEV가 그렇듯이, 원숭이에서 질병을 반복적으로 일으키기 위해 요구되는 투여량은 이 실험모델의 이용에 있어서 주의 깊게 고려되어야 한다. 그럼에도 불구하고, 말초감염에 대한 저항성에도 마우스와 원숭이는 대뇌내부 또는 에어로졸 감염에 수반되는 EEE 연구를 위해 계속 사용될 것이다. 새로운 마우스 계통과 추가 연구로 이전의 연구에서 제시되었던 것보다 EEE 연구에 더욱 유용한 동물실험모델임을 확인할 수 있게 될 것이다. 다른 동물실험모델도 부가적 연구로부터 도움이 될 것이다.

12.7 서부 말뇌염 바이러스 (WEEV)

EEEV와 마찬가지로, 최근에 WEEV를 사용한 동물연구도 제한되어있다. 1930년대에 “California 주에서 분리된 말 뇌척수염(equine encephalomyelitis) 바이러스”인 WEEV 연구는 토끼, 기니픽, 마우스, 사람외 영장류에 대한 감수성을 시험하였으며, 이들 동물실험모델의 뇌에서 WEEV를 발견하였다.

12.7.1 WEEV 감염 마우스 실험모델

이 장이 처음 발표된 이래, 생물방어 연구에 적용가능한 WEE의 마우스 실험모델을 개발하기 위한 많은 연구가 수행되어왔다[110~112]. Logue 등[110]은 6~8주 된 마우스에 피하내 감염 경로를 이용하여 미국, Colorado 주의 Fort Collins 시의 질병통제예방센터의 Arbovirus 보관소로부터 얻은 6가지 북미 균주들(McMillan, BFS-2005, Imperial 181, 85-452NM, 71V1658, Montana-64)의 독성을 비교하였다. 이들 균주 가운데, McMillan 균주는 독성이 가장 강하다는 것이 발견되었고, 다른 감염경로에서와 마찬가지로(에어로졸-10^5 pfu, 비강내-10^5, 두개내-10^3 pfu), 10^3 pfu의 피하접종은 모두가 치명적이었다. 이들 다른 경로로 감염된 경우의 평균생존시간은 두개내 경로에 의해 감염된 마우스에서 1.9일에서 피하 에어로졸이나 비강내 경로에 의해 감염된 마우스에서 4.0~4.6일에 이르기까지 다양하였다. 20주 된 암컷 BALB/c 마우스를 사용한 다른 비교연구에서, Nagata 등[111]은 비강내(I.n.) 경로로 1.5×10^3 pfu가 투여된 8가지 WEEV 균주들의 독성을 평가하였다. 이들 바이러스의 생존시간은 McMillan, Fleming, California 균주의 경우에 4~6일이었으며, B11, 71V-1658, Mn520, Mn548 균주에서는 7~12일 정도였다. 별도의 연구자 그룹에서는 9주된 암컷 NIH Swiss 마우스에서 McMillan 균주와 다른 두 가지 North American 균주인 CO92와 TBT235를 서로 비교하였으며, 비슷한 결과를 알아내었다. McMillan 균주는 장내 또는 복강내 경로에 의한 감염으로 독성을 나타내었으나 (평균생존시간은 각각 3.2와 4.6일이었음), 다른 바이러스는 단지 비강내 경로에 의한 감염에서만 독성을 나타났다[113]. 우리의 연구에서, 바이러스가 에어로졸에 의해 투여되었을 때, WEEV의 South American 균주로 프로빗 분석(probit analysis)은 BALB/c와 C57BL/6 마우스 계통에서 40 pfu의 LD_{50}를 나타내었다 (M.K. Hart and R.F. Tammariello, 미발표 데이터, 2005). 질병의 초기징후로는 털이 거칠어지고, 등구부림, 졸음증, 응시(凝視), peer interaction 감소, 체중감소 등이 나타났으며, 순간실조증, 불완전마비, 마비 등의 징후로 진행되었다. 바이러스혈증(viremia)은 일관성없이 마우스에서 나타났으며[114], 사망률과 연관되지 않는 것으로 나타났다[110]. Logue 등[110]에 의해 개발된 CD1 마우스 실험모델에서, 바이러스의 적당량(10^3~10^4 pfu/g)이 24시간 후 표본 동물의 뇌에서 발견되었으며, 72~96시간 후 뇌에서 많은 양의 바이러스가 분리되었다[110]. 뇌에서의 조직학적 병변은 신경세포괴사와 부종의 층상구역(laminar area) 또는 다발성구역(multifocal area)으로 구성되며, 그것은 무작위로 분포되어있었으나, 전뇌 구역(forebrain area)에서 가장 두드러졌다. 다른 병변으로는 혈관주위공간에서 부종이 발견되었으며, 림프구, 반응내피(reactive endothelium), 뇌의 작은 혈관에 존재하는 세포자살성 핵(apoptotic nuclei) 등이 가장자리에 존재하였다.

어린 마우스는 서로 다른 표적-기관 병리학 프로필을 가질 수 있다[115]. 1~2일 지난 젖먹이마우스(suckling mouse)와 WEEV의 B-629 균주로 피하(s.c.)로 감염된 2주 된 Swiss 마우스와의 비교연구에서, 젖먹이마우스는 질환이 빠르게 진행되었으며, 48시간 이내에 죽게 되는 것을 알아냈다. 마우스에서 보여준 병리학적 변화는 골격근, 뼈근육, 골수, 연골, 다른 중배엽성 조직에 크게 제한되었으며, 뇌에서는 일어나지 않았다. 반면에, 3주된 마우스는 다른 성체 마우스 실험모델과 일치하는 괴사와 혈관주위림프구침윤(perivascular lymphoid cuffing)을 가지는 광범위 수막뇌염의 전형적인 병변을 보여주었다[110]. WEEV로 근육[내]접종시킨 15일 된 마우스에서 조사된 마우스의 80~90%에서 국소신경을 통한 감염의 증거없이 뇌질환을 일으켰다[101]. 나머지 10~20% 마우스는 광범위 혈액뇌관문 전파(diffuse hematoencephalic spread)에 의한 것이 아니라, 국소신경의 진행을 입증하는 이완성마비 징후를 나타내었다. WEEV는 중추신경계(CNS)로 접근하기 위해 이 시기에 마우스의 일부 혈관을 통해서 이동하는 것으로 나타났다. 그 바이러스는 3주 된 마우스에서 이들 혈관이 많이 존재할 수 없는 것으로 나타났으나, 이완성마비를 나타내는 마우스의 70~80%는 접종된 근육에서 신경을 통하여 진행되는 것처럼 보였고, 10~20%는 뇌염으로 발전하였으며, 몇몇 마우스에서는 중추신경계 질환의 증상이 나타나지 않았다[101,105]. 한 달된 마우스의 국소신경(local nerve)은 WEEV에서도 마찬가지로 대개 저항성이 있었다.

12.7.2 WEEV 감염 햄스터 실험모델

Golden Syrian 햄스터는 복강내 경로에 의해서 WEEV 균주인 B-11에 의한 치사성 감염에 민감하여, WEE 백신의 효능분석[116]과 VEEV와 EEEV와 교차방어연구에 사용되었다[117]. WEEV의 미동정된 균주에 대한 연구에서 두개골내(i.c.), 복강내, 비강내, 또는 호흡경로에 의해 감염된 햄스터는 협동장애, 전율, 빈호흡, 결막염, 허탈에 의한 치명적인 질병이 나타났다[118]. 생존시간은 4~5일 (두개내, 비강내, 호흡감염)에서 6일 (복강내, 진피내 감염)에 걸쳐 있었다. 감염경로에 관계없이, 바이러스는 24시간 PI 후 뇌에서 발견되었으며, 72시간 후 10^8~10^9 pfu/g에서 최고역가에 이르렀다. 뇌의 대부분의 주요 구역에서 신경세포괴사, 혈관주위세포침윤, 출혈, 별아교세포증, 미세아교세포증과 같은 뇌병변이 발견되었다. 최근의 연구에서 100~110 g 암컷 Syrian golden hamster에 복강내 또는 비강내 감염경로로 WEEV의 VR-70 균주를 투여한 햄스터 실험모델을 개발하였다[119]. 평균생존시간은 비강내 감염의 경우에 3.0~3.4일이었고, 복강내 감염은 3.0~3.5일이었으며, 생존시간을 연장시키는 요인은 적은 투여량이었다. 그 바이러스는 혈청, 지라, 간, 뇌에서 분리되었으며, 혈청역가 (10^4~10^5 pfu/mL)는 2일 PI 후에, 그리고 뇌조직 (10^9 pfu/g)은 4일 PI 후에 최고를 나타내었다.

12.7.3 WEEV 감염 기타 소동물 실험모델

기니픽 (300 g)은 초기 연구에서 WEE를 위해 가장 널리 사용된 동물실험모델이 되었다. 어린 기니픽들은 두개내, 비강내, 복강내, 피하, 정맥내 경로에 의한 WEEV 감염에 민감하다[105,120]. 위관(stomach tube)에 의한 경구 급식(oral feeding)과 비강을 통한 증류(蒸溜, distillation) 간에 나타난 WEEV 감염에 대한 감수성의 차이는 WEEV가 코점막을 감염하였다는 의견으로 이어졌다. 성체 기니픽 (350 g)이 WEEV의 말초감염에 대한 내성을 나타내는 것처럼, 나이는 감수성에 영향을 미치는 것으로 나타났다[105,120]. 기니픽의 질병경과는 바이러스가 혈청에서 발견되는 초기 발열기를 거치며, 그 후 탈진기로 진행된다. 그 동안 열은 떨어지며, 바이러스는 더 이상 혈청에서 발견되지 않는다[120]. 전형적인 질병경과는 질병개시 첫째 날에는 정상온도, 둘째 또는 셋째 날에 약간 증가하고, 그리고 셋째 날 또는 넷째 날에 열이 최고에 이르게 된다. 동물에서 다른 증상이 나타남에 따라 온도는 그 후 떨어지고, 쇠약해져서, 4~6일 사이에 죽게 된다[120]. 질병의 초기단계 내내, 바이러스는 감염된 기니픽의 지라, 간, 신장, 침이 아닌 침샘, 오줌, 또는 배설물에서 발견된다. 질병 말기에 바이러스는 침샘에 존재하였고 부신에서 나타났다[120]. 이 장의 전반부에 기술된 바와 같이, 다양한 경로에 의해 WEEV로 감염된 기니픽에서의 조직병리학적 발견은 EEEV로 감염된 기니픽에서와 유사한 것으로 보고되었다[106]. 수컷 Fisher-Dunning 랫드 (250-275 g)는 WEEV 72V4768 10^6 pfu를 피하로 감염시켰으나, 그것은 치명적인 질병을 일으키지 않았으며, 더 이상 평가되지 않았다[20].

12.7.4 WEEV 감염 사람의 영장류 실험모델

EEEV와 유사하게, 원숭이의 WEEV 감염에 대한 최근의 자료는 거의 없다. 대부분의 기존 데이터는 1930년대에서 수행된 연구로부터 유래하는데, rhesus 원숭이에서 다양한 경로를 통한 WEEV 접종으로 발병을 일으킨 연구였다. 1932년에 Howitt[121]은 WEEV의 비강 내와 두개내 접종의 결과를 기술하였다. 원숭이는 이들 경로 중 한 가지 경로를 통해서 바이러스혈증을 일으켰다. 비강내로 접종된 원숭이에서는 질병의 다른 어떤 징후도 나타나지 않았지만, 접종된 원숭이에서는 열이 났으며, 접종 7일 후 쇠약해졌다. EEEV와 WEEV에 대한 연구에서, Hurst[107]은 rhesus 원숭이로 두개 내로 감염된 WEEV는 변함없이 치명적인 반면에, 비경구접종에서는 불분명한 감염 또는 치명적인 뇌염을 초래하였다. Hurst[107]은 또한 비록 발열증상과 일반적인 질병경과가 WEEV에서는 지연되었지만, 그 결과는 열이 생겼을 때, EEEV로 접종에서와 동일한 것으로 관찰되었다. WEEV로 비경구감염에 대하여 생존하였던 9마리의 원숭이는 그 후 두개내 접종으로 감염시험되어, 단 3마리만 생존하였는데, 이는 비경구접종이 적응면역반응(adaptive immune response)을 일으키지 않았음을 나타낸다. 이 장에서 일찍이 언급한 바와 같이, Wyckoff and Tesar[109]는 다양한 경로를 통해서 WEEV로 접종된 rhesus 원숭이에서 발견된 것을 보고하였다. EEEV와 Hurst의 발견과 그들의 발견과 유사하게, 두개내 또는 비강내 접종은 치명적이었던 반면에, 다른 경로에 의한 감염시험은 질병의 징후가 거의 없거나 전혀 없었다. 발열개시와 질병경과는 EEEV에서 보여준 것보다 WEEV에서 더욱 지연되었다. 열은 보통 전율, 경련, 졸음증, 마비, 혼수상태를 포함하는 신경학적 징후와 연관되었으며, 9일과 11일 사이에 사망하였다. 뇌염 징후를 나타냈던 원숭이는 회복되지 않았다.

더욱 최근에 수행된 연구에서, rhesus 원숭이와 cynomolgus 원숭이 모두는 에어로졸화된 WEEV에 민감하다는 것이 발견되었다 (그림 12.7a 및 b). 방사선원격측정기(radiotelemetry)는 감염 후 4~5일까지 발열증상이 시작되지 않는다는 것을 보여주었다[120]. 치명적인 사례에서, 열은 최고에 이르렀다가, 그 후 낮아졌다. 그러나 심박은 동물이 빈사상태가 될 때까지 남아 있었다. 이전의 연구와 일치하는 신경학적 징후는 열이 최고에 이름에 따라 시작되어, 열이 진정됨에 따라 점차적으로 악화되었다. Hurst[107] 또는 Wyckoff and Tesar[109]에 의해 수행된 이전의 연구와는 대조적으로, 열과 신경계병발(neurological involvement) 징후가 나타난 모든 원숭이가 감염으로 죽은 것은 아니었다. 놀랍게도, 원숭이의 어느 종이 노출된 후, 어떤 시점에서 혈액으로부터 분리된 바이러스는 없었다. 바이러스 감염으로 죽은 원숭이의 조직학적 검사를 통해서 오직 중추신경계의 조직에서만 바이러스의 감염이 있었다는 것이 발견되었다[120]. VEEV에 노출된 원숭이에서 보고된 것과는 달리, 림프구감소증은 WEEV에 노출 후 보이지 않았다. 노출 후, 백혈구, 특히 단핵구와 분절된 호중구의 일반적 증가가 더욱 흔하게 나타났다. 과립구의 증가 정도는 cynomolgus 원숭이에서 EEEV가 보여준 것과 유사한 결과를 나타내었다[89]. 혈청샘플의 분석을 통해서 혈청 포도당 수준(serum glucose level)의 상승이 신경학 징후와 발열반응의 정도와 상관관계가 있다는 것을 발견하였다.

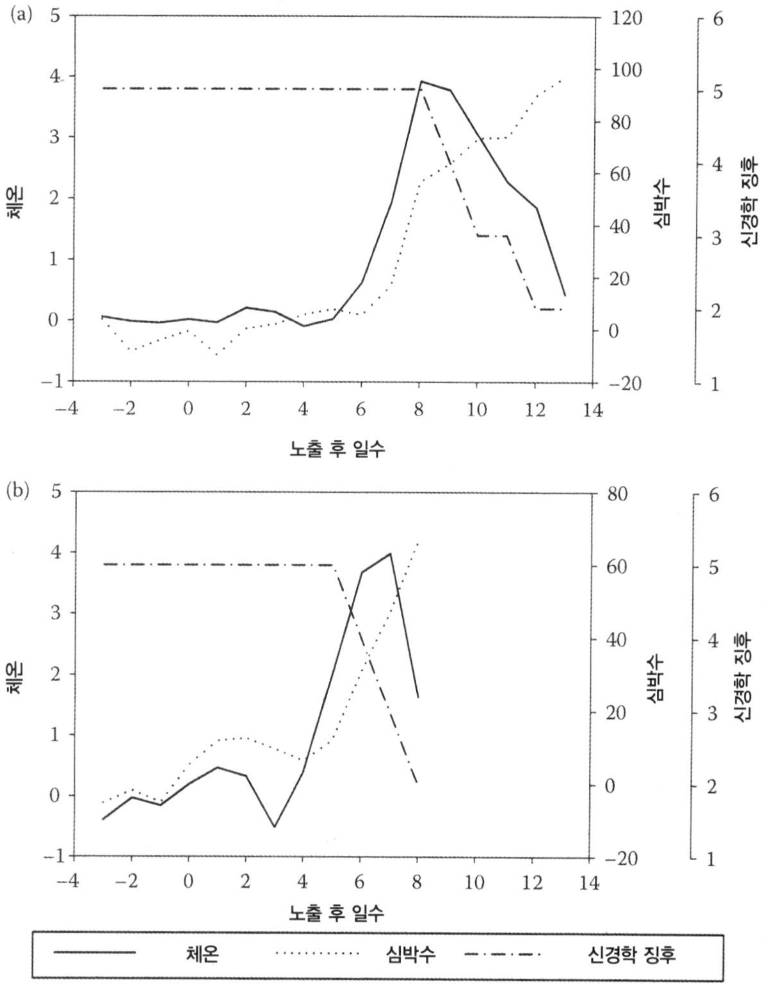

그림 12.7 Cynomolgus (a)와 rhesus (b) 원숭이는 서부 말뇌염 바이러스(WEEV)에 에어로졸 노출된 후, 열과 뇌염이 발생하였다(Reed, D.S. et al., J. Infect Dis, 2005. 2005. **192**(7):1173 1182로부터 인용됨). 체온과 심박수를 기록하는 이식된 원격측정기(복강)를 가진 원숭이는 WEEV 에어로졸로 노출되었다. 나타난 온도와 심박수 수치는 실제수치로부터 예상수치를 빼어 얻어진 평균일일잔존수치이다. 신경학적 징후는 주요 연구자, 기술자, 동물관리인들에 의해 매일 평가되었으며, 다음과 같이 기록되었다: 5 = 정상, 4 = 우울증, 3 = 간헐성 떨림증상(occasional tremors)/발작, 2 = 빈번한 떨림증상/발작, 1 = 혼수상태(comatose).

12.8 요약

말뇌염(equine encephalitis)을 일으키는 바이러스는 *Alphavirus* 속에서 3가지의 항원적 및 계통유전학적으로 차이가 있으나, 여러 가지 연관성 있는 바이러스들로 구성된다. 이들 VEEV, EEEV, WEEV 바이러스는 모기 매개체에 의해 특성을 통해서 순환되며, 말에서 주기적인 동물유행병(periodic epizootic)으로, 사람에서 종종 중증이며 치명적인 감염을 일으킨다. 이들 바이러스는 또한 에어로졸에 의한 전염성이 높아서, 생물학적 위협제제(biological threat agent)로 고려된다. 이들 바이러스와 더불어 동물 연구에 관한 이 글을 통해서, 특히 EEV와 WEEV의 생물학적 위협에 대한 에어로졸의 특성과 관련된 동물실험모델에서 우리의 지식과 이해에 커다란 차이가 있다는 것을 분명히 해야 한다. 우리의 희망은 이들 연구 분야에 흥미를 자극하고, VEEV를 위해 만들어진 적용하고자 하는 노력을 완벽하게 설명하여 어떻게 진행하는지에 대한 통찰력을 제공하는 것이다.

참고문헌

1. Weaver, S.C. et al., Venezuelan equine encephalitis. *Annu Rev Entomol,* **49**: 141–174.
2. Chosewood, L.C. and D.E. Wilson, eds. *Biosafety in Microbiological and Biomedical Laboratories*, 5th ed. Washington, DC: U.S Government Printing Office, 2007.
3. National Institute of Allergy and Infectious Diseases (NIAID). *NIAID Biodefense Research Agenda for Category B and C Priority Pathogens*. U.S. Department of Health and Human Services, National Institutes of Health, National Institute of Allergy and Infectious Diseases, NIH Publication No. 03-5315, January 2003.
4. Steele, K. et al., Alphavirus encephalitides, in *Medical Aspects of Biological Warfare*, Z.F. Dembeck, ed. Washington, DC: U.S. Government Printing Office, 2007, pp. 241–270.
5. U.S. Food and Drug Administration (FDA), New drug and biological drug products; Evidence needed to demonstrate effectiveness of new drugs when human efficacy studies are not ethical or feasible, Final Rule (Animal Rule): 67 FR 37988 [May 31, 2002]. *Fed Regist*, 2002, **67**(105): 37988–37998.
6. Zhang, W. et al., Placement of the structural proteins in Sindbis virus. *J Virol*, 2002, **76**(22): 11645–11658.
7. Grieder, F.B. and H.T. Nguyen, Virulent and attenuated mutant Venezuelan equine encephalitis virus show marked differences in replication in infection in murine macrophages. *Microb Pathog*, 1996, **21**(2): 85–95.
8. Roehrig, J.T., J.W. Day, and R.M. Kinney, Antigenic analysis of the surface glycoproteins of a Venezuelan equine encephalomyelitis virus (TC-83) using monoclonal antibodies. *Virology*, 1982, **118**(2): 269–278.
9. White, J., M. Kielian, and A. Helenius, Membrane fusion proteins of enveloped animal viruses. *Q Rev Biophys*, 1983, **16**(2): 151–195.
10. Paredes, A.M. et al., Conformational changes in Sindbis virions resulting from exposure to low pH and interactions with cells suggest that cell penetration may occur at the cell surface in the absence of membrane fusion. *Virology*, 2004, **324**(2): 373–386.
11. Simons, K. and H. Garoff, The budding mechanisms of enveloped animal viruses. *J Gen Virol*, 1980, **50**(1): 1–21.
12. Gliedman, J. B., J.F. Smith, and D.T. Brown, Morphogenesis of Sindbis virus in cultured Aedes albopictus cells. *J Virol*, 1975, **16**(4): 913–926.
13. Weaver, S.C. et al., Family *Togaviridae*, in *Virus Taxonomy: Eighth Report of the International Committee on Taxonomy of Viruses*, C.M. Fauquet et al., eds. San Diego, CA: Elsevier Academic Press, 2005, pp. 645–653.
14. Arrigo, N.C., A.P. Adams, and S.C. Weaver, Evolutionary patterns of eastern equine encephalitis virus in North versus South America suggest ecological differences and taxonomic revision. *J Virol*, 2010, **83**(2): 1014–1025.
15. Mullbacher, A. and R.V. Blanden, H-2-linked control of cytotoxic T-cell responsiveness to alphavirus infection. Presence of H-2Dk during differentiation and stimulation converts stem cells of low responder genotype to T cells of responder phenotype. *J Exp Med*, 1979, **149**(3): 786–790.

16. Griffin, D.E. and R.T. Johnson, Role of the immune response in recovery from Sindbis virus encephalitis in mice. *J Immunol*, 1977, **118**(3): 1070–1075.
17. Jones, L.D. et al., Cytotoxic T-cell activity is not detectable in Venezuelan equine encephalitis virus-infected mice. *Virus Res*, 2003, **91**(2): 255–259.
18. Mathews, J.H. and J.T. Roehrig, Determination of the protective epitopes on the glycoproteins of Venezuelan equine encephalomyelitis virus by passive transfer of monoclonal antibodies. *J Immunol*, 1982, **129**(6): 2763–2767.
19. Phillpotts, R.J., L.D. Jones, and S.C. Howard, Monoclonal antibody protects mice against infection and disease when given either before or up to 24 h after airborne challenge with virulent Venezuelan equine encephalitis virus. *Vaccine*, 2002, **20**(11–12): 1497–1504.
20. Jahrling, P.B., A. DePaoli, and M.C. Powanda, Pathogenesis of a Venezuelan encephalitis virus strain lethal for adult white rats. *J Med Virol*, 1978, **2**(2): 109–116.
21. Brown, A. and J.E. Officer, An attenuated variant of eastern encephalitis virus: Biological properties and protection induced in mice. *Arch Virol*, 1975, **47**(2): 123–138.
22. Kissing, R.E. et al., Venezuelan equine encephalomyelitis virus in horses. *Am J Hyg*, 1956, **63**: 274–287.
23. Jackson, A.C., S.K. SenGupta, and J.F. Smith, Pathogenesis of Venezuelan equine encephalitis virus infection in mice and hamsters. *Vet Pathol*, 1991, **28**(5): 410–418.
24. Victor, J., D.G. Smith, and A.D. Pollack, The comparative pathology of Venezuelan equine encephalomyelitis. *J Infect Dis*, 1956, **98**: 55–66.
25. Gleiser, C.A. et al., The comparative pathology of experimental Venezuelan equine encephalomyelitis infection in different animal hosts. *J Infect Dis*, 1962, **110**: 80–97.
26. Rivas, F. et al., Epidemic Venezuelan equine encephalitis in La Guajira, Colombia, 1995. *J Infect Dis*, 1997, **175**(4): 828–832.
27. Weaver, S.C. et al., Re-emergence of epidemic Venezuelan equine encephalomyelitis in South America. *VEE Study Group. Lancet*, 1996, **348**(9025): 436–440.
28. Watts, D.M. et al., Venezuelan equine encephalitis febrile cases among humans in the Peruvian Amazon river region. *Am J Trop Med Hyg*, 1998, **58**(1): 35–40.
29. Bowen, G.S. et al., Clinical aspects of human Venezuelan equine encephalitis in Texas. *Bull Pan Am Health Organ*, 1976, **10**(1): 46–57.
30. de la Monte, S. et al., The systemic pathology of Venezuelan equine encephalitis virus infection in humans. *Am J Trop Med Hyg*, 1985, **34**(1): 194–202.
31. Hart, M.K. et al., Venezuelan equine encephalitis virus vaccines induce mucosal IgA responses and protection from airborne infection in BALB/c, but not C3H/HeN mice. *Vaccine*, 1997, **15**(4): 363–369.
32. Ludwig, G.V. et al., Comparative neurovirulence of attenuated and non-attenuated strains of Venezuelan equine encephalitis virus in mice. *Am J Trop Med Hyg*, 2001, **64**(1–2). 49–55.
33. Phillpotts, R.J. and A.J. Wright, TC-83 vaccine protects against airborne or subcutaneous challenge with heterologous mouse-virulent strains of Venezuelan equine encephalitis virus. *Vaccine*, 1999, **17**(7–8): 982–988.
34. Pratt, W.D. et al., Genetically engineered, live attenuated vaccines for Venezuelan equine encephalitis: Testing in animal models. *Vaccine*, 2003, **21**(25–26): 3854–3862.
35. Hart, M.K. et al., Improved mucosal protection against Venezuelan equine encephalitis virus is induced by the molecularly defined, live-attenuated V3526 vaccine candidate. *Vaccine*, 2000, **18**(26): 3067–3075.
36. Paessler, S. et al., Recombinant sindbis/Venezuelan equine encephalitis virus is highly attenuated and immunogenic. *J Virol*, 2003, **77**(17): 9278–9286.
37. Paessler, S. et al., Replication and clearance of Venezuelan equine encephalitis virus from the brains of animals vaccinated with chimeric SIN/VEE viruses. *J Virol*, 2006, **80**(6): 2784–2796.
38. Paessler, S. et al., Alpha-beta T cells provide protection against lethal encephalitis in the murine model of VEEV infection. *Virology*, 2007, **367**(2): 307–323.

39. Martin, S.S. et al., Evaluation of formalin inactivated V3526 virus with adjuvant as a next generation vaccine candidate for Venezuelan equine encephalitis virus. *Vaccine*, 2010, **28**(18): 3143–3151.
40. Martin, S.S. et al., Comparison of the immunological responses and efficacy of gamma-irradiated V3526 vaccine formulations against subcutaneous and aerosol challenge with Venezuelan equine encephalitis virus subtype IAB. *Vaccine*, 2010, **28**(4): 1031–1040.
41. Dupuy, L.C. et al., Directed molecular evolution improves the immunogenicity and protective efficacy of a Venezuelan equine encephalitis virus DNA vaccine. *Vaccine*, 2009, **27**(31): 4152–4160.
42. Perkins, S.D., L.M. O'Brien, and R.J. Phillpotts, Boosting with an adenovirus-based vaccine improves protective efficacy against Venezuelan equine encephalitis virus following DNA vaccination. *Vaccine*, 2006, **24**(17): 3440–3445.
43. Schmaljohn, A.L. et al., Non-neutralizing monoclonal antibodies can prevent lethal alphavirus encephalitis. *Nature*, 1982, **297**(5861): 70–72.
44. Steele, K.E. et al., Comparative neurovirulence and tissue tropism of wild-type and attenuated strains of Venezuelan equine encephalitis virus administered by aerosol in C3H/HeN and BALB/c mice. *Vet Pathol*, 1998, **35**(5): 386–397.
45. MacDonald, G.H. and R.E. Johnston, Role of dendritic cell targeting in Venezuelan equine encephalitis virus pathogenesis. *J Virol*, 2000, **74**(2): 914–922.
46. Davis, N.L. et al., A molecular genetic approach to the study of Venezuelan equine encephalitis virus pathogenesis. *Arch Virol Suppl*, 1994, **9**: 99–109.
47. Grieder, F.B. et al., Specific restrictions in the progression of Venezuelan equine encephalitis virus-induced disease resulting from single amino acid changes in the glycoproteins. *Virology*, 1995, **206**(2): 994–1006.
48. Vogel, P. et al., Venezuelan equine encephalitis in BALB/c mice: kinetic analysis of central nervous system infection following aerosol or subcutaneous inoculation. *Arch Pathol Lab Med*, 1996, **120**(2): 164–172.
49. Charles, P.C. et al., Mechanism of neuroinvasion of Venezuelan equine encephalitis virus in the mouse. *Virology*, 1995, **208**(2): 662–671.
50. Ryzhikov, A.B. et al., Spread of Venezuelan equine encephalitis virus in mice olfactory tract. *Arch Virol*, 1995, **140**(12): 2243–2254.
51. Ryzhikov, A.B. et al., Venezuelan equine encephalitis virus propagation in the olfactory tract of normal and immunized mice. *Biomed Sci*, 1991, **2**(6): 607–614.
52. Morrison, E.E. and R.M. Costanzo, Morphology of the human olfactory epithelium. *J Comp Neurol*, 1990, **297**(1): 1–13.
53. Schoneboom, B.A. et al., Inflammation is a component of neurodegeneration in response to Venezuelan equine encephalitis virus infection in mice. *J Neuroimmunol*, 2000, **109**(2): 132–146.
54. Griffin, D.E., The Gordon Wilson lecture: Unique interactions between viruses, neurons and the immune system. *Trans Am Clin Climatol Assoc*, 1995, **107**: 89–98.
55. Griffin, D.E. et al., Age-dependent susceptibility to fatal encephalitis: Alphavirus infection of neurons. *Arch Virol Suppl*, 1994, **9**: 31–39.
56. Lewis, J. et al., Alphavirus-induced apoptosis in mouse brains correlates with neurovirulence. *J Virol*, 1996, **70**(3): 1828–1835.
57. Ubol, S. et al., Neurovirulent strains of alphavirus induce apoptosis in BCL-2-expressing cells: role of a single amino acid change in the E2 glycoprotein. *Proc Natl Acad Sci USA*, 1994, **91**(11): 5202–5206.
58. Jackson, A.C. and J.P. Rossiter, Apoptotic cell death is an important cause of neuronal injury in experimental Venezuelan equine encephalitis virus infection of mice. *Acta Neuropathol (Berl)*, 1997, **93**(4): 349–353.
59. Woodman, D.R., A.T. McManus, and G.A. Eddy, Extension of the mean time to death of mice with a lethal infection of Venezuelan equine encephalomyelitis virus by antithymocyte serum treatment. *Infect Immun*, 1975, **12**(5): 1006–1011.
60. Charles, P.C. et al., Immunopathogenesis and immune modulation of Venezuelan equine encephalitis virus-induced disease in the mouse. *Virology*, 2001, **284**(2): 190–202.

61. Schoneboom, B.A. et al., Astrocytes as targets for Venezuelan equine encephalitis virus infection. *J Neurovirol*, 1999, **5**(4): 342–354.
62. Pratt, W.D. et al., Use of telemetry to assess vaccine-induced protection against parenteral and aerosol infections of Venezuelan equine encephalitis virus in non-human primates. *Vaccine*, 1998, **16**(9–10): 1056–1064.
63. Martin, S.S. et al., Telemetric analysis to detect febrile responses in mice following vaccination with a live-attenuated virus vaccine. *Vaccine*, 2009, **27**(49): 6814–6823.
64. Reed, D.S. et al., Genetically engineered, live, attenuated vaccines protect nonhuman primates against aerosol challenge with a virulent IE strain of Venezuelan equine encephalitis virus. *Vaccine*, 2005, **23**(24): 3139–3147.
65. Fine, D.L. et al., Venezuelan equine encephalitis virus vaccine candidate (V3526) safety, immunogenicity and efficacy in horses. *Vaccine*, 2007, **25**(10): 1868–1876.
66. Walker, D.H. et al., Lymphoreticular and myeloid pathogenesis of Venezuelan equine encephalitis in hamsters. *Am J Pathol*, 1976, **84**(2): 351–370.
67. Austin, F.J. and W.F. Scherer, Studies of viral virulence. I. Growth and histopathology of virulent and attenuated strains of Venezuelan encephalitis virus in hamsters. *Am J Pathol*, 1971, **62**(2): 195–210.
68. Jahrling, P.B. and F. Scherer, Histopathology and distribution of viral antigens in hamsters infected with virulent and benign Venezuelan encephalitis viruses. *Am J Pathol*, 1973, **72**(1): 25–38.
69. Dill, G.S., Jr., C.E. Pederson, Jr., and J.L. Stookey, A comparison of the tissue lesions produced in adult hamsters by two strains of avirulent Venezuelan equine encephalomyelitis virus. *Am J Pathol*, 1973, **72**(1): 13–24.
70. Gorelkin, L. and P.B. Jahrling, Virus-initiated septic shock. Acute death of Venezuelan encephalitis virus-infected hamsters. *Lab Invest*, 1975, **32**(1): 78–85.
71. Kundin, W.D., C. Liu, and P. Rodina, Pathogenesis of Venezuelan equine encephalomyelitis virus. I. Infection in suckling mice. *J Immunol*, 1966, **96**(1): 39–48.
72. Hruskova, J. et al., Subcutaneous and inhalation infection of guinea pigs with Venezuelan equine encephalomyelitis virus. *Acta Virol*, 1969, **13**(5): 415–421.
73. Gorelkin, L. and P.B. Jahrling, Pancreatic involvement by Venezuelan equine encephalomyelitis virus in the hamster. *Am J Pathol*, 1974, **75**(2): 349–362.
74. Scherer, W.F. and J. Chin, Responses of guinea pigs to infections with strains of Venezuelan encephalitis virus, and correlations with equine virulence. *Am J Trop Med Hyg*, 1977, **26**(2): 307–312.
75. Powers, A.M. et al., The use of chimeric Venezuelan equine encephalitis viruses as an approach for the molecular identification of natural virulence determinants. *J Virol*, 2000, **74**(9): 4258–4263.
76. Greene, I.P. et al., Venezuelan equine encephalitis virus in the guinea pig model: Evidence for epizootic virulence determinants outside the E2 envelope glycoprotein gene. *Am J Trop Med Hyg*, 2005, **72**(3): 330–338.
77. Monath, T.P. et al., Experimental studies of rhesus monkeys infected with epizootic and enzootic subtypes of Venezuelan equine encephalitis virus. *J Infect Dis*, 1974, **129**(2): 194–200.
78. Monath, T.P. et al., Recombinant vaccinia—Venezuelan equine encephalomyelitis (VEE) vaccine protects nonhuman primates against parenteral and intranasal challenge with virulent VEE virus. *Vaccine Res*, 1992, **1**: 55–68.
79. Reed, D.S. et al., Aerosol infection of cynomolgus macaques with enzootic strains of venezuelan equine encephalitis viruses. *J Infect Dis*, 2004, **189**(6): 1013–1017.
80. Hammamieh, R. et al., Blood genomic profiles of exposures to Venezuelan equine encephalitis in cynomolgus macaques (*Macaca fascicularis*). *Virol J*, 2007, **4**: 82.
81. Koterski, J. et al., Gene expression profiling of nonhuman primates exposed to aerosolized Venezuelan equine encephalitis virus. *FEMS Immunol Med Microbiol*, 2007, **51**(3): 462–472.
82. Verlinde, J.D., Susceptibility of cynomolgus monkeys to experimental infection with arboviruses of group A (Mayaro and Mucambo), group C (Oriboca and Restan) and an unidentified arbovirus (Kwatta) originating from Surinam. *Trop Geogr Med*, 1968, **20**(4): 385–390.

83. Danes, L. et al., The role of the olfactory route on infection of the respiratory tract with Venezuelan equine encephalomyelitis virus in normal and operated *Macaca* rhesus monkeys. I. Results of virological examination. *Acta Virol*, 1973, **17**(1): 50–56.
84. Danes, L. et al., Penetration of Venezuelan equine encephalomyelitis virus into the brain of guinea pigs and rabbits after intranasal infection. *Acta Virol*, 1973, **17**(2): 138–146.
85. Davis, N.L. et al., Attenuated mutants of Venezuelan equine encephalitis virus containing lethal mutations in the PE2 cleavage signal combined with a second-site suppressor mutation in E1. *Virology*, 1995, **212**(1): 102–110.
86. Hart, M.K. et al., Onset and duration of protective immunity to IA/IB and IE strains of Venezuelan equine encephalitis virus in vaccinated mice. *Vaccine*, 2001, **20**(3–4): 616–622.
87. Adams, A.P. et al., Common marmosets (*Callithrix jacchus*) as a nonhuman primate model to assess the virulence of eastern equine encephalitis virus strains. *J Virol*, 2008, **82**(18): 9035–9042.
88. Espinosa, B.J. et al., Susceptibility of the *Aotus nancymaae* owl monkey to eastern equine encephalitis. *Vaccine*, 2009, **27**(11): 1729–1734.
89. Reed, D.S. et al., Severe encephalitis in cynomolgus macaques exposed to aerosolized eastern equine encephalitis virus. *J Infect Dis*, 2007, **196**(3): 441–450.
90. Roy, C.J. et al., Pathogenesis of aerosolized eastern equine encephalitis virus infection in guinea pigs. *Virol J*, 2009, **6**: 170.
91. Steele, K.E. and N.A. Twenhafel, Review paper: Pathology of animal models of alphavirus encephalitis. *Vet Pathol*, 2010, **47**(5): 790–805.
92. Deresiewicz, R.L. et al., Clinical and neuroradiographic manifestations of eastern equine encephalitis. *N Engl J Med*, 1997, **336**(26): 1867–1874.
93. Farber, S.e.a., Encephalitis in infants and children caused by the virus of the eastern variety of equine encephalitis. *J Am Med Assoc*, 1940, **114**: 1725–1731.
94. Bastian, F.O. et al., Eastern equine encephalomyelitis. Histopathologic and ultrastructural changes with isolation of the virus in a human case. *Am J Clin Pathol*, 1975, **64**(1): 10–13.
95. Gardner, C.L. et al., Eastern and Venezuelan equine encephalitis viruses differ in their ability to infect dendritic cells and macrophages: Impact of altered cell tropism on pathogenesis. *J Virol*, 2008, **82**(21): 10634–10646.
96. Vogel, P. et al., Early events in the pathogenesis of eastern equine encephalitis virus in mice. *Am J Pathol*, 2005, **166**(1): 159–171.
97. Murphy, F.A. and S.G. Whitfield, Eastern equine encephalitis virus infection: Electron microscopic studies of mouse central nervous system. *Exp Mol Pathol*, 1970, **13**(2): 131–146.
98. Liu, C. et al., A comparative study of the pathogenesis of western equine and eastern equine encephalomyelitis viral infections in mice by intracerebral and subcutaneous inoculations. *J Infect Dis*, 1970, **122**(1): 53–63.
99. Morgan, I., Influence of age on susceptibility and on immune response of mice to eastern equine encephalomyelitis virus. *J Exp Med*, 1941, **74**: 115–132.
100. Olitsky, P.K. and C.G. Harford, Intraperitoneal and intracerebral routes in serum protection tests with the virus of equine encephalomyelitis. *J Exp Med*, 1938, **68**: 173–189.
101. Sabin, A.B. and P.K. Olitsky, Variations in pathways by which equine encephalomyelitic viruses invade the CNS of mice and guinea pigs. *Pro Soc Exp Biol Med*, 1938, **38**: 595–597.
102. Sidwell, R.W. and D.F. Smee, Viruses of the *Bunya* and *Togaviridae* families: potential as bioterrorism agents and means of control. *Antiviral Res*, 2003, **57**(1–2): 101–111.
103. Dremov, D.P. et al., Attenuated variants of eastern equine encephalomyelitis virus: Pathomorphological, immunofluorescence and virological studies of infection in Syrian hamsters. *Acta Virol*, 1978, **22**(2): 139–145.

104. Paessler, S. et al., The hamster as an animal model for eastern equine encephalitis—and its use in studies of virus entrance into the brain. *J Infect Dis*, 2004, **189**(11): 2072–2076.
105. Sabin, A.B. and P.K. Olitsky, Age of host and capacity of equine encephalomyelitic viruses to invade the CNS. *Pro Soc Exp Biol Med*, 1938, **38**: 597–599.
106. Hurst, E.W., The histology of equine encephalomyelitis. *J Exp Med*, 1934, **59**: 529–543.
107. Hurst, E.W., Infection of the rhesus monkey (*Macaca mulatta*) and the guinea-pig with the virus of equine encephalomyelitis. *J Path Bact*, 1936, **42**: 271–302.
108. Wu, D. et al., The relationship of Sindbis virus assembly and the viral protein 6K with intermediate filaments (in Chinese). *Wei Sheng Wu Xue Bao*, 1990, **30**(6): 417–421.
109. Wyckoff, R.W.G. and W.C. Tesar, Equine encephalomyelitis in monkeys. *J Immunol*, 1939, **37**: 329–343.
110. Logue, C.H. et al., Virulence variation among isolates of western equine encephalitis virus in an outbred mouse model. *J Gen Virol*, 2009, **90**(Pt 8): 1848–1858.
111. Nagata, L.P. et al., Infectivity variation and genetic diversity among strains of western equine encephalitis virus. *J Gen Virol*, 2006, **87**(Pt 8): 2353–2361.
112. Wu, J.Q. et al., Complete protection of mice against a lethal dose challenge of western equine encephalitis virus after immunization with an adenovirus-vectored vaccine. *Vaccine*, 2007, **25**(22): 4368–4375.
113. Atasheva, S. et al., Chimeric alphavirus vaccine candidates protect mice from intranasal challenge with western equine encephalitis virus. *Vaccine*, 2009, **27**(32): 4309–4319.
114. Forrester, N.L. et al., Western equine encephalitis submergence: Lack of evidence for a decline in virus virulence. *Virology*, 2008, **380**(2): 170–172.
115. Aguilar, M.J., Pathological changes in brain and other target organs of infant and weanling mice after infection with non-neuroadapted western equine encephalitis virus. *Infect Immun*, 1970, **2**(5): 533–542.
116. Cole, F.E., Jr. and R.W. McKinney, Use of hamsters of potency assay of eastern and western equine encephalitis vaccines. *Appl Microbiol*, 1969, **17**(6): 927–928.
117. Cole, F.E., Jr. and R.W. McKinney, Cross-protection in hamsters immunized with group A arbovirus vaccines. *Infect Immun*, 1971, **4**(1): 37–43.
118. Zlotnik, I. et al., The pathogenesis of western equine encephalitis virus (W.E.E.) in adult hamsters with special reference to the long and short term effects on the C.N.S. of the attenuated clone 15 variant. *Br J Exp Pathol*, 1972, **53**(1): 59–77.
119. Julander, J.G. et al., Effect of exogenous interferon and an interferon inducer on western equine encephalitis virus disease in a hamster model. *Virology*, 2007, **360**(2): 454–460.
120. Reed, D.S. et al., Aerosol exposure to western equine encephalitis virus causes fever and encephalitis in cynomolgus macaques. *J Infect Dis*, 2005. **192**(7): 1173–1182.
121. Howitt, B.F., Equine encephalomyelitis. *J Infect Dis*, 1932, **51**: 493–510.

13 오르토폭스 바이러스

Peter B. Jahrling and Victoria Wahl-Jensen

목차

13.1 배경 ······ 255

13.2 서두바이러스와 백시니아(vaccinia) 바이러스의 동물실험모델 ······ 256

13.3 우두바이러스의 동물실험모델 ······ 258

13.4 토끼천연두 바이러스의 동물실험모델 ······ 259

13.5 원숭이천연두 바이러스의 동물실험모델 ······ 260

13.6 두창(variola) 바이러스의 동물실험모델 ······ 263

13.7 결론: 동물규정에 따른 감염시험 ······ 265

참고문헌 ······ 267

13.1 배경

천연두의 박멸에도 불구하고, 누창바이러스(痘瘡, variola virus, VARV)는 은밀히 보관된 VARV가 생물테러범들의 손으로 넘어갔을 수 있다는 가능성 때문에, 공중보건의 우려로 남아 있다[1]. 현재 사람들에게 VARV 공격으로 인한 충격은 지난 그 어느 시대보다도 더 재앙적일 수 있다: 1976년경에 이 바이러스의 예방접종 프로그램은 모든 국가에서 폐기되었고, 면역기능이 억제된 사람들에서 증가하였으며, 국가간 항공기 여행과 같은 다양한 이동경로를 통해 바이러스가 신속하게 범세계적으로 확산되기에 이르렀다. 새로운 백신과 항바이러스 약품을 포함한 천연두에 대한 의료대책을 개선하기 위해서 상당한 투자가 이루어지는 것은 바로 이들 이유 때문이다[2,3].

그 같은 대책 개발과 승인은 보호효능(protective efficacy)을 입증하기 위한 동물실험모델에 의존될 것이라는 것이 일반적으로 인식되고 있다. 이들 동물실험모델은 사람의 질병과 유사성이 있어야 하며, 이상적으로 대체(surrogate)가 아닌, 실제 기병성 인자(etiological agent)(VARV)를 이용해야한다. 그 같은 개발연구의 상당한 비율이 설치류와 영장류에서 대체 오르토폭스 바이러스(orthopoxvirus, OPV)를 사용하여 수행되더라도, VARV에 대한 대책에서 신뢰성 증가는 VARV에 대한 사람의 영장류 실험모델의 효능시험을 통해서만 얻을 수 있다.

VARV가 사람에게만 자연적으로 감염된다는 사실은 VARV를 이용한 천연두의 동물실험모델의 개발을 복잡하게 한다. VARV는 원숭이를 이용한 최근의 연구를 제외하고는 실험적으로 다양한 실험동물들을 감염시킬 수 있다[5]. 자연적 aerogenic 경로를 통한 노출을 포함하여 보다 세밀한 VARV 영장류 실험모델이 요구된다[6].

이 장에서는 천연두의 대응책 개발에서 확실한 유효성을 가진 OPV 질병을 위한 동물실험모델에 초점을 두고 있다. VARV 또는 원숭이천연두 바이러스(monkeypox virus, MPXV)를 이용하는 사람외 영장류 실험모델은 이 목적에 가장 부합되며, 사람에서 천연두의 병태생리학적인 식견을 제공하고 있다. 그러나 사람외 영장류 연구는 비용이 많이 들며, VARV의 사용은 생물안전단계 4(biosafety level 4, BSL-4)와 생물안전성(biosecurity)에서 가장 엄격한 수준이 요구된다. 그러한 이유로, 미국 Atlanta 시 소재 세계보건기구와 질병통제예방센터, 러시아 국가바이러스 및 생물학 연구센터(State Research Centre of Virology and Biology, SRC VB VECTOR)에 의해 엄격하게 제한되고 있다. MPXV는 덜 제한적이지만, 여전히 생물안전단계 3 (biosafety level 3, BSL-3)의 생물봉쇄(biocontainment)를 요구하는 선택제제로서, 그 사용에 제한이 있다는 것을 의미한다. 이러한 규제 결과에 따라, OPV 질병에 대한 서두(鼠痘)바이러스(ectromelia virus, ECTV), 우두바이러스(cowpox virus, CPXV), 토끼천연두 바이러스(rabbitpox virus, RPXV), 백시니아 바이러스(vaccinia virus, VARV) 등의 작은 동물실험모델을 사용하여 사람의 병원균에 대한 대책을 이해하고 개발하기 위한 노력이 있어왔다[8].

OPV 질병의 동물실험모델은 숙주의 표적세포와 직접적인 바이러스 상호작용과 보호면역 반응 간에 균형있게 다루어져야 한다. 대부분의 다른 바이러스성 병원균보다 폭스바이러스는 독성의 균형을 역전할 수 있는 다양한 면역조절 단백질과 세포자살 저해제를 발현한다. 어떤 사례에서, 이들 바이러스-숙주 상호관계는 종-특이성을 가지기도 하며 일반적이지 않을 수도 있다. 이 장에서 OPV의 면역생물학에 대한 보다 상세한 내용은 다루지 않을 것이다.

13.2 서두바이러스와 백시니아(vaccinia) 바이러스의 동물실험모델

VARV 발병에 대한 많은 믿음들은 마우스에서 ECTV 연구로부터 언급되었다[9]. ECTV는 마우스에서 자연병원체이며, 1930년대에 처음으로 발견되었으며, Fenner[10]는 사람에서 발진성 질병과 유사한 일차 및 이차 바이러스혈증을 규명하기 위한 실험모델로 사용하였다. 1970년대에 ECTV/마우스 실험모델은 세포매개 면역에서 T-세포와 대식세포의 역할과 급성 질병의 회복을 보여주기 위하여 사용되었다. 1980년대에 근친교배 마우스 계통에서 ECTV의 감염은 저항성과 삼수성의 유전적 결정인자를 확인하기 위하여 사용되었다[9,11]. 더욱 최근에, 근친교배 마우스(inbred mice)의 다양한 녹아웃 계통(knock-out strains)의 이용가능성은 바이러스-숙주 관계에 대한 연구를 용이하게 하였다.

마우스에 대한 ECTV의 감수성은 유전학적으로 결정되었다. C57BL/6 마우스는 비교적 저항성이 크다. 평균치사량[median lethal dose (LD_{50})]은 발바닥접종(footpad innoculation)에서 10^6개 이하의 용균반-형성 단위(plaque-forming unit, PFU)를 나타내었다. 그와 대조적으로, A/J 쥐에서 LD_{50}은 0.01 PFU 이하였다[11]. 유전적 저항은 어느 정도의 효과기 T-세포(effector T-cell)

의 과립 엑소시토시스 경로(exocytosis pathway)와 관련이 있다[12]. BALB/c와 DBA/2는 A/J 마우스와 마찬가지로 피부경로와 에어로졸 경로를 통해서 매우 높은 민감성을 나타내었다. 저항성/민감성의 유전학적 의미는 복잡하며, ECTC 균주와 더불어 다양할 수 있다.

민감성이 있는 마우스에서 ECTV 감염은 피부침입에 의해 시작된다. 바이러스는 침입부위에서 증식되며, 그 후 구심성 림프관을 통하여 내부 기관으로 이동하여, 림프절과 혈류 (일차적인 바이러스혈증)로 유출된다. 바이러스는 주요 기관에서 증식되며, 특히 간과 지라에서, 그 결과 4~5일 이내에 이차 바이러스혈증을 일으킨다. 마우스의 계통에 따라, 피부에서의 증식은 노출 6일 후 바로 발진이 생긴다. A/J 마우스는 죽기 전에 심한 간괴사가 일어나며, 그 결과로서 발진이 생긴다. 에어로졸 노출 후에는 심한 일차 폐렴이 생긴다[13,14]. 최근에 ECTV A 균주를 마우스 실험모델에 이용하여 치명적 감염에 대한 항바이러스 약물인 cidofovir의 여러 가지 유사물질을 평가하였다[13,14]. 이 연구에서 cidofovir의 octadecyloxyethyl 유도체 (CDV)는 경구로 투여되었으며, 2.3×10^4 PFU의 에어로졸로 감염시험에서 마우스는 100% 보호되었으며, 간과 지라에서 바이러스의 증식은 완전히 억제되었다. 동등한 조건 하에서, 변형되지 않은 cidofovir는 효과가 없었다. CDV의 합성글리세롤 에스터인 1-O-octadecyl-2-O-benzyl-sn-glycero-3-CDV (ODBG-CDV)를 사용한 연구에서는 ODBG-CDV가 팔다리 결손증(ectromelia)의 치명적 마우스 실험모델에서 죽음을 막는 hexadecyloxypropyl-cidofovir (HDP-CDV, CMX001라고도 알려짐)로서 동일한 효과를 나타낸 반면에, 이 CDV의 변형 버전(version)은 화합물의 수송 변화를 나타낸다. 구체적으로 말하면, 초기 바이러스 증식의 중요한 표적기관인 폐에서 고농도의 ODBG-CDV가 관찰되었다. 약물수송의 변화도 간에서 적은 양의 ODBG-CDV를 초래하였는데, 이는 구강으로 약물 투여한 후에 간에 의한 약물의 최초 전달제거를 줄일 수 있다는 것을 암시한다[13].

VACV는 마우스도 감염시킨다; 그 결과는 murine의 유전학, VACV 균주, 투여량, 노출 경로에 따라 달라진다. 투여량 10^4 PFU 이상의 VACV strain Western Reserve (WR)를 비강내 경로를 통해 노출된 C57BL/6 마우스는 치명적이었다[15]. 이 실험모델은 (시험관에서 인터페론, IFN, 저항성을 제공하는) 백시니아 바이러스 유전자(vaccinia virus gene) *E3L*이 온전한 동물(intact animal)에서 발병에 필요하다는 것을 보여주기 위해 사용되었다. BALB/c 마우스는 다소 저항성이 있으며, head-to-head 비교는 보고된 바 없지만, 죽음은 투여량에 따라 달라졌다. 한 가지 발표된 역가 연구에서, VACV strain WR은 10^7 PFU에 노출된 마우스의 100%가 죽었는데 비하여, 10^4 PFU에 노출된 경우에는 20% 만이 죽었다[16]. BALB/c 마우스도 VACV 독성 측정에 사용된다. New York City Board of Health 균주는 WR 균주보다 더 독성을 가지는데, 비강내 경로를 통한 LD_{50}은 각각 $10^{4.0}$과 $10^{4.8}$ PFU를 나타내었다. Tail sacrification, 피하, 또는 구강을 통한 경로에서 치명적인 균주는 없었다[17]. Wyeth 백신에서 유래하는 VACV는 비강내 노출을 통하여 독성이 다소 낮게 나타났다 ($LD_{50} > 10^7$ PFU).

털이 없는 SKH-1 마우스는 VACV를 사용한 피부감염의 확립에 사용되었다. 전신 감염의 심한 정도는 피부병변을 보고 측정할 수 있었으며, 이 실험모델은 5% cidofovir의 효능을 보여주는데 사용되었으며, 국소적으로 적용된 피부병변과 허파, 신장, 지라 등에서 바이러스 부하을 감소시키는 데 원칙적으로 적용되었다[18]. VACV strain WR을 비강 내로 감염시킨 BALB/c 마우스는 폐렴, 체중감소, 사망 등을 일으켰다. 비강 내로 노출되어 하루가 경과한 후, cidofovir가 투여 (복강 내로 100 mg/kg)된 모든 마우스는 보호되었다. 대조적으로, 플라시보 대조구(placebo control)는 노출 8일 이내에 모두 죽었다. Cidofovir는 폐 통합수치(lung consolidation score)를 크게 개선시켰으며, 간, 지라, 뇌에서 바이러스 감염을 감소시켰다. 최고역가는 플라시보 대조구에서보다 30~1,000 배정도 낮았다[19].

13.3 우두바이러스의 동물실험모델

우두바이러스(cowpox virus, CPXV)는 다양한 숙주에 감염되는 인수공동병원체이다. 설치류는 CPXV의 보균체 숙주로 믿어진다[20]. 그러나 이 바이러스는 가축, 애완쥐(pet rats), 다양한 동물원에서 사육되는 동물, 사람 등을 감염할 수 있다[21~25].

ECTV와 VACV와 유사한 연구가 제한된 조건에서, BALB/c 마우스에 치명적인 CPXV strain Brighton Red를 사용하여 실행되었다. 에어로졸 또는 비강내 노출에 따른 질병양상과 사망률은 마우스의 연령/무게에 따라 다르다. 비강 내로 2×10^6 PFU (100 LD_{50})만큼 감염된 10~12 g 정도의 마우스는 평균 8일 만에 100% 죽었지만, 7주 된 마우스는 동일한 투여량이 주어졌을 때, 50%만이 죽었다[26]. 치명적으로 감염된 마우스는 허파에 10^9 PFU/g 이상 노출되어 양측성 바이러스성 폐렴(bilateral viral pneumonitis)과 바이러스 감염으로 죽었다. 이 실험모델은 예방 및 전신성 질병의 방어를 위한 다양한 치료처방에 대한 효능시험에 사용되었다: 복강 내로 (100 mg/kg) cidofovir 일회 투여량으로 처리된 마우스는 그 약품이 노출 전 4일간, 그리고 4일 후 늦게 투여되었을 때, 비강내 감염시험 ($2 \sim 5 \times 10^6$ PFU)에 대하여 균등하게 보호되었다. 노출 후 5일 이상 경과된 후에 cidofovir의 효과는 감소하였다[26]. 그러나 동물들이 이미 질병의 징후를 보인 후, cidofovir가 (에어로졸) 노출된 후 6일 동안 투여되었을 때, 그 동물의 절반은 보호되었다[26]. 반면에 백시니아 면역글로불린은 사망률 감소에 전혀 효과적이지 못했으며, IFN-α B/D (5×10^7 U/kg)는 노출 이전과 노출 1일 후에는 효과적이었으나, 그 후에는 그렇지 못하였다. Tail sacrification에 의한 감염은 노출 8일 이전에 감염시험되었을 때 보호되었지만, 그 효능은 이전감염시험 간격(prechallenge interval)이 짧아짐에 따라 감소하였다. 이 관찰은 사람에서 노출된 후 4일까지 백신효능을 나타내는 역학적 데이터와 차이가 있어, 동물실험모델에서 보다 높은 감염시험용량을 반영할 수 있다. 또한 설치류 실험모델을 사람에게 추론하는 일은 위험하다는 것을 나타낸다.

독성과 보호면역반응에 대한 중요한 이해가 이들 murine 모델로부터 얻을 수 있음에도 불구하고, 바이러스-숙주 상호작용은 개별적으로 평가를 받아야 하며, 일반화될 수 없다[27]. 예를 들어, ECTV와 VACV로 감염 후, IFN-γ의 요구성은 매우 다르다. ECTV-감염 마우스에서, IFN-γ 녹아웃(knockout) (k/o) 마우스로부터 면역 비장세포(splenocyte)의 전달은 간과 비장에서 바이러스의 역가를 감소하는 데 매우 효과적이었지만, 유사 실험에서 VACV-면역 비장세포는 효과가 없었다[28]. 이같이 OPV 감염에 대하여 이들 두 가지 실험모델이 명백한 유사성이 있음에도 불구하고, 회복은 다양하게, 그리고 다소 예상할 수 없는 숙주면역반응이 수반되었다. 세포용해성(cytolytic)

T-세포의 기능은 유익하거나, 유해하거나, 또는 중립일 수 있으며[28], 이 조화는 바이러스-숙주 체계에서 고유한 것이다. 이 형태의 어려움은 그들이 그들의 자연 숙주의 밖에 존재할 때, OPV와 같은 특별한 병원균을 연구하는데 중요한 고려사항이다.

CPXV 감염의 murine 모델에 부가하여, 최근 연구는 marmoset (*Callithrix jacchus*)의 사용을 통해서 진행되었다. 정맥내 또는 비강내 감염 marmoset은 급성 및 전신성 질병으로 발전하였으며, 임상적 징후가 시작된 후 1~3일 이내에 죽었다[29]. Marmoset에서 calpox의 감염량(infectious dose, ID) 50은 비강내 경로에서 8.3×10^2 PFU 였다; 이것은 원숭이 실험모델에서 필요한 MPXV와 VARV 투여량보다 대략 10,000 배 정도 낮다. 8.3×10^3 PFU의 투여량은 균일하게 치명적이다. MPXV와 VARV의 원숭이 실험모델과 비교하여, calpox를 사용한 marmoset 모델은 상대적으로 피부손상이 별로 없다. Marmoset은 동물들의 작은 크기, 취급의 용이, 사육 중에 높은 생식률, 상대적으로 저렴한 구입가와 유지 등에서 원숭이 실험모델을 능가하는 몇 가지 장점을 제공한다. Marmoset의 주요 단점은 특이한 시약이 없다는 것이다.

13.4 토끼천연두 바이러스의 동물실험모델

토끼천연두(rabbitpox)는 토끼천연두 바이러스(rabbitpox virus, RPXV)에 감염되어 일어나는 질병이다. *Orthopoxvirus* 속에서 분류된 VACV 균주인 RPVX와 다른 *Lepovipoxvirus* 속의 myxoma virus를 구별하는 것이 중요하다. 비록 myxoma virus는 RPXV에 의해 야기된 것과 많은 유사성과 더불어 뉴질랜드 White rabbits에서 치명적인 질병을 일으킴에도 불구하고, myxoma virus는 사람 병원균과 더욱 연관성이 적기 때문에, 이 장에서 기술된 OPVs의 동물실험모델보다 사람천연두와 관련이 적다.

에어로졸 경루루 RPXV에 누출된 투끼는 천연두 환자에서의 증상과 유사하게 나타나는 것을 보여주었다[30~32]. 이들 연구에서 RPVX의 Utrecht 균주는 록펠러연구소 균주(Rockefeller Institute strain)보다 다소 훨씬 독성이 높다는 것을 보여주었다. Utrecht 균주는 뉴질랜드 White rabbits에서 치명적 감염을 일으키며, 노출 후 7~12일 사이에 죽었다. 이 질병은 보다 높은 양이 투여되면 더욱 급격하게 진행되었으나, 그 데이터는 RPXV 단일 입자가 감염을 일으키기에 충분지 못하다는 것을 제시하였다. 토끼는 전형적으로 4~6일간의 잠복기 동안 건강하였으며, 그 후 점차 열, 쇠약, 급속한 체중저하, 그리고 눈과 코에서 많은 화농성 분비물이 생성되었다. 붉은 홍반은 입술과 혀에 광범위한 피부발진과 함께 나타났다. 많은 병변은 몇 개씩 서로 뭉쳐 다양하게 나타났으며, 일부에서는 발진이 생기기 전에 죽었다. 병변은 붉은색 뾰로지(red papule)가 치즈모양의 내용물을 포함한 가성농포(pseudopustule)로 변하면서 시작되었다. 딱지가 형성되기 전에 죽었으며, 체온에서 급격히 떨어지는 전조증상이 나타난다. RPXV의 과다노출로 모든 내장조직에서 이 바이러스가 검출되었으며, 폐에서 10^8 PFU/g, 지라와 부신에서 10^7 PFU/g의 역가(titer)를 나타내었으며, 5~8일 사이에 최고농도에 도달하였다. 어떤 경우에, 토끼의 조기 죽음은 혈액응고장애와 상관관계가 있었으며[33], 사람에서 천연두의 출혈성 형태와 유사하였다[34]. 사람의 천연두에서 언급한 바와 같이, 비인두체액(nasopharyngeal fluid)에서 바이러스가 존재함에도 불구하고,

감염된 토끼는 질병의 마지막 단계에서만 전염성이 있다는 몇 가지 증거가 제시되었다.

토끼의 RPXV 감염은 사람의 천연두에서와 유사하다. 더욱 최근의 연구에서 토끼의 진피내 접종(intradermal inoculation)은 유사한 질병의 양상을 초래하였다[35]. 진피 내로 투여된 1×10^2 PFU의 바이러스는 전신감염을 초래하는 반면에, 보다 높은 투여량 (5×10^3 PFU)에서는 죽음을 야기하였다. 초기에, 진피내 접종부위는 부풀어 오르며, 감염된 5일 후에는 괴사가 일어났다. 열은 3일 후부터 시작되었고, 4일 후에 호흡률이 증가되었으며, 7일 후에는 체중감소를 동반한 눈과 코 분비물의 분비를 포함하는 이차병변에 일어났다. 죽음에 이르게 되면, 호흡률은 감소되고, 심박수는 증가하며, 그 동물은 7~8일 후 호흡곤란에 빠지게 된다.

이 면역학적 경과를 자세히 분석해 보면, 반응시약의 부족과 근친교배 토끼 계통에 의해 저해되는 경우가 생기기 때문에, 마우스를 이용하는 실험모델연구가 선호하게 되는 결과를 초래한다. 그러나 토끼에서 RPXV 게놈의 유전적 조작에 의한 독성평가와 실험은 현재 시도될 수 있으며[36], RPXV의 토끼 실험모델이 추후 개발되어, 사람 천연두의 영장류 실험모델에 이용가능한데서 후보치료제(candidate therapeutics)와 백신실험에 우선순위를 매기기 위한 방법에 따라 채택될 수 있다는 것이 또한 그럴 듯하다. 실로, 뉴질랜드 White rabbit는 최근에 RPXV에 대한 예방약 및 치료체로서 CMX001의 효능을 연구하는데 사용되었다[37,38]. 더욱이, RPXV는 토끼에서 자연적으로 생성된 에어로졸에 의해 전파될 수 있기 때문에, 동물에서 사람으로 전파되는 동안 질병 발달의 징후가 있은 후에 투여된 CMX001에 대한 효능연구는 가능하였으며, 토끼천연두 증상에 효과적인 치료제로서 CMX001의 이용이 입증되었다.

13.5 원숭이천연두 바이러스의 동물실험모델

MPXV는 천연두와 비교하여 사람에서 사람으로 전파될 가능성이 적지만, 천연두의 많은 징후와 증상을 나타내는 사람에게 심각한 병원균이다[39,40]. 서아프리카에서 유래하는 MPXV 균주는 중앙아프리카, 특히 콩고민주공화국에서 산발적으로 발생하는 균주보다 독성이 덜하다는 증거가 있다[41~43]. "원숭이천연두(monkeypox)"는 그 바이러스가 다람쥐를 포함하는 설치류 보균체와 관련되어 자연에 존재하는 것으로 볼 때 잘못된 용어일 수 있다[44,45]. 2003년에, MPXV는 가나(Ghana)에서 유래하는 감염된 갬비아 랫드(giant Gambia rat)를 포함하는 설치류들이 선적되어 우연히 미국으로 들어갔다[46,47]. 그 랫드는 동일한 시설에서 사육되는 많은 프레리독(prairie dog)을 감염시켰고, 수백 마리의 프레리독이 감염에 연루되어 연쇄적인 전파가 진행되었으며, 11개 주에서 75명 이상의 환자가 발생하였다. 미국에서 MPXV에 감염된 프레리독에서는 폐경화, 림프절 팽대, 위장관벽에서 다초점성 페스트 등이 나타났다[48]. 원숭이천연두의 발생은 천연두의 대체질병으로서 뿐만 아니라, 그 질병 자체로서 MPXV의 관심에 다시 불을 붙였다.

MPXV U.S. strain에 의한 얼룩다람쥐(ground squirrels)의 감염실험에서 복강 내로 $10^{5.1}$ PFU, 또는 비강 내로 $10^{6.1}$ PFU가 노출된 모든 다람쥐들은 6~9일 이내에 죽는 것으로 보고되었다[49]. 높은 바이러스성 부하(burden)로 전신성 감염이 일어난 것이 보고된 바 있다; 간과 지라의 괴사, 폐에서 간질성 염증(interstitial inflammation) 등이 발견되었다. 다람쥐의 MPXV 감염은 원숭이천연두와 천연두의 실험대책에 유용한 동물실험모델로 개발될 수 있다. 지금까지, 이 실험모델은 MPXV의 중앙 및 서아프리카 클라드(Central 및 West African clade)와 함께 실험 감염에서 임상적 및 병리학적 특성을 조사하고, 나아가 중앙아프리카 클라드(Central African clade)의 독성 증진을 확인하는 데 사용되어 왔다[50]. 아프리카 겨울잠쥐(African dormice)(*Graphirus* 종)를 포함한 대체 설치류 동물에서와 같이[53], 최근에 사람에서 원숭이천연두에 대한 프레리독 실험모델의 진전이 보고되었다[51,52].

영장류에서 MPXV는 에어로졸[54,55], 근육내[56], 기관내, 기관지내, 노출의 정맥내 경로를 통해서 감염된다[57~63]. 초기에 보고된 대부분의 연구에서는 rhesus 원숭이(*Macaca mulatta*)도 괜찮지만[65], *Macaca iris* 또는 *Macaca fascicularis*와 같은 cynomolgus 원숭이를 사용하였다[64]. MPXV (VARV)의 자연적 전파는 아마도 에어로졸, 매개물, 점막 노출의 병행으로 일어난다. 에어로졸 노출은 III급 캐비닛(cabinet)의 경우에 BSL-4 생물봉쇄(biocontainment)를 필요로 하며, 정맥내 노출과 비교하여 지속성이 다소 떨어진다.

MPXV의 에어로졸 경로에 의한 cynomolgus 원숭이의 감염 (흡입용량은 30,000 pfu 임)으로 5~6마리의 원숭이가 죽었으며 (각각 9, 10, 10, 10, 12일이었으며; 평균시간은 10.4일이었음), 심한 고열 (102.5°F 이상), 경미한 점막진(mild enanthema), 기침, 절대 및 상대적 단구증가증(monocytosis)의 백혈구증가증(leukocytosis) 등이 수반되었다[66]. 그 바이러스는 열병에 걸린 동물의 백혈구연층세포(buffy coat cell)에서 분리되었으며, 부검에서 높은 역가(10^6 PFU/g 이상)의 바이러스가 폐와 지라에서 분리되었다[54]. 심한 피브린괴사성 기관지폐렴(fibrinonecrotic bronchopneumonia)으로 죽었다는 것이 조직병리학적 조사를 통해서 밝혀졌으며, 면역조직생화학조사를 통해서 영향을 미치는 기도 상피와 주변의 간질(間質, interstitium) 샘플로부터 풍부한 MPXV 항원이 발견되었다. 에어로졸 형태의 MPXV에 노출된 원숭이에서 측정된 임상 매개변수는 사람과 유사한 순서로 일어났으나, 사람과 비교하여 증가하였다[67]. 최근에, 액체 MicroSprayer aerosolizer, 고압시린지와 연계된 기관지경(bronchoscope)을 이용하는 방법이 개발되었다[68]. 이 바이러스 접종방법은 전통적인 collision nebulizer보다 큰 입자를 전달하는 데 비하여, 재현성이 높으며, 일반 천연두를 연상시키는 전신성 형태의 질병을 일으킨다. 정맥내 노출연구와 비교하여, 보다 낮은 바이러스 투여량은 전신성 질병을 일으킬 수 있었다. 3.42×10^6, 8.37×10^6, 3.53×10^7 PFU의 3가지 MPXV Zaire '79가 투여되었다. 흥미있게도, 질병징후의 동태학(kinetics)이 보다 많은 양이 투여된 집단에서 더 빨랐음에도 불구하고, 그 집단들 간에 말단 병변은 상당히 유사하였다. 그 연구에서 몇몇 동물에서 출혈성 질병도 발생하였다. 그러나 투여된 바이러스의 양에 따라서 크게 차이를 보이지 않았다. Microsprayer는 또한 휴대가 간편하고, 부가적 혜택이 있으며, 작동하는데 힘들지 않다. 그러나 이 투여경로가 상기도를 완전히 우회한다는 것은 명백한 단점이었다.

MPXV를 cynomolgus 원숭이의 정맥으로 투여하면, 동일한 전신성 감염을 일으킨다; 질병의 정도는 투여량과 관련이 있다[69]. 1×10^7 PFU의 MPXV가 정맥으로 감염된 cynomolgus 원숭이(예, Zaire '79 strain, CDC V79-I-005)에서 3일 후 미열이 발생하였다. 천연두병변은 4~5일 후에 나타나며, 8일이 지나면서 죽기 시작하였는데, 평균사망기간은 12일이었으며, 반점이 시작된 후 4~8일이 경과한 시기였다. 이것은 사람의 원숭이천연두에서 나타났던 10~14일보다 짧다. 사람에서의 10% 사망률과 비교하여, 감염된 원숭이 12마리 가운데 11마리가 죽었다 (92%). 천연두병변은 모든 동물에서 발견되었으며, WHO 채점시스템(scoring system) (50 병변 이상)에서 "심각"으로서 평가되었다(>250 병변). 손, 발, 입, 연구개 모두가 포함되었다. 모든 원숭이에서 병변발달의 전형적인 단계를 거치는 동안, 이러한 패턴을 보여주었으며, 궁극적으로 딱지가 생기는 기간 동안 살아 있었다. 체중감소도 모든 동물에서 볼 수 있었다. 연구실에서 밝혀진 실험결과는 blood urea nitrogen과 크레아틴(creatine)이 말기에서 증가하는 것을 제외하고는 특별한 것이 없었다.

육안병리학적 병변과 바이러스 증식의 관점에서 현저한 기관병발(organ involvement)은 부검을 통해서 관찰되었다. 폐, 간, 비장에서 바이러스 증식은 10^8 PFU보다 컸으며, 혈액에 존재하는 바이러스는 10^5 PFU였는데, 이는 세포와 연관성이 있었다. 혈장에는 감염성 바이러스가 없었다. 신장에서의 바이러스 역가는 혈액에서의 역가보다 다소 높았는데, 이는 신장이 바이러스 증식 부위라는 것을 암시하는 것이다. 그러나 현저한 바이러스 감염 (포함된 혈액 이상)은 뇌에서 확인되지 않았다.

각 동물에서 질병의 진행에 대한 감염량의 효과를 결정하기 위하여, 10^5~10^6의 낮은 투여량으로 평가되었다. 모든 동물은 낮은 투여량에서는 죽지 않았으나, 고통을 겪었으며, 병변이 나타났다. WHO 평가방법에 근거한 병변의 수는 10^5 PFU 범위의 경미한 것에서부터 중간 정도의 10^7 PFU, 그리고 심한 상태의 10^6 PFU에 이르기까지 투여량에 따라 차이가 있었다. 감염된 동물은 백혈구가 크게 증가하는 것으로 나타났으나, 이는 투여량에 따르는 것은 아니었다. 투여량에 따라 혈소판은 감소되었으며, 2~8일에 최저에 이르렀으나, 그 후 정상범위로 돌아왔다. 폐기능은 낮은 바이러스 투여량에서 현저하게 손상되지 않았다. 모든 동물에서 3~4일이 경과한 후에 미열 (104°F 이하)이 나타났다. 폭스바이러스(poxvirus)의 병변은 4~5일 사이에 처음으로 나타나서, 10~12일에는 증가하였으며, 2주 이상 경과한 후에 살아남은 동물은 회복되었다. 10^7 PFU 또는 그 이상의 치사량으로 감염된 동물에서는 1,500개 이상의 병변이 발견되었다. 정량적 중합효소연쇄반응에 의한 백혈구 mL당 게놈으로 측정되는 혈액에서 바이러스 감염량은 감염 24시간 후에 탐지될 수 있었으며, 죽기 전에는 10^7 게놈/mL 이상으로 증가하였다. 투여된 감염량은 낮거나, 항바이러스성 화학요법이나 예방접종으로 성공적으로 치료되어 생존한 동물에서 바이러스 감염량은 10^6 genome/mL 이내였다. 알부민은 복용량 의존방식(dose-dependent manner)에서 감소하였으며, 10^7 PFU로 감염된 원숭이는 1.5 g/dL 수준으로 떨어진 데 반하여, 총혈청단백질은 정상치 이내였다.

정맥내 MPXV 감염시험 모델은 승인된 Dryvax 백신과 비교 및 병용으로 크게 약독화된 변형 백시니아 앙카라(modified vaccinia Ankara, MVA) 후보백신의 효능을 시험하기 위하여 사용되었다[70]. 원숭이들은 최초 MVA 또는 Dryvax로 예방접종된 후, MVA로 면역화된 8주 후에 MVA 또는 Dryvax로 추가접종되었다. 16주에 MPXV로 감염시험된 후, 플라시보 대조군에서 500개 이상의 천연두병변(pox lesion)이 발견되었으며, 점차 고통스러워하는 것이 관찰되었다. 6마리 중 2마리는 죽었으나, Dryvax MVA/Dryvax가 접종된 원숭이는 고통을 받지 않았으며, MVA/MVA

그룹의 원숭이들은 건강하였으나, 평균 16개의 병변이 발견되었다. 혈액의 바이러스 역가가 10^8 genome/mL 이하였던 플라시보 대조군과 비교하여, 예방접종된 원숭이에서 정량 PCR (quantitative PCR)을 이용하여 조사한 결과, 심각한 바이러스혈증이 생겨난 원숭이는 없었다[71]. 이들 원숭이를 면역화시키는 과정에서, MVA 접종원숭이는 Dryvax 접종원숭이보다 면역조치(immunization) 10일 이내에서 효소결합면역흡착측정 역가(enzyme-linked immunoadsorbed assay titer)가 높게 나타나는 것이 관찰되었다. 원숭이의 MVA에 대한 면역반응이 초기 보호에 충분한지를 알아보기 위하여, MVA 또는 Dryvax의 단회 투여량으로 면역화되었고, 10일에 감염시험되었다. 각각에서 500개 이상의 병변이 생겨났으며, 매우 고통이 컸던 대조구와 비교하여, MVA 또는 Dryvax 접종 원숭이들은 고통을 받지 않았으며, 두 그룹에서 동물당 3~6개의 병변이 나타났다. MVA와 Dryvax 원숭이들은 MPXV로 정맥내 감염에 의해 생성된 인공바이러스혈증(artificial viremia)보다 낮은 역가에 대하여 바이러스 복제는 제한되었으나, 감염시험 바이러스 증식역가는 10^8 게놈/mL를 초과하였다. 에어로졸 감염시험에 대하여 세포배양에서 유래된 VACV와 비교하여 Dryvax 원숭이의 유사백신효능 연구는 확실하게 보호하였다[72]. Rhesus 원숭이는 4가지 유전자 (*L1R*, *A27L*, *A33R*, *B5R*)와 조합으로 DNA 백신전략(DNA vaccine strategy)을 평가하기 위하여 유사한 정맥내 감염시험모델에 사용되었으며, 그 결과는 믿을 만하였다[65]. 최근에, 이들 유전자는 유사한 믿을 만한 결과와 더불어 *alphavirus* 증식에서 발현되었다[73].

감염시험이 "자연경로"를 통해야 한다는 근거에서, 정맥내 감염시험 실험모델을 수용하기 위한 몇 가지 주저하는 점들이 있었다. 이 우려에 대한 반론은 압도적인 정맥 투여에 대한 방어가 매우 엄격한 기준이며, 정맥내 감염시험에 대한 보호가 말초시험투여경로에 대한 효능을 예상할 수 있다는 것이다. 그러나 이러한 우려 때문에, 그리고 정맥내 감염시험이 항바이러스성 의약품 평가(antiviral drug evaluation)를 위해 너무 높게 기준이 설정되어 있기 때문에, 기관내 경로를 포함한 대체 노출 실험모델은 탐색 중에 있다. 투여-반응곡선(dose-response curve)이 매우 가파름에 따라, 바이러스의 정맥내 투여는 접종량을 조정하는 장점이 있다. 노출에 대한 흡입 또는 점막 경로는 보다 많은 동물을 필요로 한다.

이러한 한계에도 불구하고, 정맥내 MPXV 실험모델은 cidofovir[74]와 ST-246[60]을 포함하는 많은 항바이러스 후보물질의 효능을 보여주는 데 사용되었나, 이들 연구는 이 장에서 다루지 않겠다.

13.6 두창(variola) 바이러스의 동물실험모델

사람의 천연두와 유사한 질병을 일으키는 VARV를 이용한 동물실험모델의 개발은 천연두에 대한 백신과 항바이러스성 약품의 보호효능(protective efficacy)을 가장 확실하게 입증하는 데 필요하다[6,75,76]. VARV의 종-특이성 때문에, 설치류와 토끼를 VARV로 감염시켜 질병을 일으키려는 시도가 성공적이지 못했다는 것은 놀라운 일이 아니었다[77]. 실제로, 영장류에서조차도 VARV를 사용한 초기 실험은 경미한 결과를 초래하였지만, 자연치유성 감염(self-limited infection)이었다. 2×10^8 농포형성단위(pock-forming unit)의 에어로졸에 노출된 cynomologus 원숭이에서 6일간의 잠복기가 경과한 후에 발진이 나타났다. 폐에서 바이러스가 증식되었으며, 이차 증식부위는 바이러스혈증이 생기기 전에 림프절에서 형성되었다[64]. 동일한 연구에서[31], 109마리의 rhesus 원숭이가 노출되었는데, 5일 후에 모든 원숭이에서 열이 났고, 7~11일 사이에 발진이 생겼으며, 2마리는 죽었다. 보닛원숭이(Bonnet macaques)(*Macaca radiata*)도 감염 후 질병에 대한 저항성이 있었다[78]. 14마리 가운데 하나도 죽지 않았다. 그러나 저자들은 그중 한 마리는 임신한 원숭이였기 때문에 코티손(cortisone)으로 처리하지 않았지만, 코티손 처리가 원숭이의 감수성을 나타내었으며, 16마리 가운데 14마리가 죽었다고 보고하였다. 사람에서 임신한 여성들은 천연두 감염 후에 가장 높은 사망률을 나타내었다[79].

이같이 과거의 기록들은 사람에서 VARV의 발병을 실험모델화에 적합한 모델로 알려진 것이 없다는 것을 시사하였다[80]. 그러나 원숭이 감염은 피부병변과 전신성 감염을 일으키는 것으로 알려졌으며, 영장류 실험모델은 1960년대에 독일에서 MVA의 승인을 얻기 위해서 사용되었다[81]. 그러므로 치명적인 천연두의 실험모델을 찾기 위해서 다양한 경로를 통해 높은 투여량으로 대체 VARV 균주를 시험하는 것이 합리적이었다. Yamada 또는 Lee VARV 균주들을 cynomolgus 원숭이에 에어로졸 노출 ($10^{8.5}$ PFU)시켰을 때, 감염은 되었으나, 심각하지는 않았다[3]. 그러나 Harper 또는 India 7124 VARV 균주를 원숭이의 정맥 내로 투여하는 후속연구에서 원숭이는 급성 치사를 일으켰다[4]. 10^9 PFU보다 낮은 투여량은 치사를 줄였으며, 질병의 정도에 영향을 미치는 정령적 변수들은 투여량 감소와 더불어 줄어들었다.

VARV 감염으로 죽어가는 원숭이에서 말기병변은 사람에서 천연두 말기에서와 유사하였다. 그 질병이 바이러스학과 면역학의 현대적 기법이 개발되기 이전에 퇴치됨으로서, 사람의 천연두에 대한 병리생리학(pathophysiology)은 명확하게 이해되지 못하였지만, 사람외 영장류 실험모델에서 기인하는 이해는 영장류 실험모델 보고서에 사용되었던 면역조직화학과 cDNA microarray와 같은 현대적 기법들을 사용하는 얻어진 결과들에 대한 반복연구에 영향을 줄 수 있었다[4,82]. 200년 전 영국에서 발간된 모든 병리학 보고서들에 대한 최근의 리뷰[34]에서 일반적으로 천연두로 사망한 건강한 환자들은 보통 신부전, 체액결핍에 대한 이차 쇼크, 바이러스성 폐렴과 기도손상에 의한 산소공급과 통기 곤란으로 사망하였다고 기술하였다. 간세포의 퇴행은 손상을 일으켰을 수도 있지만, 간부전은 근본적인 사망원인이 아니었다.

VARV에 접종된 원숭이의 말기병변은 사람의 병리현상과 매우 유사하였다[4]. 사망 이전의 중간시점에서 여러 가지 변수들에 대한 평가는 실험감염을 통해서 수행되었다. 정맥으로 접종된 원숭이들은 접종 직후에 인위적인 바이러스혈증이 나타났다. 바이러스 증식에 따른 몇 일간의 암흑기(eclipse phase)가 경과한 후, 혈액 내의 바이러스는 단핵구 세포만 연관되었다. 죽은 동물들은 심각한 백혈구증가증, 혈소판감소증, 혈청크레아틴량의 증가 등을 나타내었다. 표적조직에서 고용량의 바이러스 부하는 기관의 기능장애와 다기관 손상과 연관되었다. 바이러스 입자의 증식과 관련된 면역조직화학에 의한 바이러스 항원의 분포는 림프조직, 피부, 구강점막, 위장관, 생식계, 간에서 병리학과 더불어 전자현미경에 의해 관찰되었다. 출혈성 소질(出血性 素質, hemorrhagic diathesis)의 조직학적 증거는 D-이합체(D-dimer) 증가를 통해서 확인되었다. 림프조직에서 T-세포의 세포자살은 대식세포에서 바이러스 증식과 그로 인한 사이토카인 급증(急症, storm)으로 인한 결과임이 보고되었다. 사람천연두의 말기증세로서 의사가 이야기하는 "독소혈증(toxemia)"은 대상조직(target tissue)에서 직접적인 바이러스 손상으로 생긴 결과인 만큼, 인터루킨-6과 IFN-γ를 포함한 내재면역반응의 과잉자극에 의해 생길 수 있다.

더욱 최근에 일반 질병 또는 출혈성 질병을 유발하기 위해 적당히 상응하는 VARV strain Harper의 투여량에 노출된 cynomolgus 원숭이에 대하여 일련의 샘플링연구가 실행되었다[83]. 몇 가지 중요한 차이점들이 실험모델들 사이에서 나타났다. 일반 천연두 실험모델에서, 림프구 및 골수과다생성(lymphoid and myeloid hyperplasias)이 지속적으로 발견되었지만, 림프구증가증 및 조혈성괴사(lymphocytolysis and hematopoietic necrosis)는 출혈성 천연두에서 발달되었다. 면역조직화학적 평가에서처럼, 바이러스 항원축적은 일반 천연두 실험모델에서 경미하고 일시적이었다. 대조적으로, 출혈성 실험모델에서 항원 분포는 광범위하였고, 일반 실험모델에서 조직은 포함되었으나, 세포는 수반되지 않았다. 출혈성 천연두는 이차 세균감염에서만 나타났으며, 이러한 관찰결과는 지금까지의 천연두에 관한 기록에서 흔히 언급되었다.

원숭이의 말단혈액샘플 분석은 사람유전자발현패턴을 연구하기 위한 cDNA microarray를 통해서 가능하게 되었다[84]. 유전자 발현 (IFN 반응을 나타내는 특성), 세포증식, 면역글로불린 발현 등에 대한 놀랄만한 일시적 통합패턴을 유도하는 VARV는 숙주면역반응에 대한 바이러스 투여량과 조정(調整, modulation)에서 상관관계를 나타내었다. 놀랍게도, 거기에는 종양괴사인자-α (tumor necrosis factor-α)/핵요소-κB 반응(nuclear factor-κB response)이 실제로 없었는데, 이는 VARV 유전자 산물이 이 반응을 제거할 수 있다는 것을 암시한다. 사람면역체계와 VARV의 연관성은 원숭이 실험모델에서만 유사할 수 있지만, 사람외 영장류에서 사람에 적용시키려는 추정[외삽(外挿), extrapolation]은 설치류에서 사람으로의 추정보다 신뢰성이 떨어진다. 원숭이의 MPXV가 원숭이의 VARV보다 사람의 천연두에 대해 보다 신뢰할 수 있는지 여부는 보다 집중적인 연구가 있어야 하며, 이 두 가지 사람외 영장류 실험모델은 진단, 예방, 치료 방법의 발달을 이해하는데 도움을 줄 것이다.

13.7 결론: 동물규정에 따른 감염시험

이 장에서는 미국식품의약국(FDA)의 동물효능규칙(Animal Efficacy Rule)을 적용한 사람의 OPV 질병에 대한 동물실험모델과 후보의료대책(candidate medical countermeasure) 효능 입증을 위한 유용성에 초점을 맞추었다. "거론되는 필수요인들"의 형태에서 FDA에 의해 제공된 지침은 무리한 기준을 설정하고 있다. 어떤 한 가지 실험모델이 동시에 규정된 모든 요구사항을 충족시킬 수는 없다. 구체적인 표시를 거론하기 위해서 다른 실험모델들이 필요하게 될 것이다.

설치류와 토끼 실험모델은 영장류와 비교하여 가격이 저렴하고, 덜 이질적이며, 종종 면역학적으로 좀 더 특성조사가 잘되어 있다는 장점을 가지고 있다. 다람쥐와 프레리독 같은 특성조사가 잘 되지 않은 설치류들은 MCM의 효능시험에서 유용성이 적지만, 그 동물들의 자연숙주와 바이러스 종을 부합시킬 만한 가치가 있다. 영장류와 비교하여 설치류에서 보다 큰 통계력(statistical power)이 얻어질 수 있으며, 제제(agent)를 선택하지 않고, BSL-3 또는 BSL-4 생물봉쇄가 요구되지 않는 대체 OPVs의 사용은 MPXV 또는 VARV보다 손쉽게 다뤄질 수 있다. 그러나 어떤 점에서, 그 규정의 준수는 사람의 질병을 재현하는 동물모델에 표준병원체를 적용시켜서 그 효능을 입증해야 한다는 것을 요구한다.

동물에서 사람으로의 발상의 전환은 영장류에서 MCM 효능을 입증하는 일이 용이하게 한다. 그러나 "언급되는 필수요인들"에 완전히 따라야 한다면 사람의 질병을 재현하는 것은 불가능하다. VARV는 유일하게 사람에 적응되었으며, 숙주의 제한성은 정맥내 경로를 통해 다량 노출시킴으로써만 극복될 수 있다. 대체경로로 적은 양이 투여되었을 경우에 감염이 일어나지만, 질병으로 명백하게 나타나지는 않는다. 그러나 FDA는 생존 향상 또는 주요 이완율 예방이 이루어지는 일차 연구종료시점(endpoint)을 평가한다. 대체경로를 통해서 바이러스혈증 또는 병변의 갯수 감소 등은 도움이 될 것으로 생각되지만, 일차 종료시점으로서 받아들여지지 않는다. 다른 감염시험에서는, 특히 사람의 천연두와 관련된 죽음이 "독소혈증(toxemia)"으로서만 막연하게 기술되었을 때, 사람에 대한 질병경과 모델에서의 병태생리학적인 측면과 관련시킨다. 그 실험모델의 감염조건은 사람에서의 조건과 비교하여 훨씬 특성조사가 잘 되었다. 콩고에서 발생한 사람외 영장류 모델에서 사람의 MPXV의 창궐은 상관관계가 있을 수 있으나, 여전히 사람의 천연두를 추론하기 위한 또 다른 확실한 믿음이 여전히 요구될 것이다.

이제 사람외 영장류 실험모델에 대한 보다 심도있는 연구를 위하여 과거 실험에서 얻어진 데이터에 대한 철저한 평가가 지속적으로 수행하여야 할 것이다. 심도있는 연구에는 에어로졸, 기관지내, 기관내, 비말 노출 등과 같은 대체 노출경로 등이 포함된다. 초기 개입을 통해서 치료의 성공가능성이 증대되도록 임상설정에 사용될 수 있는 바이오마커 패턴의 규명에 대한 특별한 관심이 필요할 것이다. 부가적 심도있는 연구를 위해서는 자기공명(magnetic resonance), 양전자 방사단층촬영(positron emission tomography, PET), 단일광자방출계산단층촬영(single photon emission computed tomography), 컴퓨터단층촬영(computed tomography, CT)과 같은 원격측정 및 의료영상(telemetry and medical imaging)의 사용도 포함되어야 한다[85]. 시간이 경과함에 따른 각 동물의 순차적 샘플링을 통해서 각 동물이 제공하는 허용범위를 완화하고, 동물의 개체수를 줄이는데 사용되는 통계력을 수월하게 성취하도록 한다.

평가에 사용된 동물실험모델과 세련된 기법들은 동물규정의 발전과 함께 동반되기를 바란다. 한 가지 낙관적인 진전은 FDA가 최근에 공표한 새로운 의료대책계획으로, MCM 개발과 평가를 위한 규제과학에 대한 원칙이 포함된다[86]. 이것은 국가의 생물대비태세를 강화하는 중요한 규제 결정을 위한 동물모델에서 충분한 신뢰를 쌓기 위하여 연구 집단과 함께 협력하여 일할 필요성을 인식하는 신호이다.

참고문헌

1. Henderson, D.A. et al., Smallpox as a biological weapon: Medical and public health management. Working Group on Civilian Biodefense. *JAMA: The Journal of the American Medical Association*, 1999, **281**(22): 2127–2137.
2. Russell, P.K., Project BioShield: What it is, why it is needed, and its accomplishments so far. *Clin Infect Dis*, 2007, **45**(Suppl 1): S68–S72.
3. LeDuc, J.W. and P.B. Jahrling, Strengthening national preparedness for smallpox: An update. *Emerging Infectious Diseases*, 2001, **7**(1): 155–157.
4. Jahrling, P.B. et al., Exploring the potential of variola virus infection of cynomolgus macaques as a model for human smallpox. *Proceedings of the National Academy of Sciences of the United States of America*, 2004, **101**(42): 15196–15200.
5. Fenner, F. et al., Smallpox and its eradication. *World Health Organization*, **1988**(2165): 296–309.
6. U.S. Department of Health and Human Services, *Guidance for Industry Animal Models—Essential Elements to Address Efficacy Under the Animal Rule*, Draft Guidance. Rockville, MD: U.S. Food and Drug Administration. 2009.
7. Centers for Disease Control and Prevention (CDC) and Department of Health and Human Services (HHS), Possession, use, and transfer of select agents and toxins. Final rule. *Federal Register*, 2008, **73**(201): 61363–61366.
8. Chapman, J.L. et al., Animal models of orthopoxvirus infection. *Veterinary Pathology*, 2010, **47**(5): 852–870.
9. Buller, M. and G. Palumbo, Poxvirus pathogenesis. *Microbiological Reviews*, 1991, **55(1)**(1970): 80–122.
10. Fenner, F., The clinical features and pathogenesis of mousepox (infectious ectromelia of mice). *Journal of Pathology and Bacteriology*, 1948, **60**: 529–552.
11. Buller, R.M., The BALB/c mouse as a model to study orthopoxviruses. *Current Topics in Microbiology and Immunology*, 1985, **122**: 148–153.
12. Mullbacher, A. et al., Granzymes are the essential downstream effector molecules for the control of primary virus infections by cytolytic leukocytes. *Proceedings of the National Academy of Sciences of the United States of America*, 1999, **96**(24): 13950–13955.
13. Hostetler, K.Y. et al., Oral 1-O-octadecyl-2-O-benzyl-sn-glycero-3-cidofovir targets the lung and is effective against a lethal respiratory challenge with ectromelia virus in mice. *Antiviral Research*, 2007, **73**(3): 212–218.
14. Buller, R.M. et al., Efficacy of oral active ether lipid analogs of cidofovir in a lethal mousepox model. *Virology*, 2004, **318**(2): 474–481.
15. Brandt, T.A. and B.L. Jacobs, Both carboxy- and amino-terminal domains of the vaccinia virus interferon resistance gene, E3L, are required for pathogenesis in a mouse model. *Journal of Virology*, 2001, **75**(2): 850–856.
16. Alcami, A. and G.L. Smith, A soluble receptor for interleukin-1 beta encoded by vaccinia virus: A novel mechanism of virus modulation of the host response to infection. *Cell*, 1992, **71**(1): 153–167.
17. Lee, M.S. et al., Molecular attenuation of vaccinia virus: Mutant generation and animal characterization. *Journal of Virology*, 1992, **66**(5): 2617–2630.
18. Quenelle, D.C., D.J. Collins, and E.R. Kern, Cutaneous infections of mice with vaccinia or cowpox viruses and efficacy of cidofovir. *Antiviral Research*, 2004, **63**(1): 33–40.
19. Smee, D.F., K.W. Bailey, and R.W. Sidwell, Treatment of lethal vaccinia virus respiratory infections in mice with cidofovir. *Antiviral Chemistry & Chemotherapy*, 2001, **12**(1): 71–76.
20. Chantrey, J. et al., Cowpox: Reservoir hosts and geographic range. *Epidemiology and Infection*, 1999, **122**(3): 455–460.
21. Kurth, A. et al., Cowpox virus outbreak in banded mongooses (*Mungos mungo*) and jaguarundis (*Herpailurus yagouaroundi*) with a time-delayed infection to humans. *PLoS One*, 2009, **4**(9): e6883.
22. Baxby, D. and M. Bennett, Poxvirus zoonoses. *Journal of Medical Microbiology*, 1997, **46**(1): 17–20, 28–33.

23. Herder, V. et al., Poxvirus infection in a cat with presumptive human transmission. *Veterinary Dermatology*, 2011, **22**(2): 220–224.
24. Ninove, L. et al., Cowpox virus transmission from pet rats to humans, France. *Emerging Infectious Diseases*, 2009, **15**(5): 781–784.
25. Campe, H. et al., Cowpox virus transmission from pet rats to humans, Germany. *Emerging Infectious Diseases*, 2009, **15**(5): 777–780.
26. Bray, M. et al., Cidofovir protects mice against lethal aerosol or intranasal cowpox virus challenge. *The Journal of Infectious Diseases*, 2000, **181**(1): 10–19.
27. Mullbacher, A. et al., Can we really learn from model pathogens? *Trends in Immunology*, 2004, **25**(10): 524–528.
28. Mullbacher, A. and R.V. Blanden, T-cell-mediated control of poxvirus infection in mice. *Progress in Molecular and Subcellular Biology*, 2004, **36**: 39–55.
29. Kramski, M. et al., A novel highly reproducible and lethal nonhuman primate model for orthopox virus infection. *PLoS One*, 2010, **5**(4): e10412.
30. Lancaster, M.C. et al., Experimental respiratory infection with poxviruses. II. Pathological studies. *British Journal of Experimental Pathology*, 1966, **47**(5): 466–471.
31. Westwood, J.C. et al., Experimental respiratory infection with poxviruses. I. Clinical virological and epidemiological studies. *British Journal of Experimental Pathology*, 1966, **47**(5): 453–465.
32. Nalca, A. et al., Evaluation of orally delivered ST-246 as postexposure prophylactic and antiviral therapeutic in an aerosolized rabbitpox rabbit model. *Antiviral Research*, 2008, **79**(2): 121–127.
33. Boulter, E.A., H.B. Maber, and E.T. Bowen, Studies on the physiological disturbances occurring in experimental rabbit pox: An approach to rational therapy. *British Journal of Experimental Pathology*, 1961, **42**: 433–444.
34. Martin, D.B., The cause of death in smallpox: An examination of the pathology record. *Military Medicine*, 2002, **167**(7): 546–551.
35. Adams, M.M., A.D. Rice, and R.W. Moyer, Rabbitpox virus and vaccinia virus infection of rabbits as a model for human smallpox. *Journal of Virology*, 2007, **81**(20): 11084–11095.
36. McFadden, G., Poxvirus tropism. *Nature Reviews Microbiology*, 2005, **3**(3): 201–213.
37. Rice, A.D. et al., Efficacy of CMX001 as a prophylactic and presymptomatic antiviral agent in New Zealand white rabbits infected with rabbitpox virus, a model for orthopoxvirus infections of humans. *Viruses*, 2011, **3**(2): 63–82.
38. Rice, A.D. et al., Efficacy of CMX001 as a post exposure antiviral in New Zealand white rabbits infected with rabbitpox virus, a model for orthopoxvirus infections of humans. *Viruses*, 2011, **3**(1): 47–62.
39. Fine, P.E. et al., The transmission potential of monkeypox virus in human populations. *International Journal of Epidemiology*, 1988, **17**(3): 643–650.
40. Jezek, Z. et al., Human monkeypox: Secondary attack rates. *Bulletin of the World Health Organization*, 1988, **66**(4): 465–470.
41. Hutson, C.L. et al., Dosage comparison of Congo Basin and West African strains of monkeypox virus using a prairie dog animal model of systemic orthopoxvirus disease. *Virology*, 2010, **402**(1): 72–82.
42. Chen, N. et al., Virulence differences between monkeypox virus isolates from West Africa and the Congo basin. *Virology*, 2005, **340**(1): 46–63.
43. Likos, A.M. et al., A tale of two clades: Monkeypox viruses. *The Journal of General Virology*, 2005, **86**(Pt 10): 2661–2672.
44. Khodakevich, L. et al., The role of squirrels in sustaining monkeypox virus transmission. *Tropical and Geographical Medicine*, 1987, **39**(2): 115–122.
45. Khodakevich, L., Z. Jezek, and K. Kinzanzka, Isolation of monkeypox virus from wild squirrel infected in nature. *Lancet*, 1986, **1**(8472): 98–99.
46. Ligon, B.L., Monkeypox: A review of the history and emergence in the Western hemisphere. *Seminars in Pediatric Infectious Diseases*, 2004, **15**(4): 280–287.
47. Perkins, S., Monkeypox in the United States. *Contemporary Topics in Laboratory Animal Science/American Association for Laboratory Animal Science*, 2003, **42**(5): 70, 72.
48. Langohr, I.M. et al., Extensive lesions of monkeypox in a prairie dog (*Cynomys* sp). *Veterinary Pathology*, 2004, **41**(6): 702–707.

49. Tesh, R.B. et al., Experimental infection of ground squirrels (*Spermophilus tridecemlineatus*) with monkeypox virus. *Emerging Infectious Diseases*, 2004, **10**(9): 1563–1567.
50. Sbrana, E. et al., Comparative pathology of North American and central African strains of monkeypox virus in a ground squirrel model of the disease. *The American Journal of Tropical Medicine and Hygiene*, 2007, **76**(1): 155–164.
51. Hutson, C.L. et al., A prairie dog animal model of systemic orthopoxvirus disease using West African and Congo Basin strains of monkeypox virus. *Journal of General Virology*, 2009, **90**(Pt 2): 323–333.
52. Knight, J., Prairie-dog model offers hope of tackling monkeypox virus. *Nature*, 2003, **423**(6941): 674.
53. Schultz, D.A. et al., Experimental infection of an African dormouse (*Graphiurus kelleni*) with monkeypox virus. *Virology*, 2009, **383**(1): 86–92.
54. Zaucha, G.M. et al., The pathology of experimental aerosolized monkeypox virus infection in cynomolgus monkeys (*Macaca fascicularis*). *Laboratory Investigation*, 2001, **81**(12): 1581–1600.
55. Nalca, A. et al., Experimental infection of cynomolgus macaques (*Macaca fascicularis*) with aerosolized monkeypox virus. *PLoS One*, 2010, **5**(9): e12880.
56. Wenner, H.A. et al., Studies on the pathogenesis of monkey pox. II. Dose-response and virus dispersion. *Archiv fur die gesamte Virusforschung*, 1969, **27**(2): 166–178.
57. Stittelaar, K.J. et al., Modified vaccinia virus Ankara protects macaques against respiratory challenge with monkeypox virus. *Journal of Virology*, 2005, **79**(12): 7845–7851.
58. Johnson, R.F. et al., Comparative analysis of monkeypox virus infection of cynomolgus macaques by the intravenous or intrabronchial inoculation route. *Journal of Virology*, 2011, **85**(5): 2112–2125.
59. Brown, J.N. et al., Characterization of macaque pulmonary fluid proteome during monkeypox infection: Dynamics of host response. *Molecular & Cellular Proteomics*, 2010, **9**(12): 2760–2771.
60. Jordan, R. et al., ST-246 antiviral efficacy in a nonhuman primate monkeypox model: Determination of the minimal effective dose and human dose justification. *Antimicrobial Agents and Chemotherapy*, 2009, **53**(5): 1817–1822.
61. Edghill-Smith, Y. et al., Smallpox vaccine-induced antibodies are necessary and sufficient for protection against monkeypox virus. *Nature Medicine*, 2005. **11**(7): 740–747.
62. Huggins, J. et al., Nonhuman primates are protected from smallpox virus or monkeypox virus challenges by the antiviral drug ST-246. *Antimicrobial Agents and Chemotherapy*, 2009, **53**(6): 2620–2625.
63. Buchman, G.W. et al., A protein-based smallpox vaccine protects non-human primates from a lethal monkeypox virus challenge. *Vaccine*, 2010, **28**(40): 6627–6636.
64. Hahon, N., Smallpox and related poxvirus infections in the simian host. *Bacteriological Reviews*, 1961, **25**: 459–476.
65. Hooper, J.W. et al., Smallpox DNA vaccine protects nonhuman primates against lethal monkeypox. *Journal of Virology*, 2004, **78**(9): 4433–4443.
66. Jahrling, P.B., G.M. Zaucha, and J.W. Huggins, Countermeasures to the reemergence of smallpox virus as an agent of bioterrorism, in *Emerging Infections*, W.M. Scheld, W.A. Craig, and J.M. Hughes, editors. Washington, DC: ASM Press, 2000, pp. 187–200.
67. Breman, J.G. and D.A. Henderson, Diagnosis and management of smallpox. *The New England Journal of Medicine*, 2002, **346**(17): 1300–1308.
68. Goff, A.J. et al., A novel respiratory model of infection with monkeypox virus in cynomolgus macaques. *Journal of Virology*, 2011, **85**(10): 4898–4909.
69. Stittelaar, K.J. et al., Antiviral treatment is more effective than smallpox vaccination upon lethal monkeypox virus infection. *Nature*, 2006, **439**(7077): 745–748.
70. Earl, P.L. et al., Immunogenicity of a highly attenuated MVA smallpox vaccine and protection against monkeypox. *Nature*, 2004, **428**: 182–185.
71. Kulesh, D.A. et al., Smallpox and pan-orthopox virus detection by real-time 3-minor groove binder TaqMan assays on the roche LightCycler and the Cepheid smart Cycler platforms. *Journal of Clinical Microbiology*, 2004, **42**(2): 601–609.

72. Jahrling, P.B., Medical countermeasures against the re-emergence of smallpox virus, in *Biological Threats and Terrorism: Assessing the Science and Response Capabilities*, S.L. Knobler and L.A. Pray, editors. Washington, DC: National Academy Press, 2002, pp. 50–53.
73. Hooper, J.W. et al., Molecular smallpox vaccine delivered by alphavirus replicons elicits protective immunity in mice and non-human primates. *Vaccine*, 2009, **28**(2): 494–511.
74. Wei, H. et al., Coadministration of cidofovir and smallpox vaccine reduced vaccination side effects but interfered with vaccine-elicited immune responses and immunity to monkeypox. *Journal of Virology*, 2009, **83**(2): 1115–1125.
75. U.S. Food and Drug Administration (FDA) and Department of Health and Human Services (HHS), New drug and biological drug products; evidence needed to demonstrate effectiveness of new drugs when human efficacy studies are not ethical or feasible. Final rule. *Federal Register*, 2002, **67**(105): 37988–37998.
76. U.S. Food and Drug Administration (FDA) and Department of Health and Human Services (HHS), Investigational new drug safety reporting requirements for human drug and biological products and safety reporting requirements for bioavailability and bioequivalence studies in humans. Final rule. *Federal Register*, 2010, **75**(188): 59935–59963.
77. Marennikova, S.S., Field and experimental studies of poxvirus infections in rodents. *Bulletin of the World Health Organization*, 1979, **57**(3): 461–464.
78. Rao, A.R. et al., Experimental variola in monkeys. I. Studies on disease enhancing property of cortisone in smallpox. A preliminary report. *Indian Journal of Medical Research*, 1968, **56**(12): 1855–1865.
79. Rao, A.R. et al., Pregnancy and smallpox. *Journal of the Indian Medical Association*, 1963, **40**: 353–363.
80. Committee on the Assessment of Future Scientific Needs for Variola Virus, I.o.M., Scientific needs for live variola virus, in *Assessment of Future Scientific Needs for Live Variola Virus*. Washington, DC: National Academy Press, 1999, pp. 81–85.
81. Hochstein-Mintzel, V. et al., [An attenuated strain of vaccinia virus (MVA). Successful intramuscular immunization against vaccinia and variola (author's translation)]. Zentralblatt fur Bakteriologie, Parasitenkunde, Infektionskrankheiten und Hygiene. *Erste Abteilung Originale. Reihe A: Medizinische Mikrobiologie und Parasitologie*, 1975, **230**(3): 283–297.
82. Rubins, K.H. et al., The temporal program of peripheral blood gene expression in the response of nonhuman primates to Ebola hemorrhagic fever. *Genome Biology*, 2007, **8**(8): R174.
83. Wahl-Jensen, V. et al., Progression of pathogenic events in cynomolgus macaques infected with variola virus. *Plos One*, 2011, **6**(10): e24832.
84. Rubins, K.H. et al., The host response to smallpox: Analysis of the gene expression program in peripheral blood cells in a nonhuman primate model. *Proceedings of the National Academy of Sciences of the United States of America*, 2004, **101**(42): 15190–15195.
85. Li, K. et al., Potential applications of conventional and molecular imaging to biodefense research. *Clin Infect Dis*, 2005, **40**(10): 1471–1480.
86. U.S. Department of Health and Human Services and U.S. Food and Drug Administration, *Advancing Regulatory Science for Public Health*. Rockville, MD: Government Printing Office, 2010.

14 바이러스성 출혈열의 동물실험모델

Kelly L. Warfield and Thomas W. Geisbert

목차

14.1 소개 271
14.2 필로바이러스과 273
14.2.1 역사 273
14.2.2 생화학적 특성 274
14.2.3 진단 275
14.2.4 사람의 질환 276
14.2.5 동물모델 277
14.2.5.1 사람외 영장류 278
14.2.5.2 마우스 282
14.2.5.3 햄스터 284
14.2.5.4 기니픽 284
14.2.5.5 다른 동물모델 285
14.2.6 요약 286
14.3 아레나바이러스과 286
14.4 부니아바이러스과 289
14.5 플라비바이러스과 291
14.6 결론 및 미래 방향 293
참고문헌 294

14.1 소개

역사적으로 바이러스성 출혈열(viral hemorrhagic fever, VHF)은 4가지 종류의 바이러스과 가운데 한 바이러스에 의해 일어나는 고열과 출혈성 소인(出血性素因, bleeding diathesis)의 특징을 가지는 임상 질병 또는 증세를 말한다[1]. 바이러스성 출혈열을 일으키는 4가지 바이러스 과(科)에는 아레나바이러스과(Arenaviridae), 부니아바이러스과(Bunyaviridae), 플라비바이러스과(Flaviviridae), 필로바이러스과(Filoviridae) 등이 있다. 현재 12개의 특정 바이러스가 바이러스성 출혈열을 일으키지만, 새로운 바이러스의 출현으로 증가되어가는 듯하다. 모든 바이러스성 출혈열은 지질 피막을 가진 작은 RNA 바이러스에 의해 일어나는 데 비하여[1], 그 바이러스들은 생물학적으로, 지리학적으로, 생태학적으로 다양하다. 대부분의 바이러스성 출혈열은 (동물에서 사람으로 감염 가능한) 인수공동전염병이다. 필로바이러스과를 제외하고, 바이러스성 출혈열을 일으키는 바이러스의 생태학과 숙주의 보균체는 잘 정리되어 있다. 사람으로 전파는 감염된 보균체와의 접촉, 감염된 절지동물에 물림, 감염된 설치류 배설물에서 기인하는 에어로졸, 또는 감염된 환자 또는 동물 사체와의 직접접촉 등으로 일어날 수 있다[2]. 사람에서 사람으로 전파될 수 없는 필로바이러스과와 리프트 계곡열(Rift valley fever, RVF)을 제외하고, 감염된 사람은 접촉을 통해서 바이러스성 출혈열을 전염시킬 수 있다[1,2].

출혈열(hemorrahgic fever, HF) 바이러스의 징후, 증상, 임상경과, 사망률, 발병은 여러 가지 바이러스과, 특정 바이러스과에 속하는 바이러스들, 그리고 이들 바이러스에 속하는 바이러스 종이나 균주에 따라 다양하다. 출혈은 바이러스성 출혈열에 걸린 각 환자에서 반드시 일어나지 않을 수 있으며, 만일 잘 지켜본다면, 이 질병의 경과에서 마지막에 나타날 수도 있다. 그러나 대부분의 바이러스성 출혈열이 발생한 환자들에서 출혈과 순환성 쇼크의 임상적 징후들이 나타난다. 바이러스성 출혈열의 증상으로는 열, 두통, 전신근육통, 탈진, 결막염, 발진, 림프절병, 인두염, 부종 등이 일반적이다.

중요한 것은, 대부분의 바이러스성 출혈열이 대중건강을 심각하게 위협한다는 것이며, 질병통제예방센터의 미생물 및 생물의학 실험실 설명서(*Biosafety in Microbiological and Biomedical Laboratory Manual*)에 의해, 생물안전단계 3 또는 4 (BSL-3 또는 BSL-4)에 준하는 제제로 분류된다[3]. 특별한 진단시험을 하지 않으면 바이러스성 출혈열 증세는 다른 증세와 구분하기 어려울 수 있다. 이것은 바이러스성 출혈열 제제가 category A 병원체로 분류되고, 생물무기로 사용하기 위해 알려진 기능을 가지는 것과 같이 특히 의문시 되는 문제이다. Marburg, Ebola, Junin, Machupo, 황열병 바이러스(yellow fever virus) 등의 일부 바이러스성 출혈열 제제(VHF agent)는 특정 국가에서 무기화된 적이 있다[1,4~7]. 불행하게도, 현재 대부분의 바이러스성 출혈열 제제에 대하여 이용가능하거나 승인된 백신 또는 효과적인 치료제는 없다. 바이러스성 출혈열이 심각한 생물무기 위협으로서 가지는 특성으로는 높은 이환율과 사망률, 사람 대 사람전파의 가능성, 낮은 감염량, 에어로졸 분산에 의한 높은 감염력, 대규모 생산의 가능성 등이 있다[1]. 바이러스성 출혈열이 발생한 동안, 매체에 의한 대중의 공포와 선정주의는 생물무기로서 이들 바이러스가 고려되는 데 기여한다.

이 장에서는 Arenaviridae, Bunyaviridae, Filoviridae, Flaviridae의 기본적인 생물학적 특성에 대하여 간략하게 기술할 것이다. 바이러스성 출혈열을 일으키는 병원성 바이러스가 너무 다양하기 때문에, 이 장에서 출혈열을 일으키는 모든 병원성 바이러스에 대하여 자세히 기술하는 것은 어려운 일이다. 그러므로 여기에서는 바이러스성 출혈열을 일으키는 Arenaviridae, Bunyaviridae, Flaviridae 과에 대한 개요를 제공하고, 각 과에 해당하는 바이러스들에 대하여 좀더 자세하게 설명하고자 한다. 필로바이러스과에 속하는 대표적인 바이러스인 마버그바이러스(Marburg virus, MARV)와 에볼라바이러스(Ebola virus, EBOV)에 대하여 자세히 기술할 것이다. 저자들은 몇 가지 이유로 필로바이러스 감염에 대한 연구를 위한 동물모델에 특별한 관심을 가져왔다. 우리는 필로바이러스가 출혈열을 일으키는 바이러스들 가운데, 가장 위험하고 치명적인 생물무기가 될 수 있다고 생각한다. 필로바이러스는 위에 열거된 효과적인 바이러스성 출혈열 생물무기를 위한 모든 기준뿐만 아니라, 특히 치명적인 몇 가지 독특한 특성을 충족시킨다. 필로바이러스는 독특한 발병기작을 가지고 있어, 모든 출혈열 바이러스 가운데 가장 높은 사망률을 보인다. 자연적인 EBOV의 발생은 사람과 사람외 영장류 간의 접촉 증가로 빈번하게 일어난다. 아프리카에서 풍토병을 일으키는 EBOV는 실제로 나쁜 목적으로 바이러스를 얻고자 하는 사람들에 의해 사용될 가능성이 높다. 과일박쥐(fruit bat)가 보균체일 가능성이 크다는 새로운 발견이 제시되었지만, MARV와 EBOV의 자연 숙주와 그 생태학적 측면은 여전히 알려져 있지 않다[8,9]. 부가적으로, 필로바이러스는 감염 숙주, 높은 전염성, 다양한 감염양식을 통한 전파력, 상대적인 환경 안전성에서 매우 빠른 증식 등의 특성을 가진다[10,11]. 이들 요인들의 결합으로 대중의 건강과 생물무기 위협으로 인하여 그 위험성은 크게 증폭된다.

14.2 필로바이러스과

필로바이러스과(Filoviridae)의 EBOV와 MARV는 90%의 치사율을 나타내며, 급성 진행성 출혈열을 일으킨다[10,12]. 이들 바이러스는 신속하게 작용하여, 감염 후 7~10일 이내에 종종 사망에 이르게 하며, 잠복기는 2~21일 정도이다[1,13]. 필로바이러스는 과일박쥐, 체액, 또는 사람의 조직이나 사람외 영장류, 돼지와 같은 감염된 동물 등의 보균체와의 접촉을 통해서 전파된다[14~19]. 역사적으로 병원전파는 종종 제대로 멸균되지 않은 바늘과 주사의 재사용, 정확한 진단되지 못한 예기치 못한 출혈에 따른 응급외과시술, 또는 감염된 환자를 간호하는 과정에서 혈액, 구토, 기타 감염분비물, 감염 조직과 직접 접촉을 통하여 일어난다[10]. 부가적으로 필로바이러스는 에어로졸에 의해서도 감염될 수 있다고 보고되었다[20~22]. 필로바이러스의 또 다른 특이한 속성은 열악한 환경조건에서 처리되었을 때조차 상당히 안정하여, 사람의 피가 건조된 상태에서도 몇 일간 생존할 수 있다[11,22,23].

14.2.1 역사

최초로 알려진 필로바이러스 창궐은 독일의 Marburg에서 있었으며, 1967년에 우간다에서 MARV에 감염된 원숭이의 수입으로 일어났다[24,25]. MARV의 자연적 창궐은 몇 번 되지 않는 데 비하여, EBOV의 창궐은 확인된 사례만 거의 20회가 넘었다[26]. 그러나 MARV는 과소평가되어서는 안된다; 마버그바이러스는 아프리카의 Durba 지역에서 1998~2000년에 걸쳐 심각한 정도로 창궐하였는데, 채광작업과 관련이 있는 것으로 알려졌으며, 두 번째 창궐은 2005년에 서아프리카의 앙골라 북부의 Uige에서 있었으며, 그곳에서의 사망률은 80~90%였다[27~29]. MARV의 몇 가지 제한적인 발생은 생태학적 교란이 거의 없기 때문이며, 최근에 EBOV의 발생빈도가 증가되었다고 보고되었다. 1976년에 명명된 EBOV에 의한 최초의 발생은 자이레의 Yambuku 지역에 소재한 작은 강의 이름을 따서 붙여졌다. 1976년에 자이레 북부 (현재 콩고민주공화국)와 수단 동남부의 두 지점에서 동시에 발생하였다. EBOV는 체액을 통해서 전파되는데, 종종 감염환자를 간호하는 과정 중에, 피, 구토, 기타 체액과 접촉함으로서 전파된다. 1976년에 발생한 질병의 주요 확산원인은 바로 이것 때문이었다. EBOV는 6~11월에 걸쳐 수단에서 발생하였으며, 284명의 환자 가운데 151명이 사망하여 53%의 사망률을 나타내었다[10]. 자이레 북동부의 Yambuku 지역에서 1976년 8~10월에 2차 발생이 관찰되었으며, 더욱 치명적인 바이러스 종에 의해 일어났다 (88% 사망률; 318명의 환자 가운데 280명 사망)[10]. 자이레에서 발생한 그 질병의 전파는 종종 감염 환자를 간호하거나 지역 병원에서 주사를 맞은 것과 관련이 있었는데, 이는 오염된 주사바늘의 사용이 질병의 확산에 기여한다는 것을 암시한다. 장벽간호(barrier nursing)가 행해진 기관에서는 두 번에 걸친 발생에서 전염률이 줄어들었다. 추후 사례에서는 이전보다 더 빨리 분리 동정되었으며, 환자를 돌보는 가족의 전파 위험은 감소되었다. 다소 다른 두 가지 바이러스가 이들의 창궐지역에서 분리되었으며 그 지역의 이름을 따서 자이레 바이러스(Zaire virus, ZEBOV)와 수단바이러스(Sudan virus, SEBOV)라고 명명되었다. 그러나 여러 번에 걸쳐 산발적으로 분리되었지만, 사실상 사람과 유인원(類人猿, great ape)에서 지속적이고, 지리학적 및 임시적으로 간격을 둔 발생이라는 것이 명백하다. 새로이 제안된 분류체계에서는 *Marburg marburgvirus*, *Bundibugyo ebolavirus* (*BEBOV*), *Sudan ebolavirus* (*SEBOV*), *Tai Forest ebolavirus*, *Zaire ebolavirus*, *Lloviu cuevavirus*라고 잠정적으로 명명된 제3의 속(genus) 등의 6가지 종이 포함된 *Marburgvirus*와 *Ebolavirus*의 2개 속으로 구분하고 있다[32].

14.2.2 생화학적 특성

Filovirus는 필라멘트와 같은 외관에 기인하여 붙여진 이름이다. 이 바이러스의 형태는 곧은 간상형(straight rod)에서 S형, 즉 양치기의 지팡이(Shepherd's crook) 모양에 걸쳐 매우 다양하다. Filovirus의 음성센스 RNA 게놈은 7개의 구조단백질과 하나의 비구조성 단백질을 암호화 한다[33~35]. transmembrane glycoprotein (GP)은 비리온과 감염세포의 외부에 존재하는데, 이는 숙주세포와 수용체 결합과 막 융합의 기능을 하는 것으로 사료되며, 이를 통해서 바이러스가 유입된다[33]. 4개의 구조단백질 (VP24, VP30, VP35, VP40)가운데, 두 가지는 genomic RNA와 관련이 있는 것으로 알려져 있다. RNA-의존성 RNA 중합단백질(RNA polymerase protein)(L)과 핵단백질(nucleoprotein)(NP)과 더불어, VP30과 VP35는 genomic RNA와 ribonucleoprotein 복합체를 형성한다[33,36]. NP, VP35, L은 바이러스 게놈의 복제와 캡시드화(encapsidation)에 필수적이며, VP30은 효율적인 전사에 요구되는 것으로 밝혀졌다[33,37]. 또한, VP35는 인터페론의 길항제로서 기능을 할 수 있으며, 숙주에 의해 증폭된 IFN 반응을 효과적으로 봉쇄한다[33,38,39]. 나머지 구조단백질(VP24와 VP40)은 연관된 막으로 막내부에 존재하는 것으로 생각된다[33,36].

VP40은 세포성 막과 관련이 있는 것으로 알려져 있으며, 바이러스의 조립과 발아를 일으키며, MARV VP40은 또한 감염세포에서 IFN 반응을 간섭한다[33,40~46]. VP40의 역할은 대부분 알려지지 않았지만, 미량기질단백질과 IFN 길항제의 기능을 한다[47~49]. 비구조적 단백질인 분비 GP (secreted GP, sGP)는 바이러스혈증에 걸린 환자와 동물의 혈액에서 발견된다[50]. 흥미롭게도, MARV는 EBOV와 밀접한 관계임에도 불구하고, sGP가 없다[50,51]. sGP가 호중구(neutrophil)에 결합한 후에 호중구 활성화가 요구되는 신호전달경로(signal transduction pathway)를 간섭하여 면역회피에 기여한다는 몇 가지 증거가 있다. 이 주장은 sGP가 실제로 호중구와 결합하는지가 분명하지 않기 때문에 논란의 여지가 있다[52~54].

14.2.3 진단

어떤 감염성 질병에서, 자연창궐이나 생물테러 사건의 신속한 인지와 정확한 진단은 전염병 격리와 통제에 중요하다. 일단 질병제제가 무엇인지 규명되고, 그 자연적 특성, 발병, 효과적 대응책은 알려지게 된다. 에볼라 출혈열의 "응급처치요원"은 의료전문가가 될 가능성이 가장 높다. 그 전문가는 경과를 주의 깊고 완전하게 관찰해야 하며, 완전한 건강검진을 실시하고, 적절한 예방책을 선택하여, 적당한 진단기준과 시험을 요청하거나 적용시켜야 한다. Filovirus의 사례에서 효과적인 백신이나 치료방법이 없기 때문에, 격리(quarantine)는 하나의 효과적인 공중보건 보호조치이다. 적당한 격리 유지와 장벽간호(barrier nursing) 기법들은 절대적으로 필수적이다. 작은 수준의 절대 진단의 정확성을 포기하고, [모든 바이러스성 출혈열(VHF)과 많은 다른 전염병에 적절한] filovirus의 감염 의심사례에서 장벽간호와 격리방법으로 진행하는 것이 더 신중한 것이다[13].

다양하고 정확한 진단시험법들이 EBOV에 이용될 수 있는데, 사용된 시험법들은 단순하거나 복잡하여 질병이 의심되는 지리적 위치에 따라 종종 달라질 수 있다. 바이러스의 분리, 진단의 "최적표준(gold standard)"은 매 사례에서 실제적이지 못하거나 가능하지 못할 수도 있으며, 일차 또는 지침 증례(指針症例, index case)를 확립하는 데 필요할 수 있다. 일단 사례 정의가 확립되고, 작은 정도의 오류를 허용하는 편의는 장기시험이나 복잡한 시험보다 더욱 허용될 수 있다. Filovirus의 진단에서 거짓 양성은 거짓 음성보다 잘 받아들여진다. EBOV와 MARV의 다양한 진단시험법으로는 IgG와 UgM 항체시험, 면역형광항체시험, 웨스턴블럿에 의한 확인, 항원포획 효소결합면역흡착측정법(antigen-capture enzyme-linked immunosorbent assay, ELISA), 방사면역침강법(radioimmunoprecipitation assay, RIPAs), 역전사효소 중합효소연쇄반응(reverse transcriptase polymerase chain reaction, RT-PCR), fluorogenic 5′-nuclease 분석법 등이 있다[55]. 역학연구에 사용될 수 있는 정보를 보완하기 위해서 여러 가지 시험을 조합할 것을 추천하며, 이들 연구에서 중요한 유전적 조절도 포함된다[56]. 항원 캡처(antigen capture) ELISA는 많은 시료에 대하여 신속하고, 용이하며, 좋은 결과를 얻을 수 있다. BSL-4 시설에서 바이러스 분리에 소요되는 기간은 1~2주 정도이며, 그 샘플을 보존하기 위한 "저온유통체계(cold-chain)"는 승인된 관련 연구실로 보내질 때 활용되어야 한다. 바이러스 분리는 진단학에서 매우 중요하며, 미래의 역학적 참고 및 연구를 위한 시료보관소를 설치하기 위해서 바이러스의 창궐에서 (특히 개발된 사례와 다른) 초기 및 선택된 사례가 중요하다. ELISA와 RT-PCR는 급성 임상세팅에서 항원 탐침에서 가장 유용한 초기신속진단기법이다[1].

14.2.4 사람의 질환

사람에서 filovirus에 의한 출혈열 발병에 대하여 상대적으로 알려진 것은 없기 때문에, BSL-4 조건 하에서 조작되어야 한다. 부가적으로, 기록을 통해서 볼 때, 몇 회되지 않는 이 질병의 창궐로 인하여 감염된 사람에서 발병에 대하여 연구할 수 있는 기회가 제한되었다. Filovirus는 사망률이 90%인 매우 치명적인 출혈열을 일으킨다. 에볼라 출혈열(ebola HF)에 대한 대부분의 임상정보는 병원성이 가장 강한 SEBOV와 ZEBOV에서 얻어졌다. 반면에 레스톤 에볼라바이러스(Reston ebolavirus, REBOV)는 사람에서 어떤 질병도 일으키지 않았으며, 코트디브와르 에볼라바이러스(Cote d'Ivoire ebolavirus, CIEBOV)에서는 단 한 가지의 비치사성 사례가 보고되었다[57]. MARV의 창궐은 별로 빈번하지 않았지만, 최근 Durba와 Angola에서 이 바이러스의 창궐에서는 매우 높은 사망률을 보여주었다[27~29]. 잠복기는 2~21일이며, 감염된 사람은 열, 오한, 두통, 근육통, 식욕감퇴와 같은 증상을 나타낸다[58,59]. 초기 이후에 복통, 편도선, 메스꺼움, 구토, 기침, 관절통, 설사, 인두 및 결막접종과 같은 부가적 증상들이 생길 수 있다[59]. 질병의 정점에 도달한 환자에서는 탈수되고, 무신경적, 방향감각을 잃게 되며, 홍반과 표피탈락의 다양한 정도뿐만 아니라 위장관출혈과 연관된 특징적인 비소양성, 반구진, 구심발진을 포함하는 출혈성징후가 나타날 수 있다[58,59]. 감염 초기에 치명적인 임상징후가 나타났으며, 보통 6~16일 사이에 죽었다[58,59]. 백혈구감소, 혈소판감소, 림프구감소, elevated serum transaminase level[aspartate aminotransferase (AST)>alanine aminotransferase (ALT)], 고단백혈증, 단백뇨 등의 실험에서 수반되는 변수들은 질병과 연관될 수 있다[59~61]. 프로트롬빈과 부분적 트롬보플라스틴 시간(thromboplastin time)은 길어지며, 섬유소분해산물이 검출될 수 있다. 이차 세균감염은 질병이 진행되는 후반부에 백혈구수의 증가를 초래할 수 있다. 임산부의 유산 위험도 증가한다[61].

사람과 동물모델에서 이 바이러스는 질병의 초기에 항원제시세포, 일차적으로 대식세포와 수지상세포(dentritic cell, DC)를 감염하며, 이들 세포감염은 현재 filovirus 감염발병에서 일차적인 것으로 고려된다[62~66]. 이들 감염의 정확한 동태학과 역할은 filovirus의 발병기간 중에 중단되지만, 내피세포(內皮細胞, endothelial cell)는 감염된다[62,67~69]. 간세포의 아시알로 당단백질 수용체(asialoglycoprotein receptor), 갈락토스와 *N*-acetylgalactosamine에 특이한 사람의 대식세포 C형 lectin, DC에 특이적인 ICAM-3-grabbing nonintegrin (DC-SIGN), 관련 DC-SIGNR, α-엽산 수용체(α-folate receptor) 등을 포함하는 많은 세포수용체들은 그 세포에 대하여 EBOV와 MARV의 결합과 유입을 매개한다는 것이 제시되었다[70~75]. 그러나 이들 세포수용체의 정확한 특성과 요건은 알려져 있지 않으며, GP에서 심하게 글리코실화(glycosylation)되어, 세포표면의 lectin을 통한 유입을 매개를 할 수 있다는 것이 가능하다[76]. 이것은 galactose와 N-acetylgalactosamine에 특이한 사람의 대식세포 C형 lectin을 포함한 몇 개의 C형 lectin 분자와 DC-SIGN이 EBOV GP에 결합하는 것으로 생각되며, 대식세포, DC, 내피세포로 유입을 매개한다는 사실에 의해 뒷받침된다[71,74]. 또한 EBOV는 중요한 항원제시세포(antigen-presenting cell)가 증식하는 동안, 숙주면역반응을 회피할 수 있다. Filovirus는 사람과 사람외 영장류의 DC에서 매우 고수준으로 감염 및 증식할 수 있다. Filovirus 감염은 감염에 대한 정상적인 DC 반응을 손상시키고, DC는 활성화되거나 충분히 발달되지 못하여, 정상적인 내재 및 적응면역반응을 억제한다[64,65,69]. 부가적으로, 대식세포의 활성화는 손상될 수 있지만, filovirus 감염에서 단핵구와 대식세포의 대응력은 논란의 여지가 있다[62,65,67,77]. 사이토카인과 케모카인의 생산은 치명적 감염의 예측 요인이다[78,79].

고열, 점상출혈, 출혈과 같은 임상 징후는 잘 알려진 데 반하여, 내부 증상은 상대적으로 조사되어 있지 않다. 그러나 EBOV 생존자는 다양한 혈청 사이토카인이 초기에 일시적으로 상승하는 것으로 나타났는데, 이는 효과적인 내재면역반응이 EBOV 감염을 극복하는 데 중요하다는 것을 암시한다[80~83]. 감염된 단핵구와 대식세포는 이 염증반응의 주요 매개체일 수 있으며, 그로 인하여 cytokine과 chemokine은 내피세포층의 투과력을 증가시키고, 쇼크를 유발한다[62,67]. 염증반응은 T-세포 반응과 세포독성 T-세포에서 활성화 마커의 증가에 의해 빠르게 일어난다[80,82]. 부가적으로, 에볼라 바이러스의 생존자는 초기 및 증가상태에 있는 EBOV에 특이한 IgG (EBOV-specific IgG)와 일시적으로 생겨난 IgM 항체반응을 보여주었으며, EBOV-specific IgG는 감염 후, 2년 동안 발견되었다[80,82,84]. 신속한 면역반응을 나타내는 환자들은 순환성 EBOV 항원을 빠르게 제거하는 듯한데, 이는 사람에서 적절한 면역반응이 유도되어 filovirus의 감염에 대하여 생존할 수 있기 때문이다[82]. 반면에, EBOV에 의한 희생자는 실질적인 세포성 면역반응 또는 체액성 면역반응을 극복하지 못한다. T-세포가 활성화되고 IFN-γ가 감염 초기에 분비되지만, 이들 반응은 신속히 사라져서, 사망시간는 관찰되지 않았다. 주변부에서 T-세포의 소멸은 아마도 아직 미검증된 기작에 의한 세포자살 때문이다[21,82,85]. 임상적 관찰로, 사람에서 EBOV 감염의 초기 또는 후기 표적으로 알려진 기관과 세포형태는 거의 없다.

14.2.5 동물모델

Filovirus 감염에 대한 백신, 발병, 치료제 사용 등을 위한 몇 가지 동물모델 연구가 진행되어왔다. 여러 동물은 자연에서 분리된 filovirus에 민감하였는데, 이 동물에는 젖먹이마우스(suckling mouse)(바이러스를 분리하는데 사용될 수 있는 쥐), 특정 면역결핍 마우스 계통(SCID와 IFN-deficient 쥐 포함), 햄스터, 다양한 종의 African green 원숭이, rhesus 원숭이, cynomolgus 원숭이, 개코원숭이(baboon), 침팬치, 고릴라 등의 사람외 영장류 등이 포함된다. 기니픽, 면역적격 마우스, 성체 햄스터를 포함하는 다른 동물들은 치명적 감염모델을 확립하고자 바이러스를 순응하기 위해서 여러 번에 걸친 계대(繼代, passage)가 필요하다[86~94]. 에볼라 출혈열과 마버그 출혈열의 발병연구를 위한 적당한 동물모델은 모델링하기 위해 사용되는 사람의 임상 및 부검데이터가 적절한 관리, 특성이 부정확한 규명 등을 포함하는 많은 이유들로 인하여 선택하기 어려웠다. 대략 1,500건의 치명적인 에볼라 출혈열 사례와 450건의 마버그 출혈열 사례에도 불구하고, 30가지 에볼라 바이러스 사례와 10가지 마버그바이러스 사례 보다 적은 단지 한정된 조직만이 각각 조사되었다.

14.2.5.1 사람외 영장류

EBOV와 MARV 감염은 병리학적 쇼크, 다기관 기능장애, 응고시스템 파괴, 파종혈관내응고(disseminated intravascular coagulation, DIC), 심한 급성면역억제 등의 특성을 가지는 복잡한 질병을 일으킨다. 또한 부신에서 바이러스에 감염된 세포의 정도를 감안하여, 부신기능장애와 관련된 듯한 시상하부-뇌하수체-부신 축(hypothalamic-pituitary-adrenal axis)의 개선으로 야기된 내분비교란도 일어난다[95]. 사람에서 그 질병의 임상적, 조직병리학적, 병리생리학적 측면의 모든 복잡한 상호작용을 안정적으로 재현하는 유일한 종(species)은 사람외 영장류이다. 이것은 다른 모델들이 병원성 및 숙주반응기작의 개별경로를 확인하는데 있어서 중요하지 않다는 것을 말하는 것이 아니다; 많은 경우에 간단한 모델은 기본적 역학개념을 명확하면서 연구하는 것이 더 쉽다. 그러나 사람외 영장류는 백신이나 치료제의 효능 또는 최종적인 복합발병경로에서 최종적으로 믿을만한 예측동물로 사료된다. 사람외 영장류들 간에 EBOV와 MARV에 대한 감수성과 임상징후에

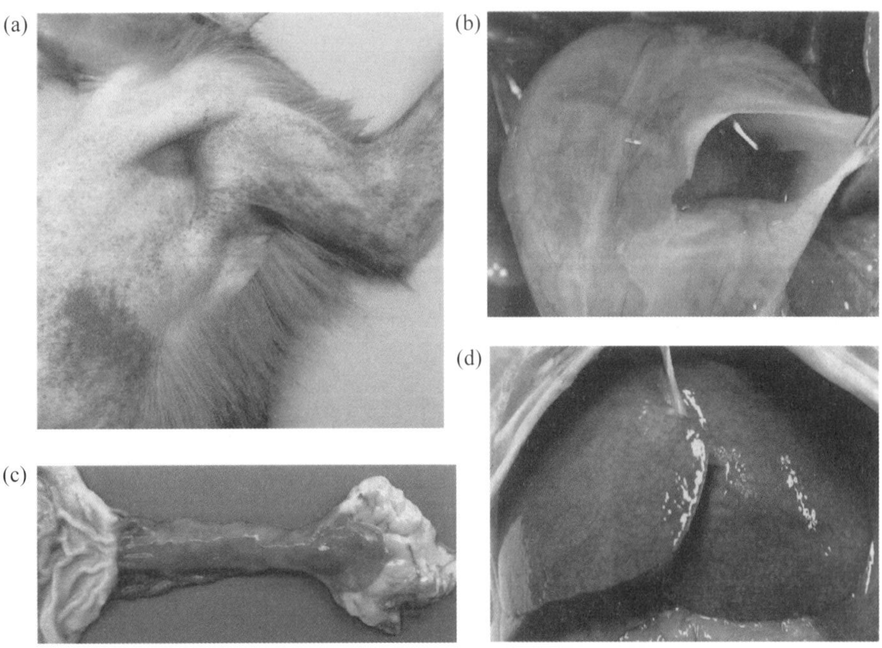

그림 14.1 실험적으로 출혈열 바이러스에 감염된 사람외 영장류에서 나타나는 대표적인 육안검시병변. (a) Marburg 바이러스 (Musoke 균주)에 감염 후, 11일에 rhesus 원숭이의 왼팔과 가슴에 나타난 전형적인 점상출혈발진. (b) Lassa 바이러스(Josiah 균주)에 감염된 후, 13일에 cynomolgus 원숭이의 심낭(心囊, pericardial cavity)에 축적된 체액. (c) Zaire ebolavirus에 감염된 후, 5일에 cynomolgus 원숭이의 위-십이지장 이음부에서 십이지장의 심한 울혈. (d) Lassa 바이러스 (Josiah 균주)에 감염된 후, 11일에 간에 나타난 망상조직(reticulation)과 변색.

서 차이점이 있다. 영양상태, 연구 대상동물 간의 나이차이, 동시발생한 질병, 특히 세균 및 기생충 감염, 목적을 염두한 사육원숭이에 앞선 초기 연구의 영향은 연구에서 표준이 되었다.

에볼라바이러스(EBOV, 자이레 바이러스)는 African green 원숭이 (*Chorocebus aethiops*, 구(舊)*Cercopithecus aeyhiops*), cynomolgus 원숭이(*Macaca fascicularis*), rhesus 원숭이(*Macaca mulatta*), 망토개코원숭이(hamadryad baboon) (*Papio hamadryas*)에서 모델링되었다[26,96~98]. MARV는 상기의 원숭이들과 다람쥐원숭이(squirrel monkey) (*Saimiri scireus*)에서 특성연구가 모델링되었다[98]. 병리학적 데이터는 사람외 영장류들에서 일부 미세한 변이를 가지지만, 일반적인 일관성을 보여주었다. 예를 들어, 발진은 이미 확립된 다른 원숭이 모델의 질병 (그림 14.1) 에서뿐만 아니라, 사람의 질병에서도 나타나는 특징이지만, African green 원숭이는 EBOV 또는 MARV 감염이 후에, 근육성 피부발진과 나타내지 않았다[85,95,99~102]. 또한 개코원숭이(baboon)는 DIC의 징후에 따라 피브린침착보다 출혈이 나타난다[103,104].

다른 바이러스 종이나 균주와 더불어 EBOV 감염) 대한 데이터는 한정되어 있다. Cynomol-

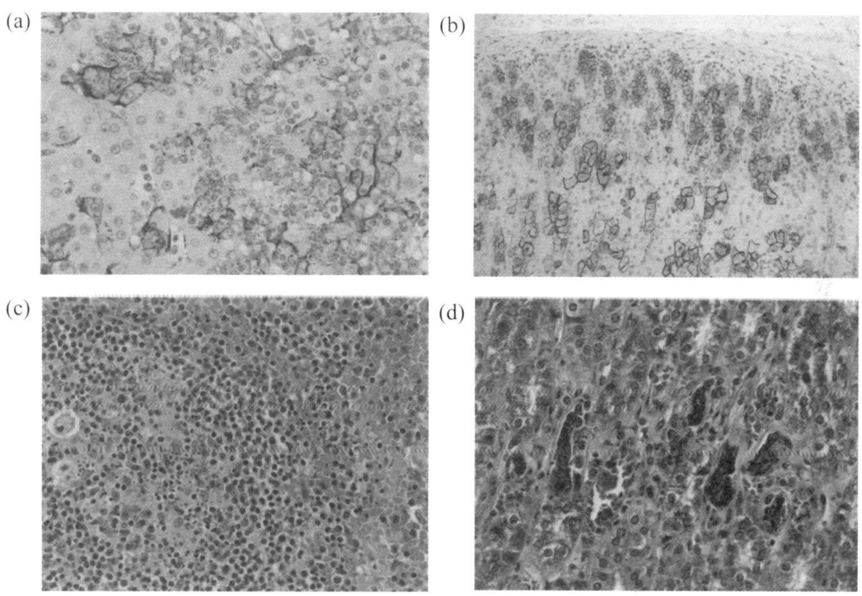

그림 14.2 실험적으로 출혈열 바이러스에 감염된 사람외 영장류에서 나타나는 면역조직화학적 염색패턴과 조직병리학적 변화. (a) Lassa 바이러스 (Josiah 균주)에 감염된 후, 15일에 cynomolgus 원숭이의 부신의 토리층(사구대, zona lomerulosa)과 다발층(zona fasciculata) 내의 세포에서 눈에 띄는 면역염색(immunoperoxidase 염색; 원배율, 20x). (b) Lassa 바이러스 (Josiah 균주)에 감염된 후, 15일에 cynomolgus 원숭이의 간에서 림프구, 대식세포, 호중구의 염증 병소에서 주변 및 내부의 면역양성 간세포(immunopositive hepatocyte)(immunoperoxidase 염색; 원배율, 40x). (c) Ivory Coast 에볼라바이러스에 감염된 후, 12일에 골수관에서 많은 피브린중합을 보여주는 cynomolgus 원숭이의 신장의 phosphotungstic acid hematoxylin 염색 (원배율, 20x). (d) Marburg 바이러스 (Musoke 균주)에 감염된 후, 7일에 rhesus 원숭이의 지라에서 동시에 림프구 감소 및 출혈을 동반한 림프구의 괴사와 세포자살 (hematoxylin와 eosin 염색; 원배율, 40x).

gus 원숭이에서 SEBOV의 감염은 모두 치명적이지만, SEBOV의 경과는 EBOV (Zaire)에서 보다 더 길게 지속된다[97,105~110]. REBOV는 사람에서 치명적인 질병을 일으키지 않았으나, African green 원숭이는 감염에 대하여 저항성을 나타내었지만, 이환율과 사망률이 높게 나타났다[110~113]. CIEBOC (aka Taï Forest eloavirus)은 낮은 독성으로, 이 바이러스에 의하여 죽은 사람은 없었으며, 모든 cynomolgus 원숭이에서도 치사를 일으키지 않았다[107,114]. 그 질병이 장기간에 걸쳐 진행되고, 사망률이 항상 균일하지 않다는 것을 제외하고, Cote d'Ivoire (그림 14.2), Reston, Bundibugyo 등의 다른 EBOV 종의 발병은 이미 더 연구된 Zaire virus에서 유사하게 나타난다. Cynomolgus 또는 rhesus 원숭이는 filivirus의 백신과 체료제 연구에서 선호되는 동물이 되었으며, 최근의 filivirus 연구에서 이들 두 동물이 전적으로 사용되고 있다. 이들 모델의 감염시험용량 [10~1,000 용균반 형성단위(plaque-forming unit, pfu)]과 경로(근육내 또는 피하)는 실수에 의한 실험실 노출을 반영하여 설계되었다. EBOV에서의 1,000 pfu 감염시험용량은 cynomolgus 원숭이의 감염시험 후, 5~7일 이내, 그리고 rhesus 원숭이의 감염시험 후, 7~10일 이내에 치명적임을 입증하였다[26,96,97]. Filovirus가 생물무기로서 사용될 가능성이 있기 때문에, 더욱이 최근에는 사람외 영장류 (원숭이와 African green 원숭이)에서 에어로졸 노출이 이환율과 사망률에 미치는 영향에 대하여 많은 관심을 가지게 되었다[21,108,115~118].

자이레 바이러스에 감염된 cynomolgus 원숭이에서 EBOV의 발병에 대한 광범위한 분석은 일련의 샘플링 연구에 의해 수행되었다[63,66,69]. 열, 황반피부발진, 식욕부진, 경미한 탈수, 우울증, 출혈 등의 증상은 보통 감염에 뒤이어, 3~4일 사이에 나타났다[66,69]. 질병이 경과함에 따라, 총 백혈구 수와 백혈구 가운데 과립구는 단핵구와 NK 및 T-세포의 동시 감소와 더불어 증가한다[66,69,119]. 바이러스성 출혈열(VHF)에서 예상되는 바로서, EBOV 감염에 따라 헤모글로빈, 적혈구 용적률, 적혈구수와 마찬가지로, 혈소판수도 감소하였다[66,69]. 위장관 (그림 14.1) 및 비뇨생식관의 출혈, 점상출혈, 접종부위와 점막의 출혈 등의 또 다른 출혈성징후가 이 질병이 절정에 다다랐을 때 나타날 수 있다 (증세 개시 후, 보통 5~10일).

사람외 영장류는 계대없이 직접 사람의 혈액 또는 기관의 균질현탁액에서 분리된 MARV에 민감하다[120~122]. 실험에 기초하여, 원숭이에서 MARV의 잠복기는 2~6일이며, 감염 후 8~11일 사이에 보통 죽게 되지만, 투여된 양과 경로, 접종물로 사용된 바이러스에 따라 다양하다. MARV 감염의 초기 징후는 열이 나며, 감염 후 빠르면 2일쯤에 시작될 수 있으며, 식욕부진, 발진, 웅크림, 체중감소, 탈수, 탈진, 자극에 대한 미반응, 그리고 신체개구부(身體開口部, body orifice)에서 출혈 등의 여러 가지 임상 징후들이 추후 나타난다. 원숭이에서 반구진발진(maculopapular rash)이 모낭을 중심으로 나타나며(그림 14.1), 보통 MARV 감염 후 4~6일 사이에 나타난다. 팔과 허벅지의 굴곡면에서 주로 나타나며, 가슴, 복부, 안면, 목에서도 일부 볼 수 있다. 사람외 영장류에서 MARV의 경과는 일단 임상 징후가 나타나면, 빠르게 진행되며, 항상 치명적이다. MARV는 혈액, 침, 오줌에도 존재한다. 초기 혈액변화로는 심한 림프구감소증에 뒤이은 림프구증가증(그림 14.2), 호중성 변화, 감염 약 5일 또는 6일경에 심한 혈소판감소등이 있다. 호산구감소증은 African green 원숭이에서 관찰되었지만, 아직 다른 사람외 영장류에서는 기술되지 않았다[120].

MARV에 감염된 원숭이에서 나타나는 주요 육안검시병변은 EBOV에 감염된 후에 나타나는 병변들과 유사하다. 지라비대, 팽대지방간, 팽대창자간막 림프절, 폐의 출혈성 부위 통합, 혈관울혈 등은 다양하게 나타나기는 하지만, 자주 나타나지 않는다. 전체 위장관, 생식관, 부신, 췌장, 간, 지라, 뇌, 심장 등의 기관과 혈관에서 점상출혈 및/또는 자반출혈(紫斑出血, ecchymotic hemorrhage)이 나타난다. 심장막, 흉막강, 복강에서의 출혈성 삼출현상(hemorrhagic effusion)은 다양하게 나타나지만, 종종 신체개구부에 출혈이 있는 것처럼 보인다. 사람외 영장류에서 MARV에 의한 일차 현미경적 병변은 간, 지라, 단핵성 식세포계(mononuclear phagocytic system)에서 일어나며, 여기에는 고정 및 순환성 대식세포가 포함된다. 세포자살체의 존재, Kupffer 세포의 종창(swelling), 림프조직에서 대식세포와 DC의 비대, 뇌에서 혈관주위출혈, 또한 폐출혈을 가진 림프조직의 방혈(depletion)과 세포자살과 간조직의 다발성괴사(multifocal necrosis) 등의 병변이 관찰되었다[95,97,120,121,123~125]. Cynomolgus 원숭이의 이자섬(췌장소도, pancreatic islet)에서 MARV에 감염된 세포의 병소가 관찰되었다[126]. 괴저성 파편 덩어리에 의한 적색속질(red pulp)의 파열과 더불어, 지라의 속질(pulp)이 완전히 파괴되어 생긴 방혈이 관찰되었다. 지라와 림프절에서의 손상은 소포세포자살(follicular apoptosis) 때문이며, MARV- 및 EBOV에 감염된 사람외 영장류에서 나타났다[95,97,120,127].

사람외 영장류 모델의 장점은 사람에서 분리된 EBOV와 MARV가 원숭이를 죽이는 능력이다. 사람외 영장류에서 EBOV와 MARV의 발병은 사람의 질병에서 나타나는 증세와 밀접하게 연관되어 있다[97,128,129]. 부가적으로, 원숭이와 사람에서 열, 발진, 출혈, 식욕부진, 탈수, 드러눕기 등의 임상증상이 관찰되었다[66]. 그러나 이 모델은 또한 사람의 질병과 비교하였을 때 일치하지 않았다. Filovirus에 감염된 후, cynomolgus와 rhesus 원숭이에서 관찰된 거의 동일한 사망률은 사람에서 자연 발생으로 관찰된 정확한 모델이 아니다 (53~88%). 다른 예로서, cynomolgus 원숭이는 사람에서 명백하게 무독성인 REBOV에 의해 신속하고 동일하게 죽게 된다[113,130].

대다수 filovirus 연구가 cynomolgus 원숭이와 rhesus 원숭이에서 실시되있지만, 개코원숭이(baboon)는 더 나아가 미래의 개발모델로서 고려되고 있다. 개코원숭이 종은 100% 치사성 모델이 아니다[131~133]. EBOV 감염에 의한 개코원숭이의 생존율은 다른 사람외 영장류 모델과 비교하여 사람의 생존율에 더욱 일관성이 있는 듯하다. 이 이유를 설명하기 위한 한 가지 사례는 개코원숭이가 filovirus의 선도 후보치료(candidate lead therapy) 시험과 비교하여 좋은 모델이 될 수 있다는 것이다[131~133]. 그러나 100% 치사성 원숭이 모델이 매우 설득력이 있음에도 불구하고, 이 모델은 최소의 사람외 영장류로 백신과 치료효능을 시험하기 위해 통계적 및 수치적 관점에서 바람직하다. 그러나 미래의 연구에서 아치사량(sublethal dose)으로 사람외 영장류에 감염시험과 같은 기본연구를 하는데 바람직하기 때문에, 생존가능성에 대한 전조임상지표(prognostic clinical indicator)는 연구될 수 있다. 백신연구에서 cynomolgus 원숭이보다 rhesus 원숭이 사용은 또한 다음과 같은 이유에서 고려되고 있다[90,95,96,134]. Rhesus 원숭이는 제약산업, 특히 사람면역결핍바이러스의 사례연구에서 표준이 되어왔다. Rhesus 원숭이의 많은 면역학적 마커들이 잘 규명되고, 상업적으로 사용할 수 있어야 하며, cynomolgus 원숭이와는 달리, rhesus 원숭이에서는 21 주조직적합성 복합체 I 클래스 대립형질(major histocompatibility complex class I alleles) 보다 더 상징적일 수 있다. 사람의 영장류 모델은 복잡하고, 영장류에 특이적이며, 치명적인 병리생리학적 징후를 나타내는데, 이는 사람의 질병에서의 징후와 일치하는 것으로 최근의 설치류 모델에서 찾아볼 수 없는 특성이다. 따라서 사람의 영장류 모델은 현재 filovirus의 최종 백신, 치료제, 발병연구를 위해 선택된 모델이다.

14.2.5.2 마우스

젖먹이마우스(suckling mice)뿐만 아니라, IFN 반응이 결여되거나 중증복합형 면역부전(severe combined immunodeficiency, SCID)이 있는 녹아웃된 성체 마우스(adult knockout mice)는 야생형의 filovirus에 민감하다[135,136]. EBOV는 마우스에서 질병과 죽음에 효과를 나타내도록 연속계대를 통해 적응시켰다[135~138]. Bray 등[136,139]은 EBOV를 용균반 관찰로 육안으로 분리하였으며, 마우스의 지라를 통해, 면역적격(immunocompetent) BALB/c 마우스에서 적응시키기 위해 육안으로 동일한 용균반을 재분리하였다. 전구 바이러스(precursor virus)와 1976년 창궐에서 분리한 균주와 관련된 전체 바이러스성 게놈(entire viral genome)에서 단지 5개 아미노산 서열이 변화된 것으로 나타났는데, 이들 변화는 NP, VP35, VP24, L에서 일어났다[129]. 접종 후 죽는 시점까지 SCID 마우스에서 일어난 바이러스의 초기 계대에서 MARV에 대한 마우스 적응은 사람의 영장류에서 관찰된 결과와 유사하였다는 것은 다른 접근법을 시도할 때까지 이해하기 어려웠으며[140], 그 후 그 바이러스는 치사가 관찰될 때까지 면역적격(immunocompetent)의 BALB/c 마우스에서 계대되었다[141]. 감염된 SCID 마우스의 간균질물(liver homogenate)에서 MARV 균주인 'Ci67'과 'Ravn'의 연속계대는 간균질물에 존재하는 바이러스가 면역적격 마우스로 전달되기 전에 각각 15회와 10회 실시되었다[140~142]. 마우스에 치명적인 MARV Ci67 바이러스 변종은 조상종(progenitor)과 치명적 면역적격 마우스바이러스 변종 간에 10~13개 뉴클레오티드에서 차이가 있었다[142]; 반면에 MARV Ravn의 적응에는 대부분의 Thy가 Cyt으로 전이된 전구바이러스에서 뉴클레오티드의 차이가 약 5배 생성된 과돌연변이에 필요한 것으로 나타났다[141,142]. 현재 filovirus가 존재하는 마우스 모델은 없다[143].

마우스의 복강 내로 접종되었을 때, 마우스에 적응된 ZEBOV와 MARV는 낮은 투여량에서 치명적이었지만 (LD_{50} <50 pfu), 사람의 영장류와 달리 점막[에어로졸 또는 비강, 근육, 또는 피하접종에서는 치명적이지 않았다[136,139,141]. 그 이유는 알려져 있지 않지만, 분명히 EBOV와 MARV의 친화성(tropism)과 내재면역의 유도로 인한, 좀 더 구체적인 바이러스의 발병과 연관되어 있다[144,145]. 흥미롭게도, 림프절이 없으나 정상내재 및 적응면역반응을 가진 lymphotoxin-α 녹아웃 마우스는 명백하게 마우스에 적응된 에볼라바이러스의 피하감염 후에 치명적인 질병을 나타내는데, 이는 내재 대 적응의 단순모델 개념을 넘어선, 면역체계에 관여하는 다중요인들이 filovirus를 보호하는 데 도움을 줄 수 있다는 것을 의미한다[135]. 질병이 일어나지 않는 동안, 마우스에 적응된 ZEBOV의 후속 복강내 시험에서 피하경로용량은 마우스를 보호할 수 있다[135,136,138].

Murine 모델에서 질병의 증세는 사람외 영장류와 기니픽에서 관찰되는 증세와 유사하다. 염증성 사이토카인 반응(inflammatory cytokine response)이 감염경과의 초기에 관찰되며, 세포성 질병표적은 모델 전체에 걸쳐 존재하며; 림프구감소증과 중성구증가증은 모든 모델에서 관찰된다[136,139~141,146]. 마우스 모델들의 가장 큰 차이점은 마우스가 감염된 후, 나타나는 피브린 축적과 DIC 결여이다[96,129,146]. 그러나 조사된 바이러스 균주나 원숭이에서 피브린 축적이 영향을 미치는 것으로 나타나지만, 사람과 사람외 영장류에서 피브린 축적이 일어나는 것은 문제가 된다[129]. 부가적으로, 마우스에서는 다른 모델에서 filovirus 감염으로 생기는 발진을 일으키는 특성을 나타내지 못하였다[96,141]. 그러나 마우스에서 질병으로 인한 세포성 특징들은 사람외 영장류와 기니픽 모델에서 관찰된 발병과 매우 유사하며, murine 모델은 질병의 경과에서 효율적인 수단, 백신의 효능, 잠재적인 치료약물의 기작 등이 평가되었다[129,136,139,141,146~149]. 실제로, 대부분의 EBOV 후보백신에 대한 평가는 사람외 영장류에서 시험하기 이전에 마우스에서 먼저 수행되었다[129,146,147,150~154]. 부가적으로, 마우스 모델은 잠재적인 약물표적을 알아보기 위하여 널리 사용되었다[140,149,155~157]. 마우스에 적응된 에볼라바이러스의 치사연구가 두 가지 다른 동물모델을 대상으로 실시되었다. 두 가지 나머지 동물들이 회복되기 전에 몇 가지 질병의 징후를 보여주었지만, 3 마리의 cynomolgus 원숭이 가운데 1마리만이 바이러스 감염으로 죽게 됨에 따라, 원숭이에서는 마우스에 적응된 분리균주는 야생형 ZEBOV 분리균주와 비교하여 다소 독성이 감소한 것으로 나타났다[137]. 흥미롭게도, 기니픽은 야생형 ZEBOV가 아닌, 마우스에 적응된 ZEBOV에 감염되어 죽었으며, 이것은 8회에 걸친 계대를 통한 ZEBOV에 감염된 기니픽에서 모두 치명적인 것으로 관찰되었다.

사람의 질병연구에 효과적인 마우스 모델은 마우스가 쉽게 조작되고, 사육법이 간단하며, 대규모 실험을 손쉽게 할 수 있기 때문에 아주 바람직하다. 어떤 murine 모델을 사용하는데 있어서 한 가지 대표적인 장점으로는 유전적으로 조작된 "녹아웃" 마우스의 유용성이며, 이것은 면역기작을 측정하는데 커다란 보탬이 된다; 예를 들어, 녹아웃된 마우스의 사용은 EBOV 감염에서 보호면역반응에 필요한 면역성분을 측정하는데 보탬이 되었다[136,139,154]. 이느 시점에서 마우스의 발병과 면역학적 연구를 수행하는 것은 사람외 영장류에서 수행되는 유사한 연구와 비교하여 덜 부담스럽고, 비용이 보다 효율적이며, 잠재적으로 안전하다. 마우스 모델은 사람외 영장류에서 시험되기 전에, 후보백신과 치료제를 시험하고 개선하기 위한 수단으로서 사용되었다. 마우스 모델의 장점은 특히 그 이용가능성과 면역반응을 평가할 수 있는 다양한 분석시약으로, 예비 진단과 잠재적 방어면역반응을 평가하는 데 특별히 사용될 수 있다. 기니픽과 사람외 영장류는 동물모델에서 차이점들과 알려진 사람의 병리학적 현상 때문에, 거의 항상 입증해야 할 필요가 있는 것처럼, 마우스 모델을 연구하는 동안 주의해서 사용해야만 한다. 원숭이와 사람에서 종종 일어나는 DIC를 경험하지 않은 마우스 또는 사람에게서 발병에서 중요한 역할을 하는 것으로 나타나는 방관자적 세포자살(bystander apoptosis)과 같이, 이것은 모델로서 사용하는 데 몇 가지 한계를 나타내며, 예방접종이나 치료제를 처방한 후, 영장류에서 EBOV 감염에 대한 생존을 정확하게 예측하기 위한 무능력의 부분적인 원인이 될 수 있다.

14.2.5.3 햄스터

젖먹이햄스터(suckling hamster)는 자연에서 분리된 EBOV와 MARV에 민감하다. EBOV에 대한 햄스터 모델개발 연구는 거의 없다. 반면에 MARV의 초기 연구는 햄스터 모델을 이용하여 수행되었으며, 성체 햄스터 모델이 원하는 치사조건을 확립하기 위해서 9번의 연속계대가 요구되었다. 간, 지라, 폐 손상과 같은 기관에서의 변화가 다른 모델 시스템에서의 변화와 동일하였다[123,158]. 그러나 MARV 감염의 특성은 여러 번에 걸친 계대를 통하여 성체 햄스터에서 크게 변화하였으며, 10번째 계대된 MARV는 두개골내 또는 복막 내로 접종된 젖먹이햄스터에서 심각한 뇌손상을 일으켰다. MARV가 가지는 미지의 독성인자 상승을 위한 반복선택으로 신경독성증가가 일어날 수 있지만, 다른 모델시스템에서는 이 중증뇌염병변(severe encephalitis lesion)이 보고되지 않았다. 성체 햄스터에서 또한 여러 번 계대된 MARV의 두개골내 접종을 통해 몇 가지 중추신경계병변이 일어났지만, 단지 혈관주위 출혈은 그들이 동일하게 적응된 균주의 복강내 접종으로 성체 햄스터의 중추신경계에서 관찰되었다[123,158]. 독특한 MARV 모델을 확립하고자 하는 과정에서 젖먹이햄스터에서 확인된 향신경성(向神經性, neurotropism)은 커다란 문제가 되며, EBOV 기니픽 모델 연구에서 제시된 바와 같이, VP24의 돌연변이와 연관된 종의 특이적 적응 여부를 결정하기 위해서 특성연구가 이루어져야 한다[87]. 특히 1967년 MARV 창궐기간 중에, 7가지 치명적인 마버그 출혈열 사례(Marburg HF cases) 가운데, 3가지에서 뇌염이 생긴 것으로 기록되었기 때문에, 어떤 백신이 개발되면 승인 이전에 사람외 영장류에서 신경독성시험을 실시해야 한다[121].

햄스터 모델은 EBOV나 MARV의 동물모델로서 개발된 것들 가운데 한 가지이다. 더욱이 햄스터가 filovirus에 감염 후에 생기는 병원성 및 면역학적 특성을 규명하는데 사용되는 면역 시약은 제한적이다. 햄스터는 물려고 하는 성질이 있어, BSL-4 조건 하에서 연구하기 어렵다. Filovirus 연구에서 햄스터는 다른 설치류 모델을 사용하는 것이 더욱 용이하기 때문에 널리 사용되지는 않았다. 현 시점에서 EBOV 또는 MARV에 대한 일반적인 연구를 위해서, 여러 겹으로 된 방호장갑을 이용하는 데 따른 제한적인 손놀림과 filovirus 사용에 따른 잠재적 안전위험과 더불어, 보다 안전하고, 보다 잘 특성연구가 이루어지고, 더욱 전통적인 모델로서 햄스터를 추천할 이유는 거의 없다. 그러나 햄스터 모델은 중추신경계에서 병변과 증상이 일어나고, 햄스터에서 이들 병변이 지속적으로 관찰되었던 유일한 모델이었던 점에 비추어, 중추신경계에서 MARV에 의한 유발효과를 연구하는 데 사용될 수 있다.

14.2.5.4 기니픽

기니픽는 또한 filovirus 감염에 모델로서 종종 사용되어왔다. 사람에서 분리된 EBOV와 MARV 균주는 기니픽을 통해 계대되어, 근친교배된 기니픽과 이계교배된 기니픽의 질병과 치사를 일으키기 위해 채택되었다[86~88,90,92,159,160]. EBOV와 MARV에 감염된 기니픽은 초기에 발열 및 치명적이지 않은 질병을 일으킨다. 기니픽의 감염시험은 단핵성 식세포(mononuclear phagocyte)의 감염을 초래하며, 간, 비장, 부신, 신장 등에도 손상을 준다[86,88,92,103,104,161,162]. 죽기 전에 심한 바이러스혈증, 열, 졸음증, 식욕부진 증세가 나타나며, 보통 감염 후 8~14일에 발생한다. 신체개구부와 점막표면의 출혈 징후가 13마리의 근친교배 계통의 기니픽과 비교하여 이계교배된 Hartley 기니픽에서 종종 관찰됨에도 불구하고, 출혈이 지속적으로 발생하였다[86,136,139] (K.L. Warfield and T.W. Geisbert, 미발표된 관찰결과).

다른 EBOV와 MARV 균주의 치사성은 기니픽에서 2에서 9회에 걸친 연속계대를 통해서 적응되었다(86~88,90~92,120,123,159,160]. 기니픽의 조직학적 손상은 특히 간에서 약간의 육아종성으로 나타났지만, 사람외 영장류에서 관찰된 것과 유사하였다[88, 92, 104, 161, 162]. 이것은 사람외 영장류에서와 달리, filovirus 감염에 대한 기니픽의 대식세포/단핵구 반응은 부분적으로, 기능적으로 온전한 채로 남아 있다는 것을 암시한다. 기니픽의 단핵구 반응이 여전히 조직괴사에 대응력을 가지는 것처럼, filovirus 감염에 대한 기니픽의 염증반응은 사람외 영장류에서의 반응과는 분명히 다르다. 그러나 감염 순서와 조직편애(tissue predilection)는 동일하다[86,88,92].

Ryabchikova와 그 동료들은 filivirus의 반복계대가 기니픽과 사람외 영장류 모두에서 독성을 증가시키고, 계대가 적었던 설치류에서는 사람에서 나타나는 질병과 더욱 유사하게 나타난다는 훌륭한 연구 결과를 얻었다[88,92,103,104,162]. 기니픽에 대한 EBOV의 연속접종과 적응에 관련된 특성연구는 연속선택계대에 의해, 이 염증반응은 좀 더 여러 번의 계대를 통해서 극복될 수 있으며, 중요한 돌연변이가 기니픽의 염증반응을 감소시키고, 그 바이러스를 증식시키기 위해 5~9회 접종된 VP24에서 일어난다는 것을 보여주었다. 기니픽의 MARV의 적응과정과 filovirus의 종 적응성에 대한 VP24의 중요성이 제시되었다[87]. 한 논문에는 실험실에서 감염된 15마리의 기니픽 가운데 5마리에서 최소의 뇌염형 신경아교 결절(minimal encephalitic glial nodule)이 형성되었다는 것을 기술하였다[163]. 기니픽의 MARV와 이 병변과의 연관성에 대하여 발표된 논문은 없었다. 또한 기니픽이 조직 채취과정에서 위험이 있을 수 있기 때문에, 뇌 연구는 일상으로 수행되지 않는다는 것을 알아두어야 한다.

기니픽 사용에서 기본적인 단점은 특성연구에 이용되는 면역시약의 부족, 다양한 피브린침착, 사람에서 종종 관찰되는 응고병(coagulopathy)과 비교되는 DIC이며, 지금까지 사람외 영장류에서 항필로바이러스 치료제(antifilovirus therapeutics) 또는 백신의 효능을 예상하지 못하였다. 마우스 모델과 마찬가지로, 기니픽은 조작, 관리, 구입이 용이하여 백신과 치료제 연구에 매력적인 동물이다. 개념입증과 효능연구는 더욱 비싸고, 구하기 어렵고, 사육 및 관리가 훨씬 더 어렵고 위험한 사람외 영장류에 적용하기 전에 종종 설치류에서 평가된다. 진정으로, 이 모델에는 사람과 사람외 영장류의 질병에 대하여 몇 가지 차이점이 존재하지만, filovirus의 새로운 치료법을 찾아내고, 특히 사람외 영장류에서 최종실험을 하기 전에 선도치료제와 백신의 투여량, 투여일정, 조성 등을 최적화하는데 계속 사용될 것이다.

14.2.5.5 다른 동물모델

EBOV에 저항성이 있는 것으로 고려되는 동물로는 말, 염소, 양, 토끼, 면역적격 마우스 등이 있으며, 이들 동물은 filovirus에 감염된 사람을 치료하기 위하여 면역진단을 위한 항체나 면역 또는 고면역혈청(hyperimmune sera)을 생산에 사용되었다.

14.2.6 요약

지금까지 다양한 종류의 사람외 영장류들은 filovirus에 감염된 사람에서 보여준 응고병(coagulopathy), 출혈성 및 병리생리학적 쇼크증후군(hemorrhagic, pathophysiological shock syndrome)을 가장 잘 재현하였다. Filovirus 감염의 발병에서 중요한 특성인 면역학적 현상은 사람외 영장류에서 잘 정의되지 못하였거나, 특성연구가 제대로 이루어지지 못하였다. Filovirus는 마우스와 기니픽에서 질병과 이완율의 영향에 적응해야 한다. 이들 동물모델의 사용과 체외실험은 이들 위험한 바이러스의 세포표적과 발병에 관하여 많은 이해가 있어야 할 것이다.

14.3 아레나바이러스과

아레나바이러스과(Arenaviridae)는 22가지의 공인된 바이러스와 9가지의 새로이 발견된 추정종(推定種, putative species)이 있으며, 구세계(Old World) 및 신세계(New World) 아레나바이러스로 구분된다[170, 171]. Artibeus 과일박쥐로부터 분리된 Tacaribe 바이러스를 제외하고는 대부분의 아레나바이러스는 설치류 보균체를 가진다[172]. 사람에서 적어도 7가지 아레나바이러스가 바이러스성 출혈열(VHF)과 연관되어 있다. Lassa, Jujo, Junin, Guanarito, sabia 바이러스는 서부 아프리카, 남부아프리카, 아르헨티나, 베네주엘라, 브라질 등에서 출혈열(HF)을 일으키는 것으로 알려져 있으며, Machupo와 Chapare 바이러스는 볼리비아에서 출혈열(HF)을 일으킨 바 있다. 아레나바이러스는 바이러스성 게놈을 둘러싼 피막형의 구형 비리온이며, GP1, GP2, NP, Z, L의 5개 바이러스 단백질을 암호화한 두 개의 단일가닥, 음성-센스 RNA 분자로 구성되어 있다[173]. 사실상, 아레나바이러스는 설치류의 오줌과 배설물에 존재하는 에어로졸에 의한 흡입, 설치류 배설물에 오염된 음식물의 섭취, 또는 설치류 배설물이 벗겨진 사람의 피부와 점막을 통해서 직접 매개된다. Arenavirus의 사람 대 사람 전파(person-to-person transmission)는 자주 발생하지만, 감염된 혈액이나 체액과 직접 접촉을 통해서 일어날 수 있다는 것이 Lassa 열과 볼리비아 출혈열(Bolivian HF)에서 보고되었다[174~177]. 아레나바이러스과는 몇 가지 주목할 만한 특성이 있다. 사람에서 질병을 일으키는 arenavirus는 만성바이러스혈증(chronic viremia)과 바이러스뇨(viruria)에 걸린 자연 숙주에서 지속적인 감염을 일으키는 능력을 가지며, 역학적인 함축성이 있는 것이 분명하다. 바이러스 증식은 시험관내 또는 생체 내에서 광범위한 세포손상 또는 세포병변효과와 연관되어 있지 않다.

사람에 질병을 일으키는 유럽대륙(Old World)의 arenavirus들 가운데, Lassa 바이러스는 가장 심각한 병원균이다. Lassa 감염은 아프리카 서부 국가에서 풍토병이며, 매년 30만~50만 명의 Lassa 감염환자가 발생하여, 약 5,000명이 사망하는 것으로 추산된다[178]. Lassa 바이러스는 다유방(multimammate) 랫드로서 널리 알려진 *Mastomys* 종에 의해 유지되고 확산된다[178].

Lassa 감염으로 고열, 두통, 무력감, 근육통, 흉골후방동통(retrosternal pain), 기침, 위장관 증후군 등의 증세가 나타난다. 환자의 약 70%는 인두염을 경험하며, 이들 가운데 절반이상이 편도구협(tonsillar fauces)에 삼출물이 나타난다[179]. 일부 사례에서 출혈, 목/안면종창, 쇼크 등의 전형적인 증상이 나타난다. 황달은 흔하게 나타나지 않지만, 대부분의 환자들에서 급성간염과 일치하는 혈청화학적 특성을 나타낸다. 임상적으로, AST 상승정도는 사람에서 나타나는 질병의 결과와 연관된다. 이 질병은 특히 임산부와 그 자손들에서 심하다. 회복된 환자의 약 30%에서는 일반적인 후유증으로 난청이 나타난다[179,180]. 뇌수막염과 심장막염은 또한 흉막삼출과 심낭삼출을 가지는 것으로 보고되었다[179]. (Junin과 Machupo 바이러스에 의해 각각 야기된) 아르헨티나 출혈열(HF)과 볼리비아 출혈열(HF)과는 대조적으로, Lassa 열을 가진 환자는 보통보다 지속기간이 긴 매우 심한 바이러스혈증이 있다. 부가적으로, 당단백질 중화항체(glycoprotein neutralizing antibody)는 형성되는데 2~6개월이 소요되며, 일반적으로 많은 양이 만들어지지는 않는다[179]. 입원환자의 치사율은 15~20% 정도이다[178,180,181]. Lassa 열의 백신 또는 예방법은 없다. 항바이러스 제제인 리바비린(ribavirin)은 Lassa 열이 심각한 환자의 사망률을 감소시키며[182], 지원치료(supportive care)와 더불어, Lassa 바이러스 감염에 대하여 권장되는 치료법이다[183]. Lassa 감염은 바이러스의 분리, ELISA에 의한 항원검출, 또는 환자의 혈청의 RT-PCR에 의한 바이러스 RNA 검출 등의 근거하여 진단한다. 그 대신에, ELISA에 의한 바이러스에 특이한 IgM 또는 IgG의 존재 또는 증가, 또는 간접형광항체는 실험용 진단법으로서 사용될 수 있다[184]. ELISA와 RT-PCR은 급성 임상설정, 특히 미지의 병원체에서 항원을 검출하는데 가장 유용한 진단기법이다.

사람외 영장류, 마우스, 기니픽 등을 포함한 몇 가지 동물모델이 Lassa 열 연구를 위해서 개발되었다. African green 원숭이 (*Chlorocebus aethiops*)[185], 망토개코원숭이(*Papio hamadryas*)[186], cynomolgus 원숭이 (*Macaca fascicularis*)[185,187,188], rhesus 원숭이 (*Macaca mulatta*) [185,189~192], marmoset (*Callithrix jacchus*)을 포함하는 사람외 영장류는 비경구적 또는 에어러졸 상태의 Lassa 바이러스 감염시험에 민감함을 보여주었다[185]. 이들 모델이 확립된 이래, Lassa 바이러스 감염시험으로 죽은 rhesus와 cynomolgus 원숭이 두 종류는 Lassa 바이러스 감염에 기인한 발병과 면역 연구에 가장 널리 사용되었다. 이들 바이러스는 균주의 종류, 투여량, 숙주의 종과 연관된 사람외 영장류에서 Lassa의 병원성과 차이가 있는 것으로 나타난다. 예를 들어, Lassa 바이러스의 Josiah strain은 cynomolgus 원숭이에서 똑같이 치명적인 반면, Lassa 바이러스의 비교감염시험으로 그 가운데 약 60%가 죽은 rhesus 원숭이에서 똑같이 치명적이지 않았다[185]. 더욱이 Lassa 바이러스의 Josiah strain은 cynomolgus 원숭이에서 똑같이 사망한 반면에, Lassa 바이러스의 AV strain은 cynomolgus 원숭이에서 똑같이 치명적이지 않았다[192]. 낮은 감염시험 용량이 보다 높은 감염시험 용량보다 더 심하고 치명적인 감염을 일으킬 수 있다는 몇 기지 연구에서 제시된 바와 같이, 감염시험용량은 Lassa 균주와 상관없이, 원숭이의 질병에서 중요한 역할을 하였다[185, 192]. 바이러스에 의해 유발된 병변(그림 14.1)이 뇌, 폐, 간, 지라, 신장, 림프조직에서 보고되었지만, 조직병리학적 병변의 정도는 Lassa 바이러스에 감염된 원숭이의 세포병변효과에 근거하여 죽음을 설명하는데 있어서 크게 심각하지 않았다 (그림 14.2) [189~191,194]. Lassa 바이러스에 감염된 원숭이의 병리학적 연구는 감염된 사람에서의 변화와 많은 유사성을 보여주었다. 뒤이은 후속 연구에서 혈액학적 및 면역학적 변화가 Lassa 바이러스 질환과 연관이 있다는 것을 보여주었으며 (그림 14.2), 이들은 혈소판, T-림프구, 내피세포의 기능 장애를 일으키기 시작하여, Lassa 바이러스에 의해 유발된 쇼크와 죽음을 초래하였다[188,192]. 다람쥐원숭이(squirrel monkey)(*Saimiri scirreus*)[185,195]와 capuchin 원숭이 (*Cebus* 종)**** [185]도 Lassa 열의 모델로서 평가되었다. 그러나 질병은 다른 사람외 영장류에서와 같이 심하게 일어나지 않으며, 최소한의 질병에서 낮은 사망률의 범위에서 발생하였다[185].

면역적격의 실험용 마우스는 Lassa 바이러스에 내성이 있다. 몇 개의 러시아 논문에서 Lassa (Josiah strain) 바이러스로 대뇌내 감염시험을 실시하여 CBA/calac[196]와 C3H/Sn[197] 마우스에서 치명적 감염이 일어난 것을 보고하였다. 그러나 이것은 감염의 자연 경로를 따르지 않으며, 사람의 Lassa 열과 거의 유사하지 않는 질병을 일으킨다. 최근의 연구에서 murine의 주조직적합성 복합체 I형 대신에 인간화를 발현하는 마우스는 Lassa 감염을 조절하지 못하고, 중증 Lassa 열을 보여주었다[198]. Lassa 바이러스에 대하여 가장 많이 연구된 설치류 모델은 기니픽이다. Filovirus의 사례와는 달리, Lassa 바이러스는 연속 계대에 의한 적응없이 기니픽에서 치명적인 질병을 일으킬 수 있다[199,200]. 기니픽에서 Lassa 바이러스의 병원성은 바이러스의 균주와 기니픽 계통에 따라 달라진다. Lassa 바이러스의 Josiah 계통은 13마리의 기니픽에 대하여 동등하게 치명적 감염을 일으켰지만, 이계교배된 Hartley 기니픽은 30% 정도에서 치명적 감염이 일어났다[185]. 심하게 아픈 사람에서 분리되고, cynomolgus 원숭이에서 치명적 감염을 일으킨 Lassa 바이러스는 기니픽에서 치명적인 질병을 일으키지 못하였는데, 이는 바이러스와 숙주 계통의 중요성을 확인시켜준다[201]. 더욱이 병리학적 연구에서 Lassa 바이러스에 감염된 기니픽에서 조직학적 병변은 상대적으로 경미하였고, 사람외 영장류에서 언급된 폐손상이나 간손상은 나타나지 않았다. 기니픽에서 Lassa 감염이 사람과 사람외 영장류에서 볼 수 있던 임상질환과 병리학적 변화를 정확하게 재현하지 않을 수 있음에도 불구하고, 기니픽은 후보 치료제와 백신을 선별하는데 유용하다는 것이 입증되었다[202~204].

사람에서 출혈열(HF)을 일으키는 New World 아레나바이러스 (Junin, Machupo, Guanarito, Sabia, Chapare)의 감염은 잠행성 발병으로 시작된다. 질병의 임상 징후로는 열, 두통, 권태감, 근육통, 메스꺼움, 구토 등이 있다. 출혈성 및 신경학적 증상은 종종 심한 사례에서 관찰되며, 점상출혈성 발진, 코, 잇몸, 위장관에서의 출혈, 떨림, 졸음증 등을 포함한다. 림프구감소증과 혈소판감소증과 같은 눈에 띠는 임상적 소견도 나타났다. 미치료 사례 가운데 약 1/3 정도에서는 광범위 반상출혈, 점막과 정맥천자 부위로부터 출혈, 경련, 혼수 등을 포함하는 심한 출혈성 및/또는 신경적 증세가 나타났다[205,206]. 사망률은 5~30% 정도였다. 약독화된 살아 있는 Junin 백신이 개발되었으며, 최근에 아르헨티나에서 사용되고 있다[206,207]. 지원치료와 함께 레바비린(rebavirin)은 신세계의 arenavirus에 의해 발생한 출혈열(HF)을 치료하는데 성공적으로 사용되며[183], 또한

**** 중남미 산의 꼬리감기원숭이로, 꼬리로 나무를 감을 수 있고 머리털은 두건처럼 생겼음.

실험실에서 획득된 Sabia 바이러스의 감염을 치료에도 성공적으로 사용되었다[208].

일부 환자의 Junin과 Machupo 감염이 출혈 징후를 주로 나타내는 데 반하여, 다른 환자들에서는 신경학적 징후를 주로 나타내는 질병의 패턴은 사람와 영장류에서 잘 재현되었다. Rhesus 원숭이는 Junin 바이러스에 매우 민감하며[185,209~212], 불과 몇 번의 계대로 junin 바이러스 균주에 의한 rhesus 원숭이 감염은 바이러스 균주가 분리된 사람들에서 임상적 질환패턴과 서로 관련된 독특한 출혈성 또는 신경학적 질병을 초래한다[209]. Machupo 바이러스에 의한 African green 원숭이[213, 214], cynomologus 원숭이[215], 또는 rhesus 원숭이[215~220]의 감염은 치명적 감염을 초래한다. Machupo 바이러스에 의해 감염된 원숭이의 약 20% 정도는 초기 바이러스혈증 단계에서 생존하였다. 그러나 감염 후 3~5주 사이에, 이들 동물에서 활동떨림, 실조, 혼수, 대부분의 동물에서 죽음을 야기하는 신경적 증상이 나타났다[215~220]. Guanarito 바이러스의 단일 연구에서는 사람질병에서 잠재적 모델로서 rhesus 원숭이를 평가하였다[221]. 동물들이 사람의 질병과 동일한 질병의 임상징후를 보여주었지만, 모든 동물들은 감염시험에서 생존하였다.

Marmoset은 또한 아르헨티나 출혈열(HF) 모델로서 개발되었으며, 출혈, 혈소판감소증, 간세포괴사, 중증림프구상실을 포함하는 사람의 감염에서 나타나는 동일한 임상증상과 병리학적 소견을 보여주었다[222~224]. 출혈성 징후는 보고되지 않았지만, marmoset에 Machupo 바이러스의 감염은 또한 사람에서의 질병과 마찬가지로, 균등하게 치명적인 감염을 일으켰다[217]. Junin과 Machupo 바이러스에 의한 흰목꼬리감기원숭이(capuchin monkey) (*Cebus* 종), 짖는 원숭이(howler monkey) (*Alouetta caraya*), 다람쥐원숭이(*Saimiri sciureus*) 등을 포함하는 New World monkey의 감염은 단지 경미하거나 분명하지 않은 임상질환을 일으켰다[185].

많은 설치류 모델들이 Junin, Machupo, Guanarito와 같은 남미의 출혈열(HF) 바이러스에 대한 연구를 수행하면서 개발되었다. 면역적격(immunocompetent) 마우스는 이들 바이러스에 대한 감염시험에서 내성을 나타내었으나, 기니픽은 대부분 민감성을 나타내었다. Junin 바이러스의 병원성(pathogenicity)은 바이러스 균주에 따라 다르지만, 다양한 Junin strain에 동등하게 민감한 근친교배 계통 2와 13, 그리고 이계교배된 Hartley 기니픽 계통의 숙주 종류와 관계가 없었나[225~228]. Espindola와 Romero와 같은 일부 Junin 계통들은 기니픽에서 한결같이 치명적 감염을 일으켰지만, 다른 계통들은 약화되어 나타났다. 근친교배 계통 13 또는 이종교배(outbred) Hartley 기니픽의 Junin 바이러스 감염에서 나타난 바와 같이, Guanarito 바이러스의 동물 감염시험은 적응없이 한결같이 치명적인 감염을 일으켰다[229]. Junin과 Guanarito 바이러스와는 대조적으로, 연속계대에 의한 Machupo 바이러스의 적응은 기니픽에서 한결같이 치명적인 감염을 일으키는데 필요하였다[185].

14.4 부니아바이러스과

부니아바이러스과(Bunyaviridae)에 속하는 바이러스들은 음성 센스이며, 피막형 비리온 내이 삼분절상(trisegmented) RNA 게놈에 의해 암호화되어있다. 만성적으로 감염된 설치류에 의해 전파되는 한타바이러스(hantavirus)를 제외하고[231], 모든 부니아바이러스는 절지동물에서 유래한다

[230]. 부니아바이러스(bunyavirus)는 다혈증(plethora) 질환을 일으키며, 그 질환의 대부분은 출혈열(HF)이 아니다. 그러나 부니아바이러스과는 출혈열을 일으킬 수 있는 몇 가지 바이러스를 포함하며, phlebovirus RVF, nairovirus Crimean Congo 출혈열, 한타바이러스를 포함하는 생물테러 위협제제로 간주된다.

부니아바이러스과에 속하는 바이러스 가운데 가장 심각한 위협제제 가운데 한 가지는 RVF 바이러스 (RVFV)이다. RVFV는 1969년에 미국의 공격용 생물무기 프로그램에 의해 생물무기로 개발되었다[7]. 국립알레르기 및 전염병연구소(National Institute of Allergy and Infectious Diseases)(http://www.niaid.nih.gov/dmid/biodefense/bandc_priority.htm)에서 카테고리 A 병원균 또는 최우선순위로, 그리고 질병통제예방센터(Centers for Disease Control and Prevention)(http://www.bt.cdc.gov/agent/agentlist.asp)에서 카테고리 B 또는 중간 우선순위로 구분되었다. 이 바이러스는 모기, 기타 벌레물림, 감염된 혈액이나 조직과의 접촉 (특히, 유산과 관련됨) 및 에어로졸에 의해 전파된다[232, 233]. 오염된 생우유의 섭취도 역학적으로 연관되어 있다[234]. 심한 바이러스혈증과 목세척에 의해 소량의 바이러스가 분리되었지만, 사람대 사람으로 RVFV의 전파는 보고된 사례가 없다[234]. RVFV의 창궐은 주로 아프리카와 중동에서 일어났으며, 그 바이러스는 케냐의 Rift Valley에 있는 농장들에서 발생한 가축유행병 감염 이후에 그 이름이 붙여졌다[235]. 감염은 보통 소, 양, 염소, 버팔로, 낙타와 같은 가축에 영향을 미치지만, rhesus 원숭이, 고양이, 다람쥐, 랫드, 쥐 등의 다양한 동물을 통해서도 감염된다[236]. 미국에서 몇몇 속의 모기들은 RVFV의 벡터로서의 능력을 가진다[237,238]. RVF의 잠복기는 2~7일이며, 눈뒤통증(retro-orbital pain), 광선공포증(photophobia), 황달, 쇠약, 요통, 현기증, 체중감소 등의 증세를 나타낸다. 1% 이내의 환자들에서 출혈열 또는 뇌염으로 발전하며, 환자 가운데 약 10%에서 망막염이 일어난다. 치사율은 감염환자의 1% 정도이다[239]. RVF의 진단은 다른 바이러스성 출혈열(VHF)에서의 진단과 유사하며, 바이러스 분리, 바이러스 게놈의 RT-PCR, 또는 RVFV-특이적 IgM 또는 IgG의 탐침에 의해 이루어진다. RVF의 치료는 상당히 비특이적이며, 지원치료와 리바비린(ribavirin)을 포함한다[184]. RVF의 예방법에는 모기조절과 수의사 및 실험실 요원들의 개인보호장비의 사용과 같은 광범위한 대책) 등이 있다. RVFV에 대한 면역조치(immunization)는 약독화 및 불활성화된 백신이 몇 가지 상황에서 효과적인 것으로 입증되었다[240~244]. 그러나 현재 미국에서 이용될 수 있는 승인된 RVFV 백신은 없다[1].

몇몇 동물모델은 RVFV의 연구에서 이용될 수 있다. 설치류 (예, 양, 염소, 소), 사람외 영장류, 햄스터, 마우스, 랫드, 기니픽, 게르빌루스쥐(gerbil) 등의 설치류도 RVFV 연구에 사용될 수 있는 동물로서 입증되었다[245]. RVFV가 광범위한 숙주범위를 가짐에 따라, 실험동물에서 적응에 요구되는 계대는 거의 없다. 자연발생에 근거하여 예상되는 것처럼, 각 동물 모델에서 RVFV의 독성은 바이러스 분리체, 접종량, 접종경로, 동물의 나이에 따라 달라진다[243,246~253].

Findlay[236]는 처음으로 1932년에 RVF에 대한 햄스터 모델을 기술하였으며, 거기서 햄스터의 감염 (50% 감염량, 1 pfu 이하)에 매우 민감하다는 것을 보여주었으며. RVFV에 감염된 반추동물과 사람에서 보여주었던 것과 유사하게, 치명적인 질병을 나타내었다[254]. 감염의 특징은 극도의 무기력, 식욕부진, 심한 바이러스혈증과 특히 간과 같은 조직에서 바이러스 역가, 지라의 간세포와 림프구에서 조직병리학적 변화, 위장관출혈 등의 특징적인 증세가 신속하게 진행되는 치명적인 질병을 포함한다[236,254,255].

실험용 마우스에서 RVFV의 특성은 1956년에 발표된 일련의 논문에서 처음으로 기술되었다[256~261]. 마우스의 감염은 심한 바이러스혈증을 초래하며, 다양한 조직과 세포에서 감염이 일어난다[262]. 마우스에서 중요한 질병의 특징은 주로 세포자살에 의한 간세포의 파괴로 인하여, 중증 간염이 일어난다[262]. 대부분 감염동물의 죽음은 혈액과 간에서 바이러스가 제거되었음에도 불구하고, 신경침투(neuoinvasion)와 범뇌염(汎腦炎, panencephalitis)을 일으킨 나머지 마우스에서 3~6일 이내에 발생하였다[262]. 이 마우스 모델은 중증의 사람 RVF 질병(severe human RVF disease)에서의 우세한 병리학적 결과와 유사하게 나타내며, 이같이, RVFV에 대한 발병과 면역반응 뿐만 아니라, 치료제 및 예방조치를 연구하기 위하여 널리 사용되었다[263~272].

실험용 랫드의 감염은 바이러스의 독성과 숙주의 유전적 결정인자를 조사하고, RVFV 백신을 연구하기 위하여 사용되었다[246,273~277]. 초기 연구는 Lewis와 MAXX 랫드가 부분적으로 저항성이 있었으나, Wistar-Furth 랫드는 RVF 질병에 매우 민감하였음을 보여주었다[273~275]. Wistar-Furth 랫드는 RVFV 감염 후, 3~5일 이내에 간염 또는 뇌염으로 죽었으며, 이 민감성은 단일 Mendelian 우성유전자와 연관되었다[275]. 그러나 최근 연구에서 Wistar-Furth가 아닌 Lewis 랫드가 RVFV 감염에 민감하다는 것을 발견하였으며, 이들 연구가 이전 연구와 비교하여, IFN 내성이 랫드에서 RVFV 민감성에 중요하지 않다는 것을 나타내었다[274,276,278,279].

Rhesus 원숭이는 사람감염과 가장 비교가능한 모델로서 고려되는데, 이는 사람감염에서와 유사하게, 독성 RVFV 균주와 정맥 내로 감염된 rhesus 원숭이가 열, 바이러스혈증, 백혈구 수 감소, 간염을 나타내고, 간기능의 상승 결과를 나타내기 때문이다[243,248,250~252]. RVFV에 감염된 원숭이 가운데 약 20%는 특징적으로 출혈열 증세를 나타내어 죽게 된다[243,247,248,250~252,280,281]. 역학연구에서 원숭이는 RVFV를 포함한 출혈열 바이러스에 의해 자연적으로 감염되며, 실험실에서 RVFV의 생물학적 측면과 간섭을 연구하는데 rhesus 원숭이가 종종 사용된다는 것을 보여주었다[282].

14.5 플라비바이러스과

웨스트나일병과 황열병(yellow fever), 뎅기출혈열(gengue HF), 옴스크출혈열(Omsk HF), 키야사누르 삼림병(Kyasanur Forest disease)을 일으키는 바이러스들은 플라비바이러스과(科)(Flaviviridae family)에 속한다. 플라비바이러스(flavivirus)는 이성(異性, isomeric), 양성-센스(positive-sense), 단일가닥, RNA 게놈을 단백질 막으로 둘러싼 피막형 비리온이다. 이 과(科)에 속하는 모든 바이러스는 (모기나 진드기 등의) 절지동물로부터 유래한다. 지리적 분포는 바이러스의 종류에 따라 다르다. 플라비바이러스는 아시아, 아프리카, 미주, 인도, 태평양 지역을 포함하는 세계의 대부분의 지역에서 발견된다. 황열병 바이러스는 20세기 전반에 일본과 미국에 의해서 무기화가 추진되었다[1,4,6,7]. 그러나 황열병 바이러스에 대한 효과적이고 승인된 백신이 있으며, 이 바이러스는 가장 높은 생물무기 위협제제로 고려되고 있지 않다.

뎅기바이러스(dengue virus)는 국립알레르기 및 전염병연구소(National Institute of Allergy and Infectious Diseases)(http://www.niaid.nih.gov/dmid/biodefense/bandc_priority.htm)에 의해 방어위협우선순위 카테고리 A로 고려된 유일한 병원체이다. 반면에, 뎅기바이러스는 입자성 에어로졸로 전파될 수 없고, 일차 뎅기(primary dengue)가 별로 바이러스성 출혈열(VHF)을 일으키지 않기 때문에, 미국의료협회(American Medical Association Consensus)에서 심각한 바이러스성 출혈열(VHF) 생물무기 위협으로서 제외되었다[1]. 뎅기바이러스에 감염되면, 전혀 증상이 없는 것으로부터 미분화열, 뎅기열, 뎅기출혈열(dengue HF, DHF), 또는 뎅기열쇼크증후군(dengue shock syndrome, DSS) 등의 광범위한 임상결과를 나타낸다. 뎅기바이러스는 적어도 112개국에서 풍토병이며, 매년 1억 명의 뎅기열 환자와 50만 명의 뎅기출혈열(DHF) 환자가 발생한다[283,284]. 뎅기바이러스는 모기(*Aedes aegypti*)에 의해 전파되며, 감염된 사람의 단핵성 식세포(mononuclear phagocytic cell)에서 일차적으로 증식한다[285,286]. 다른 바이러스성 출혈열(VHF)에서와 같이, 뎅기의 진단 도구는 바이러스에 특이적인 IgM 또는 PCR을 이용하여 바이러스 게놈을 탐지하는 것이다[286,287]. 초기 및 신속 진단에 사용가능한 다른 진단법과 임상예후에 따른 진단법은 개발 중에 있다[286~288]. 뎅기바이러스는 4가지의 혈청형 (DEN 1~4)으로 구분되며, 생물학적, 항원성, 혈청학적, 면역학적 기준에 따라 분류 진단된다[289].

뎅기바이러스 감염의 본질은 복잡하다. 일차감염은 자각증상이 없거나, 경미한 급성열병으로부터 전형적인 뎅기열로서 다양한 징후를 나타내는데 반하여, 동일한 혈청형에 대한 면역은 오래 지속된다; 그러나 이차 이형혈청형(heterotypic serotype) 감염은 중증(DHF/DSS)을 야기할 수 있다 [287,290]. DHF와 DSS의 발달은 면역매개성이며, 이미 노출된 항체가 B 림프구(lymphocyte)의 Fc 수용체와 전문항원제시세포(professional antigen-presenting cell)의 항원-항체 복합체와 친화력이 있기 때문에, 바이러스 흡수증가와 복제를 매개하여 2차 이형감염(異型感染, heterotypic infection)의 초기 단계에서 바이러스 복제를 증가시킨다[290~292]. 그러므로 뎅기바이러스 백신의 개발은 백신에 유발된 뎅기출혈열(DHF) 또는 DSS을 억제하기 위한 4가지 혈청형 모두에 대하여 오래 지속되도록 보호를 필요로 한다. 몇 가지 살아 있는 약화된 백신이 개발 중에 있으며, 백신접종 동안 질병에 대한 효능이 입증될 것이며, 뎅기에 노출된 후, 중병을 일으키지 않을 것이다 [287,293].

뎅기바이러스 감염과 발병연구에 많은 설치류와 원숭이 동물모델이 사용되어왔다. 햄스터는 뎅기바이러스 백신의 실험과 개발에 사용되었지만, 빠른 증식이나 사람에서 뎅기 감염과 유사한 질병의 발달도 뒷받침하지 않는다[294~296]. 초창기로부터 가장 최근까지의 연구에서 뎅기바이러스는 면역약화상태된 마우스에서 증식되며, 면역적격인 마우스에서 증식되기 위해서는 연속계대에 의한 바이러스의 적응이 필요하다는 것이 잘 알려졌다. 감염모델에는 젖먹이마우스의 대뇌내 접종(intracerabral inoculation), IFN-α/β와 γ 수용체가 결핍된 마우스의 전신감염, 사람세포로 SCID 마우스의 합체 등이 포함된다[297~302]. 최근에 면역적격인 마우스의 정맥내 접종이 신경학적 및 혈액학적 변화를 일으킨 DEN-2 마우스 모델을 보여주는 중요한 진전이 있었는데, 이는

(이전 모델과 비교하여) 사람에서 보여준 변화와 상당히 유사하였다. 더욱 최근에 사람의 질병발병에 훨씬 더 연관이 있는 두 가지의 새로운 마우스 모델이 확립되었다. 최초의 연구에서 항체에 의해 증진된 중증 DENV 감염에 대한 최초 동물모델은 DENV의 마우스에 적응된 임상분리체로 감염시험된 AG129 마우스에 사용을 통해서 개발되었으며, 수동적으로 전달된 저용량의 혈청형 특이성 또는 교차반응성 항체(cross-reactive antibody)는 생체 내에서 질병을 일으켰다[304]. 이차 연구에서는 AG129 마우스에서 분리된 독특한 비적응성 DEN-2 균주(D2Y98P)를 이용한 출혈열(HF) 모델에 대하여 기술하였다[305]. 두 가지 모델은 바이러스혈증, 기관손상, 질병동태학, 혈관누출, 순환성 케모카인의 증가, 사이토카인의 양, 혈소판감소증, 조직식세포의 전파감염 등을 포함한 사람의 질병에서 병리학적 중요 특성을 모방하기 위하여 제시되었다[304,305].

뎅기바이러스는 지금까지 cynomolgus 원숭이와 rhesus 원숭이 뿐 아니라, 침팬치도 감염시키는 것으로 밝혀졌다[306~311]. 뎅기바이러스에 의한 사람외 영장류의 감염은 피하경로를 통해서 일어나는데, 이는 모기에 물림과 유사하며, 일시적인 바이러스감염으로 생산적 감염을 초래하며, 회복된 동물에서는 후속감지 항체와 T-세포반응 일으킨다[291, 306, 307]. 이들 모델은 뎅기감염에 대한 치료와 예방약을 시험하는데 흔히 사용되어왔다[312]. 사람의 뎅기열을 재현하는 동물모델 시설은 뎅기열 발병을 이해하는데 주요 장애물이었다. Onlamoon과 동료들에 의한 최근의 연구[313]에서 전형적인 뎅기열은 높은 감염시험용량(1×10e7 pfu)을 rhesus 원숭이의 정맥내 접종으로 유도되었다고 기술하였다. 모든 동물에서 절정의 바이러스혈증과 연관된 전형적인 뎅기출혈열은 감염 후, 3~5일 만에 나타났다. 혈액화학 수치에서 단지 경미한 변화만이 언급된 반면에, 적당한 혈소판감소증, 헤모글로빈과 적혈구용적율의 다소 감소와 동시에 일어난 두드러진 호중성백혈구감소증, D-dimer의 현저한 상승, 혈소판-단핵구와 혈소판-호중구 응집체의 이정점패턴(bimodal pattern)을 가진 T-림프구와 B-림프구의 일시적 고갈 등을 포함한 면역세포에서의 변화가 더욱 분명하였다[313]. 이 모델을 통해서 발병의 이해 범위를 넓히고, 사람의 질병과의 관련성을 이해하기 위해서는 부가적인 연구가 필요하게 될 것이지만, 그러나 이 모델은 가장 밀접하게 모방한 사람의 뎅기열인 듯 하며, 뎅기바이러스 감염과 맞서 싸우기 위한 새로운 치료제와 백신에 대한 추후 실험이 실시되어야 한다.

14.6 결론 및 미래 방향

많은 동물모델들은 아레나바이러스(Arenaviridae), 부니야바이러스(Bunyaviridae), 필라비바이러스(Flaviviridae) 과(family)의 구성 바이러스들에 의해 발생하는 출혈열의 경과뿐만 아니라, 치료와 예방양태(prevention modality)를 연구하는데 이용될 수 있다. 바이러스성 출혈열 동물모델의 개발, 특성조사, 개량 등의 연구는 공중보건과 생물방어 관점에서 매우 중요하다. 공중보건/자연발생으로부터 사람의 병태생리학적 지식기반이, 특히 arenavirus, bunyavirus, filovirus에 대하여 크게 증가하게 될 것으로 보이지 않는다. 이들 바이러스 감염에 대한 이해는 발생한 동안, 감염된 일부 환자들, 발생한 지역과의 거리, 수준 높은 의료기관과의 연계, 감염환자들로부터 시료확보 등으로 문제로 어렵게 될 것이다. 설치류와 사람외 영장류 모델은 특히 일반적인 생물학적 지식의 부족과 사람에서 바이러스 감염이후에 나타나는 반응 때문에, 위험한 이들 바이러스에 대한 생물학적 이해를 위해 필요한 모델이다. 설치류 모델을 지속적으로 개발하고 개량하는 일은 특히 중요하며, 따라서 그들 모델은 치료제와 백신실험의 결과에 대한 정확한 예측을 가능하게 할 것이며, 사람외 영장류에서 결과물에 대한 최종 실험을 제외한 모든 일은 피할 수 있다. 현재 여러 가지 다양한 바이러스 균주의 사용, 투여된 바이러스 투여량, 접종경로, 실험동물의 출처 때문에 세계도처의 많은 연구소에서 다른 연구자들이 사용하는 동물모델들을 비교하는데 어려움이 있다. 시약을 표준화하고 공유하고, 이들 목적을 달성하기 위한 연구 노력을 통합하기 위한 출혈열 바이러스 연구자들의 노력이 있어야 한다.

참고문헌

1. Borio, L., Inglesby, T., Peters, C. J., Schmaljohn, A. L., Hughes, J. M., Jahrling, P. B., Ksiazek, T. et al., Hemorrhagic fever viruses as biological weapons: Medical and public health management, *JAMA* 287(18), 2391–2405, 2002.
2. LeDuc, J. W., Epidemiology of hemorrhagic fever viruses, *Rev Infect Dis* 11(Suppl 4), S730–S735, 1989.
3. U.S. Department of Health and Human Services, Centers for Disease Control and Prevention, and National Institutes of Health, *Biosafety in Microbiological and Biomedical Laboratories*, 4 ed., Government Printing Office, Washington, DC, 1999.
4. Williams, P. and Wallace, D., *Unit 731, Japan's Secret Biological Warfare in World War II*, Free Press, New York, 1989, pp. 38–40.
5. Alibek, K. and Handelman, S., *Biohazard*, Random House, New York, 1999.
6. Miller, J., Engelberg, S., and Broad, W. J., *Germs: Biological Weapons and America's Secret War*, Simon & Schuster, Waterville, ME, 2001.
7. Center for Nonproliferation Studies, Chemical and biological weapons: Possession and programs past and present. http://cns.miis.edu/research/cbw/possess.htm, 2000.
8. Leroy, E. M., Kumulungui, B., Pourrut, X., Rouquet, P., Hassanin, A., Yaba, P., Delicat, A., Paweska, J. T., Gonzalez, J. P., and Swanepoel, R., Fruit bats as reservoirs of Ebola virus, *Nature* 438(7068), 575–576, 2005.
9. Towner, J. S., Pourrut, X., Albarino, C. G., Nkogue, C. N., Bird, B. H., Grard, G., Ksiazek, T. G., Gonzalez, J. P., Nichol, S. T., and Leroy, E. M., Marburg virus infection detected in a common African bat, *PLoS One* 2(1), e764, 2007.
10. Feldmann, H. and Klenk, H. D., Marburg and Ebola viruses, *Adv Virus Res* 47, 1–52, 1996.
11. Geisbert, T. W., Marty, A. M., and Jahrling, P. B., Viral hemorrhagic fevers, in *Physician's Guide to Terrorist Attack*, M. J. Roy, ed., Humana Press, Inc., Totowa, NJ, 2003.
12. Feldmann, H., Klenk, H. D., and Sanchez, A., Molecular biology and evolution of filoviruses, *Arch Virol Suppl* 7, 81–100, 1993.
13. Peters, C. J. and Khan, A. S., Filovirus diseases, *Curr Top Microbiol Immunol* 235, 85–95, 1999.
14. Centers for Disease Control and Prevention (CDC), Update: Filovirus infection associated with contact with nonhuman primates or their tissues, *MMWR Morb Mortal Wkly Rep* 39(24), 404–405, 1990.
15. Brown, D. W., Threat to humans from virus infections of non-human primates, *Rev Med Virol* 7(4), 239–246, 1997.
16. Centers for Disease Control and Prevention (CDC), Update: Filovirus infections among persons with occupational exposure to nonhuman primates, *MMWR Morb Mortal Wkly Rep* 39(16), 266–267; 273, 1990.
17. Mwanatambwe, M., Yamada, N., Arai, S., Shimizu-Suganuma, M., Shichinohe, K., and Asano, G., Ebola hemorrhagic fever (EHF): Mechanism of transmission and pathogenicity, *J Nippon Med Sch* 68(5), 370–375, 2001.

18. Pinzon, J. E., Wilson, J. M., Tucker, C. J., Arthur, R., Jahrling, P. B., and Formenty, P., Trigger events: Enviroclimatic coupling of Ebola hemorrhagic fever outbreaks, *Am J Trop Med Hyg* 71(5), 664–674, 2004.
19. Barrette, R. W., Metwally, S. A., Rowland, J. M., Xu, L., Zaki, S. R., Nichol, S. T., Rollin, P. E. et al., Discovery of swine as a host for the Reston ebolavirus, *Science* 325(5937), 204–206, 2009.
20. Jaax, N., Jahrling, P., Geisbert, T., Geisbert, J., Steele, K., McKee, K., Nagley, D., Johnson, E., Jaax, G., and Peters, C., Transmission of Ebola virus (Zaire strain) to uninfected control monkeys in a biocontainment laboratory, *Lancet* 346(8991–8992), 1669–1671, 1995.
21. Johnson, E., Jaax, N., White, J., and Jahrling, P., Lethal experimental infections of rhesus monkeys by aerosolized Ebola virus, *Int J Exp Pathol* 76(4), 227–236, 1995.
22. Belanov, E. F., Muntianov, V. P., Kriuk, V. D., Sokolov, A. V., Bornotov, N. I., Plankov, O. V., and Sergeev, A. N., Survival of Marburg virus infectivity on contaminated surfaces and in aerosols, *Vopr Virusol* 41, 32–34, 1996.
23. Frolov, V. G. and Gusev, Iu.M., Stability of Marburg virus to lyophilization process and subsequent storage at different temperatures [in Russian], *Vopr Virusol* 41, 275–277, 1996.
24. Martini, G. A. and Siegert, R., eds., *Marburg Virus Disease*, Springer-Verlag, Berlin, 1971.
25. Smith, D. H., Johnson, B. K., Isaacson, M., Swanapoel, R., Johnson, K. M., Killey, M., Bagshawe, A., Siongok, T., and Keruga, W. K., Marburg-virus disease in Kenya, *Lancet* 1(8276), 816–820, 1982.
26. Geisbert, T. W. and Hensley, L. E., Ebola virus: New insights into disease aetiopathology and possible therapeutic interventions, *Expert Rev Mol Med* 6(20), 1–24, 2004.
27. Zeller, H., Lessons from the Marburg virus epidemic in Durba, Democratic Republic of the Congo (1998–2000) [in French], *Med Trop (Mars)* 60(2 Suppl), 23–26, 2000.
28. Colebunders, R., Sleurs, H., Pirard, P., Borchert, M., Libande, M., Mustin, J. P., Tshomba, A. et al., Organisation of health care during an outbreak of Marburg haemorrhagic fever in the Democratic Republic of Congo, 1999, *J Infect* 48(4), 347–353, 2004.
29. Towner, J. S., Khristova, M. L., Sealy, T. K., Vincent, M. J., Erickson, B. R., Bawiec, D. A., Hartman, A. L. et al., Marburgvirus genomics and association with a large hemorrhagic fever outbreak in Angola, *J Virol* 80(13), 6497–6516, 2006.
30. Walsh, P. D., Abernethy, K. A., Bermejo, M., Beyers, R., De Wachter, P., Akou, M. E., Huijbregts, B. et al., Catastrophic ape decline in western equatorial Africa, *Nature* 422(6932), 611–614, 2003.
31. Whitfield, J., Ape populations decimated by hunting and Ebola virus, *Nature* 422(6932), 551, 2003.
32. Kuhn, J. H., Becker, S., Ebihara, H., Geisbert, T. W., Johnson, K. M., Kawaoka, Y., Lipkin, W. I. et al., Proposal for a revised taxonomy of the family Filoviridae: Classification, names of taxa and viruses, and virus abbreviations, *Arch Virol* 155(12), 2083–2103.
33. Wilson, J. A., Bray, M., Bakken, R., and Hart, M. K., Vaccine potential of Ebola virus VP24, VP30, VP35, and VP40 proteins, *Virology* 286(2), 384–390, 2001.
34. Sanchez, A., Kiley, M. P., Holloway, B. P., and Auperin, D. D., Sequence analysis of the Ebola virus genome: Organization, genetic elements, and comparison with the genome of Marburg virus, *Virus Res* 29(3), 215–240, 1993.
35. Volchkov, V. E., Becker, S., Volchkova, V. A., Ternovoj, V. A., Kotov, A. N., Netesov, S. V., and Klenk, H. D., GP mRNA of Ebola virus is edited by the Ebola virus polymerase and by T7 and vaccinia virus polymerases, *Virology* 214(2), 421–430, 1995.
36. Elliott, L. H., Kiley, M. P., and McCormick, J. B., Descriptive analysis of Ebola virus proteins, *Virology* 147(1), 169–176, 1985.
37. Muhlberger, E., Weik, M., Volchkov, V. E., Klenk, H. D., and Becker, S., Comparison of the transcription and replication strategies of Marburg virus and Ebola virus by using artificial replication systems, *J Virol* 73(3), 1999.
38. Basler, C. F., Wang, X., Muhlberger, E., Volchkov, V., Paragas, J., Klenk, H. D., Garcia-Sastre, A., and Palese, P., The Ebola virus VP35 protein functions as a type I IFN antagonist, *Proc Natl Acad Sci U S A* 97(22), 12289–12294, 2000.

39. Basler, C. F., Mikulasova, A., Martinez-Sobrido, L., Paragas, J., Muhlberger, E., Bray, M., Klenk, H. D., Palese, P., and Garcia-Sastre, A., The Ebola virus VP35 protein inhibits activation of interferon regulatory factor 3, *J Virol* 77(14), 7945–7956, 2003.
40. Ruigrok, R. W., Schoehn, G., Dessen, A., Forest, E., Volchkov, V., Dolnik, O., Klenk, H. D., and Weissenhorn, W., Structural characterization and membrane binding properties of the matrix protein VP40 of Ebola virus, *J Mol Biol* 300(1), 103–112, 2000.
41. Dessen, A., Volchkov, V., Dolnik, O., Klenk, H. D., and Weissenhorn, W., Crystal structure of the matrix protein VP40 from Ebola virus, *Embo J* 19(16), 4228–4236, 2000.
42. Swenson, D. L., Warfield, K. L., Kuehl, K., Larsen, T., Hevey, M. C., Schmaljohn, A., Bavari, S., and Aman, M. J., Generation of Marburg virus-like particles by co-expression of glycoprotein and matrix protein, *FEMS Immunol Med Microbiol* 40(1), 27–31, 2004.
43. Kolesnikova, L., Bamberg, S., Berghofer, B., and Becker, S., The matrix protein of Marburg virus is transported to the plasma membrane along cellular membranes: Exploiting the retrograde late endosomal pathway, *J Virol* 78(5), 2382–2393, 2004.
44. Kolesnikova, L., Bugany, H., Klenk, H. D., and Becker, S., VP40, the matrix protein of Marburg virus, is associated with membranes of the late endosomal compartment, *J Virol* 76(4), 1825–1838, 2002.
45. Bavari, S., Bosio, C. M., Wiegand, E., Ruthel, G., Will, A. B., Geisbert, T. W., Hevey, M., Schmaljohn, C., Schmaljohn, A., and Aman, M. J., Lipid raft microdomains: A gateway for compartmentalized trafficking of Ebola and Marburg viruses, *J Exp Med* 195(5), 593–602, 2002.
46. Valmas, C., Grosch, M. N., Schumann, M., Olejnik, J., Martinez, O., Best, S. M., Krahling, V., Basler, C. F., and Muhlberger, E., Marburg virus evades interferon responses by a mechanism distinct from Ebola virus, *PLoS Pathog* 6(1), e1000721, 2010.
47. Han, Z., Boshra, H., Sunyer, J. O., Zwiers, S. H., Paragas, J., and Harty, R. N., Biochemical and functional characterization of the Ebola virus VP24 protein: Implications for a role in virus assembly and budding, *J Virol* 77(3), 1793–1800, 2003.
48. Licata, J. M., Johnson, R. F., Han, Z., and Harty, R. N., Contribution of Ebola virus glycoprotein, nucleoprotein, and VP24 to budding of VP40 virus-like particles, *J Virol* 78(14), 7344–7351, 2004.
49. Reid, S. P., Leung, L. W., Hartman, A. L., Martinez, O., Shaw, M. L., Carbonnelle, C., Volchkov, V. E., Nichol, S. T., and Basler, C. F., Ebola virus VP24 binds karyopherin alpha1 and blocks STAT1 nuclear accumulation, *J Virol* 80(11), 5156–5167, 2006.
50. Sanchez, A., Ksiazek, T. G., Rollin, P. E., Miranda, M. E., Trappier, S. G., Khan, A. S., Peters, C. J., and Nichol, S. T., Detection and molecular characterization of Ebola viruses causing disease in human and nonhuman primates, *J Infect Dis* 179(Suppl 1), S164–S169, 1999.
51. Rollin, P. E., Williams, R. J., Bressler, D. S., Pearson, S., Cottingham, M., Pucak, G., Sanchez, A. et al., Ebola (subtype Reston) virus among quarantined nonhuman primates recently imported from the Philippines to the United States., *J Infect Dis* 179(Suppl 1), S108–S114, 1999.
52. Maruyama, T., Buchmeier, M. J., Parren, P. W. H. I., and Burton, D. R., Ebola virus, neutrophils, and antibody specificity, *Science* 282, 845, 1998.
53. Sui, J. and Marasco, W. A., Evidence against Ebola virus sGP binding to human neutrophils by a specific receptor, *Virology* 303(1), 9–14, 2002.
54. Kindzelskii, A. L., Yang, Z., Nabel, G. J., Todd, R. F., 3rd, and Petty, H. R., Ebola virus secretory glycoprotein (sGP) diminishes Fc gamma RIIIB-to-CR3 proximity on neutrophils, *J Immunol* 164(2), 953–958, 2000.
55. Henchal, E. A., Teska, J. D., Ludwig, G. V., Shoemaker, D. R., and Ezell, J. W., Current laboratory methods for biological threat agent identification, *Clin Lab Med* 21, 7.1–7.13, 2001.
56. Rollin, P. E. and Ksiazek, T. G., Ebola haemorrhagic fever, *Trans R Soc Trop Med Hyg* 92(1), 1–2, 1998.
57. Le Guenno, B., Formenty, P., and Boesch, C., Ebola virus outbreaks in the Ivory Coast and Liberia, 1994–1995, *Curr Top Microbiol Immunol* 235, 77–84, 1999.
58. Hartman, A. L., Towner, J. S., and Nichol, S. T., Ebola and Marburg hemorrhagic fever, *Clin Lab Med* 30(1), 161–177, 2010.

59. Roddy, P., Thomas, S. L., Jeffs, B., Nascimento Folo, P., Pablo Palma, P., Moco Henrique, B., Villa, L. et al., Factors associated with Marburg hemorrhagic fever: Analysis of patient data from Uige, Angola, *J Infect Dis* 201(12), 1909–1918.
60. MacNeil, A., Farnon, E. C., Wamala, J., Okware, S., Cannon, D. L., Reed, Z., Towner, J. S. et al., Proportion of deaths and clinical features in Bundibugyo Ebola virus infection, Uganda, *Emerg Infect Dis* 16(12), 1969–1972, 2010.
61. Casillas, A. M., Nyamathi, A. M., Sosa, A., Wilder, C. L., and Sands, H., A current review of Ebola virus: Pathogenesis, clinical presentation, and diagnostic assessment, *Biol Res Nurs* 4(4), 268–275, 2003.
62. Stroher, U., West, E., Bugany, H., Klenk, H. D., Schnittler, H. J., and Feldmann, H., Infection and activation of monocytes by Marburg and Ebola viruses, *J Virol* 75(22), 11025–11033, 2001.
63. Geisbert, T. W., Young, H. A., Jahrling, P. B., Davis, K. J., Kagan, E., and Hensley, L. E., Mechanisms underlying coagulation abnormalities in Ebola hemorrhagic fever: Overexpression of tissue factor in primate monocytes/macrophages is a key event, *J Infect Dis* 188(11), 1618–1629, 2003.
64. Mahanty, S., Hutchinson, K., Agarwal, S., McRae, M., Rollin, P. E., and Pulendran, B., Cutting edge: Impairment of dendritic cells and adaptive immunity by Ebola and Lassa viruses, *J Immunol* 170(6), 2797–2801, 2003.
65. Bosio, C. M., Aman, M. J., Grogan, C., Hogan, R., Ruthel, G., Negley, D., Mohamadzadeh, M., Bavari, S., and Schmaljohn, A., Ebola and Marburg viruses replicate in monocyte-derived dendritic cells without inducing the production of cytokines and full maturation, *J Infect Dis* 188(11), 1630–1638, 2003.
66. Geisbert, T. W., Hensley, L. E., Larsen, T., Young, H. A., Reed, D. S., Geisbert, J. B., Scott, D. P., Kagan, E., Jahrling, P. B., and Davis, K. J., Pathogenesis of Ebola hemorrhagic fever in cynomolgus macaques: Evidence that dendritic cells are early and sustained targets of infection, *Am J Pathol* 163(6), 2347–2370, 2003.
67. Gupta, M., Mahanty, S., Ahmed, R., and Rollin, P., Monocyte derived human macrophages and peripheral blood mononuclear cells infected with Ebola virus secrete MIP-1 alpha and TNF-alpha and inhibit Poly-IC induced IFN-alpha *in vitro*, *Virology* 284(20), 20–25, 2001.
68. Schnittler, H. J. and Feldmann, H., Viral hemorrhagic fever—A vascular disease? *Thromb Haemost* 89(6), 967–972, 2003.
69. Geisbert, T. W., Young, H. A., Jahrling, P. B., Davis, K. J., Larsen, T., Kagan, E., and Hensley, L. E., Pathogenesis of Ebola hemorrhagic fever in primate models: Evidence that hemorrhage is not a direct effect of virus-induced cytolysis of endothelial cells, *Am J Pathol* 163(6), 2371–2382, 2003.
70. Chan, S. Y., Empig, C. J., Welte, F. J., Speck, R. F., Schmaljohn, A., Kreisberg, J. F., and Goldsmith, M. A., Folate receptor-alpha is a cofactor for cellular entry by Marburg and Ebola viruses, *Cell* 106(1), 117–126, 2001.
71. Simmons, G., Rennekamp, A. J., Chai, N., Vandenberghe, L. H., Riley, J. L., and Bates, P., Folate receptor alpha and caveolae are not required for Ebola virus glycoprotein-mediated viral infection, *J Virol* 77(24), 13433–13438, 2003.
72. Becker, S., Spiess, M., and Klenk, H. D., The asialoglycoprotein receptor is a potential liver-specific receptor for Marburg virus, *J Gen Virol* 76(Pt 2), 393–399, 1995.
73. Alvarez, C. P., Lasala, F., Carrillo, J., Muniz, O., Corbi, A. L., and Delgado, R., C-type lectins DC-SIGN and L-SIGN mediate cellular entry by Ebola virus in cis and in trans, *J Virol* 76(13), 6841–6844, 2002.
74. Simmons, G., Reeves, J. D., Grogan, C. C., Vandenberghe, L. H., Baribaud, F., Whitbeck, J. C., Burke, E. et al., DC-SIGN and DC-SIGNR bind Ebola glycoproteins and enhance infection of macrophages and endothelial cells, *Virology* 305(1), 115–123, 2003.
75. Lasala, F., Arce, E., Otero, J. R., Rojo, J., and Delgado, R., Mannosyl glycodendritic structure inhibits DC-SIGN-mediated Ebola virus infection in cis and in trans, *Antimicrob Agents Chemother* 47(12), 3970–3972, 2003.
76. Gupta, M., Mahanty, S., Greer, P., Towner, J. S., Shieh, W. J., Zaki, S. R., Ahmed, R., and Rollin, P. E., Persistent infection with Ebola virus under conditions of partial immunity, *J Virol* 78(2), 958–967, 2004.

77. Gibb, T. R., Norwood, D. A., Jr., Woollen, N., and Henchal, E. A., Viral replication and host gene expression in alveolar macrophages infected with Ebola virus (Zaire strain). *Clin Diagn Lab Immunol* 9(1), 19–27, 2002.
78. Wauquier, N., Becquart, P., Padilla, C., Baize, S., and Leroy, E. M., Human fatal Zaire Ebola virus infection is associated with an aberrant innate immunity and with massive lymphocyte apoptosis, *PLoS Negl Trop Dis* 4 (10), e837, 2010.
79. Villinger, F., Rollin, P. E., Brar, S. S., Chikkala, N. F., Winter, J., Sundstrom, J. B., Zaki, S. R., Swanepoel, R., Ansari, A. A., and Peters, C. J., Markedly elevated levels of interferon (IFN)-gamma, IFN-alpha, interleukin (IL)-2, IL-10, and tumor necrosis factor-alpha associated with fatal Ebola virus infection, *J Infect Dis* 179(Suppl 1), S188–S191, 1999.
80. Leroy, E. M., Baize, S., Debre, P., Lansoud-Soukate, J., and Mavoungou, E., Early immune responses accompanying human asymptomatic Ebola infections, *Clin Exp Immunol* 124(3), 453–460, 2001.
81. Leroy, E. M., Baize, S., Volchkov, V. E., Fisher-Hoch, S. P., Georges-Courbot, M. C., Lansoud-Soukate, J., Capron, M., Debre, P., McCormick, J. B., and Georges, A. J., Human asymptomatic Ebola infection and strong inflammatory response, *Lancet* 355(9222), 2210–2215, 2000.
82. Baize, S., Leroy, E. M., Georges-Courbot, M. C., Capron, M., Lansoud-Soukate, J., Debre, P., Fisher-Hoch, S. P., McCormick, J. B., and Georges, A. J., Defective humoral responses and extensive intravascular apoptosis are associated with fatal outcome in Ebola virus-infected patients, *Nat Med* 5(4), 423–426, 1999.
83. Baize, S., Leroy, E. M., Georges, A. J., Georges-Courbot, M. C., Capron, M., Bedjabaga, I., Lansoud-Soukate, J., and Mavoungou, E., Inflammatory responses in Ebola virus-infected patients, *Clin Exp Immunol* 128(1), 163–168, 2002.
84. Ksiazek, T. G., Rollin, P. E., Williams, A. J., Bressler, D. S., Martin, M. L., Swanepoel, R., Burt, F. J. et al., Clinical virology of Ebola hemorrhagic fever (EHF): Virus, virus antigen, and IgG and IgM antibody findings among EHF patients in Kikwit, Democratic Republic of the Congo, 1995, *J Infect Dis* 179(Suppl 1), S177–S187, 1999.
85. Fisher-Hoch, S. P., Platt, G. S., Neild, G. H., Southee, T., Baskerville, A., Raymond, R. T., Lloyd, G., and Simpson, D. I., Pathophysiology of shock and hemorrhage in a fulminating viral infection (Ebola). *J Infect Dis* 152(5), 887–894, 1985.
86. Connolly, B. M., Steele, K. E., Davis, K. J., Geisbert, T. W., Kell, W. M., Jaax, N. K., and Jahrling, P. B., Pathogenesis of experimental Ebola virus infection in guinea pigs, *J Infect Dis* 179(Suppl 1), S203–S217, 1999.
87. Volchkov, V. E., Chepurnov, A. A., Volchkova, V. A., Ternovoj, V. A., and Klenk, H. D., Molecular characterization of guinea pig-adapted variants of Ebola virus, *Virology* 277(1), 147–155, 2000.
88. Ryabchikova, E., Kolesnikova, L., Smolina, M., Tkachev, V., Pereboeva, L., Baranova, S., Grazhdantseva, A., and Rassadkin, Y., Ebola virus infection in guinea pigs: Presumable role of granulomatous inflammation in pathogenesis, *Arch Virol* 141(5), 909–921, 1996.
89. Ryabchikova, E., Smolina, M., Grajdantseva, A., and Rassadkin, J., Ebola virus infection in the guinea pig, in *Ebola and Marburg Viruses: Molecular and Cellular Biology*, H. Klenk and H. Feldmann, eds., Horizon Biosciences, Norfolk, 2004, pp. 239–253.
90. Hevey, M., Negley, D., Pushko, P., Smith, J., and Schmaljohn, A., Marburg virus vaccines based upon alphavirus replicons protect guinea pigs and nonhuman primates, *Virology* 251(1), 28–37, 1998.
91. Robin, Y., Bres, P., and Camain, R., Passage of Marburg virus in guinea pigs, in *Marburg Virus Disease*, G. A. Martini and R. Siegert, eds., Springer-Verlag, New York, 1971, pp. 117–122.
92. Ryabchikova, E., Strelets, L., Kolesnikova, L., P'yankov, O., and Sergeev, A., Respiratory Marburg virus infection in guinea pigs, *Arch Virol* 141(11), 2177–2190, 1996.
93. Lub, M. Y., Sergeev, A. N., P'yankov, O. V., P'yankova, O. G., Petrishchenko, V. A., and Kotlyarov, L. A., Clinical and virological characteriztion of the disease in guinea pigs aerogenically infected with marburg virus [in Russian], *Vopr Virusol* 3, 119–121, 1995.
94. Ignat'ev, G. M., Strel'tsova, M. A., Agafonov, A. P., Prozorovskii, N. S., Zhukova, N. A., Kashentseva, E. A., and Vorob'eva, M. S., The immunological indices of guinea pigs modelling Marburg hemorrhagic fever [in Russian], *Vopr Virusol* 39(4), 169–171, 1994.

95. Jaax, N. K., Davis, K. J., Geisbert, T. J., Vogel, P., Jaax, G. P., Topper, M., and Jahrling, P. B., Lethal experimental infection of rhesus monkeys with Ebola-Zaire (Mayinga) virus by the oral and conjunctival route of exposure, *Arch Pathol Lab Med* 120(2), 140–155, 1996.
96. Geisbert, T. W., Pushko, P., Anderson, K., Smith, J., Davis, K. J., and Jahrling, P. B., Evaluation in nonhuman primates of vaccines against Ebola virus, *Emerg Infect Dis* 8(5), 503–507, 2002.
97. Geisbert, T., Jahrling, P., Larsen, T., Davis, K., and Hensley, L. E., Filovirus pathogenesis in nonhuman primates, in *Ebola and Marburg Viruses: Molecular and Cellular Biology*, H. Klenk and H. Feldmann, eds., Horizon Bioscience, Norfolk, 2004, pp. 203–238.
98. Schou, S. and Hansen, A. K., Marburg and Ebola virus infections in laboratory nonhuman primates: A literature review, *Comp Med* 50(2), 108–123, 2000.
99. Bowen, E. T., Platt, G. S., Simpson, D. I., McArdell, L. B., and Raymond, R. T., Ebola haemorrhagic fever: Experimental infection of monkeys, *Trans R Soc Trop Med Hyg* 72(2), 188–191, 1978.
100. Bowen, E. T., Lloyd, G., Platt, G. S., McArdell, L. B., Webb, P. A., and Simpson, D. I. H., Virological studies on a case of Ebola virus infection in man and in monkeys, in *Ebola Virus Haemorrhagic Fever*, S. R. Pattyn, ed., Elsevier/North-Holland Biomedical Press, Amsterdam, The Netherlands, 1978, pp. 95–100.
101. Bowen, E. T. W., Lloyd, G., Harris, W. J., Platt, G. S., Baskerville, A., and Vella, E. E., Viral haemorrhagic fever in southern Sudan and northern Zaire. Preliminary studies on the aetiological agent, *Lancet* 1(8011), 571–573, 1977.
102. Davis, K. J., Anderson, A. O., Geisbert, T. W., Steele, K. E., Geisbert, J. B., Vogel, P., Connolly, B. M., Huggins, J. W., Jahrling, P. B., and Jaax, N. K., Pathology of experimental Ebola virus infection in African green monkeys. Involvement of fibroblastic reticular cells, *Arch Pathol Lab Med* 121(8), 805–819, 1997.
103. Ryabchikova, E. I., Current concepts of filovirus pathogenesis, *Symposium on Marburg and Ebola Viruses* Marburg, Germany, 2000.
104. Ryabchikova, E. I., Kolesnikova, L. V., and Netesov, S. V., Animal pathology of filoviral infections, *Curr Top Microbiol Immunol* 235, 145–173, 1999.
105. Ellis, D. S., Bowen, E. T., Simpson, D. I., and Stamford, S., Ebola virus: A comparison, at ultrastructural level, of the behaviour of the Sudan and Zaire strains in monkeys, *Br J Exp Pathol* 59(6), 584–593, 1978.
106. Geisbert, T. W., Daddario-DiCaprio, K. M., Williams, K. J., Geisbert, J. B., Leung, A., Feldmann, F., Hensley, L. E., Feldmann, H., and Jones, S. M., Recombinant vesicular stomatitis virus vector mediates postexposure protection against Sudan Ebola hemorrhagic fever in nonhuman primates, *J Virol* 82(11), 5664–5668, 2008.
107. Geisbert, T. W., Geisbert, J. B., Leung, A., Daddario-DiCaprio, K. M., Hensley, L. E., Grolla, A., and Feldmann, H., Single-injection vaccine protects nonhuman primates against infection with marburg virus and three species of Ebola virus, *J Virol* 83(14), 7296–7304, 2009.
108. Pratt, W. D., Wang, D., Nichols, D. K., Luo, M., Woraratanadharm, J., Dye, J. M., Holman, D. H., and Dong, J. Y., Protection of nonhuman primates against two species of Ebola virus infection with a single complex adenovirus vector, *Clin Vaccine Immunol* 17(4), 572–581, 2010.
109. Swenson, D. L., Wang, D., Luo, M., Warfield, K. L., Woraratanadharm, J., Holman, D. H., Dong, J. Y., and Pratt, W. D., Vaccine to confer to nonhuman primates complete protection against multistrain Ebola and Marburg virus infections, *Clin Vaccine Immunol* 15(3), 460–467, 2008.
110. Fisher-Hoch, S. P., Brammer, T. L., Trappier, S. G., Hutwagner, L. C., Farrar, B. B., Ruo, S. L., Brown, B. G. et al., Pathogenic potential of filoviruses: Role of geographic origin of primate host and virus strain, *J Infect Dis* 166(4), 753–763, 1992.
111. Fisher-Hoch, S. P., Perez-Oronoz, G. I., Jackson, E. L., Hermann, L. M., and Brown, B. G., Filovirus clearance in non-human primates, *Lancet* 340(8817), 451–453, 1992.
112. Ikegami, T., Miranda, M. E., Calaor, A. B., Manalo, D. L., Miranda, N. J., Niikura, M., Saijo, M. et al., Histopathology of natural Ebola virus subtype Reston infection in cynomolgus macaques during the Philippine outbreak in 1996, *Exp Anim* 51(5), 447–455, 2002.

113. Jahrling, P. B., Geisbert, T. W., Jaax, N. K., Hanes, M. A., Ksiazek, T. G., and Peters, C. J., Experimental infection of cynomolgus macaques with Ebola-Reston filoviruses from the 1989–1990 U.S. epizootic, *Arch Virol Suppl* 11, 115–134, 1996.
114. Formenty, P., Hatz, C., Le Guenno, B., Stoll, A., Rogenmoser, P., and Widmer, A., Human infection due to Ebola virus, subtype Cote d'Ivoire: Clinical and biologic presentation, *J Infect Dis* 179(Suppl 1), S48–S53, 1999.
115. Geisbert, T. W., Daddario-Dicaprio, K. M., Geisbert, J. B., Reed, D. S., Feldmann, F., Grolla, A., Stroher, U. et al., Vesicular stomatitis virus-based vaccines protect nonhuman primates against aerosol challenge with Ebola and Marburg viruses, *Vaccine* 26(52), 6894–6900, 2008.
116. Leffel, E. K. and Reed, D. S., Marburg and Ebola viruses as aerosol threats, *Biosecur Bioterror* 2(3), 186–191, 2004.
117. Spiridonov, V. A., Bazhutin, N. B., Belanov, E. F., Voitenko, A. V., Zolin, V. V., Krivenchuk, N. A., Omel'chenko, N. I., Polikanov, V. P., Tereshchenko, A., and Khomichev, V. V., Changes in the blood serum aminotransferase activity in the experimental infection of *Cercopithecus aethiops* monkeys with the Marburg virus [in Russian], *Vopr Virusol* 37(3), 156–157, 1992.
118. Alves, D. A., Glynn, A. R., Steele, K. E., Lackemeyer, M. G., Garza, N. L., Buck, J. G., Mech, C., and Reed, D. S., Aerosol exposure to the Angola strain of Marburg virus causes lethal viral hemorrhagic fever in cynomolgus macaques, *Vet Pathol* 47(5), 831–851, 2010.
119. Reed, D. S., Hensley, L. E., Geisbert, J. B., Jahrling, P. B., and Geisbert, T. W., Depletion of peripheral blood T lymphocytes and NK cells during the course of Ebola hemorrhagic fever in cynomolgus macaques, *Viral Immunol* 17(3), 390–400, 2004.
120. Simpson, D. I., Zlotnik, I., and Rutter, D. A., Vervet monkey disease: Experimental infection of guinea pigs and monkeys with the causative agents, *Br J Exp Pathol* 49, 458–464, 1968.
121. Simpson, D. I., Marburg agent disease, *Trans R Soc Trop Med Hyg* 63, 303–309, 1969.
122. Haas, R. and Maass, G., Experimental infection of monkeys with the Marburg virus, in *Marburg Virus Disease*, G. A. Martini and R. Siegert, eds., Springer-Verlag, New York, 1971, pp. 136–143.
123. Zlotnik, I., Marburg agent disease: Pathology, *Trans R Soc Trop Med Hyg* 63, 310–323, 1969.
124. Oehlert, W., The morphologic picture in livers, spleens, and lymph nodes of monkeys and guinea pigs after infections with the "Vervet agent," in *Marburg Virus Disease*, G. A. Martini and R. Siegert, eds., Springer-Verlag, New York, 1971, pp. 144–156.
125. Murphy, F. A., Simpson, D. I., Whitfield, S. G., Zlotnik, I., and Carter, G. B., Marburg virus infection in monkeys. Ultrastructural studies, *Lab Invest* 24(4), 279–291, 1971.
126. Geisbert, T. W. and Jaax, N. K., Marburg hemorrhagic fever: Report of a case studied by immunohistochemistry and electron microscopy, *Ultrastruct Pathol* 22(1), 3–17, 1998.
127. Geisbert, T. W., Hensley, L. E., Gibb, T. R., Steele, K. E., Jaax, N. K., and Jahrling, P. B., Apoptosis induced *in vitro* and *in vivo* during infection by Ebola and Marburg viruses, *Lab Invest* 80(2), 171–186, 2000.
128. Fisher-Hoch, S. P., Platt, G. S., Lloyd, G., Simpson, D. I., Neild, G. H., and Barrett, A. J., Haematological and biochemical monitoring of Ebola infection in rhesus monkeys: Implications for patient management, *Lancet* 2(8358), 1055–1058, 1983.
129. Hart, M. K., Vaccine research efforts for filoviruses, *Internat J Parasitol* 33, 583–595, 2003.
130. Jahrling, P. B., Geisbert, T. W., Dalgard, D. W., Johnson, E. D., Ksiazek, T. G., Hall, W. C., and Peters, C. J., Preliminary report: Isolation of Ebola virus from monkeys imported to USA, *Lancet* 335(8688), 502–505, 1990.
131. Ignatiev, G. M., Dadaeva, A. A., Luchko, S. V., and Chepurnov, A. A., Immune and pathophysiological processes in baboons experimentally infected with Ebola virus adapted to guinea pigs, *Immunol Lett* 71(2), 131–140, 2000.
132. Luchko, S. V., Dadaeva, A. A., Ustinova, E. N., Sizikova, L. P., Riabchikova, E. I., and Sandakhchiev, L. S., Experimental study of Ebola hemorrhagic fever in baboon models [in Russian], *Biull Eksp Biol Med* 120(9), 302–304, 1995.
133. Mikhailov, V. V., Borisevich, I. V., Chernikova, N. K., Potryvaeva, N. V., and Krasnianskii, V. P., The evaluation in hamadryas baboons of the possibility for the specific prevention of Ebola fever [in Russian], *Vopr Virusol* 39(2), 82–84, 1994.

134. Sullivan, N. J., Sanchez, A., Rollin, P. E., Yang, Z. Y., and Nabel, G. J., Development of a preventive vaccine for Ebola virus infection in primates, *Nature* 408(6812), 605–609, 2000.
135. Bray, M., Pathogenesis of filovirus infection in mice, in *Ebola and Marburg Viruses: Molecular and Cellular Biology*, H. Klenk and H. Feldmann, eds., Horizon Biosciences, Norfolk, 2004, pp. 255–277.
136. Bray, M., Davis, K., Geisbert, T., Schmaljohn, C., and Huggins, J., A mouse model for evaluation of prophylaxis and therapy of Ebola hemorrhagic fever, *J Infect Dis* 178(3), 651–661, 1998.
137. Bray, M., Hatfill, S., Hensley, L., and Huggins, J. W., Haematological, biochemical and coagulation changes in mice, guinea-pigs and monkeys infected with a mouse-adapted variant of Ebola Zaire virus, *J Comp Pathol* 125(4), 243–253, 2001.
138. Bray, M. and Huggins, J., Studies of the pathogenesis of filovirus infection using a mouse-adapted variant of Ebola Zaire virus, in *Symposium on Marburg and Ebola Viruses*, Marburg, Germany, 2000, p. 23.
139. Bray, M., Davis, K., Geisbert, T., Schmaljohn, C., and Huggins, J., A mouse model for evaluation of prophylaxis and therapy of Ebola hemorrhagic fever, *J Infect Dis* 179(Suppl 1), S248–S258, 1999.
140. Warfield, K. L., Alves, D. A., Bradfute, S. B., Reed, D. K., Vantongeren, S., Kalina, W. V., Olinger, G. G., and Bavari, S., Development of a model for Marburgvirus based on severe-combined immunodeficiency mice, *Virol J* 4(1), 108, 2007.
141. Warfield, K. L., Bradfute, S. B., Wells, J., Lofts, L., Cooper, M. T., Alves, D. A., Reed, D. K., VanTongeren, S. A., Mech, C. A., and Bavari, S., Development and characterization of a mouse model for Marburg hemorrhagic fever, *J Virol* 83(13), 6404–6415, 2009.
142. Lofts, L. L., Wells, J. B., Bavari, S., and Warfield K. L., Key genomic changes necessary for an in vivo lethal mouse marburgvirus variant selection process. *J Virol* 85(8), 3905–3917, 2011.
143. Bente, D., Gren, J., Strong, J. E., and Feldmann, H., Disease modeling for Ebola and Marburg viruses, *Dis Model Mech* 2(1–2), 12–17, 2009.
144. Gupta, M., Mahanty, S., Bray, M., Ahmed, R., and Rollin, P. E., Passive transfer of antibodies protects immunocompetent and imunodeficient mice against lethal Ebola virus infection without complete inhibition of viral replication, *J Virol* 75(10), 4649–4654, 2001.
145. Mahanty, S., Gupta, M., Paragas, J., Bray, M., Ahmed, R., and Rollin, P. E., Protection from lethal infection is determined by innate immune responses in a mouse model of Ebola virus infection, *Virology* 312(2), 415–424, 2003.
146. Gibb, T. R., Bray, M., Geisbert, T. W., Steele, K. E., Kell, W. M., Davis, K. J., and Jaax, N. K., Pathogenesis of experimental Ebola Zaire virus infection in BALB/c mice, *J Comp Pathol* 125(4), 233–242, 2001.
147. Warfield, K. L., Bosio, C. M., Welcher, B. C., Deal, E. M., Mohamadzadeh, M., Schmaljohn, A., Aman, M. J., and Bavari, S., Ebola virus-like particles protect from lethal Ebola virus infection, *Proc Natl Acad Sci U S A* 100(26), 15889–15894, 2003.
148. Warfield, K. L., Perkins, J. G., Swenson, D. L., Deal, E. M., Bosio, C. M., Aman, M. J., Yokoyama, W. M., Young, H. A., and Bavari, S., Role of natural killer cells in innate protection against lethal Ebola virus infection, *J Exp Med* 200(2), 169–179, 2004.
149. Huggins, J., Zhang, Z. X., and Bray, M., Antiviral drug therapy of filovirus infections: S-adenosylhomocysteine hydrolase inhibitors inhibit Ebola virus *in vitro* and in a lethal mouse model, *J Infect Dis* 179(Suppl 1), S240–S247, 1999.
150. Pushko, P., Bray, M., Ludwig, G. V., Parker, M., Schmaljohn, A., Sanchez, A., Jahrling, P. B., and Smith, J. F., Recombinant RNA replicons derived from attenuated Venezuelan equine encephalitis virus protect guinea pigs and mice from Ebola hemorrhagic fever virus, *Vaccine* 19(1), 142–153, 2000.
151. Vanderzanden, L., Bray, M., Fuller, D., Roberts, T., Custer, D., Spik, K., Jahrling, P., Huggins, J., Schmaljohn, A., and Schmaljohn, C., DNA vaccines expressing either the GP or NP genes of Ebola virus protect mice from lethal challenge, *Virology* 246(1), 134–144, 1998.
152. Rao, M., Matyas, G. R., Grieder, F., Anderson, K., Jahrling, P. B., and Alving, C. R., Cytotoxic T lymphocytes to Ebola Zaire virus are induced in mice by immunization with liposomes containing lipid A., *Vaccine* 17(23–24), 2991–2998, 1999.

153. Rao, M., Bray, M., Alving, C. R., Jahrling, P., and Matyas, G. R., Induction of immune responses in mice and monkeys to Ebola virus after immunization with liposome-encapsulated irradiated Ebola virus: Protection in mice requires CD4(+) T cells, *J Virol* 76(18), 9176–9185, 2002.
154. Warfield, K. L., Olinger, G. G., Deal, E. M., Swenson, D. L., Bailey, M., Negley, D. L., Hart, M. K., and Bavari, S., Induction of humoral and CD8+ T cell responses are required for protection against lethal Ebola virus infection, 175(2), 1184–1191, 2005.
155. Bray, M., Driscoll, J., and Huggins, J. W., Treatment of lethal Ebola virus infection in mice with a single dose of an S-adenosyl-L-homocysteine hydrolase inhibitor, *Antiviral Res* 45(2), 135–147, 2000.
156. SoRelle, R., Antibodies that protect mice against Ebola virus hold promise of vaccine and therapy for disease, *Circulation* 101(10), e9020, 2000.
157. Bray, M., Raymond, J. L., Geisbert, T., and Baker, R. O., 3-Deazaneplanocin A induces massively increased interferon-alpha production in Ebola virus-infected mice, *Antiviral Res* 55 (1), 151–9, 2002.
158. Zlotnik, I. and Simpson, D. I., The pathology of experimental Vervet monkey disease in Hamsters, *Br J Exp Pathol* 50, 393–399, 1969.
159. Ignatev, G. M., Agafonov, A. P., Strel'tsova, M. A., Kuz'min, V. A., Mainagasheva, G. I., Spirin, G. V., and Chernyi, N. B., A comparative study of the immunological indices in guinea pigs administered an inactivated Marburg virus [in Russian], *Vopr Virusol* 36, 421–423, 1991.
160. Hevey, M., Negley, D., Geisbert, J., Jahrling, P., and Schmaljohn, A., Antigenicity and vaccine potential of Marburg virus glycoprotein expressed by baculovirus recombinants, *Virology* 239(1), 206–216, 1997.
161. Riabchikova, E. I., Baranova, S. G., Tkachev, V. K., and Grazhdantseva, A. A., The morphological changes in Ebola infection in guinea pigs [in Russian], *Vopr Virusol* 38(4), 176–179, 1993.
162. Ryabchikova, E. I., Kolesnikova, L. V., and Luchko, S. V., An analysis of features of pathogenesis in two animal models of Ebola virus infection, *J Infect Dis* 179(Suppl 1), S199–S202, 1999.
163. Solcher, H., Neuropathological findings in experimentally infected guinea pigs, in *Marburg Virus Disease*, G. A. Martini and R. Siegert, eds., Springer-Verlag, New York, 1971, pp. 125–128.
164. Tikunova, N. V., Kolokol'tsov, A. A., and Chepurnov, A. A., Recombinant monoclonal human antibodies against Ebola virus, *Dokl Biochem Biophys* 378, 195–197, 2001.
165. Maruyama, T., Parren, P. W., Sanchez, A., Rensink, I., Rodriguez, L. L., Khan, A. S., Peters, C. J., and Burton, D. R., Recombinant human monoclonal antibodies to Ebola virus, *J Infect Dis* 179(Suppl 1), S235–S239, 1999.
166. Jahrling, P. B., Geisbert, J., Swearengen, J. R., Jaax, G. P., Lewis, T., Huggins, J. W., Schmidt, J. J., LeDuc, J. W., and Peters, C. J., Passive immunization of Ebola virus-infected cynomolgus monkeys with immunoglobulin from hyperimmune horses, *Arch Virol Suppl* 11, 135–140, 1996.
167. Jahrling, P. B., Geisbert, T. W., Geisbert, J. B., Swearengen, J. R., Bray, M., Jaax, N. K., Huggins, J. W., LeDuc, J. W., and Peters, C. J., Evaluation of immune globulin and recombinant interferon-alpha2b for treatment of experimental Ebola virus infections, *J Infect Dis* 179(Suppl 1), S224–S234, 1999.
168. Parren, P. W., Geisbert, T. W., Maruyama, T., Jahrling, P. B., and Burton, D. R., Pre- and postexposure prophylaxis of Ebola virus infection in an animal model by passive transfer of a neutralizing human antibody, *J Virol* 76(12), 6408–6412, 2002.
169. Wilson, J. A., Hevey, M., Bakken, R., Guest, S., Bray, M., Schmaljohn, A. L., and Hart, M. K., Epitopes involved in antibody-mediated protection from Ebola virus, *Science* 287(5458), 1664–1666, 2000.
170. Emonet, S. F., de la Torre, J. C., Domingo, E., and Sevilla, N., Arenavirus genetic diversity and its biological implications, *Infect Genet Evol* 9(4), 417–429, 2009.
171. Charrel, R. N. and de Lamballerie, X., Zoonotic aspects of arenavirus infections, *Vet Microbiol* 140(3–4), 213–220, 2010.
172. Downs, W., Anderson, C., Spence, L., Aitken, T., and Greenhall, A., Tacaribe virus, a new agent isolated from Artibeus bats and mosquitos in Trinidad, West Indies, *Am J Trop Med Hyg* 12, 640–646, 1963.

173. Buchmeier, M. J., De la Torre, J. C., and Peters, C. J., Arenaviridae: The viruses and their replication, in *Fields Virology*, 5th edition, D. M. Knipe, P. M. Howley, D. E. Griffin, and E. Andal, eds., Lippincott Williams & Wilkins, Philadelphia, 2006, pp. 1791–1827.
174. Carey, D. E., Kemp, G. E., White, H. A., Pinneo, L., Addy, R. F., Fom, A. L., Stroh, G., Casals, J., and Henderson, B. E., Lassa fever: Epidemiological aspects of the 1970 epidemic, Jos, Nigeria, *Trans R Soc Trop Med Hyg* 66(3), 402–408, 1972.
175. White, H. A., Lassa fever. A study of 23 hospital cases, *Trans R Soc Trop Med Hyg* 66(3), 390–401, 1972.
176. Monath, T. P., Mertens, P. E., Patton, R., Moser, C. R., Baum, J. J., Pinneo, L., Gary, G. W., and Kissling, R. E., A hospital epidemic of Lassa fever in Zorzor, Liberia, March–April 1972, *Am J Trop Med Hyg* 22(6), 773–779, 1973.
177. Peters, C. J., Kuehne, R. W., Mercado, R. R., Le Bow, R. H., Spertzel, R. O., and Webb, P. A., Hemorrhagic fever in Cochabamba, Bolivia, 1971, *Am J Epidemiol* 99(6), 425–433, 1974.
178. McCormick, J. B., Webb, P. A., Krebs, J. W., Johnson, K. M., and Smith, E. S., A prospective study of the epidemiology and ecology of Lassa fever, *J Infect Dis* 155(3), 437–444, 1987.
179. Johnson, K. M., McCormick, J. B., Webb, P. A., Smith, E. S., Elliott, L. H., and King, I. J., Clinical virology of Lassa fever in hospitalized patients, *J Infect Dis* 155(3), 456–464, 1987.
180. McCormick, J. B., King, I. J., Webb, P. A., Johnson, K. M., O'Sullivan, R., Smith, E. S., Trippel, S., and Tong, T. C., A case-control study of the clinical diagnosis and course of Lassa fever, *J Infect Dis* 155(3), 445–455, 1987.
181. McCormick, J. B., Epidemiology and control of Lassa fever, *Curr Top Microbiol Immunol* 134, 69–78, 1987.
182. McCormick, J. B., King, I. J., Webb, P. A., Scribner, C. L., Craven, R. B., Johnson, K. M., Elliott, L. H., and Belmont-Williams, R., Lassa fever. Effective therapy with ribavirin, *N Engl J Med* 314(1), 20–26, 1986.
183. Centers for Disease Control and Prevention (CDC), Management of patients with suspected viral hemorrhagic fever, *MMWR Morb Mortal Wkly Rep* 37(Suppl 3), 1–16, 1988.
184. McCormick, J. B. and Fisher-Hoch, S. P., Lassa fever, *Curr Top Microbiol Immunol* 262, 75–109, 2002.
185. Peters, C. J., Jahrling, P. B., Liu, C. T., Kenyon, R. H., McKee, K. T., Jr., and Barrera Oro, J. G., Experimental studies of arenaviral hemorrhagic fevers, *Curr Top Microbiol Immunol* 134, 5–68, 1987.
186. Evseev, A. A., Dvoretskaia, V. I., Bogatikov, G. V., Pshenichnov, V. A., and Mustafin, R. M., Experimental Lassa fever in hamadryas baboons [in Russian], *Vopr Virusol* 36(2), 150–152, 1991.
187. Stephenson, E. H., Larson, E. W., and Dominik, J. W., Effect of environmental factors on aerosol-induced Lassa virus infection, *J Med Virol* 14(4), 295–303, 1984.
188. Baize, S., Marianneau, P., Loth, P., Reynard, S., Journeaux, A., Chevallier, M., Tordo, N., Deubel, V., and Contamin, H., Early and strong immune responses are associated with control of viral replication and recovery in lassa virus-infected cynomolgus monkeys, *J Virol* 83(11), 5890–5903, 2009.
189. Jahrling, P. B., Hesse, R. A., Eddy, G. A., Johnson, K. M., Callis, R. T., and Stephen, E. L., Lassa virus infection of rhesus monkeys: Pathogenesis and treatment with ribavirin, *J Infect Dis* 141(5), 580–589, 1980.
190. Callis, R. T., Jahrling, P. B., and DePaoli, A., Pathology of Lassa virus infection in the rhesus monkey, *Am J Trop Med Hyg* 31(5), 1038–1045, 1982.
191. Walker, D. H., Johnson, K. M., Lange, J. V., Gardner, J. J., Kiley, M. P., and McCormick, J. B., Experimental infection of rhesus monkeys with Lassa virus and a closely related arenavirus, Mozambique virus, *J Infect Dis* 146(3), 360–368, 1982.
192. Fisher-Hoch, S. P., Mitchell, S. W., Sasso, D. R., Lange, J. V., Ramsey, R., and McCormick, J. B., Physiological and immunologic disturbances associated with shock in a primate model of Lassa fever, *J Infect Dis* 155(3), 465–474, 1987.

193. Carrion, R., Jr., Brasky, K., Mansfield, K., Johnson, C., Gonzales, M., Ticer, A., Lukashevich, I., Tardif, S., and Patterson, J., Lassa virus infection in experimentally infected marmosets: liver pathology and immunophenotypic alterations in target tissues, *J Virol* 81(12), 6482–6490, 2007.
194. Walker, D. H. and Murphy, F. A., Pathology and pathogenesis of arenavirus infections, *Curr Top Microbiol Immunol* 133, 89–113, 1987.
195. Walker, D. H., Wulff, H., and Murphy, F. A., Experimental Lassa virus infection in the squirrel monkey, *Am J Pathol* 80(2), 261–278, 1975.
196. Barkar, N. D. and Lukashevich, I. S., Lassa and Mozambique viruses: cross protection in experiments on mice and action of immunosuppressants on experimental infections [in Russian], *Vopr Virusol* 34(5), 598–603, 1989.
197. Lukashevich, I. S., Orlova, S. V., Mar'iankova, R. F., and Barkar, N. D., Pathogenicity of the Lassa virus for laboratory mice [in Russian], *Vopr Virusol* 30(5), 595–599, 1985.
198. Flatz, L., Rieger, T., Merkler, D., Bergthaler, A., Regen, T., Schedensack, M., Bestmann, L. et al., T cell-dependence of Lassa fever pathogenesis, *PLoS Pathog* 6(3), e1000836, 2010.
199. Jahrling, P. B., Smith, S., Hesse, R. A., and Rhoderick, J. B., Pathogenesis of Lassa virus infection in guinea pigs, *Infect Immun* 37(2), 771–778, 1982.
200. Walker, D. H., Wulff, H., Lange, J. V., and Murphy, F. A., Comparative pathology of Lassa virus infection in monkeys, guinea pigs, and *Mastomys natalensis*, *Bull World Health Organ* 52, 535–545, 1975.
201. Jahrling, P. B., Frame, J. D., Smith, S. B., and Monson, M. H., Endemic Lassa fever in Liberia. III. Characterization of Lassa virus isolates, *Trans R Soc Trop Med Hyg* 79(3), 374–379, 1985.
202. Jahrling, P. B., Protection of Lassa virus-infected guinea pigs with Lassa-immune plasma of guinea pig, primate, and human origin, *J Med Virol* 12(2), 93–102, 1983.
203. Huggins, J. W., Prospects for treatment of viral hemorrhagic fevers with ribavirin, a broad-spectrum antiviral drug, *Rev Infect Dis* 11(Suppl 4), S750–S761, 1989.
204. Pushko, P., Geisbert, J., Parker, M., Jahrling, P., and Smith, J., Individual and bivalent vaccines based on alphavirus replicons protect guinea pigs against infection with Lassa and Ebola viruses, *J Virol* 75(23), 11677–11685, 2001.
205. Charrel, R. N. and de Lamballerie, X., Arenaviruses other than Lassa virus, *Antiviral Res* 57(1–2), 89–100, 2003.
206. Enria, D. A., Briggiler, A. M., and Sanchez, Z., Treatment of Argentine hemorrhagic fever, *Antiviral Res* 78(1), 132–139, 2008.
207. Maiztegui, J. I., McKee, K. T. Jr., Barrera Oro, J. G., Harrison, L. H., Gibbs, P. H., Feuillade, M. R., Enria, D. A. et al., Protective efficacy of a live attenuated vaccine against Argentine hemorrhagic fever. AHF Study Group, *J Infect Dis* 177(2), 277–283, 1998.
208. Barry, M., Russi, M., Armstrong, L., Geller, D., Tesh, R., Dembry, L., Gonzalez, J. P., Khan, A. S., and Peters, C. J., Brief report: Treatment of a laboratory-acquired Sabia virus infection, *N Engl J Med* 333(5), 294–296, 1995.
209. McKee, K. T., Jr., Mahlandt, B. G., Maiztegui, J. I., Eddy, G. A., and Peters, C. J., Experimental Argentine hemorrhagic fever in rhesus macaques: Viral strain-dependent clinical response, *J Infect Dis* 152(1), 218–221, 1985.
210. Green, D. E., Mahlandt, B. G., and McKee, K. T., Jr., Experimental Argentine hemorrhagic fever in rhesus macaques: Virus-specific variations in pathology, *J Med Virol* 22(2), 113–133, 1987.
211. McKee, K. T., Jr., Mahlandt, B. G., Maiztegui, J. I., Green, D. E., and Peters, C. J., Virus-specific factors in experimental Argentine hemorrhagic fever in rhesus macaques, *J Med Virol* 22(2), 99–111, 1987.
212. Kenyon, R. H., McKee, K. T., Jr., Zack, P. M., Rippy, M. K., Vogel, A. P., York, C., Meegan, J., Crabbs, C., and Peters, C. J., Aerosol infection of rhesus macaques with Junin virus, *Intervirology* 33(1), 23–31, 1992.
213. Wagner, F. S., Eddy, G. A., and Brand, O. M., The African green monkey as an alternate primate host for studying Machupo virus infection, *Am J Trop Med Hyg* 26(1), 159–162, 1977.
214. McLeod, C. G., Jr., Stookey, J. L., White, J. D., Eddy, G. A., and Fry, G. A., Pathology of Bolivian hemorrhagic fever in the African green monkey, *Am J Trop Med Hyg* 27(4), 822–826, 1978.

215. Eddy, G. A., Scott, S. K., Wagner, F. S., and Brand, O. M., Pathogenesis of Machupo virus infection in primates, *Bull World Health Organ* 52(4–6), 517–521, 1975.
216. Terrell, T. G., Stookey, J. L., Eddy, G. A., and Kastello, M. D., Pathology of Bolivian hemorrhagic fever in the rhesus monkey, *Am J Pathol* 73(2), 477–494, 1973.
217. Webb, P. A., Justines, G., and Johnson, K. M., Infection of wild and laboratory animals with Machupo and Latino viruses, *Bull World Health Organ* 52(4–6), 493–499, 1975.
218. Kastello, M. D., Eddy, G. A., and Kuehne, R. W., A rhesus monkey model for the study of Bolivian hemorrhagic fever, *J Infect Dis* 133(1), 57–62, 1976.
219. McLeod, C. G., Stookey, J. L., Eddy, G. A., and Scott, K., Pathology of chronic Bolivian hemorrhagic fever in the rhesus monkey, *Am J Pathol* 84(2), 211–224, 1976.
220. Scott, S. K., Hickman, R. L., Lang, C. M., Eddy, G. A., Hilmas, D. E., and Spertzel, R. O., Studies of the coagulation system and blood pressure during experimental Bolivian hemorrhagic fever in rhesus monkeys, *Am J Trop Med Hyg* 27(6), 1232–1239, 1978.
221. Tesh, R. B., Jahrling, P. B., Salas, R., and Shope, R. E., Description of Guanarito virus (Arenaviridae: Arenavirus), the etiologic agent of Venezuelan hemorrhagic fever, *Am J Trop Med Hyg* 50(4), 452–459, 1994.
222. Weissenbacher, M. C., Calello, M. A., Colillas, O. J., Rondinone, S. N., and Frigerio, M. J., Argentine hemorrhagic fever: A primate model, *Intervirology* 11(6), 363–365, 1979.
223. Molinas, F. C., Giavedoni, E., Frigerio, M. J., Calello, M. A., Barcat, J. A., and Weissenbacher, M. C., Alteration of blood coagulation and complement system in neotropical primates infected with Junin virus, *J Med Virol* 12(4), 281–292, 1983.
224. Gonzalez, P. H., Laguens, R. P., Frigerio, M. J., Calello, M. A., and Weissenbacher, M. C., Junin virus infection of *Callithrix jacchus*: Pathologic features, *Am J Trop Med Hyg* 32(2), 417–423, 1983.
225. Molinas, F. C., Paz, R. A., Rimoldi, M. T., and de Bracco, M. M., Studies of blood coagulation and pathology in experimental infection of guinea pigs with Junin virus, *J Infect Dis* 137(6), 740–746, 1978.
226. Oubina, J. R., Carballal, G., Videla, C. M., and Cossio, P. M., The guinea pig model for Argentine hemorrhagic fever, *Am J Trop Med Hyg* 33(6), 1251–1257, 1984.
227. Kenyon, R. H., Green, D. E., Maiztegui, J. I., and Peters, C. J., Viral strain dependent differences in experimental Argentine hemorrhagic fever (Junin virus) infection of guinea pigs, *Intervirology* 29(3), 133–143, 1988.
228. Yun, N. E., Linde, N. S., Dziuba, N., Zacks, M. A., Smith, J. N., Smith, J. K., Aronson, J. F. et al., Pathogenesis of XJ and Romero strains of Junin virus in two strains of guinea pigs, *Am J Trop Med Hyg* 79(2), 275–282, 2008.
229. Hall, W. C., Geisbert, T. W., Huggins, J. W., and Jahrling, P. B., Experimental infection of guinea pigs with Venezuelan hemorrhagic fever virus (Guanarito): A model of human disease, *Am J Trop Med Hyg* 55(1), 81–88, 1996.
230. Hollidge, B. S., Gonzalez-Scarano, F., and Soldan, S. S., Arboviral encephalitides: Transmission, emergence, and pathogenesis, *J Neuroimmune Pharmacol* 5(3), 428–442, 2010.
231. Jonsson, C. B., Figueiredo, L. T., and Vapalahti, O., A global perspective on hantavirus ecology, epidemiology, and disease, *Clin Microbiol Rev* 23(2), 412–441, 2010.
232. Wilson, M. L., Chapman, L. E., Hall, D. B., Dykstra, E. A., Ba, K., Zeller, H. G., Traore-Lamizana, M., Hervy, J. P., Linthicum, K. J., and Peters, C. J., Rift Valley fever in rural northern Senegal: Human risk factors and potential vectors, *Am J Trop Med Hyg* 50(6), 663–675, 1994.
233. Shope, R. E., Peters, C. J., and Davies, F. G., The spread of Rift Valley fever and approaches to its control, *Bull World Health Organ* 60(3), 299–304, 1982.
234. Jouan, A., Coulibaly, I., Adam, F., Philippe, B., Riou, O., Leguenno, B., Christie, R., Ould Merzoug, N., Ksiazek, T., and Digoutte, J. P., Analytical study of a Rift Valley fever epidemic, *Res Virol* 140(2), 175–186, 1989.
235. Daubney, R., Hudson, J., and Garnham, P., Enzootic hepatitis or Rift Valley fever: An undescribed virus disease of sheep, cattle, and man from East Africa, *J Path Bact* 34, 545–579, 1931.
236. Findlay, G. M., Rift Valley fever or enzootic hepatitis, *Trans R Soc Trop Med Hyg* 25, 229, 1932.

237. Turell, M. J. and Kay, B. H., Susceptibility of selected strains of Australian mosquitoes (Diptera: Culicidae) to Rift Valley fever virus, *J Med Entomol* 35(2), 132–135, 1998.
238. Gargan, T. P., 2nd, Clark, G. G., Dohm, D. J., Turell, M. J., and Bailey, C. L., Vector potential of selected North American mosquito species for Rift Valley fever virus, *Am J Trop Med Hyg* 38(2), 440–446, 1988.
239. Gear, J. H. S., Rift Valley fever, in *CRC Handbook of Viral and Rickettsial Hemorrhagic Fevers*, J. H. S. Gear, ed., CRC Press, Inc., Boca Raton, FL, 2000.
240. El-Karamany, R., Imam, I., and Farid, A., Production of inactivated RVF vaccine, *J Egypt Publ Health Assoc* 56, 495–525, 1981.
241. Niklasson, B., Peters, C. J., Bengtsson, E., and Norrby, E., Rift Valley fever virus vaccine trial: Study of neutralizing antibody response in humans, *Vaccine* 3(2), 123–127, 1985.
242. Pittman, P. R., Liu, C. T., Cannon, T. L., Makuch, R. S., Mangiafico, J. A., Gibbs, P. H., and Peters, C. J., Immunogenicity of an inactivated Rift Valley fever vaccine in humans: A 12-year experience, *Vaccine* 18(1–2), 181–189, 1999.
243. Morrill, J. C. and Peters, C. J., Pathogenicity and neurovirulence of a mutagen-attenuated Rift Valley fever vaccine in rhesus monkeys, *Vaccine* 21(21–22), 2994–3002, 2003.
244. Harrington, D. G., Lupton, H. W., Crabbs, C. L., Peters, C. J., Reynolds, J. A., and Slone, T. W., Jr., Evaluation of a formalin-inactivated Rift Valley fever vaccine in sheep, *Am J Vet Res* 41(10), 1559–1564, 1980.
245. Bird, B. H., Ksiazek, T. G., Nichol, S. T., and Maclachlan, N. J., Rift Valley fever virus, *J Am Vet Med Assoc* 234(7), 883–893, 2009.
246. Peters, C. J. and Slone, T. W., Inbred rat strains mimic the disparate human response to Rift Valley fever virus infection, *J Med Virol* 10(1), 45–54, 1982.
247. McIntosh, B. M., Dickinson, D. B., and dos Santos, I., Rift Valley fever. 3. Viraemia in cattle and sheep. 4. The susceptibility of mice and hamsters in relation to transmission of virus by mosquitoes, *J S Afr Vet Assoc* 44(2), 167–169, 1973.
248. Morrill, J. C., Jennings, G. B., Cosgriff, T. M., Gibbs, P. H., and Peters, C. J., Prevention of Rift Valley fever in rhesus monkeys with interferon-alpha, *Rev Infect Dis* 11(Suppl 4), S815–S825, 1989.
249. Morrill, J. C., Knauert, F. K., Ksiazek, T. G., Meegan, J. M., and Peters, C. J., Rift Valley fever infection of rhesus monkeys: Implications for rapid diagnosis of human disease, *Res Virol* 140(2), 139–146, 1989.
250. Morrill, J. C., Jennings, G. B., Johnson, A. J., Cosgriff, T. M., Gibbs, P. H., and Peters, C. J., Pathogenesis of Rift Valley fever in rhesus monkeys: Role of interferon response, *Arch Virol* 110(3–4), 195–212, 1990.
251. Morrill, J. C., Czarniecki, C. W., and Peters, C. J., Recombinant human interferon-gamma modulates Rift Valley fever virus infection in the rhesus monkey, *J Interferon Res* 11(5), 297–304, 1991.
252. Peters, C. J., Jones, D., Trotter, R., Donaldson, J., White, J., Stephen, E., and Slone, T. W., Jr., Experimental Rift Valley fever in rhesus macaques, *Arch Virol* 99(1–2), 31–44, 1988.
253. Peters, C. J., Liu, C. T., Anderson, G. W., Jr., Morrill, J. C., and Jahrling, P. B., Pathogenesis of viral hemorrhagic fevers: Rift Valley fever and Lassa fever contrasted, *Rev Infect Dis* 11(Suppl 4), S743–S749, 1989.
254. Rossi, C. A. and Turell, M. J., Characterization of attenuated strains of Rift Valley fever virus, *J Gen Virol* 69(Pt 4), 817–823, 1988.
255. Easterday, B. C., Rift Valley fever, *Adv Vet Sci* 10, 65–127, 1965.
256. Mason, P. J. and Mims, C. A., Rift Valley fever virus in mice. V. The properties of a haemagglutinin present in infective serum, *Br J Exp Pathol* 37(5), 423–433, 1956.
257. Mims, C. A., The coagulation defect in Rift Valley fever and yellow fever virus infections, *Ann Trop Med Parasitol* 50(2), 147–149, 1956.
258. Mims, C. A., Rift Valley fever virus in mice. IV. Incomplete virus; its production and properties, *Br J Exp Pathol* 37(2), 129–143, 1956.
259. Mims, C. A., Rift Valley fever virus in mice. III. Further quantitative features of the infective process, *Br J Exp Pathol* 37(2), 120–8, 1956.
260. Mims, C. A., Rift Valley fever virus in mice. II. Adsorption and multiplication of virus, *Br J Exp Pathol* 37(2), 110–119, 1956.

261. Mims, C. A., Rift Valley fever virus in mice. I. General features of the infection, *Br J Exp Pathol* 37(2), 99–109, 1956.
262. Smith, D. R., Steele, K. E., Shamblin, J., Honko, A., Johnson, J., Reed, C., Kennedy, M., Chapman, J. L., and Hensley, L. E., The pathogenesis of Rift Valley fever virus in the mouse model, *Virology* 407(2), 256–267.
263. Peters, C. J., Reynolds, J. A., Slone, T. W., Jones, D. E., and Stephen, E. L., Prophylaxis of Rift Valley fever with antiviral drugs, immune serum, an interferon inducer, and a macrophage activator, *Antiviral Res* 6(5), 285–297, 1986.
264. Kende, M., Lupton, H. W., Rill, W. L., Levy, H. B., and Canonico, P. G., Enhanced therapeutic efficacy of poly(ICLC) and ribavirin combinations against Rift Valley fever virus infection in mice, *Antimicrob Agents Chemother* 31(7), 986–990, 1987.
265. Kende, M., Lupton, H. W., Rill, W. L., Gibbs, P., Levy, H. B., and Canonico, P. G., Ranking of prophylactic efficacy of poly(ICLC) against Rift Valley fever virus infection in mice by incremental relative risk of death, *Antimicrob Agents Chemother* 31(8), 1194–1198, 1987.
266. Bennett, D. G., Jr., Glock, R. D., and Gerone, P. J., Protection of mice and lambs against pantropic Rift Valley fever virus, using immune serum, *Am J Vet Res* 26, 57–61, 1965.
267. Higashihara, M., Heat- and acid-labile virus-inhibiting factor or interferon induced by Rift Valley fever virus in mice, *Jpn J Microbiol* 15(5), 482–484, 1971.
268. Kasahara, S. and Koyama, H., Long term existence of Rift Valley fever virus in immune mice, *Kitasato Arch Exp Med* 46(3–4), 105–112, 1973.
269. Tomori, O. and Kasali, O., Pathogenicity of different strains of Rift Valley fever virus in Swiss albino mice, *Br J Exp Pathol* 60(4), 417–422, 1979.
270. Canonico, P. G., Pannier, W. L., Huggins, J. W., and Rienehart, K. L., Inhibition of RNA viruses *in vitro* and in Rift Valley fever-infected mice by didemnins A and B, *Antimicrob Agents Chemother* 22(4), 696–697, 1982.
271. Anderson, A. O., Snyder, L. F., Pitt, M. L., and Wood, O. L., Mucosal priming alters pathogenesis of Rift Valley fever, *Adv Exp Med Biol* 237, 717–723, 1988.
272. Vialat, P., Billecocq, A., Kohl, A., and Bouloy, M., The S segment of Rift Valley fever phlebovirus (Bunyaviridae) carries determinants for attenuation and virulence in mice, *J Virol* 74(3), 1538–1543, 2000.
273. Anderson, G. W., Jr., Slone, T. W., Jr., and Peters, C. J., Pathogenesis of Rift Valley fever virus (RVFV) in inbred rats, *Microb Pathog* 2(4), 283–293, 1987.
274. Anderson, G. W., Jr. and Peters, C. J., Viral determinants of virulence for Rift Valley fever (RVF) in rats, *Microb Pathog* 5(4), 241–250, 1988.
275. Anderson, G. W., Jr., Rosebrock, J. A., Johnson, A. J., Jennings, G. B., and Peters, C. J., Infection of inbred rat strains with Rift Valley fever virus: Development of a congenic resistant strain and observations on age-dependence of resistance, *Am J Trop Med Hyg* 44(5), 475–480, 1991.
276. Ritter, M., Bouloy, M., Vialat, P., Janzen, C., Haller, O., and Frese, M., Resistance to Rift Valley fever virus in *Rattus norvegicus*: Genetic variability within certain "inbred" strains, *J Gen Virol* 81(Pt 11), 2683–2688, 2000.
277. Anderson, G. W., Jr., Lee, J. O., Anderson, A. O., Powell, N., Mangiafico, J. A., and Meadors, G., Efficacy of a Rift Valley fever virus vaccine against an aerosol infection in rats, *Vaccine* 9(10), 710–714, 1991.
278. Rosebrock, J. A., Schellekens, H., and Peters, C. J., The effects of ageing *in vitro* and interferon on the resistance of rat macrophages to Rift Valley Fever virus, *Anatomical Record* 205, A165–A166, 1983.
279. Rosebrock, J. A. and Peters, C. J., Cellular resistance to Rift Valley fever virus (RVFV) infection in cultured macrophages and fibroblasts from genetically resistant and susceptible rats, *In Vitro* 18, 308, 1982.
280. Niklasson, B. S., Meadors, G. F., and Peters, C. J., Active and passive immunization against Rift Valley fever virus infection in Syrian hamsters, *Acta Pathol Microbiol Immunol Scand [C]* 92(4), 197–200, 1984.
281. Anderson, G. W., Jr., Slone, T. W., Jr., and Peters, C. J., The gerbil, Meriones unguiculatus, a model for Rift Valley fever viral encephalitis, *Arch Virol* 102(3–4), 187–196, 1988.

282. Johnson, B. K., Gitau, L. G., Gichogo, A., Tukei, P. M., Else, J. G., Suleman, M. A., Kimani, R., and Sayer, P. D., Marburg, Ebola and Rift Valley fever virus antibodies in East African primates, *Trans R Soc Trop Med Hyg* 76(3), 307–310, 1982.
283. World Health Organization. Prevention and control of dengue and dengue haemorrhagic fever: Comprehensive guidelines. WHO Regional publication, SEARO. Nov. 29, 1999.
284. Pinheiro, F. and Corber, S. J., Global situation of dengue and dengue hemorrhagic fever and its emergence in the Americas, *World Health Stat Q* 50, 161–168, 1997.
285. Ho, L. J., Wang, J. J., Shaio, M. F., Kao, C. L., Chang, D. M., Han, S. W., and Lai, J. H., Infection of human dendritic cells by dengue virus causes cell maturation and cytokine production, *J Immunol* 166, 1499–1506, 2001.
286. Malavige, G. N., Fernando, S., Fernando, D. J., and Seneviratne, S. L., Dengue viral infections, *Postgrad Med* 80, 588–601, 2004.
287. Kroeger, A., Nathan, M., and Hombach, J., Dengue, *Nature Rev Microbiol* 2, 360–361, 2004.
288. Henchal, E. A., McCown, J. M., Seguin, M. C., Gentry, M. K., and Brandt, W. E., Rapid identification of dengue virus isolates by using monoclonal antibodies in an indirect immunofluorescence assay, *Am J Trop Med Hyg* 32, 164–169, 1983.
289. Guzman, M. G. and Kouri, G., Dengue: An update, *Lancet Infect Dis* 2, 33–42, 2002.
290. Rottman, A. L., Dengue: Defining protective versus pathologic immunity, *J Clin Invest* 113(7), 946–951, 2004.
291. Halstead, S. B., Pathogenesis of dengue: Challenges to molecular biology, *Science* 239, 476–481, 1988.
292. Littaua, R., Kurane, I., and Ennis, F. A., Human IgG Fc receptor II mediates antibody-dependent enhancement of dengue virus infection, *J Immunol* 144, 3183–3186, 1990.
293. Perikov, Y., Development of dengue vaccines, *Dengue Bull* 24, 71–76, 2000.
294. Brueckner, A. L., Reagan, R. L., and Yancey, F. S., Studies of dengue fever virus (Hawaii mouse adapted) in lactating hamsters, *Am J Trop Med Hyg* 5(5), 809–811, 1956.
295. Tarr, G. C. and Lubiniecki, A. S., Chemically-induced temperature-sensitive mutants of dengue virus type 2. I. Isolation and partial characterization, *Arch Virol* 48, 279–287, 1975.
296. Tarr, G. C. and Lubiniecki, A. S., Chemically induced temperature-sensitive mutants of dengue virus type 2. II. Comparison of temperature sensitivity *in vitro* with infectivity in suckling mice, hamsters, and rhesus monkeys, *Infect Immun* 13(3), 688–695, 1976.
297. Meiklejohn, G., England, B., and Lennette, E. H., Adaptation of dengue virus strains in unweaned mice, *Am J Trop Med Hyg* 1, 51–58, 1952.
298. Johnson, A. J. and Roehrig, J. T., New mouse model for dengue virus vaccine testing, *J Virol* 73, 783–786, 1999.
299. An, J., Kimura-Kuroda, J., Hirabayashi, Y., and Yasui, K., Development of a novel mouse model for dengue virus infection, *Virology* 263, 70–77, 1999.
300. Lin, H. S., Liao, C. L., Chen, L. K., Yeh, C. T., Liu, C. I., Ma, S. H., Huang, Y. Y., Kao, C. L., and King, C. C., Study of dengue virus infection in SCID mice engrafted with human K562 cells, *J Virol* 72, 9729–9737, 1998.
301. Wu, S. J., Hayes, C. G., Dubois, D. R., Windheuser, M. G., Kang, Y. H., Watts, D. M., and Sieckmann, D. G., Evaluation of the severe combined immunodeficient (SCID) mouse as an animal model for dengue viral infection, *Am J Trop Med Hyg* 52(5), 468–476, 1995.
302. Jaiswal, S., Pearson, T., Friberg, H., Shultz, L. D., Greiner, D. L., Rothman, A. L., and Mathew, A., Dengue virus infection and virus-specific HLA-A2 restricted immune responses in humanized NOD-SCID IL2rgamma null mice, *PLoS One* 4(10), e7251, 2009.
303. Huang, K.-J., Li, S. J., Chen, S.-C., Liu, H.-S., Lin, Y.-S., Yeh, T.-M., Liu, C.-C., and Lei, H.-Y., Manifestation of thrombocytopenia in dengue-2-virus-infected mice, *J Gen Virol* 81, 2177–2182, 2000.
304. Balsitis, S. J., Williams, K. L., Lachica, R., Flores, D., Kyle, J. L., Mehlhop, E., Johnson, S., Diamond, M. S., Beatty, P. R., and Harris, E., Lethal antibody enhancement of dengue disease in mice is prevented by Fc modification, *PLoS Pathog* 6(2), e1000790, 2010.

305. Tan, G. K., Ng, J. K., Trasti, S. L., Schul, W., Yip, G., and Alonso, S., A non mouse-adapted dengue virus strain as a new model of severe dengue infection in AG129 mice, *PLoS Negl Trop Dis* 4(4), e672, 2010.
306. Halstead, S. B., Shotwell, H., and Casals, J., Studies on the pathogenesis of dengue infection in monkeys. I. Clinical laboratory responses to primary infection, *J Infect Dis* 128(1), 7–14, 1973.
307. Halstead, S. B., Shotwell, H., and Casals, J., Studies on the pathogenesis of dengue infection in monkeys. II. Clinical laboratory responses to heterologous infection, *J Infect Dis* 128(1), 15–22, 1973.
308. Marchette, N. J., Halstead, S. B., Falkler Jr., W. A., Stenhouse, A., and Nash, D., Studies on the pathogenesis of dengue infection in monkeys. III. Sequential distribution of virus in primary and heterologous infections, *J Infect Dis* 128(1), 23–30, 1973.
309. Scherer, W. F., Russell, P. K., Rosen, L., and Dickerman, R. W., Experimental infection of chimpanzees with dengue viruses, *Am J Trop Med Hyg* 27(3), 590–599, 1978.
310. Angsubhakorn, S., Moe, J. B., Marchetter, N. J., Latendresse, J. R., Palumbo, N. E., Yakson, S., and Bhamarapravati, N., Neurovirulence detection of dengue virus using rhesus and cynomolgus monkeys, *J Virol Methods* 18(1), 13–24, 1987.
311. Malinoski, F. J., Hasty, S. E., Ussery, M. A., and Dalrymple, J. M., Prophylactic ribavirin treatment of dengue type 1 infection in rhesus monkeys, *Antiviral Res* 13(3), 139–149, 1990.
312. Eckels, K. H., Dubois, D. R., Summers, P. L., Schlesinger, J. J., Shelly, M., Cohen, S., Zhang, Y. M. et al., Immunization of monkeys with baculovirus-dengue type-4 recombinants containing envelope and nonstructural proteins: Evidence of priming and partial protection, *Am J Trop Med Hyg* 50(4), 472–478, 1994.
313. Onlamoon, N., Noisakran, S., Hsiao, H. M., Duncan, A., Villinger, F., Ansari, A. A., and Perng, G. C., Dengue virus-induced hemorrhage in a nonhuman primate model, *Blood* 115(9), 1823–1834.

15 보툴리눔 독소

Stephen B. Greenbaum, Jaime B. Anderson, and Frank J. Lebeda

목차

15.1 소개 311
15.2 작용기작 312
15.3 임상질환으로서 보툴리즘 313
15.4 경구중독에 대한 동물모델 314
15.5 흡입중독에 대한 동물모델 318
15.6 고찰 321
15.7 결론 323
면책조항 323
참고문헌 323

15.1 소개

보툴리눔 신경독소(botulinum ncurotoxins, BoNTs)는 보툴리눔 중독의 원인이 되는 물질로서, *Clostridium botulinum*에 의해 생성되는 세균성 신경독소로 알려진 것들 중 가장 독성이 크고 치명적인 질병을 일으키며, 일반적으로 오염된 식품의 섭취와 관련이 있다. 각 보툴리눔 신경독소 분자는 처음에 이황화결합에 의해 연결된 경쇄와 중쇄인 구성요소가 번역 후 절단되어 단일사슬 폴리펩티드로 합성된다[1]. 이황화결합의 환원은 경쇄의 단백질 가수분해의 활성화가 필요하며, 두 구성요소는 독성에 중요한 역할을 한다. 중쇄 (분자량 ~100 kDa)는 말초 콜린성 신경말단에 신경독소를 전좌하고 결합영역을 포함하며 경쇄 (분자량 ~50 kDa)는 신경전달물질인 아세틸콜린의 세포외 반출을 억제한다. 각 혈청형 특정 경쇄 신경 말단 내의 표적기질에 특별한, 아연의존성 내부단백분해효소 활성이 있다. 현재 알려진 일곱 개의 분명한 신경독소인 A형부터 G형은 *C. botulinum*에 상응하는 항원형에 의해 생산된다[2~8]. 보툴리눔 신경독소 E형과 F형은 각각 *C. butyricum*[9]과 *C. baratii*[10]의 일부 변종에 의해 발현되고, G형 독소는 *C. argentinense*[11]로 발현되며, C형 독소는 일반적으로 표기하는데 C1은 ADP-리보실전달효소(ADP-ribosyltransferase)로부터 식별되고, C2와 C3 독소 또한 이 항원형에 의해 생산되며[12], 보툴리눔 신경독소에 일치하지도 않고 특별한 신경독성도 아니다. 한편 *C. tetani*에 의한 파상풍 신경독소(tetanus neurotoxins, TeNTs)는 구조와 기능적으로 보툴리눔 신경독소와 비슷하다[13].

초기의 많은 연구들은 분자의 구조 및 기능 그리고 A형 독소의 병원성 영향의 특성규명에 대하여 초점을 두었다. 이 독소의 결정형태는 분자량이 약 900 kDa으로, 19S 침전이 지속적으로 첨가되는 단백질의 무게를 나타내며, 반대로 순수한 보툴리눔 신경독소 A형 (분자량 ~150 kDa)은 7S에 해당하는 침전이 지속된다. 큰 결정 전구독소는 둘 이상의 비공유결합으로 연결된, 독성 보조 단백질과 함께 "유도성" 7S 신경독소 구성 요소로 구성되어 있으며 전구독소 복합체의 비독성-연관 단백질(nontoxic-associated proteins, NAPs)[15]은 세 개의 분리된 혈구응집소(hemagglutinin)(예, HA17, HA33, HA70)와 단일 비독성 비혈구응집소(nontoxic nonhemagglutinin, NTNH) 단백질을 포함한다[1]. 비독성 비혈구응집소 단백질은 모든 *C. botulinum* 혈청형에 의해 합성되며[16], 일반적으로 12S나 그 이상의 침상상수는 모든 신경독소 복합체에서 발견된다. 특정 혈청형은 혈구응집소(hemaglutinin, HA)를 함유한 전구 독소를 생산하고 이러한 다중결합 복합체는 일반적으로 16S나 그 이상의 침강상수로 되어 있는데 A형 독소는 500 kDa (16S), 300 kDa (12S)와 900 kDa (19S) 형태로 합성되며 B, C형과 D형 독소는 500 kDa (16S)이나 300 kDa (12S) 형태로 합성된다[17~20]. 혈청형 E형과 F형 독소는 300 kDa (12S)로만 합성되었고 독소 G형은 500 kDa (16S) 형태로만 합성되었다[21]. 또한 다양한 정화 과정은 더 큰 다중결합 복합체와 관련된 비독성 구성물질의 유무에 상관없이 7S 신경독소를 분리하기 위해 사용되었다[15,20].

순수한 신경독소가 단백질 가수분해를 저하시키고 위장관의 pH가 낮은 곳에 상대적으로 민감하기 때문에 혈구응집소와 비독성 비혈구응집소 보조단백질의 기능은 섭취한 신경을 보호하고 흡수를 촉진한다[22]. 흥미롭게도, 파상풍 신경독소(TeNT)는 어떤 비독성-관련 단백질(NAPs)에 의해서 동반되지 않는데[22], 그것은 보툴리눔 신경독소(BoNT)가 식품 독성으로 작용하지만, 파상풍 신경독소(TeNT)는 그렇지 않은 이유를 설명할 수 있다. 보조 혈구응집소(HA)와 다중복합체 전구 복합체 내에 비독성 비혈구 응집소(NTNH) 단백질은 위장의 pH가 낮은 부분에서 전구 독소의 안정성을 유지하는데 도움이 되며[17, 23~27], 보툴리눔 신경독소는 말초신경 말단에서 활성 보조 단백질에 의존하지 않는다. 활성이나 비활성 여부에 따라 해리되지 않은 전구독소는 림프(pH 8.2)를 통해 흡수되고 해리된 전구독소는 상부 소장 (십이지장, pH 7)을 통해서 흡수된다[25]. 따라서 위장관의 가혹한 조건을 우화하여 독소를 경구나 비경구투여 한 후에는 혈구응집소와 비독성 비혈구응집소의 구성요소가 불필요화 되어지기 쉽다.

15.2 작용기작

보툴리눔 신경독소는 강력한 신경근육 독소(neuromuscular poison)의 기능을 가지고 있으며, 다양한 포유동물들이 그 독소의 활성에 다소 민감한 것으로 알려졌다. 보툴리눔 신경독소의 독성은 독소의 흡수, 특정 대상 조직의 전송, 신경말단의 이해 및 유지를 포함한 초기세포와 분자기작에서 가장 중요하다. 병원성 과정의 확실한 단계는 세부적으로 사용된 많은 생체내 실험과 조직배양

모델을 통해 특성화되었다. 보툴리눔 신경독소가 섭취되면 먼저 림프관을 통해 흡수되고 수용체를 매개로 세포내 섭취(endocytosis)된 후 통과세포외배출(transcytosis)되고 순환되어 창자의 상피세포로 간다[1]. 말초의 콜린성 신경 말단에서 유사사건 조절독소의 흡수는 높은 친화성의 시냅스 막 수용체에 결합하여 독소가 세포내로 흡수되면, 낮은 pH가 유발되어 내포낭의 전좌(endosomal translocation)로 이어지며 중쇄에서 N-말단의 일부로부터 이온채널이 형성되는 것 또한 이 전좌과정(translocation process)에 포함된다고 생각된다[28]. N-말단 중쇄구역은 세포기질로 전좌가 조절되는 반면 신경 시냅스의 결합은 중쇄의 C-말단 구역으로부터 매개된다[1,29,30]. 경쇄의 다음 기능으로 전시냅스 신경말단 내의 아연 의존성 내부단백분해효소(endoprotease)는 적어도 하나 이상의 세포외 반출에 관련된 시냅스 단백질을 분해한다[2~8]. 콜린성 신경말단으로부터 아세틸콜린이 퍼지는 것은 아세틸콜린을 포함한 소낭과 시냅스 세포막 간의 융합 복합체 형성을 통해 발생되는데[31], 이 시냅스 융합복합체(synaptic fusion complex)는 25-kDa 시냅토솜 관련단백질(25-kDa synaptosomal associated protein, SNAP-25), 소포 관련 막단백질(vesicle-associated membrane protein, VAMP 또는 synaptobrevin)과 신탁신(syntaxin)을 포함한 몇 개의 SNARE 단백질 [수용성 N-에틸말레이미드에 민감한 인자(N-ethylmaleimide-sensitive factor, NSF)에 부착되는 단백질 수용체]이다. 신경독소에 의해 이러한 SNARE 단백질중 하나가 절단되어 아세틸콜린 방출을 차단하고 영향을 받는 조직을 마비시켜 시냅스 융합 복합의 형성을 방해한다[2~8].

15.3 임상질환으로서 보툴리즘

보툴리눔 신경독소는 사람과 많은 종류의 동물들에게 치명적인 질병을 일으킨다. 보툴리즘의 특징은 다양한 두개골 신경 마비를 포함한 급성, 하향, 대칭성 마비 등이 있다[31]. 보툴리즘은 식품유래 보툴리즘, 유아 보툴리즘 (전염성 장내 중독증), 외상성 보툴리즘, 유아성 성인 보툴리즘, 우발적 전신성 보툴리즘, 흡입성 보툴리즘의 여섯 가지의 임상형태로 구분된다[31~33]. 남아 있는 대부분의 경우가 유명한 식품유래 보툴리즘을 포함하는 반면에, 유아 보툴리즘(infant botulism)은 미국에서 보고된 사람에서 대부분의 보툴리즘 중독사례 (72%)를 차지한다[34]. 미리 형성된 독소의 노출에 의한 결과인 식품유래, 우연함과 흡입 보툴리즘과 비교하여, 유아와 외상성 보툴리즘은 질병의 일반적인 감염 형태이다. 사람의 식품유래 보툴리즘은 일반적으로 집에서 만들거나 보관된 오염된 음식의 독소를 소비함으로써 발생한다[35]. 식품유래 보툴리즘의 가장 많은 경우는 독소의 혈청형 A, B나 E형이다. F형과 G형 보툴리즘은 드물게 나타나고[35,36], 발표된 논문들에서 오직 사람에게서 C1형과 D형 보툴리즘이 발생하였다는 입증되지 않은 결과가 보고되었다[37].

질병개시 시점은 독소가 투여된 후, 몇 시간에서 며칠까지 범위에 따라 다르지만[31,38], 근육 긴장이상과 다른 징후를 가진 환자에서 이 독소의 치료용량이 매우 적었으며, 3주가 경과한 후에 최대 효과에 이르는 시간이 긴 것으로 보고되었다[39,40]. 사람에게서 식품유래 보툴리즘의 중요한 징후와 증상은 연하곤란(dysphagia), 구강건조(dry mouth), 복시(double vision), 구음장애(dysarthria), 피로, 안검하수(ptosis), 변비, 사지쇠약, 주시마비(gae paralysis), 몽롱함, 구역반사

감소(diminished gag reflex), 메스꺼움, 안면 신경마비, 호흡곤란, 구토, 혀장애, 인후염, 어지럼증, 동공팽창 또는 고정, 복부경련, 반사반응장애, 안구진탕증(nystagmus), 설사, 실조증(ataxia), 그리고 지각이상(paresthesia)을 포함한다[31]. 사람과 몇몇의 실험동물에서 보툴리늄 독소를 호흡하였을 때 임상질병이 발생했다. 호흡기에 대한 위장중독과 관련된 질병과 약간의 차이가 있었음이 확인되었지만, 식품유래 보툴리즘과 흡입보툴리즘의 주요 신경 생리학 징후 및 증상이 상당히 유사함이 확인되었다[1,19,21,31,33].

15.4 경구중독에 대한 동물모델

경구 보툴리늄 중독(oral botulinum intoxication)의 발병은 마우스, 랫드, 기니픽, 토끼, 사람의 영장류 등의 많은 동물모델에서 널리 연구되었다. 마우스에서 연구는 다양한 독소혈청형, 마우스 계통, 제제의 정량적 경구효능에 주로 초점이 맞추어졌다[17,41~45]. 이들 조사에서 보다 커다란 전구독소 복합체는 보통 좀 더 안전한 형태이며, 따라서 정제된 유도체 형태보다 높은 위장관 독성을 나타낸다는 것을 보여주었다. 위에서 언급한 것처럼, 독소복합체에서 HA와 NTNH 구성성분은 위장관의 거친 환경에 대하여 보호가 잘되는 것으로 생각된다[17,23~27]. 독소안정성에서 HA와 NTNH 성분의 효과는 마우스 모델에 제한되지 않는다. 보다 큰 독소복합체는 다른 실험동물의 장액(intestinal juice)에 배양되었을 때, 시험관내 불활성화에 대한 유도체 형태보다 덜 민감하다[24,27,46,47].

말초신경말단에서 독소결합과 흡수에 대한 연구는 설치류 생체 내와 조직배양 모델을 종종 채택하였다[48~52]. 중추 및 말초신경 말단(central and peripheral nerve terminal)에서 독소결합상호작용(toxin binding interaction)은 마우스와 랫드에서 상당히 유사하게 나타나지만, 다른 동물 독소에서 널리 조사되지 않았다[53~56]. 보툴리늄독소의 작용기작과 마비효과는 마우스에서도 널리 특징지어졌으며, 사람에서의 결과와 대체적으로 유사한 것으로 생각된다[2~8,31]. 높은 이종간 서열정체성(interspecies sequence identity)은 신경전달물질 세포유출 현상(neurotransmitter exocytosis)에 수반된 SNARE 단백질의 독소분해부위(toxin cleavage site)에서 보고되었으며, 독소유발 마비(toxin-induced paralysis)에 뒤이은 유사한 신경말단회수패턴(nerve terminal recovery pattern)은 마우스와 사람의 대상조직에서 관찰되었다[43,57].

보툴리늄독소의 양적효능(quantitative potency)에 대한 연구는 마우스 모델과 종종 받아들여진다. 복강내 마우스 치사분석은 마우스가 전신성 중독에 매우 민감한 것과 같이, 실험표본에서 독소농도를 결정하는 표준방법이다. 반면에 동일한 독소에서 마우스의 경구치사용량은 치명적 비경구사용량보다 보통 수천 배 높다[17,23~25,42,43]. 기니픽과 같은 다른 실험동물에서 전신독성에 대한 경구독성은 훨씬 낮은 비율을 나타낸다[58~60]. 식품에서 유래하는 보툴리늄의 초기 임상증세는 마우스와 기타 작은 동물모델에서 적절하게 평가하는 것이 어려울 수 있다. 치명적 경구중독 말기는 더욱 명백하며, 마우스와 사람에서 임상 징후뿐만 아니라 몇몇 포유동물에서 유사한 임상 징후와 연관된다[31,48,61~63]. 이들 급성징후는 말초신경말단에서 보툴리늄 신경독소의 마비효과와 직접 연관되며, 사지기능의 약화, 탈진, 호흡곤란이 포함된다.

마우스 모델이 보툴리늄독소의 구강효능(oral potency) 연구에 종종 사용되는 데 반하여, 랫드 모델은 독소의 안정성, 지속성, 위장관으로부터 흡수에 대한 연구에서 더욱 광범위하게 사용되었다[23,24~26,46,64,65]. 전반적으로 설치류 연구는 위장관 투여 후, 현재 우리가 독소의 안정성과 그에 따른 효능과의 관계를 이해하는데 초석이 되었다. 다양한 부위의 위장관으로부터 독소흡수에 대한 연구는 장모델(intestinal model)과 연계된 랫드와 크게 의존되었다[23~26,46]. 이 모델은 위장관 노출 후, 림프에서 독소생성을 근거로 하여, 생체내 장관 절단부위에서 독소가 흡수될 수 있도록 해준다. 랫드의 위장관에서 흡수된 독소에 의한 부위의 양상은 몇 가지 다른 실험동물 종에서 관찰된 것들과 유사하다[23,25,46~48,62,66~70]. 랫드 모델은 또한 위장관 흡수 후, 림프관에서 독소의 잔존여부를 연구하는데도 사용되었다. 독소생성의 동태학과 랫드의 림프에서 사라지는 현상이 다른 동물에서 관찰된 결과와 유사함에도 불구하고, 이들 양상이 사람에서 독소의 전신흡수에서 일어나는 일련의 현상과 유사한 정도는 명백하지 않다.

랫드 모델은 대상조직에서 보툴리눔독소의 결합과 흡수에 대한 많은 생체 및 조직배양 연구에 채택되기도 하였다. 몇몇 집단에서 랫드 신경시냅스와 랫드에서 유래하는 아드레날린성 세포주* 에 대한 다양한 독소 혈청형의 결합을 보여주었다[2~8,57,72,73]. 중추 및 말초신경말단에 독소결합은 마우스와 랫드에서 유사하게 나타난다. 지금까지 이들 결합 상호작용은 다른 두드러진 실험동물에서 널리 연구되지 않았다. 더욱이, 사람의 신경근육 이음부(neuromuscular junction)에서 독소결합을 반영에서 전체 설치류 동물과 조직배양모델의 정확도는 아직 결정되지 않았다[53].

랫드에서 독소에 의해 유발되는 마비에 동반되는 기작들은 마우스와 사람에서 발생하는 것들과 유사하다고 생각된다. 랫드와 사람의 콜린시냅스(cholinergic synapses)는 동일한 시냅스 앞부분의 단백질 표적을 공유하며, 따라서 독소유발마비의 유사한 패턴임을 의미한다[2~8,57,72,73]. 이들 유사성에도 불구하고, 랫드의 감수성과 B형 독소의 중요한 차이점이 다른 포유동물들에서 확인되었다. 랫드는 VAMP 기질 동형(substrate isoform)의 보툴리눔 신경독소/B (BoNT/B) 분열부위에서 서열정체성의 결여로 인하여, B형 중독을 모델화하는 데 있어서 다른 설치류와 비교하여 적합성이 적나고 판단된다[53].

랫드 모델이 위장관에서 흡수된 보툴리눔독소에 대한 연구에 널리 사용되었음에도 불구하고, 상세한 경구독성 데이터는 많은 혈청형에서 이용가능하지 않다. 랫드는 경구중독에 대한 다른 설치류보다 다소 저항성이 있는 것으로 간주된다[60,62]. 문헌에는 이 내성에 대한 설명이 없지만, 비경구적으로 투여된 독소에 대하여 랫드가 가지는 상대적으로 높은 감수성은 낮은 전신 민감도보다 더 낮은 위장관 흡수효율을 나타낼 수 있다[61,74]. 랫드의 경구중독에 대한 알려진 내성에서 다른 분명하지 않은 요소들과 연관된, 고농도의 독소가 위장관 독소 투여 후, 랫드의 림프에서 발견될 수 있다[23,25,26,46]. 랫드의 경구중독에 대한 낮은 감수성은 사람에서 위장관 독소의 정량평가를 위한 사용에 반대되는 결론을 나타냈다. 반면에 랫드는 마우스와 토끼에서 관찰된 것보다 피가 섞인 눈물이 나오고 더욱 제한된 근무력증이 나타난다는 것을 제외하고, 보툴리눔 중독과 연관된 전신성 발병과 임상증세는 랫드와 다른 실험동물과 종종 유사하였다. 보툴리눔 중독과

* 아드레날린 또는 그와 유사한 작용을 가진 물질에 의하여 활성화되거나, 그러한 물질을 분비하는 세포주.

연관된 전신성 발병과 임상증세는 랫드와 다른 실험동물에서 유사하다[75].

토끼는 또한 경구보툴리눔중독(oral botulinum intoxication)에 대한 몇 가지 연구에서 사용되기도 하였다. 토끼가 전신성 중독(systemic intoxication)에 아주 민감한 반면에, 기니픽 보다 경구중독에 대하여 현저하게 덜 민감하다[58,60,76,77]. 토끼와 기니픽 모두가 순환성 독소의 유사한 동력학을 보여줌에도 불구하고, 토끼는 또한 기니픽보다 반복된 아치사 A형 독소량(toxin dose)에 대하여 덜 민감하다[78]. A형과 E형 독소에 대한 경구 감수성 감소 이외에, 경구보툴리눔 흡수의 맥락에서 토끼 모델에서 나타나는 다른 고유한 특징들은 없다. 토끼와 사람외 영장류는 E형 독소와 유사한 위장관 흡수동태를 보인다[77]. 조직배양연구에서는 토끼에서 분리된 회장(ileum), 기니픽의 정관, 고양이꼬리의 입모근(立毛筋, arrectores pilorum muscle) 등에서 D형 독소와 유사한 신경말단반응을 보여주었다[79]. 경구중독의 임상징후는 토끼와 기니픽 간에 유사하지만, 기니픽은 토끼와 다른 작은 동물모델에서 보다 신속한 질병의 진행을 나타낸다[58]. 전체적으로, 이들 연구는 토끼모델이 사람의 조건을 반영하는 데 있어서 어떤 별개의 장점을 가진다는 증거가 없음을 보여준다. 이같이 경구 보툴리눔 중독연구에서 토끼모델보다 기니픽에 대한 편견은 보다 높은 감수성, 비용감소, 사육의 용이성에 주로 기인한다고 생각할 수 있다.

기니픽은 독소결합, 흡수, 그리고 위장관노출 후의 효능에 대한 많은 연구결과의 통합으로, 경구보툴리눔중독을 위한 가장 일반적인 동물모델의 한 가지로 대표되고 있다. 독소결합활성은 기니픽의 소장의 상피세포에서 입증되었으며[27], 그 부위는 많은 다른 실험동물에서 독소흡수가 일어나는 곳으로 알려진 동일한 부위이다. 기니픽에서 위장흡수된 독소는 혈액과 소장의 림프관에서 일시적으로 나타난다[27,58,60]. 기니픽에서 경구보툴리눔 중독의 임상징후는 다른 실험동물에서 보았던 것들과 대개 유사하며, 호흡곤란, 전신허약, 마지막으로 호흡마비, 사망 등이 포함한다[63]. 다른 설치류는 또한 보툴리눔독소에 대해 일부 호흡마비를 보여주지만, 기니픽은 경구중독에 대해 일부 민감성이 나타난다. 중요한 점은 몇 가지 경구독성 연구에서 A형 독소를 위해 결정된 기니픽에 대한 치사량은 마우스에서 보고된 그것들보다 현저하게 낮다는 것이다[17,41,43~45,58,59,80]. 기니픽은 C1형과 D형 독소에 대한 높은 경구 감수성을 보여주는데[59,76], 그것은 일반적인 사람의 음식에서 유래하는 질병과 연관되지 않는다. 섭취한 독소에 대한 기니픽의 높은 감수성의 생리학적 근거는 명확히 하지 않았으나, 경구중독에 대한 감수성은 사람의 식품에서 유래하는 보툴리눔(human food-borne botulinum)을 모델링하는데 그들의 사용을 위한 근거로서 종종 제공된다.

사람외 영장류에서 경구보툴리눔 중독에 관한 연구는 비교적 적다. 경구노출 후, 위장관과 순환에서 독소의 동태는 다른 동물모델과 비교하였을 때, 원숭이에서와 현저하게 다르게 나타나지 않는다[77]. 사람외 영장류에서 사용이 제한적인 경구독성 데이터는 원숭이가 경구중독에 적당히 민감하다는 것을 나타낸다. 상대적으로 E형 독소의 낮은 LD_{50} 값, A, F, G형의 중간독성, 그리고 C형과 D형의 높은 LD_{50} 값 등이 몇 가지 초기연구에서 보고되었다[63,76]. 이 연구에서는 또한 복시(겹보임, diplopia), 안검하수증(눈꺼풀처짐증, ptosis), 근육쇠약, 삼킴곤란, 음식물섭취량 감소, 호흡곤란 등을 포함하는 사람의 식품에서 유래하는 보툴리눔 환자에서 관찰된 것과 매우 유사한 중독의 임상징후를 기술되었다[63,81]. 이 징후들은 사람의 임상증세에서와 비교하여 매우 순서적으로 유사하게 나타난다. 중독된 원숭이에서 보고된 사람의 조건과 일관된 한 가지 차이는 구강분비물과 콧물이 나오고, 위장관의 고통의 없으며, 동공이나 그 형태에서 중요한 변화가 없다는 것이다[63,81,82].

Rhesus 원숭이, cynomolgus 원숭이, 다람쥐원숭이(squirrel monkey) 등의 사람외 영장류에서 이들 실험적 경구중독을 조사하였다[63,76,77,81,82]. 다른 보고서들은 타마린(tamarin, 비단털원숭이), 마모셋(marmoset), 흰목꼬리감기원숭이(capuchin), 긴팔원숭이(gibbon), 개코원숭이(baboon)를 포함한 다른 사람외 영장류에서 자연 식품에서 유래하는 보툴리눔의 발생의 역학을 통해서 이해하는데 커다란 도움을 주었다[82,83]. C형 보툴리눔의 발생은 이들 보고서에서 자주 논의되었으며, 여기에는 사람의 질병을 모델링에 있어서, 사람외 영장류에 대한 잠재적인 편차가 있다는 것을 나타내었다. 몇 가지 실험 동물모델은 또한 경구 C형과 D형 중독에 최소한 어느 정도 감염되기 쉬운 것처럼 보인다[59,76,84,85]. 이들의 혈청형은 사람의 보툴리눔 사례에 별로 관련되지 않는다. 한 가지 초기 연구에는 식품에서 유래하는 C형 보툴리눔과 D형 보툴리눔에 대하여 간단히 언급되었다[25]. 그 후 논문에는 유아에서 C형 보툴리눔 사례가 보고되었다[86]. 사람에서 질병을 야기하는 C형과 D형 독소의 가능성을 확립하기 위한 일부 보고서에는 더 많은 연구가 필요하다고 기술되어 있다. 입증자료에서와 같이, 분리된 사람의 비근육성 이음부(nonmuscular junction)와 신경모세포종 세포(neuroblastoma cell)가 C형 독소에 민감하다는 것을 조직배양 실험을 통해서 보여주었다[87,88]. 더욱이, 보툴리눔 신경독소/C1 (BoNT/C1)의 치료가능성에 대한 생체 연구는 A형과 C형 독소가 사람대상의 단지신근(短趾伸筋, extensor digitorum brevis muscle) 내에서 유사한 마비효과에 영향을 미치는 것을 보여주었다[89].

사람의 장관상피세포주(gut epithelial cell line) 전체에 걸친 시험관내 독소전달 연구는 사람에서 보고된 C형 보툴리눔 사례가 없다는 것에 대한 다른 가능성을 설명하였다[90]. A형과 B형 독소는 두 가지 다른 사람의 대장암종세포주(human colon carcinoma cell line)에서 모두 효율적으로 동과세포외배출(transcytosed)되는 반면에, C형의 최소통과세포외배출(minimal transcytosis)만이 관찰되었다. 이들 발견에서 사람의 C형 보툴리눔 사례가 없다는 것은 섭취한 독소의 위장관 흡수가 잘되지 않았다는 결과일 수 있다는 것을 나타낸다. 그 대신에, 생체에서 C형 독소흡수는 대장암종 세포단일층(colon carcinoma cell monolayer)에 의해 적절하게 모델화 되지 않은 선택된 사람의 장관상피부위(select human gut epithelial region)에서 발생할 수 있다. 이같이, 사람의 C형과 D형 보툴리눔 사례가 별로 없다는 것에서 독소흡수의 잠재적인 역할과 종-특이적인 식습관과 같은 비생리학적 요인들은 아직 정의되지 않았다.

다양한 실험동물의 경구보툴리눔중독 연구에서 몇 가지 일반적인 사항들이 생겨났다. 예를 들어, 생물학적 안전성, 위장흡수, 경구독성과 같은 병원성 매개변수들는 다양한 동물모델에서 사용된 특이한 독소제제, 균주, 혈청형 등에 크게 의존된다. 보다 큰 다중결합 전구독소(multimeric progenitor toxin)는 신경독소 유도체보다 위장관에서 상당히 안정하며, 따라서 다양한 동물모델에서 보다 높은 경구독성을 갖는다[23~27,42,46,91]. 전구독소의 높은 경구효능은 어떤 독소의 결합과 흡수에 대한 HA 성분의 직접적 분포와 더불어, 불리한 위장관 조건을 견디는 능력의 증가와 관련될 수 있다[27,84,92]. 다른 *C. botulinum* 균주는 또한 그들이 생산한 독소의 경구효능(oral potency)에 영향을 미치는 독특한 특성이 있다는 것을 나타낸다. 일부 더욱 독성이 있는 균주가 마우스 실험에서 확인된 반면에[17,44,93,94], 다른 균주들 간의 경구독성비교는 다른 실험동물에서는 보고되지 않았다.

위장관에서 보툴리눔 독소의 흡수에 관한 연구는 많은 생체와 조직배양연구를 통해서 수행되었다. 결찰된 내장모델(ligated intestinal model)은 몇 가지 실험동물의 내장 상부에서 독소흡수가 가장 효과적이었음을 보여주었다[17,25-27,46,47,62,67,95]. 이들 발견은 섭취한 독소가 적어도 일부분이 위장 환경에서 온전하게 존재해야 하고, 그 후 소장으로 유입되어 흡수된다는 것을 나타낸다. 비록 결찰된 내장모델이 위장관 특정 부위에서 독소의 동태를 특징짓는 데 유용함에도 불구하고, 그 디자인은 섭취한 독소의 흡수를 평가하기 위해서 오직 제한된 해결책만을 제공한다. 이 모델들은 일부 섭취한 독소가 위장관에 도달하기 전에 흡수될 수 있다는 가능성을 다루지 않는다. 그 모델들은 또한 독소흡수에 수반된 특별한 위장관을 확인하는데 적절하지 않다. 이들 세포집단을 확인하는 일은 가장 적당한 세포배양모델을 확립하고, 섭취한 독소의 흡수를 지배하는 특별한 기작을 이해하는데 중요할 것이다.

경구 보툴리눔중독 연구를 위해 많은 동물모델이 사용된 비하여, 위장관 노출 후, 발병되는 질병의 종간 비교는 제한되어 있다. 경구노출에 따른 중독의 임상징후는 동물모델에서와 유사하다[58,61,63,77,81,82,96]. 임상증세의 시작과 심한 정도뿐만 아니라, 치명적으로 중독된 동물에서 사망시간은 사람을 포함한[39], 동일한 모델동물에서 보통 복용량 의존성이며 다양하다[31,38,63,77,81,96]. 이같이 한 가지 동물모델이 사람에 대하여 경구중독을 반영하는 데 있어서, 다른 것들보다 훨씬 더 많은 관련이 있다는 것을 제시하는 최근의 문헌에서 찾아보기 어렵다. 그러한 데이터의 부재에서, 경구중독에 대한 다른 실험동물의 상대적 감수성은 사람과 비교하기 위한 가장 건설적인 토대를 제공할 수 있다. 안타깝게도, 감수성 비교는 사람과 랫드, 토끼, 사람외 영장류와 같은 보다 일반적인 일부 동물모델에서 경구독성에 대한 무시할만한 양의 정량적 데이터에 의해 추가로 제한된다. 놀라운 사실은 식품 유래 보툴리눔에 대한 대부분의 사람 사례연구에서 섭취된 예상독소량 또는 오염된 음식에서 독소농도를 제시하지 못한다는 것이다. 추후에 사람과 실험동물 사이의 정확한 감수성 비교를 위해서는 더욱 철저한 연구와 경구독성의 정량적 보고를 필요로 할 것이다.

15.5 흡입중독에 대한 동물모델

보툴리눔 독소에 대한 호흡기 노출실험은 몇몇 동물에서 질병과 사망을 일으킨다. 수십 년 전에 독일에서 3명의 실험실 작업자들이 부주의로 에어로졸화된 A형 독소에 노출되어 흡입성 보툴리눔(inhalational botulinum)에 중독되었을 가능성의 증거로 제공되었다. 사람을 대상으로 보고된 이들 임상증세는 실험동물에서 보았던 것들과 대체적으로 유사하였다[31,33]. 중독된 실험실작업자들은 보툴리눔의 공통 징후와 증상으로 고통을 겪었으나, 미확인 분량의 A형 독소를 호흡기에 노출시킴으로서 회복되었다. 사람에서 흡입 보툴리눔독소 에어로졸의 양적효능은 완전히 알려져 있지 않기 때문에, 사람의 호흡기 독성에 대한 추정은 흡입중독을 위한 동물모델로부터 얻어진 데이터에 전적으로 의존한다. 선택된 독소혈청형의 호흡효능은 마우스, 기니픽, 원숭이를 포함하는 몇 가지 실험동물에서 연구되었다. 예상된 바와 같이, 일반 동물과 사람에서 보여준 흡입중독 사이의 관계는 의문으로 남아 있다.

초기 흡입성 보툴리눔독소 노출에 대한 연구에 보통 보다 큰 실험용 동물을 사용하였다. 더욱 최근에, 마우스 모델은 호흡중독을 위한 중요한 실험 시스템으로서 부각되었다. 마우스에서 보툴리눔 신경독소/A (BoNT/A)의 효능에 대한 연구는 비강내 장치 후에, 정제된 신경독소의 흡수, 독성, 면역원성을 각각 보여주었다[97]. 이 연구의 실험결과는 정량적 문제보다 더 정성적 문제를 다루었다; 그럼에도 불구하고, 이 동물모델은 비강내투여 후, 신경독소성분의 흡수를 위한 일반용량을 보여주었다. 호흡계 형태학 및 모델의 입자침착에 대한 또 다른 연구는 사람에서 적절하게 양적으로 반영하는 흡입성 노출이 마우스 모델에서 몇 가지 일반적인 한계를 보여주었다. 예를 들어, 마우스와 다른 설치류는 복잡한 비강통로를 가진 절대적으로 비강 호흡에 의존하며, 그들이 원숭이와 사람보다 높은 상기도 잔류와 흡입 입자의 낮은 폐포침착을 나타낸다[98,99]. 주어진 지속기간 이상에서 폐의 gram당 축적된 입자의 양은 또한 사람에서뿐만 아니라 대부분의 실험동물보다 마우스에서 월등히 높다[99].

이들 차이는 사람의 폐 해부학 및 생리학에 대한 마우스모델의 상대적으로 낮은 충실도를 강조하였지만, 어떤 흡입노출연구에서 마우스의 사용을 배제하지 않는다. 예를 들어, 독소흡입, 작용기작, 콜린성 신경말단에서 마비효과에 관한 마우스와 사람 사이에 명백하게 일치하지 않는 경우는 없다. 이같이, 마우스 모델은 말초대상조직에서 전신성 발병과 독소활성을 특징짓는 유용성을 입증하기 위해 계속해야 한다. 마우스와 사람에서 유사한 면역학적 반응은 또한 보다 고등한 동물에서 시험하기 전에 현존하는 백신이나 새로운 백신의 특성을 결정하는데 있어서 murine 모델의 지속적인 사용을 뒷받침한다. 그러므로 마우스 모델은 호흡중독과 관련된 어떤 문제를 다루는 데 있어서 다양한 방안을 제시한다. 현재 마우스와 사람에서 흡입반응의 비교분석을 뒷받침하는 데이터의 양은 많지 않다.

보툴리눔독소의 흡입노출은 마우스와 랫드와 같이 작은 설치류와 비교하여 기니픽에서 더 많이 연구되었다. 기니픽은 보툴리눔 중독에 매우 민감하며, 치명적인 호흡투여량은 토끼와 원숭이 같은 많은 다른 실험모델에서보다 기니픽에서 일반적으로 낮다[58~60,76,77]. 기니픽의 보툴리눔독소에 대한 높은 감수성은 질병이 진행되기 전에 짧은 잠복기에 의해 설명될 수 있다. 기니픽은 근무력증, 무반응성, 호흡곤란, 이완성마비 등의 다른 동물에서 보여주었던 것과 거의 유사한 질병징후를 나타낸다[58]. 기니픽은 또한 호흡중독으로부터 거품가래 또는 피가 섞인 가래도 생성한다[58]. 구강과 비강에서의 분비물은 위장관 및 전신성 독소노출 후[63,81,100~102], 원숭이와 일부 다른 동물모델에서도 보고되었으나, 식품에서 유래하는 사람의 보툴리눔 사례와 일반적으로 연관되지 않는데, 그것은 구강건조에 의한 것으로 특징지어진다[31].

원숭이를 이용한 호흡기 노출 실험 이후에 나타나는 임상증세는 사람에서 우연한 호흡 또는 위장관 노출 이후에 나타나는 증세와 상당히 유사하다[31,102]. 원숭이와 사람에서 관찰된 안검하수증(눈꺼풀처짐증, ptosis)과 연하곤란(삼킴곤란, dysphagia) 등의 몇 가지 일반적 징후는 기니픽과 다른 일반적인 실험동물에서는 보고되지 않았다. 사람외 영장류에서 호흡기 독성 평가에 대한 몇 가지 연구가 발표되었다. 그러한 정보는 사람에서 호흡기 보툴리눔독소 노출에 대한 탁월한 동물모델로서 원숭이와 기니픽 간의 상세한 비교를 가능하게 한다.

사람에서 흡입중독을 반영하기 위한 이들 동물모델의 적절성은 또한 그들의 호흡기 해부학 및 생리학적 비교에 관한 보다 일반적인 차원에서 평가되어야 한다. 대부분의 다른 작은 실험동물과 비교하여, 기니픽은 호흡기 상부에 흡입된 입자들을 잔류시키는 복잡한 비강통로를 가지고 비강호흡을 한다[98,99,103,104]. 허파말단에서 폐포침착패턴은 원숭이 또는 사람과 비교하여 기니픽이 입자크기에서 변화에 훨씬 더 민감하다[98]. 기니픽에서 입자크기가 0.5 μm에서 2.5 μm로 증가함에 따라 폐포침착은 감소하는 반면에, 원숭이와 사람에서 상반된 현상이 관찰되었다[92,104]. 이들 침착패턴은 일반적으로 폐포침착 감소로 해석되며, 기니픽이 흡입한 입자의 많은 잔류량은 원숭이와 사람에서의 잔류량과 비교되었다[98,104]. 기니픽은 또한 원숭이와 사람에서보다 보다 높은 호흡률과 분당박출량뿐만 아니라, 현저하게 낮은 일회호흡량을 가진다[99,104]. 이들의 차이는 원숭이나 사람에서 보다 기니픽에서 단위시간 당 허파에서 gram당 흡입된 입자의 훨씬 많은 양의 침착을 초래한다[104]. 그러한 차이점은 사람의 기도에서 흡입물질의 동태가 사람외 영장류 모델에서 일반적으로 가장 밀접하게 반영된다는 것을 나타낸다. 대부분의 이들 연구는 양성(良性) 모델 에어로졸을 채택하기 때문에, 보툴리눔독소의 구체적인 호흡침착패턴을 예측하기 위한 그런 데이터를 사용할 때 주의해야 한다.

기니픽과 원숭이는 흡입중독에 상당히 민감하며, 사람외 영장류에서 호흡투여량은 아직 확실히 연구되지 않았다. 기니픽 모델은 다루는 데 있어서 특별한 질문, 실험설계, 자료의 이용가능성 등에 의거하여, 연구에서 지속적으로 적절하게 입증되어야 한다. 기니픽은 순환에서 독소활성과 기니픽과 영장류의 대상조직에 관하여 한정된 분명한 차이가 없는 것처럼, 호흡 흡수 후, 발병의 어떤 세포 및 분자적 측면을 연구하는데 사용될 수 있다. 반면에 사람외 영장류 연구로부터 얻은 정량적 호흡침착, 흡수, 독성데이터는 기니픽 모델로부터 얻은 데이터보다 더 사람의 중독에 대한 대표성을 가져야 한다.

흡입보툴리눔 중독(inhalational botulinum intoxication) 연구에서 생체내 동물모델은 중요하지만, 다른 측면에서 질병발병에 대한 조직배양 시스템 사용은 좀 더 구체적으로 다루어질 수 있다. 폐샘암종 세포주(pulmonary adenocarcinoma cell line)와 일차폐포상피세포(primary alveolar epithelial cell)는 기도 내에서 독소의 통과세포외배출(transcytosis)을 조사하는 데 사용되었다[97]. 보툴리눔 신경독소/A (BoNT/A)와 정제된 A형 중쇄(heavy chain)의 통과세포외배출은 폐포상피단일층(alveolar epithelial monolayer)에서 관찰되었다. 이 배양모델의 적절성은 흡입노출 후 독소침착과 흡수가 말초호흡계 내에서 일차적으로 발생한다는 가정의 적절성에 의존한다. 모델입자 에어로졸의 호흡침착에 대한 이전의 연구는 이러한 일부 추측을 뒷받침하지만, 흡입된 보툴리눔 독소의 반응에 대한 보다 구체적인 연구가 필요하다. 심한 독소침착과 흡수는 또한 비강통로, 기도, 세기관지 내에서 발생할 수 있다. 미래의 연구에서는 관련동물모델에서 호흡기 노출 후, 침착과 흡수를 평가하기 위해 실시간 영상시스템을 따라 표지된 독소제제를 통합할 수 있다. 그 같은 실험을 통해서 동물모델들은 더욱 상세하게 비교될 수 있으며, 호흡독소 흡수를 위한 가장 적절한 조직배양모델의 개발을 뒷받침한다.

상기의 결과 요약에서 언급된 바와 같이, 다른 방법과 모델은 보툴리눔독소에 대한 흡입노출효과를 연구하는데 적용되었다. 이전에 생체내, 체외, 시험관내 연구들 간의 상호연결이 고려되었다[105]. Anderson and Tucker[105]의 연구에서 얻어진 그림 4.3에 보여주는 바와 같이, 한 가지 종에서 다른 종으로 모델을 사용하여 결과를 추정하려는 시도를 할 때, 동물모델과 임상연구 사이의 상호관계의 평가는 필수적이다. 한 가지 발표된 연구는 다른 동물과 보툴리눔 독소에 의해 유발된 마비에 대한 임상적 연구에서 유래한 결과를 비교하기 위하여 이론적 접근을 실시하였다[106]. 동력학 실험데이터는 마우스[107,108]에서 생체내 연구로부터, 그리고 랫드[109]에서 적출된 횡격막신경-횡격막 시료(phrenic nerve-diaphragm preparation)를 이용하여 마비의 진행과정을 조사하였다. 이들 연구로부터 결과는 그 독소가 근육긴장이상 환자에게 접종되어, 증상의 진행성 완화가 주기적으로 모니터된 임상결과와 비교되었다[110]. 동질성(commonality)을 확립하기 위해서, 단일 컴퓨터분석(*in silico*) 모델은 3가지 시간경과 모두를 촉진하고, 동물모델과 임상에서의 체외와 생체내 결과들 간의 관계를 보여주기 위하여 만들어졌다. 이 사례는 또한 보툴리눔 독소의 다른 역할이 실험실과 임상에서 조사되고 있다는 점을 제기하고 있다. 최근의 몇 가지 연구가 표 15.1에 열거되었다[111~137].

15.6 고찰

보툴리눔 독소는 사람과 많은 다른 포유동물들에서 질병과 사망을 일으킬 수 있는 매우 강력한 신경근육 독(neuromuscular poison)이다. 독소는 원래 오염된 식품을 통하여 사람과 동물에 영향을 준다. 독소의 경구독성은 다중결합 복합체의 다양한 비독성 폴리펩티드 성분들과 그들의 연관성이 열악한 조건의 위장관을 크게 보호하는 것과 같이 단백질독소들 가운데 유일하다. 전구독소 복합체(progenitor toxin complex)는 단백질분해를 견디기에 충분한 생물학적 안정성을 가지고, 원래의 신경독소를 림프관과 순환을 통해서 장내흡수하며, 신경독소는 일단 흡수되면 말초신경근육이음부(peripheral neuromuscular junction)를 신속히 표적으로 하여, 조직의 마비를 일으키는 신경전달물질의 방출을 저해한다.

이 발병과정은 몇 가지 실험동물 모델을 이용한 경구중독에 대한 폭넓은 감수성을 통해서 어느 정도 특징지어졌다. 마우스, 랫드, 기니픽과 같은 설치류들은 위장관 흡수, 작용기작, 보툴리눔 독소의 경구효능 등에 대한 연구를 위해 널리 사용되었다. 사람외 영장류는 고비용, 낮은 유용성, 제약조건 등의 요인들 때문에 낮은 범위에서 통합되었다. 전체적으로 이들 연구는 다른 동물모델과 연관된 많은 장점과 단점을 가지고 있었다. 그러한 발견은 부가적 연구의 관심분야를 확인하고 추후 연구에서 사용될 가장 적절한 동물모델을 결정할 때 그 유용성이 입증될 것이다. 식품으로부터

표 15.1

보툴리눔 신경독소의 기능적 역할을 제공하는 동물모델에 대한 최근 발표논문

동물모델	모델의 기능적 역할	제제	참고문헌
기니픽	5HT 방출	시험관내	[111]
마우스	반이질통증(antiallodynic) 효능 (신경병성 통증)	생체내	[112]
마우스	항체 보호	생체내	[113]
밍크, 기니픽	항독소 역가	생체내	[114]
마우스	뼈 손실	생체내	[115]
마우스	Ca^{+2} 유입, 이자외분비세포	생체내	[116]
마우스	후보약물선별, NMJ; 발가락 확산 (toe spread)	체외, 생체내	[117]
마우스	후보약물선별—척수세포	시험관내	[118]
닭배아	후보약물선별—배양 뉴런	시험관내	[119]
기니픽	후보 AchE의 양—비선(鼻腺, nasal gland)	생체내, 시험관내	[120]
마우스	항체검출	시험관내	[121]
소	독소검출	체외	[122]
소	우유에서 독소검출	생체내	[123]
민물 어류	검출과 독성	생체내	[124]
마우스	독소확산	생체내	[125]
마우스	건안(乾眼, dry eye) 모델 (건조각막결막염)	생체내	[126]
말	면역반응	생체내	[127]
마우스	관절통; 관절염	생체내	[128]
마우스	신경발생 운동뉴런	시험관내	[129]
마우스	신경독성	체외	[130]
마우스	마비와 회복	생체내	[131]
마우스	마비로부터 회복	생체내	[132]
마우스	자연 재발성발작	생체내	[133]
닭	독성감염 보툴리눔	생체내	[134]
얼룩메기	중독증	생체내	[135]
마우스	근육의 초미세구조에 대한 독소효과	생체내	[136]
마우스	외상성 보툴리즘 생물분석	생체내	[137]

유래하는 보툴리눔(food-borne botulism)에 대한 부가적 정보는 사람에서 발생 사례연구로부터 유래하였는데, 그것은 또한 사람의 조건을 중요한 동물모델과 비교하기 위한 몇 가지 기준을 제공한다. 섭취된 보툴리눔독소에 대한 사람의 감수성과 다양한 동물모델에서 반영된 질병의 발병을 고려하여 다루어야 할 많은 의문들이 여전히 남아 있다. 실험동물에서 치사량 수치를 평가한 많은 연구들이 있었지만, 최소 정량적 데이터가 사람의 경구독성에 대하여 이용가능하다. 또한 실험동물과 사람에서 경구노출 후, 보툴리눔 독소의 대상조직에 대한 장내결합, 흡수, 전신이동에 수반된 기작에 관한 내용은 상대적으로 알려진 것이 거의 없다. 그같은 정보는 추후 연구 상황 하에서 탁월한 동물모델들 간의 보다 자세한 비교를 용이하도록 해준다.

보툴리눔 독소가 역사적으로 식품에서 유래하는 질병과 관련이 있음에도 불구하고, 이 독소는 또한 잠재적 흡입노출의 위협도 나타낸다. 몇 가지 실험동물모델에서 보툴리눔 독소의 호흡효능을 보여주었다. 최근 생체 내와 조직배양연구에서도 기도에서 흡수된 신경독소의 기능이 확립되었다. 순환성 독소가 호흡기를 통해 흡수된 후 초래하는 발병은 말초신경말단을 신속히 표적화하고, 시냅스이전 신경전달물질 방출을 저해함으로써, 위장관에서 독소가 흡수된 후에 관찰되는 결과와 유사한 것으로 생각된다. 독소의 결합과 흡수에서 특별한 요구조건은 호흡기 노출경로와 관련이 있을 수 있다. 더우기 보호와 흡입중독 치료와의 상관관계는 식품에서 유래하는 보툴리눔과 연관될 수 있다. 식품에서 유래하는 보툴리눔이 사람과 동물모델에서 특징이 잘 규명된 반면에, 사람에서 흡입중독을 치료하는데 있어서 그같은 시도의 효능은 아직 잘 알려져 있지 않다. 발병, 예방, 흡입중독 치료를 명확히 하기 위한 미래의 노력을 위해서는 사람의 조건에 가장 부합되는 동물모델을 필요로 할 것이다. 마우스, 기니픽, 사람외 영장류를 포함한 몇 가지 기존 동물모델로부터 호흡기 독성과 발병데이터를 얻게 되었다. 사람에서 흡입중독에 대한 이해는 이들 전체-동물모델의 추가 특성 연구와 보툴리눔 신경독소의 호흡기 노출에 대한 새로운 조직배양 시스템의 개발을 통해서 혜택을 보게 될 것이다.

15.7 결론

이 장과 이전의 평가의견에서 마우스 모델에서는 많은 형태의 보툴리눔 독소 연구 주제에 대하여 중요한 가치가 있다는 것을 보여주었다. 생물방어의 관점에서 생물위협제제로서 독소에 대한 연구와 대응책의 평가를 위한 마우스 모델을 뒷받침하는 데이터들이 최근에도 제시되고 있다. 생체 내 및 시험관내 동물연구의 조합은 컴퓨터분석 연구와 접목하여, 사람에 대한 정확한 추정을 하기 위해서, 더 나아가 다른 독소의 효과, 제제, 노출경로, 환경조건, 개별 변경사항을 이해할 필요가 있다.

면책조항

의견, 해석, 결론, 추천 등은 저자들에 귀속되며, 미군에 의해 반드시 승인되지 않는다.

참고문헌

1. Simpson, L. L. Identification of the major steps in botulinum toxin action. *Annu. Rev. Pharmacol. Toxicol.*, 44, 167–193, 2004.
2. Schiavo, G., Rossetto, O., Santucci, A., DasGupta, B. R., and Montecucco, C. Botulinum neurotoxins are zinc proteins. *J. Biol. Chem.*, 267, 23479–23483, 1992.
3. Schiavo, G., Rossetto, O., Catsicas, S., Polverino de Laureto, P., DasGupta, B. R., Benfenati, F., and Montecucco, C. Identification of the nerve terminal targets of botulinum neurotoxin serotypes A, D, and E. *J. Biol. Chem.*, 268, 23784–23787, 1993.
4. Schiavo, G., Shone, C. C., Rossetto, O., Alexander, F. C., and Montecucco, C. Botulinum neurotoxin serotype F is a zinc endopeptidase specific for VAMP/synaptobrevin. *J. Biol. Chem.*, 268, 11516–11519, 1993.

5. Schiavo, G., Malizio, C., Trimble, W. S., Polverino de Laureto, P., Milan, G., Sugiyama, H., Johnson, E. A., and Montecucco, C. Botulinum G neurotoxin cleaves VAMP/synaptobrevin at a single Ala-Ala peptide bond. *J. Biol. Chem.*, 269, 20213–20216, 1994.
6. Blasi, J., Chapman, E. R., Link, E., Binz, T., Yamasaki, S., De Camilli, P., Sudhof, T. C., Niemann, H., and Jahn, R. Botulinum neurotoxin A selectively cleaves the synaptic protein SNAP-25. *Nature*, 365, 160–163, 1993.
7. Yamasaki, S., Baumeister, A., Binz, T., Blasi, J., Link, E., Cornille, F., Roques, B. et al., Cleavage of members of the synaptobrevin/VAMP family by types D and F botulinal neurotoxins and tetanus toxin. *J. Biol. Chem.*, 269, 12764–12772, 1994.
8. Schiavo, G., Shone, C. C., Bennett, M. K., Scheller, R. H., and Montecucco, C. Botulinum neurotoxin type C cleaves a single Lys-Ala bond within the carboxyl-terminal region of syntaxins. *J. Biol. Chem.*, 270, 10566–10570, 1995.
9. Aureli, P., Fenicia, L., Pasolini, B., Gianfranceschi, M., McCroskey, L. M., and Hatheway, C. L. Two cases of type E infant botulism caused by neurotoxigenic *Clostridium butyricum* in Italy. *J. Infect. Dis.*, 154, 207–211, 1986.
10. Harvey, S. M., Sturgeon, J., and Dassey, D. E. Botulism due to Clostridium baratii type F toxin. *J. Clin. Microbiol.*, 40, 2260–2262, 2002.
11. Allen, S. D., Emery, C. L., and Siders, J. A. Clostridium, in *Manual of Clinical Microbiology*, P. R. Murray, E. J. Barron, M. Q. Pfaller, F. C. Tenover, and R. H. Yolken, eds., pp. 654–671, American Society for Microbiology, Washington, D.C., 1999.
12. Barth, H., Aktories, K., Popoff, M. R., and Stiles, B. G. Binary bacterial toxins: biochemistry, biology, and applications of common Clostridium and Bacillus proteins. *Microbiol. Mol. Biol. Rev.*, 68, 373–402, 2004.
13. Fairweather, N. F., and Lyness, V. A. The complete nucleotide sequence of tetanus toxin. *Nucleic Acids Res.*, 14, 7809–7812, 1986.
14. Simpson, L. L. The origin, structure, and pharmacological activity of botulinum toxin. *Pharmacol. Rev.*, 33, 155–188, 1981.
15. Sharma, S. K., Ramzan, M. A., and Singh, B. R. Separation of the components of type A botulinum neurotoxin complex by electrophoresis. *Toxicon*, 41, 321–331, 2003.
16. Krebs, K. M., and Lebeda, F. J. Comparison of the structural features of botulinum neurotoxin and NTNH, a non-toxic accessory protein of the progenitor complex. *The Botulinum Journal*, 1, 116–134, 2008.
17. Ohishi, I., Sugii, S., and Sakaguchi, G. Oral toxicities of *Clostridium botulinum* toxins in response to molecular size. *Infect. Immun.*, 16, 107–109, 1977.
18. Inoue, K., Fujinaga, Y., Watanabe, T., Ohyama, T., Takeshi, K., Moriishi, K., Nakajima, H., and Oguma, K. Molecular composition of Clostridium botulinum type A progenitor toxins. *Infect. Immun.*, 64, 1589–1594, 1996.
19. Hines, H. B., Lebeda, F. J., Hale, M., and Brueggemann, E. E. Characterization of botulinum progenitor toxins by mass spectrometry. *Appl. Environ. Microbiol.*, 71, 4478–4486, 2005.
20. Cheng, L. W., Onisko, B., Johnson, E. A., Reader, J. R., Griffey, S. M., Larson, A. E., Tepp, W. H., Stanker, L. H., Brandon, D. L., and Carter, J. M. Effects of purification on the bioavailability of botulinum neurotoxin type A. *Toxicology*, 249, 123–129, 2008.
21. Schiavo, G., Matteoli, M., and Montecucco, C. Neurotoxins affecting neuroexocytosis. *Physiol. Rev.*, 80, 717–766, 2000.
22. Singh, B. R., Li, B., and Read, D. Botulinum versus tetanus neurotoxins: Why is botulinum neurotoxin but not tetanus neurotoxin a food poison? *Toxicon*, 33, 1541–1547, 1995.
23. Sugii, S., Ohishi, I., and Sakaguchi, G. Oral toxicities of *Clostridium botulinum* toxins. *Jpn. J. Med. Sci. Biol.*, 30, 70–73, 1977.
24. Sugii, S., Ohishi, I., and Sakaguchi, G. Correlation between oral toxicity and *in vitro* stability of *Clostridium botulinum* type A and B toxins of different molecular sizes. *Infect. Immun.*, 16, 910–914, 1977.
25. Sugii, S., Ohishi, I., and Sakaguchi, G. Intestinal absorption of botulinum toxins of different molecular sizes in rats. *Infect. Immun.*, 17, 491–496, 1977.

26. Ohishi, I. Absorption of *Clostridium botulinum* type B toxins of different molecular sizes from different regions of rat intestine. *FEMS Microbiol. Lett.*, 16, 257–260, 1983.
27. Fujinaga, Y., Inoue, K., Watanabe, S., Yokota, K., Hirai, Y., Nagamachi, E., and Oguma, K. The haemagglutinin of *Clostridium botulinum* type C progenitor toxin plays an essential role in binding of toxin to the epithelial cells of guinea pig small intestine, leading to the efficient absorption of the toxin. *Microbiology*, 143 (Pt 12), 3841–3847, 1997.
28. Lebeda, F. J., and Singh, B. R. Membrane channel activity and translocation of tetanus and botulinum neurotoxins. *J. Toxicol.—Toxin Rev.*, 18, 45–76, 1999.
29. Daniels-Holgate, P. U., and Dolly, J. O. Productive and non-productive binding of botulinum neurotoxin A to motor nerve endings are distinguished by its heavy chain. *J. Neurosci. Res.*, 44, 263–271, 1996.
30. Lalli, G., Herreros, J., Osborne, S. L., Montecucco, C., Rossetto, O., and Schiavo, G. Functional characterisation of tetanus and botulinum neurotoxins binding domains. *J. Cell Sci.*, 112, 2715–2724, 1999.
31. Arnon, S. S., Schechter, R., Inglesby, T. V., Henderson, D. A., Bartlett, J. G., Ascher, M. S., Eitzen, E. et al., Botulinum toxin as a biological weapon: medical and public health management. *J. Amer. Med. Assoc.*, 285, 1059–1070, 2001.
32. Cherington, M. Clinical spectrum of botulism. *Muscle Nerve*, 21, 701–710, 1998.
33. Middlebrook, J., and Franz, D. Botulinum toxins, in *Textbook of Military Medicine: Medical Aspects of Chemical and Biological Defense*, R. Zajtchuk, ed., Office of the Surgeon General, Department of the Army, Washington, DC, 1997.
34. Mackle, I. J., Halcomb, E., and Parr, M. J. Severe adult botulism. *Anaesth. Intensive Care*, 29, 297–300, 2001.
35. Maselli, R. A. Pathogenesis of human botulism. *Ann. N. Y. Acad. Sci.*, 841, 122–139, 1998.
36. Sonnabend, O., Sonnabend, W., Heinzle, R., Sigrist, T., Dirnhofer, R., and Krech, U. Isolation of *Clostridium botulinum* type G and identification of type G botulinal toxin in humans: Report of five sudden unexpected deaths. *J. Infect. Dis.*, 143, 22–27, 1981.
37. Lamanna, C. The most poisonous poison. *Science*, 130, 763–772, 1959.
38. Lecour, H., Ramos, H., Almeida, B., and Barbosa, R. Food-borne botulism. A review of 13 outbreaks. *Arch. Intern. Med.*, 148, 578–580, 1988.
39. Lebeda, F. J., Cer, R. Z., Stephens, R., and Mudunuri, U. Temporal characteristics of botulinum neurotoxin therapy. *Expert Rev. Neurother.*, 10, 93–103, 2010.
40. Lebeda, F. J., Cer, R. Z., Stephens, R., and Mudunuri, U. Time course of the effects of botulinum neurotoxin, in *Dystonia: Causes, Symptoms and Treatment*, J. Kurstot and M. Forsström, eds., pp. 179–198, Nova Science Publishers, Inc., Hauppauge, NY, 2010.
41. Bulatova, T. I., and Kaulen, D. R. Natural resistance of irradiated animals to botulin toxins. *J. Hyg. Epidemiol. Microbiol. Immunol.*, 10, 67–73, 1966.
42. Sakaguchi, G., and Sakaguchi, S. Oral toxicities of *Clostridium botulinum* type E toxins of different forms. *Jpn. J. Med. Sci. Biol.*, 27, 241–244, 1974.
43. Sugiyama, H., DasGupta, B. R., and Yang, K. H. Toxicity of purified botulinal toxin fed to mice. *Proc. Soc. Exp. Biol. Med.*, 147, 589–591, 1974.
44. Ohishi, I. Oral toxicities of *Clostridium botulinum* type A and B toxins from different strains. *Infect. Immun.*, 43, 487–490, 1984.
45. Nukina, M., Miyata, T., Sakaguchi, S., and Sakaguchi, G. Detection of neutral sugars in purified type G botulinum progenitor toxin and the effects of some glycolytic enzymes on its molecular dissociation and oral toxicity. *FEMS Microbiol. Lett.*, 63, 159–164, 1991.
46. Ohishi, I., Sugii, S., and Sakaguchi, G. Absorption of botulinum type B progenitor and derivative toxins through the intestine [proceedings]. *Jpn. J. Med. Sci. Biol.*, 31, 161–163, 1978.
47. Miyazaki, S., and Sakaguchi, G. Experimental botulism in chickens: The cecum as the site of production and absorption of botulinum toxin. *Jpn. J. Med. Sci. Biol.*, 31, 1–15, 1978.
48. Zacks, S., and Sheff, M., Biochemistry and mechanism of action of toxic proteins. U.S. Army Edgewood Arsenal, Final Progress Report, DTIC AD816140, pp. 1–8, 1969.

49. Williams, R. S., Tse, C. K., Dolly, J. O., Hambleton, P., and Melling, J. Radioiodination of botulinum neurotoxin type A with retention of biological activity and its binding to brain synaptosomes. *Eur. J. Biochem.*, 131, 437–445, 1983.
50. Agui, T., Syuto, B., Oguma, K., Iida, H., and Kubo, S. Binding of *Clostridium botulinum* type C neurotoxin to rat brain synaptosomes. *J. Biochem.*, 94, 521–527, 1983.
51. Evans, D. M., Williams, R. S., Shone, C. C., Hambleton, P., Melling, J., and Dolly, J. O. Botulinum neurotoxin type B. Its purification, radioiodination and interaction with rat-brain synaptosomal membranes. *Eur. J. Biochem.*, 154, 409–416, 1986.
52. Yokosawa, N., Kurokawa, Y., Tsuzuki, K., Syuto, B., Fujii, N., Kimura, K., and Oguma, K. Binding of *Clostridium botulinum* type C neurotoxin to different neuroblastoma cell lines. *Infect. Immun.*, 57, 272–277, 1989.
53. Bakry, N. M., Kamata, Y., and Simpson, L. L. Expression of botulinum toxin binding sites in Xenopus oocytes. *Infect. Immun.*, 65, 2225–2232, 1997.
54. Hirokawa, N., and Kitamura, M. Binding of *Clostridium botulinum* neurotoxin to the presynaptic membrane in the central nervous system. *J. Cell Biol.*, 81, 43–49, 1979.
55. Black, J. D., and Dolly, J. O. Selective location of acceptors for botulinum neurotoxin A in the central and peripheral nervous systems. *Neuroscience*, 23, 767–779, 1987.
56. Herreros, J., Marti, E., Ruiz-Montasell, B., Casanova, A., Niemann, H., and Blasi, J. Localization of putative receptors for tetanus toxin and botulinum neurotoxin type A in rat central nervous system. *Eur. J. Neurosci.*, 9, 2677–2686, 1997.
57. Foran, P. G., Mohammed, N., Lisk, G. O., Nagwaney, S., Lawrence, G. W., Johnson, E., Smith, L., Aoki, K. R., and Dolly, J. O. Evaluation of the therapeutic usefulness of botulinum neurotoxin B, C1, E, and F compared with the long lasting type A. Basis for distinct durations of inhibition of exocytosis in central neurons. *J. Biol. Chem.*, 278, 1363–1371, 2003.
58. Sergeyeva, T. Detection of botulinal toxin and type A microbe in the organism of sick animals and in the organs of cadavers. *Zhurnal Mikrobiologii i Imniunobiologii (English translation: DTIC AD639403)*, 97–101, 1962.
59. Cardella, M., Resistance of guinea pigs immunized with botulinum toxoids to aerogenic challenge with toxin. U.S. Army Biological Laboratories Report Test No. 60-TE-1323, DTIC AD0404870, pp. 1–8, 1963.
60. Sergeyeva, T. Detection of type E botulin toxin in an organism. *Zhurnal Mikrobiologii Epidemiologii i Imniunobiologii (English translation: DTIC AD651368)* 4, 54–59, 1966.
61. Moll, T., and Brandly, C. A. Botulism in the mouse, mink, and ferret with special reference to susceptibility and pathological alterations. *Am. J. Vet. Res.*, 12, 355–363, 1951.
62. May, A. J., and Whaler, B. C. The absorption of *Clostridium botulinum* type A toxin from the alimentary canal. *Br. J. Exp. Pathol.*, 39, 307–316, 1958.
63. Ciccarelli, A. S., Whaley, D. N., McCroskey, L. M., Gimenez, D. F., Dowell, V. R., Jr., and Hatheway, C. L. Cultural and physiological characteristics of *Clostridium botulinum* type G and the susceptibility of certain animals to its toxin. *Appl. Environ. Microbiol.*, 34, 843–848, 1977.
64. Heckly, R. J., Hildebrand, G. J., and Lamanna, C. On the size of the toxic particle passing the intestinal barrier in botulism. *J. Exp. Med.*, 111, 745–759, 1960.
65. Coulston, F., Annual Report, DTIC AD0634374, pp. 1–18, 1966.
66. Dack, G., and Gibbard, J. Studies on botulinum toxin in the alimentary track of dogs, rabbits, guinea pigs and mice. *J. Infect. Dis.*, 39, 173, 1926.
67. Dack, G., and Gibbard, J. Permeability of the small intestine of rabbits and hogs to botulinum toxin. *J. Infect. Dis.*, 39, 181, 1926.
68. Haerem, S., Dack, G., and Dragstedt, L. Acute intestinal obstruction. II. The permeability of obstructed bowel segments of dogs to *Clostridium botulinum* toxin. *Surgery*, 3, 339–350, 1938.
69. Dack, G., and Hoskins, D. Absorption of botulinum toxin from the colon of *Macaca mulatta*. *J. Infect. Dis.*, 71, 260–263, 1942.
70. Coleman, I. W. Studies on the oral toxicity of *Clostridium botulinum* toxin, type A. *Can. J. Biochem. Physiol.*, 32, 27–34, 1954.

71. Dong, M., Richards, D. A., Goodnough, M. C., Tepp, W. H., Johnson, E. A., and Chapman, E. R. Synaptotagmins I and II mediate entry of botulinum neurotoxin B into cells. *J. Cell Biol.*, 162, 1293–1303, 2003.
72. Sellin, L. C., Kauffman, J. A., and Dasgupta, B. R. Comparison of the effects of botulinum neurotoxin types A and E at the rat neuromuscular junction. *Med. Biol.*, 61, 120–125, 1983.
73. Billante, C. R., Zealear, D. L., Billante, M., Reyes, J. H., Sant'Anna, G., Rodriguez, R., and Stone, R. E., Jr. Comparison of neuromuscular blockade and recovery with botulinum toxins A and F. *Muscle Nerve*, 26, 395–403, 2002.
74. Kauffman, J. A., Way, J. F., Jr., Siegel, L. S., and Sellin, L. C. Comparison of the action of types A and F botulinum toxin at the rat neuromuscular junction. *Toxicol. Appl. Pharmacol.*, 79, 211–217, 1985.
75. Biskup, R., Snodgrass, H., and Vocci, F. The constancy of the mouse unit in the bioassay of type A botulinum toxin. Edgewood Arsenal Technical Report EATR No. 4260, pp. 1–34, 1969.
76. Dolman, C., and Murakami, L. *Clostridium botulinum* type F with recent observations on other types. *J. Infect. Dis.*, 109, 107, 1961.
77. Iida, H., Ono, T., Karashimada, T., and Ando, Y. Studies on the serum therapy of type E botulism: Absorption of toxin from the gastrointestinal tract. *Jpn. J. Med. Sci. Biol.*, 23, 282–285, 1970.
78. Matveev, K. Effect of sublethal doses of botulinal toxin on the organism following multiple administrations. *Zhurnal Mikrobiologii*, 30, 71–79, 1959.
79. Rand, M. J., and Whaler, B. C. Impairment of sympathetic transmission by botulinum toxin. *Nature*, 206, 588–591, 1965.
80. Lamanna, C., and Meyers, C. E. Influence of ingested foods on the oral toxicity in mice of crystalline botulinal type A toxin. *J. Bacteriol.*, 79, 406–410, 1960.
81. Herrero, B. A., Ecklung, A. E., Streett, C. S., Ford, D. F., and King, J. K. Experimental botulism in monkeys—A clinical pathological study. *Exp. Mol. Pathol.*, 6, 84–95, 1967.
82. Lewis, J. C., Smith, G. R., and White, V. J. An outbreak of botulism in captive hamadryas baboons (*Papio hamadryas*). *Vet. Rec.*, 126, 216–217, 1990.
83. Petit, T. Seasonal outbreaks of botulism in captive South American monkeys. *Vet. Rec.*, 128, 311–312, 1991.
84. Mahmut, N., Inoue, K., Fujinaga, Y., Hughes, L., Arimitsu, H., Sakaguchi, Y., Ohtsuka, A., Murakami, T., Yokota, K., and Oguma, K. Characterisation of monoclonal antibodies against haemagglutinin associated with *Clostridium botulinum* type C neurotoxin. *J. Med. Microbiol.*, 51, 286–294, 2002.
85. Mahmut, N., Inoue, K., Fujinaga, Y., Arimitsu, H., Sakaguchi, Y., Hughes, L., Hirst, R. et al., Mucosal immunisation with *Clostridium botulinum* type C 16 S toxoid and its non-toxic component. *J. Med. Microbiol.*, 51, 813–820, 2002.
86. Oguma, K., Yokota, K., Hayashi, S., Takeshi, K., Kumagai, M., Itoh, N., Tachi, N., and Chiba, S. Infant botulism due to *Clostridium botulinum* type C toxin. *Lancet*, 336, 1449–1450, 1990.
87. Coffield, J. A., Bakry, N., Zhang, R. D., Carlson, J., Gomella, L. G., and Simpson, L. L. *In vitro* characterization of botulinum toxin types A, C and D action on human tissues: combined electrophysiologic, pharmacologic and molecular biologic approaches. *J. Pharmacol. Exp. Ther.*, 280, 1489–1498, 1997.
88. Purkiss, J. R., Friis, L. M., Doward, S., and Quinn, C. P. *Clostridium botulinum* neurotoxins act with a wide range of potencies on SH-SY5Y human neuroblastoma cells. *Neurotoxicology*, 22, 447–453, 2001.
89. Eleopra, R., Tugnoli, V., Rossetto, O., Montecucco, C., and De Grandis, D. Botulinum neurotoxin serotype C: A novel effective botulinum toxin therapy in human. *Neurosci. Lett.*, 224, 91–94, 1997.
90. Maksymowych, A. B., Reinhard, M., Malizio, C. J., Goodnough, M. C., Johnson, E. A., and Simpson, L. L. Pure botulinum neurotoxin is absorbed from the stomach and small intestine and produces peripheral neuromuscular blockade. *Infect. Immun.*, 67, 4708–4712, 1999.

91. Chen, F., Kuziemko, G. M., and Stevens, R. C. Biophysical characterization of the stability of the 150-kilodalton botulinum toxin, the nontoxic component, and the 900-kilodalton botulinum toxin complex species. *Infect Immun*, 66, 2420–2425, 1998.
92. Fujinaga, Y., Inoue, K., Nomura, T., Sasaki, J., Marvaud, J. C., Popoff, M. R., Kozaki, S., and Oguma, K. Identification and characterization of functional subunits of *Clostridium botulinum* type A progenitor toxin involved in binding to intestinal microvilli and erythrocytes. *FEBS Lett.*, 467, 179–183, 2000.
93. Sakaguchi, G., Oishi, I., Kozaki, S., Sakaguchi, S., and Kitamura, M. Molecular structures and biological activities of *Clostridium botulinum* toxins. *Jpn. J. Med. Sci. Biol.*, 27, 95–99, 1974.
94. Mills, D. C., and Sugiyama, H. Comparative potencies of botulinum toxin for infant and adult mice. *Curr. Microbiol.*, 6, 239–242, 1981.
95. Miyazaki, S., and Sakaguchi, G. Pathogenisis of chicken botulism. *Jpn. J. Med. Sci. Biol.*, 32, 129, 1979.
96. Ono, T., Karashimada, T., and Iida, H. Studies of the serum therapy of type E botulism. 3. *Jpn. J. Med. Sci. Biol.*, 23, 177–191, 1970.
97. Park, J. B., and Simpson, L. L. Inhalational poisoning by botulinum toxin and inhalation vaccination with its heavy-chain component. *Infect. Immun.*, 71, 1147–1154, 2003.
98. Palm, P. E., McNerney, J. M., and Hatch, T. Respiratory dust retention in small animals; a comparison with man. *AMA Arch. Ind. Health*, 13, 355–365, 1956.
99. Schlesinger, R. Deposition and clearance of inhaled particles, in *Concepts in Inhalation Toxicology*, 2nd edition, Chapter 8, R. McClellan and R. Henderson, eds., Taylor and Francis Group, Washington, D.C., 1995.
100. Oberst, F., Cresthull, P., Crook, J. W., and House, M. J., Botulinum antitoxin as a therapeutic agent in monkeys with experimental botulism. Edgewood Report CRDLR 3331, DTIC AD0627996, pp. 1–15, 1965.
101. Oberst, F., Cresthull, P., Crook, J.W., and House, M.J. Artificial-respiration studies in monkeys incapacitated by experimental botulism. Edgewood Report CRDLR 3346, DTIC AD0482889, pp. 1–37, 1965.
102. Franz, D., Pitt, L. M., Hanes, M. A., and Rose, K. J. Efficacy of prophylactic and therapeutic administration of antitoxin for inhalation botulism, in *Botulinum and Tetanus Neurotoxins: Neurotransmission and Biological Aspects*, B. Das Gupta, ed., pp. 473–476, Plenum Press, New York, 1993.
103. Warheit, D. B. Interspecies comparisons of lung responses to inhaled particles and gases. *Crit. Rev. Toxicol.*, 20, 1–29, 1989.
104. Snipes, M. B. Long-term retention and clearance of particles inhaled by mammalian species. *Crit. Rev. Toxicol.*, 20, 175–211, 1989.
105. Anderson, J. B., and Tucker, K. Development and validation of animal models, in *Biodefense: Research Methodology and Animal Models*, J. R. Swearengen, ed., pp. 41–60, CRC Press, Boca Raton, 2006.
106. Lebeda, F. J., Adler, M., Erickson, K., and Chushak, Y. Onset dynamics of type A botulinum neurotoxin-induced paralysis. *J. Pharmacokinet. Pharmacodyn.*, 35, 251–267, 2008.
107. Aoki, K. R. Botulinum toxin: A successful therapeutic protein. *Curr. Med. Chem.*, 11, 3085–3092, 2004.
108. Keller, J. E. Recovery from botulinum neurotoxin poisoning *in vivo*. *Neuroscience*, 139, 629–637, 2006.
109. Simpson, L. L. Kinetic studies on the interaction between botulinum toxin type A and the cholinergic neuromuscular junction. *J. Pharmacol. Exp. Ther.*, 212, 16–21, 1980.
110. Dressler, D., and Adib Saberi, F. Botulinum toxin: mechanisms of action. *Eur. Neurol.*, 53, 3–9, 2005.
111. Kojima, S., Ikeda, M., and Kamikawa, Y. Further investigation into the mechanism of tachykinin NK(2) receptor-triggered serotonin release from guinea-pig proximal colon. *J. Pharmacol. Sci.*, 110, 122–126, 2009.

112. Luvisetto, S., Marinelli, S., Lucchetti, F., Marchi, F., Cobianchi, S., Rossetto, O., Montecucco, C., and Pavone, F. Botulinum neurotoxins and formalin-induced pain: Central vs. peripheral effects in mice. *Brain Res.*, 1082, 124–131, 2006.
113. Cheng, L. W., Stanker, L. H., Henderson, T. D., Lou, J., and Marks, J. D. Antibody protection against botulinum neurotoxin intoxication in mice. *Infect. Immun.*, 77, 4305–4313, 2009.
114. Kolbe, D. R., and Coe Clough, N. E. Correlation of *Clostridium botulinum* type C antitoxin titers in mink and guinea pigs to protection against type C intoxication in mink. *Anaerobe*, 14, 128–130, 2008.
115. Poliachik, S. L., Bain, S. D., Threet, D., Huber, P., and Gross, T. S. Transient muscle paralysis disrupts bone homeostasis by rapid degradation of bone morphology. *Bone*, 46, 18–23, 2010.
116. Rosado, J. A., Redondo, P. C., Salido, G. M., Sage, S. O., and Pariente, J. A. Cleavage of SNAP-25 and VAMP-2 impairs store-operated Ca^{2+} entry in mouse pancreatic acinar cells. *Am. J. Physiol. Cell Physiol.*, 288, C214–221, 2005.
117. Thyagarajan, B., Krivitskaya, N., Potian, J. G., Hognason, K., Garcia, C. C., and McArdle, J. J. Capsaicin protects mouse neuromuscular junctions from the neuroparalytic effects of botulinum neurotoxin a. *J. Pharmacol. Exp. Ther.*, 331, 361–371, 2009.
118. Sheridan, R. E., Smith, T. J., and Adler, M. Primary cell culture for evaluation of botulinum neurotoxin antagonists. *Toxicon*, 45, 377–382, 2005.
119. Stahl, C., Unger, L., Mazuet, C., Popoff, M., Straub, R., and Frey, J. Immune response of horses to vaccination with the recombinant Hc domain of botulinum neurotoxin types C and D. *Vaccine*, 27, 5661–5666, 2009.
120. Chen, F., Wang, J., Liu, S., Mi, W., and Wang, Y. Botulinum toxin type A decreases the concentration of acetylcholinesterase in nasal glands of guinea pig. *Lin Chuang Er Bi Yan Hou Ke Za Zhi*, 19, 370–372, 2005.
121. Dressler, D., Lange, M., and Bigalke, H. Mouse diaphragm assay for detection of antibodies against botulinum toxin type B. *Mov. Disord.*, 20, 1617–1619, 2005.
122. Prevot, V., Tweepenninckx, F., Van Nerom, E., Linden, A., Content, J., and Kimpe, A. Optimization of polymerase chain reaction for detection of *Clostridium botulinum* type C and D in bovine samples. *Zoonoses Public Health*, 54, 320–327, 2007.
123. Moeller, R. B., Puschner, B., Walker, R. L., Rocke, T. E., Smith, S. R., Cullor, J. S., and Ardans, A. A. Attempts to identify *Clostridium botulinum* toxin in milk from three experimentally intoxicated Holstein cows. *J. Dairy Sci.*, 92, 2529–2533, 2009.
124. Yule, A. M., LePage, V., Austin, J. W., Barker, I. K., and Moccia, R. D. Repeated low-level exposure of the round goby (Neogobius melanostomas) to *Clostridium botulinum* type E neurotoxin. *J. Wildl. Dis.*, 42, 494–500, 2006.
125. Carli, L., Montecucco, C., and Rossetto, O. Assay of diffusion of different botulinum neurotoxin type a formulations injected in the mouse leg. *Muscle Nerve*, 40, 374–380, 2009.
126. Hongyok, T., Chae, J. J., Shin, Y. J., Na, D., Li, L., and Chuck, R. S. Effect of chitosan-N-acetylcysteine conjugate in a mouse model of botulinum toxin B-induced dry eye. *Arch. Ophthalmol.*, 127, 525–532, 2009.
127. Stahl, A. M., Ruthel, G., Torres-Melendez, E., Kenny, T. A., Panchal, R. G., and Bavari, S. Primary cultures of embryonic chicken neurons for sensitive cell-based assay of botulinum neurotoxin: implications for therapeutic discovery. *J. Biomol. Screen.*, 12, 370–377, 2007.
128. Krug, H. E., Frizelle, S., McGarraugh, P., and Mahowald, M. L. Pain behavior measures to quantitate joint pain and response to neurotoxin treatment in murine models of arthritis. *Pain Med.*, 10, 1218–1228, 2009.
129. Coffield, J. A., and Yan, X. Neuritogenic actions of botulinum neurotoxin A on cultured motor neurons. *J. Pharmacol. Exp. Ther.*, 330, 352–358, 2009.
130. Rasetti-Escargueil, C., Jones, R. G., Liu, Y., and Sesardic, D. Measurement of botulinum types A, B and E neurotoxicity using the phrenic nerve-hemidiaphragm: Improved precision with in-bred mice. *Toxicon*, 53, 503–511, 2009.
131. Morbiato, L., Carli, L., Johnson, E. A., Montecucco, C., Molgo, J., and Rossetto, O. Neuromuscular paralysis and recovery in mice injected with botulinum neurotoxins A and C. *Eur. J. Neurosci.*, 25, 2697–2704, 2007.

132. Kim, H. M., Galatz, L. M., Patel, N., Das, R., and Thomopoulos, S. Recovery potential after postnatal shoulder paralysis. An animal model of neonatal brachial plexus palsy. *J. Bone Joint Surg. Am.*, 91, 879–891, 2009.
133. Antonucci, F., Bozzi, Y., and Caleo, M. Intrahippocampal infusion of botulinum neurotoxin E (BoNT/E) reduces spontaneous recurrent seizures in a mouse model of mesial temporal lobe epilepsy. *Epilepsia*, 50, 963–966, 2009.
134. Trampel, D. W., Smith, S. R., and Rocke, T. E. Toxicoinfectious botulism in commercial caponized chickens. *Avian Dis.*, 49, 301–303, 2005.
135. Gaunt, P. S., Kalb, S. R., and Barr, J. R. Detection of botulinum type E toxin in channel catfish with visceral toxicosis syndrome using catfish bioassay and endopep mass spectrometry. *J. Vet. Diagn. Invest.*, 19, 349–354, 2007.
136. Velasco, E., Gledhill, T., Linares, C., and Roschman-Gonzalez, A. Ultrastructural analysis of mouse levator auris longus muscle intoxicated *in vivo* by botulinum neurotoxin type A. *Invest. Clin.*, 49, 469–486, 2008.
137. Wheeler, C., Inami, G., Mohle-Boetani, J., and Vugia, D. Sensitivity of mouse bioassay in clinical wound botulism. *Clin. Infect. Dis.*, 48, 1669–1673, 2009.

16 리신

Stephen B. Greenbaum, Jaime B. Anderson

목차

16.1 배경 ········· 331
16.2 작용기작 ········· 332
16.3 사람과 동물에서 리신 중독 ········· 334
16.4 동물모델에서 경구중독 ········· 335
16.4.1 결합, 흡착, 분포 ········· 335
16.4.2 세포독성과 병리학 ········· 337
16.4.3 질병의 증세 ········· 339
16.4.4 경구독성 ········· 339
16.5 동물모델에서 흡입중독 ········· 340
16.5.1 전달과 분포 ········· 341
16.5.2 세포독성과 병리학 ········· 342
16.5.3 질병의 증세 ········· 344
16.5.4 호흡독성 ········· 345
16.5.5 백신과 치료학 ········· 346
16.6 고찰 ········· 347
16.7 결론 ········· 348
권리포기 ········· 348
참고문헌 ········· 348

16.1 배경

리신(ricin)은 피마자(*Ricinus communis*) 씨에서 만들어지는 강력한 단백질 독소이다. 피마자는 세계적으로 널리 재배되며, 독소의 자연적 출처가 다양하며, 기름이 추출되고 난 피마자밀(castor meal) 또는 피마자케익(castor cake)에서 쉽게 분리된다[1,2]. 정제된 리신은 수용성이며, 열에 어느 정도 견딜 수 있으며, 넓은 pH 범위에 걸쳐 그 활성을 유지한다 [3~5]. 리신은 안정성과 생산이 용이하여, 생물학전과 생물테러에 사용하는 데 있어 오랫동안 상당한 위협으로 고려되어왔다[3~8]. 제2차 세계대전 동안 수행된 연구를 통해서 과거 어떤 천연추출물보다 훨씬 더 독성이 강한 리신의 결정체를 얻었다[4,9,10]. 결정체에는 여전히 상대적으로 불순물이 포함되어 있기 때문에, 후속 정제 추출방법으로 오염되지 않은 혈구응집에 관여하며, 단백질 분해활성을 가지는 순수한 리신을 다량 생산할 수 있게 되었다. 재조합 리신은 형질전환식물(transgenic plant)을 이용해서도 생산되었다[11~14].

피마자 식물(*R. communis*)의 게놈은 최근에 7개의 전체 리신계(full-length ricin family) 단백질을 암호화하는 것으로 밝혀졌으며, 이들 모두가 진핵세포의 단백질 합성을 억제할 수 있다[15]. 자연적으로 발견되는 그 독소의 두 가지 동형(isoform)은 특징이 규명되었으며, 리신 D(ricin D)는 작고 큰 피마자콩 낟알에서, 리신 E(ricin E)는 보통 소두(小豆)의 낟알로부터 만들어진다[16,17]. 독특한 세포결합친화력이 어떤 세포주(cell line)에 대한 독성에서 적당한 차이가 있는 것으로 생각되지만, 두 가지 동형은 단백질 합성을 억제하는 유사한 효과를 나타낸다. 동형의 리신은 크로마토그라피에 의해서도 리신 I, II, III로 분석되었다[18]. 이들 세 가지 아동형(subisoform)은 세포배양 모델에서 조사한 결과, 세포독성을 가지는 것으로 밝혀졌으며, 리신 III는 리신 I과 II보다 4~8배 높은 독성을 나타냈다. 리신 III은 또한 높은 혈구응집활성을 나타내었으며, 리신 I과 II는 혈구응집반응(hemagglutination) 음성이었다. 부가적으로, 리신 III은 복강내 경로를 통하여 마우스에 투여되었을 때, 높은 생체내 독성을 나타내어, 5 ng/kg 투여량으로 5일 후 사망률은 50% 정도에 이른다. 반면에 20 ng/kg의 리신 I과 리신 II이 투여된 마우스는 7일 후 관찰에서 사망률이나 체중의 변화는 없었다.

리신은 식품과 물에서 상대적으로 안정하며, 소모품을 고의로 오염시키고자 하는 제제로서 커다란 위협이 된다[6~8,19~23]. 리신은 또한 강력한 흡입독소이며, 발표된 대부분의 연구에서 호흡경로에 의한 리신 독성이 경구효능보다 수천 배 크다는 것이 밝혀졌다. 실제로, 호흡기 노출경로에 의한 리신의 독성은 복강내 주사 또는 정맥내 접종에 의한 독성과 비교가 가능하다[6,7,24~28]. 리신의 특성은 보툴리눔 독소와 같은 다른 생물학적 독소와 구별되는데, 그것은 보통 흡입노출에 의한 것보다 비경구적 투여가 더욱 강력하다. 리신의 호흡독성은 입자크기가 작을수록 증가하며, 작은 입자의 에어로졸이 환경에 노출된 후, 몇 시간 동안 주변에 잔류할 수 있다[4,5,26,29]. 리신 독소는 또한 상대적으로 내열성이며, 건조한 조건에서 3일 정도 잔류가 가능하다는 것이 보고된 바 있다. 에어로졸 제제로서 리신의 사용에 대한 잠재적 우려가 증가되고 있다[7,20,21,30].

16.2 작용기작

리신은 단백질 합성을 저해하여 독성효과를 나타내는 이형이량체(heterodimeric) II형 리보솜 불활성화 단백질(ribosome-inactivating protein, RIP)이다[31]. 리신은 클론되고, X-선 결정학(crystallography)에 의해 구조적으로 특징이 밝혀진 RIP 과(科, family)에 속하는 최초의 단백질이다[32~34]. 리신 독소는 다유전자 과에 속하며, 숙성된 피마자 씨앗의 배젖세포(endosperm cell)에서 pre-proricin mRNA로 전사된다[32,35]. 이 mRNA에 암호화된 *N*-말단 신호펩티드는 해독기간 중에 분해되며, 신장되는 폴리펩티드는 proricin으로 정힘현상을 일으키고, 당화(glycosylate)된다[32,35,36]. 그 후 프로리신은 디술피드 결합에 의해 연결된 리신 A-사슬(RCA 또는 A-사슬)과 리신 B-사슬(RCB 또는 B-사슬)의 소단위로 구성된 구조적 독소로 분해된다. 리신 A-사슬은 세포독성 활성을 가지고 있어, 효과기(effector) 성분이라고 불려왔다[31]. Lectinic B-chain은 말단 갈락토스 잔기들과 상호관계를 통하여 세포결합과 세포내이입(endocytosis)을 중재한다. 34-kDa의 B-사슬은 다중유전자 복제를 통해 생겨나며, 32-kDa의 A-사슬과 비교하여 더욱 번역후 변형(posttranslatinal modification)이 일어난다[30,37~40]. 두 사슬의 변형은 어떤 만노스 수용체(mannose receptor)를 발현하는 세포형태에서 선택적인 리신흡수 경로와 연관된 광범위한 만노스화(mannosylation)를 포함한다[41~45].

표적세포로 리신의 흡수는 보통 막결합 당단백질과 당지질의 말단 갈락토스 잔기(terminal galactose residue)에 결합한 RCB에 의해 개시된다[31,46~49]. 대부분의 포유동물의 세포에 존재하는 많은 갈락토스 잔기(galactose residue)는 노출된 조직에서 효율적인 리신 결합(ricin binding)과 흡수가 커다란 결과를 초래한다[50~52]. 분자적 근거가 분명하지 않은 이러한 요구성에도 불구하고, 칼슘의 존재 하에서 배양세포로 독소 유입이 나타난다[50,53~56]. 결합형 리신(bound ricin)의 세포흡수는 수포(vesicle)에 의해 중재되는 세포내이입(endocytosis)을 통해 일어난다[50,53~56]. RCB는 곧 RCA와 분리되며, 그 수포에서 세포질로 전달을 촉진시킨다[40,47]. 일단 세포질에서 RCA는 진핵세포의 리보솜의 60S 소단위를 불활성화하며, 단백질 합성을 억제한다[31,46,47,57~59]. 진핵성 60S 리보솜 소단위의 28S ribosomal RNA (rRNA)는 집중된 GAGA 서열(centralized GAGA sequence)과 매우 보존된 루프(conserved loop)를 포함한다. 이 구조는 진핵세포에서 두 독소의 표적으로서, 사르신/리신 고리(sarcin/ricin loop)로 명명되었다. RCA는 sarcin 내에 GAGA 서열의 두 번째 adenosine (잔기 A4324)에 있는 N-글리코시드 결합(N-glycosidic bond)를 가수분해한다. RCA에 의한 A4324의 달퓨린화(depurination)는 신장인자 2 (elongation factor 2)의 결합부위를 방해하여, 난백질 합성을 막고 세포 죽음을 일으킨다[46,62,63]. 알려진 바에 따르면, 단일 RCVA 분자는 진핵세포 내에서 수천 개의 리보솜을 불활성화 할 수 있다[31,64,65].

리신의 세포독성은 일차적으로 단백질 합성을 저해하는 데 있는 반면에, 부가적인 기작은 사람과 동물에서 리신중독(ricin intoxication)과 연관되어 있다고 할 수 있다. 예를 들어, 리신 독소는 세포막의 지질이중층을 파괴하고, 직접 지질분해 활성을 수행하는 것으로 알려졌다[66~68]. 리신은 또한 배양세포와 중독된 동물에서 세포자살(apoptosis)을 일으키는 것으로 밝혀졌다[69,70]. 별도의 국부적 및 전신성 효과는 리신에 노출된 후, 산화적 스트레스(oxidative stress)와 염증성 사이토기인(inflammatory cytokine) 연쇄반응이 관찰되었다[23,71~80]. 최근에 수행된 조직배양과 동물연구에서는 리신에서 유래하는 조직손상과 죽음을 일으키는 리신의 효과와 잠재적 역할에 대하여 추가적으로 조사하였다.

16.3 사람과 동물에서 리신 중독

리신은 모든 척추동물에 대하여 독성을 나타내는 것으로 생각되며, 사람과 많은 다른 포유동물에서 질병을 일으키는 것을 알려져 있다. 리신 중독에 대한 병리학은 투여경로에 따라 보통 그 독소가 노출된 조직 내에서 현저한 국소적 효과를 일으킨다[6,7,9,10,23,72,76~78,81~85]. 리신은 다양한 생리학적 소화효소에 의해 단백질분해에 상대적으로 안정하며 내성을 가진다[8,30,85~89]. 따라서 이 독소는 위장관의 불리한 환경에서 높은 활성을 유지하며, 많은 독소를 섭취하게 되면 급성장염, 상피손상, 장관점막(intestinal mucosa) 출혈 등을 일으킬 수 있다[7,9,10,23,81,85,90]. 사람이 이 독소를 섭취하면 급성복통과 경련, 설사, 구토, 쇠약, 탈진, 직장출혈, 요폐(urinary retention), 호흡률 증가, 열, 혈관허탈(vascular collapse) 등의 다양한 연관된 징후와 증상으로 이어진다[3,7,91~93]. 심한 중독으로부터 경련, 혼수상태, 사망을 초래할 수 있음에도 불구하고, 치명적인 리신 중독에 관한 임상사례는 많지 않다[94]. 그러나 상대적으로 충분히 씹은 피마자 콩은 사람에서 사망에 이르는 것이 보고되었다[94,95]. 경구독성은 저작(詛嚼, mastication)과 소화가 진행되는 동안 씨앗에서 방출되는 독소의 양에 따르는 것으로 생각된다[3,92~96].

리신은 또한 호흡경로를 통해 흡입될 때 상당한 독성과 치사율을 나타낸다. 에어로졸 리신에 실험적으로 노출된 다양한 동물모델은 심한 기도손상, 급성 폐수종(pulmonary edema), 폐포대량출혈(alveolar flooding), 사망을 초래한다[26,73,83,97~100]. 호흡기로 리신이 노출된 후에 복합장기에서 급성 조직염증(acute systemic inflammation)과 출혈이 관찰되었다[73]. 사람에서 흡입된 리신의 독성효과는 독소작용의 공통기작과 사람과 동물에서 구강 및 전신 노출과 연관된 유사한 병리학에 근거하여 실험동물에서 보았던 결과와 유사한 것으로 예상된다. 그러나 사람에서 에어로졸 독성에 대한 어떠한 정보도 이용할 수 없으며, 호흡기노출과 관련된 데이터는 매우 제한적이다. 피마자오일 가공공장에서 피마자 콩가루에 노출된 작업자들은 가슴조임(chest tightness), 코와 목의 울혈(throat congestion), 눈의 가려움, 두드러기뿐만 아니라, 조금 더 중증 사례로서 쌕쌕거림(wheezing)과 천식 등의 증상과 더불어 알레르기 반응이 나타난다고 보고되었다[101]. 그러나 이들 반응은 리신보다 피마자콩의 다른 성분에 노출되어 초래된 것으로 생각된다는 의견이 제기되었다[102]. 제2차 세계대전동안 실험실 연구원들에게서 저농도의 에어로졸 중독(low-dose aerosol intoxication)에 따른 경미한 질병이 보고되었다[7]. 노출 후 몇 시간 이내에, 연구원들은 열, 메스꺼움, 관절통, 가슴조임, 기관염증과 기침, 호흡곤란, 발한 등의 임상 징후와 증상을 나타내었다. 일부 환자들은 또한 졸음, 정신력 상실, 근종(myosis), 청색증(cynosis), 탈수, 요폐(urinary retention), 순환허탈(循環虛脫, circulatory collapse) 등으로 고통을 겪었다. 질병에 걸린 개인들은 일차 증상이 진정됨에 따라, 그 후 몇 시간 동안 많은 땀을 흘리기 시작하였다. 만성 폐흉터(chronic lung scarring)와 폐기능감소와 같은 명백한 효과가 나타나지 않았음에도 불구하고, 모든 환자들은 그 후 명백한 장기간의 임상문제를 일으키지 않고 회복되었다. 호흡독성과 발병에 대한 부가적 자료는 사람에서 이용이 불가능하지만, 몇 가지 실험동물에서 얻어졌다.

16.4 동물모델에서 경구중독

작은 설치류 모델들은 보통 리신의 위장관 흡수와 독성 연구를 포함하였다. 동물과 사람에 리신의 노출에 의한 데이터가 흡입 또는 비경구적 감염보다 구강경로가 훨씬 강력하지 못하다는 것이 밝혀졌지만, 최근의 두 가지 연구들이 어떤 실험 조건하에서 이전에 리신에서 보고된 것보다 섭취에 의해 현저하게 더욱 독성을 나타낼 수 있다는 것이 알려졌다[100, 103]. 그럼에도 불구하고, 마우스와 랫드의 독성 데이터뿐만 아니라, 다양한 랫드 모델에서 독성흡수 연구에서는 위장관에서 리신의 흡수가 상대적으로 불충분하여, 경구노출과 연관된 병리학적 소견이 장조직에서 존재하는 것을 나타내었다[9,10,23,104]. 독소동태학(toxicokinetics)과 질병의 증세는 이들 발견과 관련된 관찰들은 많은 동물에서 일반적으로 일치한다. 이 절에서는 중요한 동물모델과 사람에서 리신중독사례에 관한 연구에 근거하여 경구 리신중독을 결합, 흡수, 분포; 세포독성과 병리학, 질병의 증세, 경구독성 등의 견지에서 결과를 제시하고 있다.

16.4.1 결합, 흡착, 분포

위장관에서 리신의 결합은 다양한 조직배양과 생체내 모델에서 평가되었다. 그 독소는 직접 결합, 내재화, 랫드의 소장으로부터의 상피세포에서 억제활성을 나타낸다[105]. 결합은 B-사슬에 의해 중재되고, D-galactosidase에 민감하며, 이는 독소결합으로 노출된 세포막에서 갈락토실 잔기(galactosyl residue)의 역할과 위장관의 흡수를 뒷받침한다. 이들의 발견과 관련된 자료들은 또한 리신에 노출된 장조직의 세포독성이 세포생존능력에서 리신의 결합에 직접적인 효과와 내재독소에 의한 단백질 합성을 억제하는데 기여할 수 있다는 것을 제시하였다[10,23,104~106].

랫드 모델은 리신에 경구로 노출된 후, 흡수, 분포, 이동에 대한 초기 연구에 널리 사용되었다. 랫드에서 치명적인 경구용량으로 투여된 리신은 위장관 흡수율(0.015%~0.017%)이 낮았다[9]. 이 데이터의 생리적 연관성이 공장(jejunum)에서 위장과 리신 흡수의 두드러진 부위를 제시한다는 가정에 의존됨에도 불구하고, 랫드의 외전 공장낭(外轉空腸囊胞, everted jejunal sac) 모델에서 리신의 흡수효율은 더욱 낮게 (0.006%) 알려졌다. 생체 내에서 관찰된 높은 독소의 흡수효율은 공장 내에서뿐만 아니라, 다른 장의 격실(intestinal compartment)에서도 나타났다. 실제로 초기 생체내 연구에서 얻어진 데이터는 또한 조직에서의 한계, 사용된 추출기법, 독소함량 확인 및 정량 시간의 이용가능성 때문에 리신 흡수가 적게 평가되었다.

랫드모델에서 위장관에서 리신 흡수와 흡수된 독소의 체내 이동에 대한 부가적 연구가 실시되었다. 리신은 아치사 경구용량(sublethal oral dose)(10 mg/kg)의 ricin D가 경구투여된 후, 2시간 내에 위와 소장에서 일차적으로 검출되었다[104]. 리신 투여량의 절반 정도는 12시간 내에 위에서 대장으로 전달되었으며, 3일 내내 검출되었다. 그 독소의 약 20%는 경구투여된 후, 72시간 이내에 배설되었으며, 그 기간 중에 회수된 총 리신은 투여량의 절반 이하였다[104]. 리신 내재화와 병리학에 대한 데이터와 다른 연구에서의 데이터는 경구노출된 후, 독소의 전신흡수가 제한적일 수 있음에도 불구하고, 국소 장관조직로 상당한 양이 흡수된다는 것을 제시한다.

구강으로 중독된 랫드의 혈액, 림프, 기관에서 리신함량은 이들 실험에서도 평가되었다. 리신의 독소동태학(toxicokinetics)에 대하여 최초로 출판된 연구물의 한 가지는 리신이 경구투여된 후, 1시간 이내에 림프에서 탐침되며, 노출된 후, 적어도 6시간 동안 적당한 양이 잔존한다는 것을 소개하였다[104]. 혈장에서는 림프에서보다 상당히 높은 농도를 함유하였으며, 리신섭취 후, 순환성 독소량은 6시간 동안 현저히 증가되었다. 이 실험에서 랫드의 림프와 혈액으로 흡수된 독소는 각각 0.02%와 0.27%였으며, 리신은 마우스의 림프와 혈액샘플에 대한 독성에 근거하여, 그대로 흡수되었다[104]. 간은 리신의 위장관 노출 후, 순환되는 리신의 대표적인 표적조직이며, 지라에서보다 낮은 독소가 검출되고, 췌장, 신장, 뇌, 심장, 또는 폐에서는 검출되지 않았다. 특히, 경구 리신중독(oral ricin poisoning)은 사람에서 가역적인 간독성(hepatotoxicity)을 일으키는 것으로 보고되었다[94,107].

작은 설치류 종에서 경구 노출 후에 리신 분포에 대한 더욱 최근의 연구는 샘플링 기법들과 검출능의 발전에서 커다란 보탬이 되었다. 그러한 연구를 통해서 리신은 구강을 통해서 중독된 랫드의 균질화된 조직샘플에서 추출되었으며, 그 후 효소결합면역흡착측정법(enzyme-linked immunosorbent assay)에 의해 정량적으로 분석되었다[100]. 리신은 간, 지라, 혈액추출물에서 검출되었으며, 간조직에서 고수율로 검출되었다. 최근의 다른 연구에서 랫드의 경구중독 후, 독소분포에 관한 유사한 데이터가 얻어졌으며, 간에서 가장 높은 량이 감지되었으며, 지라, 위장관 조직, 신장, 혈액 순으로 감지되었다[100]. 랫드가 경구노출된 후 얻어진 리신분포 데이터는 이전에 발견된 결과와 대부분 일치하였으며, 리신을 섭취한 사람에서 간독성과 관련된 임상에서 관찰된 사례와 유사하였다.

최근의 다른 연구는 리신을 마우스에 위내점적(intragastric instillation)한 후, 일어나는 리신의 흡수와 분포에 대하여 조사하였다[108]. 이 실험에서 혈청 및 분변 샘플에서 독소의 양을 모니터링하기 위해 면역중합효소 연쇄반응분석이 사용되었다. 치사량의 리신이 투여된 후, 2시간 이내에 분변에서 검출되었으며, 24시간의 시험기간 내내 검출되었다. 각 동물들 간에 혈청 독소동태학(serum toxicokinetics)은 다양하였으며, 많은 양의 독소가 전신흡수되는 데 필요한 시간은 위장투여된 후, 6~7시간인 것으로 보고되었다. 지연성 전신흡수(delayed systemic absorption)는 독소유발염증(toxin-induced inflammation)과 조직손상이 장 장애(intestinal barrier)를 통해서, 그리고 리신의 혈류를 통한 효율적인 침투를 위해 필요할 수 있다는 해석이 제기되었다.

랫드의 소장내 점액세포에서 분리된 Brush Border 막제제(Brush Border membrane Preparation, BBMP)는 장내결합동력학(intestinal binding dynamics)과 그 영향을 연구하기 위한 새로운 모델로서 제시되었다. 이 모델은 최근에 리신의 장내노출에서 기인하는 결합의 상호작용과 손상을 평가하는데 사용되었다[81]. 결합활성과 동태학은 바이오센서 칩에 고정시켜 다양한 농도의 리신 용액에 노출된 BBMP를 표면플라스몬공명(surface plasmon resonance)으로 모니터링하여 측정하였다. BBMP platform의 향후 개발은 리신의 장내결합과 수송에 대한 정량적 데이터를 얻고, 장 독성의 특이적 분자기작을 평가하며, 잠재적인 저해제를 연구하는데 유용하게 입증하는 방향으로 진행될 것이다.

16.4.2 세포독성과 병리학

랫드를 이용한 많은 생체내 및 조직배양연구는 장 조직에서 리신의 작용과 위장관 독소노출 후에 일어나는 병리학적 변화 사이의 상관관계를 규명하는데 초점이 맞추어졌다. 리신의 렉틴성(lectinic) B 사슬은 랫드 생체의 장 점막에 직접 결합하여, 흡수성 장관상피세포(absorptive gut epithelial cell)에 대하여 독성을 미친다는 것을 보여주었다[82]. 리신과 RCB는 또한 배양된 랫드의 장 상피세포에 신속하게 결합하며, 결합된 일부 독소는 곧 온전하게 내재(內在)되었다[105]. 리신이나 RCB로 처리하였을 때, 30분 이내에 살아 있는 랫드의 장내 상피세포 수는 감소하였다. 리신 B-사슬(chain)가 장 상피세포에 결합한 후, 세포막 구조는 파괴되었으며, 그 후 A-사슬(chain)은 중화되어 세포독성(cytotoxicity)을 매개하였다[105]. 이들 실험에 사용된 일차 랫드의 장내상피 세포배양과 다른 연구에서 사용된 다양한 변형세포주(transformed cell line)는 리신에 대한 유사한 감수성을 나타내는 것으로 보고되었다.

랫드에 관한 일련의 다른 초기 연구에서 장관(gut)으로 흡수된 독소가 장내상피에서 리신이 유발한 손상에 미치는 역할에 대하여 조사하였다[104]. 세포독성이 적은 조절단백질(피마자콩의 적혈구응집소)이 경구 투여된 경우에 많은 양이 흡수되지 않는 것처럼, 리신은 장내상피에 흡수되어 이 독소에 의한 손상을 일으키기 쉽다[104]. 랫드는 장관에서 리신의 흡수에 따른 세포독성과 렉틴의 활성에 대하여 부가적으로 조사하였다. 크게 감소된 세포독성(BMH [bismaleimidohexane]-ricin)의 리신과 렉틴 유도체는 랫드 장관점막의 흡수 융모에 결합하여 이동하는 것이 발견되었다[109]. 장년독소(native toxin)와 렉틴 유도체는 모두 섭취 48시간 이내에 랫드의 간에서 검출되었다. 그러나 간에서 BMH-리신농도(ricin concentration)는 native toxin의 절반 이하인 것처럼, native toxin보다 세포독성 유도체에서 흡수효율(absorption efficiency)이 낮은 것으로 보고되었다[109]. 최소한의 렉틴 활성과 세포독성을 가진 리신 유도체인 NBS [N-bromosuccinimide]-리신은 장 결합(intestinal binding)이나 흡수가 일어나지 않았다.

토끼 체외 모델은 위장관 조직에서 리신에 의해 생긴 병리학적 변화를 평가하는데 사용되기도 하였다. 리신독소는 토끼의 공장 외식편(jejunal explant)의 상피성 미세융모에 결합하고, 융모와 장 상피세포의 실질적인 변성을 유발하였다[110]. 흥미롭게도, 성체 토끼와 비교하여 젖먹이 토끼(suckling rabbit)의 공장조직(空腸組織, jejunal tissue)에서 현저하게 큰 결합이 탐지되었으며, 젖먹이 토끼의 장조직(intestinal tissue)에서 저농도의 리신은 50% 단백질 합성 억제에 필요하였다. 리신투여에 대한 젖먹이 공장 외식편(suckling jejunal explant)의 감수성 증가는 미성숙된 장막(intestinal membrane)에서 높은 세포내 흡입작용에 의해 야기될 수 있다.

고유독소(native toxin)의 렉틴활성과 세포독성 활성은 위장관 조직으로 리신의 흡수에 의해 일어나는 현상을 나타낸다. 다른 연구에 따르면, 단지 고유독소(native toxin)만이 소장에서 상피손상을 일으키는데, 이것은 충분한 기능을 가지는 RCA와 RCB 소단위(subunit)를 필요로 한다는 것을 나타낸다[109]. 흥미롭게도, 위장관 내에서 유도된 극적인 병리학적 변화는 실험동물의 경구중독으로 초래되는 상대적인 급사를 일으키기에 충분한 것으로 고려되지 않는다. 이 가설은 마우스는 소량의 경구투여에 의해 죽었으나, 장관 조직에서 감지변화가 나타나지 않았다는 최근의 연구를 통해서 뒷받침되었다[103]. 그러나 경구중독 후, 포도당 흡수(intestinal glucose absorption)와 심한 저혈당에 대한 리신의 효과는 리신에 의해 유발된 손상된 장 조직(intestinal tissue) 때문에 죽게 된다는 것이 제시되었다[9,82,111,112]. 리신 섭취 후, 보여준 심한 간 및 신장손상은 또한 일부 전신독성의 가능성을 강조하고, 관찰된 치사율에 대한 부가적인 설명을 가능하게 해 준다.

마우스 모델은 위장관 중독과 관련된 최근의 생체내 연구에서 널리 사용되었다. 위내 점적(intragastric instillation)을 통하여 마우스에 독소를 투여함으로서 소장에서 시간 및 복용량에 따른 상피손상과 염증을 초래하는 것으로 나타났다[23]. 리신에 노출되기 전에, 리신 변성독소(ricin toxoid)의 위내투여(intragastric administration)로 생긴 마우스의 면역조치(immunization)는 리신에서 유발되는 장 손상을 보호하는 점막성 및 전신면역반응을 초래한다. 이 모델은 리신에서 유발되는 장 손상을 정량분석하기 위한 수단으로 제공되며, 나아가 연관된 염증기작을 규명하고, 장의 리신 노출(intestinal ricin exposure)에 대한 방어면역(protective immunity)의 유도를 평가할 수 있다. 마우스에서 다른 최근 연구에서는 경구중독이 위괴사와 급성장염뿐만 아니라, 비경구적 리신투여 후에 나타나는 것과 유사한 림프절 반응성과 괴사를 초래하는 것으로 보고되었다[108]. 림프구 괴사는 또한 크게 중독된 개에서도 관찰되었다[113].

작은 설치류 모델이 경구 리신중독된 후, 위장관 울혈, 팽만, 염증, 부종 등의 병리학적 변화가 관찰되었다[9,82,108,112]. 위장관의 상세한 현미경 관찰에서 융모위축(villus atrophy)과 소와신장(小窩伸長, crypt elongation), 상피세포변성(epithelial cell degeneration), 술잔세포수 감소(reduced goblet cell number), 호중구 및 호산구 침윤물(eosinophil infiltrate), 지연성흡수성상피세포재생(delayed absorptive epithelial cell regeneration), 고유판(固有板, lamina propria)으로부터 상피의 공장분리(jejunal dissociation) 등이 관찰되었다[9,10,23,103,104,109]. 소장에서 포도당 흡수장애와 이들의 형태학적 변화가 동시에 일어났다[9,82].

최근 한 가지 연구는 마우스에서 실제로 경구 리신중독에 의한 죽음이 창자나 다른 영향을 받은 기관에서 특이조직손상에 보다 심한 저혈당에 기인될 수 있는 것을 제시하였다[103]. 이 연구에서 경구급식(oral gavage)를 통하여 치명적인 리신량에 노출된 마우스의 위장관 병리학 관찰은 죽음의 결과를 설명하기에 불충분하다고 보고하였다. 리신중독증(ricin toxicosis)과 저혈당과의 상관관계가 있다는 이전 연구는 또한 저혈당이 리신 중독에서 일차적으로 죽음을 일으키는 요인이 된다는 가정을 뒷받침한다.

치명적 경구중독 후, 여러 가축에서 혈청학적 및 병리학적 효과도 보고되었다. 돼지, 양, 소이 죽기 전에 적혈구수 증가, 헤모글로빈 수치의 증가, 주변 백혈구수의 감소되는 것으로 나타났다[90]. 이 동물들에서 사후에 장 및 폐부종(intestinal and pulmonary edema), 림프절병(lymphadenopathy), 위장관 점막의 팽대 및 출혈, 치밀성 간출혈(dense hemorrhagic liver), 신장의 중등도 팽대 및 출혈(enlarged and moderately hemorrhaged kidney), 담낭부종(swollen gall bladder) 등이 발견되었다.

16.4.3 질병의 증세

구강경로에 의한 리신 중독의 임상증세는 사람과 동물에서 피마자 콩 섭취 사례를 통해서 잘 확립되었다. 초기 증상은 보통 6시간 이내에 나타나며, 복통, 경련, 설사, 구토, 속쓰림, 쇠약 등이 일어난다[3,92~95,107]. 심한 경우에 많은 양의 체액손실이 일어날 수 있으며, 탈수, 저혈압, 순환허탈(circulatory collapse)로 이어진다. 간부전 및 신부전도 보고된 바 있다. 많은 양의 리신을 섭취하게 되면 1~7일 이내에 죽을 수 있다. 특별한 관련요인들에 대한 충분한 특성연구가 이루어지지 않았지만, 사망은 다기관 기능상실(multiorgan failure), 심혈관허탈(cardiovascular collapse), 저혈량 쇼크(hypovolemic shock) 때문에 일어나는 것으로 보고되었다. 일부 환자에서 사망하기 전에 허탈, 심한 경련, 혼수 등이 일어나는 것으로 보고되었다. 사람에서 사후병리학(postmortem pathology)은 일반적으로 실험동물에서 보여준 것과 유사하며, 중증위장관출혈(severe gastrointestinal hemorrhaging)과 부종, 림프조직괴사, 콩팥변성, 간괴사 등을 포함한다. 사망으로 진행되는 과정에서 유사한 임상 징후와 복용량에 따른 시간과의 관계가 마우스, 랫드, 개, 사람에서 보고되었다[94,100,104,113~116]. 돼지, 양, 소와 같은 가축들은 쇠약, 졸음, 식욕부진, 상실 또는 협동, 외부 자극에 대한 반응은 적절하지 못한 것으로 나타났다[90]. 빈뇨, 설사, 메스꺼움, 타액분비, 사지의 연축(spasm)과 더불어, 심박수와 호흡의 증가도 이들 동물에서 관찰되었다.

16.4.4 경구독성

피마자 콩의 섭취로부터 리신중독이 많은 동물에서 보고되었음에도 불구하고, 구체적인 경구독성 데이터는 제한된 실험 모델에서 단지 양적으로 결정되어왔다. 발표된 문헌에서 대부분의 구체적인 경구독성 결과는 마우스와 랫드와 같은 작은 설치류에서 얻어졌다. 마우스와 랫드에서 보고된 경구치사량 수치는 보통 10~30 mg/kg이며, 보통 적어도 비경구적 치사량(parenteral lethal dose)보다 1,000배가 정도 높다[6,7,9,19,77,82,83,85,98,104,108]. 그러나 최근의 한 가지 연구에서, 어떤 실험조건 하에서 적어도, 리신의 경구독성은 이전에 보고된 것보다 현저하게 더 높을 수 있다는 것을 제시하였다[103]. 이 연구에서 마우스는 매우 정제된 리신제제를 함유하고 체중을 고려하여 보정된 용액의 위관(胃管) 영양법(intragastric gavage)에 의해 투여되기 20시간 전과 투여 후 4시간 동안 사료를 주지 않았다. 이 실험으로 얻어진 경구 평균치사량[oral median lethal dose (LD_{50})]은 이전의 모든 발표된 값보다 크게 낮은 불과 10 μg/kg이었다. 이 연구의 저자들은 전통적인 치사값이 고순도의 독소에서보다 더 가공이 덜된 리신제제의 사용으로 인하여 높게 얻어졌다는 것을 제시하였다. 저자들은 또한 중독된 상태에서 위에 존재하는 음식의 양과 리신의 경구독성 간의 상관관계를 제시하였다. 흥미롭게도, 최근의 다른 연구는 또한 랫드에서 리신의 경구독성이 마우스와 랫드에서 이전에 발표된 데이터와 비교하여 예상보다 상당히 높다는 것을 보고하였다[100]. 이 연구에서 식도장착장치로 경구투여된 8 mg/kg의 천연리신제제는 모든 시험 동물에서 예상했던 것과 비교하여 훨씬 더 빨리 죽음에 이르게 한다는 것이 발표되었다. 여기에서 저자들은 이들 실험에서 관찰된 보다 높은 독성을 보여주는 것은 천연리신제제에서 특성이 규명되지 않은 성분이 존재하기 때문이라는 것을 제시하였다.

일련의 최신 연구에서 다양한 리신이 포함된 용액, 식품의 매트릭스의 안정성, 경구독성에 대하여 평가하였다. 한 연구에서 몇 가지 액체용액에 리신을 섞어, 일정기간 동안 저장한 후, 마우스에 경구 투여하였다[19]. 이 연구는 인산염 완충식염수(phosphate-buffered saline)에서 5~20 mg/kg의 리신 경구 치사량이 결정되었는데, 이는 초기에 발표된 데이터와 단식법(fasting approach)을 사용한 마우스에서 최근에 결정된 데이터 보다 현저하게 높은 것이 일치하였다. 사과주스, 물, 그리고 사과주스와 물을 반씩 포함하는 혼합액에서 리신의 경구 LD_{50} 값은 인산염 완충식염수 리신용액(phosphate-buffered saline ricin solution)에서 보다 다소 높았다. 4℃에서 11일간 저장된 리신 용액은 마우스에서 경구독성에 의미있는 효과를 나타내지 못하였다.

피마자 콩에 포함된 얼마간의 리신을 섭취한 사람들이 중독되는 사례가 많이 발생하였기 때문에, 사람의 경구독성은 일반적으로 작은 설치류 동물에서 실험적으로 결정되었던 치사량 수치를 바탕으로 평가한다. 그러한 평가의 타당성에 대한 의견이 부가적 동물 간의 독성비교는 유용할 수 있지만, 특별한 경구 치사량은 다른 여러 동물에서 이용가능 하지 않다. (舊)소비에트에서 리신에 대한 검토는 다른 여러 가축들과 야생동물의 독성섭취용량을 근거로 한다[90]. 이 보고서는 말이 검토된 동물가운데 가장 감수성이 높은 것으로 나타났으며, 낮은 독성용량(0.1 g castor beans/kg)을 나타내는 동물로는 거위(0.4), 송아지(0.5), 토끼(1.0), 양(1.25), 돼지(1.4), 소(2.0), 새끼돼지(2.4), 염소(5.5), 닭(14.0) 순이었다. 이들 투여량은 상대적인 양에서조차, 씨앗의 저작(seed mastication)과 독소의 방출과 같이 이종 간 및 실험편차도 반영할 수 있음에 따라, 다른 동물과 사람에 대하여 매우 적은 추정값을 가진다. 부가적으로 이전에 기술된 바와 같이, 적어도 두 개의 최근 연구에서 얻어진 독성자료는 사람에서 평가를 위한 근거로서 사용될 뿐만 아니라, 마우스와 랫드에서 흔히 보고된 상대적으로 높은 치사량에 의문을 제기하였다[100,103]. 추후 연구는 그들 연구에서 리신이 현저하게 높은 경구효능을 나타내는 요인을 정하고, 사람에서 경구중독을 모델링하는 데 가장 적합한 실험적 변수를 확립할 필요가 있다.

16.5 동물모델에서 흡입중독

흡입성 리신노출과 관련된 독성과 발병은 작은 설치류 모델에서 집중적으로 연구되었으며, 사람 외 영장류에서의 연구는 비교적 미진하다[26~29,73,76~78,83,98~100,117~124]. 지금까지 평가된 모든 실험동물에서는 호흡기 중독에 크게 민감하다. 리신의 높은 호흡기 효능은 노출된 조직에 대하여 직접적으로 높은 세포독성 효능을 일으키는 데 영향을 미치는 것으로 알려져 왔다. 이 국소적 독성 때문에, 호흡기 노출 효과는 에어로졸 입자의 크기와 호흡기 내의 독소분포에 어느 정도 의존된다[3,26,29,73,83,97,117,118,120,125]. 호흡기 중독의 특성을 규명하는데 여러 가지 다른 노출방법이 사용되었지만, 대부분의 알려진 데이터는 마우스, 랫드, 사람외 영장류 등의 세 가지 동물모델로부터 얻어졌다. 이 절에서는 이들 모델들에 근거한 전달 및 분포, 세포독성과 병리학, 질병증세, 호흡기 독성 등의 호흡계 리신중독의 측면에서 요약된 정보를 제공한다.

16.5.1 전달과 분포

실험실 세팅에서 호흡기 분포패턴은 실험동물의 폐로 독소를 전달하기 위해서 사용된 방법에 따라 상당하게 나타난다. 그러므로 리신의 호흡기 독성과 병리학에 대한 연구에서는 코(nose-only, NO), 머리(head-only, HO), 전신(whole-body, WB) 에어로졸 흡입시스템(aerosol inhalation system)뿐만 아니라 기관내 독소점적(intratracheal toxin instillation)과 같은 몇 가지 다른 리신 노출 방법이 채택되었다. 다양한 노출시스템에서 일부 유사한 점들이 발견되었지만, 독소분포에서 실질적인 차이와 폐에서의 병리학적 패턴도 보고된 바 있다.

2003년에 발표된 연구에서 직접적으로 마우스의 호흡계에서 리신의 분포에 대한 다른 에어로졸 생성과 노출시스템의 효과를 평가하였다[26]. 마우스에서 리신의 폐 국소화(lung localization)는 전신 또는 코(NO) 흡입을 통한 노출 후에 거의 동일하게 발견되었다. 그러나 비인두(nasopharyngeal) 및 기관독소 국소화(tracheal toxin localization)는 코(NO)로 노출된 마우스에서 보다 전신(WB)에 노출된 마우스에서 더욱 현저하게 나타난다. 전신에 노출된 마우스에 나타난 높은 상부 호흡기 복용량(upper respiratory dose)은 방사된 동물 간의 비비고 입으로 핥는 행위를 통해서 독소흡입과 섭취를 일으켰다. 노출집단 간에 폐에서 리신의 양은 기관에서 나타났던 독소의 양은 에어로졸 노출 후 시간이 경과함에 따라 점차적으로 감소하였다. 기관에서 리신의 지연성 축적(delayed accumulation)은 폐에 흡입된 독소의 점액섬모 청소능(mucociliary clearance)을 초래할 수 있다.

Collison 분무기(nebulizer) 또는 회전에어로졸 발생기에 의해 생성된 1- 및 5-μm 리신 에어로졸(ricin aerosol)이 살포된 마우스에의 호흡기 리신침착에서 입자크기가 중요하다는 것이 평가되었다[26]. 1-μm 크기의 에어로졸에 노출되면, 5-μm 크기의 에어로졸에 노출된 후 관찰된 것과 비교하여, 많은 양의 리신이 폐로 전달되는 것이 관찰되었다. 1-μm 에어로졸의 흡입 후, 약간의 입자들이 폐포세포(alveolar pneumocyte)에서 국소화되는 리신 침착이 진행되며, 세기관지상피(bronchiolar epithelium) 내에서 주로 검출된다.

방사능이 표지된 리신제제(radiolabelled ricin preparation)의 분포와 섭취는 마우스에서 흡입노출(inhalational exposure)된 후에 평가되었다[29,120]. 예상된 바와 같이, 쪼여진 대부분의 방사능(administered radioactivity)은 NO 에어로졸 흡입 후, 폐와 기관에서 초기에 검출되었다[29]. 흥미롭게도, 폐에서 대부분의 방사능은 노출 후 24시간 이내에 보다 기도와 세기관지에서 국소화되었다[120]. 에어로졸 흡입 후 시점에서, 폐포에서 탐색가능한 방사능(radioactivity)의 소실은 이들 부위에서 독소흡수가 진행됨을 나타낸다. 위장관 조직은 흡입된 리신의 국소화를 위한 유일한 부위이다[29]. 위와 십이지장에는 에어로졸 노출 후 바로 상당량의 방사능이 포함되어 있는데, 이는 흡입물질의 상당한 양이 삼킴으로써 얻어지는 결과이다. 그 후 위와 십이지장에서 방사능은 감소하지만, 회장(ileum), 맹장(caecum), 결장(colon)에서 독소의 양은 리신 흡입 후 몇 시간 동안 증가한다. 신장, 비장, 간, 정소, 혈액도 노출 후 몇 시간 이내에 약간의 방사능이 포함되어 있다.

16.5.2 세포독성과 병리학

흡입중독(inhalational intoxication)의 병리학적 변화는 기도에서 주로 관찰되며, 사망은 보통 심한 폐부종 때문에 일어난다고 생각된다[28,29,83,98,99,117,118,120,121]. 이 발견으로 일부 연구자들이 폐가 에어로졸 노출 후 독소 활성을 위해 생리학적으로 관련된 표적조직만을 보여준다는 것이 입증되었다. 흡입된 리신은 높은 투과력으로 폐부종(pulmonary edema)과 폐상피(pulmonary epithelium)에서 괴사를 일으킨다. 리신 자체의 세포독성은 직접 상피에 손상을 일으킨다. 그 대신에, 조절 세포수(regulatory cell population)와 염증매개물질(inflammatory mediator)에 의한 리신의 활성화는 폐상피괴사(pulmonary epithelial necrosis)를 일으킬 수 있다.

호흡중독(respiratory intoxication) 후, 활성화된 백혈구 침윤물(leukocytes infiltrate)은 리신에 의해 유도된 폐손상을 일으키는 데 기여하는 것으로 알려졌다[121]. 유사한 기작들은 림프병변의 발달을 수반할 수 있다. 1형 폐포세포 세포자살(pneumocyte apoptosis)은 또한 설치류에서 흡입된 리신에 노출된 후에 관찰되었으며, 호흡중독 이후에 일어나는 치명적인 폐의 리신과 연관될 수 있다[29]. 리신은 사람의 기관지상피세포배양(bronchial epithelial cell culture), 소의 폐 내피세포주(bovine pulmonary endothelial cell line), 시험관 내에서 실험된 1형 및 2형 폐포세포(pneumocyte)에 결합하며, 호흡기 노출 후, 폐안에서 유사한 결합 가능성을 보일 수 있다[121,126,127]. 혈관상피에서 폐상피로 이동되는 과정은 알려지지 않았지만, 리신은 또한 혈관누출증후군(vascular leak syndrome)의 발병과 관련되기도 한다[83].

마우스 모델은 리신에 치명적인 호흡기 노출과 관련된 병리학적 변화를 조사하기 위해 널리 사용되었다[26,117,118,120]. 폐 염증, 기도상피괴사(airway epithelial necrosis), 종격부종(mediastinal edema), 혈관주위(perivascular), 세기관지주위(peribronchiolar), 간질공간(interstitial space)은 진신에 에어로졸로 노출된 후, 24시간 이내에 나타난다. 폐혈관의 호중구침윤(neutrophil infiltration)은 또한 흉선(thymus)과 기관기관지(tracheobronchial) 림프절에서 림프구증가증(lymphocytolysis)와 더불어 관찰되었다. 마우스가 리신에 노출된 후, 48시간 이내에 폐병변이 심하게 생겨나고, 그 후 급성괴사성 폐렴(acute necrotizing pneumonia)으로 진행된다. 상피괴사는 모든 기도와 폐포에 영향을 받을 수 있지만, 기관과 호흡세기관지(respiratory bronchiole)에서 가장 심하게 영향을 받는다. 2형 상피세포와 폐포대식세포수(alveolar macrophage population)는 노출 후 48시간 이내에 완전히 고갈되지만, 호중구는 비후된 폐포중격(肺胞中隔, alveolar septa)에 축적되며, 대식세포는 기관기관지림프절(tracheobronchial lymph node)에서 수거된다.

최근에 리신에 호흡기 노출된 마우스에서 일어나는 염증반응에 대한 특성연구가 진행되었다[72,77,78]. 대식세포가 고갈된 형질전환 마우스(transgenic mice)가 리신에 의해 초래된 폐렴 연구는 폐의 리신에 대한 국소 염증반응에서 폐대식세포(pulmonary macrophage)와 인터류킨-1 신호 역할을 한다는 것을 보여주었다[77]. 아치사 리신량(sublethal ricin dose)에 에어로졸 노출 후, 마우스의 염증 유전자 발현을 평가하는 다른 연구에서 인터류킨-1과 다른 사이토카인 경로의 잠재적 역할에 대한 리신의 호흡효과(pulmonary effect)를 확인하였다[78]. 호흡중독은 또한 전신성 염증반응이 나타나는 것을 보여주었다. 마우스의 기관 내로 리신의 치사량을 투입하면 다중기관(multiple organ)의 급성염증과 출혈을 일으킨다. 이 반응은 투여량 의존성으로, 아치사량(sub-lethal dose)이 다른 조직에서가 아닌, 폐에서 국소화된 염증손상이 일어난다[72].

흡입 리신중독의 발병은 7가지 다른 근친교배 마우스 계통 (BALB/C, BXSB, C57BL/6J, CBA/J, C3H/HeJ, C3H/HeN, A/J)에서 평가되었다[98]. 모든 계통의 집단에서 대부분의 동물들은 만성폐렴(chronic pulmonary inflammation)과 방추성 세포섬유증식(spindled cell fibroproliferation), 폐포기종(alveolar emphysema), 콩팥혈관주위부종(renal perivascular edema)을 나타내었다. 리신에 의해 생긴 혈관누출증후군(vascular leak syndrome)과 연관이 있을 수 있는 후반에서의 병리학 소견이 관찰되었으나, C3H/HeJ와 BALB/c 계통에서 가장 두드러지게 나타났다. 가장 심한 2형 폐포세포 과혈장증(pneumocyte hyperplasmia)과 폐렴은 BXSB와 C57BL/6J 마우스에서 나타났으며, 폐의 방추형 세포팽창(pulmonary spindled cell expansion)은 C57BL/6J 마우스에서 가장 두드러지게 나타났다. BALB/C와 C3H/HeN 마우스의 폐에서 가장 의미있는 폐포부종(alveolar edema)이 발견되었으며, 폐포기종(alveolar emphysema)은 A/J 마우스에서 가장 두드러졌다.

마우스에서 부신 손상(adrenal gland damage)이 정맥내 리신투여 이후에 관찰되었으며, 종격림프관(mediastinal lymphatics)의 병변은 흡입노출과 독소 감염 후에 보고되었다[24,83,128]. 호흡 및 비경구적 리신 노출 후에 나타나는 일반적인 병리학적 소견들은 리신 흡입이 유사한 몇 가지 전신흡수와 독성을 초래하는 것으로 나타났다. 전신독성의 역할은 치명적인 독소 투여량(toxin dose)에 대한 호흡 노출이 폐과 더불어 다중 기관(multiple oragn)에서 전신 염증반응과 출혈을 유발함을 발견을 통해서 뒷받침된다[72]. 전신효과(systemic effect)는 독소 투여량에 다소 의존될 수 있으며, 전신성 발병의 범위는 질병발병에 영향을 미치며, 폐 리신노출(pulmonary ricin exposure)후 사망은 명확하게 밝혀져야 한다.

흡입성 리신노출의 병리학적 효과는 랫드 모델에서도 특징이 규명되었다[121,129]. 주요 초미세구조의 변화는 일반적으로 종말세기관지(terminal bronchiole)와 폐포(lung alveoli)에서 발견된다. 세기관지 Clara (bronchiolar Clara)와 상피세포의 심각한 괴사는 2형 폐포세포의 종창(swelling)과 함께 보고되었다. 폐울혈(lung congestion), 급성폐포부종(acute alveolar edema), 중증폐포염증(severe alveolar inflammation)은 심하게 중독된 동물에서 관찰되었다. 랫드와 다른 실험 동물에서 나타난 폐포부종(alveolar edema)은 호흡상피 또는 모세혈관내피(capillary endothelium)의 손상과 관련이 있는 것으로 보인다. 폐포대식세포수(alveolar macrophage population)는 에어로졸에 노출된 후, 곧 급격히 감소하며, 세포자살(apoptotic)이 일어난다. 폐포거대세포(laveolar macrophage) 수의 부분적인 복원은 24시간 시점에서 관찰되었다. 이 복원은 흔히 매우 치명적인 폐부종(pulmonary edema), 폐포피브린침착(alveolar fibrin deposition), 2형 폐포세포 증식의 시작(onset)과 일치하였다. 흥미롭게도, 리신의 흡입에 의한 폐손상은 리신에 의해 유발된 폐손상 매개물질로서, 이들 세포수가 연관된 폐포대식세포의 감소에 의해 크게 약화될 수 있다. 부가적으로 팽대내피세포(enlarged endothelial cells), 내피폐쇄막(內皮閉碎膜, endothelial tight junctions) 확장, 세포흡음관(pinocytic vessel) 증대, 거대세포, 리프구, 호중구, 호산구(eosinophil)가 포함된 장염증세포침윤물(intestinal inflammatory cell infiltrate) 등에서 병리학적 변화가 나타난다. 보통 중독된 랫드에서 간, 비장, 신장은 충혈이 일어난다.

호흡중독과 연관된 제한된 범위의 병리현상이 사람외 영장류에서 평가되었다[28,83]. 치명적인 HO 에어로졸화된 리신량(21~42 μg/kg)에 노출된 후, rhesus 원숭이의 병리현상은 일반적으로 기도에 한정되어 발견되며, 급성기도염증(acute airway inflammation), 화농성기관지염(purulent tracheitis), 섬유소화농성폐렴(fibrinopurulent pneumonia) 및 흉막염(pleuritis), 기관지혈관주변부종(peribronchovascular edema), 종격림프절염(mediastinal lymphadentis), 광범위괴사(diffuse necrosis) 등이 포함된다. 사후의 발견 현상들은 일반적으로 다른 실험 모델에서 보여주는 것과 일치하였다. 기관지 후두부위(tracheolaryngeal region)에는 종종 일부 호중구, 림프구, 때때로 괴사상 상피세포(occasional necrotic epithelial cell), 대식세포침윤물(macrophage infiltrate)이 포함되지만, 상기도 염증은 일반적으로 경미하다. 반면에 폐기도와 폐포에서 상당히 광범위한 괴사, 부종, 백혈구침윤물(leukocyte infiltrate), 피브린 침착(fibrin deposit)이 나타난다. 염증세포는 주변기관지림프관(peribronchovascular lymphatics)으로 확산되고, 림프구 감소가 기관지에 연관된 림프조직에서 나타난다. 일부 동물에서 세기관지와 폐포상피에서 변성이 관찰되었다. 분리된 부신괴사가 몇몇 중독된 동물에서 나타났지만, 원숭이에서 심각한 병리학적 발견은 보통 기도에 한정되었으며, 에어로졸에 노출된 후, 설치류에서 나타난 병변과 유사하였다.

16.5.3 질병의 증세

흡입성 리신중독(intoxication)의 임상증세는 많은 다른 근친교배 마우스 계통을 대상으로 평가되었다[98]. 마우스의 각 계통들은 WB 리신 에어로졸에 노출된 지 약 30시간 후에, 졸음증, 지연반응, 입모(立毛, piloerection), 척주후만증(kyphosis), 광공포증(photophoria), 결막부종(結膜浮腫, chemosis), 식욕상실 등이 나타났다. 가쁜 호흡곤란이 48시간 이내에 명백하게 나타났으며, 입모현상은 BXSB 마우스에서도 나타났다. 호흡곤란과 입모는 C57BL/6J 마우스에서 관찰되지 않았다. 이 동물들은 지연반응을 포함하여 단지 경미한 징후를 나타냈다. BXSB 마우스가 또한 심한 식욕부진과 쇠약한 신체조건을 보여주었지만, 대부분의 마우스 계통에서 식욕감퇴와 활동의 상대적으로 경미하고 일관성 없는 징후들이 나타났다. 시험된 모든 마우스 계통은 에어로졸(18.2 μg/kg)이 투여된 후, 3~5일 이내에 죽었으며, 사망은 일반적으로 심혈관허탈(cardiovascular collapse)에 기인하는 것으로 사료된다. C57BL/6J, A/J, C3H/HeN와 같은 계통들은 낮은 치사량(8.6 μg/kg)의 에어로졸 노출 후, 다른 계통 (BXSB, CBA/J, C3H/HeJ 계통)과 비교하여 더욱 현저하게 장기간 생존하였다. 유사한 투여량에 따른 생존시간은 치명적 호흡중독 후에, CD-1 마우스에서 보고되었다[117,118].

랫드 모델에서도 호흡기 노출 후, 질병의 증세에 대한 특성이 연구되었다. 질병의 징후는 보통 가공되지 않았거나 시판 리신제제의 에어로졸에 노출된 후, 첫 24시간 동안 관찰되지 않았다. 그 후 랫드는 중독되어 활동감소, 입모, 호흡곤란, 전신권태, 최소한의 음식과 물 섭취, 색깔을 띤 콧물 등의 증세가 나타났다. 마우스에서 언급된 바와 마찬가지로, 랫드에서 질병이 생기는 동안 심한 체중감소가 관찰되었으며, 체중은 생존의 강력한 예측인자로서 제공하고자 보고되었다. 중독된 랫드는 폐부종으로 유발된 저산소증(hypoxia)으로 죽거나, 그 후 며칠에 걸쳐 점차적으로 회복된다.

호흡중독의 임상증세는 사람의 영장류에서도 기술되었다[28,83]. Rhesus 원숭이는 에어로졸화된 리신의 치사량으로 머리에 노출된 후, 첫째 날에 질병의 징후가 나타났다. 초기 임상징후로는 상당한 발열, 졸음증, 우울증, 음식과 액체의 섭취량 감소, 적의가 있는 행동, 가쁘고 힘든 호흡 등이 있었다. 호흡기 리신중독에 대한 다른 동물모델에서와 같이, 원숭이의 사망시간은 투여량에 의존적이며, 1~3일 동안 흡입용량의 범위는 3~96 μg/kg 이었다. 맑고 거품이 있는 콧물은 바로 죽은 일부 동물들에서 관찰되었다. 이 맑은 체액은 기관과 일차기관지(primary bronchi)에서 발견되기도 한다.

이전에 언급된 바와 같이, 사람에서 호흡중독의 임상징후에 대한 데이터는 매우 한정되어있다. 사람에서 보고된 강력한 흡입 노출 사례는 상대적으로 경미하며, 급성 질병이나 죽음을 초래하지 않는다. 따라서 치명적으로 중독된 동물에서 질병의 징후를 비슷하게 기술하기는 어렵다. 2차 세계대전에 실험실 연구원에 의해 인용된 증세와 징후는 실험동물에서 마찬가지로, 눈에 띄는 효과는 기도에서 국소화라는 것을 제시하였다[7]. 이들 환자들은 노출된 후, 몇 시간 이내에 가슴의 답답함, 기관염증, 기침, 호흡곤란을 호소하였다. 또한 고열, 메스꺼움, 발한, 탈수, 근종(myosis), 청색증(cyanosis), 순환허탈(circulatory collapse) 등을 포함한 몇 가지 염증 및 전신반응의 잠재적 징후를 보여주었다. 노출된 모든 사람들은 장기간의 영향으로 인한 문제가 없이 회복되었으나, 영향을 받은 조직에서 병리학적 변화에 대한 가용한 데이터는 없었다.

16.5.4 호흡독성

리신은 대부분의 전통적인 화학제제보다 호흡기 노출경로를 통해서 더 강력하게 작용한다[7]. 사람에서 흡입 LD_{50}의 대한 광범위하세 측정된다고 알려져 있다: 어떤 경우에는 몇몇 동물모델에서 설정된 치사 호흡기 투여량보다 상당히 낮게 측정된다[5~8,26~28,83,98~100,117,118,130]. 반면에 평방미터당 30~70 mg/min의 사람치사 리신농도(LCt_{50})는 몇몇 동물모델에서 결정된 치사농도 값의 범위에서 높은 값으로 측정된다[4,5,7,99,121,130,131]. 중요한 점은 호흡기 독성에서 상당한 차이가 실험동물들 간에, 그리고 동일한 종의 여러 계통에서 나타났다는 것이다. 어떤 경우에, 이들 차이점은 다양한 독소제제와 흡입성 노출연구에 사용된 프로토콜에 기인한다고 사료된다. 이전에 언급한 바와 같이, 흡입성 독성은 또한 이들 변수들이 흡입성 리신의 호흡침착패턴(respiratory deposition pattern)을 좌우함에 따라 에어로졸 입자크기와 노출방법에 크게 의존된다.

리신의 호흡기 독성은 마우스 계통에서 보고되었다[28,76,98,103,122]. BALB/C 마우스는 11~15 μg/kg의 WB 에어로졸 LD_{50} 값을 나타내는 다른 시험균주들보다 높은 리신흡입량에 내성이 있는 것으로 밝혀졌다[28,76,98]. BXSB (2.8 μg/kg), Swiss Webster (4 μg/kg), NIH Swiss (4.9 μg/kg), CBA/J (5.3 μg/kg), C57BL/6J (5.3 μg/kg), C2H/HeJ (5.3 μg/kg), A/J (8.2 μg/

kg), C3H/HeN (9.0 μg/kg)을 포함하는 다양한 마우스 계통에서 다소 낮은 흡입성 LD_{50} 값이 측정되었다[28,98,103]. 이 LD_{50} 값을 결정하는데 사용된 균주가 명시되지는 않았지만, 마우스에서 평방미터당 9 mg/min의 에어로졸 치사농도임이 알려졌다[131~133].

랫드모델은 또한 리신의 호흡기 독성 연구에 사용되었다. (*Hale Queen* castor seed variety로부터) 상업용 리신시료를 머리(head-only)에 에어로졸로 노출시킨 Porton 랫드 계통에서는 평방미터당 4.5~5.9 mg/min의 LCt_{50}를 나타내었다[129]. 이계교배된 Crl:CD(SD)BR 랫드의 코(NO)로 노출된 상업용 리신시료의 에어로졸 LCt_{50} 비교 값은 평방미터당 5.79와 4 mg/min였다. Porton 랫드에서 다양한 시설내의 리신시료(in-house ricin preparation)는 평방미터당 11.21 mg/min (LCt_{30}), 평방미터당 11.9 mg/min (LCt_{30}), 평방미터당 12.7 mg/min (LCt_{30}) 등의 상당히 높은 치사농도값(lethal concentration value)을 나타내었다[99,121,134]. 전체적으로, 이들 연구는 마우스와 랫드가 흡입성 리신중독에 유사한 민감하다는 것을 보여주지만, 정량적 독성은 다른 동물계통, 리신시료(ricin preparation), 에어로졸 노출변수 등에 따라 다르게 결정될 수 있다.

기니픽, 토끼, 사람외 영장류를 포함하는 몇 가지 동물모델에서 호흡기 독성 데이터가 보고되었다. 평방미터당 판매용 리신제제에서 기니픽 LCt_{50}은 7 mg/min이라는 것이 알려졌다[131]. LD_{50}의 다소 낮은 치사량 수치는 평방미터당 4 mg/min의 흡입 LCt_{50}과 기관 내에서 0.5 μg/kg인 토끼에서 동일한 시판용 리신이라는 것을 나타냈다. 다른 실험동물에서와 마찬가지로, 토끼에서 정량적 민감성은 에어로졸 입자크기와 독소 출처에 따르는 것으로 예상된다. 원숭이에서 흡입성 리신노출의 발병(pathogenesis)에 대한 특성이 밝혀졌지만, African green 원숭이와 rhesus 원숭이에서 최소 정량 독소 정보가 보고되었다[28]. 미군에 의해 수행된 리신에 대한 초기연구에서 얻어진 몇 가지 검토와 독소에 대한 요약에서 원숭이의 LCt_{50}는 평방미터당 100 mg/min 였다[7,132,133].

16.5.5 백신과 치료학

호흡기 리신중독에 대하여 백신에 의한 유도되는 보호연구는 주로 마우스모델에서 만들어졌다[99,103,122~124]. 에어로졸 노출된 마우스에서 재조합 리신 A-사슬 소단위백신(chain subunit vaccine)의 효능이 최근의 몇 가지 연구를 통해서 평가되었다. 탈글리코실화된(deglycosylated) 재조합 리신 A-사슬을 마우스의 비강내 백신접종(intranasal vaccination)은 리신의 치사량과 그 후 에어로졸 노출에 대한 보호를 제한하는 것으로 밝혀졌다[123, 124]. *Escherichia coli*의 열에 약한 장독소에서 유래하는 선택된 점막성 항원보강제(select mucosal adjuvant)와 재조합된 백신의 동시투여(coadministration)를 통해서 보호효과(protective effect)는 현저하게 증진되었다. 이들 항원보강제(adjuvants)는 리신에 특이한 항체 반응을 크게 증가시켰지만, 에어로졸화 독소에 노출로 인한 폐의 손상을 완화시키지는 않았다[123,124].

최근의 또 다른 연구에서 재조합된 A-사슬 백신(chain vaccine)을 근육[내]접종(intramuscular injection) (RiVax)하였을 때, 리신이 경구 또는 에어로졸 경로로 노출된 마우스를 보호할 수 있다는 것이 소개되었다[103]. 흥미있게도, 비강내 백신 연구와는 달리, RiVax와 근육내 백신접종은 리신에 의해 일어난 폐손상도 보호하였다. 이 연구에서 RiVax는 또한 복강내 감염시험이 마우스를 보호한다는 사실도 밝혔으며, 파일럿 임상실험에 참가한 사람들에서 리신 중화 항체(ricin-neutralizing antibody)가 안전하게 유발되는 것이 발견되었다[135,136]. 후속 연구에서 마우스는 RiVax의 근육내 투여와 진피내 투여가 복강내, 에어로졸, 구강 감염시험에 대하여 보호되는 것을 증명하였다[135]. 두 가지 백신접종 경로는 또한 독소에 에어로졸 노출 후에 리신에 의해 유발되는 폐손상을 줄였다.

이들 연구는 백신의 효능, 중독과 예방접종에 따른 반응의 추후 연구를 위한 기초 확립, 그리고 사람에 적용될 수 있는 의미있는 데이터를 만들어내는데 마우스 모델을 사용하는 것이 중요하다는 것을 제시하고 있다. 특히 RiVax의 파일럿 임상실험은 실험지원자에서 형성된 항체의 수동전달이 치명적인 리신 시험에서 마우스를 보호해 준다는 것을 보여주었다[135]. 최근에 리신중독에서 항체에 근거한, 화학적, 항염증 간섭의 효능을 평가하기 위한 마우스 모델이 사용되기도 하였다는 많은 연구들이 발표되었다[79,97,111,137~139]. 이들 연구에는 호흡경로뿐만 아니라, 경구 및 전신노출에 의한 리신 투여시험에 대한 보호효과도 포함되어 있다. 미래의 백신과 치료제 연구는 사람에서 보호와 상관관계를 확립하는 데 있어서 마우스 모델뿐만 아니라, 다른 실험동물의 사용에 대한 지식의 증대에 매우 유용할 것이다.

16.6 고찰

리신은 사람과 많은 동물에서 질병과 사망을 일으키는 것으로 알려진 식물에서 유래하는 강력한 독소이다. 세포독성을 가지는 렉틴(lectin)으로서, 노출세포에 쉽게 흡수되며, 곧 단백질 생산을 억제시켜 세포사멸을 일으킨다. 이 과정은 일반적으로 리신 중독사례가 피마자 씨앗의 섭취와 연관되어 있으므로, 위장관 조직에서 일어난다. 그러나 리신은 에어로졸 흡입 또는 기관내 점적을 통하여 기도로 도입되었을 때, 그 세포독성 효과에 영향을 미칠 수도 있다. 리신의 경구 및 호흡 노출과 관련된 발병은 몇 가지 동물모델에서 조사되어 왔으며, 특히 작은 설치류 종에서 집중적으로 연구되었다. 마우스와 랫드는 리신에 대하여 유사한 민감성을 보여주었으며, 실험적 노출 후에 많은 임상 징후와 병리학적 변화에서 동일하게 나타난다. 다른 종에서 자연 및 실험적 리신 중독에 따른 발병과 임상증세는 일반적인 동물모델 연구에서 상당히 일치하는 것을 보여주었다.

리신중독의 세포학적 및 분자적 기초와 그 독소가 사람에게 미치는 정량적 민감성에 대하여 해결해야 할 많은 문제들이 있다. 실험동물에서 몇 가지 노출 경로에 따른 치사량이 측정되어야 하지만, 최근의 연구에서는 리신이 이전에 측정된 것보다 매우 높은 경구독성을 갖는다는 것이 알려졌다. 부가적으로, 경구 또는 호흡경로로 리신이 노출된 후, 전신흡수와 독성을 위한 잠재적 역할에 대하여 별로 알려진 바가 없다. 일차적으로 리신에 노출된 조직들에서 많은 독성효과가 알려졌음에도 불구하고, 몇몇 연구자들은 순환과 림프에서 리신독소의 흡수가 질병발병과 치사율에 미치는 중요한 역할에 대하여 제시하였다. 이 문제를 명백하게 밝히는 일은 리신의 중독과정과 다양한 의료대책의 잠재적인 효능을 특징짓는 데 중요할 것으로 생각된다. 마우스 모델은 재조합 소단위 백신에 대한 최근의 연구를 통해서 가치있는 것으로 입증되었으며, 향후 전임상 연구에서 중요한 역할을 할 것으로 사료된다. 경구, 전신, 호흡을 통한 리신중독에 대한 조직배양 모델은 향후 사람에서 질병 기작, 발병, 진단, 예방, 보다 세부적인 치료의 특성규명 등을 용이하게 하는 방향으로 개발될 것이다.

16.7 결론

최근의 출판물과 평가서들은 현재 마우스가 리신중독(intoxication)의 발병과 잠재적인 치료제의 개발을 위한 생체 연구에 훌륭한 동물모델이라는 것을 제시하고 있다. 마우스 모델의 지속적인 특성연구와 사용은 생물위협제제(biothreat agent)로서 독소에 대한 미래 연구에서 매우 중요할 것이다. 반면에, 전통과 기술에 기반을 둔 시험관내 및 체외 모델들은 독소 결합, 동태학(kinetics), 노출된 세포에서 분자적 상호작용의 정량적 평가에 토대를 제공한다. 마우스 모델은 향후 경구독성 데이터에서 실험조건에 대한 영향, 급성경구 중독된 후, 치사의 원인, 경구 및 호흡중독에 의한 발병으로부터 전신성 염증의 잠재적인 역할과 같은 문제들을 전반적으로 평가하기 위하여 생체 연구와 함께 유익하게 개발될 것이다. 이들 연구는 리신의 위협과 관련된 측면에서 더욱 포괄적인 이해를 확립하고, 사람을 대상으로 사용하기 위한 재조합 소단위 백신과 같은 유망한 의료대책을 평가하는 데 중요하게 될 것이다.

권리포기

견해, 이해, 결론, 의견 등은 검토한 문헌의 분석에 근거한 저자들의 것들로서, 이들 내용은 회사나 미육군의 견해를 반영하지 않는다.

참고문헌

1. Ishiguro, M. et al., Biochemical studies on ricin. I. Purification of Ricin. *J Biochem*, 1964, **55**: 587–592.
2. Simmons, B.M. and J.H. Russell, A single affinity column step method for the purification of ricin toxin from castor beans (*Ricinus communis*). *Anal Biochem*, 1985, **146**(1): 206–210.
3. Audi, J. et al., Ricin poisoning: A comprehensive review. *JAMA*, 2005, **294**(18): 2342–2351.
4. Cope, A.C et al., *Chemical Warfare Agents and Related Chemical Problems—Part I: Summary Technical Report of Division 9*. Washington, DC: National Defense Research Committee, 1945, pp. 179–203.
5. Parker, D.T., A.C. Parker, and C.K. Ramachandran, *Joint Technical Data Source Book*, Vol. 6, Part 3, DPGJCP-961007. U.S. Dugway Proving Ground, Utah: Joint Contact Point Directorate, 1996, pp. 1–38.
6. U.S. Army, *Potential Military Chemical/Biological Agents and Compounds, Army Field Manual*, 1990, pp. 3–9.
7. Augerson, W., *A Review of the Scientific Literature as It Pertains to Gulf War Illnesses. Volume 5: Chemical and Biological Warfare Agents*. Santa Monica, CA: RAND National Defense Research Institute Publication, 2000, p. 59.

8. Hunt, R., Ricin, *Report for the War Department, Chemical Warfare Service, Chemical Warfare Monograph No. 37*, Washington, DC: American University Experiment Station, 1918, pp. 107–117.
9. Ishiguro, M. et al., Biochemical studies on oral toxicity of ricin. I. Ricin administered orally can impair sugar absorption by rat small intestine. *Chem Pharm Bull (Tokyo)*, 1983, **31**(9): 3222–3227.
10. Sekine, I. et al., Pathological study on mucosal changes in small intestine of rat by oral administration of ricin. I. Microscopical observation. *Acta Pathol Jpn*, 1986, **36**(8): 1205–1212.
11. Frigerio, L. et al., Free ricin A chain, proricin, and native toxin have different cellular fates when expressed in tobacco protoplasts. *J Biol Chem*, 1998, **273**(23): 14194–14199.
12. Sehnke, P.C. et al., Expression of active, processed ricin in transgenic tobacco. *J Biol Chem*, 1994, **269**(36): 22473–22476.
13. Sehnke, P.C. and R.J. Ferl, Processing of preproricin in transgenic tobacco. *Protein Expr Purif*, 1999, **15**(2): 188–195.
14. Tagge, E.P. et al., Preproricin expressed in *Nicotiana tabacum* cells in vitro is fully processed and biologically active. *Protein Expr Purif*, 1996, **8**(1): 109–118.
15. Leshin, J. et al., Characterization of ricin toxin family members from *Ricinus communis. Toxicon*, 2010, **55**(2–3): 658–661.
16. Oda, T., N. Komatsu, and T. Muramatsu, Cell lysis induced by ricin D and ricin E in various cell lines. *Biosci Biotechnol Biochem*, 1997, **61**(2): 291–297.
17. Woo, B.H., J.T. Lee, and K.C. Lee, Purification of Sepharose-unbinding ricin from castor beans (*Ricinus communis*) by hydroxyapatite chromatography. *Protein Expr Purif*, 1998, **13**(2): 150–154.
18. Sehgal et al., Purification, characterization and toxicity profile of ricin isoforms from castor beans. *Food Chem Toxicol*, 2010, **48**(11): 3171–3176.
19. Garber, E.A., Toxicity and detection of ricin and abrin in beverages. *J Food Prot*, 2008, **71**(9): 1875–1883.
20. Jackson, L.S., Z. Zhang, and W.H. Tolleson, Thermal stability of ricin in orange and apple juices. *J Food Sci*, 2010, **75**(4): T65–T71.
21. Jackson, L.S., W.H. Tolleson, and S.J. Chirtel, Thermal inactivation of ricin using infant formula as a food matrix. *J Agric Food Chem*, 2006, **54**(19): 7300–7304.
22. He, X. et al., Effect of food matrices on the biological activity of ricin. *J Food Prot*, 2008, **71**(10): 2053–2058.
23. Yoder, J.M., R.U. Aslam, and N.J. Mantis, Evidence for widespread epithelial damage and coincident production of monocyte chemotactic protein 1 in a murine model of intestinal ricin intoxication. *Infect Immun*, 2007, **75**(4): 1745–1750.
24. Godal, A. et al., Pharmacological studies of ricin in mice and humans. *Cancer Chemother Pharmacol*, 1984, **13**(3): 157–163.
25. Fodstad, O., S. Olsnes, and A. Pihl, Toxicity, distribution and elimination of the cancerostatic lectins abrin and ricin after parenteral injection into mice. *Br J Cancer*, 1976, **34**(4): 418–425.
26. Roy, C.J. et al., Impact of inhalation exposure modality and particle size on the respiratory deposition of ricin in BALB/c mice. *Inhal Toxicol*, 2003, **15**(6): 619–638.
27. Griffiths, G.D., G.J. Phillips, and J. Holley, Inhalation toxicology of ricin preparations: Animal models, prophylactic and therapeutic approaches to protection. *Inhal Toxicol*, 2007, **19**(10): 873–887.
28. Wannemacher, R.W. and J.B. Anderson, Inhalation ricin: Aerosol procedures, toxicology, and therapy. In: H. Salem and S. Katz (eds.), *Inhalation Toxicology*, 2nd ed., Chapter 39. Boca Raton/London/New York: CRC Press, 2006, pp. 973–980.
29. Doebler, J.A. et al., The distribution of [125I]ricin in mice following aerosol inhalation exposure. *Toxicology*, 1995, **98**(1–3): 137–149.
30. Olsnes, S. et al., Studies on the structure and properties of the lectins from *Abrus precatorius* and *Ricinus communis. Biochim Biophys Acta*, 1975, **405**(1): 1–10.
31. Olsnes, S., K. Refsnes, and A. Pihl, Mechanism of action of the toxic lectins abrin and ricin. *Nature*, 1974, **249**(458): 627–631.

32. Halling, K.C. et al., Genomic cloning and characterization of a ricin gene from *Ricinus communis. Nucleic Acids Res*, 1985, **13**(22): 8019–8033.
33. Montfort, W. et al., The three-dimensional structure of ricin at 2.8 A. *J Biol Chem*, 1987, **262**(11): 5398–5403.
34. Rutenber, E. et al., Crystallographic refinement of ricin to 2.5 A. *Proteins*, 1991, **10**(3): 240–250.
35. Lamb, F.I., L.M. Roberts, and J.M. Lord, Nucleotide sequence of cloned cDNA coding for preproricin. *Eur J Biochem*, 1985, **148**(2): 265–270.
36. Lord, J.M., Precursors of ricin and *Ricinus communis* agglutinin. Glycosylation and processing during synthesis and intracellular transport. *Eur J Biochem*, 1985, **146**(2): 411–416.
37. Lin, T.T. and S.L. Li, Purification and physicochemical properties of ricins and agglutinins from *Ricinus communis. Eur J Biochem*, 1980, **105**(3): 453–459.
38. Villafranca, J.E. and J.D. Robertus, Ricin B chain is a product of gene duplication. *J Biol Chem*, 1981, **256**(2): 554–556.
39. Rutenber, E., M. Ready, and J.D. Robertus, Structure and evolution of ricin B chain. *Nature*, 1987, **326**(6113): 624–626.
40. Refsnes, K., S. Olsnes, and A. Pihl, On the toxic proteins abrin and ricin. Studies of their binding to and entry into Ehrlich ascites cells. *J Biol Chem*, 1974, **249**(11): 3557–3562.
41. Simmons, B.M., P.D. Stahl, and J.H. Russell, Mannose receptor-mediated uptake of ricin toxin and ricin A chain by macrophages. Multiple intracellular pathways for a chain translocation. *J Biol Chem*, 1986, **261**(17): 7912–7920.
42. Magnusson, S., R. Kjeken, and T. Berg, Characterization of two distinct pathways of endocytosis of ricin by rat liver endothelial cells. *Exp Cell Res*, 1993, **205**(1): 118–125.
43. Magnusson, S. et al., Interactions of ricin with sinusoidal endothelial rat liver cells. Different involvement of two distinct carbohydrate-specific mechanisms in surface binding and internalization. *Biochem J*, 1991, **277(Pt 3)**: 855–861.
44. Magnusson, S. and T. Berg, Endocytosis of ricin by rat liver cells *in vivo* and *in vitro* is mainly mediated by mannose receptors on sinusoidal endothelial cells. *Biochem J*, 1993, **291(Pt 3)**: 749–755.
45. Riccobono, F. and M.L. Fiani, Mannose receptor dependent uptake of ricin A1 and A2 chains by macrophages. *Carbohydr Res*, 1996, **282**(2): 285–292.
46. Olsnes, S. et al., Rates of different steps involved in the inhibition of protein synthesis by the toxic lectins abrin and ricin. *J Biol Chem*, 1976, **251**(13): 3985–3992.
47. Olsnes, S. and A. Pihl, Different biological properties of the two constituent peptide chains of ricin, a toxic protein inhibiting protein synthesis. *Biochemistry*, 1973, **12**(16): 3121–3126.
48. Sandvig, K., S. Olsnes, and A. Pihl, Kinetics of binding of the toxic lectins abrin and ricin to surface receptors of human cells. *J Biol Chem*, 1976, **251**(13): 3977–3984.
49. Baenziger, J.U. and D. Fiete, Structural determinants of *Ricinus communis* agglutinin and toxin specificity for oligosaccharides. *J Biol Chem*, 1979, **254**(19): 9795–9799.
50. Sandvig, K. and S. Olsnes, Entry of the toxic proteins abrin, modeccin, ricin, and diphtheria toxin into cells. II. Effect of pH, metabolic inhibitors, and ionophores and evidence for toxin penetration from endocytotic vesicles. *J Biol Chem*, 1982, **257**(13): 7504–7513.
51. Sandvig, K. and S. Olsnes, Entry of the toxic proteins abrin, modeccin, ricin, and diphtheria toxin into cells. I. Requirement for calcium. *J Biol Chem*, 1982, **257**(13): 7495–7503.
52. Naseem, S.M., R.B. Wellner, and J.G. Pace, The role of calcium ions for the expression of ricin toxicity in cultured macrophages. *J Biochem Toxicol*, 1992, **7**(2): 133–138.
53. van Deurs, B. et al., Routing of internalized ricin and ricin conjugates to the Golgi complex. *J Cell Biol*, 1986, **102**(1): 37–47.
54. van Deurs, B. et al., Estimation of the amount of internalized ricin that reaches the trans-Golgi network. *J Cell Biol*, 1988, **106**(2): 253–267.
55. van Deurs, B. et al., Delivery of internalized ricin from endosomes to cisternal Golgi elements is a discontinuous, temperature-sensitive process. *Exp Cell Res*, 1987, **171**(1): 137–152.

56. van Deurs, B. et al., Receptor-mediated endocytosis of a ricin-colloidal gold conjugate in vero cells. Intracellular routing to vacuolar and tubulo-vesicular portions of the endosomal system. *Exp Cell Res*, 1985. **159**(2): 287–304.
57. Endo, Y. et al., The mechanism of action of ricin and related toxic lectins on eukaryotic ribosomes. The site and the characteristics of the modification in 28 S ribosomal RNA caused by the toxins. *J Biol Chem*, 1987, **262**(12): 5908–5912.
58. Endo, Y. and K. Tsurugi, RNA N-glycosidase activity of ricin A-chain. Mechanism of action of the toxic lectin ricin on eukaryotic ribosomes. *J Biol Chem*, 1987, **262**(17): 8128–8130.
59. Endo, Y. and K. Tsurugi, The RNA N-glycosidase activity of ricin A-chain. The characteristics of the enzymatic activity of ricin A-chain with ribosomes and with rRNA. *J Biol Chem*, 1988, **263**(18): 8735–8739.
60. Szewczak, A.A. et al., The conformation of the sarcin/ricin loop from 28S ribosomal RNA. *Proc Natl Acad Sci USA*, 1993, **90**(20): 9581–9585.
61. Szewczak, A.A. and P.B. Moore, The sarcin/ricin loop, a modular RNA. *J Mol Biol*, 1995, **247**(1): 81–98.
62. Endo, Y., Mechanism of action of ricin and related toxins on the inactivation of eukaryotic ribosomes. *Cancer Treat Res*, 1988, **37**: 75–89.
63. Lord, M.J. et al., Ricin. Mechanisms of cytotoxicity. *Toxicol Rev*, 2003, **22**(1): 53–64.
64. Olsnes, S. and A. Pihl, Treatment of abrin and ricin with -mercaptoethanol opposite effects on their toxicity in mice and their ability to inhibit protein synthesis in a cell-free system. *FEBS Lett*, 1972, **28**(1): 48–50.
65. Olsnes, S. et al., Ribosome inactivation by the toxic lectins abrin and ricin. Kinetics of the enzymic activity of the toxin A-chains. *Eur J Biochem*, 1975, **60**(1): 281–288.
66. Morlon-Guyot, J. et al., Identification of the ricin lipase site and implication in cytotoxicity. *J Biol Chem*, 2003, **278**(19): 17006–17011.
67. Lombard, S., M.E. Helmy, and G. Pieroni, Lipolytic activity of ricin from *Ricinus sanguineus* and *Ricinus communis* on neutral lipids. *Biochem J*, 2001, **358(Pt 3)**: 773–781.
68. Day, P.J. et al., Binding of ricin A-chain to negatively charged phospholipid vesicles leads to protein structural changes and destabilizes the lipid bilayer. *Biochemistry*, 2002, **41**(8): 2836–2843.
69. Griffiths, G.D., M.D. Leek, and D.J. Gee, The toxic plant proteins ricin and abrin induce apoptotic changes in mammalian lymphoid tissues and intestine. *J Pathol*, 1987, **151**(3): 221–229.
70. Hughes, J.N., C.D. Lindsay, and G.D. Griffiths, Morphology of ricin and abrin exposed endothelial cells is consistent with apoptotic cell death. *Hum Exp Toxicol*, 1996, **15**(5): 443–451.
71. Kumar, O., K. Sugendran, and R. Vijayaraghavan, Oxidative stress associated hepatic and renal toxicity induced by ricin in mice. *Toxicon*, 2003, **41**(3): 333–338
72. Wong, J. et al., Proinflammatory responses of human airway cells to ricin involve stress-activated protein kinases and NF-kappaB. *Am J Physiol Lung Cell Mol Physiol*, 2007, **293**(6): L1385–L1394.
73. Wong, J. et al., Intrapulmonary delivery of ricin at high dosage triggers a systemic inflammatory response and glomerular damage. *Am J Pathol*, 2007, **170**(5): 1497–1510.
74. Korcheva, V. et al., Role of apoptotic signaling pathways in regulation of inflammatory responses to ricin in primary murine macrophages. *Mol Immunol*, 2007, **44**(10): 2761–2771.
75. Korcheva, V. et al., Administration of ricin induces a severe inflammatory response via nonredundant stimulation of ERK, JNK, and P38 MAPK and provides a mouse model of hemolytic uremic syndrome. *Am J Pathol*, 2005, **166**(1): 323–339.
76. DaSilva, L. et al., Pulmonary gene expression profiling of inhaled ricin. *Toxicon*, 2003, **41**(7): 813–822.
77. Lindauer, M.L. et al., Pulmonary inflammation triggered by ricin toxin requires macrophages and IL-1 signaling. *J Immunol*, 2009, **183**(2): 1419–1426.
78. David, J., L.J. Wilkinson, and G.D. Griffiths, Inflammatory gene expression in response to sub-lethal ricin exposure in Balb/c mice. *Toxicology*, 2009, **264**(1–2): 119–130.

79. Mabley, J.G., P. Pacher, and C. Szabo, Activation of the cholinergic antiinflammatory pathway reduces ricin-induced mortality and organ failure in mice. *Mol Med*, 2009, **15**(5–6): 166–172.
80. Naseem, S.M. and J.G. Pace, Effect of anti-inflammatory agents on ricin-induced macrophage toxicity. *J Biochem Toxicol*, 1993, **8**(3): 145–153.
81. Liu, L. et al., Analysis of intestinal injuries induced by ricin *in vitro* using SPR technology and MS identification. *Int J Mol Sci*, 2009, **10**(5): 2431–2439.
82. Ishiguro, M. et al., Effects of ricin, a protein toxin, on glucose absorption by rat small intestine. (Biochemical studies on oral toxicity of ricin. II). *Chem Pharm Bull (Tokyo)*, 1984, **32**(8): 3141–3147.
83. Wilhelmsen, C.L. and M.L. Pitt, Lesions of acute inhaled lethal ricin intoxication in rhesus monkeys. *Vet Pathol*, 1996, **33**(3): 296–302.
84. Strocchi, P. et al., Lesions caused by ricin applied to rabbit eyes. *Invest Ophthalmol Vis Sci*, 2005, **46**(4): 1113–1116.
85. Jackson, J.H., Tissue changes in alimentary canal of mouse induced by ricin poisoning. *J Physiol*, 1957, **135**(2): 30-1.
86. Moriyama, H., Studies on ricin. The first report. *Jpn. J. Exp. Med.*, 1934. **12**(395): 44.
87. Warner, J., Review of reactions to biotoxins in water, *Battelle Memorial Institute Final Report*, CBIAC Task 152. Columbus, OH: Battelle Memorial Institute, 1990.
88. Funatsu, G. and M. Funatsu, Limited hydrolysis of ricin D with alkaline protease from *Bacillus subtilis*. *Agric Biol Chem*, 1977, **41**: 1309–1310.
89. Yoshitake, S., K. Watanabe, and G. Funatsu, Limited hydrolysis of ricin D with trypsin in the presence of sodium dodecyl sulfate. *Agric Biol Chem*, 1979, **43**: 2193–2195.
90. Golosnitskiy, A., *Ricin poisoning* (in Russian). *Profilaktika Otravleniy Zhivotnykh Rastitel'nymi Yademi*, 1979, **128**.
91. Lim, H., H.J. Kim, and Y.S. Cho, A case of ricin poisoning following ingestion of Korean castor bean. *Emerg Med J*, 2009, **26**(4): 301–302.
92. Bradberry, S.M. et al., Ricin poisoning. *Toxicol Rev*, 2003, **22**(1): 65–70.
93. Klaim, G.J. and J.J. Jaeger, Castor seed poisoning in humans: A review. *Institute Technical Report No. 453* for USAMRDC, DTIC ADA229133. San Francisco, CA: Letterman Army Institute of Research, Division of Cutaneous Hazards, 1990.
94. Rauber, A. and J. Heard, Castor bean toxicity re-examined: A new perspective. *Vet Hum Toxicol*, 1985, **27**(6): 498–502.
95. Challoner, K.R. and M.M. McCarron, Castor bean intoxication. *Ann Emerg Med*, 1990. **19**(10): 1177–1183.
96. Balint, G.A., Ricin: The toxic protein of castor oil seeds. *Toxicology*, 1974, **2**(1): 77–102.
97. Pratt, T.S. et al., Oropharyngeal aspiration of ricin as a lung challenge model for evaluation of the therapeutic index of antibodies against ricin A-chain for post-exposure treatment. *Exp Lung Res*, 2007, **33**(8–9): 459–481.
98. Wilhelmsen, C.L., Inhaled ricin dose ranging and pathology in inbred strains of mice. *USAMRIID Technical Report*. Fort Detrick, MD: USAMRIID, U.S. Department of Defense Laboratory, 2000.
99. Griffiths, G.D. et al., Protection against inhalation toxicity of ricin and abrin by immunisation. *Hum Exp Toxicol*, 1995, **14**(2): 155–164.
100. Cook, D.L., J. David, and G.D. Griffiths, Retrospective identification of ricin in animal tissues following administration by pulmonary and oral routes. *Toxicology*, 2006, **223**(1–2): 61–70.
101. Brugsch, H.G., Toxic hazards: The castor bean. *Mass Med Soc*, 1960, **262**: 1039–1040.
102. Poli, M.A. et al., Chapter 15: Ricin, in *Textbook of Military Medicine: Medical Aspects of Biological Warfare*, Z.F. Dembek, editor. Washington, DC: Office of the Surgeon General, Department of the Army, 2007.
103. Smallshaw, J.E., J.A. Richardson, and E.S. Vitetta, RiVax, a recombinant ricin subunit vaccine, protects mice against ricin delivered by gavage or aerosol. *Vaccine*, 2007, **25**(42): 7459–7469.
104. Ishiguro, M. et al., Biochemical studies on oral toxicity of ricin. IV. A fate of orally administered ricin in rats. *J Pharmacobiodyn*, 1992, **15**(4): 147–156.

105. Ishiguro, M. et al., Interaction of toxic lectin ricin with epithelial cells of rat small intestine *in vitro*. *Chem Pharm Bull (Tokyo)*, 1992, **40**(2): 441–445.
106. Morino, H., R. Sakakibara, and M. Ishiguro, The binding of ricin to its receptor is not required for the expression of its toxicity. *Biol Pharm Bull*, 1995, **18**(12): 1770–1772.
107. Palatnick, W. and M. Tenenbein, Hepatotoxicity from castor bean ingestion in a child. *J Toxicol Clin Toxicol*, 2000, **38**(1): 67–69.
108. He, X. et al., Ricin toxicokinetics and its sensitive detection in mouse sera or feces using immuno-PCR. *PLoS One*, 2010, **5**(9): e12858.
109. Ishiguro, M. et al., Biochemical studies on oral toxicity of ricin. V. The role of lectin activity in the intestinal absorption of ricin. *Chem Pharm Bull (Tokyo)*, 1992, **40**(5): 1216–1220.
110. Olson, A.D. et al., Differential toxicity of RCAII (ricin) on rabbit intestinal epithelium in relation to postnatal maturation. *Pediatr Res*, 1985, **19**(8): 868–872.
111. Roche, J.K. et al., Post-exposure targeting of specific epitopes on ricin toxin abrogates toxin-induced hypoglycemia, hepatic injury, and lethality in a mouse model. *Lab Invest*, 2008, **88**(11): 1178–1191.
112. Pincus, S.H. et al., Identification of hypoglycemia in mice as a surrogate marker of ricin toxicosis. *Comp Med*, 2002, **52**(6): 530–533.
113. Roels, S. et al., Lethal ricin intoxication in two adult dogs: Toxicologic and histopathologic findings. *J Vet Diagn Invest*, 2010, **22**(3): 466–468.
114. Albretsen, J.C., S.M. Gwaltney-Brant, and S.A. Khan, Evaluation of castor bean toxicosis in dogs: 98 cases. *J Am Anim Hosp Assoc*, 2000, **36**(3): 229–233.
115. Fodstad, O. et al., Toxicity of abrin and ricin in mice and dogs. *J Toxicol Environ Health*, 1979, **5**(6): 1073–1084.
116. Mouser, P. et al., Fatal ricin toxicosis in a puppy confirmed by liquid chromatography/mass spectrometry when using ricinine as a marker. *J Vet Diagn Invest*, 2007, **19**(2): 216–220.
117. Vogel, P. et al., Comparison of the pulmonary distribution and efficacy of antibodies given to mice by intratracheal instillation or aerosol inhalation. *Lab Anim Sci*, 1996, **46**(5): 516–523.
118. Poli, M.A. et al., Aerosolized specific antibody protects mice from lung injury associated with aerosolized ricin exposure. *Toxicon*, 1996, **34**(9): 1037–1044.
119. Griffiths, G.D. et al., Liposomally-encapsulated ricin toxoid vaccine delivered intratracheally elicits a good immune response and protects against a lethal pulmonary dose of ricin toxin. *Vaccine*, 1997, **15**(17–18): 1933–1939.
120. Doebler, J. et al., Autoradiographic localization of [125-I]-ricin in lungs and trachea of mice following an aerosol inhalation exposure. *USAMRICD Technical Report No. TR-96-03*. Fort Detrick, MD: USAMRICD, U.S. Department of Defense Laboratory, 1996.
121. Brown, R.F. and D.E. White, Ultrastructure of rat lung following inhalation of ricin aerosol. *Int J Exp Pathol*, 1997, **78**(4): 267–276.
122. Kende, M. et al., Oral immunization of mice with ricin toxoid vaccine encapsulated in polymeric microspheres against aerosol challenge. *Vaccine*, 2002, **20**(11–12): 1681–1691.
123. Kende, M. et al., Enhancement of intranasal vaccination with recombinant chain A ricin vaccine (rRV) in mice by the mucosal adjuvants LTK63 and LTR72. *Vaccine*, 2007, **25**(16): 3219–3227.
124. Kende, M. et al., Enhancement of intranasal vaccination in mice with deglycosylated chain A ricin by LTR72, a novel mucosal adjuvant. *Vaccine*, 2006, **24**(12): 2213–2221.
125. Griffiths, G.D. et al., Local and systemic responses against ricin toxin promoted by toxoid or peptide vaccines alone or in liposomal formulations. *Vaccine*, 1998, **16**(5): 530–535.
126. Rushing, S.R., M.L. Saylor, and M.L. Hale, Translocation of ricin across polarized human bronchial epithelial cells. *Toxicon*, 2009, **54**(2): 184–191.
127. Griffiths, G.D., C.D. Lindsay, and D.G. Upshall, Examination of the toxicity of several protein toxins of plant origin using bovine pulmonary endothelial cells. *Toxicology*, 1994, **90**(1–2): 11–27.

128. Richer, G., F.K. Jansen, and P. Gros, [Immunotoxins (author's translation)]. *Nouv Presse Med*, 1982, **11**(17): 1321–1324.
129. Griffiths, G.D. et al., *The Toxicology of Ricin and Abrin Toxins—Studies on Immunisation Against Abrin Toxicity*. Porton Down, UK: Chemical and Biological Defence Establishment, 1993.
130. Bide, R. et al., Inhalation toxicologic procedures for exposure of small laboratory animals to highly toxic materials. Part B: Exposure to aerosols with notes on toxicity of ricin. *Technical Memorandum DRES TM-2000-066*. Suffield, Alberta: Defense Research Establishment Suffield, 2001.
131. Sigma Chemical Company, *Lectin from* Ricinus *Commiunis toxin RCA-60*. Material Safety Data Sheet CB-016827, 1990.
132. Lewis, R., Ricin. In: *Sax's Dangerous Properties of Industrial Materials*. New York: Wiley, 2000.
133. Gangolli, S., Ricin. In: *The Dictionary of Substances and Their Effects*. Cambridge: Royal Society of Chemistry, 2004.
134. Griffiths, G.D., P. Rice, A.C. Allenby, S.C. Bailey, and D.G. Upshall, Inhalation toxicology and histopathology of ricin and abrin toxins. *Inhalation Toxicol*, 1995, **7**(1): 269–288.
135. Vitetta, E.S. et al., A pilot clinical trial of a recombinant ricin vaccine in normal humans. *Proc Natl Acad Sci USA*, 2006, **103**(7): 2268–2273.
136. Smallshaw, J.E. et al., Preclinical toxicity and efficacy testing of RiVax, a recombinant protein vaccine against ricin. *Vaccine*, 2005, **23**(39): 4775–4784.
137. Beyer, N.H. et al., A mouse model for ricin poisoning and for evaluating protective effects of antiricin antibodies. *Clin Toxicol (Phila)*, 2009, **47**(3): 219–225.
138. Neal, L.M. et al., A monoclonal immunoglobulin G antibody directed against an immunodominant linear epitope on the ricin A chain confers systemic and mucosal immunity to ricin. *Infect Immun*, 2010, **78**(1): 552–561.
139. Stechmann, B. et al., Inhibition of retrograde transport protects mice from lethal ricin challenge. *Cell*, 2010, **141**(2): 231–242.

17 황색포도상구균과 연쇄상구균의 슈퍼항원, 생체외 및 생체 내의 실험기법

Teresa Krakauer and Bradley G. Stiles

목차

17.1 개요 355
17.2 SEs, TSST-1, SPEs의 물리적 특성........ 358
17.3 SEs, TSST-1, SPEs의 제2형 MHC와 TCR 결합 359
17.4 SEs, TSST-1, SPEs의 세포반응 360
17.5 SEs, TSST-1, SPEs의 생체내 효과........ 361
  17.5.1 사람외 영장류: 기존의 "최적표준(Gold Standard)" 동물모델 361
  17.5.2 마우스: 완전하지 않으나 선호되는 모델 364
  17.5.3 토끼모델 369
  17.5.4 흰족제비 모델과 뾰족뒤쥐 모델 369
17.6 SEs, TSST-1, SPEs에 대한 치료제와 백신 369
  17.6.1 효능연구: 특징적인 동물모델에서는 필수적임........ 371
17.7 결론 372
참고문헌........ 375

17.1 개요

*Staphylococcus aureus*와 *Streptococcus pyogenes*는 사람과 동물의 질병과 관련되어 있으며, 도처에 존재하는 위협적인 병원균이다[1~3]. 이들 통성의 β-용혈성 세균은 생존과 확산에 관여하는 여러 가지 독성인자(virulence factor)를 통하여, 피부와 점막표면에 쉽게 집락을 형성한다. T-세포의 특이한 세브세트(specific subset)와 상호작용하는 황색포도상구균성 장독소(staphylococcal enterotoxins, SEs)와 독성쇼크증후군 독소-1(toxic shock syndrome toxin-1, TSST-1)에 더하여 [4~6], *S. aureus*는 protein A, 응고효소(coagulase), 용혈소(hemolysin), 백혈구독(leucocidin)도 생산한다[7,8]. 사회적 현실에서는 메티실린(methicillin)과 같은 항생제에 대한 *S. aureus*에서 지속적인 내성증가가 생겨나며[9], 현재 반코마이신(vancomycin)은 항생제 방어의 주요 마지막 라인을 대표하고 있다[10,11]. 매년 캐나다의 병원에서 항생제 내성세균 *S. aureus* (MRSA)를 관리

하는데, 약 5,000만 달러의 비용이 소비되는 것으로 추정되며, 낙농산업에서는 이보다 더 많은 비용이 사용되는 것으로 알려져 있다[12]. 사실, *S. aureus*는 세계적으로 건강과 경제적 관심의 대상이 되고 있다[13~16].

SEs [A-U, 계수(counting)]는 세계 도처에서 발견되는 식중독 중에서 가장 보편적인 형태의 독소 가운데 한 가지이다[2,17~21]. SEB 혈청전환율(seroconversion rate)에서 나타난 바와 같이, 많은 사람들이 이 독소에 자연적으로 노출될 수 있다는 것은 분명하다[22]. 그러나 사람에서 오염된 식품섭취 또는 *S. aureus*의 독소생성 균주에 의한 집락형성 후에, 독소-특이 항체(toxin-specific antibody)가 생성되는지는 알려져 있지 않다. 사람에서 황색포도상구균에 의한 식중독의 최초보고서는 1914년에 발간되었으며, *S. aureus*에 의해 유발된 식중독은 유선염(mastitis)에 걸린 젖소에서 짠 우유를 마신 후에 일어났다. SE 중독(SE poisoning)은 일반적으로 *S. aureus* 생장과 한 가지 이상의 SE의 생성에 적합한 온도에서 부적절한 취급과 저장으로 오염된 가공육 또는 낙농제품을 섭취한 후 발생한다. 불과 몇 mg의 독소만 섭취하여도 4시간 이내에 구토와 설사를 일으킬 수 있으며, 어떤 경우에는 24~72시간 이후에 전신권태를 경험할 수 있다[19]. SE에 의한 식중독은 가장 일반적으로 관련된 혈청형(serotype)을 나타내는 SEA에서와 같이, 건강한 사람에서는 별로 치명적이지 않다; 그러나 어린이와 노인들에서는 매우 위험하다. 숙주에서 유래하는 프로스타그란딘(prostaglandins)과 류코트리엔(leucotrienes)과 같은 염증화합물은 장내효과(enteric effect)를 중개할 수 있다[24,25]. 식중독을 일으키는 것뿐만 아니라, SEs (특히 SEB)는 생물전(biological warfare)과 생물테러(bioterrorism)에서 불법제제로 사용될 가능성이 있다[26].

SEs와 식품에서 유래하는 질병과는 달리, *S. aureus*의 TSST-1에 의해 일어나는 독성쇼크증후군(toxic shock syndrome, TSS)은 1978년에 어린이들에서 최초로 소개되었으며[27], 그 후 여성에서 월경과 흡수성이 높은 탐폰의 사용과 연관되는 것으로 보고되었다[28~30]. 그 세균의 생장과 그 후 생체내 TSST-1의 생성에 연관된 요소로서는 단백질, 이산화탄소, 산소, 중성 pH와 더불어, 질에서 생장하는 *S. aureus* 주변에서 마그네슘의 제거 등이 있다[17,31~33]. 초기 문헌에서 TSST-1은 원래 SEF라고 불리는 장독소(enterotoxin)로 기술되었다[34]. 그러나 이것은 나중에 동종의 SEF (TSST-1)가 사람외 영장류에서 장내독성(enterotoxicity)이 명백히 결핍되어 부적절하다는 것이 입증되었다[35]. TSS의 증상은 친염증성 사이토카인(proinflammatory cytokine)의 혈청량 증가[36~38], 발진, 저혈압, 열, 다기관 손상 등의 면역반응의 변화와 밀접하게 연관되어 있다[39,40]. 드문 일이지만, 무월경 형태(nonmenstrual form)의 TSS는 다른 신체부위에서 생장하는 *S. aureus*의 SEB와 SEC1에 기인하는 것으로 생각된다[30,41,42]. 대중의 관심 증가와 새로이 제작한 생리대(tampon)의 사용으로 1980년 초반 이래 보고된 생리를 통한 TSS 사례는 감소된 데 비하여, 무월경 TSS의 사례는 상대적으로 일정하게 일어나고 있다. 모든 TSS 환자들에서 문제가 되는 *S. aureus* 균주를 제거하거나, 최소생장률로 유지되지 않는다면, 반복적인 발작으로 고통을 겪을 수 있다. 그러나 세균제어는 현재 임상적으로 사용되는 항생제와 몇 가지 대체화합물에 대한 내성증가로 더욱 어렵게 되고 있다.

항체는 TSST-1에 의해 유발된 TSS의 민감성(susceptibility)에 중요한 역할을 한다[43-45]. 따라서 독소에 의해 유도된 과민반응성 T-세포(toxin-induced hyporesponsive T-cell)[46] 및 T-세포 의존성인 B-세포 세포사멸(apoptosis)[47] 때문에, 문제의 독소로 혈청전환되지 않은 사람들에서는 TSS 재발을 경험할 가능성이 더 높다. 이들 발견에서는 특히 고위험군에 속하는 사람들 가운데, TSST-1과 다른 세균의 슈퍼항원(superantigen)에 관용(tolerance)을 깰 수 있는 백신의 필요성을 강조한다[48~56]. 면역글로불린 치료제는 황색포도상구균(staphylococcal)- 또는 연쇄상구균 관련-쇼크(streptococcal-related shock)를 방지하기 위해서 사용될 수 있다. 기증자들로부터 수집된 모든 정맥내 면역글로불린은 임상에서 특별히 유리하지만, 품질관리 (예, batch-to-batch variation)와 특성평가 (예, 시약의 보호방법)와 같은 문제들이 존재한다[57,58]. SEs, TSST-1, SPEs에서 독특한 항원결정기(epitopes)를 표적화하는 다중 단일클론항체(monoclonal antibody)의 사용은 *Clostridium botulinum*의 신경독소 A(neurotoxin A)에 대해 기술된 것과 유사한 방향에서 논리적 단계[59]임을 보여준다[60].

*S. aureus*와 미생물학적으로 유사한 세균은 1930년대 동안 Rebecca Lancefield에 의해 개발된 탄수화물에 근거한 혈청형 시스템에 명시된 바와 같이, A군 연쇄상구균(group A streptococcus)인 *S. pyogenes*이다[61]. *S. aureus*와 마찬가지로, *S. pyogenes*의 생태학적 지위(normal niche)는 숙주의 피부와 점막표면을 포함한다. A군 연쇄상구균 은 사람에서 인두염, 농가진, 괴사성근막염, 성홍열, 류마티스열 등의 다양한 질병을 일으킬 수 있다[62]. *S. aureus*와 비슷한 방식으로, *S. pyogenes*는 단백질 독소, 항포식성 특징을 수반하는 캡슐과 M단백질, 그리고 보체의 C5a 구성요소를 절단하는 protease 등의 강력한 독성성분을 가지고 있다[63].

SEs, TSST-1, SPEs와 공동으로 흔히 사용되는 용어인 "슈퍼항원"은 picogram 수준에서 많은 특이한 T-세포들 (5~30%)을 활성화하는 미생물단백질(microbial protein)을 정의하기 위하여 1980년대 후반에 만들어졌다[64,65]. 이들 분자는 훨씬 높은 농도에서 0.01% 이하의 T-세포를 자극하는 "일반" 항원과는 다르다[64~69]. 숙주세포에 따른 슈퍼항원의 상호작용은 일반항원과 다음과 같은 점에서 차이가 있다: (1) 제2형 주조직적합성 복합체(major histocompatibility complex class II, MHC class II)의 펩디드-결합구(peptide-binding groove) 외부에 직접 결합한다; (2) 내재화(internalization)와 항원처리(antigen processing) 없이 비손상 분자(intact molecule)로서 생물학적 효과에 영향을 미친다; (3) 제2형 MHC에 한정되지 않지만, 대립형질(allele) (예, 사람의 HLA-DR, -DQ, -DP 또는 쥐의 IA와 IE)과 T-세포에 대한 슈퍼항원 제시 간에 차이점들이 실제로 존재한다[64,65]. 부가적으로, T-세포수용체에 의한 슈퍼항원-제2형 MHC 복합체의 인식은 일반 펩티드 항원에 의해 흔히 사용되는 Va-Vβ 사슬 조합이 아닌, TCR β-사슬(chain) (Vβ) 내의 여러 구역에 의존된다[1,64,70]. 다양한 그람양성과 그람음성 세균뿐만 아니라[71~78], 바이러스[79~84]에서 생성된 미생물의 슈퍼항원은 표 17.1에 열거되어 있으며, 다른 문헌에 더 심도있게 기술되어 있다[74,85].

17.2 SEs, TSST-1, SPEs의 물리적 특성

SEs, TSST-1, SPEs는 아미노산 서열에 근거한 독특한 상동군을 형성하는 황색포도상구균 또는 연쇄상구균에 의해 분비된 22~30 kDa 크기의 단일사슬 단백질이다[64,76,86]. 역사적으로, *S. aureus*와 *S. pyogenes*는 분기 진화되었지만, 밀접하게 관련된 슈퍼항원을 만드는 공통 DNA를 획득하였다는 것이 가능하다. 분명히 그 단백질들은 다른 종류의 미생물에 널리 존재하는 바와 같이, 진화의 성과물이다 (표 17.1). 황색포도상구균과 연쇄상구균 슈퍼항원은 플라스미드, 박테리오파아지 DNA, 또는 이동성 유전요소(mobile genetic element) 상에 암호화되어 있으며, 정지기와 대수기 후반 사이에 합성된다[17,87]. 다른 SE의 "혈청형(serotype)" 가운데, SEA, SED, SEE 등은 53~81%에 가장 높은 아미노산 서열상동성(sequence homology)을 공유한다. SEB 분자는 SEC (1,2, 3 아형)와 50~66% 상동성을 가지는 반면에, SPEs 중에서 A 혈청형은 51% 상동성을 가진 SEB와 가장 유사하다[88].

다양한 염기서열에도 불구하고, SEA, SEB, SEC2, TSST-1, SPEA, SPEC의 구조연구와 X-선 결정학(crystallography)은 TCR-결합부위를 나타내는 얕은 홈(shallow groove)에서 분리된 β-sheet plus α-helix 구조를 포함하는 두 개의 단단히 감싸진 도메인들에 잘 보존된 형태를 보여준다[89~94]. 독소/HLA-DR 복합체의 결정학적 분석에 따라 위치지정돌연변이(位置指定突然變異, site-directed mutagenesis)와 이들 독소의 중복된 펩티드의 구조-기능 연구는 제2형 MHC와 TCR의 결합에 중요한 특이 잔기들에 대하여 추가 단서를 제공한다[95~97]. SEs, TSST-1, SPEs는 항체의 교차반응성(cross-reactivity)과 중화(neutralization)에 의한 증거로서, 유사한 구조를 부가적으로 공유한다[51,55,98~102]. 역사적으로, SEs는 면역확산검사(immunodiffusion assay)에

표 17.1
세균 및 바이러스의 슈퍼항원

세균의 슈퍼항원
- *Mycoplasma arthritidis*의 분열촉진물질(mitogen)(MAM)[71]
- *Mycobacterium tuberculosis*의 슈퍼항원(MTS)[72]
- *Pseudomonas aeruginosa*의 exotoxin A[73]
- *Staphylococcus aureus*의 SEA-SEV, TEET-1[64,68,74,75]
- *Streptococcus pyogenes*의 SPEA, C, G, H, I, J, L, 및 M[75]
- 연쇄상구균(Streptococcal) 분열촉진 외독소(mitogenic exotoxin)의 Z (SMEZ): 연쇄상구균 슈퍼항원(streptococcal superantigen)(SSA)[76]
- *Yersinia enterocolitica*의 슈퍼항원[77]
- *Yersinia pseudotuberculosis*에서 유래하는 분열촉진물질 (YPM)[78]

바이러스의 슈퍼항원
- 사이토메갈로바이러스(cytomegalovirus)(특이정체성 모름)[79]
- 엡스테인 바 바이러스(Epstein-Barr virus)(특이정체성 모름)[80]
- 헤르페즈바이러스 사이마리(Herpes virus Saimari, HVS)의 14 단백질[81]
- 인간면역결핍바이러스(Human immunodeficiency virus)의 Nef 단백질[82]
- 마우스 포유류 육종바이러스(Mouse mammary tumor virus, MMTV)의 슈퍼항원[83]
- 광견병바이러스(Rabies virus)의 nucleocapsid 단백질[84]

의해 혈청학적으로 다르다는 것이 알려졌다. 그러나 폴리클론(polyclonal)과 단일클론항체(monoclonal antibody)로 더욱 민감한 효소결합면역흡착측정법(ELISA)을 사용하는 후속연구에서 항원결정기가 이들 독소 중에 존재한다는 것을 보여주었다[99~102].

17.3 SEs, TSST-1, SPEs의 제2형 MHC와 TCR의 결합

황색포도상구균과 연쇄상구균 슈퍼항원은 높은 친화성(K_d = 1-100 nM)을 가진 제2형 MHC의 보존요소(conserved element)에 결합한다[2,103~105]. 그러나 각 독소는 우선적으로 제2형 MHC의 다른 접촉부위를 시사하는 독특한 대립형질에 결합한다[106~109]. HLA-DR 분자는 보통 HLA-DP 또는 DQ보다 SEs와 TSST-1과 더 나은 상호작용을 하는 반면에, HLA-전이 L 세포들에 대한 SPEA의 우선적 결합은 HLA-DQ>-DR>-DP 순이다[103,110]. 경쟁적 결합 연구는 SEs와 TSST-1의 제2형 MHC에 대하여 적어도 두 개의 다른 결합부위를 보여준다[111].

황색포도상구균 슈퍼항원의 결합특성을 비교에서, SEA는 두 개의 결합부위에 의해 중재되는 HLA-DR의 가장 높은 친화력을 나타내었다[109,112~114]. 가장 높은 친화성 부위는 C-말단 내에 위치하며, 아연 의존적인 방식(zinc-dependent manner)에서 HLA-DR β 사슬에 결합한다[112,113]. SEA에서 HLA-DR의 이차 결합부위는 SEB의 것과 유사하고, N-말단 내에 위치하는데, 이것은 HLA-DR의 α-사슬과 작용을 한다[114]. 여러 연구에서 한 분자의 SEA는 동일한 제2형 MHC 분자의 α 및 β 사슬(chain)과 작용하지 않는다는 것을 보고하였다[115]. SEA에 의한 두 개의 제2형 MHC 분자의 교차결합(cross-linking)은 단핵구(monocyte)의 사이토카인(cytokine) 발현에 필요하며[116], SEB 또는 TSST-1에 의한 제2형 MHC의 교차결합은 또한 독소에 의해 유발된 활성에서 중요한 역할을 할 수 있다[117,118]. 교차결합은 SEA이 항원제시세포(antigen presenting cell)의 표면에 잔류하도록 하여, 독소노출과 T-세포에서 효과를 지속되게 한다[119].

SEA 독소 패밀리의 N-말단과 유사한, SEB, TSST-1, SPEA의 유사한 구역 또한 재조합으로 변형된 독소와 단일클론항체를 사용한 연구에서와 같이, 제2형 MHC에 결합한다[51,55,96,97,120]. HLA-DR1과 복합적인 SEB 또는 TSST-1의 이중 결정구조와 연관된 항원펩티드는 결합에서 독특한 차이가 있다[117,118]. 예를 들어, SEB는 전적으로 HLA-DR1의 α-사슬과 작용하고, HLA-연관펩티드(HLA-associated peptide)에 의해 영향을 받지 않는다. SPEC 분자는 용액에서 이량체(dimer)를 형성하며, 아연을 매개로 하여, 전적으로 제2형 MHC 두 개 분자의 β-사슬과 작용한다[121]. SPEJ는 교차결합된 제2형 MHC의 이 양상이 명백하다[105]. 아마도 연쇄상구균 및 황색포도상구균의 슈퍼항원 간의 진화적 연관성의 추가 증거에 따라 제2형 MHC의 SPEH에 대한 아연 의존적인 상호작용(zinc-dependent interaction)은 SEB 상동성(homology) 그룹과 C-말단 유사 SPEC와 관련된 N-말단도메인으로 구성된 "혼성(hybrid)" SPEH에 의해 중재된다[95]. 전체적으로, SEs, TSST-1, SPEs와 제2형 MHC/TCR의 결합에는 여러 가지 방법이 있다는 것이 명백하다.

황색포도상구균과 연쇄상구균의 슈퍼항원의 보존 도메인들(conserved domain) 간에 형성된 홈은 TCR Vβ 사슬의 중요한 작용부위를 나타낸다[90,96,97,117]. 각 독소는 Vβ-결합성 T-세포의 독특한 레퍼토리에 결합하여, 독특한 생물학적 "지문(fingerprint)"을 가지게 된다[105,122,123]. SEA의 제2형 MHC 결합도메인 내에서의 돌연변이는 제2형 MHC의 슈퍼항원 친화성이 적게 증가하는 것으로 입증된 바와 같이, TCR Vβ에 결합하는데 차별적으로 영향을 미쳐서, TCR Vβ의 친화성이 크게 감소하는 것을 막는다[125]. 슈퍼항원-제2형 MHC 복합체는 TCR의 수용성 Vβ 사슬의 잔기인 곁사슬이 아닌 주-사슬(main-chain)에 직접 결합한다[70,126~128]. 각 독소는 독특한 제2형 MHC/TCR 접촉부위를 가지며, 독소와 TCR의 결합친화성은 제2형 MHC-독소 복합체에 의해 강해진다[129,130].

17.4 SEs, TSST-1, SPEs의 세포반응

TCR 분자에 의한 슈퍼항원-제2형 MHC 복합체의 인식은 궁극적으로 세포신호와 증식을 일으킨다[131]. 비증식성 T-세포(nonproliferating T-cell)와 TSST-1 또는 SEB를 배양하면 interleukin (IL)-2 발현에 중요한 protein kinase C (PKC) 경로를 활성화하는 phosphatidylinositol의 양과 세포내 칼슘이동(intracellular calcium movement)을 증가시킨다[132]. 이들 슈퍼항원은 또한 protein tyrosine kinase (PTK) 경로와 NF-κβ와 AP-1과 같은 전사요소를 활성화시켜서, 친염증성 사이토카인(proinflammatory cytokine)의 발현 상승을 초래한다[131,133~135]. 슈퍼항원의 생물학적 효과는 T-세포의 활성화와 가장 관련된 제2형 MHC의 "낮은 친화성"에 의한 결합을 나타내는 낮은 비포화 점유율(low, nonsaturating occupancy rate)로부터 유도된다.

사람의 전혈(whole blood)과 정제된 말초혈액의 단핵세포(peripheral blood mononuclear cells, PBMCs)는 황색포도상구균 슈퍼항원에 의한 세포활성화 뿐만 아니라, 이들 독소에 대한 치료제제의 가능성을 연구하기 위해 시험관 내에서 흔하게 사용된다[136~143]. PBMCs는 SEs, TSST-1, 또는 SPEs 노출된 후에 IL-1, IL-2, IL-6, 종양괴사인자(tumor necrosis factor, TNF)-α, 인터페론(interferon, IFN)-γ, 대식세포염증단백질(macrophage inflammatory protein), (MIP)-1α, MIP-1β, 단핵구 화학주성 유인제 단백질(monocyte chemoattractant protein, MCP)-1 등의 여러 가지 단백질을 분비한다. 단핵구만으로 많은 케모카인과 IL-1, IL-6, TNF-α와 같은 친염증성 사이토카인을 생성할 수 있지만, T-세포는 이들 매개물질의 양(mediator level)을 증가시킨다[136,144]. 여러 문헌에는 사람의 단핵구 계통(human monocytic line)나 T-세포가 없는 새로운 분리체(fresh isolate)에 의해서 사이토카인/케모카인 생산이 밝혀진 바와 같이, 다른 세포들이 없이 이들 세균독소에 대한 APC와 T-세포반응에 관한 모순된 보고가 있다[145]. 그러나 다른 보고에서는 SEA 노출에 뒤이은 단핵구에서 유래하는 IL-1과 TNF-α는 전적으로 T-세포에 의존적인 문제라는 것을 보고하였다[146]. 정제된 사람의 T-세포는 APC없이 슈퍼항원에 노출된 후, 몇 가지 사이토카인 mRNA 발현이 증가하지만, 이들 사이토카인의 분비와 T-세포증식은 MHC-결합세포에 의존적이다[147]. SEs에 의한 T-세포의 제2형 MHC-연관된 자극은 일반적인 요구사항이지만, 그들 세포를 가지는 TCR Vβ는 효율이 낮게 독립적으로 반응한다[148]. 그러나 제2형 MHC없이 T-세포에 대한 슈퍼항원 제시는 또한 무반응을 일으킨다[149].

슈퍼항원에 반응하는 부가적 세포형태는 비강, 장, 질의 상피세포뿐만 아니라, 장 섬유아세포

(intestinal fibroblast)와 윤활근육섬유모세포(synovial myofibroblast) 등이 포함된다[150,151]. 슈퍼항원의 제2형 MHC과 TCR 교차결합은 투여량-의존적인 방식(dose-dependent manner)에서 면역글로불린 생성세포(immunoglobulin-producing cell)로 B-세포의 증식과 분화를 일으키지만, 고농도의 슈퍼항원은 면역글로불린의 생산을 억제한다[152]. CD28 공조자극 경로(costimulatory pathway)는 B-세포의 슈퍼항원에 의해 유발된 분화에서 두드러진 역할을 한다. 알려진 바에 따르면, TSST-1에 의한 면역글로불린 분비 억제는 세포사멸을 통해 발생하는데[47], 그것은 이 독소에 대한 방어면역을 분명히 방해할 수 있다[6]. B-세포에 대한 그러한 효과는 환자들 간에 TSS에 대한 반복적인 감수성과 연관 가능성이 있다[43~45]. B-세포에 부가하여, 슈퍼항원에 의한 윤활성 섬유모세포(synovial fibroblast)의 직접 자극은 또한 케모카인 유전자 발현을 유발한다. 이것은 자가반응(autoreactivity)의 중요한 문제와 관절염과 같은 만성 염증과정을 개시하거나 증대하는 주화성반응(chemotactic response)을 일으킨다[153,154]. SEB에 의한 활성화에서, 비강상피세포(nasal epithelial cell)는 MCP-1을 포함하는 과립구집락자극인자(granulocyte colony-stimulating factor)와 다양한 케모카인을 생산한다[155]. 장상피세포(intestinal epithelial cell) 전반에서 SEB의 통과세포외배출(transcytosis)은 장관내벽을 통과한 시험관내[155]와 생체내 독소에서 관찰되었으며, 국소적 및 전신성 면역반응을 재현하였다[156]. 질상피세포(vaginal epithelial cell)에 대하여 슈퍼항원에 보존된 dodecapeptide (YNKKKATVQELD)의 결합은 세포표면 수용체의 TSST-1과 경쟁한다[157]. SEB가 아닌, SEA에 반응으로 사람의 장근육섬유모세포(human intestinal myofibroblast)는 IL-6, IL-8, MCP-1을 유도한다[158].

17.5 SEs, TSST-1, SPEs의 생체내 효과

17.5.1 사람외 영장류: 기존의 "최적표준(Gold Standard)" 동물모델

소량(microgram 정도)의 SE를 섭취했을 때, 영장류는 구토반응을 일으킬 수 있으며, 섭취량에 따라 독성쇼크로 진행되어 더욱 심한 결과를 초래할 수 있다[19,159,160]. 부가적으로 단지 세포연관 SEA(cell-associated SEA)와 *S. aureus*의 섭취는 또한 사람외 영장류에서 구토를 일으킬 수 있다[161]. 수년간 일반 영장류에서 SE 연구가 수행되어 왔으며, 생체내 연구에서 "최적표준(gold standard)"으로 간주되었다. 그러나 이같은 실험은 점차 비용이 많이 들고, 정치적으로 민감하여(예, 동물의 권리보호 문제), 대체동물모델에서 요구되는 바를 완전히 충족시키면서 실행하기가 어렵다. SE와는 대조적으로, TSST-1은 섭취 후, 사람외 영장류에서 구토를 일으키지는 않지만, TSS는 사람과 동물의 점막표면에서 *S. aureus* 생장을 통하여 자연적으로 일으킨다[2,35,40].

많은 다른 세균성 장독소(bacterial enterotoxin)들과는 달리, 장관의 특이한 세포와 수용체는 SE 중독과 명확하게 연관되어 있지 않다. 이들은 다중세포형태(multiple cell type)를 수반하는 면역학적 및 비면역학적 기작간의 복잡한 상호작용이 외관상 필요하다. 비만세포의 SEB 자극과 시스테인 류코트리엔의 뒤이은 방출은 영장류에서 구토와 피부반응을 일으킨다[25,150,162]. SEB의 경구투여는 IFN-γ 증가와 IL-2 mRNA 발현에 수반된 Peyer's patch에서 쥐의 Vβ8 T-세포의 활성화와 증가를 일으키며[163], 이것은 SE의 장내효과(intestinal effect)에 기여할 수 있다. SEA 또는 SEB가 마우스의 직장 내로 투여되었을 때, 염증성 장반응(inflammatory intestinal response)을 일으키고, 염증성 장질환(inflammatory bowel disease)이라고 하는 선재성 미생물기반 증후군(pre-existing, microbial-based syndrome)을 악화시키는데, 이는 나아가 동물기반 반응(immune-based response)를 제시한다[164]. 장의 면역관련성(enteric immune link)은 사람의 영장류가 특이한 SE의 경구투여로, 이종(異種,heterologous)이 아닌, 이후 더 높은 동종(同種, homologous) SE의 투여량에 일시적으로 내성을 가지게 됨을 보여준 Sugiyama 등[165]의 초기 연구결과로도 설명될 수 있다. 장 연구에서 얻어진 면역학에 근거한 결과는 독특한 Vβ-결합성 T-세포의 독소의 특이한 자극과 연관되는 듯하다.

SE의 단회 경구투여량에 의해 유도된 독소-특이자극에 부가하여, SEA의 만성 정맥내 노출은 마우스에서 모든 Vβ-반응성 T-세포를 사실상 제거할 수 있기 때문에, 숙주가 위험한 방향으로 전개될 가능성을 제시한다[166]. FoxP3 CD4 조절 T-세포의 증가율은 SEB에 반복적으로 노출된 TCR 형질전환마우스(transgenic mice)에서 관찰되었다[167]. 다른 연구에서는 조절 T-세포가 생체 내에서 SEB의 반복적으로 노출된 후, 크게 억제 및 비증식된다는 것을 제시하였다[168]. 생체 내에서 슈퍼항원과 내인성 조절 T-세포의 전(前)활성화(preactivation)는 조절 T-세포의 억제효능을 강화한다[169]. SEB의 마우스 발바닥접종(footpad injection)은 또한 저농도의 독소가 일시적인 효과를 나타내고, 고농도에서 지속적으로 유지되는 것과 같이, Vβ T-세포들 간에 SEB에 대한 용량과 관련한 관용(dose-related tolerance)을 일으킨다[170]. 다른 연구에서 슈퍼항원성(superantigenicity)이 결여된 재조합 SEA가 아닌, 비강 내로 SEA가 투여된 마우스는 TSST-1이 아닌 SEA (3주 동안 매주 1 μg)에 의한 뒤이은 치사성 감염시험으로 내성이 생겼다는 것을 보여주었다[171]. 이 "관용(tolerant)" 상태는 독소특이항체 또는 SEA-반응성 T-세포의 결실/무반응(anergy) 때문이 분명히 아니다. 그러나 이들 동물들 가운데 혈청 IL-10의 현저한 증가는 SE-유발효과에 대한 보호를 보여주는 이전의 시험관내 및 생체 내의 발견과 서로 관련이 있다[137,172,173]. 표 17.2에는 SE의 장내효과(enteric effect)를 연구하는 데 사용된 동물모델이 열거되어 있다.

사람의 Caco-2 단일층(monolayer)에 대한 연구는 SEA, SEB, TSST-1의 통과세포외배출(transcytosis)을 보여주고, 섭취된 SEB는 SEA 보다 더 쉽게 마우스의 혈류로 들어간다[155]. 이들 데이터는 SE가 위점막을 통과하여 전신으로 순환된다는 것을 의미한다. 시험관내 연구에서, SE는 사람의 장세포(intestinal cell)를 직접 파괴하는 세포독소(cytotoxin)가 아니라는 것이 밝혀졌다[174]. 그러나 SEB는 SEB-자극받은 PBMC와 배양된 사람의 T84 대장세포 단일층(colonic cell monolayer)에서 이온 투과력 증가(increased ion permeability)에 의해 입증된 바와 같이, 장관점막(gut mucosa)에 영향을 미친다[175]. 상피세포와 내피세포(epithelial and endothelial cell), 슈퍼항원의 대부분은 슈퍼항원에 의해 활성화된 항원제시세포(APC)와 T-세포로부터 방출된 IL-1, TNF-α, IFN-γ를 통하여 간접적으로 작용한다[176,177].

상당한 논쟁의 여지가 있는 주제임에도 불구하고, 제2형 MHC에 대한 결합은 MHC 결합과 T-세포 분열촉진 특징이 없는 SEA (L48G)와 SEB (F44S)의 재조합 변종이 구토를 일으키는 바와 같이, SE 장내효과(enteric effect)에서 역할을 하지 못할 수 있다는 것을 나타낸다[178]. TSST-1에 나타나지 않은, 다양한 SE의 이황화고리(disulfide loop)는 구토와 관련되지만, 애매한 상태로 남아 있다[179,180]. SEA[181]와 SEB[182]상에 히스티딘의 carboxymethylation이나 티로신 대체는 슈퍼항원성 분자를 생성하지만, (1) 장내독성(enterotoxicity); (2) 치사효과(lethal effect); (3) 피부반응(skin reactivity)이 없다[162,183,184]. 화학적으로 조작된 SEB가 또한 동시에 주어졌을 때, 사람외 영장류에서 야생형태의 SEB에 의한 구토/설사효과를 억제하는데, 이는 공통 수용체와 경쟁한다는 것을 의미한다[183]. Carboxymethyl로 변형된 SEA에서 장내독성이 없다는 것은 위 단백질분해효소에 의해 구조가 변경되거나 분해의 민감성 증가 때문이 아니다[184]. SEA에 의해 유발된 구토와 슈퍼항원성에 관한 각 히스티딘의 분석을 통해서, H61이 이전의 특성이 중요하다는 것을 의미하며, 더 나아가 구토와 슈퍼항원이 독특한 분자적 특성에 기인한다는 것을 나타낸다[184]. SEA에서 H44, H50, H114, H187의 변형은 구토성과 슈퍼항원성 특성이 있는 변종을 생성한다. 이황화고리 (C91~C105)와 히스티딘이 없는 SEA에서(121~180) 펩티드 구역의 항체는 장관(intestinal tract)에서 수용체의 독소 입체구조적 방해에 의해 SEA에 의해 유발된 구토를 억제한다[185].

이미 언급한 바와 같이, 제2형 MHC 분자와 특별한 TCR Vβ의 친화성은 슈퍼항원성 독소(superantigenic toxin)가 면역체계를 교란하고, 다량의 친염증성 사이토카인(proinflammatory cytokine)을 유도할 수 있도록 한다[1,139-146,186,187]. SEs, TSST-1, SPEs는 영장류뿐만 아니

표 17.2

세균의 슈퍼항원에 의해 유발되는 질환의 장내 및 기타 생체내(*in vivo*) 모델

동물	유발원	경로	매개물질, 증상, 병리학
		마우스	
BALB/c	SEB	i.g.	4시간 경과 후, Vβ8 T-세포의 활성화와 확장, 7~10일 경과 후, 사라짐[166]; 4시간 경과 후, 점막림프조직에서 IFN-γ와 IL-2 증가[163]
C57BL/6	SEB	i.p.	6시간 경과 후, 급성폐렴, 백혈구침윤, 모세혈관누출, 내피세포 손상[192]
BALB/c-SCID	SEA 또는 SEB	i.r.	IBD 악화[164]
		원숭이	
Cynomolgus	SEB	i.g.	1~3시간 경과 후, 즉시형 피부반응, 구토, biphasic cysteinyl 류코트리엔 생성[162]
	SEA, SEB, 또는 SEC1	i.g. 또는 i.v.	3시간 경과 후, 구토, 뒤이어 설사[19]
	SEB	i.d.	즉시형 피부과민반응, 피부비만세포탈과립(cutaneous degranulation), 구토[150]

주석: 염증성장질환(IBD, inflammatory bowel disease); 진피내 (i.d.,intradermal); 인터페론(IFN, interferon); 위내(I.g., intragastric); 인터루킨(IL, interleukin); 복강내(i.p, intraperitoneal); 직장내(i.r., intrarectal); 정맥내(i.v., intravenous).

표 17.3

황색포도상구균의 슈퍼항원에 대한 녹아웃 마우스의 감수성에 대한 특이 유전자 효과

표적유전자	슈퍼항원-유발 쇼크에 대한 감수성 효과
IL-10	SEA또는 SEB-유발쇼크, 그리고 TNF-α, IL-1, IL-2, IL-6, IL-12, MIP-1α, MIP-2, IFN-α의 높은 혈청량에 대한 민감성 증가[172,217]
TNF-RI	SEA 또는 SEB-유발쇼크 예방[172,218]
TNF-RII	SEA-매개 쇼크에 대한 감수성 감소[172] TSST-1-유발 TSS 예방[219]
CD28	SEB의 이차접종으로 유발된 치사성 독성쇼크(lethal toxic shock)의 예방 및 TNF-α 혈청량 감소[220]
CD54	D-galactosamine-민감한 마우스(sensitized mice)에서 SEB-유발쇼크 예방[221]
CD43	시험관내 T-세포 증식과 SEB에 의한 동형부착(homotypic adhesion) 증진[222]
CD95	MRL-1pr/1pr 마우스에서, SEB-유발 쇼크에 대한 감수성 증가[223]
Perforin	SEA에 의해 활성화된 CD8 T-세포에 의한 제2형 MHC-양성 APC의 용해감소[224]

주석: Springer Science+Business Media의 승인하에 게재: *Immunol. Res.*, Immune response to staphylococcal superantigens, 20, 1999, 163, Krakauer, T.

주해: 항원제시세포(APC, antigen presenting cell); 인터페론(IFN, interferon); 인터루킨(IL, interleukin); 주조직적합성 복합체(MHC, major histocompatibility complex); 대식세포 염증단백질(MIP, macrophage inflammatory protein); 황색포도상구균성 장독소 A/B (SEA/SEB, staphylococcal enterotoxin A/B); 종양괴사인자(TNF, tumor necrosis factor); 독소쇼크증후군(TSST, toxic shock syndrome toxin).

라 토끼에서 열을 나게 하는데, 이는 PBMC에서[190,191] 상승작용을 일으키는 IL-1과 TNF-α를 유도하는 친염증성 사이토카인 양의 증가로 예상되는 결과이다[31,37,188~190]. 이들 두 가지 cytokine은 시상하부에서 열을 일으키는 내인성 발열물질(endogenous pyrogen)이다[191]. 또한 IFN-γ, IL-2, IL-6과 같은 다른 사이토카인의 순환량은 독소에 노출된 후에 증가한다. IFN-γ는 (1) 항원제시세포(APC)와 상피세포/내피세포에 의한 제2형 MHC의 발현; (2) IL-1과 TNF-α의 친염증성 활성 증가 등에 의해 면역학적 반응을 증대시킨다. SEB의 전신투여는 (1) 세포간 부착분자(intercellular adhesion molecule)-1과 혈관세포 부착분자와 같은 부착분자의 발현; (2) 호중구와 단핵세포 침윤(mononuclear cell infiltration); (3) 내피세포손상(endothelial cell injury); (4) 혈관투과력(vascular permeability) 등의 증가에 의한 급성 폐손상을 일으킨다[192]. SEB가 비강내로 전달되면, 3~4일간의 스테로이드 치료 후에도 여전히 지속성 폐손상(prolonged lung injury)을 일으킨다[193]. 슈퍼항원이 투여된 기낭의 삼출물에는 약간의 대식세포를 포함하는 호중구들이 존재한다[194]. 기낭을 둘러싸는 내피세포는 세포간 부착분자-1, TNF-α, MIP-2 (마우스에서 IL-8 관련 단백질), 다른 사이토카인 등을 발현한다. 슈퍼항원성 쇼크(superantigenic shock)는 다량이 존재할 때, 폐와 같은 다른 기관에나쁜 영향을 미치는 친염증성 사이토카인에 의해 유도되는 다양한 생물학적 효과를 초래한다[192].

17.5.2 마우스: 완전하지 않으나 선호되는 모델

사람외 영장류에 부가하여, 마우스는 슈퍼항원-매개 쇼크(superantigen-mediated shock)를 연구하기 위한 대체모델로서 오랫동안 사용되어 왔다[186,195~201]. 마우스는 비용측 면에서 잠재적인 백신과 치료제 개발을 위한 기본적인 독소연구를 위해서 매우 용이하게 사용된다. 그러나 이들 동물에서 구토반응(emetic response)은 나타나지 않기 때문에, SE의 식중독 측면을 연구하기에는 다소 적절하지 못하다. 또한 마우스는 제2형 MHC를 위한 독소친화성 감소때문에 SEs, TSST-1, SPEs에 대하여 영장류와 비교하여 자연적으로 덜 민감하다[4,200]. D-galactosamine, actinomycin D, 지질다당체(lipopolysaccharide, LPS), 바이러스, 또는 *Trypanosoma cruzi*와 같은 강력한 제제들이 이러한 마지막 경고를 극복하기 위해 다양한 동물들에 대하여 사용되었다[186,195~198,200~204]. 이들 제제는 마우스의 슈퍼항원 독성을 증폭하여, 실질적이며, 소량의 슈퍼항원이 독성쇼크를 포함하는 생물학적 효과를 일으킨다.

많은 연구실에서 세균 내독소(bacterial exotoxin)와 LPS 간에 존재한다는 다양한 시험관내 및 생체내 연구를 통해서 자연적 시너지 효과가 잘 확립됨에 따라, SE와 TSST-1를 이용한 많은 생체내 연구를 통해서 치사종료시점에서 LPS-효력을 가진 마우스 모델에 의해 수행되었다. 사람에서 2 μg 정도만으로 LPS 내독성 쇼크(endotoxic shock)를 일으킨다[195,196,200~203,205~209]. SE, TSST-1, SPEA와 같은 세균의 슈퍼항원은 LPS의 효과를 증가시키기 때문에, 슈퍼항원과 연계하여 단지 몇 picogram의 LPS은 심각한 영향을 야기할 수 있다. 기본적 미생물학과 정상균총에 존재하는 많은 그람음성 세균에 대하여 고려해 볼 때, TSS 환자들에서 이들 미생물이 증가한다는 것이 알려짐에 따라 자연적으로 생겨난 이 슈퍼항원-LPS 상승효과의 확률은 오히려 높다[188,212]. 이들 모든 연구에서는 여러 가지 친염증성 사이토카인 (IL-1, IL-2, TNF-α, and/or IFN-γ)과 SEA-, SEB-, 또는 TSST-1-유발쇼크에 의한 혈청량 증가 간의 상관관계를 보여주었다[1,48,66,186,196]. 최근 연구에서는 단지 사이토카인의 혈청량만을, 그리고 LPS와 함께 (*Escherichia coli* O55:B5) SEB의 사용에 대한 상호 의존적인 효과에 대하여 분석하였다. 생체내(*in vivo*)에서, 다량의 SEB (100 μg/농뉼)가 투여된 마우스에서는 생손한 모는 마우스에서 석당량의 IL-2와 MCP-1이 유도되었다. 이들 동일한 연구에서, 단지 LPS (80 μg/마우스)만을 투여한 경우에는 48%가 죽었으며, 다량의 IL-6와 MCP-1을 유도한다. SEB는 적은 양의 TNF-α, IL-1, IFN-γ, MIP-2을 유도하였으나, LPS 추가는 이들 사이토카인뿐만 아니라, IL-6와 MCP-1도 증가시켰다. 중요한 점은, SEB와 LPS의 상승작용이 단지 SEB만 또는 소량의 LPS 투여를 통해서 명백하게 나타나지 않았던, 치사쇼크와 저체온증이 초래되었다. 생존상태의 SEB plus LPS 그룹에서 사이토카인 혈청량에 대한 연구는 SEB 투여 후, 초기 비생존자(nonsurvivor)에서 현저하게 더 높은 TNF-α, IL-6, MIP-2, MCP-1을 보여주었다. 이들 사이토카인, 케모카인과 더불어, IFN-γ와 IL-2가 현저히 높은 혈청농도는 생존자(survivor)와 비교하여, 나중에 비생존자에서 독성쇼크가 관찰되었다. 이같이 SEB와 LPS의 상승작용(synergistic action)은 초기 TNF-α 방출을 촉진하며, 비생존자에서는 IL-2, IFN-γ, IL-2, MIP-2, MCP-1 방출이 지연되었다. 전반적으로, 이들 주요 사이토카인의 지속적인 증가는 LPS가 SEB와 함께 사용될 때, 48시간 이내에 치사성 독성쇼크를 초래하였다. IFN-γ의 특징을 나타내는 Th1 사이토카인이 SEB-유발쇼크의 잠재적인 모델에서 중요하다는 일반적인 동의가 있음에도 불구하고, Th2 사이토카인 역할은 LPS가 SEB와 사용될 때, 48시간 이내에 치명적인 독성쇼크를 초래하였다. 예를 들어, 원형의 Th2 사이토카인, IL-10은 슈퍼항원의 반복된 자극으로 생체 내에서 검출된다[173,213,214]. IL-10-결손 마우스는 SEB 자극으로, 혈청에서 IL-2, IFN-γ, plus TNF-α의 양이 증가하였으며, 치사쇼크에 더욱 민감하게 되었다[213]. 부가적으로, 이들 효과는 SEA와 IFN-γ, IL-3, 또는 TNF 수용체, p55가 결여된 유전적으로 녹아웃된 것을 사용한 다른 것들과 아주 잘 연관되어 있다[172,215]. 표 17.3에는 IL-10, TNF 수용체 I형 (TNF-R1 또는 p55), 또는 II형 (TNF-RII 또는 p75), CD28, CD54, CD43, CD95, 또는 퍼포린이 결핍된 녹아웃 마우스에서 SE 또는 TSST-1 중독(intoxication) 결과를 요약한 것이다[172,216~225].

사람의 HLA-DQ6와 CD4를 발현하는 형질전환마우스(transgenic mice)는 보통 아치사량(sub-lethal amount)의 SEB에 의해 죽었으며, TNF-α의 혈청량은 치사쇼크 개시와 관련이 있다[226]. 사람의 HLA-DR3과 CD4를 발현하는 형질전환마우스는 치명적인 제제 없이 SE와 반응하며, 따라서 추후의 생체내 독소연구에서 보다 간단한 모델로 제공될 수 있다[227]. BALB/c 마우스에서와 비교해 볼 때, PBMCs는 이들 동물들로부터 분리되어, 그 후 SEB와 배양되어 많은 양의 IL-6와 IFN-γ를 생산하였는데, 이는 친염증성 사이토카인도 murine의 충격모델에서 중요한 역할을 한다는 것을 암시한다. 유사한 연구가 사람의 HLA-DQ8과 CD4를 발현하는 SPEA와 마우스에서도 수행되었다[228]. HLA-DQ8 CD4 형질전환마우스에서, 에어로졸 형태의 SEB는 혈청의 IFN-γ, IL-2, IL-6 양을 높이지만, TFN-α는 높이지 않는다[229]. 독소노출 다음으로, 이들 형질전환체에서 폐병변, 온도변동, 96시간 이상에서 시작되는 치사현상은 SEB의 에어로졸 치사량에 노출된 사람외 영장류에서와 유사하다. 다른 연구[230]에서는 2회에 걸친 민감한 제제(예, D-galactosamine)와 같은 SEB 투여 (30~100 μg/마우스)가 이들 형질전환마우스에서 독성쇼크를 일으키는데 필요하다는 것을 제시하였다[226]. Murine에서 TCR Vβ3을 과발현한 다른 형질전환체(transgenics)는 또한 SEA-생성 *S. aureus*에 의한 감염 후, TNF와 IFN-γ 량 증가와 연관하여 사망률이 증가하였다[231]. 분명히, 사람의 HLA와 CD4를 발현하는 유전적으로 조작된 마우스, 또는 과량의 특이한 murine TCR을 가지는 마우스가 이 분야에서 향후 연구가 가져다주는 혜택에 대하여 의심할 바 없으며, 슈퍼항원 매개-독성(superantigen-mediated toxicity)에 대한 보다 명확한 이해할 수 있도록 해준다. 표 17.4에 보여주는 바와 같이, 다양한 마우스 모델이 황색포도상구균의 슈퍼항원과 연쇄상구균의 슈퍼항원에 존재하는 것은 명백하다.

종료시점(endpoint)으로서 치사에 부가하여, 온도는 LPS-잠재적 마우스(potentiated mice)에서 SE-, TSST-1 유발쇼크를 연구하는 데 이용되었다. 이들 연구는 피하자동응답기(subcuatneous transponder) [172], 또는 복강내 원격측정장치(intraperitoneal telemetry device)를 삽입하여 수행되었으며[232], 여기에서 이 장치는 움직임도 측정한다. 이들 연구로부터 급속한 온도감소 (10시간 이내)가 중독된 마우스들 간에 분명히 나타났으며, 이는 급속 비치사성 모델(rapid nonlethal model)로서 제공되었다. 흥미롭게도, 사람외 영장류에서 분명한 것과 같이 온도증가가 탐지된 연구 결과는 보고된 바가 없었는데[233], 이는 이 murine 모델에서 매우 신속한 쇼크가 일어났다는 것을 암시한다.

최근에 치사성 murine 모델에 대하여 SEB의 비강내 투여실험을 실시하였다[234,235]. TLR4-

표 17.4

세균의 슈퍼항원-유발효과에서 독성쇼크모델

동물	유발원	경로	매개물질, 증상, 병리학
			마우스
BALB/c	TSST-1 + LPS	i.v.	1~2시간에 TNF-α 최고농도, 치사 쇼크[197,200]
	SEB + LPS	i.p.	1시간에 TNF-α; 2시간에 IFN-γ, IL-1, IL-6 증가; 치사성 쇼크[196], 저체온증[172]
	SEB + LPS	SEB 경구/LPS i.p.	3시간에 TNF-α, IFN-γ, IL-1, IL-6 증가, 폐손상, 치사쇼크[208]
	D-galactosamine+SEB	i.p.	2시간까지 다양의 TNF-α, IFN-γ, IL-2, 치사쇼크[186, 207], 간괴사와 광범위 충혈[207], 장내 상피세포 사멸, 배상세포(goblet cell) 감소[218]
	Actinomycin D + SEB	i.p.	4시간까지 폐와 창자에 울혈, 폐, 지라, 간에서 PPMC, 8시간에 폐포중격의 비대, 2-4일에 치사성 쇼크[197]
C3H/HEJ	SEB + SEB	i.n.; i.n. + i.p.	Bronchiolar 상피세포 변성, 폐의 호중구 침윤, 혈청과 폐에서 IL-2, IL-6, MCP-1, 96시간에 치사쇼크[235]
형질전환된 DR3	SEB	i.n.	호중구 침윤, 3시간에 TNF-α, IFN-γ, IL-6, IL-12, MCP-1 증가[239]
형질전환된 DQ8	SPEA	i.p.	4시간에 TNF-α, IFN-γ, IL-6 증가, 60시간에 치사쇼크[228]
			랫드
Sprague-Dawley	카테터 삽입 SEB + LPS	i.v.	1.5시간에 TNF-α 증가, 4시간에 TNF-γ, 간손상 및 기능손상[205,206]
			토끼
Dutch belted	TSST-1 + LPS	i.v.	4시간에 TNF-α 최고농도, 치사쇼크[200]
	SEC + LPS		4시간에 열, 24시간까지 저체온증, 호흡곤란, 설사, 혈관파괴, 치사[209]
New Zealand white	SEA	i.v.	1~2시간에 TNF-α, IFN-γ 증가, 3-5시간에 최고농도, 1시간에 분명한 발열반응[248]
			원숭이
Rhesus	SEB	에어로졸	백혈구 침윤, 폐포내 부종, 간실질세포(肝實質細胞, parenchymal cell) 변성, 림프구 괴사, 치사쇼크[26]

주석: 인터페론(IFN, interferon); 인터루킨(IL, interleukin); 비강내(i.n., intranasal); 복강내(i.p, intraperitoneal); 정맥내(i.v., intravenous); 지질다당체(LPS, lipopolysaccharide); 단핵구 화학주성 유인단백질(MCP, monocyte chemoattractant protein); 폐의 실질단핵세포(PPMC, pulmonary parenchymal mononuclear cell); 황색포도상구균성 장독소 A/B/C (SEA/SEB/SEC, staphylococcal enterotoxin A/B/C); 연쇄상구균 화농성외독소(SPEC, streptococcal pyogenic exotoxin) A; 종양괴사인자(TNF, tumor necrosis factor); 독소쇼크증후군 독소(TSST, toxic shock syndrome toxin).

결핍된 C3H/HeJ 마우스 계통에 비강내로 SEB를 다량투여(72 μg)하게 되면 명백하게 죽게 되지만, 중독 기작은 분명하지 않다[234]. 그러나 반대로, 다른 집단에서 2회에 걸친 소량투여 (5와 2 μg)가 치명적일 수 있었지만, SEB가 이들 동물에서 쇼크를 일으키지 않는다는 것을 보여주었다[235]. 이 two-hit model (또는 dual-dosing model)은 SEB가 먼저 비강내로 투여되고 2시간 경과 후, 뒤이어 비강이나 복강으로 투여하는 하는 방식이 요구된다. 이 dual-dosing model에서 초기에 폐 MCP-1의 농도상승(elevated lung MCP-1 concentration)으로 수반된 IL-2, IL-6, MCP-1 양의 증가를 명백히 보여준다[235]. T-세포뿐만 아니라 단핵구의 강력한 활성자이면서 주화성 요인(chemotactic factor)인 MCP-1은 보통 초기에 폐 안으로 백혈구들이 모이도록 하는데 기여한다. 병리학적 병변, 온도변동, 시간경과에 따른 죽음 등도 형질전환마우스, 사람외 영장류, 사람에서와 유사하다[229,239]. C57BL/6 마우스에 SEA를 비강 내로 투여하게 되면 IFN-γ에 의해 중재된 폐에서 CD8 Vβ T-세포와 CD11c 제2형 MHC 세포의 축적을 일으킨다[237]. 다른 연구에서는 기도염증이 슈퍼항원 투여량에 따라 달라진다는 것을 보고하였다[238,239]. 소량의 SEB (20 ng)를 비강내(intranasal)로 투여하면 염증과 호산구 탈과립(eosinophil degranulation)을 일으키는 반면에, 보다 고농도(마우스당 2,000 ng)의 SEB를 투여하면 HLA-DR3 형질전환체에서 호중성 기도염증(neutrophilic airway inflammation), 영구적 기도파괴, 독성쇼크, 죽음을 초래한다[238,239].

SEB가 접종된 마우스에서는 세포사멸(apoptopsis)과 T-세포의 무반응(anergy)이 일어나며, 그것은 특이한 Vβ-결합성 T-세포와 신호전달에 대한 L-selectin의 신속한 (1시간 이내) 손실과 관련이 있는 듯하다[240,241]. 다른 연구에서는 세포내이입과정(細胞內移入過程, endocytosis)을 통해서, TCR-CD3의 표면은 SEB 노출 후, 불과 30분 이내에 Vβ-반응성의 T-세포들에서 ~50% 감소한다는 것이 발견되었다[242]. SEB가 접종된 마우스에서 신속 과다항진(rapid hyperactivation)과 T-세포의 증식은 일시적인데, 이는 48시간 이내에 대부분의 증식하고 있는 T-세포가 활성화-유발 세포죽음에 의해 제거되는 것과 유사하다[67,243]. 이들 효과는 Freund's 항원보강제(adjuvant)가 SEB 노출된 후, 3일째에 주어졌다 할지라도, 다른 항원(아마도 미생물 병원체?)에 대하여 일차 면역반응을 할 수 없는 동물이 할 수 있도록 한다[199]. 부착을 위한 CD95 수용체는 활성화된 T-세포를 제거하는데 중요한 역할을 하는 반면에, 기능상 대응하지 못하여, 사실상 죽은 것이다. 마우스에 SEB를 접종한 후, 지라의 Vβ8 T-세포는 물리적으로 제거되거나 동종독소에 대하여 무반응성 (a.k.a. anergic)을 나타내며, IL-2와 IFN-γ를 별로 생산하지 못한다[243]. 반면에 다른 연구에서는 이들 무반응 세포가 더 많은 IFN-γ을 분비할 수 있으며, 뒤이은 SEB의 투여로 독성쇼크가 일어나도록 한다는 것이 보고되었다[244]. SE-유발쇼크를 보호하는 IL-10[172]과 같은 항염증성 사이토카인은 SEB-최초 항원자극을 받은 T-세포에 의해서도 보호된다는 것은 명백한 모순이다[244]. 이 효과는 친염증성 IFN-γ를 저지하기 위해서 숙주에 의한 TSS 사례에서 시도되는 미약한 함을 반영하는 것일지도 모른다. SEB-유발된 무반응은 이전의 것이 더욱 민감하게 되어 CD4와 CD8 T-세포에 차등적으로 영향을 미친다[244]. 이것은 또한 CD4가 아닌 CD8의 세포독성 T-세포가 미래에 임상적으로 유용한 잠재적 항종양 시약을 대변하는 슈퍼항원에 의해 활성화되는 이유를 설명할 수 있다.

17.5.3 토끼모델

마우스에 부가하여, 토끼도 온도와 치사시점(lethal point)에 의해 결정되는 것처럼, SE-, SPE- 또는 TSST-1 유발쇼크의 믿을만한 생체 모델이 될 수 있다[200,209,246~253]. 이들 모델은 오랫동안 TSST-1과 SPEA와 같은 독소를 전달하기 위해서, 감염, 독소방출, 뒤이은 TSS 등을 더욱 자연스럽게 흉내 내는 이식주입펌프(implanted infusion pump)를 사용한다[246,249]. 다양한 황색포도상구균의 슈퍼항원과 연쇄상구균의 슈퍼항원을 가진 마우스에서 입증된 바와 같이, 다른 토끼 계통들은 New Zealand 흰토끼가 Dutch belted 토끼와 비교하여 더욱 민감한 것으로 나타난 것처럼, TSST-1에 대한 다양한 민감성을 가지고 있다[251]. TSS 증세를 가진 사람에서 보듯이, TSST-1 또는 SEB 노출을 경험한 토끼에서는 TSS의 임상징후에 따라 polymyxin B에 의해 제거된 순환성 LPS 양이 상승하였다[203,251,252]. 이들 단백질 독소에 의해 유발된 기능이 약화된 간의 제거 때문에 순환성 LPS 양의 증가될 수 있으며, 추후 간손상/기능저하는 랫드 모델의 LPS와 슈퍼항원 때문에 일어나는 것이 분명하다[205,206].

17.5.4 흰족제비 모델과 뾰족뒤쥐 모델

사람외 영장류와 더불어, 마우스, 랫드, 토끼 등의 아직 정립이 덜된 모델에서 SE 중독에 대한 연구는 여러 문헌에 기술되어 있다. 예를 들어, 염소는 TSST-1과 SEB의 정맥내 투여 후, 일어나는 생체 효과(열)를 연구하는 데 사용되었다[254]. 흰족제비 모델(ferret model)도 경구 SEB 중독에서 사용되었으며, 구토와 급격한 발열을 일으킨다[255]. 그러나 이 흰족제비 모델은 murine 모델이나 사람외 영장류 모델에서 사용되는 microgram 단위의 독소량이 아닌, milligram 단위를 사용한다.

마지막으로, 더욱 최근에 기술된 SE에 대한 다른 구토모델(emetic model)은 다소 특이한 실험동물에서 사용되었다[256]. 흰족제비 모델과 비교하여, 뾰족뒤쥐 모델(shrew model)에서 복강내(intraperitoneal) 또는 구강경로를 통한 중독에 매우 소량의 SE가 필요하다. 그러나 어떤 구토모델[또는 설사모델(diarrheic model)]에서는 분명하고 덜 괘직한 단서조항은 (수집과 측정에 필요한) 용량과 투여횟수에 따른 정량화가 요구된다.

위에 열거된 여러 동물모델들을 통해서 중독(intoxication)의 기본적인 측면이 연구되었지만, 부가적인 연구가 백신 및 치료제 발견에 사용과 관련하여 추후 수행되어야 한다는 것은 명백하다. 명백히, SEs, TSST-1, SPEs를 수반한 연구들은 이들 슈퍼항원의 생물학적 효과와 관련된 몇 가지 (모두는 아님!) 문제를 해결하기 위하여 사용될 수 있는 동물모델은 적지 않다.

17.6 SEs, TSST-1과 SPEs에 대한 치료제와 백신

미국식품의약국(US FDA)에 의해 사람에 사용 승인된 SE, TSST-1, 또는 SPE에 대하여 분자량이 작은 치료제나 백신은 없다. 이들 독소의 잠재적인 치료제/백신으로서 사용 가능성은 중독과정을 이해하기 위해서 다음의 3가지 중요한 단계가운데 적어도 한 가지를 표적화해야만 한다: (1)

TCR-독소-제2형 MHC의 상호작용; (2) T-세포 활성화에 수반된 부가적, 공조성(costimulatory), 또는 부착분자; (3) 활성화된 T-세포와 항원제시세포(APC)에 의한 cytokine 방출[216]. 상기 표적의 시험관내와 생체내 저해는 다양한 집단에서 보고되었다. 예를 들어, 스테로이드와 IL-10은 사람의 시험관내 PBMCs에 대하여 TSST-1 자극 이후, 친염증성 사이토카인과 T-세포증식을 저해할 수 있는 제제로서 연구되었다[137]. Arad 등[257]은 SEB의 보존부위(conserved region)(잔기 150~161: YNKKKATVQELD)에 30분간 독소가 투여되었을 때, SEB-뿐만 아니라, SEA-, TSST-1- 또는 SPEA-유발된 마우스의 치사쇼크를 막는다는 것을 발견하였다. 관행적으로 정의된 제2형 MHC 또는 TCR 결합도메인 내에 위치하지 않는 이 펩티드는 사람의 대장세포(colonic cell)(T84) 단일층(monolayer)을 통한 다양한 SE와 TSST-1의 통과세포외배출(transcytosis)을 막으며, T-세포의 활성화에 필요한 공조신호(costimulatory signaling)를 막을 수 있다[155]. 그러나 후속연구에서 이들 펩티드가 시험관내와 생체내 모두에서 SEB-유발효과의 비효과적인 억제제였다는 것을 나타내었다[258]. 최근의 다른 연구에서 다른 펩티드 (P72: DLADKYKDKYVDVFG 라고 명명됨)는 제2형 MHC와 결합하지 않으며, SEA-, SEB-, SEC-매개반응을 제해하였다[259]. SEB 수용체의 상호작용을 봉쇄하기 위해서 제2형 MHC의 DRa1 도메인과 유연한 $(GSTAPPA)_2$ 링커에 의해 연결된 TCR Vβ로 구성된 이상(二相)의 키메라 저해제(bispecific chimeric inhibitor)를 사용하는 다른 접근방법이 시도되었다[260]. 이 키메라는 SEB-자극 PBMC에서 세포활성화와 IL-2 방출을 막는다. 이러한 시도의 단점은 각각의 키메라가 TCR Vβ의 선호에 차이가 있는 것처럼, 각 SE를 위해 만들어져야 한다는 것이다.

숙주세포에서 SEB 신호경로(signal pathway)의 봉쇄는 이들 형질도입이 노출 후에 일어나서, 다른 SEs를 위해 작용할 가능성이 있음에 따라 다른 양상의 간섭을 보여준다. 핵요소(nuclear factor) kappa B (NFκB)는 그 활성화가 감염질환에서 유도 매개물질을 발현함에 따라 매력적인 치료대상(attractive therapeutic target)이다. 시험관와 생체 연구에서는 슈퍼항원-유발 치사쇼크(induced lethal shock)에 연관된 많은 염증연관 유전자는 촉진자(promoter)/증진자 부위(enhancer region)에 NFκB-결합자리를 포함하고 있다는 것을 보여주었다. NFκB 핵전달(nuclear transport)을 표적화 하는 세포-투과성 순환펩티드(cell-penetrating cyclic peptide)(cSN50: AAVALLPAVL-LALLAPCYVQRKRQKLMPC)는 T-세포반응을 약화시키고, 혈청 염증성 사이토카인의 양을 감소시킨다[263]. D-galactosamine 전에 cSN50이 주어진 마우스에서도 간의 세포사멸, 출혈성 괴사, 사망률(mortality)은 감소된다[264]. BALB/c 마우스에서 비강 내로 SEB을 투여하기 30분 전에 cSN50의 복강내투여는 기관지폐포 공간(bronchoalveolar space)에서 친염증성 사이토카인과 케모카인이 감소될 뿐만 아니라, 폐와 혈관손상에서 호중구과 단핵구를 약화되었다[264]. NFκB를 억제시키는 dipeptidyl boronic acid (384 Da)인 Bortezomib는 SEB에 의해 유발된 혈청사이토카인(serum cytokine)/chemokine의 양을 감소시키지만, 시험관 내에서 사망률과 간괴사에 영향을 미치지 않는다[265]. 다른 강력한 NFκB 억제제로서 다양한 염증성 질환을 임상치료하기 위해 사용되는 잘 알려진 면역억제제는 dexamethasone이다. 시험관 내에서, dexamethasone은 분명히 사람의 PBMC에서 황색포도상구균 외독소(staphylococcal exotoxin)에 유발된 T-세포의 증식, 사이토카인 방출, 활성화 마커(activation marker) 등을 저해한다[266]. 생체 내에서, dexamethasone은 또한 사이토카인의 혈청수준을 크게 감소시키고, two-hit SEB only뿐만 아니라, SEB plus LPS 모델에서 SEB-유발쇼크로부터 마우스를 보호한다[196,267]. 또한 dexamethasone (1.25-5 mg/kg)은 두 가지 독성쇼크모델(toxic shock model)에서 SEB에 대한 저체온 반응(hypothermic response)을 약화시키고, SEB 투여 후, 2~3시간이 되었을 때, 마우스의 100%까지 생존하였다.

17.6.1 효능연구: 특징적인 동물모델에서는 필수적임

슈퍼항원-유발쇼크를 예방하는 치료의 가능성을 연구하기 위해 몇 가지 생체 모델이 사용되었다. 산화질소 저해제와 같은 치료제는 IL-1, IL-2, IL-6, TNF, IFN-γ 생산을 억제시켜 SEA와 SEB 효과를 감소시킨다[268,269]. 그 합성리간드인 CTLA4 면역글로불린에 의한 CD28 공조성(costimulatory) 수용체의 봉쇄는 시험관 내에서 T-세포의 TSST-1 유발 증식과 생체 내에서 치사성 TSS를 예방한다[270]. TNF-α의 중화항체(neutralizing antibody)는 또한 SEB-유발성 죽음을 방지하며[186], IL-10은 IL-1, TNF-α뿐만 아니라, 슈퍼항원-유발성 독성쇼크에 의한 치사율을 감소시키는 IFN-γ와 같은 여러 가지 사이토카인의 생산을 막는다[173]. 마우스의 비강으로 새로운 SEA의 투여는 SEA에 대하여, 그 후에 관용(tolerance)을 유도하였으나, TSST-1는 그렇지 않았다[171]. 이 현상은 IL-10의 혈청량 증가와 분명히 연관되어 있지만, SEA에 잘 반응하는 T-세포의 감소 또는 독소특이항체의 생성과는 연관되지 않았다. Indomethacin, dexamethasone, antipyretic acetaminophen과 같은 항염증제제는 또한 IL-1, IL-6, TNF-α, IFN-γ의 혈청농도 감소에 의해, SEA가 투여된 토끼에서 발열반응은 사실상 줄어들었다[250]. 시험관 내에서 사람의 PBMCs와 LPS-잠재적인 마우스 모델의 연구에서는 pentoxifylline 또는 pirfenidone이 친염증성 사이토카인(proinflammatory cytokine) 발현을 낮추어서, SEB 또는 TSST-1의 부작용을 무력화시키는 것을 보여주었다[140,141]. 다른 연구팀에서는 Peyer's patches에서 SEB에 의해 자극된 림프구에 의한 IFN-γ 생산이 아시아 전역에서 발견되는 약용식물에서 유래하는 항염증화합물인 tryptanthrin의 경구투여 후에 현저하게 감소하였다는 것을 보고하였다[271]. SEA는 또한 폐포대식세포(alveolar macrophage)에 의해 생성된 IL-8을 통해서 폐염증을 일으키지만, 이 사이토카인의 hexapeptide 저해제 (RRWWCR)는 IL-8과 호중구의 결합을 방해하여, 토끼 모델의 이 기관으로 호중구 유입이 감소된다[272]. SEB- 또는 TSST-1 자극에 의한 친염증성 사이토카인 방출은 마우스에서 수용성 β-glucan에 의해 줄어들었다[273]. 더욱 최근에, 다른 FDA에 의해 승인된 면역억제제(FDA-approved immunosuppressive drug)(rapamycin)는 SEB에 이어 24시간 후 투여하였을 때, SEB에 유발된 쇼크를 보호하는 것을 보여주었다[274]. Rapamycin은 SEB에 의해 유발되는 다른 T-세포 신호경로에 영향을 미치는 시험관내 친염증성 사이토카인과 T-세포의 증식을 억제한다[274].

치료제 이외에도, 다른 여러 연구팀에서도 황색포도상구균의 슈퍼항원과 연쇄상구균의 슈퍼항원에 대한 다른 실험백신들이 개발되었다. 이 보호 방법은 SEs, TSST-1, SPEs에 대하여 이미 존재하고 있는 항체가 질병의 경과에 중요한 역할을 하기 때문에 논리적이며[43,44,275], 정맥내 면역글로불린의 사용도 TSS 발병 후에, 사람에서 유용함이 입증되었다[276~278]. 실험적으로, SEB 에어로졸 투여 후 4시간까지, 면역화 되지 않은 rhesus 원숭이에 대한 SEB-특이항체의 수동전달(passive transfer)은 또한 치사쇼크를 막는다[279]. 제2형 MHC와 특이한 Vβ TCR 분자와 결합하지 않는 SEA, SEB, TSST-1, SPEA, SPEC의 재조합된 약독화 돌연변이체는 다른 동물모델에서 독성쇼크를 방지하기 위하여 성공적인 실험백신이라는 것을 보여주었다[48~55,280~283]. 이들 백신은 비경구적 또는 점막으로 투여되었을 때, 부작용을 일으키지 않았으며, 독소감염시험 또는 *S. aureus* 감염에 대하여 효과적이었다 (표 17.5). 다른 murine과 사람외 영장류 연구에서는 비경구적 또는 점막 예방접종 후, 동종 독소감염시험(homologous toxin challenge)에 대하여 보호하는 효과적인 면역원으로서, SEA, SEB, 또는 SEC1의 포르말린 변성독소(formaldehyde toxoid)를 사용하였다[285~288]. 포름알데히드를 이용한 단백질 처리는 오랫동안 SE와 다른 여러 가지 항원들로부터 변성독소(toxoid)를 만들기 위해 사용되어왔다. 그러나 그러한 처리는 면역체계에 대한 항원처리와 그 후의 경과[289], 특히 항원이 점막으로 투여될 때 [290], 부정적인 영향을 미칠 수 있다.

17.7 결론

*Staphylococcus aureus*와 *Streptococcus pyogenes*는 숙주에 대하여 제2형 MHC와 TCR 분자와 상호작용하는 중요한 독성인자들을 보여주는 다양한 슈퍼항원 독소를 생성한다. 독특한 잠행성 특성 때문에, 다양한 친염증성 사이토카인에 의한 SE, TSST-1, 또는 SPE 로 인하여 숙주는 비정상적인 면역반응 상승으로 심한 치사성 쇼크를 일으킬 수 있다. 이 패밀리에 속하는 단백질 외독소(protein exotoxin)의 유사한 서열상동성, 구조적 형태, 생물학적 활성은 분기진화(divergent evolution) 또는 수렴진화(convergent evolution)를 통한 공통경로를 제시한다. 시간이 지남에 따라, 그리고 자연적 진화과정을 통해서, 더욱 흥미진진한 이들 미생물 독소는 의심의 명백히 발견될 것이며, 새로운 생물학적 근거가 향후 연구를 통해서 마련될 것이다. 슈퍼항원은 숙주에서 제거를 지연시키는 등의 병원체에 이점을 분명히 제공할 수 있음에 따라[291], 거기에는 이들 특별한 유전자의 전사와 번역이 진행되는 동안 사용된 에너지에 대한 생물학적 근거가 있다. SE-, TSST-1- 또는 SPE에 의해 활성화된 T-세포에서 초기에 사이토카인이 "갑자기 출현"하게 되면, 뒤이은 면역억제(immunosuppression)는 미생물의 생존을 도울 가능성이 있다. 이 장에 기술된 동물모델은 황색포도상구균, 연쇄상구균, 그 세균들에서 생성되는 독소를 조절하는 데 더욱 효과적인 수단을 발견하는데, 보다 나은 치료제와 백신을 개발하는데 있어서 전략적으로 필요한 단계를 제시하고 있다. 분명히, 이 분야에 대하여 더 많은 연구를 해야 한다는 내재된 절박감이 생물방어로 잘 확대되고 있다. 우리에게 위협적이며, 끊임없이 변화하는 네메시스(nemesis)는 평소에 전 세계의 병원에서 일어나는 사건들에서 찾아볼 수 있다. 여기에는 *S. aureus*와 *S. pyogenes*와 같은 세균

표 17.5
세균의 슈퍼항원-유발효과에서 백신연구

동물	면역원/항원보강제	경로	결과
			마우스
BALB/c 및 CD1	i.m 경로로만 사용되는 프로테아좀(proteosome)/aluminum hydroxide의 SEB 포르말린 변성독소	i.n., i.m.	치사성 SEB 감염시험에 대하여 53~60%를 보호(BALB/c)한 i.n 또는 i.m. 예방접종. 80%를 보호한 i.n 추가접종과 i.m. prime. (i.m. 예방접종된) CD1 마우스는 i.m. 감염시험으로 100% 보호되었음[287]
BALB/c	SEB(N23K 또는 F44S 돌연변이체) 수산화알루미늄	i.p.	예방접종된 동물들에서 30 LD_{50} SEB 감염시험(i.p.)에 대하여 80% 보호되었으나, 항원보강제만의 대조군에서는 7%만이 보호되었음. 예방접종된 마우스의 혈청은 치사성 SEB 감염시험에서 면역화 되지 않은 동물(naive animal)을 보호하였음[280]
	SEB (L45R, Y89A, Y94A 삼중돌연변이체/aluminum hydroxide(i.p. 경로) 또는 콜레라 독소(i.n. 및 구강경로)	i.p., i.n., 경구	i.p./i.n. 예방접종된 마우스 가운데, 8 LD_{50}(에어로졸) 또는 30 LD_{50} (i.p.) SEB 감염시험에 대하여 100% 보호되었음. 경구 예방접종은 i.p. 또는 에어로졸 감염시험에서 각각 38%와 75% 보호율을 나타내었음. SEB 감염시험에서 항원보강제만의 대조군에 대해서는 단지 0%~10%만이 보호되었음[49]
	TSST-1 (H135A 돌연변이체)/수산화알루미늄	s.c.	치사성 *S. aureus* (i.v.) 감염시험에서는 항원보강제만의 대조군에서 0%만이 생존하였으며, H125A-예방접종된 동물에서는 60% 보호되었음[56]
	TSST-1 (H135A 돌연변이체)	i.p.	H135A-예방접종된 동물들 가운데 67%가 TSST-1의 15 LD_{50} 감염시험(i.p.)에서 67% 보호되었으나, 항원 보강제만의 대조군에서 8%만이 보호되었음[48]
C3H/HeJ	SEB (H12Y, H32Y, H105Y,H121Y 돌연변이체)/aluminum hydroxide	i.p., i.n.	예방접종된 마우스는 i.p. 또는 i.n. 치사성 감염시험에서 100%의 보호되었으나, BSA-예방접종된 대조군에서는 20%만이 생존하였음[281]
NMRI	SEA (L48R, Y92A, D70R 삼중돌연변이체/Freund's	s.c.	*S. aureus* (i.v.)로 감염된 예방접종된 마우스는 사망시간이 지연되었으며, 체중감소도 줄어들었으나, BSA-예방접종된 대조군에서는 고도면역(hyperimmune) 혈청이 면역화 되지 않은 동물(naive animal)을 보호하였음[50]
형질전환된 사람의 HLA-DR3과 CD4	SEB (L45R, Y89A, Y94 삼중돌연변이체/RIBI	i.p.	10 μg SEB 감염시험(i.p.)으로 100% 보호효과를 나타내었으나, 항원보강제 대조군에서는 면역동물에서 IFN/IL-6 양의 현저한 감소를 나타내었음[227]

계속

표 17.5 (계속)
세균의 슈퍼항원-유발효과에서 백신연구

동물	면역원/항원보강제	경로	결과
			토끼
New Zealand white	TSST-1 (H135A mutant)/Freund's	s.c.	치사성 *S. aureus* (s.c.) 감염시험에서 100% 보호됨 돌연변이체)/Freund's[282]
	TSST-1 (G31R, H135A 돌연변이체) 또는 야생형의 formaldehyde	s.c.	(i.v.)으로 100% 보호될 수 있었으나, 대조군에서는 변성독소/수산화알루미늄 전혀 보호되지 못하였음 [54]
Dutch belted	SPEC (Y13A, N38D와 Y15A, H35A, N38D 돌연변이체)/Freund's	s.c.?	치사성 SPEC 감염시험에서 100% 보호되었으며 (miniosmotic pump, s.c.), 대조군에서는 0%였음[52]
	SPEA (N20D, C98S, N20D, D45N, C98S, Q19H, N20D, L41A, L42A, D45N, C98S 돌연변이체)/Freund's	s.c.	모든 돌연변이체는 치사성 SPEA 감염시험 (miniosmotic pump, s.c.)과 열에 대하여 100% 보호되었으나, 대조군과는 달리 0%와 10% 정도 보호하였음[53]
			원숭이
Rhesus	SEB (L45R, Y89A, Y94A 삼중 돌연변이체)/수산화알루미늄	i.m.	투여량(5 대비 20 μg)과 접종회수 (2회, 3회)에 따라 SEB의 75 LD_{50}(에어로졸) 투여에 대하여 치사율은 60~100% 보호되었음[287]. 항원보강제만 투여한 경우에는 0% 생존하였으나, 항원보강제만 투여한 대조군과는 달리, 3회에 걸쳐 20 μg 투여로 SEB-유발 고열증(hyperthemia)을 보호하였음[233].
	I.m. 경로로만 사용된	i.m., i.m.+ i.t.	두 집단에서 15 LD_{50} SEB 감염시험(에어로졸)에 대하여 proteosome/수산화알루미늄에서 100% 보호하였으나, 대조군에서는 0% 생존하였음 SEB formaldehyde 변성독소[286]
			새끼돼지
Crossbred	SEB (L45R, Y89A)/콜레라 독소	경구	백신과 부작용 없음. 독소 특이 혈청 IgG와 분비 IgA는 탐지되지 않았으나, 콜레라 독소는 항체반응을 증진하지 않았음. 효능 감염시험 결과는 없음[284]

주해: BSA, bovine serum albumin; 인터페론(IFN, interferon); 면역글로불린 A/G(IgA/IgG, immunoglobulin A/G), 인터루킨(IL, interleukin); 근육내(i.m., intramuscular); 비강내(i.n., intranasal); 복강내(i.p., intraperitoneal); 기관내(i.t., intratracheal); 정맥내(i.v., intravenous); 평균치사량(LD50, mean lethal dose); *S. aureus*, *Staphylococcus aureus*; SEA/SEB, 황색포도상구균성 장독소 A/B(staphylococcal enterotoxin A/B); 피하(s.c., subcutaneous); SPEA/SPEC, 연쇄상구균(streptococcal) 발열외독소 A/C(pyrogenic exotoxin A/C); 독소쇼크증후군 독소(TSST, toxic syndrome toxin).

성 병원체에서의 항생제 내성증가가 포함된다. 사람들은 이제 이들 병원균과 기타 다른 역동적인 미생물들에 대한 대응방법을 통해서 후세들은 지속적으로 유지되는 결과를 가지게 될 것이다. 세계 곳곳에서 다양한 실험실 집단에 의해 사용되는 동물모델은 황색포도상구균, 연쇄상구균, 그리고 기타 세균성 질병들과 싸우는데 계속적으로 중추적인 역할을 할 것으로 믿어 의심하지 않는다.

참고문헌

1. Kotzin, B.L. et al. Superantigens and their potential role in human disease, *Adv. Immunol.*, 54, 99, 1993.
2. Monday, S.R. and Bohach, G.A. Properties of *Staphylococcus aureus* enterotoxins and toxic shock syndrome toxin-1, in J.E. Alouf and J.H. Freer, eds., *The Comprehensive Sourcebook of Bacterial Protein Toxins*, Academic Press, London, 1999, Chapter 33, pp. 589–610.
3. Schuberth, H.-J. et al. Characterization of leukocytotoxic and superantigen-like factors produced by *Staphylococcus aureus* isolates from milk of cows with mastitits, *Vet. Microbiol.*, 82, 187, 2000.
4. Fleischer, B. et al. An evolutionary conserved mechanism of T cell activation by microbial toxins. Evidence for different affinities of T cell receptor-toxin interaction, *J. Immunol.*, 146, 11, 1991.
5. Smith, B.G. and Johnson, H. The effect of staphylococcal enterotoxins on the primary *in vitro* immune response, *J. Immunol.*, 115, 575, 1975.
6. Poindexter, N.J. and Schlievert, P.M. Toxic-shock-syndrome toxin 1-induced proliferation of lymphocytes: Comparison of the mitogenic response of human, murine, and rabbit lymphocytes, *J. Infect. Dis.*, 153, 772, 1986.
7. Bhakdi, S., Muhly, M., and Fussle, R. Correlation between toxin binding and hemolytic activity in membrane damage by staphylococcal alpha-toxin, *Infect. Immun.*, 46, 318, 1984.
8. Bhakdi, S. and Muhly, M. Decomplementation antigen, a possible determinant of staphylococcal pathogenicity, *Infect. Immun.*, 47, 41, 1985.
9. Kreiswirth, B. et al. Evidence for a clonal origin of methicillin resistance in *Staphylococcus aureus*, *Science*, 259, 227, 1993.
10. Centers for Disease Control and Prevention (CDC). Reduced susceptibility of *Staphylococcus aureus* to vancomycin—Japan, 1996, *Morb. Mortal. Weekly Rep.*, 46, 624, 1997.
11. Centers for Disease Control and Prevention (CDC). *Staphylococcus aureus* resistant to vancomycin—United States, 2002, *Morb. Mortal. Weekly Rep.*, 51, 565, 2002.
12. Lang, A., Ward, S., and Michie, C.A. In brief, *Trends Immunol.*, 23, 389, 2002.
13. Vriens, M. et al. Costs associated with a strict policy to eradicate methicillin-resistant *Staphylococcus aureus* in a Dutch university medical center: A 10-year survey, *Eur. J. Clin. Microbiol. Infect. Dis.*, 21, 782, 2002.
14. Carmeli, Y. et al. Health and economic outcomes of vancomycin-resistant enterococci, *Arch. Intern. Med.*, 162, 2223, 2002.
15. Capitano, B. et al. Cost effect of managing methicillin-resistant *Staphylococcus aureus* in a long-term care facility, *J. Am. Geriatr. Soc.*, 51, 10, 2003.
16. Kern, W.V. Management of *Staphylococcus aureus* bacteremia and endocarditis: Progresses and challenges, *Curr. Opin. Infect. Dis.*, 23, 346, 2010.
17. Dinges, M.M., Orwin, P.M., and Schlievert, P.M. Exotoxins of *Staphylococcus aureus*, *Clin. Microbiol. Rev.*, 13, 16, 2000.
18. Omoe, K. et al. Identification and characterization of a new staphylococcal enterotoxin-related putative toxin encoded by two kinds of plasmids, *Infect. Immun.*, 71, 6088, 2003.
19. Bergdoll, M.S. Monkey feeding test for staphylococcal enterotoxin, *Meth. Enzymol.*, 165, 324, 1988.

20. Loir, L., Baron, F., and Gautier, M. *Staphylococcus aureus* and food poisoning, *Genet. Mol. Res.*, 2, 63, 2003.
21. Bennett, R.W. Staphylococcal enterotoxin and its rapid identification in foods by enzyme-linked immunosorbent assay-based methodology, *J. Food Prot.*, 68, 1264, 2005.
22. McGann, V.G., Rollins, J.B., and Mason, D.W. Evaluation of resistance to staphylococcal enterotoxin B: Naturally acquired antibodies of man and monkey, *J. Infect. Dis.*, 124, 206, 1971.
23. Holmberg, S.D. and Blake, P.A. Staphylococcal food poisoning in the United States. New facts and old misconceptions, *JAMA*, 251, 487, 1984.
24. Jett, M. et al. *Staphylococcus aureus* enterotoxin B challenge of monkeys: Correlation of plasma levels of arachidonic acid cascade products with occurrence of illness, *Infect. Immun.*, 58, 3494, 1990.
25. Scheuber, P.H. et al. Cysteinyl leukotrienes as mediators of staphylococcal enterotoxin B in the monkey, *Eur. J. Clin. Invest.*, 17, 455, 1987.
26. Ulrich, R.G. et al. Staphylococcal enterotoxin B and related pyrogenic toxins, in F.R. Sidell, E.T. Takafuji, and D.R. Franz, eds., *Textbook of Military Medicine: Medical Aspects of Chemical and Biological Warfare*, Office of the Surgeon General, Department of the Army, United States of America, 1997, Chapter 31, pp. 621–630.
27. Todd, J., Fishaut, M., Kapral, F., and Welch, T. Toxic-shock syndrome associated with phage-group-I staphylococci, *Lancet*, 2, 1116, 1978.
28. Shands, K.N. et al. Toxic-shock syndrome in menstruating women: Association with tampon use and *Staphylococcus aureus* and clinical features in 52 cases, *N. Eng. J. Med.*, 303, 1436, 1980.
29. Schlievert, P.M. et al. Identification and characterization of an exotoxin from *Staphylococcus aureus* associated with toxic-shock syndrome, *J. Infect. Dis.*, 143, 509, 1981.
30. Crass, B.A. and Bergdoll, M.S. Involvement of staphylococcal enterotoxins in nonmenstrual toxic shock syndrome, *J. Clin. Microbiol.*, 23, 1138, 1986.
31. McCormick, J.K., Yarwood, J.M., and Schlievert, P.M. Toxic shock syndrome and bacterial superantigens: An update, *Ann. Rev. Microbiol.*, 55, 77, 2001.
32. Mills, J. et al. Control of production of toxic-shock-syndrome toxin-1 (TSST-1) by magnesium ion, *J. Infect. Dis.*, 151, 1158, 1985.
33. Schlievert, P.M., Blomster, D.A., and Kelly, J.A. Toxic shock syndrome *Staphylococcus aureus*: Effect of tampons on toxic shock syndrome toxin 1 production, *Obstet. Gynecol.*, 64, 666, 1984.
34. Bergdoll, M.S. et al. A new staphylococcal enterotoxin, enterotoxin F, associated with toxic-shock-syndrome *Staphylococcus aureus* isolates, *Lancet*, 1, 1017, 1981.
35. Reiser, R.F. et al. Purification and some physicochemical properties of toxic-shock toxin, *Biochemistry*, 22, 3907, 1983.
36. Schlievert, P.M. Alteration of immune function by staphylococcal pyrogenic exotoxin type C: Possible role in toxic-shock syndrome, *J. Infect. Dis.*, 147, 391, 1983.
37. Ikejima, T. et al. Induction by toxic-shock-syndrome toxin-1 of a circulating tumor necrosis factor-like substance in rabbits and of immunoreactive tumor necrosis factor and interleukin-1 from human mononuclear cells, *J. Infect. Dis.*, 158, 1017, 1988.
38. Parsonnet, J. Mediators in the pathogenesis of toxic shock syndrome: Overview, *Rev. Infect. Dis.*, 11, S263, 1989.
39. Freedman, J.D. and Beer, D.J. Expanding perspectives on the toxic shock syndrome, *Adv. Intern. Med.*, 36, 363, 1991.
40. Bohach, G.A. et al. Staphylococcal and streptococcal pyrogenic toxins involved in toxic shock syndrome and related illnesses, *Crit. Rev. Microbiol.*, 17, 251, 1990.
41. Garbe, P.L. et al. *Staphylococcus aureus* isolates from patients with nonmenstrual toxic shock syndrome. Evidence for additional toxins, *JAMA*, 252, 2538, 1985.
42. Andrews, M.-M. et al. Recurrent nonmenstrual toxic shock syndrome: Clinical manifestations, diagnosis, and treatment, *Clin. Infect. Dis.*, 32, 1470, 2001.
43. Bonventre, P.F. et al. Antibody responses to toxic-shock-syndrome (TSS) toxin by patients with TSS and by healthy staphylococcal carriers, *J. Infect. Dis.*, 150, 662, 1984.
44. Vergeront, J.M. et al. Prevalence of serum antibody to staphylococcal enterotoxin F among Wisconsin residents: Implications for toxic-shock syndrome, *J. Infect. Dis.*, 148, 692, 1983.

45. Notermans, S. et al. Serum antibodies to enterotoxins produced by *Staphylococcus aureus* with special reference to enterotoxin F and toxic shock syndrome, *J. Clin. Microbiol.*, 18, 1055, 1983.
46. Mahlknecht, U. et al. The toxic shock syndrome toxin-1 induces anergy in human T cells in vivo, *Human Immunol.*, 45, 42, 1996.
47. Hofer, M.F. et al. Differential effects of staphylococcal toxic shock syndrome toxin-1 on B cell apoptosis, *Proc. Natl. Acad. Sci. USA*, 93, 5425, 1996.
48. Stiles, B.G., Krakauer, T., and Bonventre, P.F. Biological activity of toxic shock syndrome toxin 1 and a site-directed mutant, H135A, in a lipopolysaccharide-potentiated mouse lethality model, *Infect. Immun.*, 63, 1229, 1995.
49. Stiles, B.G. et al. Mucosal vaccination with recombinantly attenuated staphylococcal enterotoxin B and protection in a murine model, *Infect. Immun.*, 69, 2031, 2001.
50. Nilsson, I.M. et al. Protection against *Staphylococcus aureus* sepsis by vaccination with recombinant staphylococcal enterotoxin A devoid of superantigenicity, *J. Infect. Dis.*, 180, 1370, 1999.
51. Bavari, S., Dyas, B., and Ulrich, R.G. Superantigen vaccines: A comparative study of genetically attenuated receptor-binding mutants of staphylococcal enterotoxin A, *J. Infect. Dis.*, 174, 338, 1996.
52. McCormick, J.K. et al. Development of streptococcal pyrogenic exotoxin C vaccine toxoids that are protective in the rabbit model of toxic shock syndrome, *J. Immunol.*, 165, 2306, 2000.
53. Roggiani, M. et al. Toxoids of streptococcal pyrogenic exotoxin A are protective in rabbit models of streptococcal toxic shock syndrome, *Infect. Immun.*, 68, 5011, 2000.
54. Gampfer, J. et al. Double mutant and formaldehyde inactivated TSST-1 as vaccine candidates for TSST-1-induced toxic shock syndrome, *Vaccine*, 20, 1354, 2002.
55. Ulrich, R.G., Olson, M.A., and Bavari, S. Development of engineered vaccines effective against structurally related bacterial superantigens, *Vaccine*, 16, 1857, 1998.
56. Hu, D.L. Vaccination with nontoxic mutant toxic shock syndrome toxin-1 protects against *Staphylococcus aureus* infection, *J. Infect. Dis.*, 188, 743, 2003.
57. Schlievert, P. M. Use of intravenous immunoglobulin in the treatment of staphylococcal and streptococcal toxic shock syndromes and related illnesses, *J. Allergy Clin. Immunol.*, 108, S107, 2001.
58. Barry, W., Hudgins, L., Donta, S.T., and Pesanti, E.L. Intravenous immunoglobulin therapy for toxic shock syndrome, *JAMA*, 267, 3315, 1992.
59. Tilahun, M. E. et al. Potent neutralization of SEB by synergistic action of chimeric antibodies, *Infect. Immun.*, 78, 2801, 2010.
60. Nowakowski, A. et al. Potent neutralization of botulinum neurotoxin by recombinant oligoclonal antibody, *Proc. Nat. Acad. Sci. USA*, 99, 11346, 2002.
61. Lancefield, R.C. A serological differentiation of human and other groups of hemolytic streptococci, *J. Exp. Med.*, 57, 571, 1933.
62. Stevens, D.L. Invasive group A streptococcus infections, *Clin. Infect. Dis.*, 14, 2, 1992.
63. Stevens, D.L. The toxins of group A streptococcus, the flesh eating bacteria, *Immunol. Invest.*, 26, 129, 1997.
64. Marrack, P. and Kappler, J. The staphylococcal enterotoxins and their relatives, *Science*, 248, 705, 1990.
65. Choi, Y. et al. Interaction of *Staphylococcus aureus* toxin "superantigens" with human T cells, *Proc. Natl. Acad. Sci. USA*, 86, 8941, 1989.
66. Webb, S.R. and Gascoigne, N.R. T-cell activation by superantigens, *Curr. Opin. Immunol.*, 6, 467, 1994.
67. Blackman, M.A. and Woodland, D.L. *In vivo* effects of superantigens, *Life Sci.*, 57, 1717, 1995.
68. Johnson, H.M., Torres, B.A., and Soos, J.M. Superantigens: Structure and relevance to human disease, *Proc. Soc. Exp. Biol. Med.*, 212, 99, 1996.
69. Florquin, S. and Aaldering, L. Superantigens: A tool to gain new insight into cellular immunity, *Res. Immunol.*, 148, 373, 1997.

70. Li, H. et al. The structural basis of T cell activation by superantigens, *Ann. Rev. Immunol.*, 17, 435, 1999.
71. Ribeiro-Dias, F. et al. *Mycoplasma arthritidis* superantigen (MAM)-induced macrophage nitric oxide release is MHC class II restricted, interferon gamma dependent, and toll-like receptor 4 independent, *Exp. Cell Res.*, 286, 345, 2003.
72. Ohmen, J. D. et al. Evidence for a superantigen in human tuberculosis, *Immunity*, 1, 35, 1994.
73. Legaard, P.K., LeGrand, R.D., and Misfeldt, M.L. The superantigen *Pseudomonas* exotoxin A requires additional functions from accessory cells for T lymphocyte proliferation, *Cell Immunol.*, 135, 372, 1991.
74. Proft, T. and Fraser, J.D. Bacterial superantigens, *Clin. Exp. Immunol.*, 133, 299, 2003.
75. Proft, T. et al. Superantigens and streptococcal toxic shock syndrome, *Emerg. Infect. Dis.*, 9, 1211, 2003.
76. Proft, T. and Fraser, J.D. Streptococcal superantigenic toxins, in J.E. Alouf and M.R. Popoff, eds., *The Comprehensive Sourcebook of Bacterial Protein Toxins*, 3rd ed., Academic Press, Paris, 2006, Chapter 51, pp. 844–861.
77. Stuart, P.M. et al. Characterization of human T-cell responses to *Yersinia enterocolitica* superantigen, *Hum. Immunol.*, 43, 269, 1995.
78. Abe, J. et al. Pathogenic role of a superantigen in *Yersinia pseudotuberculosis* infection, *Adv. Exp. Med. Biol.*, 529, 459, 2003.
79. Dobrescu, D. et al. Enhanced HIV-1 replication in V beta 12 T cells due to human cytomegalovirus in monocytes: Evidence for a putative herpesvirus superantigen, *Cell*, 82, 753, 1995.
80. Sutkowski, N. et al. An Epstein-Barr virus-associated superantigen, *J. Exp. Med.*, 184, 971, 1996.
81. Yao, Z. et al. Herpesvirus saimiri open reading frame 14, a protein encoded by T lymphotropic herpesvirus, binds to MHC class II molecules and stimulates T cell proliferation, *J. Immunol.*, 156, 3260, 1996.
82. Torres, B.A. et al. Characterization of Nef-induced CD4 T cell proliferation, *Biochem. Biophys. Res. Commun.*, 225, 54, 1996.
83. Acha-Orbea, H. and MacDonald, H.R. Superantigens of mouse mammary tumor virus, *Ann. Rev. Immun.*, 13, 459, 1995.
84. Lafon, M. Rabies virus superantigen, *Res. Immunol.*, 144, 209, 1993.
85. Alouf, J.E. and Muller-Alouf, H. What are Superantigens?, In J.E. Alout and M.R. Popoff, eds., *The Comprehensive Sourcebook of Bacterial Protein Toxins*, Academic Press, Paris, 2006, Chapter 49, pp. 821–829.
86. Uchiyama, T., Imanishi, K., Miyoshi-Akiyama, T., and Kata, H. Staphylococcal superantigens and the diseases they cause, in J.E. Alouf and M.R. Popoff, eds., *The Comprehensive Sourcebook of Bacterial Protein Toxins*, 3rd ed., Academic Press, Paris, 2006, Chapter 50, pp. 830–843.
87. Betley, M.J. et al. Staphylococcal enterotoxin A gene is associated with a variable genetic element, *Proc. Natl. Acad. Sci. USA*, 81, 5179, 1984.
88. Betley, M.J., Borst, D.W., and Regassa, L.B. Staphylococcal enterotoxins, toxic shock syndrome toxin and streptococcal pyrogenic exotoxins: A comparative study of their molecular biology, *Chem. Immunol.*, 55, 1, 1992.
89. Singh, B.R., Fen-Ni, F., and Ledoux, D.N. Crystal and solution structures of superantigenic staphylococcal enterotoxins compared, *Struct. Biol.*, 1, 358, 1994.
90. Swaminathan, S. et al. Crystal structure of staphylococcal enterotoxin B, a superantigen, *Nature*, 359, 801, 1992.
91. Chen, J. et al. MMDB: Entrez's 3D-structure database, *Nucl. Acid Res.*, 31, 474, 2003.
92. Papageorgiou, A.C., Tranter, H.S., and Acharya, K.R. Crystal structure of microbial superantigen staphylococcal enterotoxin B at 1.5 angstrom resolution: Implications for superantigen recognition by MHC class II molecules and T cell receptors, *J. Mol. Biol.*, 277, 61, 1998.
93. Papageorgiou, A. C. et al. The refined crystal structure of toxic shock syndrome toxin-1 at 2.07 angstrom resolution, *J. Mol. Biol.*, 260, 553, 1996.

94. Papageorgiou, A.C. et al. Structural basis for the recognition of superantigen streptococcal pyrogenic exotoxin A (SpeA1) by MHC class II molecules and T-cell receptors, *EMBO J.*, 18, 9, 1999.
95. Arcus, V.L. et al. Conservation and variation in superantigen structure and activity highlighted by the three-dimensional structures of two new superantigens from *Streptococcus pyogenes*, *J. Mol. Biol.*, 299, 157, 2000.
96. Hurley, J.M. et al. Identification of class II major histocompatibility complex and T cell receptor binding sites in the superantigen toxic shock syndrome toxin 1, *J. Exp. Med.*, 181, 2229, 1995.
97. Kappler, J.W. et al. Mutations defining functional regions of the superantigen staphylococcal enterotoxin B, *J. Exp. Med.*, 175, 387, 1992.
98. Kum, W.W. and Chow, A.W. Inhibition of staphylococcal enterotoxin A-induced superantigenic and lethal activities by a monoclonal antibody to toxic shock syndrome toxin-1, *J. Infect. Dis.*, 183, 1739, 2001.
99. Bavari, S., Ulrich, R.G., and LeClaire, R.D. Cross-reactive antibodies prevent the lethal effects of *Staphylococcus aureus* superantigens, *J. Infect. Dis.*, 180, 1365, 1999.
100. Thompson, N.E., Ketterhagen, M.J., and Bergdoll, M.S. Monoclonal antibodies to staphylococcal enterotoxin B and C: Cross-reactivity and localization of epitopes on tryptic fragments, *Infect. Immun.*, 45, 281, 1984.
101. Spero, L., Morlock, B.A., and Metzger, J.F. On the cross-reactivity of staphylococcal enterotoxins A, B, and C, *J. Immunol.*, 120, 86, 1978.
102. Bohach, G.A. et al. Cross-neutralization of staphylococcal and streptococcal pyrogenic toxins by monoclonal and polyclonal antibodies, *Infect. Immun.*, 56, 400, 1988.
103. Kline, J.B. and Collins, C.M. Analysis of the superantigenic activity of mutant and allelic forms of streptococcal pyrogenic exotoxin A, *Infect. Immun.*, 64, 861, 1996.
104. Mollick, J.A. et al. Staphylococcal exotoxin activation of T cells. Role of exotoxin-MHC class II binding affinity and class II isotype, *J. Immunol.*, 146, 463, 1991.
105. Proft, T. et al. Immunological and biochemical characterization of streptococcal pyrogenic exotoxins I and J (SPE-I and SPE-J) from *Streptococcus pyogenes*, *J. Immunol.*, 166, 6711, 2001.
106. Yagi, J., Rath, J.S., and Janeway, C.A. Control of T cell responses to staphylococcal enterotoxins by stimulator cell MHC class II polymorphism, *J. Immunol.*, 147, 1398, 1991.
107. Herrmann, T., Acolla, R.S., and MacDonald, H.R. Different staphylococcal enterotoxins bind preferentially to distinct major histocompatibility complex class II isotypes, *Eur. J. Immunol.*, 19, 2171, 1989.
108. Herman, A. et al. HLA-DR alleles differ in their ability to present staphylococcal enterotoxins to T cells, *J. Exp. Med.*, 172, 709, 1990.
109. Chintagumpala, M.M., Mollick, J.A., and Rich, R.R. Staphylococcal toxins bind to different sites on HLA-DR, *J. Immunol.*, 147, 3876, 1991.
110. Imanishi, K., Igarashi, H., and Uchiyama, T. Relative abilities of distinct isotypes of human major histocompatibility complex class II molecules to bind streptococcal pyrogenic exotoxin types A and B, *Infect. Immun.*, 60, 5025, 1992.
111. See, R.H., Krystal, G., and Chow, A.W. Receptors for toxic shock syndrome toxin-1 and staphylococcal enterotoxin A on human blood monocytes, *Can. J. Microbiol.*, 38, 937, 1992.
112. Hudson, K.R. et al. Staphylococcal enterotoxin A has two cooperative binding sites on major histocompatibility complex class II, *J. Exp. Med.*, 182, 711, 1995.
113. Tiedemann, R.E. and Fraser, J.D. Cross-linking of MHC class II molecules by staphylococcal enterotoxin A is essential for antigen-presenting cell and T cell activation, *J. Immunol.*, 157, 3958, 1996.
114. Thibodeau, J. et al. Molecular characterization and role in T cell activation of staphylococcal enterotoxin A binding to the HLA-DR alpha-chain, *J. Immunol.*, 158, 3698, 1997.
115. Ulrich, R.G., Bavari, S., and Olson, M.A. Staphylococcal enterotoxins A and B share a common structural motif for binding class II major histocompatibility complex molecules, *Nature Struct. Biol.*, 2, 554, 1995.

116. Mehindate, K. et al. Cross-linking of major histocompatibility complex class II molecules by staphylococcal enterotoxin A superantigen is a requirement for inflammatory cytokine gene expression, *J. Exp. Med.*, 182, 1573, 1995.
117. Jardetzky, T.S. et al. Three-dimensional structure of a human class II histocompatibility molecule complexed with superantigen, *Nature*, 368, 711, 1994.
118. Kim, J. et al. Toxic shock syndrome toxin-1 complexed with a class II major histocompatibility molecule HLA-DR1, *Science*, 266, 1870, 1994.
119. Pless, D.D. et al. Persistence of zinc-binding bacterial superantigens at the surface of antigen-presenting cells contributes to the extreme potency of these superantigens as T-cell activators, *Infect. Immun.*, 73, 5358, 2005.
120. Kum, W.W., Wood, J.A., and Chow, A.W. A mutation at glycine residue 31 of toxic shock syndrome toxin-1 defines a functional site critical for major histocompatiblity complex class II binding and superantigenic activity, *J. Infect. Dis.*, 174, 1261, 1996.
121. Li, P.L. et al. The superantigen streptococcal pyrogenic exotoxin C (SPE-C) exhibits a novel mode of action, *J. Exp. Med.*, 186, 375, 1997.
122. Kappler, J. et al. V beta-specific stimulation of human T cells by staphylococcal toxins, *Science*, 244, 811, 1989.
123. Choi, Y. et al. Selective expansion of T cells expressing V beta 2 in toxic shock syndrome, *J. Exp. Med.*, 172, 981, 1990.
124. Newton, D.W. et al. Mutations in the MHC class II binding domains of staphylococcal enterotoxin A differentially affect T cell receptor Vbeta specificity, *J. Immunol.*, 157, 3988, 1996.
125. Leder, L. et al. A mutational analysis of the binding of staphylococcal enterotoxins B and C3 to the T cell receptor beta chain and major histocompatiblity complex class II, *J. Exp. Med.*, 187, 823, 1998.
126. Gascoigne, N.R. and Ames, K.T. Direct binding of secreted T-cell receptor beta chain to superantigen associated with class II major histocompatiblity complex protein, *Proc. Natl. Acad. Sci. USA*, 88, 613, 1991.
127. Fields, B.A. et al. Crystal structure of a T-cell receptor beta-chain complexed with a superantigen, *Nature*, 384, 188, 1996.
128. Li, H. et al. Three-dimensional structure of the complex between a T cell receptor beta chain and the superantigen staphylococcal enterotoxin B, *Immunity*, 9, 807, 1998.
129. Seth, A. et al. Binary and ternary complexes between T-cell receptor, class II MHC and superantigen in vitro, *Nature*, 369, 324, 1994.
130. Redpath, S. et al. Cutting edge: Trimolecular interaction of TCR with MHC class II and bacterial superantigen shows a similar affinity to MHC:peptide ligands, *J. Immunol.*, 163, 6, 1999.
131. Chatila, T. and Geha, R.S. Signal transduction by microbial superantigens via MHC class II molecules, *Immunol. Rev.*, 131, 43, 1993.
132. Chatila, T. et al. Toxic shock syndrome toxin-1 induces inositol phospholipid turnover, protein kinase C translocation, and calcium mobilization in human T cells, *J. Immunol.*, 140, 1250, 1988.
133. Scholl, P.R. et al. Role of protein tyrosine phosphorylation in monokine induction by the staphylococcal superantigen toxic shock syndrome toxin-1, *J. Immunol.*, 148, 2237, 1992.
134. Trede, N.S. et al. Transcriptional activation of the human TNF-alpha promoter by superantigen in human monocytic cells: Role of NF-kappa B, *J. Immunol.*, 155, 902, 1995.
135. Sundstedt, A. et al. *In vivo* anergized $CD4^+$ T cells express perturbed AP-1 and NF-kappa B transcription factors, *Proc. Natl. Acad. Sci. USA*, 93, 979, 1996.
136. Krakauer, T. Induction of CC chemokines in human peripheral blood mononuclear cells by staphylococcal exotoxins and its prevention by pentoxifylline, *J. Leuk. Biol.*, 66, 158, 1999.
137. Krakauer, T. Inhibition of toxic shock syndrome toxin-1 induced cytokine production and T cell activation by interleukin-10, interleukin-4, and dexamethasone, *J. Infect. Dis.*, 172, 988, 1995.

138. Jupin, C. et al. Toxic shock syndrome toxin 1 as an inducer of human tumor necrosis factors and gamma interferon, *J. Exp. Med.*, 167, 752, 1988.
139. Grossman, D. et al. Dissociation of the stimulatory activities of staphylococcal enterotoxins for T cells and monocytes, *J. Exp. Med.*, 172, 1831, 1990.
140. Krakauer, T. and Stiles, B.G. Pentoxifylline inhibits superantigen-induced toxic shock and cytokine release, *Clin. Diagn. Lab. Immunol.*, 6, 594, 1999.
141. Hale, M.L. et al. Pirfenidone blocks the *in vitro* and *in vivo* effects of staphylococcal enterotoxin B, *Infect. Immun.*, 70, 2989, 2002.
142. Langezaal, I. et al. Evaluation and prevalidation of an immunotoxicity test based on human whole-blood cytokine release, *Altern. Lab. Anim.*, 30, 581, 2002.
143. Hermann, C. et al. A model of human whole blood lymphokine release for *in vitro* and *ex vivo* use, *J. Immunol. Meth.*, 275, 69, 2003.
144. Carlsson, R., Fischer, H., and Sjogren, H.O. Binding of staphylococcal enterotoxin A to accessory cells is a requirement for its ability to activate human T cells, *J. Immunol.*, 140, 2484, 1988.
145. Trede, N.S., Geha, R.S., and Chatila, T. Transcriptional activation of IL-1 beta and tumor necrosis factor-alpha genes by MHC class II ligands, *J. Immunol.*, 146, 2310, 1991.
146. Fischer, H. et al. Production of TNF-alpha and TNF-beta by staphylococcal enterotoxin A activated human T cells, *J. Immunol.*, 144, 4663, 1990.
147. Lagoo, A. et al. IL-2, IL-4, and IFN-gamma gene expression versus secretion in superantigen-activated T cells. Distinct requirement for costimulatory signals through adhesion molecules, *J. Immunol.*, 152, 1641, 1994.
148. Lando, P. et al. Regulation of superantigen-induced T cell activation in the absence and the presence of MHC class II, *J. Immunol.*, 157, 2857, 1996.
149. Hewitt, C. et al. Major histocompatibility complex independent clonal T cell anergy by direct interaction of *Staphylococcus aureus* enterotoxin B with the T cell antigen receptor, *J. Exp. Med.*, 175, 1493, 1992.
150. Scheuber, P.H. et al. Staphylococcal enterotoxin B as a nonimmunological mast cell stimulus in primates: The role of endogenous cysteinyl leukotrienes, *Int. Arch. Allergy Appl. Immunol.*, 82, 289, 1987.
151. Huvenne, W. et al. *Staphylococcus aureus* enterotoxin B augments granulocyte migration and survival via airway epithelial cell activation, *Allergy*, 65, 1013, 2010.
152. Stohl, W., Elliott, J.E., and Linsley, P.S. Human T cell-dependent B cell differentiation induced by staphylococcal superantigens, *J. Immunol.*, 153, 117, 1994.
153. Mourad, W. et al. Engagement of major histocompatibility complex class II molecules by superantigen induces inflammatory cytokine gene expression in human rheumatoid fibroblast-like synoviocytes, *J. Exp. Med.*, 175, 613, 1992.
154. Wooley, P.H. and Cingel, B. Staphylococcal enterotoxin B increases the severity of type II collagen induced arthritis in mice, *Ann. Rheum. Dis.*, 54, 298, 1995.
155. Hamad, A.R., Marrack, P., and Kappler, J.W. Transcytosis of staphylococcal superantigen toxins, *J. Exp. Med.*, 185, 1447, 1997.
156. Shupp, J.W., Jett, M., and Pontzer, C.H. Identification of a transcytosis epitope on staphylococcal enterotoxins, *Infect. Immun.*, 70, 2178, 2002.
157. Peterson, M.L. et al. The innate immune system is activated by stimulation of vaginal epithelial cells with *Staphylococcus aureus* and toxic shock syndrome toxin 1, *Infect. Immun.*, 73, 2164, 2005.
158. Pinchuk, I.V. et al. Monocyte chemoattractant protein-1 production by intestinal myofibroblasts in response to staphylococcal enterotoxin A: Relevance to staphylococcal enterotoxigenic disease, *J. Immunol.*, 178, 8097, 2007.
159. Hodoval, L.F. et al. Pathogenesis of lethal shock after intravenous staphylococcal enterotoxin B in monkeys, *Appl. Microbiol.*, 16, 187, 1968.

160. Raj, H.D. and Bergdoll, M.S. Effect of enterotoxin B on human volunteers, *J. Bacteriol.*, 98, 833, 1969.
161. Adesiyun, A.A. and Tatini, S.R. Biological activity of cell-associated staphylococcal enterotoxin, *J. Med. Primatol.*, 11, 163, 1982.
162. Scheuber, P.H. et al. Skin reactivity of unsensitized monkey upon challenge with staphylococcal enterotoxin B: A new approach for investigating the site of toxin action, *Infect. Immun.*, 50, 869, 1985.
163. Spiekermann, G.M. and Nagler-Anderson, C. Oral administration of the bacterial superantigen staphylococcal enterotoxin B induces activation and cytokine production by T cells in murine gut-associated lymphoid tissue, *J. Immunol.*, 161, 5825, 1998.
164. Lu, J. et al. Colonic bacterial superantigens can evoke an inflammatory response and exaggerate disease in mice recovering from colitis, *Gastroenterology*, 125, 1785, 2003.
165. Sugiyama, H., Bergdoll, M.S., and Dack, G.M. Early development of a temporary resistance to the emetic action of staphylococcal enterotoxin, *J. Infect. Dis.*, 111, 233, 1962.
166. McCormack, J.E. et al. Profound deletion of mature T cells *in vivo* by chronic exposure to exogenous superantigen, *J. Immunol.*, 150, 3785, 1993.
167. Eroukhmanoff, L. et al. T-cell tolerance induced by repeated antigen stimulation: Selective loss of Foxp3-conventional CD4 T cells and induction of CD4 T-cell anergy, *Eur. J. Immunol.*, 39, 1078, 2009.
168. Schartner, J.M. et al. Recurrent superantigen exposure *in vivo* leads to highly suppressive $CD4^{+}CD25^{+}$ and $CD4^{+}CD25^{-}$ T cells with anergic and suppressive genetic signatures, *Clin. Exp. Immunol.*, 155, 348, 2009.
169. Tanriver, Y. et al. Superantigen-activated regulatory T cells inhibit the migration of innate immune cells and the differentiation of naive T cells, *J. Immunol.*, 183, 2946, 2009.
170. Miethke, T. et al. Exogenous superantigens acutely trigger distinct levels of peripheral T cell tolerance/immunosuppression: Dose-response relationship, *Eur. J. Immunol.*, 24, 1893, 1994.
171. Collins, L.V. et al. Mucosal tolerance to a bacterial superantigen indicates a novel pathway to prevent toxic shock, *Infect. Immun.*, 70, 2282, 2002.
172. Stiles, B.G. et al. Correlation of temperature and toxicity in murine studies of staphylococcal enterotoxins and toxic shock syndrome toxin 1, *Infect. Immun.*, 67, 1521, 1999.
173. Bean, A.G. et al. Interleukin 10 protects mice against staphylococcal enterotoxin B-induced lethal shock, *Infect. Immun.*, 61, 4937, 1993.
174. Buxser, S. and Bonventre, P.F. Staphylococcal enterotoxins fail to disrupt membrane integrity or synthetic functions of Henle 407 intestinal cells, *Infect. Immun.*, 31, 929, 1981.
175. Lu, J. et al. Epithelial ion transport and barrier abnormalities evoked by superantigen-activated immune cells are inhibited by interleukin-10 but not interleukin-4, *J. Pharm. Exper. Ther.*, 287, 128, 1998.
176. McKay, D.M. Bacterial superantigens: Provocateurs of gut dysfunction and inflammation? *Trends Immunol.*, 22, 497, 1997.
177. Krakauer, T. Stimulant-dependent modulation of cytokines and chemokines by airway epithelial cells: Cross-talk between pulmonary epithelial and peripheral blood mononuclear cells, *Clin. Diagn. Lab. Immunol.*, 9, 126, 2002.
178. Harris, T.O. Lack of complete correlation between emetic and T-cell-stimulatory activities of staphylococcal enterotoxins, *Infect. Immun.*, 61, 3175, 1993.
179. Spero, L. and Morlock, B.A. Biological activities of the peptides of staphylococcal enterotoxin C formed by limited tryptic hydrolysis, *J. Biol. Chem.*, 253, 8787, 1978.
180. Hovde, C.J. Investigation of the role of the disulphide bond in the activity and structure of staphylococcal enterotoxin C1, *Mol. Microbiol.*, 13, 897, 1994.
181. Stelma, G.N. and Bergdoll, M.S. Inactivation of staphylococcal enterotoxin A by chemical modification, *Biochem. Biophys. Res. Commun.*, 105, 121, 1982.

182. Alber, G., Hammer, D.K., and Fleischer, B. Relationship between enterotoxic- and T lymphocyte-stimulating activity of staphylococcal enterotoxin B, *J. Immunol.*, 144, 4501, 1990.
183. Reck, B. et al. Protection against the staphylococcal enterotoxin-induced intestinal disorder in the monkey by anti-idiotypic antibodies, *Proc. Natl. Acad. Sci. USA*, 85, 3170, 1988.
184. Hoffman, M. et al. Biochemical and mutational analysis of the histidine residues of staphylococcal enterotoxin A, *Infect. Immun.*, 64, 885, 1996.
185. Hu, D-L. et al. Analysis of the epitopes on staphylococcal enterotoxin A responsible for emetic activity, *J. Vet. Med. Sci.*, 63, 237, 2001.
186. Miethke, T. et al. T cell-mediated lethal shock triggered in mice by the superantigen staphylococcal enterotoxin B: Critical role of tumor necrosis factor, *J. Exp. Med.*, 175, 91, 1992.
187. Muller-Alouf, H. et al. Human pro- and anti-inflammatory cytokine patterns induced by *Streptococcus pyogenes* erythrogenic (pyrogenic) exotoxin A and C superantigens, *Infect. Immun.*, 64, 1450, 1996.
188. Schlievert, P.M. Role of superantigens in human disease, *J. Infect. Dis.*, 167, 997, 1993.
189. McCormick, J.K. et al. Functional characterization of streptococcal pyrogenic exotoxin J, a novel superantigen, *Infect. Immun.*, 69, 1381, 2001.
190. Okusawa, S. et al. Interleukin 1 induces a shock-like state in rabbits. Synergism with tumor necrosis factor and the effect of cyclooxygenase inhibition, *J. Clin. Invest.*, 81, 1162, 1988.
191. Krakauer, T., Vilcek, J., and Oppenheim, J.J. Proinflammatory cytokines: TNF and IL-1 families, chemokines, TGFβ and others, in W.E. Paul, ed., *Fundamental Immunology*, Raven Press, New York, 1998, Chapter 21, pp. 775–811.
192. Neumann, B. et al. Induction of acute inflammatory lung injury by staphylococcal enterotoxin B, *J. Immunol.*, 158, 1862, 1997.
193. Krakauer, T., Buckley, M., Huzella, L.M., and Alves, D. Critical timing, location and duration of glucocorticoid administration rescues mice from superantigen-induced shock and attenuates lung injury, *Int. Immunopharmacol.*, 9, 1168, 2009.
194. Tessier, P.A. et al. Induction of acute inflammation *in vivo* by staphylococcal superantigens. II. Critical role for chemokines, ICAM-1, and TNF-alpha, *J. Immunol.*, 161, 1204, 1998.
195. Sugiyama, H. et al. Enhancement of bacterial endotoxin lethality by staphylococcal enterotoxin, *J. Infect. Dis.*, 114, 111, 1964.
196. Stiles, B.G. et al. Toxicity of staphylococcal enterotoxins potentiated by lipopolysaccharide: Major histocompatibility complex class II molecule dependency and cytokine release, *Infect. Immun.*, 61, 5333, 1993.
197. Chen, J.Y. et al. Increased susceptibility to staphylococcal enterotoxin B intoxication in mice primed with actinomycin D, *Infect. Immun.*, 62, 4626, 1994.
198. Sarawar, S.R., Blackman, M.A., and Doherty, P.C. Superantigen shock in mice with an inapparent viral infection, *J. Infect. Dis.*, 170, 1189, 1994.
199. Marrack, P. et al. The toxicity of staphylococcal enterotoxin B in mice is mediated by T cells, *J. Exp. Med.*, 171, 455, 1990.
200. Dinges, M.M. and Schlievert, P.M. Comparative analysis of lipopolysaccharide-induced tumor necrosis factor alpha activity in serum and lethality in mice and rabbits pretreated with the staphylococcal superantigen toxic shock syndrome toxin 1, *Infect. Immun.*, 69, 7169, 2001.
201. Dalpke, A.H. and Heeg, K. Synergistic and antagonistic interactions between LPS and superantigens, *J. Endotoxin Res.*, 9, 51, 2003.
202. Dinges, M.M. and Schlievert, P.M. Role of T cells and gamma interferon during induction of hypersensitivity to lipopolysaccharide by toxic shock syndrome toxin 1 in mice, *Infect. Immun.*, 69, 1256, 2001.

203. Stone, R.L. and Schlievert, P.M. Evidence for the involvement of endotoxin in toxic shock syndrome, *J. Infect. Dis.*, 155, 682, 1987.
204. Paiva C.N. et al. *Trypanosoma cruzi* sensitizes mice to fulminant SEB-induced shock: Overrelease of inflammatory cytokines and independence of Chagas' disease or TCR Vβ-usage, *Shock*, 19, 163, 2003.
205. Beno, D.W. et al. Differential induction of hepatic dysfunction after intraportal and intravenous challenge with endotoxin and staphylococcal enterotoxins B, *Shock*, 19, 352, 2003.
206. Beno, D.W. et al. Chronic staphylococcal enterotoxins B and lipopolysaccharide induce a bimodal pattern of hepatic dysfunction and injury, *Crit. Care Med.*, 31, 1154, 2003.
207. Nagaki, M. et al. Hepatic injury and lethal shock in galactosamine-sensitized mice induced by the superantigen staphylococcal enterotoxin B, *Gastroenterology*, 106, 450, 1994.
208. LeClaire, R.D. et al. Potentiation of inhaled staphylococcal enterotoxin B-induced toxicity by lipopolysaccharide in mice, *Toxicol. Path.*, 24, 619, 1996.
209. Schlievert, P.M. Enhancement of host susceptibility to lethal endotoxin shock by staphylococcal pyrogenic exotoxin type C, *Infect. Immun.*, 36, 123, 1982.
210. Sauter, C. and Wolfensberger, C. Interferon in human serum after injection of endotoxin, *Lancet*, 2, 852, 1980.
211. Krakauer, T., Buckley, M., and Fisher, D. Proinflammatory mediators of toxic shock and their correlation to lethality, *Mediators Inflamm.* 2010, 517594, 2010.
212. Chow, A. W. et al. Vaginal colonization with *Staphylococcus aureus*, positive for toxic-shock marker protein, and *Escherichia coli* in healthy women, *J. Infect. Dis.*, 150, 80, 1984.
213. Florquin, S., Amraoui, Z., Abramowicz, D., and Goldman, M. Systemic release and protective role of IL-10 in staphylococcal enterotoxin B-induced shock in mice, *J. Immunol.*, 153, 2618, 1994.
214. Sundstedt, A. et al. Immunoregulatory role of IL-10 during superantigen-induced-hyporesponsiveness in vivo, *J. Immunol.*, 158, 180, 1997.
215. Khan, A.A., Priya, S., and Saha, B. IL-2 regulates SEB induced toxic shock syndrome in BALB/c mice, *PLoS One*, 4, e8473, 2009.
216. Krakauer, T. Immune response to staphylococcal superantigens, *Immunol. Res.*, 20, 163, 1999.
217. Hasko, G. et al. The crucial role of IL-10 in the suppression of the immunological response in mice exposed to staphylococcal enterotoxin B, *Eur. J. Immunol.*, 28, 1417, 1998.
218. Blank, C. et al. Superantigen and endotoxin synergize in the induction of lethal shock, *Eur. J. Immunol.*, 27, 825, 1997.
219. Saha, B. et al. Protection against lethal toxic shock by targeted disruption of the CD28 gene, *J. Exp. Med.*, 183, 2675, 1996.
220. Mittrucker, H.W. et al. Induction of unresponsiveness and impaired T cell expansion by staphylococcal enterotoxin B in CD28-deficient mice, *J. Exp. Med.*, 183, 2481, 1996.
221. Xu, H. et al. Leukocytosis and resistance to septic shock in intercellular adhesion molecule 1-deficient mice, *J. Exp. Med.*, 180, 95, 1994.
222. Manjunath, N. et al. Negative regulation of T-cell adhesion and activation by CD43, *Nature*, 377, 535, 1995.
223. Mountz, J.D. et al. Increased susceptibility of fas mutant MRL-lpr/lpr mice to staphylococcal enterotoxin B-induced septic shock, *J. Immunol.*, 155, 4829, 1995.
224. Sunstedt, A., Grundstrom, S., and Dohlsten, M. T cell- and perforin-dependent depletion of B cells *in vivo* by staphylococcal enterotoxin A, *Immunol.*, 95, 76, 1998.
225. Miethke, T. et al. Bacterial superantigens induce rapid and T cell receptor V beta-selective down-regulation of L-selectin (gp90Mel-14) in vivo, *J. Immunol.*, 151, 6777, 1993.

226. Yeung, R.S. et al. Human CD4 and human major histocompatibility complex class II (DQ6) transgenic mice: Supersensitivity to superantigen-induced septic shock, *Eur. J. Immun.*, 26, 1074, 1996.
227. DaSilva, L. et al. Human-like immune responses of human leukocyte antigen-DR3 transgenic mice to staphylococcal enterotoxins: A novel model for superantigen vaccines, *J. Infect. Dis.*, 185, 1754, 2002.
228. Welcher, B.C. et al. Lethal shock induced by streptococcal pyrogenic exotoxin A in mice transgenic for human leukocyte antigen-DQ8 and human CD4 receptors: Implications for development of vaccines and therapeutics, *J. Infect. Dis.*, 186, 501, 2002.
229. Roy, C.J. et al. Human leukocyte antigen-DQ8 transgenic mice: A model to examine the toxicity of aerosolized staphylococcal enterotoxin B, *Infect. Immun.*, 73, 2452, 2005.
230. Rajagopalan, G., Sen, M.M., and David, C.S. *In vitro* and *in vivo* evaluation of staphylococcal superantigen peptide antagonists, *Infect. Immun.*, 72, 6733, 2004.
231. Zhao, Y.-X. et al. Overexpression of the T-cell receptor V beta 3 in transgenic mice increases mortality during infection by enterotoxin A-producing *Staphylococcus aureus*, *Infect. Immun.*, 63, 4463, 1995.
232. Vlach, K.D., Boles, J.W., and Stiles, B.G. Telemetric evaluation of body temperature and physical activity as predictors of mortality in a murine model of staphylococcal enterotoxic shock, *Comp. Med.*, 50, 160, 2000.
233. Boles, J.W. et al. Correlation of body temperature with protection against staphylococcal enterotoxin B exposure and use in determining vaccine dose-schedule, *Vaccine*, 21, 2791, 2003.
234. Savransky, V. et al. Murine lethal toxic shock caused by intranasal administration of staphylococcal enterotoxin B, *Toxicol. Pathol.*, 31, 373, 2003.
235. Huzella, L.M. et al. Central roles for IL-2 and MCP-1 following intranasal exposure to SEB: A new mouse model, *Vet. Res. Sci.*, 86, 241, 2009.
236. Mattix, M.E. et al. Aerosolized staphylococcal enterotoxin B-induced pulmonary lesions in rhesus monkeys (*Macaca mulatta*), *Toxicol. Pathol.*, 23, 262, 1995.
237. Muralimohan, G. et al. Inhalation of *Staphylococcus aureus* enterotoxin A induces IFN-gamma and CD8 T cell-dependent airway and interstitial lung pathology in mice, *J. Immunol.*, 181, 3698, 2008.
238. Rajagopalan, G. et al. Intranasal exposure to bacterial superantigens induces airway inflammation in HLA class II transgenic mice, *Infect Immun.*, 74, 1284, 2006.
239. Rajagopalan, G. et al. Intranasal exposure to staphylococcal enterotoxin B elicits an acute systemic inflammatory response, *Shock*, 25, 647, 2006.
240. Hamel, M. et al. Activation and re-activation potential of T cells responding to staphylococcal enterotoxin B, *Int. Immunol.*, 7, 1065, 1995.
241. Niedergang, F. et al. The *Staphylococcus aureus* enterotoxin B superantigen induces specific T cell receptor down-regulation by increasing its internalization, *J. Biol. Chem.*, 270, 12839, 1995.
242. MacDonald, H.R. et al. Peripheral T-cell reactivity to bacterial superantigens in vivo: The response/anergy paradox, *Immunol. Rev.*, 133, 105, 1993.
243. Sundstedt, A. and Dohlsten, M. *In vivo* anergized $CD4^+$ T cells have defective expression and function of the activating protein-1 transcription factor, *J. Immunol.*, 161, 5930, 1998.
244. Florquin, S., Amraoui, Z., and Goldman, M. T cells made deficient in interleukin-2 production by exposure to staphylococcal enterotoxin B *in vivo* are primed for interferon-gamma and interleukin-10 secretion, *Eur. J. Immunol.*, 25, 1148, 1995.
245. Hedlund, G. et al. Superantigen-based tumor therapy: *In vivo* activation of cytotoxic T cells, *Cancer Immunol. Immunother.*, 36, 89, 1993.
246. Parsonnet, J. et al. A rabbit model of toxic shock syndrome that uses a constant, subcutaneous infusion of toxic shock syndrome toxin 1, *Infect. Immun.*, 55, 1070, 1987.

247. Kim, Y.B. and Watson, D.W. A purified group A streptococcal pyrogenic exotoxin. Physiochemical and biological properties including the enhancement of susceptibility to endotoxin lethal shock, *J. Exp. Med.*, 131, 611, 1970.
248. Huang, W.T., Lin, M.T., and Won, S.J. Staphylococcal enterotoxin A-induced fever is associated with increased circulating levels of cytokines in rabbits, *Infect. Immun.*, 65, 2656, 1997.
249. Lee, P.K. and Schlievert, P.M. Quantification and toxicity of group A streptococcal pyrogenic exotoxins in an animal model of toxic shock syndrome-like illness, *J. Clin. Microbiol.*, 27, 1890, 1989.
250. Huang, W.T., Wang, J.J., and Lin, M.T. Antipyretic effect of acetaminophen by inhibition of glutamate release after staphylococcal enterotoxin A fever in rabbits, *Neurosci. Lett.*, 355, 33, 2004.
251. De Azavedo, J.C.S. and Arbuthnott, J.P. Toxicity of staphylococcal toxic shock syndrome toxin 1 in rabbits, *Infect. Immun.*, 46, 314, 1984.
252. Pettit, G.W., Elwell, M.R., and Jahrling, P.B. Possible endotoxemia in rabbits after intravenous injection of *Staphylococcus aureus* enterotoxin B, *J. Infect. Dis.*, 135, 646, 1977.
253. Fujikawa, H. et al. Clearance of endotoxin from blood of rabbits injected with staphylococcal toxic shock syndrome toxin-1, *Infect. Immun.*, 52, 134, 1986.
254. Van Miert, A., Van Duin, C., and Schotman, A. Comparative observations of fever and associated clinical hematological and blood biochemical changes after intravenous administration of staphylococcal enterotoxins B and F (toxic shock syndrome toxin-1) in goats, *Infect. Immun.*, 46, 354, 1984.
255. Wright, A., Andrews, P., and Titball, R.W. Induction of emetic, pyrexic, and behavioral effects of *Staphylococcus aureus* enterotoxin B in the ferret, *Infect. Immun.*, 68, 2386, 2000.
256. Hu, D.-L. et al. Induction of emetic response to staphylococcal enterotoxins in the house musk shrew (*Suncus murinus*), *Infect. Immun.*, 71, 567, 2003.
257. Arad, G. et al. Superantigen antagonist protects against lethal shock and defines a new domain for T-cell activation, *Nat. Med.*, 6, 414, 2000.
258. Visvanathan, K. et al. Inhibition of bacterial superantigens by peptides and antibodies, *Infect. Immun.*, 69, 875, 2001.
259. Wang, S., Li, Y., Xiong, H., and Cao, J. A broad-spectrum inhibitory peptide against staphylococcal enterotoxin superantigen SEA, SEB and SEC, *Immunol. Lett.*, 121, 167, 2008.
260. Geller-Hong, E., Möllhoff, M., Shiflett, P.R., and Gupta, G. Design of chimeric receptor mimics with different TcRVβ isoforms: Type-specific inhibition of superantigen pathogenesis, *J. Biol. Chem.*, 279, 5676, 2004.
261. Vallabhapurapu, S. and Karin, M. Regulation and function of NFκB transcription factors in the immune system, *Ann. Rev. Immunol.*, 27, 693, 2009.
262. Krakauer, T. Molecular therapeutic targets in inflammation: Cyclooxygenase and NF-κB. *Curr. Drug Targets—Inflam. Allergy*, 3, 317, 2004.
263. Liu, D. et al. Suppression of staphylococcal enterotoxin B-induced toxicity by a nuclear import inhibitor, *J. Biol. Chem.*, 279, 19239, 2004.
264. Liu, D., Zienkiewicz, J., DiGiandomenico, A., and Hawiger, J. Suppression of acute lung inflammation by intracellular peptide delivery of a nuclear import inhibitor, *Molec. Therapy*, 17, 796, 2009.
265. Tilahun, A.Y. et al. Detrimental effect of the proteasome inhibitor, bortezomib in bacterial superantigen- and lipopolysaccharide-induced systemic inflammation, *Mol. Ther.*, 18, 1143, 2010.
266. Krakauer, T. A sensitive ELISA for measuring the adhesion of leukocytic cells to human endothelial cells, *J. Immunol. Meth.*, 177, 207, 1994.
267. Krakauer, T. and Buckley, M. Dexamethasone attenuates staphylococcal enterotoxin B-induced hypothermic response and protects mice from superantigen-induced toxic shock, *Antimicrob. Agents Chemother.*, 50, 391, 2006.

268. LeClaire, R.D. et al. Protective effects of niacinamide in staphylococcal enterotoxin-B-induced toxicity, *Toxicology*, 107, 69, 1996.
269. Won, S.-J. et al. Staphylococcal enterotoxin A acts through nitric oxide synthase mechanisms in human peripheral blood mononuclear cells to stimulate synthesis of pyrogenic cytokines, *Infect. Immun.*, 68, 2003, 2000.
270. Saha, B. et al. Toxic shock syndrome toxin-1 induced death is prevented by CTLA4Ig, *J. Immunol.*, 157, 3869, 1996.
271. Takei, Y. et al. Tryptanthrin inhibits interferon-γ production by Peyer's patch lymphocytes derived from mice that had been orally administered staphylococcal enterotoxin, *Biol. Pharm. Bull.*, 26, 365, 2003.
272. Miller, E.J., Cohen, A.B., and Peterson, B.T. Peptide inhibitor of interleukin-8 (IL-8) reduces staphylococcal enterotoxin-A (SEA) induced neutrophil trafficking to the lung, *Inflamm. Res.*, 45, 393, 1996.
273. Soltys, J. and Quinn, M.T. Modulation of endotoxin- and enterotoxin-induced cytokine release by *in vivo* treatment with beta-(1,6)-branched beta-(1,3)-glucan, *Infect. Immun.*, 67, 244, 1999.
274. Krakauer, T., Buckley, M., Issaq, H.J., and Fox, S.D. Rapamycin protects mice from staphylococcal enterotoxin B-induced toxic shock and blocks cytokine release *in vitro* and *in vivo*, *Antimicrob. Agents Chemother.*, 54, 1125, 2010.
275. Eriksson, B.K. et al. Invasive group A streptococcal infections: T1M1 isolates expressing pyrogenic exotoxins A and B in combination with selective lack of toxin-neutralizing antibodies are associated with increased risk of streptococcal toxic shock syndrome, *J. Infect. Dis.*, 180, 410, 1999.
276. Norrby-Teglund, A. et al. Plasma from patients with severe invasive group A streptococcal infections treated with normal polyspecific IgG inhibits streptococcal superantigen-induced T cell proliferation and cytokine production, *J. Immunol.*, 156, 3057, 1996.
277. Barry, W. et al. Intravenous immunoglobulin therapy for toxic shock syndrome, *JAMA*, 267, 3315, 1992.
278. Stegmayer, B. et al. Septic shock induced by group A streptococcal infection: Clinical and therapeutic aspects, *Scand. J. Infect. Dis.*, 24, 589, 1992.
279. LeClaire, R.D., Hunt, R.E., and Bavari, S. Protection against bacterial superantigen staphylococcal enterotoxin B by passive vaccination, *Infect. Immun.*, 70, 2278, 2002.
280. Woody, M.A. et al. Differential immune responses to staphylococcal enterotoxin B mutations in a hydrophobic loop dominating the interface with major histocompatibility complex class II receptors, *J. Infect. Dis.*, 177, 1013, 1998.
281. Savransky, V. et al. Immunogenicity of the histidine-to-tyrosine staphylococcal enterotoxin B mutant protein in C3H/HeJ mice, *Toxicon*, 43, 433, 2004.
282. Bonventre, P.F. et al. A mutation at histidine residue 135 of toxic shock syndrome toxin yields an immunogenic protein with minimal toxicity, *Infect. Immun.*, 63, 509, 1995.
283. Boles, J.W. et al. Generation of protective immunity by inactivated recombinant staphylococcal enterotoxin B vaccine in nonhuman primates and identification of correlates of immunity, *Clin. Immunol.*, 108, 51, 2003.
284. Inskeep, T.K. et al. Oral vaccine formulations stimulate mucosal and systemic antibody responses against staphylococcal enterotoxin B in a piglet model, *Clin. Vac. Immunol.*, 17, 1163, 2010.
285. Bergdoll, M.S. Immunization of rhesus monkeys with enterotoxoid B, *J. Infect. Dis.*, 116, 191, 1966.
286. Lowell, G.H. et al. Immunogenicity and efficacy against lethal aerosol staphylococcal enterotoxin B challenge in monkeys by intramuscular and respiratory delivery of proteosome-toxoid vaccines, *Infect. Immun.*, 64, 4686, 1996.

287. Lowell, G.H. et al. Intranasal and intramuscular proteosome-staphylococcal enterotoxin B (SEB) toxoid vaccines: Immunogenicity and efficacy against lethal SEB intoxication in mice, *Infect. Immun.*, 64, 1706, 1996.
288. Tseng, J. et al. Humoral immunity to aerosolized staphylococcal enterotoxin B (SEB), a superantigen, in monkeys vaccinated with SEB toxoid-containing microspheres, *Infect. Immun.*, 63, 2880, 1995.
289. di Tommaso, A. et al. Formaldehyde treatment of proteins can constrain presentation to T cells by limiting antigen processing, *Infect. Immun.*, 62, 1830, 1994.
290. Cropley, I. et al. Mucosal and systemic immunogenicity of a recombinant, non-ADP-ribosylating pertussis toxin: Effects of formaldehyde treatment, *Vaccine*, 13, 1643, 1995.
291. Rott, O. and Fleischer, B. A superantigen as virulence factor in an acute bacterial infection, *J. Infect. Dis.*, 169, 1142, 1994.

부록 1: 동물성 바이러스의 분류

과(family)/아과(subfamily)	속(屬, genus)	대표적 균주
이중가닥 DNA		
Poxviridae		
Chordopoxviridae	Orthopoxvirus	Vaccinia virus
	Parapoxvirus	Orf virus
	Avipoxvirus	Fowlpox virus
	Capripoxvirus	Sheeppox virus
	Leporipoxvirus	Myxoma virus
	Suipoxvirus	Swinepox virus
	Molluscipoxvirus	Molluscum contagiosum virus
	Yatapoxvirus	Yaba monkey tumor virus
Entomopoxvirus	Entomopoxvirus A	Melolontha melolontha entomopoxvirus
	Entomopoxvirus B	Amsacta moorei entomopoxvirus
	Entomopoxvirus C	Chirtonomus luridus entomopoxvirus
Iridoviridae	Iridovirus	Chilo iridescent virus
	Chloriridovirus	Mosquito iridescent virus
	Ranavirus	Frog virus 3
	Lymphocystivirus	Flounder virus
	Goldefish virus 1-유사 virus	
Baculoviridae	Nucleopolyhedrovirus	Autographa california nucleopolyhedrovirus
	Granulovirus	Plodia interpunctella granulovirus
Herpesviridae		
Alphaherpesvirinae	Simplexvirus	Human herpesvirus 1
	Varicellavirus	Human herpesvirus 3
Betaherpesvirinae	Cytomegalovirus	Human herpesvirus 5
	Muromegalovirus	Mouse cytomegalovirus 1
	Roseolovirus	Human herpesvirus 6
Gammaherpesvirinae	Lymphocryptovirus	Human herpesvirus 4
	Rhadinovirus	Ateline herpesvirus 2
Adenoviridae	Mastadenovius	Human adenovirus 2
	Aviadenovirus	Fowl adenovirus 1
Paopvaviridae	Polymavirus	Murine polyoma virus
	Papillomavirus	Cottontail rabbit palilloma virus
Polydnaviridae	Ichnovirus	Campoletis sonorensis virus
	Bracovirus	Cotesia melanoscela virus
Hepadnaviridae	Orthohepadnavirus	Hepatitis B virus
	Avihepadnavirus	Duck hepatitis B virus

(계속)

과(family)/아과(subfamily)	속(屬, genus)	대표적 균주
단일가닥 DNA		
Circoviridae	Circovirus	Chicken anemia virus
Parvoviridae		
Parvovirinae	Parvovirus	Mice anemia virus
	Erythovirus	B19 virus
	Dependovirus	Adeno_associated virus 2
Densovirinae	Densovirus	Juninia coenia densovirus
	Iteravirus	Bombyx mori densovirus
	Contravirus	Aedes aegypti densovirus
이중가닥 RNA		
Reoviridae	Orthoreovirus	Reovirus 3
	Orbivirus	Bluetongue virus 1
	Rotavirus	Simian rotavirus SA11
	Coltivirus	Colorado tick fever virus
	Aquareovirus	Golden shiner virus
	Cypovirus	Bombyx mori cypovirus 1
	Fijivirus	Fiji disease virus
Birnaviridae	Aquabirnavirus	Infectious pancreatic necrosis virus
	Avibirnavirus	Infectious bursal disease virus
	Entomobirnavirus	Drosophila X virus
단일가닥 RNA (− 사슬)		
Paramyxoviridae		
Paramyxovirinae	Paramyxovirus	Human parainfluenza virus I
	Morbillivirus	Measles virus
Pneumovirinae	Rbbulavirus	Mumps virus
Rhabdoviridae	Pneumovirus	Human respiratory syncytial virus
	Vesiculovirus	Vesicular stomatitis Indiana virus
	Lyssavirus	Rabies virus
Filoviridae	Ephemerovirus	Bovine ephemeral fever virus
Orthomyxoviridae	Filovirus	Marburg virus
	Influenza virus A,B	Influenza A virus
	Influenza virus C	Influenza C virus
	Thogato-like viruses	Thogoto virus
Bunyaviridae	Bunyavirus	Bunyamwera virus
	Hantavirus	Hantaan virus
	Nairovirus	Nairobi sheep disease virus
	Phlebovirus	Sandfly fever Sicillian virus
Arenaviridae	Arenavirus	Lymphocytic choriomeningitis virus (LCM)

과(family)/아과(subfamily)	속(屬, genus)	대표적 균주
단일가닥 (+ 사슬)		
Picornaviridae	Enterovirus	Poliovirus 1
	Rhinovirus	Human rhinovirus 1A
	Hepatovirus	Hepatitis A virus
	Cardiovirus	Encephalomyocarditis virus
	Aphtovirus	Foot-and-mouth disease virus O
Caliciviridae	Calicivirus	Vesicular exanthema of swine virus
Astroviridae	Astrovirus	Human astrovirus 1
Nodaviridae	Nodavirus	Nodamura virus
Tetraviridae	Nudaurelia capensis β virus	
	Nudaurelia capensis ω virus	
Coronaviridae	Coronavirus	Avian infectious bronchitis virus
	Torovirus	Berne virus
Flaviviridae	Flavivirus	Yellow fever virus
	Pestivirus	Bovine diarrhea virus
	Hepatitis C viruses	Hepatitis C virus
Togaviridae	Alphavirus	Sindbis virus
	Rubivirus	Rubella virus
Retroviridae	Mammalian type B retrovirus	Mouse mammary tumor virus
	Mammalian type C retrovirus	Murine leukenia virus
	Avian type C retrovirus	Avian leukosis virus
	Type D retrovirus	Mason-pfizer monkey virus
	BLV-HTLV retrovirus	Bovine leukemia virus
	Lentivirus	Human immunodeficiency virus
	Spumavirus	Human spumavirus

출처: Murphy, F.A. et al. (eds) (1995) Virus Texonomy: Classification and Nomenclature of Viruses, The 6th Report of the ICTV. Springer-Verlag.

부록 2: 생물테러 병원체와 질병

세균과 리케차	
Bacillus anthracis (탄저병)	A 범주[a]
Brucella sp. (브루셀라증)	
Burkholderia mallei (비저병)	
Burkhoderia pseudomallei (멜리오이도증)	
Chlamydia psittaci (앵무새병)	
Vibrio cholerae (콜레라)	
Clostridium botulinum 독소 (보튤리눔독소증[b])	A 범주[a]
Clostridium perfringens (입실론 독소[b])	
Coxiella burnetii (Q 열)	
Escherichia coli O157:H7 (위장관계 질병)	
Francisella tularensis (야토병)	A 범주[a]
Yersinia pestis (흑사병)	
Staphylococcus aureus 장독소 B[b]	
Salmonella enterica serovar *Typhi* (장티푸스열)	
Salmonella sp. (살모넬라증)	
Shigella (시겔라증)	
Rickettsia prowazekii (티푸스)	
바이러스	
Variola major (천연두)	A 범주[a]
Alphaviruses (바이러스성 뇌염)	
Venezelan equine 뇌염 바이러스	
Eastern equine 뇌염 바이러스	
Western equine 뇌염 바이러스	
Nipah virus	
바이러스성 출혈열 바이러스	A 범주[a]
Filoviruses; Ebola, Marburg	
Arenaviruses; Lassa, Machupo	
Hantaviruses	
원생동물	
Cryptosporidium parvum (수인성 위장염)	
식물	
Ricinus communis (아주까리 열매의 리신 독소b)	

[a]A 범주 생물학적 제제들은 최고의 잠재성을 가진 생물전 제제들임. 다른 제제들은 덜 위협적임을 나타내고 B 범주 생물제제로 표시하였음.
[b]이미 형성된 독소; 다른 모든 요소들은 감염을 필요로 함.

출처: 미국 Georgia 주 Atlanta 시에 있는 질병통제예방센터.

영문용어해설

Acute infection (**급성감염**) 일반적으로 갑작스런 발병의 특성을 가진 단기 감염

Adaptive immunity (**적응면역**) 각각의 병원체 또는 그 생성물을 인식하고 파괴할 수 있는 능력이며 이는 그 병원체나 그 생성물에 대한 사전 노출에 의존적임

Allele (**대립유전자**) 주어진 유전자의 염기서열 변이체

Antibiotic (**항생제**) 미생물이 생산하는 화학물질로 다른 미생물의 생장을 저해하거나 죽이는 물질

Antibody (**항체**) 항원과 상호 작용하는 B 세포에 의해 생성되는 가용성 단백질로서 면역글로불린으로도 불림

Antibody-mediated immunity (**항체-매개성 면역능; humoral immunity, 체액성 면역능**) 항체와의 직접적인 상호 작용에 의해 유도되는 면역능

Antigen (**항원**) 면역계의 특이적인 구성원들과 상호작용할 수 있는 분자

Antigen-presenting cell (APC) (**항원제시세포**) 수식된 항원 펩티드를 T 세포에게 제시하는 대식세포, 수지상세포 또는 B 세포

Armageddon (**아마겟돈**) 선(善)의 힘과 악의 힘이 마지막 결전을 하는 곳. ([성서] 요한 계시록 16:16)

Asialoglycoprotein receptor (**아시알로 당단백질 수용체**) 혈중의 아시알로 당단백질의 특이하면서도 신속한 정돈에 관여하는 수용체

Attenuation (**약독화**) 독성의 감소나 소실

Atypical pneumonia (**이형폐렴**) 경과 · 증상 · 병소가 정형적이지 않은 폐렴

B cell (**B 세포**) 면역글로불린 표면 수용체를 지닌 림프구, 면역글로불린을 생성하는 형질세포로 분화될 수 있고 T 세포에게 항원을 제시할 수도 있음

Bacteremia (**균혈증**) 혈액 속에서 세균이 발견되는 현상

Biological warfare (**생물전**) 생물제제를 부적절하게 또는 사람을 죽이는데 사용하는 전쟁

Bone marrow (**골수**) 모든 혈액과 면역세포들을 위한 다분화 전구세포들을 포함하는 일차림프기관

Cannibalism (**카니발리즘**) 동족끼리 잡아먹음

Capuchin monkey (**꼬리감기원숭이**) 중남미 산의 꼬리감기원숭이로, 꼬리로 나무를 감을 수 있고 머리털은 두건처럼 생겼음

Carrier (**보균자**) 증상을 나타내지 않을 정도로 감염되어 질병을 퍼뜨릴 수 있는 개체

Cell-mediated immunity (**세포-매개성 면역능**) 항원-특이적인 T 세포들과의 직접적인 상호작용에 의해 나타나는 면역능

Centers for Disease Control and Prevention (CDC) (**질병통제예방센터**) 질병의 경향을 찾아내고, 질병에 대한 정보를 대중이나 건강관리 전문가에게 제공하며, 질병예방과 조정에 관한 공중정책을 수립하는 미국 공중위생국의 한 기관

Chemokine (**케모카인**) 다양한 종류의 세포에서 만들어지는 작은 수용성 단백질로서 표적세포에 대하여 염증반응 또는 면역반응을 조절함

Cholinergic (**콜린성**) 신경세포가 다른 신경세포로 정보를 전달할 경우에는 대부분 화학물질을 분비하여 그것을 매개로 하여 다른 신경에 정보를 전달한다. 이런 물질을 신경전달물질이라고 함. 콜린성이란 신경전달물질로 acetylcholine을 사용하는 신경을 이르는 말. 즉 부교감신경을 이르는 말로 쓰임

Chronic infection (**만성감염**) 장기간에 걸친 감염

Cirrhosis (**경변**) 정상적인 간의 구조적 퇴행으로 섬유증(fibrosis)에 이르게 되는 것

Clade (**클라드**) 단계통군(單系統群), 공통의 조상을 가진 분류군으로 이루어진 계통

Class Ⅰ MHC protein (**제1형 주조직적합성 복합체 단백질**) 척추동물의 모든 유핵세포상에서 발견되는 항원제시 분자

Class Ⅱ MHC protein (**제2형 주조직적합성 복합체 단백질**) 척추동물의 항원제시세포 (antigen-presenting cells; 대식세포, B 림프구, 수상 세포)에서 발견되는 항원제시 분자

Clone (**클론**) 항원에 반응하는 하나의 림프구로부터 생성된 복제세포로 보통 다수를 일컬음

Colonization (**집락형성**) 숙주조직으로 접근한 후의 미생물들의 증식

Complement (**보체**) 항체-항원 복합체들과 연속적인 방식으로 반응하는 단백질, 만노즈-결합 렉틴, 혹은 대체 활성화 경로 단백질로 표적세포의 파괴를 증폭시킬 수 있음

Complementarity-determining regions (CDRs) (**상보성 결정부위**) 항체 또는 T 세포 수용체의 가변부위 중 높은 아미노산 서열의 변이를 보이며 항원과 직접 접촉하는 부위 고도가변 영역(hypervariable regions)이라고도 함

Congestion (**울혈**) 몸 안의 장기나 조직에 정맥의 피가 몰려 있는 증상. 즉, 정맥혈이 수동적으로 정맥 및 모세혈관에 괴어 있는 상태이다. 혈관 안의 이물이나 혈전 따위로 국소적으로 일어나는 경우와 우심기능상실이나 심장막염 따위로 전신적으로 일어나는 경우가 있음 일반 적으로 만성적인 혈액의 정체로 일어나므로 만성수동성울혈이라고도 함

Cottontail rabbit (**솜꼬리큰토끼**) 솜같이 흰 꼬리털이 있는 북미산 토끼

Cutaneous fistulae (**피부기루갑, 皮膚鬐甲瘻**) 어깨의 융기에서 볼 수 있는 화농성 염증

Cytokine (사이토카인) 백혈구에서 만들어지는 작은 수용성 단백질로 염증반응과 면역반응을 조절하는 역할을 함

***de novo* synthesis (데노보 합성)** 생체물질의 생합성 과정에서 몇 가지 간단한 전구체로부터 여러 단계의 효소반응에 의해 이루어지는 전합성

Delayed hypersensitivity (지연형 과민증) T 림프구들에 의해 매개되는 하나의 염증반응

Dendritic cell (수지상세포) 다양한 몸의 조직들에서 발견되는 포식성의 항원제시세포; 항원을 이차림프기관으로 운반함

Diathesis (소질, 素質) 어떤 외적 자극에 대하여 독특한 방법으로 조직을 반응하게 하는 체질 또는 신체의 상태

Dichotomy (이분류법) 두 부분으로 나누는 과정

Disease (질병) 숙주의 기능에 영향을 주는, 병원체 또는 다른 요소로 인한 숙주 생물체의 손상

Domain (도메인, 영역) 분류학상 생물분류의 가장 높은 단계

Eclipse phase (암흑기) 바이러스가 숙주세포를 감염시킬 때, 흡착된 후, 핵산이 세포 내로 방출되어 감염입자로서의 기능과 형태를 잃어버리는 기간

Emerging disease (출현성 질병) 최근 발생빈도가 증가되었거나 가까운 장래에 그 빈도가 증가할 것으로 우려되는 감염성 질병

Endemic disease (풍토병) 일반적으로 적은 환자수로, 항상 상재하는 질병

Endotoxin (내독소) 일부 그람음성 세균의 세포 외피의 지질다당류 부분으로 용해되었을 때 독소로 작용

Enterotoxin (장독소) 미생물이 생장함에 따라 세포외부로 방출되는 단백질로 즉각적으로 숙주의 소장에 손상을 입힘

Enveloped (피막형의) 비리온을 둘러싸는 지질단백질 막을 지닌 바이러스를 의미하는 바이러스학 용어

Enzootic (동물풍토병) 동물 집단에 존재하는 풍토병

Enzyme (효소) 화학반응을 증진시킬 수 있는 기능을 갖는 단백질성 (어떤 경우는 RNA) 촉매

Enzyme immunoassay (EIA) (효소면역측정법) 체액 내의 항원이나 항체를 검출하기 위해서 특이적인 항체를 이용하는 면역분석법. 항체를 포함하는 복합체는 항체에 부착된 효소를 통해 눈으로 확인할 수 있음. 효소-항체-항원 복합체에 기질을 첨가하면 색깔을 띤 물질이 생성됨

Epidemic (전염병) 특정 국소 집단에 갑자기 많은 수의 사람이 발생하는 질병

Epidemiology (역학) 한 집단의 건강과 질병의 출현, 분포 및 결정요소를 연구하는 학문

Epitope (항원결정기) 면역글로불린 혹은 T 세포 수용체에 의하여 인식되는 항원의 부분

Epizootic (동물유행병) 동물 집단에 존재하는 유행병

Evolution (진화) 새로운 형 또는 종을 가져오는 변형과 함께 이루어지는 유전

Exotoxin (외독소) 미생물이 생육함에 따라 미생물에 의해 세포 외로 분비되어 숙주세포에 급성 손상을 일으키는 단백질

Fluorescent antibody (형광항체) 항체 분자에 공유결합으로 형광염료를 결합한 항체; 항체는 형광염료의 발광으로 볼 수 있음

Fomite (매개물) 살아 있는 병원체에 의해 오염되어 숙주에게 병원체를 전파할 수 있는 무생물체

Genome (유전체) 한 생명체의 유전자 전체

Genomics (유전체학) 유전체의 확인 및 분석

Hantavirus pulmonary syndrome (HPS) (한타바이러스 폐 증후군) 설치류 한타바이러스가 전파하는 폐렴이 특징인 급성 바이러스성 질병

Hapten (합텐) 특이적인 항체와 결합하지만, 단독으로는 면역반응을 유도할 수 없는 저분자량의 분자

Hematopoiesis (조혈) 혈액 속의 혈구가 만들어지는 과정

Host (숙주) 병원체를 가지고 있는 생물체

Humoral immunity (체액성 면역능) (antibody-mediated immunity, 항체-매개성 면역능;) 항체와의 직접적인 상호 작용에 의해 유도되는 면역능

Immune memory (면역기억) 이전에 면역반응을 유도한 적이 있는 항원에 이차 및 재차 노출될 때 더 신속하고 더 강력하게 면역반응이 일어나도록 하는 능력

Immunity (면역능) 감염에 대해 저항할 수 있는 개체의 능력

Immunization (Vaccination) (면역조치, 예방접종) 방어성 면역능을 자극하기 위해서 숙주에 비활성 병원체나 약화된 병원체 또는 병원체 유래의 생성물을 접종하는 것

Immunogen (면역원) 면역반응을 유도할 수 있는 분자

Immunoglobulin (Ig) (면역글로불린) 항원과 상호 작용하는 B 세포 및 형질세포에 의해 생성되는 가용성 단백질로서, 항체라고도 불림

Immunoglobulin gene superfamily (면역글로불린 유전자 슈퍼패밀리) 면역글로불린과 진화적, 구조적, 그리고 기능적으로 유사한 유전자 집단

Inbred (근친교배, 근친교배) 동계교배의 일종으로 근친간에서 이루어지는 교배. 가축이나 가금의 개량에 자주 사용되는 방법

Incidence (발병빈도) 주어진 기간 동안에 보고된 집단 내에서의 새로운 질병의 발병 건수

Infection (감염) 숙주에서의 생물체의 생장

Inflammation (염증) 독소들 또는 병원체들과 같은 유해한 자극인자들에 대한 비특이적 반응으로서, 발적 (홍반), 팽윤 (부종), 통증, 열 (발열) 등의 특성을 나타냄

Informed consent (승락) 치료나 수술을 받게 될 경우, 그 과정에서 발생할 수 있는 위험성에 대하여 의사로부터 충분한 설명을 받은 후에 환자가 내리는 동의

Innate immunity (내재면역) 각각의 병원체 또는 그 생성물을 인식하고 파괴할 수 있는 비유도성의 능력이며, 이는 그 병원체나 그 생성물에 대한 사전 노출에 비의존적이다; 또한 비특이적 면역능이라고도 불려짐

Intracavitary injection (강내주사) 공간으로 된 부위에 주사한다. 예를 들어 복부공간이나 흉강 내에 주사하여 사용함

intradermal injection (진피내주사) 얇게 찔러서 진피 내에 주사한다. 주로 알레르기 환자의 항원검사에 이용함

Intramuscular injection (근육내주사) 위팔이나, 혹은 엉덩이 부위에 주사한다. 이것은 주로 피부에 자극이 심한 약제나 혹은 천천히 작용하는 약제를 많이 주사할 때 사용함

Intrathecal injection (수막강내주사) 두개나 척수강 내에 주사할 때 이용함

Intravenous(IV) injection (혈관주사) 정맥을 통해 주사한다. 어느 정맥이나 가능하지만, 대개 팔뚝이나 발 등의 정맥을 이용한다. 빠른 치료효과를 보기 위해 사용함. 이때 피부에 자극을 주는 약제이면, 새지 않도록 조심해야 함

knockout (녹아웃) 정상유전자를 결함이 있는 상동유전자로 교체하여 만든 생물체

Leukocyte (백혈구) 혈액 내에서 발견되는 하나의 유핵세포

Limbic structure (대뇌변연구조, 大腦邊緣構造) 척추동물의 뇌에서 원피질, 고피질 및 신피질로의 이행 구조

Lower respiratory tract (하기도) 기관, 기관지, 폐

Lymph (림프) 혈액과 유사하지만 적혈구가 없는 액체로 림프계를 순환함

Lymphocyte (림프구) 혈액 내에서 발견되는 유핵세포들의 소집단들로 면역반응에 관여함

Macrophage (대식세포) 포식작용능을 가진 거대한 백혈구의 한 종류

Major histocompatability complex (MHC) (주조직적합 복합체) 항원제시에 중요한 몇몇 세포 표면 단백질을 암호화하는 유전적 복합체. MHC I 단백질은 모든 세포에서 발현됨. MHC II 단백질은 단지 항원제시 세포들에서만 발현됨

Megakaryocyte (거대핵세포) 혈소판을 형성하는 세포로서, 핵은 한 가지만 매우 크고 다엽이며, 이 세포에서 여러 개의 세포질이 떨어져 나와 혈소판을 형성함

Immune memory (면역기억) 과거에 접했던 항원에 재차 노출된 후에 특이적인 면역세포들이나 항체들을 대량으로 신속히 생산할 수 있는 능력

Meningitis (수막염) *Neisseria meningitidis*에 의해 종종 발생하는 뇌수막 (뇌조직) 염증으로 갑작스러운 두통, 구토, 목의 뻣뻣함과 수 시간 내 혼수상태로 진행시키는 등의 특징을 지님

Meningococcemia (수막염균혈증) *Neisseria meningitidis* 균에 의하여 발병되며 패혈증, 내혈관 응집 및 쇼크를 유발하는 전격성 질병

Monoclonal antibody (단일클론항체) 단일 B 세포 클론에서 생산되는 항체

Morbidity (이환율) 집단 내에서의 아픈 사람의 발병빈도

Mortality (사망률) 집단 내에서의 사망에 이르는 발병빈도

Mucous membrane (점막) 외부환경과 상호 작용하는 상피세포층

Mucus (점액) 수분을 함유하며 점막표면에 미생물의 침입을 저해하는 역할을 하는 수용성 당단백질 또는 단백질을 포함하는 액체 분비물

Natural killer (NK) cell (자연 살해세포) 외래세포들 또는 감염된 숙주세포들을 비특이적으로 인식하고 파괴하는 전문적 기능을 가진 림프구

Neutrophil (polymorphonuclear leukocyte, PMN) (호중구, 다형핵 백혈구) 식세포성 성질들, 즉 과립을 함유한 세포질 (과립구) 및 다엽형의 핵을 보여주는 백혈구의 한 유형; PMN으로도 불림

New World monkey 코가 널적한 남미산 원숭이

Nosocomial infection (병원 감염, 의료기관 관련 감염) 의료기관과 관련이 있는 곳에서 걸리는 감염

Null (눌) 특징적인 B 세포 나 T 세포의 항원이 결핍된 상태

Opportunistic infection (기회적 감염) 보통 역기능의 면역체계를 갖는 개체에서만 관찰되는 감염

Opportunistic pathogen (기회성 병원체) 정상 숙주 저항성이 없을 때 질병을 유발하는 생물체

Outbreak (창궐) 짧은 시간에 어떤 질병의 발생건수가 많이 발생하는 상황

Outbred (이계교배, 異界交配) 비교적 유연관계가 먼 계통 간의 교배. 동계교배와는 대조적인 용어

Pandemic (범세계적 전염병) 전세계적인 전염병

Parenchyma(실질) 기관을 구성하는 조직은 2가지로 구분된다. 하나는 실제 그 기관의 작용에 중추적인 기능을 하는 조직이고, 다른 하나는 기능을 하지는 않으나, 중요조직을 보호하고 기관의 뼈대를 형성하는 조직임. 앞의 것을 실질이라 하고, 뒤의 것을 지지조직 혹은 간질(stroma)이라 함

Parenteral administration of drugs (비경구적 약품투여) 입을 통하지 않는 다양한 약품투여 방법을 말함. 주사기를 이용함 Pathogen (병원체) 질병을 일으키는 미생물

Pathogen-associated molecular pattern (PAMP) (병원체관련 분자패턴) 패턴인식분자에 의해 인식되는 미생물이나 바이러스의 독특한 구조 성분

Pathogenesis (발병) 병적 상태의 발전, 특히 질환이 발전하는 과정 중에 일어나는 세포성 현상과 반응 및 기타 병리학적 진행과정

Pathogenicity (병원성) 병원체가 질병을 일으키는 능력

Pattern recognition receptor (PRR) (패턴인식수용체) 미생물 세포표면구조의 독특한 성분과 같은 병원체 관련 분자패턴을 인식하는 식세포의 단백질

Phagocyte (식세포) 병원체를 및 병원체 생성물들을 인식하고, 섭취하고, 분해하는 세포들 집단 중의 한 유형

Phylum (문) 생물의 세 도메인 중 같은 도메인에 속하는 세포들의 주요 계통

Placebo (플라시보) 약물요법에 대한 환자의 심리적 욕구를 충족시키기 위하여 투여되는 효력이 없는 물질이나 약물

Plague (흑사병) 벼룩에 물려서 인간에게 전파되기도 하는 *Yersinia pestis*에 의한 설치류 풍토병

Plasma (혈장) 단백질과 다른 용질들을 포함하는 혈액의 액체부분

Plasma cell (형질세포) 대량의 항체들을 생산하는 분화된 B 세포

Pleomorphism (다형성, 다형태) 같은 종의 생물이면서도 어떤 형태나 형질이 다양하게 나타나는 현상. 한편 조직구조상 다양성이라는 의미로도 사용되는데, 예를 들어 다형성 샘종과 같이 종양세포의 다양한 배열상태와 조직형태를 나타내는 것을 가리킴

Polyclonal antibodies (다중클론항체) 여러 가지 다른 B 세포 클론들에서 만들어진 항체의 혼합

Polymophism (다형현상) 하나의 유전자 위치에 다형의 대립유전자가 출현하는 현상으로 무작위적 돌연변이에 의해서 발생된 것으로는 설명될 수 없음

Preparation (표본) 의학, 생리학에서 실험대상으로 하는 생체의 일부 또는 전체

Prevalence (만연도) 주어진 기간 동안에 보고된 집단 내에서 새롭게 발병하거나 존재하는 질병건수의 전체 수

Primed (최초 항원 자극을 받은) 초회의 항원 자극을 받은 결과 면역학적으로 활성화된 면역계의 세포를 가리키는 용어

Probit analysis (프로빗 분석) 정규분포 확률을 이용한 S자 곡선을 직선화하는 변환법에 의해, 약제 등의 효력평가 등을 하는 일련의 해석방법

Prototype (원형) 가장 바탕이 되는 모형

Public health (공중보건) 전체적인 집단의 건강

Quarantine (격리) 질병의 확산을 막기 위하여 전염성이 아주 강한 심각한 질환에 감염된 개인의 활동을 제한하는 과정

Radioimmunoassay (RIA) (방사면역측정법) 항원 또는 항체의 부착을 검출하기 위해 방사선으로 표지된 항원 또는 항체를 사용하는 면역학적 분석법

Reservoir (보균체) 감염되었다고 생각되는 개체유래인 살아 있는 감염체의 공급원

***Rickettsia* (리케차)** 발진티푸스, 반점 열 리케차병, 에를리히병 등의 병을 유발하는 *Rickettsia* 종의 세포 내 절대 기생 세균

Rounded opacities (혼탁, 混濁) 의학적으로 불투명의 상태

Scarlet fever (성홍열) *Streptococcus pyogenes*가 분비하는 외독소에 의해 고열과 붉은색의 피부 발진을 나타내는 질병

Segmented genome (분절상 게놈) 분절구조를 갖고 있는 바이러스의 게놈

Sensitivity (민감도) 검출될 수 있는 항원의 최저량

Septicemia (패혈증) 혈액 내의 미생물 감염

Serology (혈청학) 시험관 내에서의 항원-항체 반응을 연구하는 학문

Serum (혈청) 혈액으로부터 응고 단백질과 세포를 제거한 액체 부분

Sibling species (동기종, 쌍생종) 형태적으로는 거의 구별할 수 없는 2종 이상의 종의 하나

Snowshoe rabbit (멧토끼) 미국산 산토끼의 일종으로 발이 크며, 여름털은 갈색, 겨울털은 흰색임

Species (종) 미생물학에서 주요 특성을 모두 공유하며 다른 균주들의 집합과는 하나 이상의 주요 특성에서 차이가 나는 균주들의 집합으로 정의되며, 계통학적으로 단계통이며 DNA 서열에 근거한 배타적 그룹으로 정의됨

Specificity (특이성) 개개의 항원들과 상호 작용할 수 있는 면역반응 능력

Stumptail macaque monkey (*Macaca arctodies*) 동아시아산 긴꼬리원숭잇과 머카크 속의 꼬리가 짧은 원숭이

Subcutaneous injection (피하주사) 피부 밑으로 주사하는 것. 대개 팔의 중간부에 주사함

Superantigen (슈퍼항원) 정상 수준보다는 훨씬 방대한 수의 T 세포들을 자극함으로써 부적절하고 강력한 면역 반응을 유도할 수 있는 하나의 병원체 생성물

Surveillance (감시) 질병발생에 대한 관찰, 인식 및 보고

T cell (T 세포) 항원-특이적 세포 상호 작용을 책임지고 있는 T 림프구; T 세포들은 T_C 세포독성 T 세포들과 T_H 보조 T 세포들을 포함한 기능적 아집단들로 나뉨. T_H 세포들은 더 세부적으로 T_H1 염증세포들, 그리고 항체생산 에 있어서 B 세포를 보조하는 T_H2 보조세포들로 나누어짐

T cell receptor (T 세포 수용체) T 림프구의 표면에 존재하는 단백질로서 항원을 특이적으로 인지하는 수용체 역할을 함

T helper (T_H) cells (보조 T 세포) T 세포 수용체 (TCR)를 통하여 MHC-펩티드 복합체와 반응하는 림프구들

T-cell receptor (TCR) (T 세포 수용체) T 세포 표면에 존재하는 항원-특이적 수용체 단백질

Tachycardia (빈맥, 빠른맥) 심박동수가 증가된 상태로 분당 100회 이상의 심박수를 말함. 대개 흥분상태에서 정상적으로 나타나지만, 갑상샘 기능항진증 등 비정상적인 상태에서 특징적으로 보이기도 함

Tetanus (파상풍) *Clostridium tetani*가 생산하는 외독소에 의해 유발되는 수의근 마비증세를 수반하는 질병

Titer (역가) 면역학에서 용액에 존재하는 항체의 양

Tolerance (관용) 특정 항원들에 대해서는 면역반응을 일으키지 않는 능력

Toll-like receptor (TLR) (톨유사 수용체) 식세포에서 발견되는 패턴인식분자(PRMs) 패밀리(family)를 구성하는 단백질로서 구조 및 기능적으로 초파리에 있는 톨수용체(Toll receptors)와 관련되어 있으며, 병원균 관련 분자패턴(PAMP)을 인식함

Toxoid (유독소) 독소의 약독화된 형태로서 독성은 잃었지만 면역원성은 지니고 있음

Toxic shock syndrome (*TSS*) (독소쇼크증후군) *Staphylococcus aureus*가 생산하는 외독소에 대한 숙주의 반응으로 인하여 발생하는 급성 전신성 쇼크

Toxicity (독성) 생물체가 숙주 세포의 기능을 저해하거나 죽일 수 독소를 통하여 질병을 유발시키는 능력

Transcytosis (통과세포외배출) 리간드나 수용체가 형질막이 있는 측면에서 다른 측면으로 수송되는 엔도시토시스의 일종

Viral load (바이러스 감염량) 감염된 숙주의 조직에 존재하는 바이러스 유전체의 수로 숙주에 존재하는 바이러스의 양을 정량적으로 나타냄

Virulence (독성) 병원체가 질병을 유발시키는 상대적인 능력

Zoonosis (인수공동전염병) 원래 동물에 일어나는 질병이지만 사람에게도 전파될 수 있는 질병

Upper respiratory tract (상기도) 비강, 구강, 인후

Vaccination (immunization) (백신접종, 면역조치) 방어 면역능을 자극하기 위해서 숙주에 비활성화된 또는 약화된 병원체들, 또는 병원체 생성물들을 주입하는 것

Vaccine (백신) 방어성 면역능을 자극하기 위해 사용되는 비활성화 또는 약화된 병원체, 또는 무독성의 병원체 생성물

Vector (매개체) 병원체를 전파하는 살아 있는 운반체

Vehicle (운반체) 다수의 개체에게 병원체를 전파하는 무생물적인 병원체 공급원균; 식품이나 물은 일반적인 운반체임

한글용어해설

B 세포 (B cell) 면역글로불린 표면 수용체를 지닌 림프구, 면역글로불린을 생성하는 형질세포로 분화될 수 있고 T 세포에게 항원을 제시할 수도 있음

Class I MHC 단백질 (Class I MHC protein) 척추동물의 모든 핵을 지닌 세포들에서 발견되는 항원제시분자

Class II MHC 단백질 (Class II MHC protein) 대식세포들, B 세포들, 및 수지상세포들 상에서 주로 발견되는 항원제시분자

New World monkey 코가 널적한 남미산 원숭이

Stumptail macaque monkey (*Macaca arctodies*) 동아시아산 긴꼬리원숭잇과 머카크 속의 꼬리가 짧은 원숭이

T 세포 (T cell) 항원-특이적 세포 상호 작용을 책임지고 있는 T 림프구; T 세포들은 T_C 세포독성 T 세포들과 T_H 보조 T 세포들을 포함한 기능적 아집단들로 나뉨. T_H 세포들은 더 세부적으로 T_H1 염증세포들, 그리고 항체생산에 있어서 B 세포를 보조하는 T_H2 보조세포들로 나누어짐

T 세포 수용체 (T cell receptor) T 림프구의 표면에 존재하는 단백질로서 항원을 특이적으로 인지하는 수용체 역할을 함

T 세포 수용체 (T-cell receptor, TCR) T 세포 표면에 존재하는 항원-특이적 수용체 단백질

감시 (Surveillance) 질병발생에 대한 관찰, 인식 및 보고

감염 (Infection) 숙주에서의 생물체의 생장

강내주사 (Intracavitary injection) 공간으로 된 부위에 주사한다. 예를 들어 복부공간이나 흉강 내에 주사하여 사용함

거대핵세포 (Megakaryocyte) 혈소판을 형성하는 세포로서, 핵은 한 가지만 매우 크고 다엽이며, 이 세포에서 여러 개의 세포질이 떨어져 나와 혈소판을 형성함

격리 (Quarantine) 질병의 확산을 막기 위하여 전염성이 아주 강한 심각한 질환에 감염된 개인의 활동을 제한하는 과정

경변 (Cirrhosis) 정상적인 간의 구조적 퇴행으로 섬유증(fibrosis)에 이르게 되는 것

골수 (Bone marrow) 모든 혈액과 면역세포들을 위한 다분화 전구세포들을 포함하는 일차림프기관

공중보건 (Public health) 전체적인 집단의 건강

관용 (Tolerance) 특정 항원들에 대해서는 면역반응을 일으키지 않는 능력

균혈증 (Bacteremia) 혈액 속에서 세균이 발견되는 현상

근육내주사 (Intramuscular injection) 위팔이나, 혹은 엉덩이 부위에 주사한다. 이것은 주로 피부에 자극이 심한 약제나 혹은 천천히 작용하는 약제를 많이 주사할 때 사용함

근친교배, 근친교배 (Inbred) 동계교배의 일종으로 근친간에서 이루어지는 교배. 가축이나 가금의 개량에 자주 사용되는 방법

급성감염 (Acute infection) 일반적으로 갑작스런 발병의 특성을 가진 단기 감염

기회성 병원체 (Opportunistic pathogen) 정상 숙주 저항성이 없을 때 질병을 유발하는 생물체

기회적 감염 (Opportunistic infection) 보통 역기능의 면역체계를 갖는 개체에서만 관찰되는 감염

꼬리감기원숭이 (Capuchin monkey) 중남미 산의 꼬리감기원숭이로, 꼬리로 나무를 감을 수 있고 머리털은 두건처럼 생겼음

내독소 (Endotoxin) 일부 그람음성 세균의 세포 외피의 지질다당류 부분으로 용해되었을 때 독소로 작용

내재면역 (Innate immunity) 각각의 병원체 또는 그 생성물을 인식하고 파괴할 수 있는 비유도성의 능력이며, 이는 그 병원체나 그 생성물에 대한 사전 노출에 비의존적이다; 또한 비특이적 면역능이라고도 불려짐

녹아웃 (knockout) 정상유전자를 결함이 있는 상동유전자로 교체하여 만든 생물체

눌 (Null) 특징적인 B 세포나 T 세포의 항원이 결핍된 상태

다중클론항체 (Polyclonal antibodies) 여러 가지 다른 B 세포 클론들에서 만들어진 항체의 혼합

다형성, 다형태 (Pleomorphism) 같은 종의 생물이면서도 어떤 형태나 형질이 다양하게 나타나는 현상. 한편 조직구조상 다양성이라는 의미로도 사용되는데, 예를 들어 다형성 샘종과 같이 종양세포이 다양한 배열상태와 조직형태를 나타내는 것을 가리킴

다형현상 (Polymophism) 하나의 유전자 위치에 다형의 대립유전자가 출현하는 현상으로 무작위적 돌연변이에 의해서 발생된 것으로는 설명될 수 없음

단일클론항체 (Monoclonal antibody) 단일 B 세포 클론에서 생산되는 항체

대뇌변연구조 (Limbic structure, 大腦邊緣構造) 척추동물의 뇌에서 원피질, 고피질 및 신피질로의 이행 구조

대립유전자 (Allele) 주어진 유전자의 염기서열 변이체

대식세포 (Macrophage) 포식작용능을 가진 거대한 백혈구의 한 종류

데노보 합성 (*de novo* synthesis) 생체물질의 생합성 과정에서 몇 가지 간단한 전구체로부터 여러 단계의 효소반응에 의해 이루어지는 전합성

도메인, 영역 (Domain) 분류학상 생물분류의 가장 높은 단계

독성 (Toxicity) 생물체가 숙주 세포의 기능을 저해하거나 죽일 수 독소를 통하여 질병을 유발시키는 능력.

독성 (Virulence) 병원체가 질병을 유발시키는 상대적인 능력

독소쇼크증후군 (Toxic shock syndrome, TSS) *Staphylococcus aureus*가 생산하는 외독소에 대한 숙주의 반응으로 인하여 발생하는 급성 전신성 쇼크

동기종, 쌍생종 (Sibling species) 형태적으로는 거의 구별할 수 없는 2종 이상의 종의 하나

동물유행병 (Epizootic) 동물 집단에 존재하는 유행병

동물풍토병 (Enzootic) 동물 집단에 존재하는 풍토병

리케차 (*Rickettsia*) 발진티푸스, 반점 열 리케차병, 에를리히병 등의 병을 유발하는 *Rickettsia* 종의 세포 내 절대기생 세균

림프 (Lymph) 혈액과 유사하지만 적혈구가 없는 액체로 림프계를 순환함

림프구 (Lymphocyte) 혈액 내에서 발견되는 유핵세포들의 소집단들로 면역반응에 관여함

만성감염 (Chronic infection) 장기간에 걸친 감염

만연도 (Prevalence) 주어진 기간 동안에 보고된 집단 내에서 새롭게 발병하거나 존재하는 질병건수의 전체 수

매개물 (Fomite) 살아 있는 병원체에 의해 오염되어 숙주에게 병원체를 전파할 수 있는 무생물체

매개체 (Vector) 병원체를 전파하는 살아 있는 운반체

멧토끼 (Snowshoe rabbit) 미국산 산토끼의 일종으로 발이 크며, 여름털은 갈색, 겨울털은 흰색임

면역글로불린 (Immunoglobulin, Ig) 항원과 상호 작용하는 B 세포 및 형질세포에 의해 생성되는 가용성 단백질로서, 항체라고도 불림

면역글로불린 유전자 슈퍼패밀리 (Immunoglobulin gene superfamily) 면역글로불린과 진화적, 구조적, 그리고 기능적으로 유사한 유전자 집단

면역기억 (Immune memory) 과거에 접했던 항원에 재차 노출된 후에 특이적인 면역세포들이나 항체들을 대량으로 신속히 생산할 수 있는 능력

면역기억 (Immune memory) 이전에 면역반응을 유도한 적이 있는 항원에 이차 및 재차 노출될 때 더 신속하고 더 강력하게 면역반응이 일어나도록 하는 능력

면역능 (Immunity) 감염에 대해 저항할 수 있는 개체의 능력

면역원 (Immunogen) 면역반응을 유도할 수 있는 분자

면역조치, 예방접종 (Immunization, Vaccination) 방어성 면역능을 자극하기 위해서 숙주에 비활성 병원체나 약화된 병원체 또는 병원체 유래의 생성물을 접종하는 것

민감도 (Sensitivity) 검출될 수 있는 항원의 최저량

바이러스 감염량 (Viral load) 감염된 숙주의 조직에 존재하는 바이러스 유전체의 수로 숙주에 존재하는 바이러스의 양을 정량적으로 나타냄

발병 (Pathogenesis) 병적 상태의 발전, 특히 질환이 발전하는 과정 중에 일어나는 세포성 현상과 반응 및 기타 병리학적 진행과정

발병빈도 (Incidence) 주어진 기간 동안에 보고된 집단 내에서의 새로운 질병의 발병 건수

방사면역측정법 (Radioimmunoassay, RIA) 항원 또는 항체의 부착을 검출하기 위해 방사선으로 표지된 항원 또는 항체를 사용하는 면역학적 분석법

백신 (Vaccine) 방어성 면역능을 자극하기 위해 사용되는 비활성화 또는 약화된 병원체, 또는 무독성의 병원체 생성물

백신접종, 면역조치 (Vaccination, Immunization) 방어 면역능을 자극하기 위해서 숙주에 비활성화된 또는 약화된 병원체들, 또는 병원체 생성물들을 주입하는 것

백혈구 (Leukocyte) 혈액 내에서 발견되는 하나의 유핵세포

범세계적 전염병 (Pandemic) 전세계적인 전염병

병원 감염, 의료기관 관련 감염 (Nosocomial infection) 의료기관과 관련이 있는 곳에서 걸리는 감염

병원성 (Pathogenicity) 병원체가 질병을 일으키는 능력

병원체 (Pathogen) 질병을 일으키는 미생물

병원체관련 분자패턴 (Pathogen-associated molecular pattern, PAMP) 패턴인식분자에 의해 인식되는 미생물이나 바이러스의 독특한 구조 성분

보균자 (Carrier) 증상을 나타내지 않을 정도로 감염되어 질병을 퍼뜨릴 수 있는 개체

보균체 (Reservoir) 감염되었다고 생각되는 개체유래인 살아 있는 감염체의 공급원

보조 T 세포 (T helper, T_H cells) T 세포 수용체 (TCR)를 통하여 MHC-펩티드 복합체와 반응하는 림프구들

보체 (Complement) 항체-항원 복합체들과 연속적인 방식으로 반응하는 단백질, 만노즈-결합 렉틴, 혹은 대체 활성화 경로 단백질로 표적세포의 파괴를 증폭시킬 수 있음

분 (Phylum) 생물의 세 도메인 중 같은 도메인에 속하는 세포들의 주요 계통

분절상 게놈 (Segmented genome) 분절구조를 갖고 있는 바이러스의 게놈

비경구적 약품투여 (Parenteral administration of drugs) 입을 통하지 않는 다양한 약품투여법을 말함. 주사기를 이용함

빈맥, 빠른맥 (Tachycardia) 심박동수가 증가된 상태로 분당 100회 이상의 심박수를 말함. 대개 흥분상태에서 정상적으로 나타나지만, 갑상샘 기능항진증 등 비정상적인 상태에서 특징적으로 보이기도 함

사망률 (Mortality) 집단 내에서의 사망에 이르는 발병빈도

사이토카인 (Cytokine) 백혈구에서 만들어지는 작은 수용성 단백질로 염증반응과 면역반응을 조절하는 역할을 함

상기도 (Upper respiratory tract) 비강, 구강, 인후

상보성 결정부위 (Complementarity-determining regions, CDRs) 항체 또는 T 세포 수용체의 가변부위 중 높은 아미노산 서열의 변이를 보이며 항원과 직접 접촉하는 부위. 고도가변 영역(hypervariable regions)이라고도 함

생물전 (Biological warfare) 생물제제를 부적절하게 또는 사람을 죽이는데 사용하는 전쟁

성홍열 (Scarlet fever) *Streptococcus pyogenes*가 분비하는 외독소에 의해 고열과 붉은색의 피부 발진을 나타내는 질병

세포-매개성 면역능 (Cell-mediated immunity) 항원-특이적인 T 세포들과의 직접적인 상호작용에 의해 나타나는 면역능

소질 (Diathesis, 素質) 어떤 외적 자극에 대하여 독특한 방법으로 조직을 반응하게 하는 체질 또는 신체의 상태

솜꼬리큰토끼 (Cottontail rabbit) 솜같이 흰 꼬리털이 있는 북미산 토끼

수막강내주사 (Intrathecal injection) 두개나 척수강 내에 주사할 때 이용함

수막염 (Meningitis) *Neisseria meningitidis*에 의해 종종 발생하는 뇌수막 (뇌조직) 염증으로 갑작스러운 두통, 구토, 목의 뻣뻣함과 수 시간 내 혼수상태로 진행시키는 등의 특징을 지님

수막염균혈증 (Meningococcemia) *Neisseria meningitidis* 균에 의하여 발병되며 패혈증, 내혈관 응집 및 쇼크를 유발하는 전격성 질병

수지상세포 (Dendritic cell) 다양한 몸의 조직들에서 발견되는 포식성의 항원제시세포;항원을 이차림프기관으로 운반함

수퍼항원 (Superantigen) 정상 수준보다는 훨씬 방대한 수의 T 세포들을 자극함으로써 부적절하고 강력한 면역반응을 유도할 수 있는 하나의 병원체 생성물

숙주 (Host) 병원체를 가지고 있는 생물체

승낙 (Informed consent) 치료나 수술을 받게 될 경우, 그 과정에서 발생할 수 있는 위험성에 대하여 의사로부터 충분한 설명을 받은 후에 환자가 내리는 동의

식세포 (Phagocyte) 병원체들 및 병원체 생성물들을 인식하고, 섭취하고, 분해하는 세포들 집단 중의 한 유형

실질 (Parenchyma) 기관을 구성하는 조직은 2가지로 구분된다. 하나는 실제 그 기관의 작용에 중추적인 기능을 하는 조직이고, 다른 하나는 기능을 하지는 않으나, 중요조직을 보호하고 기관의 뼈대를 형성하는 조직임. 앞의 것을 실질이라 하고, 뒤의 것을 지지조직 혹은 간질 (stroma)이라 함.

아마겟돈 (Armageddon) 선(善)의 힘과 악의 힘이 마지막 결전을 하는 곳. ([성서] 요한 계시록 16:16)

아시알로 당단백질 수용체 (Asialoglycoprotein receptor) 혈중의 아시알로 당단백질의 특이하면서도 신속한 전돈에 관여하는 수용체

암흑기 (Eclipse phase) 비이러스가 숙주세포를 감염시킬 때, 흡착된 후, 핵산이 세포 내로 방출되어 감염입자로서의 기능과 형태를 잃어버리는 기간

약독화 (Attenuation) 독성의 감소나 소실

역가 (Titer) 면역학에서 용액에 존재하는 항체의 양

역학 (Epidemiology) 한 집단의 건강과 질병의 출현, 분포 및 결정요소를 연구하는 학문

염증 (Inflammation) 독소들 또는 병원체들과 같은 유해한 자극인자들에 대한 비특이적 반응으로서, 발적 (홍반), 팽윤 (부종), 통증, 열 (발열) 등의 특성을 나타냄

외독소 (Exotoxin) 미생물이 생육함에 따라 미생물에 의해 세포외로 분비되어 숙주세포에 급성 손상을 일으키는 단백질

운반체 (Vehicle) 다수의 개체에게 병원체를 전파하는 무생물적인 병원체 공급원균; 식품이나 물은 일반적인 운반체임

울혈 (Congestion) 몸 안의 장기나 조직에 정맥의 피가 몰려 있는 증상. 즉, 정맥혈이 수동적으로 정맥 및 모세혈관에 괴어 있는 상태. 혈관 안의 이물이나 혈전 따위로 국소적으로 일어나는 경우와 우심기능상실이나 심장막염 따위로 전신적으로 일어나는 경우가 있음 일반적으로 만성적인 혈액의 정체로 일어나므로 만성수동성울혈이라고도 함

원형 (Prototype) 가장 바탕이 되는 모형

유독소 (Toxoid) 독소의 약독화된 형태로서 독성은 잃었지만 면역원성은 지니고 있음

유전체 (Genome) 한 생명체의 유전자 전체

유전체학 (Genomics) 유전체의 확인 및 분석

이계교배 (Outbred, 異界交配) 비교적 유연관계가 먼 계통 간의 교배. 동계교배와는 대조적인 용어

이분류법 (Dichotomy) 두 부분으로 나누는 과정

이형폐렴 (Atypical pneumonia) 경과 · 증상 · 병소가 정형적이지 않은 폐렴

이환율 (Morbidity) 집단 내에서의 아픈 사람의 발병빈도

인수공동전염병 (Zoonosis) 원래 동물에 일어나는 질병이지만 사람에게도 전파될 수 있는 질병

자연 살해세포 (Natural killer, NK cell) 외래세포들 또는 감염된 숙주세포들을 비특이적으로 인식하고 파괴하는 전문적 기능을 가진 림프구

장독소 (Enterotoxin) 미생물이 생장함에 따라 세포외부로 방출되는 단백질로 즉각적으로 숙주의 소장에 손상을 입힘

적응면역 (Adaptive immunity) 각각의 병원체 또는 그 생성물을 인식하고 파괴할 수 있는 능력이며 이는 그 병원체나 그 생성물에 대한 사전 노출에 의존적임

전염병 (Epidemic) 특정 국소 집단에 갑자기 많은 수의 사람이 발생하는 질병

점막 (Mucous membrane) 외부환경과 상호 작용하는 상피세포층

점액 (Mucus) 수분을 함유하며 점막표면에 미생물의 침입을 저해하는 역할을 하는 수용성 당단백질 또는 단백질을 포함하는 액체 분비물

제1형 주조직적합성 복합체 단백질 (Class I MHC protein) 척추동물의 모든 유핵세포상에서 발견되는 항원제시분자

제2형 주조직적합성 복합체 단백질 (Class II MHC protein) 척추동물의 항원제시세포 (antigen-presenting cells;대식세포, B 림프구, 수상 세포)에서 발견되는 항원제시분자

조혈 (Hematopoiesis) 혈액 속의 혈구가 만들어지는 과정

종 (Species) 미생물학에서 주요 특성을 모두 공유하며 다른 균주들의 집합과는 하나 이상의 주요 특성에서 차이가 나는 균주들의 집합으로 정의되며, 계통학적으로 단계통이며 DNA 서열에 근거한 배타적 그룹으로 정의됨

주조직적합 복합체 (Major histocompatability complex, MHC) 항원제시에 중요한 몇몇 세포 표면 단백질을 암호화하는 유전적 복합체. MHC I 단백질은 모든 세포에서 발현됨.MHC II 단백질은 단지 항원제시 세포들에서만 발현됨

지연형 과민증 (Delayed hypersensitivity) T 림프구들에 의해 매개되는 하나의 염증반응

진피내주사 (intradermal injection) 얇게 찔러서 진피 내에 주사함. 주로 알레르기 환자의 항원검사에 이용함

진화 (Evolution) 새로운 형 또는 종을 가져오는 변형과 함께 이루어지는 유전

질병 (Disease) 숙주의 기능에 영향을 주는, 병원체 또는 다른 요소로 인한 숙주 생물체의 손상

질병통제예방센터 (Centers for Disease Control and Prevention, CDC) 질병의 경향을 찾아내고, 질병에 대한 정보를 대중이나 건강관리 전문가에게 제공하며, 질병예방과 조정에 관한 공중정책을 수립하는 미국 공중위생국의 한 기관

집락형성 (Colonization) 숙주조직으로 접근한 후의 미생물들의 증식

창궐 (Outbreak) 짧은 시간에 어떤 질병의 발생건수가 많이 발생하는 상황

체액성 면역능 (Humoral immunity) (항체-매개성 면역능, antibody-mediated immunity) 항체와의 직접적인 상호작용에 의해 유도되는 면역능

최초 항원 자극을 받은 (Primed) 초회의 항원 자극을 받은 결과 면역학적으로 활성화된 면역계의 세포를 가리키는 용어

출현성 질병 (Emerging disease) 최근 발생빈도가 증가되었거나 가까운 장래에 그 빈도가 증가할 것으로 우려되는 감염성 질병

카니발리즘 (Cannibalism) 동족끼리 잡아먹음

케모카인 (Chemokine) 다양한 종류의 세포에서 만들어지는 작은 수용성 단백질로서 표적세포에 대하여 염증반응 또는 면역반응을 조절함

콜린성 (Cholinergic) 신경세포가 다른 신경세포로 정보를 전달할 경우에는 대부분 화학물질을 분비하여 그것을 매개로 하여 다른 신경에 정보를 전달함. 이런 물질을 신경전달 물질이라고 한다. 콜린성이란 신경전달물질로 acetylcholine을 사용하는 신경을 이르는 말. 즉 부교감신경을 이르는 말로 쓰임

클라드 (Clade) 단계통군(單系統群), 공통의 조상을 가진 분류군으로 이루어진 계통

클론 (Clone) 항원에 반응하는 하나의 림프구로부터 생성된 복제세포로 보통 다수를 일컬음

톨유사 수용체 (Toll-like receptor, TLR) 식세포에서 발견되는 패턴인식분자(PRMs) 패밀리(family)를 구성하는 단백질로서 구조 및 기능적으로 초파리에 있는 톨수용체(Toll receptors)와 관련되어 있으며, 병원균 관련 분자패턴(PAMP)을 인식함

통과세포외배출 (Transcytosis) 리간드나 수용체가 형질막이 있는 측면에서 다른 측면으로 수송되는 엔도시토시스의 일종

특이성 (Specificity) 개개의 항원들과 상호 작용할 수 있는 면역반응 능력

파상풍 (Tetanus) *Clostridium tetani*가 생산하는 외독소에 의해 유발되는 수의근 마비증세를 수반하는 질병

패턴인식수용체 (Pattern recognition receptor, PRR) 미생물 세포표면구조의 독특한 성분과 같은 병원체 관련 분자패턴을 인식하는 식세포의 단백질

패혈증 (Septicemia) 혈액 내의 미생물 감염

표본 (Preparation) 의학, 생리학에서 실험대상으로 하는 생체의 일부 또는 전체

풍토병 (Endemic disease) 일반적으로 적은 환자수로, 항상 상재하는 질병

프로빗 분석 (Probit analysis) 정규분포 확률을 이용한 S자 곡선을 직선화하는 변환법에 의해, 약제 등의 효력평가 등을 하는 일련의 해석방법

플라시보 (Placebo) 약물요법에 대한 환자의 심리적 욕구를 충족시키기 위하여 투여되는 효력이 없는 물질이나 약물

피막형의 (Enveloped) 비리온을 둘러싸는 지질단백질 막을 지닌 바이러스를 의미하는 바이러스학 용어

피부기루갑 (Cutaneous fistulae, 皮膚髻甲瘻) 어깨의 융기에서 볼 수 있는 화농성 염증

피하주사 (Subcutaneous injection) 피부 밑으로 주사하는 것. 대개 팔의 중간부에 주사함

하기도 (Lower respiratory tract) 기관, 기관지, 폐

한타바이러스 폐 증후군 (Hantavirus pulmonary syndrome, HPS) 설치류 한타바이러스가 전파하는 폐렴이 특징인 급성 바이러스성 질병

합텐 (Hapten) 특이적인 항체와 결합하지만, 단독으로는 면역반응을 유도할 수 없는 저분자량의 분자

항생제 (Antibiotic) 미생물이 생산하는 화학물질로 다른 미생물의 생장을 저해하거나 죽이는 물질

항원 (Antigen) 면역계의 특이적인 구성원들과 상호작용할 수 있는 분자

항원결정기 (Epitope) 면역글로불린 혹은 T 세포 수용체에 의하여 인식되는 항원의 부분

항원제시세포 (Antigen-presenting cell, APC) 수식된 항원 펩티드를 T 세포에게 제시하는 대식세포, 수지상세포 또는 B 세포

항체 (Antibody) 항원과 상호 작용하는 B 세포에 의해 생성되는 가용성 단백질로서 면역글로불린으로도 불림

항체-매개성 면역능 (Antibody-mediated immunity) (체액성 면역능, humoral immunity) 항체와의 직접적인 상호작용에 의해 유도되는 면역능

혈관주사 (Intravenous injection) 정맥을 통해 주사한다. 어느 정맥이나 가능하지만, 대개 팔뚝이나 발 등의 정맥을 이용한다. 빠른 치료효과를 보기 위해 사용함. 이때 피부에 자극을 주는 약제이면, 새지 않도록 조심해야 함

혈장 (Plasma) 단백질과 다른 용질들을 포함하는 혈액의 액체부분

혈청 (Serum) 혈액으로부터 응고 단백질과 세포를 제거한 액체 부분

혈청학 (Serology) 시험관 내에서의 항원-항체 반응을 연구하는 학문

형광항체 (Fluorescent antibody) 항체 분자에 공유결합으로 형광염료를 결합한 항체; 항체는 형광염료의 발광으로 볼 수 있음

형질세포 (Plasma cell) 대량의 항체들을 생산하는 분화된 B 세포

호중구, 다형핵 백혈구 (Neutrophil, polymorphonuclear leukocyte, PMN) 식세포성 성질들, 즉 과립을 함유한 세포질 (과립구) 및 다엽형의 핵을 보여주는 백혈구의 한 유형; PMN으로도 불림

혼탁 (Rounded opacities, 混濁) 의학적으로 불투명의 상태

효소 (Enzyme) 화학반응을 증진시킬 수 있는 기능을 갖는 단백질성 (어떤 경우는 RNA) 촉매

효소면역측정법 (Enzyme immunoassay, EIA) 체액 내의 항원이나 항체를 검출하기 위해서 특이적인 항체를 이용하는 면역분석법. 항체를 포함하는 복합체는 항체에 부착된 효소를 통해 눈으로 확인할 수 있음. 효소-항체-항원 복합체에 기질을 첨가하면 색깔을 띤 물질이 생성됨

흑사병 (Plague) 벼룩에 물려서 인간에게 전파되기도 하는 *Yersinia pestis*에 의한 설치류 풍토병

영문찾아보기

100 부대 4
731 부대 4
1644 부대 4
atomizer 분무기 72
Brucella 백신 203
Collison nebulizer 분무기 72
Duffy 혈액형 59
New World 아레나바이러스 288
nebulizer 분무기 72
Q열 178
Rajneeshee 교단 9
Sindbis 바이러스 228
TSST-1 중독 366

Abortion of Bacillus 낙태균 196
aerosol exposure 에어로졸 노출 63
aerosol vulnerability testing 에어로졸 취약성 실험 5
alphaviruses 알파바이러스 222, 223
analogy 상사도 44
animal challenge model 동물감염시험모델 32
animal efficacy rule 동물효능규칙 38
anthrax 탄저병 79
antianimal agent 대동물제제(대동물작용제) 16, 20
antimaterial agent 대물제제 16, 20
antiplant agent 대식물제제(대식물작용제) 12, 16, 20
Arenaviridae 아레나바이러스과 271, 286
Armageddon 아마겟돈 24
Aum Shinrikyo 오음진리교 10
Aum Shinrikyo doctrine 오음진리교 독트린 24
bacterial exotoxin 세균 내독소 365
Belmonet principle 벨몬트 원칙 35
bioassassination 생물암살 22
biocrime 생물범죄 2, 22, 24
biohoax 생물사기 25
Biologic Weapons Convention 생물무기협약 6
biological agent 생물학적 제제 1
biological information matrix 생물학적 정보기반 53, 55
biological model 생물학적 모델 44
biological safety cabinet, BSC 생물안전캐비닛 65
biological terrorism 생물테러 18
biological threat 생물적 위협 1
biological threat agent 생물학적 위협제제 15
biological toxin 생물독소 2
biological weapon 생물무기 1
Biological Weapon Convention 생물무기협약 1
biomedical model 생체임상의학적 모델 44
biopreparat 9
bioprcparcdncss 생물준비태세 8
bioterror, BT 생물테러 9, 23
bioterrorism 생물테러 1, 15
biowarfare, BW 생물전 1, 15, 18
Black Death 흑사병 112
botulinum neurotoxins, BoNTs 보툴리눔 신경독소 311
botulinum toxins 보툴리눔 독소 11
botulism 보툴리즘 313
brucellosis 브루셀라병 195

bubonic plague 가래톳페스트 116
Bunyaviridae 부니아바이러스과 271, 289
bunyavirus 부니아바이러스 290

Common Rule 일반규정 37
computer assimilation model 컴퓨터 동화모델 56
cowpox virus, CPXV 우두바이러스 256, 258

dengue HF, DHF 뎅기출혈열 292
dengue shock syndrome, DSS 뎅기열쇼크증후군 292
dengue virus 뎅기바이러스 292
diarrheic model 설사모델 369
discretionary authority 임의권한 28

eastern equine encephalitis virus, EEEV 동부 말뇌염 바이러스 222, 238
Ebola virus, EBOV 에볼라바이러스 273, 279
ectromelia virus, ECTV 서두 바이러스 256
emetic model 구토모델 369
endogenous pyrogen 내인성 발열물질 364
endotoxic shock 내독성 쇼크 365
enterotoxin 장독소 356
ex vivo modeling 체외 모델링 56
experimental animal model 실험적 동물모델 45
experimental infection 실험감염 64

fetal death 태아사 196
fidelity 충실도 44
Filoviridae 필로바이러스과 272, 273
Flaviviridae 플라비바이러스과 271, 291
flea bite model 벼룩물림모델 126
footpad inoculation 발바닥접종 227
formaldehyde toxoid 포르말린 변성독소 372
genetically modified animal model 유전적 조작 동물모델 46
glanders 마비저 97

hantavirus 한타바이러스 289
hemorrahgic fever, HF 출혈열 272
homologous model 동종모델 44
homology 상동성 44
index of information 정보색인 53
induced model 유발모델 45
infant botulism 유아 보툴리즘 313
infectious aerosol challenge 전염성 에어로졸 감염시험 64
infectious bioaerosol 생물에어로졸 65
inhalation anthrax 흡입탄저병 80
inhalational botulinum 흡입성 보툴리눔 318
in-house model 사육실내 모델 66
intoxication 흡입성 리신중독 344

leak-seal testing 누출봉인시험 65

many-to-many modeling 다대다 모델링 44
Marburg virus, MARV 마버그바이러스 273
microarray 마이크로어레이 56
mission-oriented protective posture, MOPP 임무위주 방어자세 18
model 모델 44
monkeypox 원숭이천연두 260
monkeypox virus, MPXV 원숭이천연두 바이러스 256
morbidity 이환율 39
mortality 사망률 39

natural aerosol infection 자연적 에어로졸 감염 63
natural infection 자연감염 64
negative model 음성 모델 46
neuromuscular poison 신경근육 독소 312
nose-only inhalation chamber 코흡입챔버 66
Nuremburg Code 31

offensive biological weapon 공격용 생물무기 43
one-to-one modeling 일대일 모델링 44
Operation Whitecoat 6
oral botulinum intoxication 경구 보툴리눔 중독 314
oral ricin poisoning 경구 리신중독 336
orphan model 희귀모델 46
orthopoxvirus, OPV 오르토폭스 바이러스 255

pharyngeal plague 인두페스트 116
plague 페스트 112
plaque assay 용균반 분석 74
pneumonic tularemia 폐렴성 야토병 153
primary pneumonic plague 일차 폐 페스트 119
primary septicemic plague 일차 패혈성페스트 116
prior animal experimentation 사전동물실험 31
probit analysis 프로빗 분석 238
proinflammatory cytokine 친염증성 사이토카인 356
proteomics 프로테오믹스 56
pulmonary anthrax 폐탄저병 80

Q fever 177

rabbitpox virus, RPXV 토끼천연두 바이러스 256, 259
ricin 리신 12, 331
ricin intoxication 리신중독 333
Ricinus communis 피마자 331
Russian doctrine 러시아 독트린 22

sabotage operation 사보타주 활동 4
sarin 사린 11
select biological agent 선택적 생물제제 65
septicemic plague 패혈성 페스트 116
smallpox eradication program 천연두 박멸프로그램 7
spontaneous model 자연 모델 45
spray factor 분사요소 69
staphylococcal enterotoxins 황색포도상구균성 장독소 355
stealth pathogen 은밀한 병원균 199
strategic BW 전략적 BW 20
superantigen 슈퍼항원 357
superantigenic shock 슈퍼항원성 쇼크 364
superantigen-mediated shock 슈퍼항원-매개 쇼크 364
surrogate model 대체모델 46

tactical biological threat agent 전술적 생물학적 위협제제 22
tetanus neurotoxins, TeNTs 파상풍 신경독소 312
toxic shock syndrome toxin-1, TSST-1 독성쇼크증후군 독소-1 355
toxic shock syndrome, TSS 독성쇼크증후군 356
transgenic animal model 변형동물모델 46
tularemia 야토병 146

US Biological Warfare program 미국 생물전 프로그램 30

vaccinia virus, VARV 백시니아 바이러스 256
variola virus, VARV 두창바이러스 255
variolation 우두접종 28
venezuelan equine encephalitis virus 베네수엘라 말뇌염 바이러스 222
venezuelan equine encephalitis, VEE 베네수엘라 말뇌염 224
viral hemorrhagic fever, VHF 바이러스성 출혈열 271
voluntary consent 자발적 동의 29

western equine encephalitis virus, WEEV 서부 말뇌염 바이러스 222, 243
whole-body chamber 전신챔버 66
Wilson Memorandum Wilson의 비망록 31

yellow fever 황열병 28

Zaire virus 자이레 바이러스 280
zoonosis 인수공동전염병 112
zoonotic disease 인수공동질병 97, 101
zoonotic infection 인수공동감염 195

한글찾아보기

100 부대 4
731 부대 4
1644 부대 4
atomizer 분무기 72
Brucella 백신 203
Collison nebulizer 분무기 72
Duffy 혈액형 59
nebulizer 분무기 72
New World 아레나바이러스 288
Q열 178
Rajneeshee 교단 9
Sindbis 바이러스 228
TSST-1 중독 366
Wilson의 비망록 Wilson Memorandum 31

가래톳페스트 bubonic plague 116
검색전략 52
경구 리신중독 oral ricin poisoning 336
경구 보툴리눔 중독 oral botulinum intoxication 314
공격용 생물무기 offensive biological weapon 43
구강인두 야토병 152
구토모델 emetic model 369
궤양선성 야토병 152

낙태균 Abortion of Bacillus 196
내독성 쇼크 endotoxic shock 365
내인성 발열물질 endogenous pyrogen 364
내인성 요인 50
누출봉인시험 leak-seal testing 65

다대다 모델링 many-to-many modeling 44
단백질 독소 331
대동물제제(대동물작용제) antianimal agent 16, 20
대물제제 antimaterial agent 16, 20
대식물제제(대식물작용제) antiplant agent 12, 16, 20
대체모델 surrogate model 46
뎅기바이러스 dengue virus 292
뎅기열쇼크증후군 dengue shock syndrome, DSS 292
뎅기출혈열 dengue HF, DHF 292
독성쇼크증후군 toxic shock syndrome, TSS 356
독성쇼크증후군 독소 1 toxic shock syndrome toxin-1, TSST-1 355
동물감염시험모델 animal challenge model 32
동물효능규칙 animal efficacy rule 38
동부 말뇌염 바이러스 eastern equine encephalitis virus, EEEV 222, 238
동종모델 homologous model 44
두창바이러스 variola virus, VARV 255

러시아 독트린 Russian doctrine 22
리신 ricin 12, 331
리신중독 ricin intoxication 333

마버그바이러스 Marburg virus, MARV 273
마비저 glanders 97
마이크로어레이 microarray 56
모델 model 44
미국 생물전 프로그램 US Biological Warfare program 30

바이러스성 출혈열 viral hemorrhagic fever, VHF 271
발바닥접종 footpad inoculation 227
백시니아 바이러스 vaccinia virus, VARV 256
베네수엘라 말뇌염 venezuelan equine encephalitis, VEE 224

베네수엘라 말뇌염 바이러스 venezuelan equine encephalitis virus 222
벨몬트 원칙 Belmonet principle 35
벼룩물림모델 flea bite model 126
변형동물모델 ransgenic animal model 46
보툴리눔 독소 botulinum toxins 11
보툴리눔 신경독소 botulinum neurotoxins , BoNTs 311
보툴리즘 botulism 313
부니아바이러스 bunyavirus 290
부니아바이러스과 Bunyaviridae 271, 289
분사요소 spray factor 69
브루셀라병 brucellosis 195

사린 sarin 11
사망률 mortality 39
사보타주 활동 sabotage operation 4
사육실내 모델 in-house model 66
사전동물실험 prior animal experimentation 31
상동성 homology 44
상사도 analogy 44
생물독소 biological toxin 2
생물무기 biological weapon 1
생물무기협약 Biological Weapon Convention 1
생물무기협약 Biologic Weapons Convention 6
생물범죄 biocrime 2, 22, 24
생물사기 biohoax 25
생물안전캐비닛 biological safety cabinet, BSC 65
생물암살 bioassassination 22
생물에어로졸 infectious bioaerosol 65
생물적 위협 biological threat 1
생물전 biowarfare, BW 1, 15, 18
생물준비태세 biopreparedness 8
생물테러 bioterror, BT 9, 23
생물테러 biological terrorism 18
생물테러 bioterrorism 1, 15
생물학적 모델 biological model 44
생물학적 위협제제 biological threat agent 15
생물학적 정보기반 biological information matrix 53, 55
생물학적 제제 biological agent 1
생체임상의학적 모델 biomedical model 44
서두 바이러스 ectromelia virus, ECTV 256
서부 말뇌염 바이러스 western equine encephalitis virus, WEEV 222, 243
선택적 생물제제 select biological agent 65
설사모델 diarrheic model 369
세균 내독소 bacterial exotoxin 365
슈퍼항원 superantigen 357
슈퍼항원-매개 쇼크 superantigen-mediated shock 364
슈퍼항원성 쇼크 superantigenic shock 364
식품유래 보툴리즘 313
신경근육 독소 neuromuscular poison 312
실험감염 experimental infection 64
실험적 동물모델 experimental animal model 45

아레나바이러스과 Arenaviridae 271, 286
아마겟돈 Armageddon 24
알파바이러스 alphaviruses 222, 223
야토병 tularemia 146
에볼라바이러스 Ebola virus, EBOV 273, 279
에어로졸 노출 aerosol exposure 63
에어로졸 분사요소 70
에어로졸 샘플링 장치 73
에어로솔 취약성 실험 aerosol vulnerability testing 5
오르토폭스 바이러스 orthopoxvirus, OPV 255
오음진리교 Aum Shinrikyo 10
오음진리교 독트린 Aum Shinrikyo doctrine 24
외인성 요인 51
용균반 분석 plaque assay 74
우두바이러스 cowpox virus, CPXV 256, 258
우두접종 variolation 28
원숭이천연두 monkeypox 260
원숭이천연두 바이러스 monkeypox virus, MPXV 256

유발모델 induced model 45
유아 보툴리즘 infant botulism 313
유전적 조작 동물모델 genetically modified animal model 46
은밀한 병원균 stealth pathogen 199
음성 모델 negative model 46
이환율 morbidity 39
인두페스트 pharyngeal plague 116
인수공동감염 zoonotic infection 195
인수공동전염병 zoonosis 112
인수공동질병 zoonotic disease 97, 101
일대일 모델링 one-to-one modeling 44
일반규정 Common Rule 37
일차 패혈성페스트 primary septicemic plague 116
일차 폐 페스트 primary pneumonic plague 119
임무위주 방어자세 mission-oriented protective posture, MOPP 18
임의권한 discretionary authority 28

자발적 동의 voluntary consent 29
자연감염 natural infection 64
자연 모델 spontaneous model 45
자연적 에어로졸 감염 natural aerosol infection 63
자이레 바이러스 Zaire virus 280
작전가능한 생물전 21
장독소 enterotoxin 356
전략적 BW strategic BW 20
전략적 생물전 20
전술적 생물전 22
전술적 생물학적 위협제제 tactical biological threat agent 22
전신챔버 whole-body chamber 66
전염성 에어로졸 감염시험 infectious aerosol challenge 64
정보색인 index of information 53

천연두 박멸프로그램 smallpox eradicationprogram 7
체외 모델링 ex vivo modeling 56
출혈열 hemorrahgic fever, HF 272
충실도 fidelity 44
친염증성 사이토카인 proinflammatory cytokine 356

컴퓨터 동화모델 computer assimilation model 56
코흡입챔버 nose-only inhalation chamber 66

탄저균 11
탄저균 포자 11, 80
탄저병 anthrax 79
태아사 fetal death 196
토끼천연두 바이러스 rabbitpox virus, RPXV 256, 259

파상풍 신경독소 tetanus neurotoxins, TeNTs 312
패혈성 페스트 septicemic plague 116
페스트 plague 112
폐렴성 야토병 pneumonic tularemia 153
폐탄저병 pulmonary anthrax 80
포르말린 변성독소 formaldehyde toxoid 372
프로빗 분석 probit analysis 238
프로테오믹스 proteomics 56
플라비바이러스과 Flaviviridae 271,291
피마자 331
필로바이러스과 Filoviridae 272, 273

한타바이러스 hantavirus 289
황색포도상구균성 장독소 staphylococcal enterotoxins 355
황열병 yellow fever 28
흑사병 Black Death 112
흡입성 리신중독 intoxication 344
흡입성 보툴리늄 inhalational botulinum 318
흡입탄저병 inhalation anthrax 80
희귀모델 orphan model 46